KB175066

공기조화설비

김 세 환 저

[SI단위적용]

본서의 구성

공기조화의 개요
공기선도와 상태변화
공기조화설비의 부하계산
공기조화 방식
덕트 및 부속설비
열원기기
공기조화기
배관설비
환기방식
공기조화의 계획 및 설계
자동제어 설비

도서출판 건기원

Preface

우리나라의 건축설비 기술은 1960년대 초에 도입되어 과학기술의 급속한 발전과 함께 그 기술도 눈부신 발전을 거듭하고 있다. 또한 종래에는 건축 속에서의 설비란 건축에 종속되어 있는 것으로 취급되어 왔으나 현대에는 건물의 고층화 · 대형화 · 고급화됨에 따른 인텔리전트 빌딩의 등장으로 설비가 갖는 의미는 더욱 더 부각되고 있다.

현대인들은 건물 속에서 생활하는 시간이 점점 증가하고 있으며 삶의 질 향상과 함께 건물 안에서의 쾌적한 실내환경에 대한 요구가 많아지고 있으며 현재에는 실내 공간의 질적 수준(IAQ : Indoor Air Quality)을 언급하는 단계에까지 이르고 있다.

이러한 쾌적한 실내환경의 요소가 되는 실내의 온도 · 습도 · 기류 · 청정도의 적절한 조절에 관해 언급하는 학문이 공기조화 설비분야이며 이 분야는 또한 최근에는 건축설비에서 차지하는 비중이 높고 중요한 위치를 차지하고 있다. 또한 최근에는 건축물에서 공조설비의 수준에 따라 그 건축물의 고급 정도가 결정되고 있는 추세이기에 공기조화 설비의 중요성은 보다 더 강조되고 있다.

본서는 공기조화 설비에 대한 가장 최신의 내용을 수록하고 있으며 공기조화 분야를 처음 접하는 학생들의 입문서에서부터 실무에 종사하고 있는 기술자들의 참고용까지 사용할 수 있도록 기본원리에서부터 설계와 시공시에 필요로 하는 자료까지 쉽게 이해할 수 있도록 구성하였다.

아무쪼록 본서가 독자 여러분들의 기술수준 향상에 조금이나마 도움이 되길 바라고 내용상의 오류나 불충분한 점은 여러분들의 지도편달에 의해 수정 보완하고자 하며 끝으로 이 책이 나오기까지 많은 노력을 아끼지 않은 동의대학교 건축설비공학과 대학원의 송경용, 정유신, 그 외 학생들에게 감사드리며 또한 도서출판 건기원에게도 진심으로 감사를 드린다.

2005년 8월

저 자

Contents

제 1 장 공기조화의 개요

제 2 장 공기선도와 상태변화

제3장 공기조화설비의 부하계산

제4장 공기조화 방식

제5장 덕트 및 부속설비

제6장 열원기기

제7장 공기조화기

제 9 장 환기설비

제10장 공기조화의 계획 및 설계

제11장 자동제어 설비

제 1 장

공기조화의 개요

공기조화의 개요

1-1 공기조화

1) 공기조화의 정의

공기조화(air conditioning)란 공기의 온도, 습도, 기류 및 청정(淸淨) 등(진애, 취기, 유독가스, 박테리아 등)을 조절하여 실내의 사용목적에 적합한 상태로 유지시키는 것을 말한다. 온도는 가장 인체에 민감하게 작용을 하며 냉방과 난방을 하여 열적으로는 충족시킨다고 하여도 습도, 기류속도, 청정도의 세 가지 요소가 배제되어서는 공기조화라고 할 수 없다. 최근에는 공기조화의 제어대상으로 위에서 언급한 4가지 요소 외에 바닥, 벽, 천정 등으로부터의 복사열이나 실내기압, 풍속, 소음, 진동, 향기 등의 요소를 추가하기도 한다.

2) 공기조화의 분류

공조의 대상공간은 주택이나 사무실의 거실 등과 같은 폐쇄공간 뿐만이 아니고 옥외의 보도나 경기장 등의 개방공간도 포함되며 그 목적에 따라 분류하면 다음과 같다.

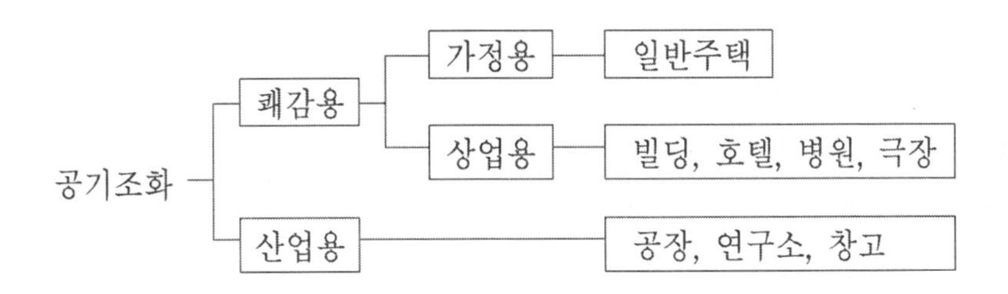

그림 1-1 공기조화의 분류

(1) 쾌적용 공기조화(Comfort Air Conditioning)

인간의 생활을 대상으로 하는 것으로 보건용 공기조화라고 하기도 한다. 실내 거주자의 쾌적한 주거환경을 유지하여 건강, 위생 및 근무환경을 향상시키는 것을 목적으로 하며 적용장소로는 주택, 일반사무실, 상점, 학교, 호텔 등의 공조가 여기에 속한다.

(2) 산업용 공기조화(Industrial Air Conditioning)

산업용 공기조화는 각종공업의 생산성 및 합리성을 대상으로 하며 제조공정 및 원료제품의 저장, 포장, 수송 등 일반적인 생산관리에 필요한 공조로 제품의 품질향상, 공정속도(생산량)의 증가, 원가절감을 목적으로 한다. 적용대상으로는 정밀하고 균일한 제품을 요구하는 정밀기계 공장, 제약, 섬유, 반도체 공장의 clean room, 전산실, 항온항습실 등이다.

한편 공기조화의 정의에서 언급된 바와 같이 난로나 화로 등을 사용해서 실내를 난방하는 개별난방, 실내에 설치한 방열기에 보일러로부터 증기나 온수를 공급해서 난방하는 직접난방 또는 온풍기에서 만든 온풍을 공급해서 실내를 난방하는 간접난방 등은 실내공기의 건구온도의 제어가 주목적이며 가습기를 도입해서 습도를 조절하여 실내환경을 유지하는 경우에도 기류속도나 청정도가 실내환경기준에 적합하지 않다면 공기조화라 할 수 없다.

(3) 공조설비의 구성

쾌적공조(보건공조) 공간인 사무실 등에서 재실자가 쾌적한 환경하에 생활하고 작업을 계속하려면 실내공기 상태를 어떤 한정된 범위내의 온·습도와 청정도로 유지해야 한다. 그러나 건축물 주변의 외부상태는 항상 변동하고 있어 외벽이나 유리창 등을 통해서 실내로의 열의 출입이 있고 또한 실내에서는 재실자, 조명기구, 사무용기기 등이 열을 발생하고 있다.

이들 열의 출입이나 발열은 항상 실내온도와 습도를 변화시키는 원인이 되므로 실내로 열이 유입하는 경우에는 냉각·감습한 공기를 실내로 공급하며 열이 실내에서 실외로 유출하는 경우에는 가열, 가습한 공기를 실내로 공급하므로써 이들 열의 유입 및 유출을 조절하여 실내 온·습도를 희망하는 상태로 유지한다.

환기용 도입외기의 온·습도는 실내공기와 다르므로 실내공기 상태까지 냉각·감습 또는 가열·가습해야 한다. 공기조화 설비는 공기조화의 정의에 나타난 4가지 요소를 제어하기 위하여 다음과 같이 구성된다.

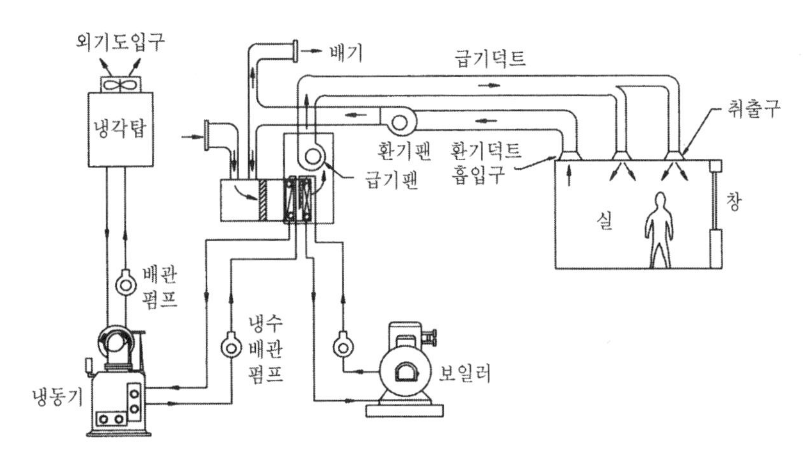

그림 1-2 공기조화설비의 구성 예

1) 열원설비

난방을 위한 온열원으로는 보일러를 사용하며 보일러에서 만들어진 온수 또는 증기를 공기조화기내의 가열코일로 공급하여 공기와 열교환시켜 온풍을 만든다. 또한 냉방을 위한 냉열원으로는 냉동기가 사용되며 냉동기의 증발기와 열교환하여 냉각된 냉수를 냉각코일에 공급하여 공기와 열교환시켜 냉풍을 만든다. 냉동기의 응축기는 냉각탑으로부터 공급되는 냉각수에 의해 냉각된다.

2) 열운반장치

공기조화기와 공조대상 공간사이에서 공기를 순환시키거나 또는 외기를 도입하기 위한 송풍기-덕트 계통, 열원설비와 공조기 사이에서 냉·온수를 순환시키는 냉·온수펌프-배관 계통 그리고 이와 같은 열매체를 각 기기로 또는 기기에서 실내로 냉열, 온열을 운반하는 송풍기, 펌프, 덕트, 배관 등을 열운반장치라 한다.

3) 공기조화기

공기조화기는 실내로 공급되는 공기를 사용목적에 적합하도록 만들기 위하여 난방시에는 공기를 가열하기 위한 가열코일(heating coil), 냉방시에는 공기를 냉각·감습하기 위한 냉각코일(cooling coil), 가습이 필요한 경우에는 물이나 증기를 분무하기 위한 가습기 그리고 공기중에 혼합되어 있는 먼지 등의 불순물을 제거하기 위한 필터(filter) 등으로 구성되어 있다.

4) 자동제어 장치

실내의 사용목적에 적합한 온도 및 습도조건을 일정하게 하고 장치의 경제적인 운전을 위하여 각종 기기의 운전, 정지, 냉·온수의 유량조절, 송풍량의 조절 등을 하는 장치를 말한다.

1-2 실내환경

(1) 대 사

인체가 식물 등으로부터 섭취한 탄수화물, 지방, 단백질 등의 영양소는 체내에서 연소되거나 효소의 작용으로 인체에 도입되며 찌꺼기가 체외로 배설된다. 이 과정을 대사라고 한다. 이 과정에서 발생하는 열을 대사량이라 부르며 열량의 단위로 나타낸다. 사람은 체내에서의 발생열과 체외로의 방열이 대등할 때 체온이 일정하게 유지된다. 사람은 활동량에 맞추어 체내에서 열 생산을 하고 있다.

성인의 1일 대사량은 약 2,910Wh이다. 안정 상태에서 1,740Wh의 대사량이다. 사람의 작업 강도는 그 때의 대사량으로 나타낼 수가 있다. 일반적으로 단위 체표면적당, 단위 시간당의 대사량으로 나타낸다. 조용하게 앉아 있는 상태일 때 대사량은 58W/m^{2}이다. 위와 같은 인체의 에너지 대사에 관련 내용은 다음과 같다.

1) 체내 발생열량

① 기초대사(Basic metabolic rate : BMR)

대사량은 작업이나 환경에 의해 변동되기 때문에 생체의 생명유지에 필요한 최소한의 기준량을 정하여 이것을 기초대사라 하며 표 1-1 (a), (b)에 나타냈다. 기초대사량과 체표면적은 대략 상호 비례관계에 있으므로 이것은 단위 체표면적당 소요에너지로 표시된다. 표 1-1 (b)는 여러 종류의 활동에 대하여 성인 평균(1.7m^2)에 대한 단위면적당 표준 대사율을 나타내고 있다.

표 1-1 (a) 한국인의 기초 대사량 [W/m^2]

연 령	남	여	연 령	남	여
1~	62.3	61.2	30~	42.4	38.6
5~	64.1	60.0	40~	41.4	37.8
10~	57.3	51.3	50~	40.5	37.2
15~	48.5	44.3	60~	39.2	36.6
20~	43.6	39.9	70~	37.6	36.1

(주) 기초 대사량을 Ms, 작업 대사량을 Mw라 하면 Mw=(RMR+1.2)Ms, 다만 성인 남자의 평균 인체 표면적은 약 1.7m^{2}로 한다.

표 1-1 (b) 각종 인체활동에 대한 기초 대사량

구 분	W/m²	met
휴식		
· 수면시	40	0.7
· 누워있을 때	45	0.8
· 조용히 앉아 있을 때	60	1.0
· 편안히 서있을 때	70	1.2
걸을 때(단계에 따라)		
· 0.89m/s	115	2.0
· 1.34m/s	150	2.6
· 1.79m/s	220	3.8
사무실 활동		
· 앉아서 독서할 때	55	1.0
· 타이핑할 때	65	1.1
· 앉아서 문서정리할 때	70	1.2
· 서서 문서정리할 때	80	1.4
· 물건을 올리거나 정리할 때	120	2.1
운전/비행조종		
· 자동차	60~115	1.0~2.0
· 비행기 착륙시	105	1.8
· 대형 차량	185	3.2
다양한 직업적 활동		
· 요리할 때	95~115	1.6~2.0
· 집안 청소할 때	115~200	2.0~3.4
· 앉아서 손발 움직일 때	130	2.2
· 기계작업		
톱질할 때(Table작업)	105	1.8
배선할 때(전기 산업)	115~140	2.0~2.4
과중한 작업	235	4.0
· 50kg의 가방을 들고다닐 때	235	4.0
· 곡괭이질이나 삽질할 때	235~280	4.0~4.8
다양한 레저 활동		
· 사교 댄스	140~255	2.4~4.4
· 미용체조/연습	175~235	3.0~4.0
· 단식 테니스	210~270	3.6~4.0
· 농구	290~440	5.0~7.6

② 에너지 대사율(Relative metabolism rate : RMR)

에너지 대사율이란 작업시의 에너지 소모량에 의해 작업강도를 나타내는 단위로서 계절이나 시각에 따라 변동되며 다음 식으로 나타낸다.

$$\text{에너지 대사율} = \frac{(\text{작업시의 소비에너지}) - (\text{안정시의 소비에너지})}{\text{기초대사}}$$

안정을 취할 때의 소비에너지는 기초 대사량의 약 20% 정도가 증가하며 각종 작업에 대한 에너지 대사율은 표 1-2와 같다.

표 1-2 각종 작업에 대한 에너지 대사율

작 업	RMR	작 업	RMR
도 보	1.5~2.2	공 장 순 찰	1.5~2.0
달 리 기	5.0	화 학 분 석	1.0
가사일반	1.5	방사(紡絲)	2.4
사무일반	0.5	자동차조립	2.5~2.8
서류정리	1.0	우편물구분	0.8
전화교환	1.2	간호사보조	1.5

③ 대사량(Metabolism : met)

인체 활동시의 대사를 표시하는 단위이며 보통 메트(met)로 나타낸다. 1met는 열적으로 쾌적한 상태에서 의자에 앉아 안정을 취하고 있을 때의 대사량으로 1met=58.2 W/m^2이다. 예를 들면 안정상태로 누워 있을 때는 0.8 met, 사무실 작업은 1.2 met, 테니스는 4 met 등이다.

표 1-1 (b)에서 보는 바와 같이 통상의 사무작업은 1.0~1.4met의 대사량에, 농구와 같은 격렬한 운동은 5.0~7.6met의 대사량에 해당된다. 이는 동양인의 체표면적(A_D)은 약 1.6~1.7m^2이므로 의자에 앉아 독서 등을 하고 있는 경우 한 사람이 100~200W의 열을 방출하고 있는 셈이다.

$$\text{대사량[met]} = \frac{\text{작업시의 대사량}[\text{W/m}^2]}{\text{안정시의 대사량 } 58[\text{W/m}^2]}$$

그림 1-3은 작업 상태별 대사량이며 인간이 연속적인 활동중 견딜 수 있는 최대의 에너지 배출량은 근사적으로 산소를 소비하여 낼 수 있는 최대 배출에너지량의 약 절반이다.

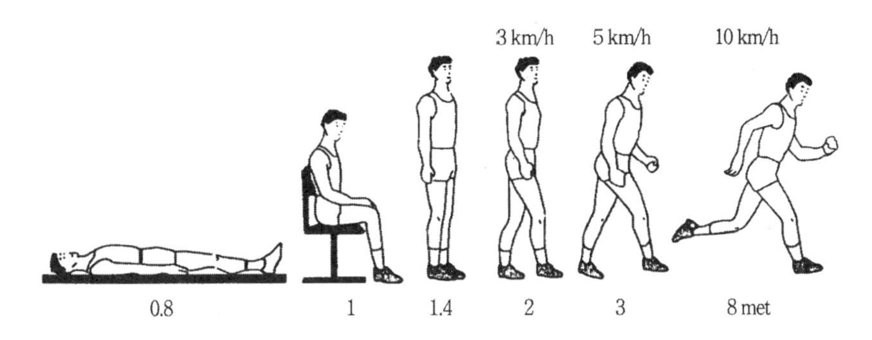

그림 1-3 작업 상태별 대사량 [단위 : met]

건강한 정상인의 경우 20대는 최대 배출에너지량이 약 12met이고 70대는 7met 정도로 저하한다. 여자는 남자에 비해 최대 배출에너지량이 30% 정도 적다. 일반적으로 대사량을 정확히 측정하는 것은 어려우며 상당한 숙련을 필요로 한다.

④ 착의와 착의량

착의는 인체와 온열환경 사이에서 단열기능, 보온기능과 조습기능을 하고 있다. 특히 착의로 인한 단열성능(열저항)을 착의량이라 부른다. 착의량을 나타내는 열저항의 단위는 클로[clo]이다. 1clo=0.155℃ m^2/W이며 남성이면 동복정장 상하를 입고 있는 상태와 같다.

착의량은 정식으로는 의복 종류별 클로 데이터를 이용해서 가산식으로 결정되나 착의중량에 거의 비례하기 때문에 의복중량을 이용해서 착의량을 추정하는 회귀식이 제시되어 있다. W를 의복 총중량(g)이라고 하면

남성 의복의 경우 (단 $W \leq 3{,}000g$), $1clo = 0.00058W + 0.068$

여성 의복의 경우 (단 $W \leq 2{,}000g$), $1clo = 0.00103W - 0.025$

그림 1-4는 대표적인 착의 상태에서의 착의량을 나타낸다.

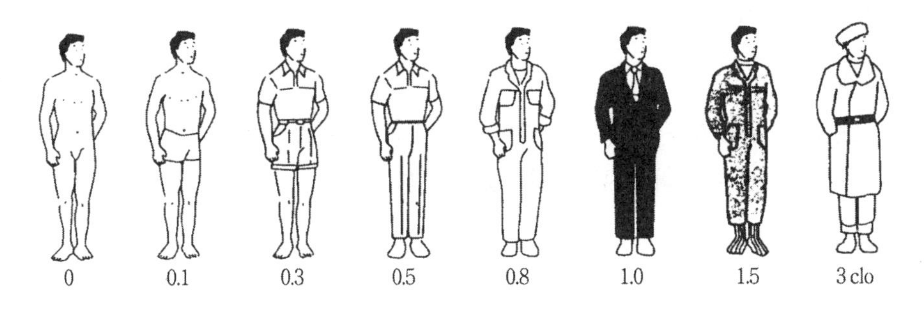

그림 1-4 대표적인 착의 상태와 착의량 [단위 : clo]

2) 체외 방출열량

인체로부터 주위로의 방출열량은 그림 1-5와 같이 주로 인체 표면과 호흡에 의하여 대류, 복사와 수분증발의 잠열에 의하여 몸밖으로 방출하게 되는데 이것을 식으로 표시하면 다음과 같다.

$$M = \pm S + E \pm R \pm C \quad \cdots\cdots (1\text{-}1)$$

여기서 M : 에너지 대사량 [W]

S : 체내 축열량 [W]

E : 증발에 의한 방출열량 [W]

R : 복사에 의한 방출열량 [W]

C : 대류에 의한 방출열량 [W]

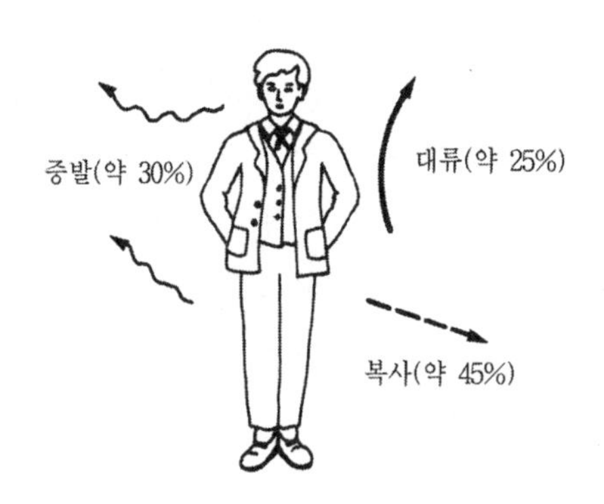

그림 1-5 인체의 발열

① 증발(evaporation)

인체의 피부에서 수분이 증발하며 그 증발열로 체내열을 방출한다. 또 입에서 토해내는 공기 중에도 증발한 수분이 다량 함유되어 있다.

② 대류(convection)

인체의 표면과 주위공기와의 사이에 열이 전달되는 것으로 이것은 인위적으로 조절이 가능하다. 또 주위공기의 온도와 기류에 영향을 받는다.

③ 복사(radiation)

이것은 실내온도와는 관계없이 유리창과 벽면 등의 표면온도와 인체표면 온도와의 온도차에 따라 실제 느끼지 못하는 사이 방출되는 열을 말한다. 겨울철 유리창 근처에서 추위를 느끼는 것은 복사에 의한 열방출이 있기 때문이다. 반대로 벽면온도를 조절하여 인체에 쾌적함을 주는 것을 "복사 냉·난방"이라 한다.

3) 열평형과 쾌적감

신진대사로 체내 발생열량과 복사, 대류, 증발의 3가지 작용에 의한 체외 방출열량 중 어느 것이 많고 적음에 따라 인간은 쾌적감 또는 추위와 더위를 느끼게 된다. 따라서 근육작업에 의하여 열발생량이 증가하거나 외부환경의 변화에 따라 방출열량의 증감이 있게 되면 체온조절 기능이 작동하여 균일하게 한다. 그러므로 인간이 가장 쾌적한 상태로 되려면 "체내 발생열량=체외 방출열량"으로 열평형을 이루어야 한다.

그 외에 한여름의 혹서 계절에 있어서 옥외로부터 냉방이 잘 되어 있는 실내로 갑자기 들어오게 되면 서늘한 감각을 받게 되며 반대로 실내에서 옥외로 나가게 되면 후덥지근하고 불쾌감을 받게 되는데 이와 같은 불쾌감을 열충격(heat shock)이라 하며 인체의 건강상 바람직하지 못한 일로서 몇 번이고 실내외의 온도차가 큰 곳의 출입을 되풀이하게 되면 체온조절 기능이 약화되어 여름철에는 냉방병에 걸리게 된다.

(2) 쾌감용 공조(보건용 공조)의 실내조건

1) 환경조건

쾌감용 공조(보건용 공조) 공간의 실내 공기환경은 온도, 습도, 기류 및 청정도 등에 의하여 결정된다. 도심지에서의 공기오염으로 인해 외부공기를 실내로 유입하기 위해서는 공기를 정화(淨化) 시켜야 한다.

또한 인간은 호흡을 통하여 산소를 섭취하고 탄산가스와 수분을 발산시키며 실내에서의 활동으로 인하여 발생되는 먼지나 외부로부터 들어오는 먼지, 세균 등은 모두 실내공기의 오염요소들이다. 실내에서의 연소기의 사용은 산소를 소비하고 탄산가스, 일산화탄소 등을 배출한다. 따라서 흥행장, 백화점, 사무실, 학교 등 공공장소의 쾌적하고 위생적인 실내환경을 유지하기 위해 오염물질의 허용치를 법적으로 규제하고 있다.

표 1-3은 건축법 시행규칙에 의한 중앙관리 방식의 보건용 공기조화에서의 실내공기 기준이다. 여기에서 인체에 직접적인 영향을 주는 일산화탄소(CO) 및 탄산가스(CO_2)의 함유량에 대한 인체에 미치는 영향과 반응은 표 1-4 및 표 1-5와 같다.

표 1-3 중앙식 공기조화설비의 실내 환경기준

구 분	기 준
부 유 분 진 량	공기 $1m^3$당 0.15mg 이하
일산화탄소(CO)의 함유율	10ppm 이하(1백만분의 10 이하 : 0.001% 이하)
탄산가스(CO_2)의 함유율	1,000ppm 이하(1백만분의 1,000 이하 : 0.1% 이하)
상 대 습 도	40% 이상 70% 이하
기류의 이동속도	0.5m/s 이하
온 도①	① 17℃ 이상 28℃ 이하 ② 거실온도를 외기온도보다 낮게 유지할 경우에는 그 차가 현저하지 않게 할 것

(주) ① 건축법 시행규칙에는 온도에 관한 사항은 없으나 일반적인 경우임

표 1-4 CO의 농도와 중독증상

농도 [체적 %]	접 촉 시 간 및 증 상
0.02	2~3시간 지속되면 앞머리에 가벼운 두통
0.04	1~2시간 지속되면 앞머리에 두통 및 구토
0.08	45분 지속되면 두통, 현기증, 구토증, 경련 및 2시간 지속되면 실신
0.16	20분 지속되면 두통, 현기증, 구토증 및 2시간 지속되면 치사
0.32	5~10분 지속되면 두통, 현기증 및 30분 지속되면 치사
0.64	1~2분 지속되면 두통, 현기증 및 10~15분 지속되면 치사
1.28	1~3분 지속되면 치사

(주) 표준 대기상태의 CO 농도 : 0.01~0.2ppm

표 1-5 CO_2의 농도와 중독증상

농도 [체적 %]	허 용 도 및 증 상
0.07	다수의 사람이 계속 실내에 있을 경우의 허용농도
0.10	보통 경우의 허용농도
0.15	환기계획에 사용되는 허용농도
0.2~0.5	상당히 불량하다고 볼 수 있다.
0.5 이상	극히 불량하다고 볼 수 있다.
4~5	호흡기·중추신경을 자극하여 호흡의 깊이, 횟수가 증가하며 호흡시간이 길면 위험하다.
8	10분간 호흡하면 두통 및 호흡 곤란
18 이상	치명적

(주) 표준 대기상태의 CO_2 농도 : 300ppm

2) 쾌감선도

그림 1-6은 ASHRAE의 쾌감선도이며 사람이 기류풍속 7.5~12.5 cm/s의 방에 들어간 직후의 온도에 대한 느낌을 나타낸 것으로 여름철에는 왼쪽 위의 그림과 같이 왼쪽 아래에서 오른쪽 위로의 사선이 쾌감을 나타내고 있다. 예를 들어 건구온도가 26℃이고 습구온도가 22℃일 때 50%의 사람이 쾌적감을 느낀다고 한다.

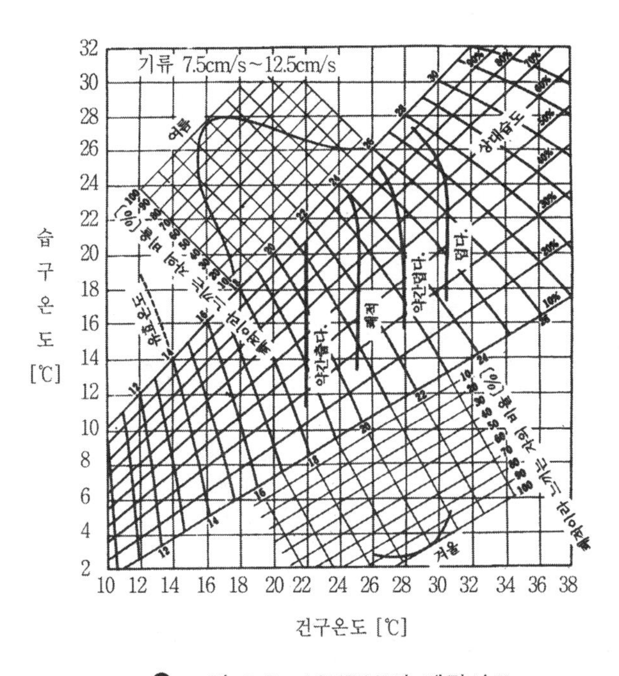

그림 1-6 ASHRAE의 쾌감선도

그림의 왼쪽 위에서 아래를 향해 그려진 선상에서는 온도에 대한 느낌이 거의 같다고 하는 것이며 극단적으로 습도가 낮거나 높은 경우에는 목이나 코의 점막을 상하게 하고 세균이나 곰팡이가 번식하기 쉽기 때문에 바람직하지 않다.

습도는 온도에 대한 감각 외에 카페트 등의 전기 전도도에도 영향을 미친다. 겨울에 난방이 된 방의 카페트 위를 걷다가 문의 손잡이에 손을 대었을 때 전기쇼크를 받는 경우가 있는데 이것은 인체에 마찰전기가 발생하기 때문인데 이것을 방지하기 위해서는 전기 전도도를 높임과 동시에 습도를 60% 이상으로 유지시켜야 한다.

3) 열환경 지표

① 유효온도(effective temperature : ET)

공조의 실내환경을 평가하는 표준으로 유효온도가 사용된다. 유효온도(effective temperature)는 인체가 느끼는 온열 감각에 대한 온도, 습도, 기류의 영향을 하나로 모아서 만든 쾌감의 지표이다. 그림 1-7은 야글루의 유효온도 선도이며 공기의 온도, 습도, 기류의 조합에 대하여 같은 온도감각을 느낄 수 있도록 바람이 없는 상태에서 상대습도가 100%일 때의 기온을 유효온도(ET : effective temperature)라고 하여 이 ET에 의하여 체감온도를 나타낸 그림이다.

이 선도는 풍속이 주어지는 실내환경을 평가하기 편리하다. 예를 들면 건구온도 25℃, 습구온도 20℃일 때 풍속이 3.5m/s이면 유효온도(ET)는 19℃이고 풍속이 1.0m/s이면 ET는 21.3℃이다. 즉 동일한 온도 및 습도에서도 풍속이 1m/s 증가하면 유효온도는 1℃ 정도 내려가는 것으로 되어 있다.

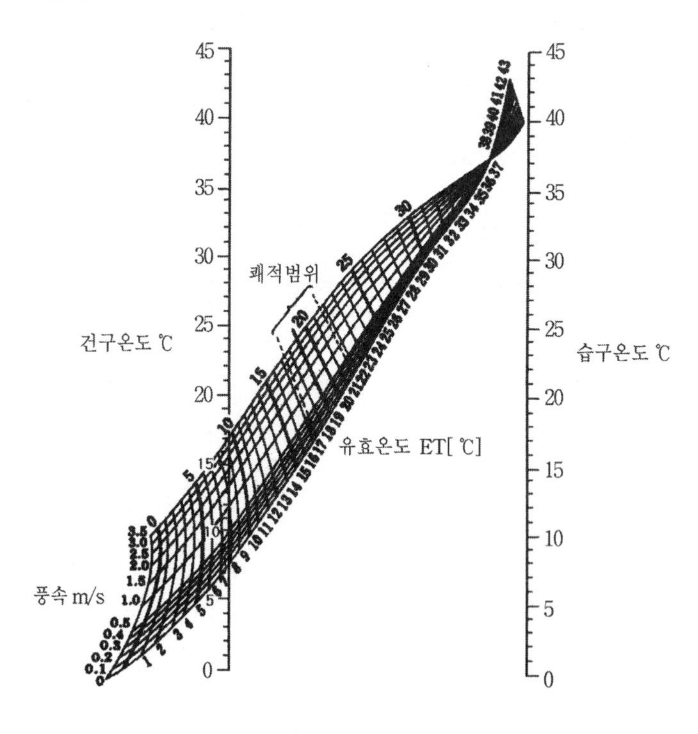

그림 1-7 야글루의 유효온도도 (평상복 차림의 앉아 있는 상태)

이 유효온도가 그림 1-8 (a)에 나타나 있다. 그림의 우측에 여러 가지 작업 상태에서 적용해야 할 유효온도의 대략적인 값이 표시되어 있다.

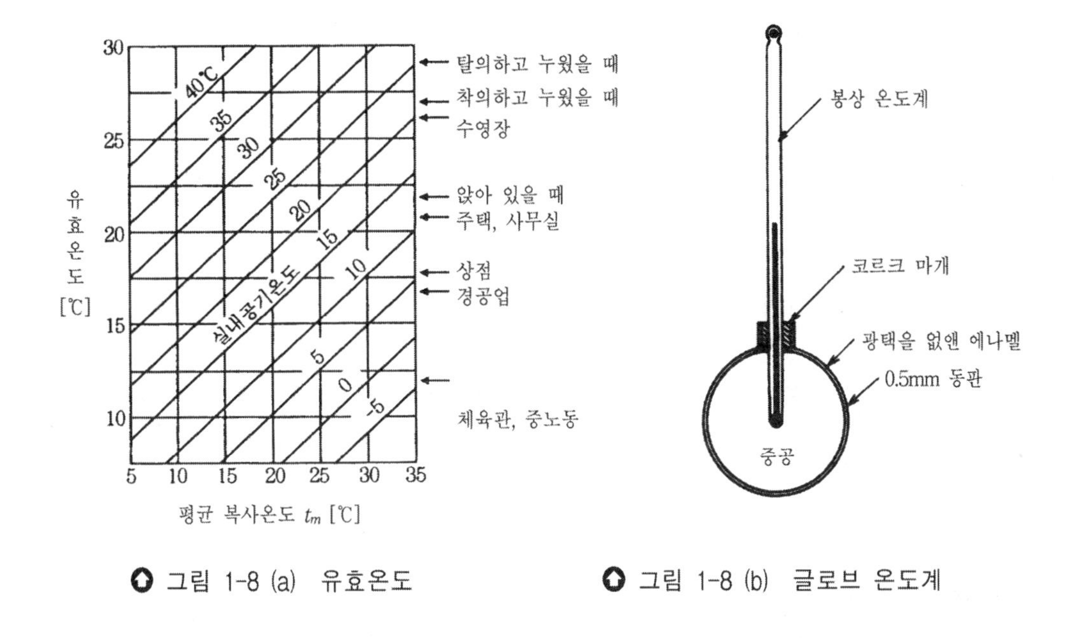

그림 1-8 (a) 유효온도

그림 1-8 (b) 글로브 온도계

② 수정유효온도(Corrected effective temperature : CET)

Yaglou가 1925년에 유효온도에 실내 측정조건을 보완하여 발표한 것으로 유효온도에 복사열의 영향을 고려하였다. 건구온도 대신 그림 1-8 (b)의 글로브 온도계로 측정한 흑구온도를 습구온도 대신 상당습구온도를 사용하였다. 상당습구온도란 절대습도를 그대로 두고 기온이 건구온도에서 글로브 온도까지 변화된 경우에 얻어지는 습구온도를 의미한다.

③ 신유효온도

ASHRAE에서 1972년에 발표하였으며 그림의 1-9 (a)의 선도에서 ET* 선은 건구온도 25℃, 상대습도 50%를 통과하는 점을 기준으로 했으며 쾌적선도에서 마름모꼴은 캔사스 주립대학의 학생을 대상으로 하여 연구된 결과로서 착의 0.6~0.8clo로 조용히 앉아 있는 상태에서 구해진 것이며 사선부분은 ASHRAE에서 연구된 결과로서 0.8~1.0clo로 사무작업 상태로서 쾌적영역이 마름모꼴보다 약 1.5℃ 정도 낮다.

그림 1-9 (b)에서 실내온도가 25℃, 상대습도가 70%일 때 ET*는 실내온도 25℃선과 상대습도 70% 선의 교차점 ②에서 등 ET* 선인 점선을 따라 상대습도 50% 선과의 교차점 ③을 잡아 온도축으로 내려서 읽으면 25.8℃로 되며 이것인 ET* 온도이다.

여기에서 다시 한번 생각해 볼 것은 ②점의 건구온도는 25℃이고 ③점의 건구온도는 25.8℃이다. 그러나 우리가 느낄 수 있는 체감온도는 ②점이나 ③점 모두 25.8℃로 느끼고 있다. 이것은 습도가 높을수록 느껴지는 온도감각은 높아짐을 나타낸다.

그 예로서는 장마철에는 습도가 많기 때문에 더위를 더 느끼며 겨울에는 습도가 낮아 추위를 더 느끼게 되는 것과 같다.

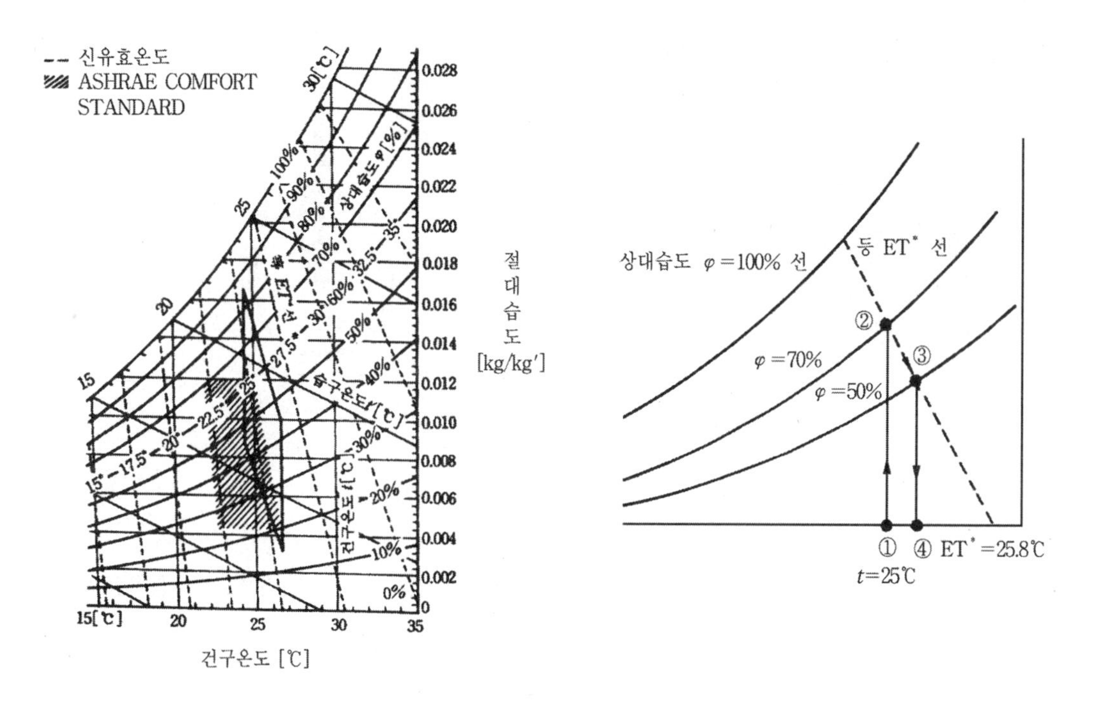

그림 1-9 (a) 신유효온도(ET*)선도

그림 1-9 (b) 신유효온도(ET*)를 구하는 방법

표 1-6은 ASHRAE에서 제시한 신유효온도에 대응하는 온감, 쾌적성 및 생리현상과 건강상태에 대한 영향을 나타내는 쾌적건강지표이다. 또한 불쾌지수(discomfort index : DI)란 기류속도 및 주위벽면에서의 복사열을 무시하고 기온과 습도만에 의한 쾌적도를 나타내는 것으로 다음 식과 같이 표시한다.

$$DI = 0.72(t + t') + 40.6 \quad \cdots\cdots (1\text{-}2)$$

여기서 DI : 불쾌지수
t : 건구온도 [℃]
t' : 습구온도 [℃]

표 1-6 ASHRAE 쾌적건강지표(CHI)

ET	온 감	쾌 적 성	생 리	건 강
43	제한적 허용		체온상승	순환계성허털
40			체온규제의 실조	
38	대단히 덥다	대단히불쾌	발한과 혈액에 의한 스트레스의 증가	열사병의 위험증가
35	덥 다			심장순환계의 곤란
32	따 뜻 하 다	불 쾌	발한과 혈관 변화에 의한 정상적인 조절	
29	조금따뜻하다			
25	알 맞 다	쾌 적	혈관조정	정 상
21	조금서늘하다		혈열손실의 증가	
18	서 늘 하 다	다소 불쾌	착의와 운동의 증가	
14	춥 다		행동조절	점막과 피부의 건조에 대한 불만 증가(<10mmHg)
11	대단히 춥다		손발의 혈관수축	근육통·말초순환 장해

불쾌지수가 75 이상이면 덥다고 느끼며 80 이상인 경우에는 더워서 땀이 나고 85 이상이면 더워서 못 견디겠다고 느끼게 된다. ASHRAE에서는 쾌적범위에 대하여 "온열환경에 대하여 만족을 느끼는 심적상태"라고 정의하며 그림 1-9 (a)와 같이 나타낸다.

④ 신표준유효온도(Standard new effective temperature : SET*)

신표준유효온도는 표준 착의량의 재실자가 실제의 환경에서와 같은 현열손실과 잠열손실을 경험하게 되는 기류속도 0.1m/s, 상대습도 50%인 표준조건의 균일한 열환경(기온=주위 벽면온도)의 온도로 정의된다. 이것은 온열환경에 있어서 사람의 체온조절 시스템을 생리학 등에 의해 얻어진 데이터에 기초해서 수학적으로 모델화해 산출한 것으로 온도의 차원을 갖는다.

이 SET*를 사용하면 여러 가지 조건의 실내환경을 가정한 공기온도이기는 하나 단일변수에 의해 비교 평가할 수 있으며 또한 공기온도라는 우리에게 친숙한 물리량을 척도로 사용하기 때문에 실내 온열환경의 양상이 쉽게 이해될 수 있다.

⑤ 작용온도(Operative temperature : OT)

Gagge 등이 1940년에 개발한 지표이다. 인체와 환경 사이의 열교환에 기초를 두어 온도,

기류, 복사열의 영향을 이론적으로 종합한 것으로 대류에 의한 열전달률과 복사에 의한 열전달률에 의해 기온과 평균복사온도를 가중평균한 값이며 습도의 영향은 고려되어 있지 않으며 계산식은 다음과 같다. 기류가 0.75m/s일 때 실내공기온도 t_r과 평균복사온도 MRT에 의하여 효과온도 t_e는

$$t_e = 0.58t_r + 0.48MRT - 2.2 \quad \cdots\cdots (1\text{-}3)$$

로 되며 사무실 작업시 22℃이다. 겨울에는 같은 실온하에서 의기 온도로 차가워진 창 가까이에 있으면 차가운 복사에 의해 체감온도는 실온보다 낮게 느끼게 되며 복사난방기 가까이에 있으면 복사열로 실온보다 높게 느낀다. 이는 사람이 실온에 복사 효과를 더해서 체감하기 때문이다. 극단적인 복사의 불균일성이 없으면 작용온도는 실온과 평균복사 온도의 단순 평균값과 거의 같다.

⑥ 흑구온도(Globe temperature : GT)

지름 15cm 흑구 안의 평형온도로 건구온도, 기류 및 주위표면으로부터 받는 복사열의 복합적인 물리적인 영향을 나타내는 단일 온도지표이며 흑구온도를 이용하여 평균복사온도를 구하는 방법이 사용되고 있다.

⑦ 평균 복사온도(Mean radiant temperature : MRT)

평균 복사온도(MRT)란 복사패널편 등을 포함한 실내 표면의 평균온도를 의미하며 실내 표면의 평균온도에서 근사적으로 다음과 같이 구할 수 있다.

$$\mathrm{MRT} = \frac{\Sigma t_s \cdot A + t_p \cdot A_p}{\Sigma A + A_p} \quad \cdots\cdots (1\text{-}4)$$

여기서 A_p : 가열면 면적 [m²]

A : 비가열면의 면적 [m²]

t_p : 가열면 표면온도 [℃]

t_s : 비가열면 표면온도 [℃]

⑧ 예상온열감(Predicted mean vote : PMV)

1967년 Fanger에 의해 제시된 예상온열감은 인간의 온열감각에 대한 이론을 정량화시킨 것이다. 인체의 대사율, 의복의 열저항값 등을 산정하고 건구온도, 평균복사온도, 기류속도

및 수증기 분압 등을 측정하여 인체의 열평형을 기초로 하는 쾌적방정식에 대입하여 인체의 온열감을 이론적으로 예측한 것이다.

즉, PMV는 온열환경 6가지 요소를 쾌적방정식에 대입시켰을 때의 발산열량과 방열량의 불평형분(인체 열부하)과 사람의 온열감각을 피험자 실험에 의해 연관시켜 지워 나타내는 지표로서 PMV값은 열적 중립상태를 0으로 하고 −3∼+3의 수치척도를 각각 춥다(Cold), 서늘하다(Cool), 약간 서늘하다(Slightly Cool), 중립(Neutral), 조금 따뜻하다(Slightly Warm), 따뜻하다(Warm), 덥다(Hot)로 나타내며 다음에 PMV식과 적용범위를 나타냈으며 사용범위는 PMV=−3 ~ +3이다. 일반적으로 추천되는 쾌적범위는 다음과 같다.

$$-0.5 < PMV < +0.5,\ PPD < 10\%$$

이것은 예상평균 온·냉감 신고가 −0.5에서 +0.5 사이에서는 불쾌감을 느끼는 사람의 비율의 10% 미만이 되어야 한다는 것을 말한다.

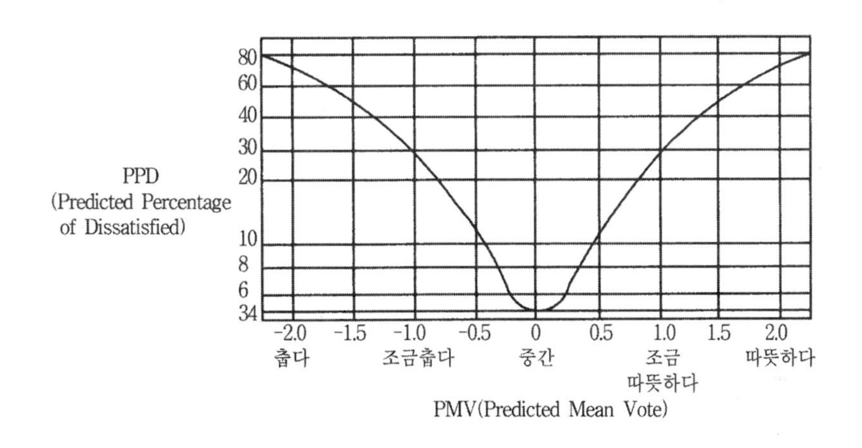

그림 1-10 PPD와 PMV간의 관계

⑨ 예상불만족감(Predicted percentage of dissatisfied : PPD)

PMV는 같은 환경에 처해 있는 많은 사람의 열적반응 평균치를 나타낸 것이다. 그러나 각각의 응답은 평균치 근처에 분산된 것으로 더운 사람과 추운 사람의 수를 아는 것도 중요하다. 예상 불만족률은 어느 환경에 놓여진 사람들의 불만족률을 나타낸 것으로 몇 %의 사람이 온열적으로 불만을 느끼고 있는가를 나타낸다.

그리고 이것은 앞서 언급되었던 예상온열감과 연관되어 뛰어난 지표로 활용되고 있다. 여기서 불만족은 어떤 사람이 −1, +1 또는 0으로 표시하는 것으로 정의된다. 10%의 PPD

는 ±0.5 영역의 PMV와 일치한다. 그리고 PMV=0일 때조차 대략 5% 정도의 사람들이 불만족한 것으로 알려져 있다.

4) 청정도(cleanliness)

실내환경에서 오염요소로는 인간의 거주에 따른 신진대사에 의해 발생하는 열, 수분, 탄산가스등의 요소와 실내에서의 연소기의 사용에 따른 연소가스에 의한 오염, 건물내부에 설치된 건축자재에서 발생하는 유해물질 그리고 외기의 오염된 공기의 도입으로 인한 실내환경의 악화 등이 있으며 이러한 오염된 공기는 거주자에게 불쾌감을 제공할 뿐 아니라 작업능률의 저하와 건강을 해치는 원인이 된다.

보건용 공조에서의 실내환경기준을 유지하기 위해서는 신선한 외기를 공급하여 실내공기를 희석, 교환시켜야 한다. 인체의 호흡에 대한 CO_2의 배출량은 체격이나 작업환경 등에 따라 다르지만 일반적으로 평상시 성인 남자는 14~20 l/h 정도이며 여자는 이 값의 약 90%, 아동은 약 50%, 취침시에는 주간의 50% 정도로 가정하고 있다. 표 1-7은 인체에서의 CO_2 방산량 등에 대한 값을 나타내고 있다.

표 1-7 인체에서의 방열량, 수증기량, CO_2 방산량, O_2 소비량

작업명칭[a]	적용건물[b]	기초자료				설계용 발열량, 수증기량[g]						군집용 계수[h]
		RMR추정평균대사율[c]	O_2 소비량[d] [l/h]	CO_2 방산량[e] [l/h]	발열량[f] [W]	온도 [℃]	20	22	25	26	27	
1. 조용히 앉은 상태	극 장	0.28	17	15	101	현 열 [W] 수증발 [g/h]	79 34	72 42	62 57	58 64	53 70	0.897
(1) 〃	독 서	(0.20)	(16)	(20)	(95)	현 열 수증발						
2. 가벼운 작업	사 무 실 고등학교	0.51	20	18	116	현 열 수증발	84 50	77 58	65 77	60 84	56 92	0.888
(2) 〃	조용한 사무실	(0.4)	(19)	(17)	(109)	현 열 수증발						
3. 사무작업	사무실, 호텔 제도작업	0.6	21	20	123	현 열 수증발	81 63	74 73	62 91	59 97	52 105	0.947
4. 서서 다니는 상태	백 화 점 소 매 점	0.89	25	23	143	현 열 수증발	94 73	86 84	71 105	66 112	60 121	0.818
5. 섰다 앉았다	은 행 약 국	0.89	25	23	143	현 열 수증발	86 85	80 94	69 112	64 120	57 129	0.909
6. 앉아서 가벼운 작업	공 장	1.8	35	33	207	현 열 수증발	108 146	94 167	72 201	66 211	58 222	0.938

작업명칭[a]	적용건물[b]	기초자료				설계용 발열량, 수증기량[g]						군집용 계 수[h]
		RMR추 정평균 대사율[c]	O_2 소비량[d] [l/h]	CO_2 방산량[e] [l/h]	발열량[f] [W]	온 도 [℃]	20	22	25	26	27	
7. 서서 움직인다	댄 스 홀	2.2	40	38	233	현 열 수증발	117 173	104 194	79 227	72 240	64 249	0.944
8. 4.8km/h의 보행	공 장	2.6	45	42	259	현 열 수증발	127 194	112 218	90 253	83 264	74 275	1.00
9. 중작업	보링, 투구 공 장	4.5	67	64	390	현 열 수증발	171 324	155 347	133 380	128 388	123 395	0.967

(주) ① a, b는 carrier design manual 1에 의하며 여기서 (1), (2)는 안정휴식시의 RMR은 0.2, 사무작업은 0.3~0.4이므로 동양인에게 적용할 수 있다.
② 동양인의 기초대사량 68.29[W]의 1.1배를 표준미국인(19.5ft^2, 1.81m^2)의 기초대사량 77.72[W]로 하였으며 f를 기준하였다.
③ f, g는 (1), (2)를 제외하고 carrier의 표에서 BTU=1.055[kJ]로서 구하였다. 다만 g는 ℉의 눈금을 ℃ 상당그림상의 값이다.
④ d는 f를 기준으로 환산하고 c는 d의 값에 호기량 0.95를 곱하여 구했다. 다만 (1)에서는 0.8, (2)에서는 0.9로 적용하였다.

5) 소음(noise)

소음이란 원하지 않는 음(音)으로서 귀에 고통과 장애를 주는 불필요하고 음악, 음성 등의 전달을 방해하는 음을 말한다. 주로 공조설비에서는 냉동기・보일러・펌프・송풍기・냉각탑 등의 기기류에서 소음이 발생하고 또 덕트나 취출구・흡입구에서 기류에 의해 발생하는 소음, 배관내의 흐름에 의해 발생하는 소음 등이 있다.

생활환경 가운데 소음의 주범은 공장기계로부터의 발생음, 교통소음, 건설현장에서의 소음 등이 있으며 특히 교통소음과 건설소음은 장시간 들을 경우 불쾌감이나 청각장애를 일으키기도 한다. 공조계통에서의 소음 전파경로는 그림 1-12에 나타난 바와 같이 여러 가지가 있으나 대표적인 것은 다음과 같다.

① 소음원이 실내에 있고 거기서 방출된 소음이 실내로 확산되는 것
② 기계실의 벽체 등을 투과하여 거실로 소음이 전파되는 것
③ 송풍기 소음이 덕트를 통해 실내로 방출되는 것
④ 냉각탑과 같이 옥외에 설치되는 기기의 소음이나 외기도입구, 배기구 등에서 옥외로 방출된 소음이 인접하는 건물 등에 전파되는 것
⑤ 기기의 진동이 건물 구조체에 전달되어 이에 의해 2차적으로 실내에서 발생하는 소음 등

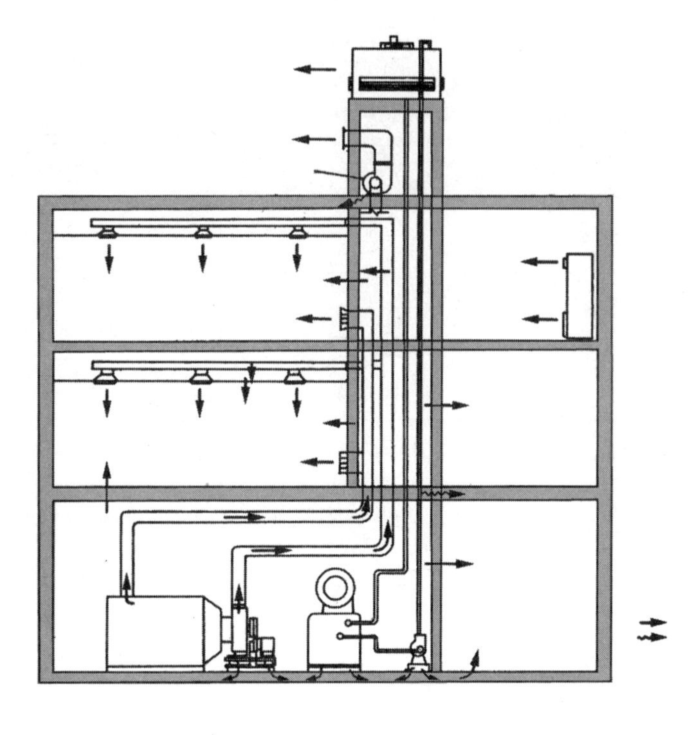

그림 1-11 전파경로

그림 1-11과 같이 전파되어온 실내의 소음이나 옥외의 소음이 허용소음치보다 적을 때는 문제가 없으나 허용치를 넘을 때는 소음을 감소시키는 대책을 수립해야 하며 방법으로는 다음과 같다.

① 발생소음을 감소시키는 방법 즉, 발생소음이 적은 기기의 선정, 기기의 개량, 운전상태의 변경 등
② 실내에 흡음재를 사용하거나 벽체나 문짝 등의 차음강화, 기계기초나 바닥의 보강 등의 건축적 방법
③ 소음기의 설치나 방진재의 사용 등의 설비적 방법

소음의 평가는 그림 1-14에 나타난 NC 곡선(noise criteria curve)이 이용되고 있는데 이것은 소음을 옥타브 분석하여 각 옥타브 밴드레벨을 이 선도에 기입하고 각 밴드의 최대값을 그 소음의 NC 값으로 환산한 것이다. 실내소음의 허용기준치는 표 1-8에, 지역에 따른 소음발생 허용기준치 값은 표 1-9에 나타나 있다.

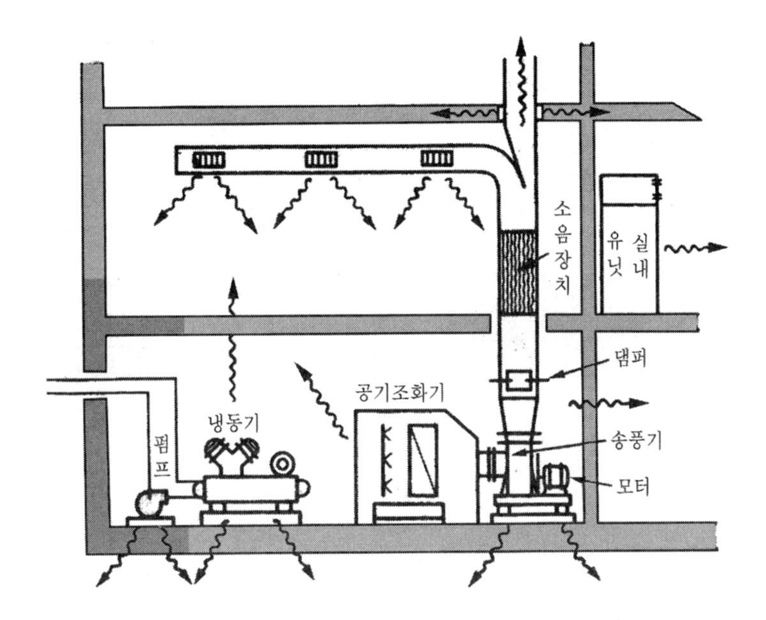

⬆ 그림 1-12 공조장치로부터 소리의 전달과정

⬇ 표 1-8 실내소음의 허용기준치(ASHRAE HANDBOOK)

건 축 명	NC치 [dB (A)]	건 축 명	NC치 [db (A)]
개 인 주 택	25~30 (35)	호텔의 서비스구역	40~45 (50)
공 동 주 택	30~35 (40)	극 장	25~30 (35)
중역실, 회의실	25~30 (35)	음 악 당	20~25 (30)
개인 사무실	30~35 (40)	녹음스튜디오	15~25 (30)
일반 사무실	35~40 (45)	레 스 토 랑	35~45 (50)
전산실, 현관로비	40~45 (50)	카페테리아	40~50 (55)
병원의 개인병실, 수술실	25~30 (35)	백 화 점	35~45 (50)
일반병실, 검사실	30~35 (40)	백화점의 1층, 지하층	40~50 (55)
병원대합실	35~40 (45)	수 영 장	40~50 (55)
교 회	25~30 (35)	체 육 관	30~40 (45)
학교, 교실	25~30 (35)	호 텔 객 실	30~35 (40)
도 서 관	30~35 (40)	호텔, 연회장	30~35 (40)
영 화 관	30~35 (40)	호텔로비, 복도	35~40 (45)

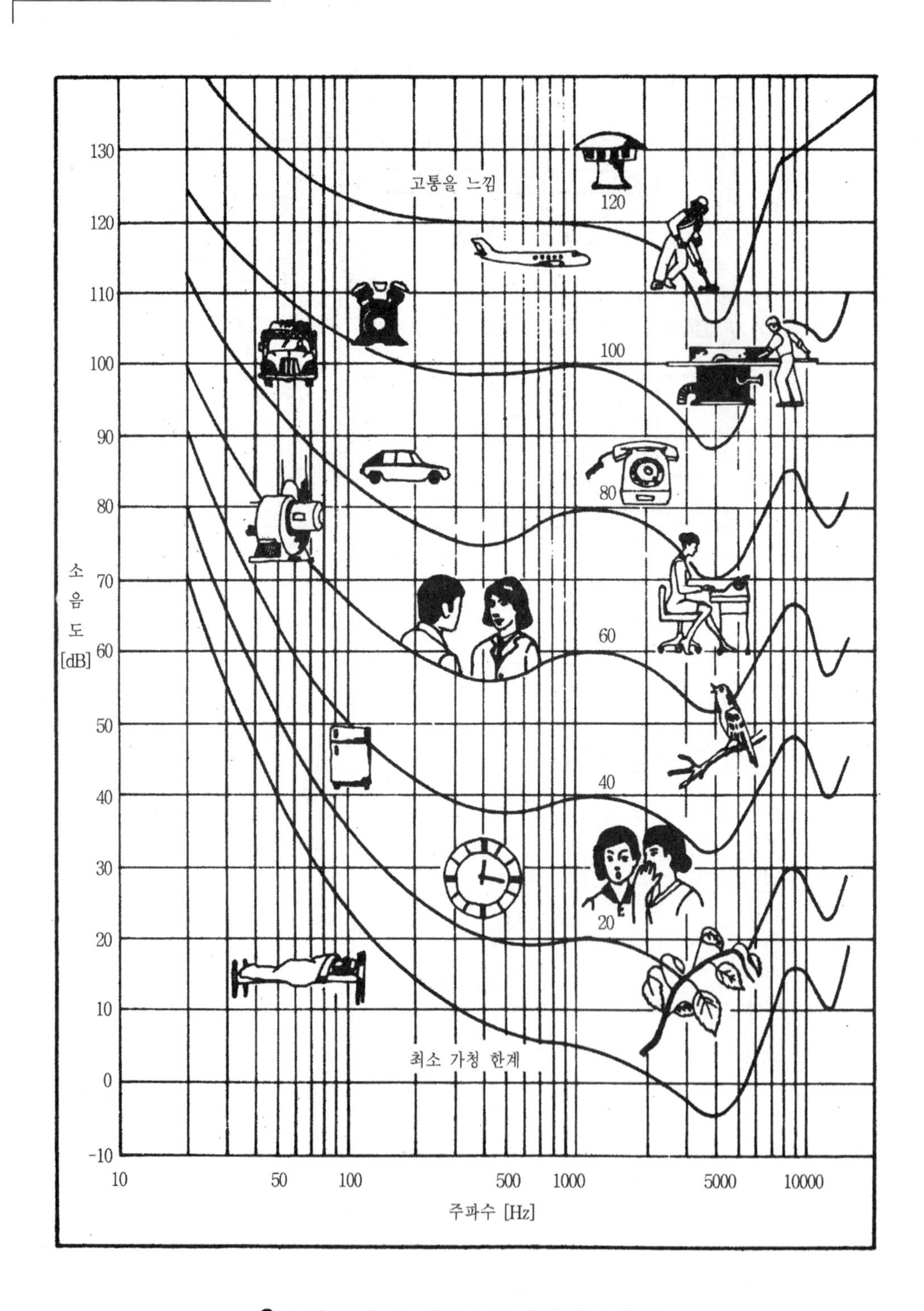

그림 1-13 HUMAN LIFE SOUND LEVEL

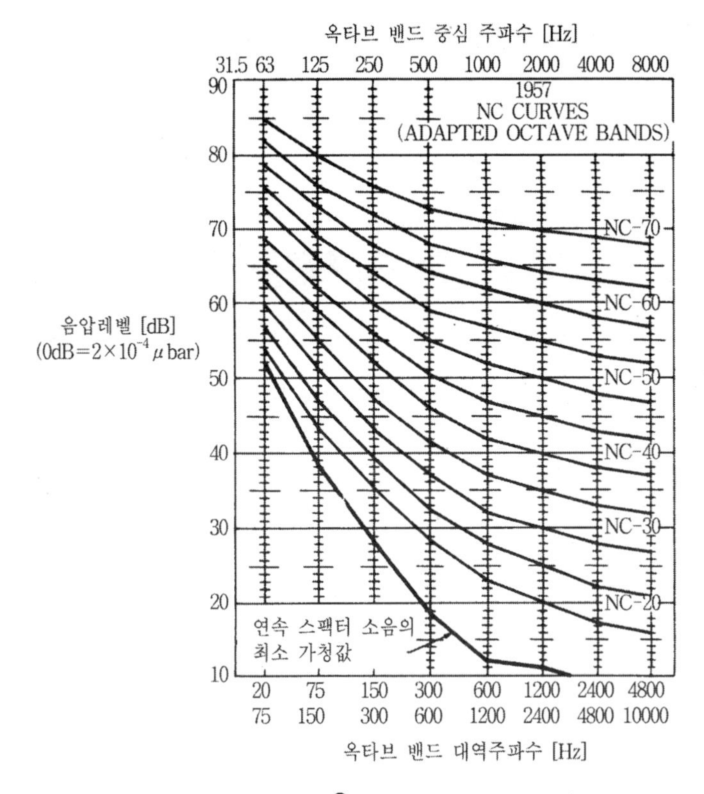

그림 1-14 NC 곡선

표 1-9 소음발생 허용기준치(환경청 기준)

지 역 구 분		낮(06~18)	저녁(18~24)	밤(24~05)
도시지역	주거전용지역, 녹지지역, 종합병원, 학교	50	45	40
	주거지역, 준주거지역	55	50	45
	상업지역, 준공업지역	65	60	55
	공업지역, 전용공업지역	70	65	60
수자원보전지역, 경지지역, 개발촉진지역		50	45	40
수자원보전지역, 경지지역, 개발촉진지역		60	55	50
공업지역		70	65	60

(3) 산업용 공조의 실내환경

1) 산업용 공조의 적용

생산공정이나 제품관리에 필요한 온·습도조건의 유지 및 작업환경을 쾌적하게 함으로써 작업능률을 향상시키고 고품질의 제품을 생산할 수 있는 산업용 공기조화는 산업발전에 중요한 요소의 한 부분이다. 제품생산을 위해서 또는 보관을 위해서도 산업용 공조는 필요하지만 그 목적에 따라 온·습도 조건에 달라지는 경우가 있으므로 표 1-10에 각종 공장에 대한 온·습도 조건을 나타낸다.

표 1-10 각종 산업공장의 온습도 조건

종 류	용 도	온 도 [℃]	관계습도 [%]
제 약	분쇄실	27	35
	정제정형	21~27	40
	앰플제조	27	35
식 품	빵발효	27	75
	초콜렛 포장, 저장	<18	<50
	캐러멜	21~27	40
렌 즈	연 마	27	80
도 장	분무실	20~27	76~80
면 방	정 방	25~30	50~60
	직 포	25~30	70~85
모 방	카 딩	20~27	70~80
	정 방	20~27	55~60
	직 포	20~27	60~75
전 기	정 류 기	23	30~40
	전화 케이블	22~30	45~55
	반도체 제조	23	40~45
담 배	원료가공	20~27	75
	저 장	20~26	65~75
	권 상	20~26	60~65
창 고	영업용 일반	<30	<55
	지 공 품	<27	40~50
	현 미	10~15	70~75
	차 잎	4~6	35~45
	바나나(저장, 완숙)	15~22	85~90
	파인애플(완숙)	4~7	85~90
	멜 론	7~10	85~90

최근에는 전자계산기실, 정밀기계실, 각종 실험실 등에서 항온·항습이 요구되고 있으며 높은 수준의 공기조화의 필요성이 증가하고 있다. 생활환경 시설로는 동물 사육실이나 버섯재배, 야채의 수경재배 등의 식물 생육시설에 온·습도 조정장치가 광범위하게 응용되고 있으며 이와 같은 공기조화설비는 각종 공업뿐만 아니라 농업, 유통산업 및 실험설비는 물론이고 광산분야에도 널리 응용됨으로써 산업발전에 크게 기여하고 있다.

2) 작업환경

특별히 온·습도조건을 요구하지 않는 생산공정이라도 공기조화설비에 의하여 쾌적한 작업환경을 이루게 되면 다음과 같은 경제적 효과가 있다.

① 작업능률의 향상에 의한 생산성의 증가
② 생산과정에서의 불량품 감소
③ 외부로부터 오염공기의 침입방지
④ 직접일사의 차단에 의한 열부하의 안정
⑤ 일정조도에 의한 작업환경의 안정

공장내 작업장에서의 공기오염은 생산공장에 있어서 유해물질의 발생이나 불량제품을 생산하는 경우가 있으므로 환기설비를 갖추어 오염공기를 허용농도 이하의 상태로 유지시켜야 한다.

3) 생산저장 시설

생산저장 시설의 공기조화설비를 계획할 때에는 시설의 종류, 생산공정, 저장 및 보관조건 등을 충분하게 조사할 필요가 있으며 공기조화 또는 환기설비로 인한 대기오염, 수질오염 및 소음 등의 공해방지에 대해서도 고려하여야 한다.

예를 들면 금속의 가공정도에 있어서는 온도가 무엇보다도 중요한 요소로 되지만 섬유, 목재, 담배 등의 함유수분 조절에 대해서는 온도보다 상대습도가 더욱 중요한 요소가 되므로 특수한 제품의 생산공정 도중에 온·습도 상태를 변화시킬 필요가 있는 경우가 있다.

따라서 공기조화설비는 가열기, 냉각기, 공기여과기 및 송풍기와 이들을 제어시켜주는 자동제어기기를 유기적으로 조합시킨 장치로서 소요부하에 알맞은 일관된 동작을 수행하여야 한다. 만약 국부적으로 아무리 정교하다 하더라도 용량이 불균형한 기기를 조합하게 되면 소정의 효과를 얻을 수 없을 뿐만 아니라 에너지를 낭비하는 결과를 초래하게 되며 저장된 제품의 변질을 가져오게 된다.

4) 실험시설

실험시설에는 정밀측정이나 재료실험실과 같은 일정한 온·습도 상태하에서 실험을 행하는 것과 환경실험실과 같이 어떤 범위 내에서 온·습도가 가변인 것 또는 연간 기후상태로 인위적으로 만들어 내는 소위 전천후 실험실 등의 두 종류가 있다. 전자에 속하는 실험실의 표준상태를 나타내면 표 1-11과 같으며 후자는 온·습도 뿐만 아니라 고온, 강우, 강설,

강풍 등의 극단적인 기후 조건하에서 장시간 동안 방치실험하거나 운전실험 등을 행할 수 있어야 한다.

표 1-11 실험실의 표준상태

(a) 표준 온도상태와 표준 습도상태

급 별	표준 온습도	허 용 차
표준 온도상태 1급 2급 3급 4급(상온)	20 ℃	±1 ℃ ±2 ℃ ±5 ℃ ±0 ℃
표준 습도상태 1급 2급 3급(상습)	65 %	±2 % ±5 % ±20 %

(b) 표준 온·습도상태의 종별

유 별	조 합
표준온도 습도상태 1류	표준 온도상태 1급과 표준 습도상태 1급
2류	표준 온도상태 2급과 표준 습도상태 1급
3류	표준 온도상태 3급과 표준 습도상태 2급

5) 클린 룸(clean room)

최근 기술의 발달과 더불어 공기중의 부유분진, 유해가스, 미생물 등의 오염물질을 제어해야 하는 곳에 클린 룸(clean room)이 이용되고 있으며 정밀측정실이나 전자산업, 필름공업 등에서 응용되고 청정대상이 주로 부유분진인 경우를 산업용 클린 룸(ICR : industrial clean room)이라 한다.

여기에 분진의 미립자뿐만 아니라 세균, 미생물의 양까지 제한시키는 병원의 수술실, 제약공장의 특별한 공정, 유전공학 등에 응용되고 있는 것을 바이오 클린 룸(BCR : bio clean room)이라 한다. 우리나라에서 클린 룸에 대한 규격은 표 1-12에 나타낸 바와 같이 미연방 규격을 준용하고 있으며 $1ft^3$의 공기체적 내에 있어 0.5μ 크기의 입자수로 나타낸다.

또한 입자경의 분포곡선을 나타내면 그림 1-15와 같다. 일반적으로 클린 룸에서 전공기식의 공기조화방식의 채용되고 있으며 실내공기의 흐름상태는 높은 수준의 클린 룸에서 층류형이 사용되고 있다. 그리고 실내외 또는 인접실과의 차압제어를 필요로 한다.

표 1-12 클린룸의 미연방 규격 209B (1973. 4. 24)

클래스 [미터제]	0.5μ 이상인 입자의 최대수 [개/ft³]	0.5μ 이상인 입자의 최대수 [개/ft³]	온도 [℃]	관계습도 [%]	압력 [Pa]	조도 [lx]	신선외기량 [m³/h·인]
100 (3.5)	100 (3.5개/l)	< 10 (0.35개/l)	권장치 22.2 (제어범위)· 중요한 작업 ±0.14·일반 적업 ±0.28	권장치 40 (제어범위)±(상대습도 50 이상인 때에는 부품이 발청하고 습도가 낮으면 정전기가 문제된다.)	문을 닫은 상태에서 12.7 (1.27mmAq)	1,076 ~ 1,615	송풍량의 5~20% (50m³/h·인)
1,000 (35)	1,000 (35개/l)	< 10 (0.35개/l)					
10,000 (350)	10,000 (350개/l)	65 (2.3개/l)					
100,000 (3,500)	100,000 (3,500개/l)	700 (25개/l)					

원자력이 평화적인 용도로 쓰이면서 핵발전이나 동력용으로 많이 이용되며 방사선은 의료, 농업 등의 연구분야에서 널리 이용되고 있다. 이들 시설은 방사선 동위원소(RI : radio isotope)의 종류나 양에 따라 다르지만 항상 신선한 공기만을 공기여과기를 통하여 실내에 토출시키고 배기는 정화장치에 의하여 방사성 물질을 완전히 제거한 후에 대기로 배출시켜야 한다.

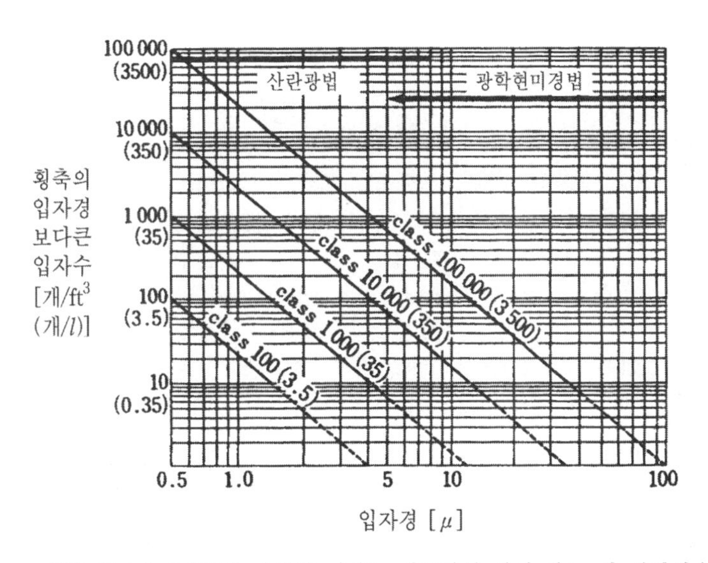

[주] 입자수 10(0.35) 이하인 때에는 샘플량이 많지 않는 한 신뢰성은 낮다.

그림 1-15 입자경 분포곡선(미연방 규격)

1-3 냉 · 난방용 외기조건

(1) 냉 · 난방설계용 외기조건

우리나라 각 지방의 월별 평균기온은 조금씩 차이가 있으므로 이를 평균치로 통계를 낸 것을 사용하며 냉·난방 설계에서 열원장치의 용량계산을 위해 외기온도를 설정하는 과정에서 냉방시에는 외기의 최고온도를 난방시에는 외기의 최저온도를 설계온도로 설정하면 일년 중 불과 몇 시간 일어날 수 있는 극히 높은 외기온도와 극히 낮은 외기온도에 충족시키기 위해 공조장치가 너무 커지게 된다. 그러므로 냉난방 설계 외기온도를 결정할 때 냉난방기간(난방시에는 12, 1, 2, 3월의 2,904시간, 냉방시에는 6, 7, 8, 9월의 2,928시간)중 외기 설정온도 밖으로 벗어나는 %을 「TAC 온도[ASHRAE의 기술자문위원회(Technical Advisory Committee)가 정한 온도] 위험률 몇 % 온도」 라고 한다.

예를 들면 TAC 2.5%의 난방설계용 외기온도는 난방기간 2,904시간 중 97.5%인 2,831시간은 외기온도가 설정된 외기온도(설계 외기온도)보다 높으므로 정해진 난방장치로 충분하지만 나머지 2.5%인 73시간은 설계 외기온도보다 낮아질 가능성이 있다는 뜻이다. 우리나라 주요도시의 냉난방 설계용 건구온도 및 습구온도는 여러 자료가 있으며 대표적으로 표 1-13 (a)와 표 1-13 (b)가 있다.

표 1-13 (a) 냉난방 장치의 용량계산을 위한 외기온도

지 명	하절기의 TAC 온도						동절기의 TAC 온도	
	건 구 온 도 [℃]			습 구 온 도 [℃]			건구온도 [℃]	
	1.0%	2.5%	5.0%	1.0%	2.5%	5.0%	99.0%	97.5%
서 울	32.1	31.1	29.9	26.3	25.8	25.2	-14.9	-11.9
인 천	30.0	29.7	28.6	26.2	25.9	25.0	-13.0	-11.2
수 원	33.0	30.0	29.2	26.6	25.9	25.4	-14.7	-12.8
전 주	32.8	31.9	31.0	27.2	26.6	26.2	-10.0	-8.5
광 주	32.7	31.9	30.9	26.8	26.3	25.8	-7.7	-7.4
대 구	33.9	32.9	31.6	27.0	26.4	26.0	-9.9	-8.2
부 산	30.4	29.7	29.4	26.5	26.0	25.5	-6.9	-5.8
울 산	33.4	32.2	31.1	27.4	26.8	26.1	-9.0	-7.0
목 포	31.7	31.1	30.1	26.9	26.3	26.0	-6.7	-5.9

(주) *건설부 제695호로서 1988년 12월 30일 고시되었다. 본 자료는 1960년부터 1969년까지 10년간의 통계에서 구한 것이다.

표 1-13 (b) ASHRAE 방식의 한국 주요 도시의 기상조건

도시명	북위 [° ′]	경도 [° ′]	표고 [m]	동기 [℃]		하 기 [℃]						
				설계건구온도		설계건구온도/동기발생습구온도			일교차	설계습구온도		
				99%	97.5%	1%	2.5%	5%		1%	2.5%	5%
춘천	37 54	127 44	74.0	-17.3	-14.7	33.0/24.7	31.6/23.7	30.2/22.8	8.5	26.0	25.2	24.5
강릉	37 45	128 54	26.0	-9.5	-7.9	33.4/24.6	31.6/24.2	30.0/23.1	7.2	25.7	25.1	24.5
서울	37 34	126 53	85.5	-12.9	-11.3	32.7/25.1	31.2/24.1	29.9/23.4	7.6	26.2	25.5	24.9
인천	37 29	126 38	68.9	-11.9	-10.4	31.7/24.8	30.1/23.9	28.8/23.5	6.3	25.6	25.0	24.4
수원	37 16	126 59	36.9	-14.5	-12.4	32.6/25.1	31.2/24.6	29.9/23.9	8.0	26.1	25.5	25.0
서산	36 47	126 27	19.7	-11.2	-9.6	32.6/25.8	31.1/24.9	29.8/24.0	7.9	26.5	25.8	25.1
청주	36 38	127 26	59.0	-14.4	-12.1	33.8/25.2	32.5/24.6	31.1/23.8	8.5	26.4	25.8	25.2
대전	36 18	127 24	77.1	-11.9	-10.3	33.5/24.8	32.3/24.4	31.0/23.7	8.1	26.1	25.5	25.1
포항	36 02	129 23	5.6	-7.9	-6.4	34.2/25.3	32.5/25.0	30.9/24.4	7.5	26.7	26.0	25.5
대구	35 53	128 37	57.8	-9.2	-7.6	34.9/25.2	33.3/24.6	31.8/24.1	8.9	26.4	25.8	25.2
전주	35 49	127 09	51.2	-10.4	-8.7	33.7/25.5	32.4/25.0	31.1/24.1	8.4	26.5	25.8	25.2
광주	35 08	126 55	70.9	-7.9	-6.6	33.1/25.7	31.8/25.0	30.6/24.4	8.1	26.5	26.0	25.5
부산	35 06	129 02	69.2	-6.7	-5.3	31.8/26.0	30.7/25.6	29.7/25.1	6.0	26.7	26.2	25.6
목포	34 47	126 23	53.4	-6.0	-4.7	32.5/25.3	31.1/24.8	29.9/24.4	7.0	26.2	25.6	25.1
제주	33 31	126 32	22.0	-1.1	-0.1	31.8/25.6	30.9/25.4	29.9/25.2	6.6	26.8	26.3	25.8
진주	35 11	128 05	25.0	-10.0	-8.4	33.1/25.7	31.6/25.1	30.4/24.7	8.2	26.9	26.3	25.7

(주) 통계기간 : 1983년~1994년

그리고 표 1-13 (b)에서 냉방시(하기) 지역의 시간별 온도를 산출하기 위해서는 그 지역의 설계 외기온도와 일교차를 확인 후 해당시간에 대해 표 1-14에 명시된 비율을 일교차에 곱한 후 설계 외기온도에서 빼주면 된다.

표 1-14 일교차의 비율

시간 [h]	비율 [%]	시간 [h]	비율 [%]	시간 [h]	비율 [%]
1	87	9	71	17	10
2	92	10	56	18	21
3	96	11	39	19	34
4	99	12	23	20	47
5	100	13	11	21	58
6	98	14	3	22	68
7	93	15	0	23	76
8	84	16	3	24	82

(2) 상당외기온도와 상당외기온도차

외기에 직접 면해 있는 벽체 또는 지붕에서의 침입열에는 건물내외의 온도차에 의한 전도열과 일사에 의한 태양 복사열이 있다. 태양 복사열은 일사가 외벽에 닿아서 벽체의 표면온도가 상승하며 상승한 온도는 온도차에 의하여 실내로 열이 이동하게 되므로 전도열과 비슷한 침입상태가 된다. 그러므로 실내외의 온도차와 더블어 태양복사열의 열량을 더하여 열전도를 계산하여야 한다.

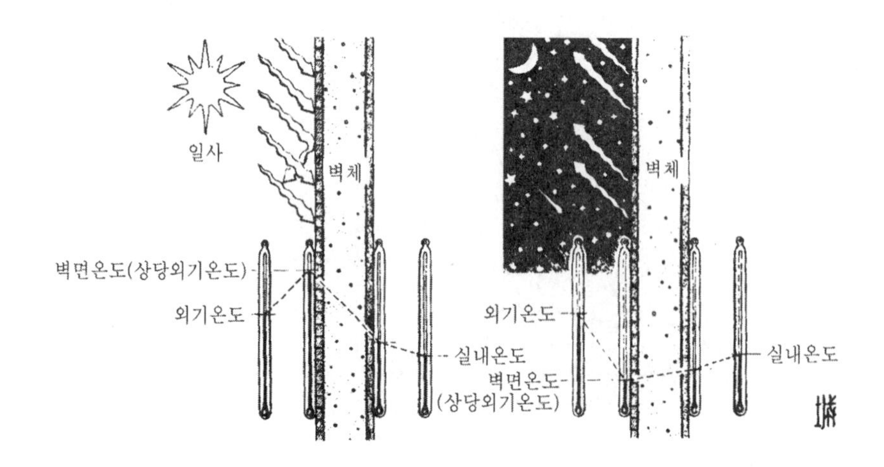

그림 1-16 상당외기온도의 구성

지붕, 외벽의 경우는 실외측의 온도로서 외기온에 일사와 야간복사의 영향을 더한 상당외기온도를 사용한다.(그림 1-16 참조) 즉 외표면에 닿는 일사에 의해

$$\frac{\text{외표면 일사 흡수율} \times \text{외표면 일사량}}{\text{외표면 열전달률}}$$

로 계산되는 온도상승이 있고 외표면으로부터의 야간복사에 의한

$$\frac{\text{외표면 복사율} \times \text{외표면 야간복사량}}{\text{외표면 열전달률}}$$

로 계산되는 온도하강이 있는 것으로 취급한다. 이 중 일사는 난방부하 계산에서는 무시되는 경우가 많다. 야간복사는 냉방부하 계산에서는 절대값이 크지 않다는 점과 냉방부하가 작기 때문에 안전율로 보아 무시되는 경우가 많다. 또한 난방부하 계산에서는 일사와 야간복사가 상쇄되는 것으로 하여 양자를 무시하는 경우도 있다. 유리창의 경우 일사열 성분을 상당외기온도에는 포함시키지 않고 별도의 방법으로 계산한다.

상당외기온도는 일사, 천공과 다른 외부 주위표면과 복사에너지 교환 그리고 외기와의 대류 열교환의 조합에 의한 효과를 고려하여 이러한 모든 복사가 없는 상태에서 계산한 표면으로 열 유입률이 동일한 외기온을 말한다. 외부에 일사가 유입되는 표면의 열 유속 q/A는 다음과 같다.

$$q/A = aI_t = a_o(t_o - t_s) - \varepsilon \Delta R \quad \cdots\cdots (1\text{-}5)$$

여기서 a : 일사에 대한 표면의 흡수율

I : 표면에 입사하는 전 일사량 [W/m²]

a_o : 외부표면에서 장파 복사와 대류에 의한 열전달계수 [W/(m²K)] [표면전달률]

t_o : 외기온도 [℃]

t_s : 표면온도 [℃]

ε : 표면의 방사율

ΔR : 장파방사량(천공과 주변 물체로부터 입사된 장파장 복사량과 외기온도의 흑체로부터 천공으로 방사된 복사량의 차이값) [W/m²]

열전달률을 상당외기온도 t_e 값으로 표현하면 다음과 같다.

$$q/A = a_o(t_e - t_s) \quad \cdots\cdots (1\text{-}6)$$

식 (1-5)와 (1-6)로부터 다음 식이 얻어진다.

$$t_e = t_o + aI_t/a_o - \varepsilon \Delta R/a_o \quad \cdots\cdots (1\text{-}7)$$

1) 수평면(지붕)

전공으로부터 장파복사를 받는 수평면의 경우 적절한 ΔR값은 약 63W/m^{2}이므로 $\varepsilon = 1$이고 $a_o = 17$W/m^{2}K라면 식 (1-7)의 마지막 항은 약 -3.9℃이다.

2) 수직면(외벽)

수직면은 천공뿐만 아니라 지면과 주변 건물로부터 장파복사를 받기 때문에 정확한 ΔR값을 결정하기가 어렵다. 일사량이 많을 경우 지표면의 물체의 표면은 일반적으로 외기온도보다 더 높다. 따라서 장파복사에 의해 천공의 낮은 방사율이 어느 정도 보정된다. 그러므로 수직 표면에 대해서는 $\Delta R = 0$으로 가정하는 것이 실제적이다.

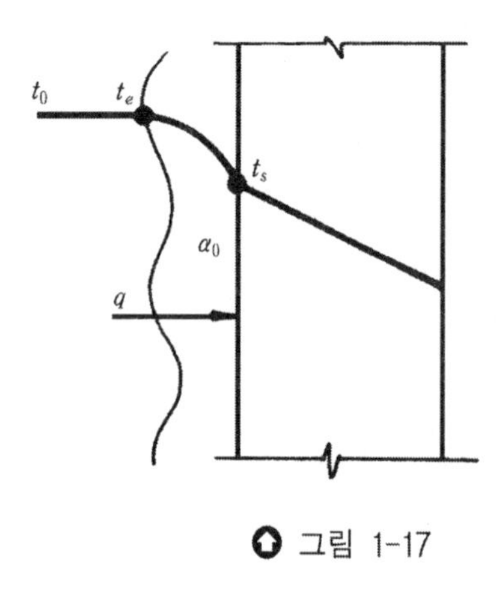

그림 1-17

따라서 그림 1-17과 같은 수직면(외벽)인 경우 상당외기온도 t_e는 다음과 같다.

$$t_e - \frac{a}{a_o} \cdot I + t_o$$

상당외기온도는 벽체표면의 일사흡수율 a와 열사량 I 및 외기온도 t_o에 비례하고 벽체의 표면열전달률 a_o에 반비례한다. 따라서 일정한 외기온도(t_o) 및 일사량(I)의 조건에서도 벽체의 종류에 따라 상당외기온도(t_e)는 다르게 된다. 서울지방의 TAC 2.5%를 적용시킨 시각별, 방위별 일사량은 표 1-15와 같다.

표 1-15 설계용 일사량 [W/m²], TAC 2.5%

서울 하기(7/23)

시간		6	7	8	9	10	11	12	13	14	15	16	17	18	19	합계
태양고도(도)		4.9	16.2	28.0	39.8	51.5	62.4	70.6	71.8	65.0	54.6	43.1	31.2	19.4	7.9	
태양방위각(도)		-111.6	-103.1	-94.6	-85.5	-74.1	-57.4	-28.0	16.6	51.0	70.3	82.7	92.2	100.8	109.2	
일사량	법선면직달	53	399	578	672	726	757	771	773	762	736	690	609	462	161	8149
	수평면산란	40	89	115	132	144	151	155	155	153	146	136	120	98	58	1692
	수평면전	44	201	386	563	712	822	883	890	844	747	607	436	251	80	7466
수직면일사량	N	39	131	99	66	72	76	77	78	76	73	68	81	130	81	1147
	NNE	57	268	290	225	124	76	77	78	76	73	68	60	49	29	1550
	NE	68	370	446	401	292	151	77	78	76	73	68	60	49	29	2238
	ENE	73	423	543	526	426	276	102	78	76	73	68	60	49	29	2802
	E	69	418	566	580	506	371	198	78	76	73	68	60	49	29	3141
	ESE	58	356	512	557	520	421	275	102	76	73	68	60	49	29	3156
	SE	41	247	388	459	466	418	323	192	76	73	68	60	49	29	2889
	SSE	21	107	214	300	352	363	333	265	167	73	68	60	49	29	2401
	S	20	45	58	107	195	264	304	309	278	217	132	60	49	29	2067
	SSW	20	45	58	66	72	137	240	317	359	359	319	241	137	38	2408
	SW	20	45	58	66	72	76	152	290	396	458	467	414	294	98	2906
	WSW	20	45	58	66	72	76	77	230	385	499	554	533	413	148	3176
	W	20	45	58	66	72	76	77	147	326	474	568	581	476	180	3166
	WNW	20	45	58	66	72	76	77	78	230	389	505	549	475	188	2828
	NW	20	45	58	66	72	76	77	78	110	255	376	443	409	173	2258
	NNW	20	45	58	66	72	76	77	78	76	94	200	278	288	135	1563

서울 추기(10/24)

시간		6	7	8	9	10	11	12	13	14	15	16	17	18	19	합계
태양고도(도)		.0	.6	11.7	21.8	30.3	36.6	39.5	38.6	34.1	26.7	17.4	6.8	.0	.0	
태양방위각(도)		.0	-73.3	-63.6	-52.5	-39.3	-23.4	-5.2	13.7	31.0	45.6	57.8	68.1	.0	.0	
일사량	법선면직달	0	1	706	849	903	928	937	935	919	884	804	530	0	0	8396
	수평면산란	0	7	59	81	96	105	108	107	101	90	72	44	0	0	870
	수평면전	0	7	202	396	552	657	705	691	616	487	312	107	0	0	4732
수직면일사량	N	0	3	29	41	48	52	54	54	51	45	36	22	0	0	435
	NNE	0	3	29	41	48	52	54	54	51	45	36	22	0	0	435
	NE	0	4	250	144	48	52	54	54	51	45	36	22	0	0	760
	ENE	0	4	484	435	273	64	54	54	51	45	36	22	0	0	1522
	E	0	4	648	667	542	348	119	54	51	45	36	22	0	0	2536
	ESE	0	4	719	802	735	588	390	166	51	45	36	22	0	0	3558
	SE	0	4	684	822	824	746	610	434	235	45	36	22	0	0	4462
	SSE	0	4	550	723	794	798	745	643	504	339	165	22	0	0	5287
	S	0	3	337	520	651	737	774	763	704	597	445	218	0	0	5749
	SSW	0	3	76	244	416	571	695	775	804	771	662	390	0	0	5407
	SW	0	3	29	41	125	327	517	677	789	835	784	506	0	0	5633
	WSW	0	3	29	41	48	52	270	485	662	778	792	548	0	0	3708
	W	0	3	29	41	48	52	54	226	442	610	685	510	0	0	2700
	WNW	0	3	29	41	48	52	54	54	163	355	479	398	0	0	1676
	NW	0	3	29	41	48	52	54	54	51	54	206	229	0	0	821
	NNW	0	3	29	41	48	52	54	54	51	45	36	28	0	0	441

서울 추기(10/24)

시간		6	7	8	9	10	11	12	13	14	15	16	17	18	19	합계
태양고도(도)		.8	12.5	24.4	36.1	47.1	56.7	62.7	62.9	57.0	47.6	36.5	24.8	13.0	1.2	
태양방위각(도)		-103.6	-94.7	-85.5	-75.1	-62.1	-43.8	-16.9	15.7	42.9	61.5	74.7	85.1	94.3	103.3	
일사량	법선면직달	1	690	803	848	872	884	890	890	885	872	849	805	697	10	9996
	수평면산란	8	61	89	110	124	134	138	138	134	125	110	90	62	13	1336
	수평면전	8	210	420	609	763	872	929	931	876	768	616	428	218	13	7661
수직면일사량	N	4	85	45	55	62	67	69	69	67	62	55	45	82	8	775
	NNE	4	338	270	146	62	67	69	69	67	62	55	45	31	6	1291
	NE	4	544	519	399	237	67	69	69	67	62	55	45	31	6	2174
	ENE	4	672	696	600	440	243	69	69	67	62	55	45	31	6	3059
	E	4	702	773	717	586	403	188	69	67	62	55	45	31	6	3708
	ESE	4	630	740	734	652	512	328	118	67	62	55	45	31	6	3984
	SE	4	466	601	648	629	553	429	268	85	62	55	45	31	6	3882
	SSE	4	237	377	471	519	520	475	388	268	124	55	45	31	6	3520
	S	4	30	102	231	340	418	459	460	420	343	235	107	31	6	3186
	SSW	4	30	45	55	118	263	384	472	519	520	474	381	243	8	3516
	SW	4	30	45	55	62	77	261	423	549	627	648	604	474	11	3870
	WSW	4	30	45	55	62	67	109	320	505	648	732	741	638	14	3970
	W	4	30	45	55	62	67	69	179	395	580	713	773	709	16	3697
	WNW	4	30	45	55	62	67	69	69	235	433	594	694	677	16	3050
	NW	4	30	45	55	62	67	69	69	67	230	393	516	546	14	2167
	NNW	4	30	45	55	62	67	69	69	67	62	141	266	338	12	1287

또한 예를 들어 서울지방의 하기(7/23)에 정오일 때 정남쪽 수직면(외벽)일 경우 표 1-13 (b)와 표 1-14에 의해서 외기온도 $(t_o) = 31.2 - 0.23 \times 7.6 \doteqdot 29.5℃$, 벽체의 표면 일사흡수율 $a = 0.7$, 표면열전달률 $a_o = 23\,[W/(m^2 \cdot K)]$을 적용시켜 계산한 결과 상당외기온도 (t_e)는 다음과 같다.

$$t_e = \frac{0.7}{23} \times 304 + 29.5 = 38.75℃ \doteqdot 38.8℃$$

한편 상당외기온도와 실내온도 t_r[℃]과의 차를 상당외기온도차(ETD ; Equivalent Temperature Difference)라고 한다. 여기서 $t_r = 26℃$이라고 하면 즉, 상당외기온도차 ETD는

$$ETD = t_e - t_r = 38.8 - 26℃ = 12.8℃$$

상당외기온도차의 값은 계절, 시각, 방위, 구조체에 따라서 달라지므로 대상이 되는 구조체 형태에 따라 여러가지 자료가 있어야 하는데 일반적으로 표 1-16의 값을 사용한다.

표 1-16 상당온도차(ETD)

벽의 종류	방 위	시각 (태양시)												
		오전							오후					
		6	7	8	9	10	11	12	1	2	3	4	5	6
A	수평	1.1	4.6	10.7	17.6	24.1	29.3	32.8	34.4	34.2	32.1	28.4	23.0	16.6
	N・그늘	1.3	3.4	4.3	4.8	5.9	7.1	7.9	8.4	8.7	8.8	8.7	8.8	9.1
	NE	3.2	9.9	14.6	16.0	15.0	12.3	9.8	9.1	9.0	8.9	8.7	8.0	6.9
	E	3.4	11.2	17.6	20.8	21.1	18.8	14.6	10.9	9.6	9.1	8.8	8.0	6.9
	SE	1.9	6.6	11.8	15.8	18.1	18.4	16.7	13.6	10.7	9.5	8.9	8.1	7.0
	S	0.3	1.0	2.3	4.7	8.1	11.4	13.7	14.8	14.8	13.6	11.4	9.0	7.3
	SW	0.3	1.0	2.3	4.0	5.7	7.0	9.2	13.0	16.8	19.7	21.0	20.2	17.1
	W	0.3	1.0	2.3	4.0	5.7	7.0	7.9	10.0	14.7	19.6	23.5	25.1	23.1
	NW	0.3	1.0	2.3	4.0	5.7	7.0	7.9	8.4	9.9	13.4	17.3	20.0	19.7
B	수평	0.8	2.5	6.4	11.6	17.5	23.0	27.6	30.7	32.3	32.1	30.3	36.9	22.0
	N・그늘	0.8	2.1	3.2	3.9	4.8	5.9	6.8	7.6	8.1	8.4	8.6	8.6	8.9
	NE	1.6	5.6	10.0	12.8	13.8	13.0	11.4	10.3	9.7	9.4	9.1	8.6	7.8
	E	1.7	5.3	11.7	16.0	18.3	18.5	16.6	13.7	11.8	10.6	9.8	9.0	8.1
	SE	1.1	3.6	7.5	11.4	14.5	16.3	16.4	15.0	12.9	11.3	10.2	9.8	8.2
	S	0.5	0.7	1.5	2.9	5.4	8.2	10.8	12.7	13.6	13.6	12.5	10.8	9.2
	SW	0.5	0.7	1.5	2.7	4.1	5.4	7.1	9.8	13.1	16.2	18.5	19.3	18.2
	W	0.5	0.7	1.5	2.7	4.1	5.4	6.6	8.0	11.1	15.1	19.1	21.9	22.5
	NW	0.5	0.7	1.5	2.7	4.1	5.4	6.6	7.4	8.5	10.7	13.9	16.8	18.2
C	수평	1.7	2.6	4.9	8.5	12.8	17.3	21.4	24.8	27.2	28.4	28.2	26.6	23.7
	N・그늘	1.3	1.9	2.6	3.2	3.9	4.8	5.6	6.4	7.0	7.5	7.8	8.0	8.3
	NE	1.7	4.1	7.1	9.5	10.9	11.2	10.6	10.1	9.8	9.6	9.4	9.0	8.4
	E	1.8	4.6	8.3	11.7	14.2	15.3	14.9	13.6	12.4	11.6	10.9	10.1	9.3
	SE	1.4	2.9	5.4	8.3	11.0	12.9	13.8	13.6	12.6	11.7	11.0	10.2	9.3
	S	1.1	1.1	1.4	2.3	4.0	6.0	8.1	9.9	11.2	11.7	11.6	10.8	9.8
	SW	1.3	1.3	1.6	2.3	3.2	4.3	5.6	7.6	10.2	12.8	15.0	16.3	16.4
	W	1.5	1.4	1.7	2.4	3.3	4.3	5.3	6.5	8.7	11.8	15.0	17.7	19.1
	NW	1.4	1.3	1.6	2.3	3.2	4.3	5.2	6.1	7.0	8.8	11.2	13.6	15.2

벽의 종류	방 위	시 각 (태 양 시)												
		오 전							오 후					
		6	7	8	9	10	11	12	1	2	3	4	5	6
D	수평	3.7	3.6	4.3	6.1	8.7	11.9	15.2	18.4	21.2	23.3	24.6	24.8	23.9
	N·그늘	2.0	2.1	2.4	2.8	3.2	3.8	4.5	5.1	5.7	6.3	6.7	7.1	7.4
	NE	2.2	3.1	4.7	6.5	8.1	9.0	9.4	9.4	9.4	9.3	9.2	9.1	8.8
	E	2.3	3.3	5.3	7.7	10.0	11.7	12.6	12.6	12.2	11.8	11.3	10.8	10.2
	SE	2.2	2.6	3.8	5.5	7.5	9.4	10.8	11.6	11.6	11.4	11.1	10.6	10.1
	S	2.1	1.8	1.8	2.1	2.9	4.1	5.6	7.1	8.4	9.5	10.0	10.0	9.7
	SW	2.8	2.4	2.3	2.5	2.9	3.5	4.3	5.5	7.2	9.1	11.1	12.8	13.8
	W	3.2	2.7	2.5	2.7	3.0	3.6	4.3	5.1	6.4	8.3	10.7	13.1	15.0
	NW	2.8	2.4	2.3	2.4	2.9	3.5	4.1	4.8	5.6	6.7	8.2	10.1	11.8
E	수평	6.7	6.1	6.1	6.7	8.0	9.9	12.0	14.3	16.6	18.5	20.0	20.9	21.1
	N·그늘	3.0	2.9	2.9	3.0	3.2	3.6	4.0	4.4	4.9	5.3	5.7	6.1	6.4
	NE	3.3	3.6	4.3	5.4	6.4	7.3	7.8	8.1	8.3	8.4	8.5	8.5	8.5
	E	3.7	3.9	4.9	6.2	7.7	9.1	10.0	10.5	10.7	10.7	10.6	10.4	10.1
	SE	3.5	3.5	4.0	4.9	6.1	7.3	8.5	9.3	9.8	10.0	10.0	9.9	9.7
	S	3.3	4.0	2.8	2.8	3.1	3.7	4.6	5.6	6.6	7.4	8.1	8.4	8.6
	SW	4.5	4.0	3.7	3.5	3.6	3.8	4.2	4.9	5.9	7.2	8.6	9.9	11.0
	W	5.1	4.5	4.1	3.9	3.9	4.1	4.4	4.8	5.6	6.7	8.3	10.0	11.5
	NW	4.3	3.9	3.6	3.4	3.5	3.7	4.1	4.5	5.0	5.6	6.7	7.9	9.2
F	수평	10.0	9.4	9.0	9.0	9.4	10.1	11.1	12.2	13.5	14.8	15.9	16.8	17.3
	N·그늘	4.0	3.8	3.7	3.7	3.7	3.8	4.0	4.2	4.4	4.7	4.9	5.2	5.5
	NE	4.7	4.7	4.9	5.3	5.8	6.3	6.6	6.9	7.2	7.3	7.5	7.6	7.7
	E	5.4	5.3	5.6	6.1	6.8	7.6	8.2	8.9	8.9	9.1	9.3	9.3	9.3
	SE	5.2	5.0	5.0	5.3	5.8	6.4	7.1	7.6	8.0	8.3	8.5	8.7	8.7
	S	4.6	4.3	4.1	3.9	3.9	4.1	4.5	4.9	5.6	6.0	6.5	6.8	7.1
	SW	6.1	5.7	5.4	5.1	5.0	4.9	5.0	5.2	5.7	6.3	7.0	7.8	8.5
	W	6.8	6.3	6.0	5.7	5.5	5.4	5.4	5.5	5.8	6.3	7.1	8.0	8.9
	NW	5.7	5.3	5.0	4.8	4.7	4.7	4.7	4.9	5.1	5.4	5.9	6.5	7.3

(주기) ① 위 표에 있어서 벽, 지붕의 종류는 개략적으로 다음 표에 따른다.

벽의 종류	A	B	C
구조 예	● 목조의 벽·지붕 ● 두께합계 20~70mm의 중량벽	● A+단열층 ● 두께합계 70~110mm의 중량벽	● B의 중량벽+단열층 ● 두께합계 110~160mm의 중량벽
벽의 종류	D	E	F
구조 예	● C의 중량벽+단열층 ● 두께합계 160~230mm의 중량벽	● D의 중량벽+단열층 ● 두께합계 230~300mm의 중량벽	● E의 중량벽+단열층 ● 두께합계 300~380mm의 중량벽

② 기준실온은 여름철 26℃이며 설계실온이 다를 경우에는 다음과 같이 보정하여 사용한다.
보정온도 [℃]=표의 온도+(26℃-실제실온)

③ 각 지역별 보정은 다음 표를 참고로 하여 적용한다.

* 지역별 상당온도 보정표

지 명	위 도	적용치 [℃]	지 명	위 도	적용치 [℃]
서 울	37.57	-0.5	대 구	35.88	-0.1
인 천	37.48	-0.5	부 산	35.1	+0.1
수 원	37.27	-0.4	울 산	35.55	0
전 주	35.82	0	목 포	34.78	+0.6
광 주	35.13	+0.1	제 주	33.52	+0.8

보정된 상당온도차[℃]=상당온도+온도보정값

④ 위에 나타나지 않은 지역은 다음의 위도범위에 따라 보정하여 사용한다.

위 도 범 위	기준치[℃] (북위)		보정온도[℃/북위 1도]
$43 > x > 37.67$	-0.5	(37.67)	-0.62
$37.67 > x > 35.67$	0	(35.67)	-0.25
$35.67 > x > 35$	+0.1	(35)	+0.15
$35 > x > 34.67$	+0.8	(34.67)	+2.1

(3) 지중온도

지중온도는 계절변화에 의한 외기온도의 변화처럼 민감하지는 않지만 시간지연과 함께 서서히 변화하며 이는 땅속 깊이 들어갈수록 온도변화의 폭은 작아진다. 그림 1-18과 같이 지중온도는 지하실이 없는 경우에는 건물의 바닥면으로부터 깊이 1m의 값을 지하실이 있는 경우에는 지하에 접하는 수직외벽에서 각층 층고의 1/2 지점을 적용하여 냉·난방부하 계산서에 활용되며 또 매설배관의 경우에 동파의 위험도 예측할 수 있다.

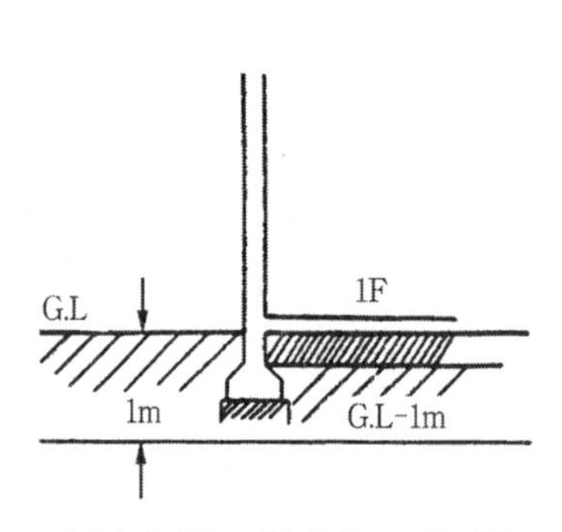

지하층이 없는 건물에서는 보통 지중 1m 깊이에서의 온도를 사용한다.

(a) 지하층이 없을 때

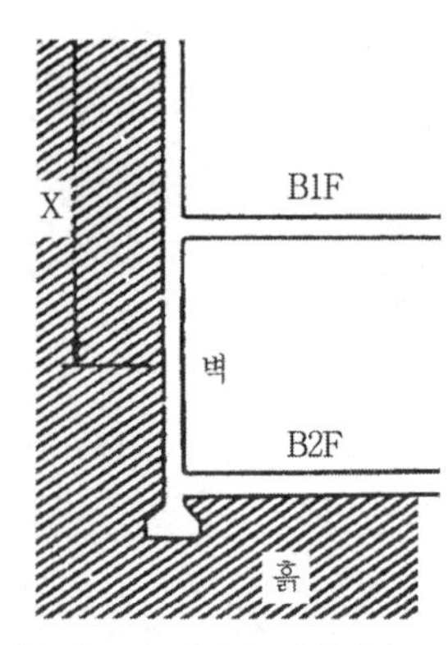

지하층 측벽의 지중온도의 선택은 해당벽의 중간 위치에서의 깊이에 해당하는 지중온도를 채택하는 것이 보통이다.

(b) 지하층이 있을 때

그림 1-18 지중온도의 선택

또한 지하층의 벽, 바닥에서의 열손실은 벽, 바닥의 열관류율 $K[W/(m^2 \cdot K)]$×면적$[m^2]$ ×(실온 [℃]-지중온도 [℃])에 의하여 구하고 설계용 지중온도는 다음과 같이 계산한다.

냉방설계용 지중온도 : $t_x = \frac{t_s + t_o}{2} + \frac{t_s - t_o}{2} e^{-0.4x}$

난방설계용 지중온도 : $t_x = \frac{t_s + t_o}{2} - \frac{t_s - t_o}{2} e^{-0.4x}$

여기서 t_x : 설계용 지중온도 [℃]

t_o : 가장 추운 달의 일최저기온의 월평균치 [℃]

t_s : 가장 더운 달의 일최고기온의 월평균치 [℃]

x : 지표면에서의 깊이 [m]

표 1-17 $e^{-0.4x}$의 값

x (m)	$e^{-0.4x}$	x (m)	$e^{-0.4x}$	x (m)	$e^{-0.4x}$
0	1.000	2.5	0.368	7.5	0.050
0.25	0.905	3.0	0.301	8.0	0.041
0.50	0.819	3.5	0.247	8.5	0.033
0.75	0.741	4.0	0.202	9.0	0.027
1.00	0.670	4.5	0.165	10.0	0.018
1.25	0.607	5.0	0.135	11.0	0.012
1.50	0.549	5.5	0.111	12.0	0.008
1.75	0.497	6.0	0.091	13.0	0.006
2.00	0.449	6.5	0.074	14.0	0.004
2.25	0.407	7.0	0.061	15.0	0.002

한편 표 1-18은 우리나라 각 지방의 월별 지중온도를 기상대의 통계자료로부터 발췌하여 나타낸 것이다.

표 1-18 각 지방의 월별 지중온도 [℃]

지방별	깊이 [m]	월별												
		1	2	3	4	5	6	7	8	9	10	11	12	연평균
서울	지표면	-2.5	-0.1	5.1	12.6	19.5	24.0	26.5	27.5	22.3	14.9	6.7	-0.1	13.0
	0.5	1.2	0.6	3.6	10.4	16.5	21.1	24.4	26.2	23.1	17.4	10.7	4.5	13.3
	1.0	4.3	2.8	4.0	9.1	14.4	18.8	22.4	24.8	23.2	19.0	13.6	7.9	13.7
	1.5	7.1	5.2	5.1	8.3	12.6	16.6	19.9	22.8	22.4	19.6	15.5	10.8	13.8
	3.0	13.1	11.0	9.5	9.2	10.6	12.7	15.6	18.2	19.5	19.1	17.7	15.6	14.3
	5.0	15.3	14.0	12.7	11.7	11.4	11.8	13.0	14.6	16.0	16.7	16.8	16.3	14.2
대전	지표면	-0.7	0.7	5.4	13.1	19.1	24.0	26.4	26.9	21.8	14.9	7.1	1.1	13.3
	0.5	3.1	2.9	5.6	11.3	16.6	21.1	24.1	25.8	23.0	17.9	11.7	5.9	14.1
	1.0	5.9	4.7	5.9	9.7	14.4	18.5	21.8	24.2	23.1	19.4	14.5	9.2	14.3
	1.5	8.4	6.6	6.7	9.2	12.8	16.2	19.3	21.9	22.1	19.8	16.2	12.0	14.3
	3.0	12.8	10.6	9.4	9.5	10.9	13.0	15.3	17.6	19.0	19.1	17.8	15.5	14.2
	5.0	15.4	14.3	13.1	12.3	12.0	12.3	13.0	14.1	15.2	16.1	16.4	16.2	14.2
대구	지표면	-0.2	2.3	8.2	14.8	21.5	25.5	28.1	29.2	23.2	16.4	8.5	2.0	15.0
	0.5	3.5	3.6	7.7	13.1	18.6	23.0	25.7	27.7	24.1	18.8	12.5	6.5	15.4
	1.0	7.0	5.9	8.0	11.9	16.4	20.6	23.6	26.0	24.1	20.2	15.3	10.3	15.8
	1.5	10.4	8.6	8.6	11.0	14.5	18.1	21.2	23.6	23.1	20.6	17.3	13.5	15.8
	3.0	13.2	11.5	10.9	11.4	12.8	14.8	17.4	19.3	20.4	19.7	18.1	15.7	15.4
	5.0	15.6	13.5	13.5	13.0	13.2	13.8	14.9	16.1	17.1	17.2	17.4	16.7	15.2
부산	지표면	2.8	5.3	9.7	14.9	20.2	23.7	27.3	29.2	23.7	18.4	11.5	5.4	16.0
	0.5	5.5	5.7	8.6	12.9	17.5	21.1	24.2	26.7	24.2	19.7	14.5	8.9	15.8
	1.0	8.7	7.8	9.1	12.0	15.5	18.8	21.7	24.4	23.7	20.7	16.9	12.2	16.0
	1.5	11.6	10.4	10.1	11.7	14.4	17.1	19.7	22.1	22.8	21.0	18.3	14.8	16.2
	3.0	15.7	14.1	13.1	12.8	13.3	14.4	16.0	17.5	18.9	19.2	18.6	17.4	15.9
	5.0	16.5	15.7	14.9	14.2	13.9	14.1	14.8	15.6	16.6	17.2	17.4	17.2	15.7
전주	지표면	0.6	2.5	7.4	14.7	21.0	25.3	28.2	29.1	23.5	16.7	8.9	2.9	15.1
	0.5	4.0	3.7	6.4	11.3	16.5	20.8	24.4	26.4	23.6	18.6	12.9	7.5	14.7
	1.0	6.9	5.7	7.1	10.4	14.5	18.3	21.6	24.0	23.1	19.7	15.3	10.5	14.8
	1.5	9.7	8.0	8.3	10.2	13.3	16.4	19.5	21.6	22.1	20.3	17.1	13.2	14.9
	3.0	13.5	11.7	10.7	10.8	12.0	13.7	15.8	17.9	19.3	19.1	17.9	15.9	14.9
	5.0	15.8	14.7	13.7	13.1	12.9	13.3	14.1	15.1	16.2	16.8	16.9	16.6	14.9

예 제 다음과 같은 지하 1층 및 2층의 외면 평균 지온을 계산하시오.

〔설계조건〕 (1) 외기온도 : 0℃

(2) 지상층 실온 : 18℃

(3) 층고 : 3.5m(지하 1층), 3.0m(지하 2층)

난방설계용 지중온도 : 3.0m는 11.1℃, 6.0m는 14.0℃

천장(지상 1층의 바닥) : 2.77

〔풀이〕 (1) 지하 1층의 벽체 외면의 평균 지온 $= \dfrac{0+11.1}{2} \fallingdotseq 5.5℃$

(2) 지하 2층의 벽체 외면의 평균 지온 $= \dfrac{11.1+14}{2} \fallingdotseq 12.5℃$

(4) 풍향 및 풍속

풍향 및 풍속은 건물 외벽이나 지붕 등 외표면에 존재하는 공기층의 표면열손실계수에 영향을 주며 실내에는 풍압차에 의한 외기 침입으로 인하여 열손실량을 증가시키므로 풍속에 대해서는 충분한 고려가 요구된다.

건물의 위치나 외기 기상조건에 따른 풍속의 영향을 별도 고려한다는 것은 복잡하기 때문에 일반적으로 3.0~5.0m/s내에서 풍속을 택하여 외벽 표면열손실계수를 적용하는 것이 일반적이다. 한편 풍향은 건축물의 열손실에 영향을 미치므로 주풍향의 영향을 받는 외벽은 이를 고려하여야 한다. 표 1-19는 월별에 따른 풍속과 풍향을 나타낸 것이다.

표 1-19 월별 최대풍속(m/s)과 그 풍향(16방위)

지명	항목	1월	2월	3월	4월	5월	6월	7월	8월	9월	10월	11월	12월
서울	풍속	6.2	8.2	13.4	8.2	10.3	8.2	10.8	11.3	7.2	10.3	7.2	10.3
	풍향	서남서	남서	동북동	서남서	남남서	남남서	남남서	남	동북동	북동	남	동북동
인천	풍속	11.0	16.7	10.3	11.5	7.7	8.0	11.7	11.0	7.7	13.2	16.2	10.3
	풍향	서	남남서	서	남동	서	남서	남남동	남	북북서	동남동	선마서	남동
수원	풍속	10.0	9.3	6.7	7.8	7.0	5.3	6.3	6.0	5.0	5.3	7.0	7.8
	풍향	북북서	서북서	북서	남	서	서북서	서북서	서	서	북서	서북서	서북서
부산	풍속	12.3	13.3	11.0	11.7	10.3	15.0	14.7	12.7	13.0	11.7	11.3	10.0
	풍향	북북서	서남서	남	서남서	남	남남서	남남서	남남서	서남서	북동	서남서	북북서
대구	풍속	7.7	12.0	10.0	14.3	12.7	9.0	10.0	8.0	7.7	9.7	10.0	9.7
	풍향	서	서	서	서남서	남동	동	서남서	동	남남서	서	서북서	서북서
광주	풍속	12.9	11.3	10.3	10.3	6.2	5.1	8.2	10.3	8.7	8.2	9.3	9.3
	풍향	남서	서	서	서북서	서북서	동남동	남남서	서북서	북북서	서북서	서북서	북북서

지명	항목	1월	2월	3월	4월	5월	6월	7월	8월	9월	10월	11월	12월
목포	풍속	11.7	16.3	15.3	15.0	15.3	14.0	14.0	10.7	13.3	8.7	13.0	16.0
	풍향	북북서	북북서	북북서	북북서	북북서	남남서	남서	남남서	남남서	북	북서	북북서
청주	풍속	11.8	11.3	7.7	13.4	14.4	8.5	7.2	12.9	5.7	7.7	11.3	9.3
	풍향	북서	서북서	남서	서북서	서	남	북서	서남서	북동	서	서북서	서북서
진주	풍속	8.7	7.7	9.3	11.3	8.2	8.6	9.3	9.3	9.3	7.7	11.8	8.7
	풍향	서	북북동	북서	남남서	남서	남남동	남남서	남남서	북	북북동	서남서	북
제주	풍속	15.0	14.2	12.7	15.0	8.7	10.2	12.0	11.3	14.5	14.0	14.3	12.0
	풍향	북서	북북서	남남서	남서	동북동	동북동	남서	동남동	남남서	북서	북북서	서

(주) 참고문헌 조민관, 1986, 우리나라의 기상조건과 건축열 환경에 관한 기초적인 연구, 일본 동경대학

1-4 도일(degree day)

(1) 냉 · 난방 도일

1년 동안의 냉난방에 소요되는 열량과 이에 따른 연료비용을 산출해야 하는 경우가 있는데 그 비용은 냉난방 기간에 걸쳐서 적산한 기간 냉 · 난방 부하에 비례한다고 생각해야 한다. 그림 1-19에서 가로축은 냉방 및 난방 기간(일 : day)으로, 세로축은 온도로 놓고 1년 기간동안에 매일 외기온도 (t_o)의 평균값을 도시하여 연결하면 포물선과 같은 곡선이 된다. (서울지방의 예)

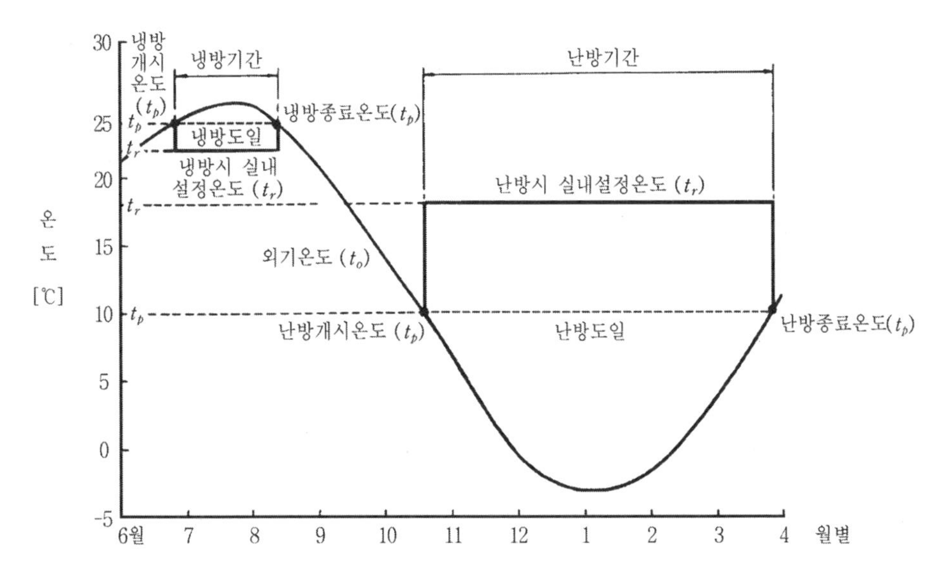

그림 1-19 냉 · 난방 도일(서울 HD_{18-10}, CD_{22-24})

또 실내온도를 t_r, 냉·난방개시 및 종료온도를 t_p라고 하면 표시된 면적과 같은 양이 기간 냉·난방부하의 총량이 되어 이를 도일(degree day)이라 한다. 이와 같이 평균 외기온도와 설정된 실내온도에 따른 냉·난방도일(cooling degree day, heating degree day)의 계산식은 다음과 같으며 각 지방별로 계산된 결과는 표 1-20과 같다.

$$D = \sum_{\Delta d} (t_r - t_o) \, [\deg ℃ \cdot day] \quad \cdots\cdots (1\text{-}8)$$

여기서 D : 도일(degree day) [deg ℃ · day]
(난방도일이면 HD, 냉방도일이면 CD로 표시한다.)
t_r : 설정한 실내온도 [℃]
t_o : 냉난방기간 동안의 매일 평균 외기온도 [℃]
Δd : 냉·난방기간 [day]

표 1-20 각 지방별 냉·난방 degree day[deg℃ · day]

지역 / deg·day	서울	인천	수원	대전	전주	광주	대구	부산	목포	울산	제주
HD_{21-21}	3621.1	3724.9	3871.9	3624.9	3334.1	3206.1	3210.2	2782.2	3032.5	3061.7	2473.7
HD_{21-18}	3565.1	3667.9	3819.3	3566.3	3278.5	3148.4	2869.5	2695.5	2964.4	2992.9	2396.0
HD_{18-18}	2868.8	2935.6	3090.9	2856.3	2598.1	2465.0	2476.4	2038.8	2287.9	2300.2	1746.4
HD_{18-14}	2780.8	2843.7	3001.2	2767.4	2506.3	2371.5	2382.6	1935.6	2196.5	2193.5	1638.1
HD_{18-10}	2566.3	2609.5	2775.2	2533.7	2288.8	2143.3	2170.0	1664.7	1950.4	1947.9	1313.5
HD_{14-14}	2027.2	2057.3	2201.2	1995.0	1777.1	1649.9	1669.8	1265.2	1484.1	1482.3	985.7
HD_{14-10}	1955.1	1979.5	2128.4	1918.9	1704.4	1574.5	1599.2	1176.3	1401.6	1399.5	876.3
HD_{10-10}	1343.9	1349.5	1330.4	1304.1	1120.0	1005.7	1028.4	687.9	852.8	851.1	439.1
CD_{24-24}	98.5	60.0	87.6	109.3	159.0	141.5	170.9	103.5	128.5	128.5	162.4
CD_{26-26}	29.8	13.0	21.9	34.0	63.7	51.1	76.6	30.7	42.7	50.4	61.2
CD_{28-28}	6.1	1.5	2.9	3.3	12.0	5.9	22.6	2.0	3.7	8.6	9.9

(주) HD : 난방도일(Heating degree Day), CD : 냉방도일(Cooling degree Day)

표 1-20에서 난방도일은 HD(Heating degree Day)로, 냉방도일은 CD(Cooling degree Day)로 표기한다. 예를 들어 서울지방의 난방도일 HD_{18-18}은 2,868.8[deg℃ · day]로 나타났다. 여기서 앞의 숫자 18은 실내설정온도이고 뒤의 숫자 18은 난방개시의 외기온도이다.

예를 들어 서울지방에 대한 난방을 하는 경우에 실내온도를 18℃로 유지하며 난방개시를 외기온도 10℃일 때 종료를 다음해 봄에 외기온도가 10℃로 되었을 때로 한다면 degree day는 다음과 같이 표시한다.

$$HD_{18-10} = \sum_{\Delta d}(t_r - t_o) \quad \cdots\cdots \quad (1\text{-}9)$$

$$= 2,566.3\,[\deg ℃ \cdot \text{day}] \text{ (표 1-20 참조)}$$

한편 온도 대신 enthalpy를 사용하여 표시하는 경우가 있으며 다음과 같은 식으로 표시한다.

$$J = \sum_{\Delta d}(h_r - h_o)\,[\text{kJ/kg} \cdot \text{day}] \quad \cdots\cdots \quad (1\text{-}10)$$

여기서 J : [kJ/kg · day]

h_r : 설정한 실내공기의 enthalpy [kJ/kg]

h_o : 냉난방기간 동안의 매일 평균외기의 엔탈피 [kJ/kg]

Δd : 냉 · 난방기간 [day]

난방도일이란 실내온도와 매일의 평균 외기온도와의 차를 난방기간동안 적산한 값을 말하며 건축물의 단열성을 나타내는 특성치를 곱하면 난방기간의 전부하를 구할 수 있다.

$$Q = T \cdot W \cdot D \cdot A_f \times 3.6 \quad \cdots\cdots \quad (1\text{-}11)$$

여기서 Q : 기간난방부하 [kJ/기간]

T : 1일의 평균 난방시간 [h/d]

W : 열손실계수 [W/m² · K]

D : 난방도일 [deg℃ · day]

A_f : 연면적 [m²]

또한 열손실계수 W는 다음과 같이 구한다.

$$W = \frac{\Sigma f_i \cdot K_i \cdot A_i + C_p \cdot r \cdot V \times \frac{1}{3.6}}{A_f} \quad \cdots\cdots \quad (1\text{-}12)$$

여기서 f_i : 외기에 면하는 경우 1

비난방실에 면하는 경우 0.3

바닥밑에 면하는 경우 0.6

K_i : 외기 또는 비난방실에 면하는 부위의 열관류율 [W/m² · K]

A_i : 외기 및 비난방실에 면하는 부위의 면적 [m^2]

C_p : 공기의 정압비열 [kJ/(kg · K)]

P : 공기의 밀도 [kg/m^3]

V : 환기량 [m^3/h]

또 난방기간중의 소요열량을 구하면 난방기간중의 연료비 F[원/기간]를 다음 식에 의해 구할 수 있다.

$$F = Q\frac{C}{q \cdot \eta} \qquad \cdots\cdots (1\text{-}13)$$

여기서 Q : 소요열량 [kJ/기간]

C : 연료의 단가 [원/kg, 원/l]

q : 연료의 저위발열량 [kJ/kg, kJ/l]

η : 효율(0.45~0.75)

예 제 서울에 있는 건물에 대하여 $HD_{18\text{-}18}$을 적용시켜 난방을 할 때의 연간 연료비를 산출하시오. (단, 건물 구조체의 표면적 : 350m^2, 구조체의 열관류율 : 0.58[W/(m^2 · ℃)], 환기에 의한 손실열량 : 186[W/℃], 연료단가 : 320원/kg, 연료의 저위발열량 : 42,500 [kJ/kg], T(24h/d)], 효율 0.6이다.)

〔풀이〕 표 1-20에 의해 $HD_{18\text{-}18}$=2,868.8[deg℃ · day]를 난방기간 중

소요열량[kJ/기간] = (350×0.58+186)×3.6×24×2,868.8

= 96,419,220 [kJ/기간]

따라서 기간 중 연료비 F[원/기간]는

$$F = 96,419,220 \times \left(\frac{320}{42,500 \times 0.6}\right)$$

$$= 1,209,967 \text{ [원/기간]}$$

제 2 장

공기선도와 상태변화

공기선도와 상태변화

2-1 공기의 성질

우리의 생활주변에 있는 공기는 표 2-1에 나타낸 것처럼 질소(N_2), 산소(O_2), 아르곤(Ar), 탄산가스(CO_2), 수증기의 혼합물이며 질소와 산소가 대부분을 차지한다. 이때 수증기를 전혀 함유하지 않은 건조한 공기를 건조공기(dry air)라고 하며 습공기(moist air)란 건조공기 중에 수분을 함유한 것을 말하며 우리의 생활주변에 있는 공기는 모두 습공기이다.

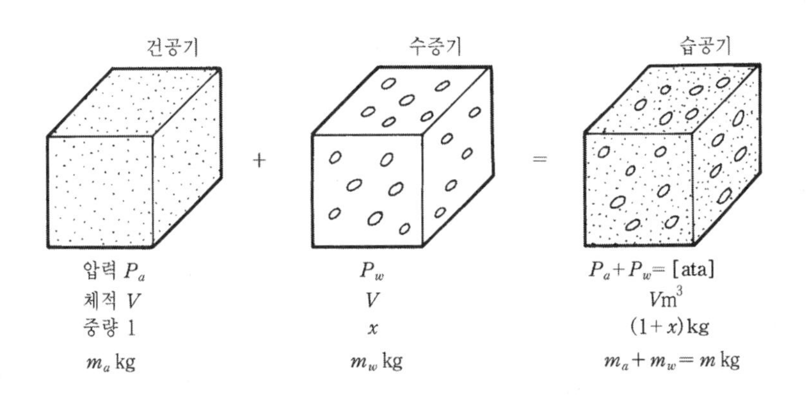

그림 2-1 습공기의 조성

표 2-1 공기의 성분(지상부근 대기의 기준치)

성 년	N_2	O_2	Ar	CO_2
용적조성 [%]	78.09	20.95	0.93	0.03
중량조성 [%]	75.53	23.14	1.28	0.05

습공기는 이상기체의 상태방정식 및 Dalton의 법칙을 적용하여도 무방하므로 그림 2-1에서와 같이 건조공기의 압력을 P_a, 수증기의 압력을 P_w라 하면 습공기의 질량 및 압력 P는 다음 식과 같다.

$$m = m_a + m_w$$

$$p = p_a + p_w$$

(1) 건구온도와 습구온도

일반적인 온도계로 측정한 공기의 온도를 건구온도(dry-bulb temperature, DB)라고 하며 t[℃]로 표시한다. 공기중의 수증기량과 주위의 복사열의 영향을 받지 않는 온도이다. 습구온도(wet-bulb temperature, WB)는 t'[℃]로 표시하며 습구온도계(감온부를 젖은 천으로 감싸고 모세관 현상으로 물을 빨아올려 감열부가 젖게 한 뒤 측정한 온도계)로 측정한 온도이다. 습구온도계에서는 감열부에서 물이 증발될 때 증발잠열에 의해 열을 더 빼앗기게 되므로 건구온도보다 낮게 되는데 공기가 건조할수록 증발현상이 활발하여 습구온도는 더 내려간다.

그림 2-2에서 (a)는 실내벽에 설치하여 거의 기류가 없는 곳에 사용하는 오거스트 습도계이며 (b)는 일정한 풍속을 강제적으로 공급하면서 습구온도를 측정하는 아스만 통풍 습도계를 나타낸 것이다. 동일한 온·습도의 공기를 측정하더라도 습구온도가 다르게 나타나고 상대습도를 구하는 계산식이 각기 다르므로 공기선도에 표시된 습구온도는 단열포화 온도로서 아스만형 통풍 건습구 온도계로 읽은 온도를 사용한다.

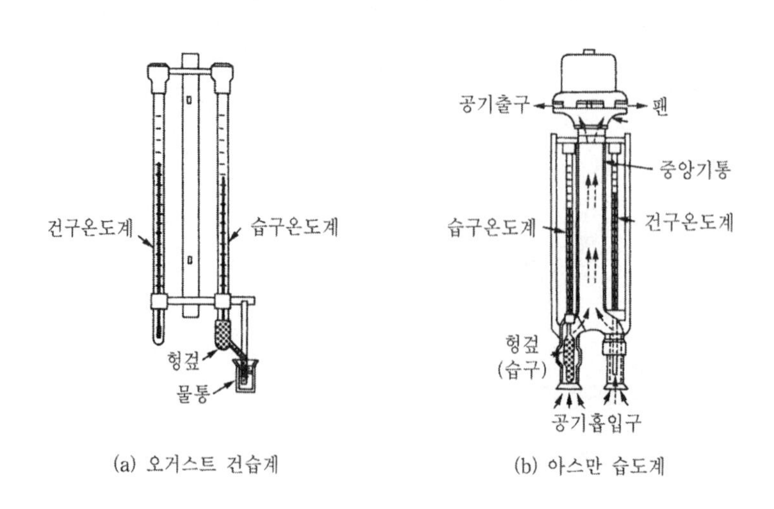

(a) 오거스트 건습계 (b) 아스만 습도계

그림 2-2 건습구 온도계

(2) 포화공기와 노점온도

습공기중에 포함시킬 수 있는 수증기의 양은 공기의 온도에 따라 최대치가 있으며 한도 이상으로 넣으려고 하면 물로 되어버린다. 이와 같이 최대로 수분을 수용하고 있는 상태의 공기를 포화공기(saturated air)라 한다. 습공기는 온도가 높아지면 공기를 구성하고 있는 분자간의 거리가 멀어져서 수증기가 들어갈 수 있는 공간이 더 넓어지게 되어 포화공기가 될 때까지는 더 많은 수증기를 흡수할 수 있다.

또한 온도가 높은 공기일수록 많은 수증기를 함유할 수 있기 때문에 습공기의 온도를 낮추면 어떤 온도에서 포화상태가 되며 또 다시 냉각시키면 수증기의 일부가 응축하여 물방울이 맺히기 시작한다. 물방울이 맺히기 시작하는 온도를 그 공기의 노점온도(dew-point temperature, DP)라고 하고 t'' [℃]로 표시한다.

(3) 절대습도와 상대습도

습공기중의 수증기의 혼합비를 나타내기 위하여 습도(humidity)를 사용한다. 습도에는 절대습도(absolute humidity)와 상대습도(relative humidity)가 있다. 절대습도는 건조공기 1kg에 혼합된 수증기의 질량비로서 습공기중의 건조공기의 질량을 m_a, 수증기의 질량을 m_w 라고 하면 절대습도 x는 다음 식과 같다.

$$x = \frac{m_w}{m_a}$$

상대습도 φ는 습공기중의 포화증기 밀도 ρ_s에 대한 동일 온도에서의 습공기중의 증기의 밀도 ρ_w의 비로 구할 수 있다.

$$\varphi = \frac{\rho_w}{\rho_s}$$

습공기중의 수증기의 분압(partial pressure)을 p_w, 동일 온도의 포화수증기 압력을 p_s 라 하면 Boyle 법칙으로부터 다음 식을 얻을 수 있다.

$$\frac{p_w}{\rho_w} = \frac{p_s}{\rho_s} \qquad \varphi = \frac{p_w}{p_s}$$

순수한 건조공기는 $p_w=0$이므로 $\varphi=0$이고 포화공기는 $p_w=p_s$이므로 상대습도 $\varphi=1$이다. 절대습도 x는 수증기의 출입이 없는 한 온도와 관계없이 항상 일정하나 상대습도 φ는 온도에 따라 변화한다. 습공기의 상대습도와 절대습도는 습공기중의 수증기의 질량 m_w와 건조공기의 질량 m_a에 이상기체 상태 방정식을 적용하면 다음과 같이 된다.

$$m_a=\rho_a V=\frac{p_a V}{R_a T}=\frac{(p-\varphi p_s)V}{287T}$$

$$m_w=\rho_w V=\frac{p_w V}{R_w T}=\frac{\varphi p_s V}{462T}$$

$$x=\frac{m_w}{m_a}=\frac{287\varphi p_s}{462(p-\varphi p_s)}=\frac{0.622\varphi p_s}{p-\varphi p_s}$$

$$\varphi=\frac{xp}{p_s(0.622+x)}$$

상대습도 100%, 즉 $\varphi=1$일 때 포화습공기의 절대습도 x_s는 다음 식과 같다.

$$x_s=0.622\frac{p_s}{p-p_s}$$

습공기의 절대습도 x와 포화습공기의 절대습도 x_s와의 비를 ψ라고 하면

$$\psi=\frac{x}{x_s}=\frac{\varphi p-p_s}{p-\varphi p_s}$$

여기서 ψ를 습공기의 비교습도(percentage humidity) 또는 포화도(degree of saturation)라 한다.

(4) 수증기 분압

습공기가 가진 압력(보통 대기압)은 그 혼합성분인 건공기와 수증기가 가진 분압의 합과 같다. 따라서 혼합기체에 있어서 어떤 하나의 성분만으로 용적을 차지하고 있다고 가정할 때 나타나는 압력을 분압이라고 한다. 즉, 습공기가 가진 압력(보통 대기압)은 그 혼합성분인 건공기와 수증기와의 혼합기체라고 생각할 수 있으므로 이때 수증기가 갖는 압력을 수증기 분압(vapor pressure, VP)이라 하며 $P_w=\varphi P_s$ 이다.

(5) 비체적

기체의 비체적은 단위질량당 체적이므로 그림 2-1과 같은 습공기에서 비체적(υ)은 다음과 같다.

$$\upsilon = \frac{V}{m}\,[\mathrm{m^3/kg}] = \frac{V}{m_a + m_w}\,[\mathrm{m^3/kg}] \quad \cdots\cdots (2\text{-}1)$$

또한 밀도(ρ)$=\frac{m}{V}$ [kg/m³]이므로 $\upsilon=\frac{1}{\rho}$이다. 여기서 $m_a=1\mathrm{kg}$, $m_s=x\mathrm{kg}$ 이므로 $\upsilon=\frac{V}{1+x}$이다. 이때 x는 1에 비해서 매우 작으므로 개략적으로 $\upsilon=\frac{V}{1+x}\fallingdotseq V$라고 할 수 있다. 그리고 이상기체 방정식 $P\upsilon=RT$이므로 $\upsilon=\frac{RT}{P}$이다. 여기서 $R=\sum_{i=1}^{n}\left(R_i\frac{m_i}{m}\right)$이므로 $R_{습공기}=R_a\frac{m_a}{m_a+m_w}+R_w\frac{m_w}{m_a+m_w}$이다. $m_a=1$, $m_w=x$(=절대습도)이고 x가 1에 비하여 매우 작으므로 $R_{습공기}=R_a+R_w x$이다. 따라서 $\upsilon=\frac{R_a+R_w\cdot x}{P}\times T$이다.

단, P : 전압력 [P_a]

R_a : 건공기 기체상수 = 0.287 [kJ/(kg・K)]

R_w : 수증기 기체상수 = 0.462 [kJ/(kg・K)]

여기서 R의 단위인 [kJ/(kg・K)] = [$\mathrm{m^2\cdot kg\cdot s^{-2}/(kg\cdot K)}$]이고 P의 단위인 [P_a]= [$\mathrm{m^{-1}\cdot kg\cdot s^{-2}}$]이므로 $\upsilon=(0.287+0.462x)\frac{T}{P}$ [m³/kg]이다.

(6) 엔탈피(enthalpy)

모든 물질은 어떤 상태의 온도하에서는 일정한 열량을 가지고 있다고 하면 어느 기준상태를 0으로 하여 측정한 물체의 단위 중량당의 보유열량을 엔탈피(enthalpy)라고 하며 전열량(total heat)이라고도 한다. 방안에 있는 열기구는 실내의 온도를 높이고 수증기는 실내의 습도를 높이고 있다. 습공기의 엔탈피는 (건공기의 현열)+(수증기의 잠열)+(수증기의 현열)의 합계이다.

현열은 정압비열에 온도차를 곱하여 얻을 수 있다. 엄밀하게 비열은 온도에 따라 변하지만 공기조화가 대상으로 하는 습공기 영역에서는 비열을 일정한 것으로 취급해도 실용상 문제점은 없다. 또한 수증기의 잠열은 편의상 0℃에서의 값이 사용된다. 그림 2-3에 어떤 상태(온도 t[℃], 절대습도 x[kg/kg(DA)])의 습공기의 엔탈피 계산방법을 나타냈다.

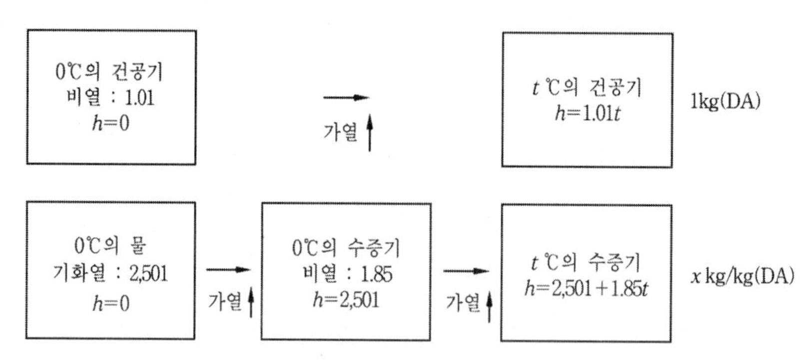

그림 2-3 습공기의 엔탈피 개념

1) 건공기의 엔탈피

건공기는 이상기체와 동일하게 취급할 수 있으므로 건공기 1kg에 대한 엔탈피 h_a는

$$h_a = C_{p_a} \cdot t = 1.01t \text{ [kJ/kg]} \quad \cdots\cdots (2\text{-}2)$$

여기서 C_{p_a} : 건공기의 정압비열 ≒ 1.01 [kJ/(kg · K)]

t : 건구온도 [℃]

2) 수증기의 엔탈피

t[℃]인 수증기의 엔탈피는 0℃인 포화액의 증발잠열에 이 증기가 t[℃]까지 상승하는데 필요한 열량의 합이다. t[℃]인 수증기의 1kg의 엔탈피 h_w[kJ/kg]는 0℃에서 포화수의 증발잠열과 0℃의 증기가 t[℃]의 공기온도까지 상승하는데 필요한 현열량의 합이다. 따라서 다음과 같이 나타낸다.

$$h_w = \gamma + C_{p_w} \cdot t = 2,501 + 1.85t \text{ [kJ/kg]} \quad \cdots\cdots (2\text{-}3)$$

여기서 γ : 0℃에서 포화수의 증발잠열 ≒ 2,501 [kJ/kg]

C_{p_w} : 수증기의 정압비열 ≒ 1.85 [kJ/(kg · K)]

3) 습공기의 엔탈피

습공기는 건공기에 수증기가 포함된 상태이므로 습공기의 엔탈피는 건공기의 엔탈피와 수증기의 엔탈피의 합으로 나타낸다. 그러므로 절대습도 x[kg/kg′]인 습공기의 엔탈피 h_w[kJ/kg]는 다음과 같다.

$$h = \text{건공기 1kg의 엔탈피} + \text{수증기 } x\text{[kg]의 엔탈피}$$
$$= h_a + x \cdot h_w$$
$$= C_{p_a} \cdot t + x(\gamma + Cp_w \cdot t)$$
$$= 1.01t + x(2,501 + 1.85t) \text{ [kJ/kg]} \quad \cdots\cdots (2\text{-}4)$$

여기서 엔탈피는 현열+잠열이므로 엔탈피(h)는 다음과 같다.

$$h = (1.01 + 1.85 \cdot x)t + 2,501 \cdot x$$

즉, $(1.01 + 1.85 \cdot x)$가 습공기에 비열이라고 할 수 있으며 습공기의 상태를 나타내는 용어를 정리하면 표 2-2와 같다.

표 2-2 습공기의 상태를 나타내는 용어의 설명

구 분	기호	단 위	정 의	산 정 식
절 대 습 도	x	kg/kg(DA)	건조공기 1kg을 포함하는 습공기 중의 수증기량 [kg] $P = P_w + P_a$	$x = 0.662\left(\frac{P_w}{P - P_w}\right)$
수증기분압	P_w	Pa	습공기 중의 수증기 분압	$P_w = \varphi \cdot P_s$
상 대 습 도	φ	%	수증기 분압(P_w)와 동일한 온도의 포화공기의 수증기 분압(P_s)와의 비를 백분율로 나타낸 것	$\varphi = 100\left(\frac{P_w}{P_s}\right)$
비 교 습 도	ϕ	%	절대습도 x와 동일한 온도의 포화공기의 절대습도 x_s와의 비를 백분율로 표시한 것	$\phi = 100\left(\frac{x}{x_s}\right)$
습 구 온 도	t'	℃	습구온도계에 나타나는 온도	
노 점 온 도	t''	℃	습공기를 냉각하는 경우 포화상태로 되는 온도	
건 구 온 도	t	℃	건구온도계에 나타나는 온도	
비 체 적	v	m³/kg′	건조공기 1kg에 대한 습공기의 체적	$v = (0.287 + 0.462x) \times \frac{T}{P}$
엔 탈 피	h	kJ/kg′	건조공기 1kg에 대한 보유열량 다만 0℃의 건조공기를 기준으로 해서 산정하였을 때 습공기가 갖는 현열량과 잠열량의 합계	$h = 1.01t + x(2,501 + 1.85t)$ [kJ/kg′]

2-2 공기선도

(1) 습공기표

습공기의 여러가지 상태량을 나타낸 것을 습공기표라고 하며 그림 2-4와 같이 건공기와 포화공기를 온도기준으로 끊어서 포화공기선과 건공기선과의 교점에 대한 상태량을 표 2-2와 같이 나타내었다. 이 표는 표준대기압 상태(101.325 kPa)에서 측정된 것이므로 해발의 높이에 따라 차이가 나지만 일반 공조용에서는 이 표의 값을 그대로 사용한다. 습공기의 각종 열역학적 성질이 표 2-3에 나타나 있으며 표에서 사용한 기호는 다음과 같다.

x : 포화습도비(절대습도) [kg(수증기)/kg(건공기)]
v_a : 건공기의 비체적 [m^3/kg(건공기)]
v_s : 포화습공기의 비체적 [m^3/kg(건공기)]
h_a : 건공기의 엔탈피 [kJ/kg(건공기)]
h_s : 포화습공기의 엔탈피 [kJ/kg(건공기)]
h_c : 포화습공기와 평형상태에 있는 응축수의 엔탈피 [kJ/kg(물)]
p_s : 포화습공기에서 물의 증기압 [kPa]

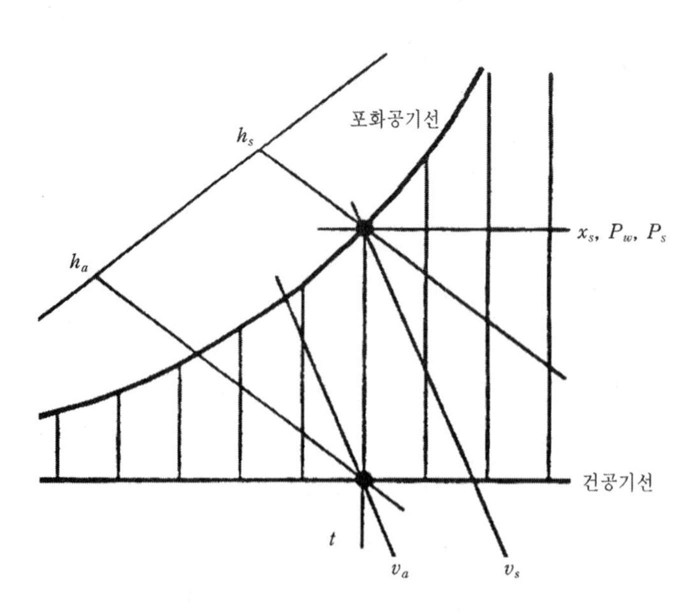

그림 2-4 포화공기선과 건공기선과의 교점에 대한 상태량

표 2-3 표준대기압(P=101.325 kPa) 습공기표

온도	포화공기			건구공기		포화수증압	응축수의 엔탈피 h_c
t [℃]	x_s [kg/kg(DA)]	h_s [kJ/kg(DA)]	v_s [m^3/kg(DA)]	h_a [kJ/kg(DA)]	v_a [m^3/kg(DA)]	P_s [kPa]	[kJ/kg]
-60	0.000 006 68	-60.33	0.602 7	-60.35	0.602 7	0.001 082	-446.3
-59	0.000 007 64	-59.33	0.605 6	-59.34	0.605 6	0.001 238	-444.6
-58	0.000 008 74	-58.32	0.608 4	-58.34	0.608 4	0.001 414	-443.0
-57	0.000 009 97	-57.31	0.611 3	-57.33	0.611 3	0.001 614	-441.3
-56	0.000 011 36	-56.30	0.614 1	-56.33	0.614 1	0.001 840	-439.6
-55	0.000 012 94	-55.29	0.617 0	-55.32	0.617 0	0.002 095	-437.9
-54	0.000 014 71	-54.28	0.619 8	-54.31	0.619 8	0.002 382	-436.2
-53	0.000 016 71	-53.27	0.622 7	-53.31	0.622 6	0.002 706	-434.5
-52	0.000 018 96	-52.26	0.625 5	-52.30	0.625 5	0.003 070	-432.8
-51	0.000 021 48	-51.24	0.628 4	-51.30	0.628 3	0.003 479	-431.0
-50	0.000 024 32	-50.23	0.631 2	-50.29	0.631 2	0.003 939	-429.3
-49	0.000 027 50	-49.22	0.634 1	-49.28	0.634 0	0.004 454	-427.6
-48	0.000 031 06	-48.20	0.636 9	-48.28	0.636 9	0.005 031	-425.8
-47	0.000 035 05	-47.19	0.639 8	-47.27	0.639 7	0.005 677	-424.1
-46	0.000 039 50	-46.17	0.642 6	-46.27	0.642 6	0.006 399	-422.3
-45	0.000 044 48	-45.15	0.645 5	-45.26	0.645 4	0.007 206	-420.5
-44	0.000 050 02	-44.13	0.648 3	-44.25	0.648 3	0.008 105	-418.8
-43	0.000 056 21	-43.11	0.651 2	-43.25	0.651 1	0.009 108	-417.0
-42	0.000 063 10	-42.09	0.654 0	-42.24	0.654 0	0.010 22	-415.2
-41	0.000 070 76	-41.06	0.656 9	-41.24	0.656 8	0.011 47	-413.4
-40	0.000 079 27	-40.04	0.659 7	-40.23	0.659 7	0.012 85	-411.6
-39	0.000 088 72	-39.01	0.662 6	-39.22	0.662 5	0.014 38	-409.8
-38	0.000 099 20	-37.98	0.665 4	-38.22	0.665 3	0.016 08	-408.0
-37	0.000 110 8	-36.94	0.668 3	-37.21	0.668 2	0.017 96	-406.1
-36	0.000 123 7	-35.91	0.671 2	-36.21	0.671 0	0.020 04	-404.3
-35	0.000 137 9	-34.86	0.674 0	-35.20	0.673 9	0.022 35	-402.5
-34	0.000 153 6	-33.82	0.676 9	-34.19	0.676 7	0.024 90	-400.6
-33	0.000 171 0	-32.77	0.679 8	-33.19	0.679 6	0.027 71	-398.8
-32	0.000 190 2	-31.72	0.682 6	-32.18	0.682 4	0.030 82	-396.9
-31	0.000 211 3	-30.66	0.685 5	-31.18	0.685 3	0.034 24	-395.0
-30	0.000 234 5	-29.60	0.688 4	-30.17	0.688 1	0.038 02	-393.1
-29	0.000 260 2	-28.53	0.691 2	-29.17	0.690 9	0.042 17	-391.3
-28	0.000 288 3	-27.45	0.694 1	-28.16	0.693 8	0.046 73	-389.4
-27	0.000 319 3	-26.37	0.697 0	-27.15	0.696 6	0.051 74	-387.5
-26	0.000 353 2	-25.28	0.699 9	-26.15	0.699 5	0.057 25	-385.6
-25	0.000 390 5	-24.19	0.702 8	-25.14	0.702 3	0.063 29	-383.6
-24	0.000 431 4	-23.08	0.705 7	-24.14	0.705 2	0.069 91	-381.7
-23	0.000 476 1	-21.96	0.708 5	-23.13	0.708 0	0.077 16	-379.8
-22	0.000 525 1	-20.83	0.711 5	-22.13	0.710 9	0.085 10	-377.8
-21	0.000 578 7	-19.70	0.714 4	-21.12	0.713 7	0.093 78	-375.9
-20	0.000 637 3	-18.55	0.717 3	-20.11	0.716 5	0.103 3	-374.0
-19	0.000 701 3	-17.38	0.720 2	-19.11	0.719 4	0.113 6	-372.0
-18	0.000 771 1	-16.20	0.723 1	-18.10	0.722 2	0.124 9	-370.0
-17	0.000 847 2	-15.01	0.726 1	-17.10	0.725 1	0.137 2	-368.0
-16	0.000 930 3	-13.79	0.729 0	-16.09	0.727 9	0.150 7	-366.1
-15	0.001 021	-12.56	0.732 0	-15.09	0.730 8	0.165 3	-364.1
-14	0.001 119	-11.31	0.734 9	-14.08	0.733 6	0.181 2	-362.1
-13	0.001 226	-10.04	0.737 9	-13.07	0.736 4	0.198 5	-360.1
-12	0.001 342	-8.743	0.740 9	-12.07	0.739 3	0.217 3	-358.1
-11	0.001 469	-7.421	0.743 9	-11.06	0.742 1	0.237 7	-356.0

온도	포 화 공 기			건 구 공 기		포화수증압	응축수의
t [℃]	x_s [kg/kg(DA)]	h_s [kJ/kg(DA)]	v_s [m^3/kg(DA)]	h_a [kJ/kg(DA)]	v_a [m^3/kg(DA)]	P_s [kPa]	엔탈피 h_c [kJ/kg]
-10	0.001 606	-6.072	0.746 9	-10.06	0.745 0	0.259 9	-354.0
-9	0.001 755	-4.694	0.749 9	-9.052	0.747 8	0.283 9	-352.0
-8	0.001 917	-3.284	0.753 0	-8.046	0.750 7	0.310 0	-349.9
-7	0.002 091	-1.839	0.756 0	-7.041	0.753 5	0.338 2	-347.9
-6	0.002 281	-0.358	0.759 1	-6.035	0.756 3	0.368 7	-345.8
-5	0.002 486	1.163	0.762 2	-5.029	0.759 2	0.401 8	-343.8
-4	0.002 708	2.727	0.765 3	-4.023	0.762 0	0.437 5	-341.7
-3	0.002 948	4.336	0.768 5	-3.017	0.764 9	0.476 1	-339.6
-2	0.003 207	5.994	0.771 7	-2.012	0.767 7	0.517 7	-337.5
-1	0.003 487	7.705	0.774 9	-1.006	0.770 5	0.562 7	-335.4
0	0.003 790	9.473	0.778 1	0.000	0.773 4	0.611 2	-333.3
*0	0.003 790	9.473	0.778 1	0.000	0.773 4	0.611 2	0.06
1	0.004 076	11.20	0.781 3	1.006	0.776 2	0.657 1	4.28
2	0.004 381	12.98	0.784 5	2.012	0.779 1	0.706 0	8.49
3	0.004 707	14.81	0.787 8	3.018	0.781 9	0.758 0	12.70
4	0.005 054	16.69	0.791 1	4.023	0.784 8	0.813 5	16.91
5	0.005 424	18.64	0.794 4	5.029	0.787 6	0.872 5	21.12
6	0.005 817	20.64	0.797 8	6.035	0.790 4	0.935 2	25.32
7	0.006 236	22.71	0.801 2	7.041	0.793 3	1.002	29.52
8	0.006 682	24.85	0.804 6	8.047	0.796 1	1.073	33.72
9	0.007 157	27.06	0.808 1	9.053	0.799 0	1.148	37.92
10	0.007 661	29.35	0.811 6	10.06	0.801 8	1.228	42.11
11	0.008 197	31.72	0.815 2	11.07	0.804 6	1.313	46.31
12	0.008 766	34.18	0.818 8	12.07	0.807 5	1.403	50.50
13	0.009 370	36.72	0.822 5	13.08	0.810 3	1.498	54.69
14	0.010 01	39.37	0.826 2	14.08	0.813 2	1.599	58.88
15	0.010 69	42.11	0.830 0	15.09	0.816 0	1.705	63.07
16	0.011 41	44.96	0.833 8	16.10	0.818 8	1.818	67.25
17	0.012 18	47.92	0.837 7	17.10	0.821 7	1.938	71.44
18	0.012 99	51.01	0.841 7	18.11	0.824 5	2.064	75.62
19	0.013 85	54.21	0.845 7	19.11	0.827 4	2.198	79.81
20	0.014 76	57.55	0.849 8	20.12	0.830 2	2.339	83.99
21	0.015 72	61.03	0.854 0	21.13	0.833 0	2.488	88.18
22	0.016 74	64.66	0.858 3	22.13	0.835 9	2.645	92.36
23	0.017 82	68.44	0.862 7	23.14	0.838 7	2.810	96.54
24	0.018 96	72.38	0.867 1	24.15	0.841 6	2.985	100.7
25	0.020 17	76.50	0.871 7	25.15	0.844 4	3.169	104.9
26	0.021 45	80.79	0.876 4	26.16	0.847 2	3.363	109.1
27	0.022 80	85.28	0.881 1	27.17	0.850 1	3.567	113.3
28	0.024 22	89.97	0.886 0	28.17	0.852 9	3.782	117.4
29	0.025 73	94.87	0.891 0	29.18	0.855 8	4.008	121.6
30	0.027 33	100.0	0.896 2	30.19	0.858 6	4.246	125.8
31	0.029 01	105.4	0.901 5	31.19	0.861 4	4.496	130.0
32	0.030 79	111.0	0.906 9	32.20	0.864 3	4.759	134.2
33	0.032 67	116.9	0.912 5	33.21	0.867 1	5.034	138.3
34	0.034 66	123.0	0.918 2	34.21	0.870 0	5.324	142.5
35	0.036 75	129.4	0.924 2	35.22	0.872 8	5.628	146.7
36	0.038 97	136.2	0.930 3	36.23	0.875 6	5.947	150.9
37	0.041 31	143.3	0.936 6	37.23	0.878 5	6.281	155.1
38	0.043 78	150.7	0.943 1	38.24	0.881 3	6.631	159.2
39	0.046 38	158.5	0.949 8	39.25	0.884 2	6.999	163.4
40	0.049 14	166.7	0.956 8	40.25	0.887 0	7.383	167.6

온도	포 화 공 기			건 구 공 기		포화수증압	응축수의
t [℃]	x_s [kg/kg(DA)]	h_s [kJ/kg(DA)]	v_s [m³/kg(DA)]	h_a [kJ/kg(DA)]	v_a [m³/kg(DA)]	P_s [kPa]	엔탈피 h_c [kJ/kg]
41	0.052.05	175.3	0.964 0	41.26	0.889 8	7.786	171.8
42	0.055 12	184.3	0.971 4	42.27	0.892 7	8.208	176.0
43	0.058 36	193.7	0.979 2	43.27	0.895 5	8.649	180.1
44	0.061 79	203.7	0.987 2	44.28	0.898 3	9.111	184.3
45	0.065 41	214.2	0.995 5	45.29	0.901 2	9.593	188.5
46	0.069 23	225.2	1.004	46.30	0.904 0	10.10	192.7
47	0.073 28	236.7	1.013	47.30	0.906 9	10.62	196.9
48	0.077 55	248.9	1.023	48.31	0.909 7	11.18	201.0
49	0.082 07	261.8	1.032	49.32	0.912 5	11.75	205.2
50	0.086 85	275.3	1.043	50.33	0.915 4	12.35	209.4
51	0.091 91	289.6	1.053	51.33	0.918 2	12.98	213.6
52	0.097 27	304.7	1.064	52.34	0.921 1	13.63	217.8
53	0.102 9	320.6	1.076	53.35	0.923 9	14.31	222.0
54	0.108 9	337.4	1.088	54.36	0.926 7	15.02	226.1
55	0.115 3	355.1	1.101	55.36	0.929 6	15.76	230.3
56	0.122 1	373.9	1.114	56.37	0.932 4	16.53	234.5
57	0.129 2	393.8	1.128	57.38	0.935 3	17.33	238.7
58	0.136 8	414.8	1.143	58.39	0.938 1	18.17	242.9
59	0.144 9	437.2	1.159	59.40	0.940 9	19.04	247.1
60	0.153 5	460.9	1.175	60.40	0.943 8	19.94	251.2
61	0.162 7	486.0	1.193	61.41	0.946 6	20.89	255.4
62	0.172 4	512.8	1.211	62.42	0.949 4	21.86	259.6
63	0.182 8	541.2	1.230	63.43	0.952 3	22.88	263.8
64	0.193 9	571.6	1.251	64.44	0.955 1	23.94	268.0
65	0.205 8	604.0	1.273	65.45	0.958 0	25.04	272.2
66	0.218 5	638.5	1.296	66.45	0.960 8	26.18	276.4
67	0.232 1	675.5	1.320	67.46	0.963 6	27.37	280.5
68	0.246 6	715.2	1.347	68.47	0.966 5	28.60	284.7
69	0.262 3	757.7	1.375	69.48	0.969 3	29.87	288.9
70	0.279 1	803.4	1.405	70.49	0.972 1	31.20	293.1
71	0.297 3	852.7	1.437	71.50	0.975 0	32.57	297.3
72	0.317 0	905.8	1.472	72.51	0.977 8	34.00	301.5
73	0.338 2	963.3	1.509	73.52	0.980 7	35.47	305.7
74	0.361 3	1 026	1.550	74.53	0.983 5	37.01	309.9
75	0.386 4	1 093	1.593	75.53	0.986 3	38.59	314.1
76	0.413 7	1 167	1.641	76.54	0.989 2	40.24	318.3
77	0.443 7	1 248	1.693	77.55	0.992 0	41.94	322.5
78	0.476 6	1 336	1.750	78.56	0.994 8	43.70	326.7
79	0.512 8	1 434	1.812	79.57	0.997 7	45.52	330.9
80	0.552 9	1 542	1.881	80.58	1.001	47.41	335.0
81	0.597 4	1 661	1.957	81.59	1.003	49.36	339.2
82	0.647 2	1 795	2.042	82.60	1.006	51.38	343.4
83	0.703 1	1 945	2.137	83.61	1.009	53.47	347.6
84	0.766 2	2 114	2.245	84.62	1.012	55.63	351.8
85	0.838 1	2 307	2.366	85.63	1.015	57.86	356.0
86	0.920 5	2 528	2.506	86.64	1.018	60.17	360.2
87	1.016	2 785	2.668	87.65	1.020	62.55	364.4
88	1.128	3 084	2.856	88.66	1.023	65.01	368.6
89	1.261	3 440	3.080	89.67	1.026	67.56	372.8
90	1.420	3 867	3.349	90.68	1.029	70.18	377.1

(2) 습공기선도

습공기의 상태를 표시한 그림을 습공기선도(psychrometric Chart)라고 하며 습공기의 상태를 결정해 주는 성질들은 수증기의 분압 P_w, 절대습도 x, 상대습도 φ, 건구온도 t, 습구온도 t', 노점온도 t'', 비체적 v, 엔탈피 h 등이며 이러한 상태값을 하나의 선도에 나타낸 것이다. 따라서 이와 같은 성질 중 2개만 알면 습공기선도에서 위치가 결정되므로 다른 성질들도 알 수 있다.

공기선도에 있어서 어떤 공기의 상태를 표시하는 한 점을 상태점(state point)이라고 한다. 습공기 선도는 횡축과 종축 및 경사축을 무엇으로 기준하느냐에 따라 $h-x$선도, $t-x$ 선도 등으로 분류되며 이 선도는 각각 다음과 같은 특성을 갖는다.

1) $h-x$ 선도(Molier Chart)

경사축에 엔탈피 h, 세로축에 절대습도 x를 취하여 기준선으로 하고 각 상태량을 나타낸 선도로서 건구온도 t, 습구온도 t', 노점온도 t'', 상대습도 φ, 엔탈피 h, 절대습도 x, 비용적 v, 수증기분압 P_w가 기입되어 이중 두가지 값을 알면 상태점이 정해지고 이것을 이용하여 나머지 상태값을 구할 수 있다. $h-x$선도는 다른 선도에 비하여 선도를 정확히 그릴 수 있으며 습공기의 상태변화를 이론적으로 해석하기 편리한 선도이다.

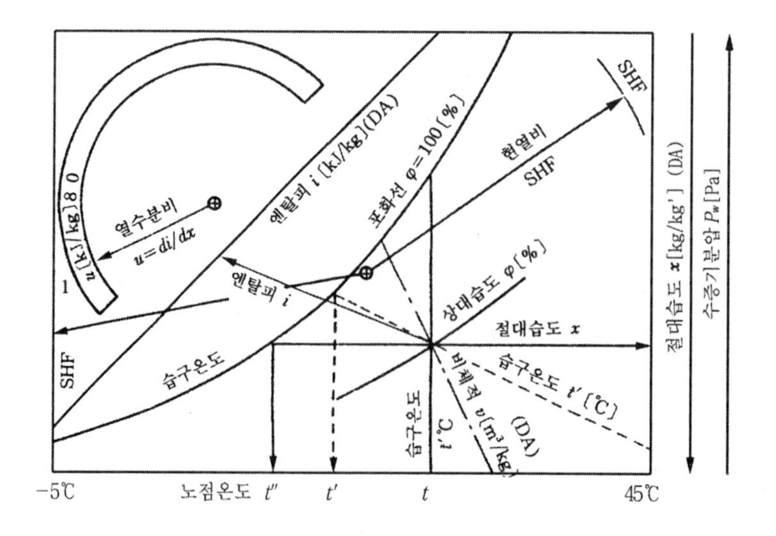

그림 2-5 공기선도의 구성($h-x$) 선도

2) $t-x$ 선도(Carrier Chart)

가로축에 건구온도 t, 세로축에 절대습도 x를 좌표로 하여 만든 선도가 $t-x$ 선도이다. $t-x$ 선도는 실용면에서 비교적 간단하므로 사용하기 편리하다. 그러나 엔탈피 h와 습구온도 t'가 동일한 선으로 표시되며 습구온도가 같은 공기에 대하여 엔탈피 값은 같다. 또한 후술되는 열수분비 눈금이 없으므로 계산에 의해 열수분비를 구해야 한다.

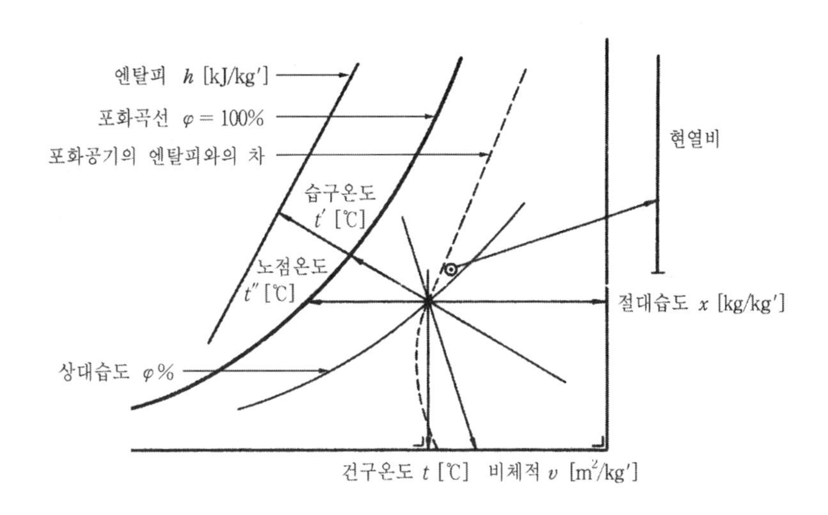

그림 2-6 $t-x$ 선도(캐리어선도)

3) $t-h$ 선도

가로축에 온도 t, 세로축에 엔탈피 h를 직교좌표로 하여 작성한 선도가 $t-h$ 선도이고 냉각탑이나 에어와셔 등에서 물과 공기가 직접 접촉하는 경우의 해석에 편리하다. 그림 2-7에 나타난 바와 같이 $t-h$ 선도는 엔탈피는 세로방향으로 하고 가로축의 온도에는 건구온도 t, 습구온도 t', 수온 t_w의 세 종류가 병용되고 있다.

전압력(101.325 kPa)일 때의 습한 공기의 온도와 그에 대한 포화공기의 엔탈피와의 관계가 곡선으로 나타나게 되어 습구온도는 엔탈피가 같은 선과 곡선과의 교점으로 구한다. 또한 습구온도가 같은 습한 공기의 엔탈피는 건구온도에 관계없이 거의 같은 값으로 취급되고 있다.

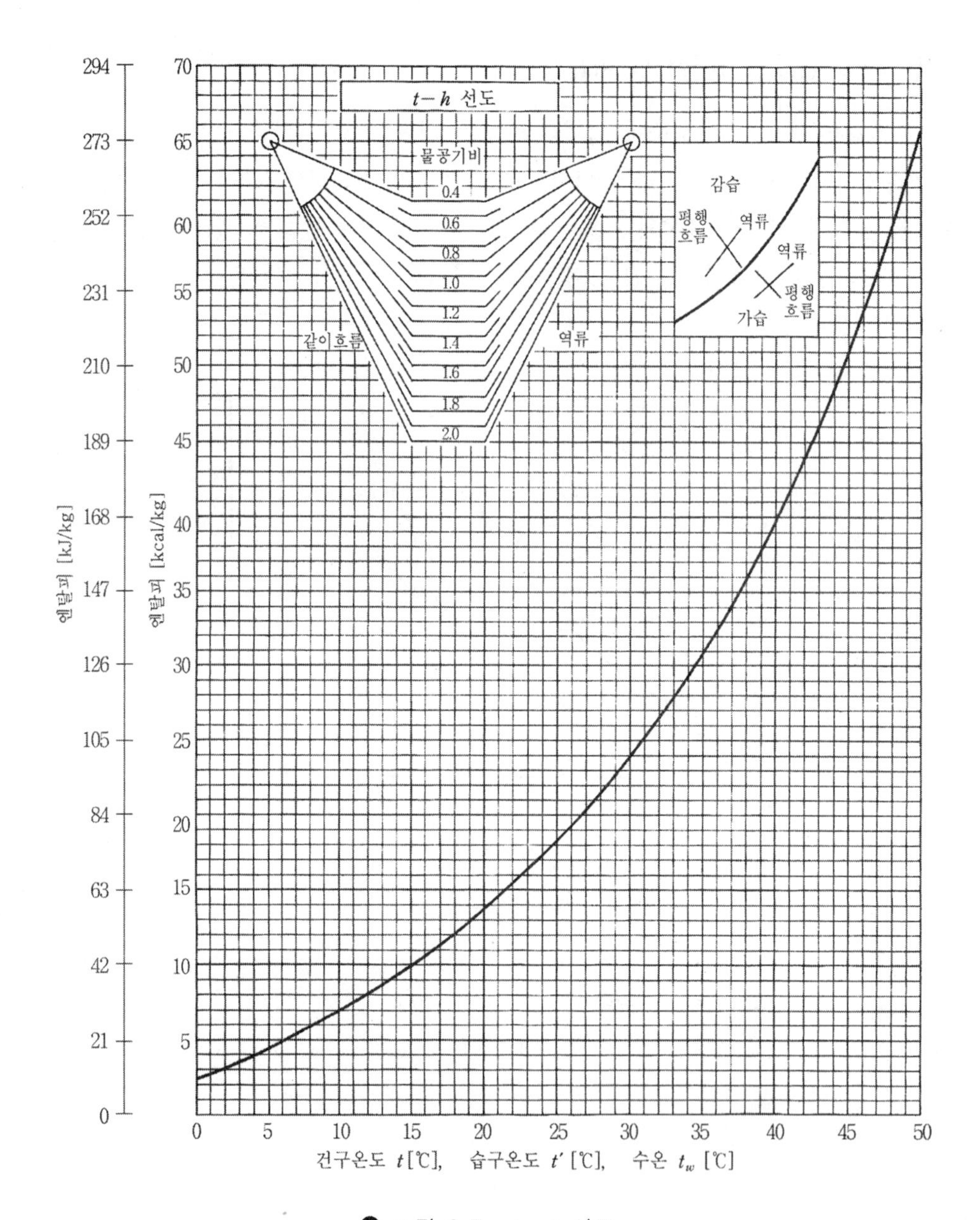

그림 2-7 $t-h$ 선도

(3) 공기선도($h-x$ 선도)의 구성

$h-x$ 선도는 절대습도 x를 횡축에, 엔탈피 h를 사축으로 하여 구성되며 건구온도, 습구온도, 상대습도, 수증기분압, 비체적 등의 상태값이 기입되어 있고 포화곡선, 현열비, 열수분비 등이 나타나 있으며 구성은 그림 2-8과 같다.

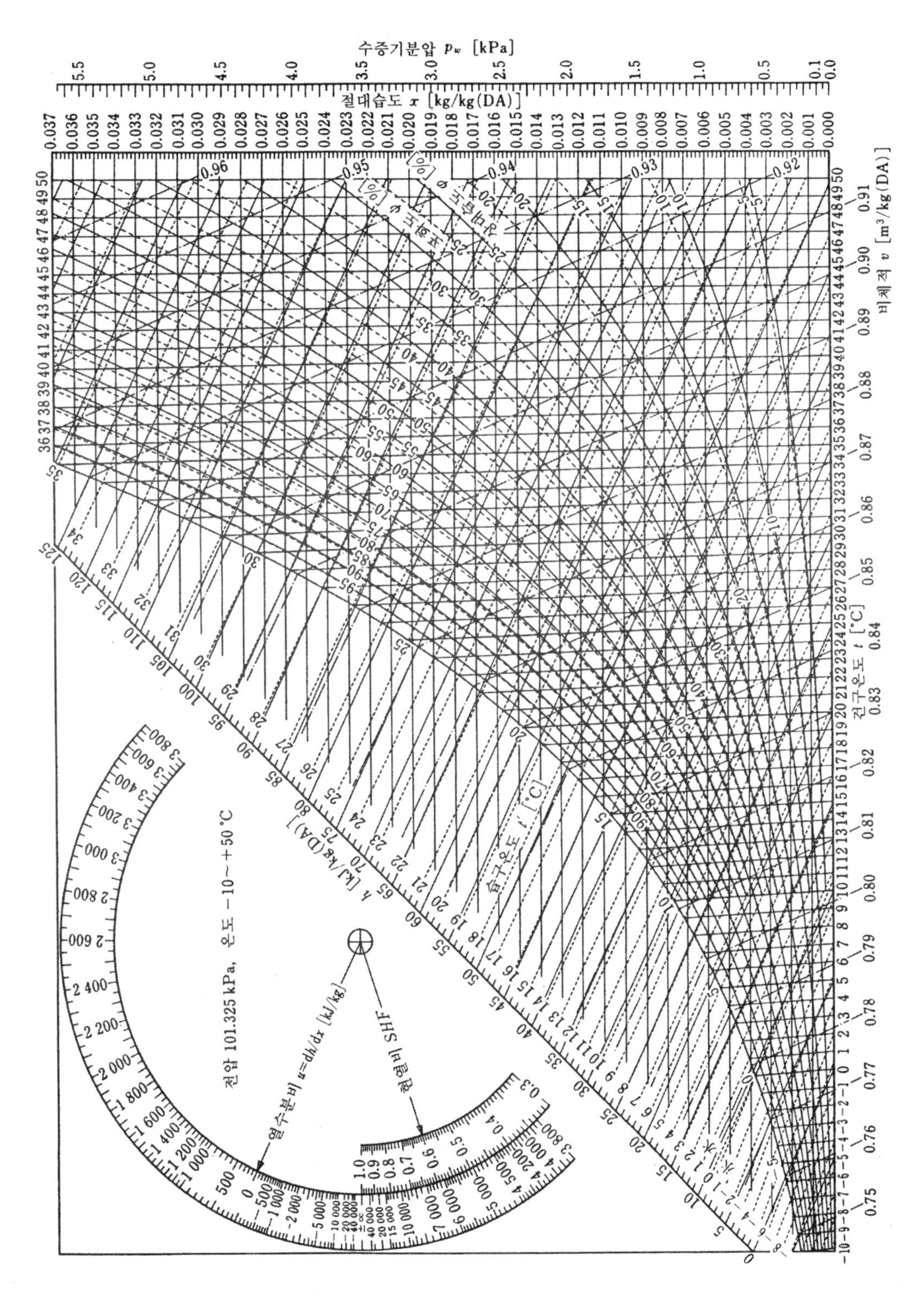
수증기분압 p_w [kPa]
절대습도 x [kg/kg(DA)]
비체적 v [m³/kg(DA)]
건구온도 t [°C]
습구온도 t' [°C]
h [kJ/kg(DA)]
전압 101.325 kPa, 온도 −10~+50 °C
열수분비 $u=dh/dx$ [kJ/kg]
현열비 SHF

그림 2-8 습공기선도

1) 온도선(건구온도, 습구온도, 노점온도)

그림 2-9 (a)는 습공기의 건구온도선으로서 P점의 건구온도는 하단에서 읽을 수 있고 습구 온도는 그림 (b)와 같이 좌측 상향점선으로 된 선과 포화공기선과의 교점에서 읽을 수 있으며 노점온도는 그림 (c)와 같이 P점에서 좌측으로 그은 수평선과 포화공기선과의 교점에서 읽을 수 있다.

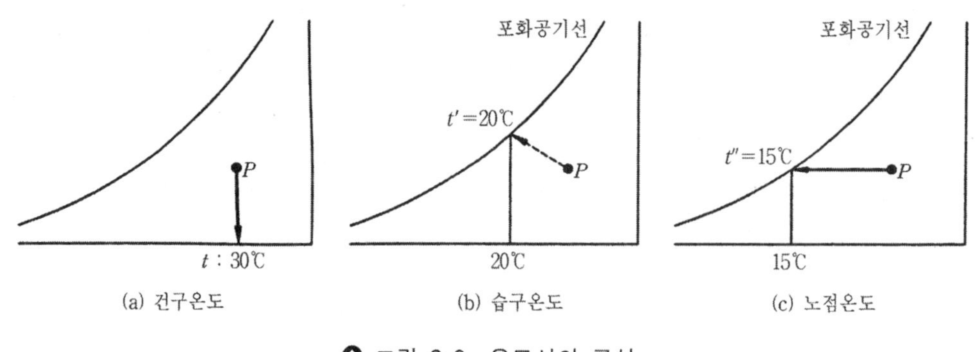

그림 2-9 온도선의 구성

2) 절대습도(비습도)와 포화도

절대습도선은 그림 2-10과 같이 구성되며 P점(건구온도 30℃, 습구온도 20℃)의 절대습도는 우측 수평선상에서 x=0.0105kg/kg′를 읽을 수 있다. 즉, P점의 습공기는 건공기 1kg당 수증기를 0.0105kg 포함하고 있는 습공기이다. 한편 이 공기는 포화상태까지 가습되면 절대습도 x_s=0.0270kg/kg′를 읽을 수 있다.

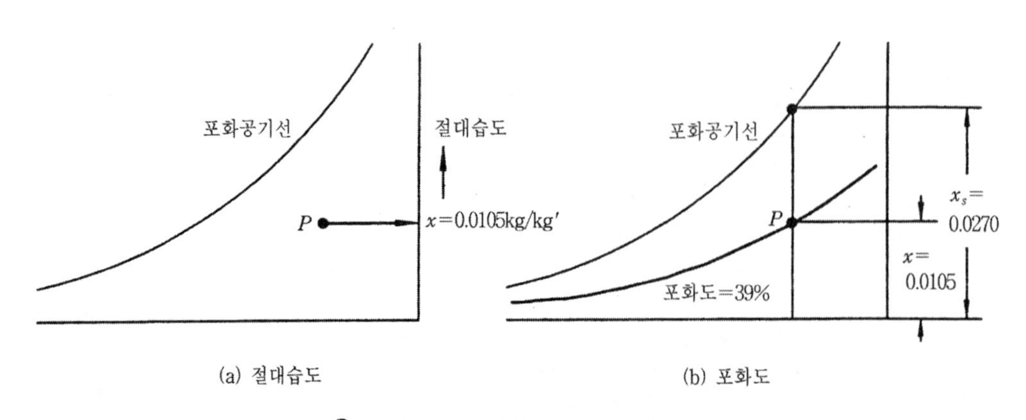

그림 2-10 절대습도와 포화도

3) 상대습도선

그림 2-11과 같이 P점에 관한 습공기의 상대습도는 우측상향의 경사곡선 상에서 $\varphi=40\%$를 읽을 수 있다. 한편 이 습공기의 수증기 분압은 우측에서 $P_w=1{,}693$[Pa], 포화상태까지 가습되면 포화공기의 수증기 압력은 $P_s=4.226$[Pa]임을 알 수 있다. 따라서 P점의 상대습도 φ는 40%임을 알 수 있다. 한편 건조공기는 상대습도 $\varphi=0\%$로서 가장 하단에 있는 수평선이고 상대습도는 점차증가하여 포화상태가 되면 $\varphi=100\%$로 되어 포화상태가 되므로 습공기의 포화곡선과 일치한다.

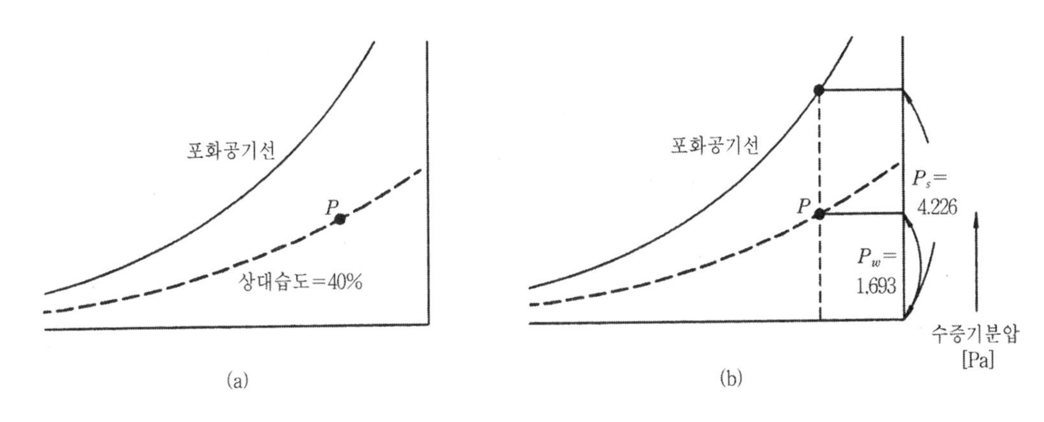

그림 2-11 상대습도선

4) 비체적선

그림 2-12와 같이 우측하향으로 기울기가 급한 선이 습공기의 비체적선이고 따라서 P점의 비체적 $\upsilon=0.873\text{m}^3/\text{kg}$이다.

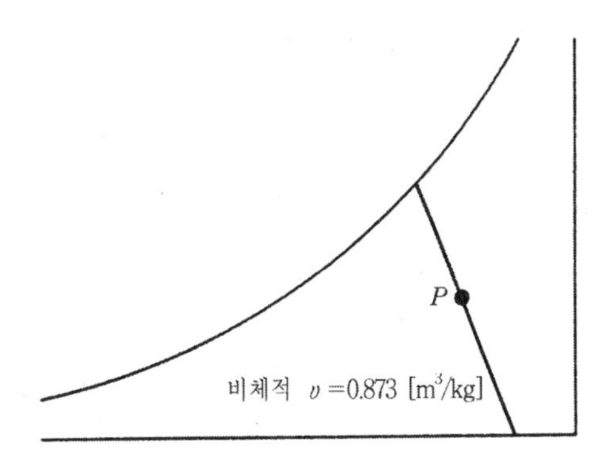

그림 2-12 비체적선

5) 엔탈피선

그림 2-13과 같이 좌측상단에 엔탈피(enthalpy) 기준선과 눈금이 있다. 따라서 P점에서 완만한 좌측상향 실선을 따라 읽으면 h=56.9 [kJ/kg′] 즉, P점의 공기 1kg이 가지고 있는 현열량과 잠열량의 합인 전열량(enthalpy)을 나타내는 선이다.

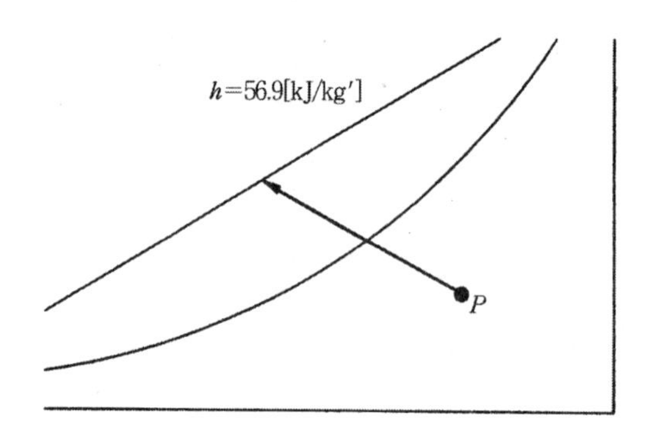

그림 2-13 엔탈피선

예 제 2-1 건구온도 27℃, 절대습도 0.015kg/kg′ 인 습공기 1kg의 엔탈피는 몇 kcal/kg인가?

〔풀이〕 $h_w = 1.01t + x(2,501 + 1.85t)$

$= 1.01 \times 27 + 0.015(2,501 + 1.85 \times 27)$

$= 65.53\,\text{kJ/kg}$

예 제 2-2 건구온도 24℃, 습구온도 17℃일 때 이 공기의 상대습도, 노점온도, 절대습도, 엔탈피, 비체적을 구하시오.

〔풀이〕 공기선도에 의해

상대습도 50%, 노점온도 12.5℃, 절대습도 0.0093 kg/kg(DA)

엔탈피 48 kJ/kg(DA), 비체적 0.856 m^3/kg(DA)

6) 현열비

습공기가 상태변화된다는 것은 습공기 선도상에서 상태점이 이동되는 것을 말하며 그 방향은 온도성분인 현열량과 절대습도 성분인 잠열량에 따른다. 따라서 현열량과 잠열량의 합인 전열량(enthalpy)에 대한 현열량의 비율을 현열비 SHF(sensible heat factor)라 하고 그림 2-14 (a)와 같이 나타낸다.

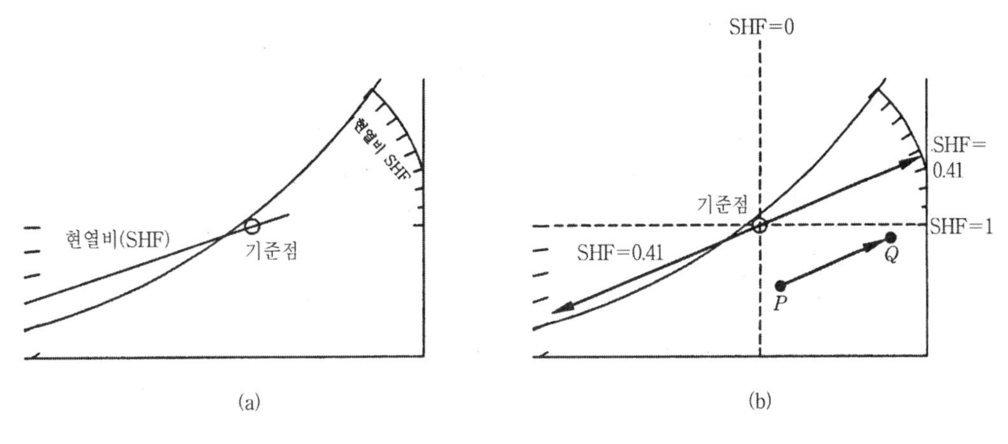

그림 2-14 현열비(SHF)

한 예로서 그림 (b)와 같이 P 상태의 습공기가 가열 및 가습되어 Q(건구온도 40℃, 상대습도 35%) 상태점으로 변화되었다면 $\overline{PQ}$선을 기준으로 평행이동시켜 연장하면 좌측 또는 우측에서 전열량에 대한 현열량의 비율인 현열비 SHF=41%(0.41)를 읽을 수 있다. 이와 같이 어느 방의 공조 부하량에 의해 현열비를 알면 습공기 선도에서 그 반대방향의 공기를 필요로 한다는 것을 알 수 있다.

예제 2-3 다음 그림과 같은 공기선도상의 표시상태에서 정상운전되는 사무실 건물의 공기조화설비에서 현열비를 구하시오. (단, 공기의 비열은 1.01 kJ/kg(DA)로 한다.)

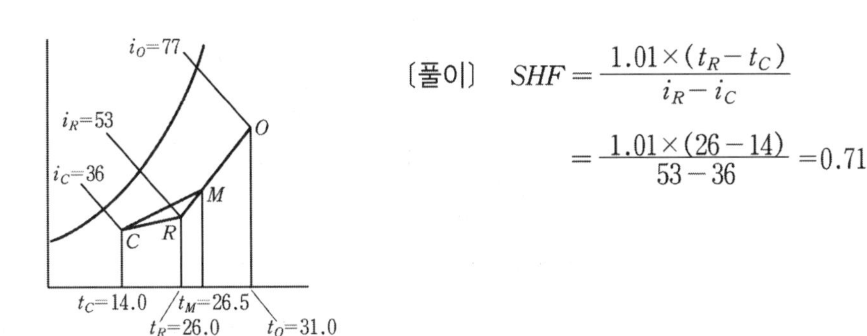

〔풀이〕

$$SHF = \frac{1.01 \times (t_R - t_C)}{i_R - i_C} = \frac{1.01 \times (26 - 14)}{53 - 36} = 0.71$$

7) 열수분비

습공기의 상태변화 성분을 절대습도 변화량에 대한 전열량의 변화량의 비율로 나타내고 이를 열수분비 u(moisture ratio)라 하며 그림 2-15와 같이 읽는다. 즉, 앞에서와 같이 P 상태의 습공기가 가열 및 가습되어 Q 상태점으로 변화되었다면 $\overline{PQ}$선도를 기준점으로 평행 이동하여 열수분비 u(≒4,396 [kJ/kg])을 읽을 수 있다. 따라서 어떤 상태변화 과정에서 열수분비를 알면 습공기선도상에서 변화되는 방향을 알 수 있고 열수분비 값으로 가습방향을 추적할 수 있다.

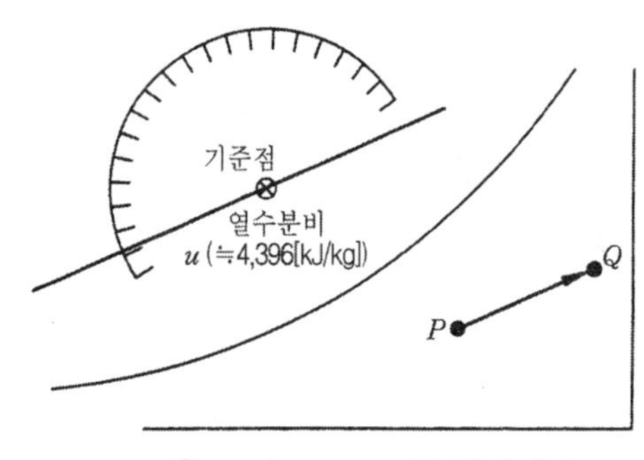

그림 2-15 열수분비 (μ)

8) 습공기의 상태변화

우리 주위에 있는 습공기는 일정한 상태량을 가지고 있다. 그 상태량은 건구온도, 습구온도, 노점온도, 비체적, 엔탈피, 절대습도, 상대습도 등이다. 그러나 이 습공기는 자연에 의하여 가열되거나 냉각되기도 하며 또는 인공적으로 가열·가습을 하거나 냉각·감습을 한다.

이러한 과정에서 습공기의 상태량의 온도, 습도, 비체적, 엔탈피 등은 변화한다. 그림 2-16에서 P점으로 표시된 상태량은 외부로부터 주어지는 영향의 종류에 따라 여러가지의 방향으로 변화한다. 이때 상태량의 변화는 표 2-4와 같다.

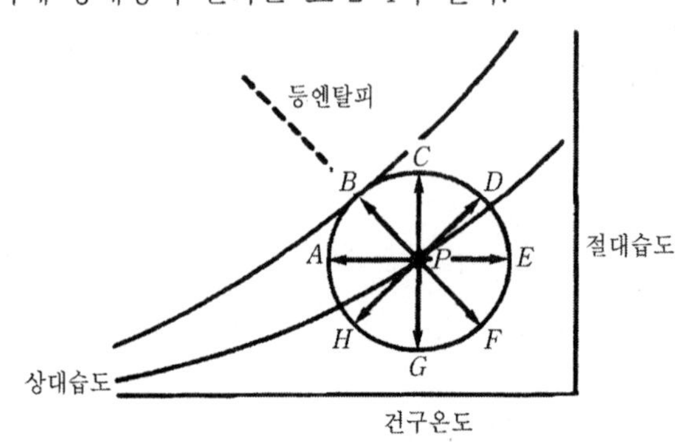

그림 2-16 습공기의 각종 상태변화 과정

표 2-4 습공기의 상태변화

상태량 / 과정	건구온도 t	습구온도 t'	노점온도 t''	절대습도 x	상대습도 φ	엔탈피 h	비체적 v	변 화
$P \to A$	↓	↓	=	=	↑	↓	↓	냉 각
$P \to B$	↓	≒	↑	↑	↑	=	↓	냉각, 가습
$P \to C$	=	↑	↑	↑	↑	↑	↑	가 습
$P \to D$	↑	↑	↑	↑	↑	↑	↑	가열, 가습
$P \to E$	↑	↑	=	=	↓	↑	↑	가 열
$P \to F$	↑	≒	↓	↓	↓	=	↑	가열, 감습
$P \to G$	↑	↓	↓	↓	↓	↓	↓	감 습
$P \to H$	↓	↓	↓	↓	↓	↓	↓	냉각, 감습

(4) 공기선도상의 상태변화

1) 가열

증기 또는 온수를 열매로 하여 공기를 가열하는 경우에 공기중의 수증기량의 변화 없이(절대습도의 변화 없이) 온도만이 상승하므로 공기선도 상에서는 절대습도가 일정한 선상에서 변화한다. 그림의 상태점 ①에서 ②까지 가열하는데 소요되는 열량 q_h는 풍량을 $Q[l/s]$ 또는 $G[g/s]$라고 하면 다음과 같이 식이 성립된다.

$$q_h = \frac{Q}{v}(h_2 - h_1) = G(h_2 - h_1)\,[\mathrm{W}] \quad \cdots\cdots (2\text{-}5)$$

여기서 h_1, h_2 : 상태점 ①, ②에 있어서 공기의 엔탈피 [J/g](DA)

v : 비체적 0.833[l/g]

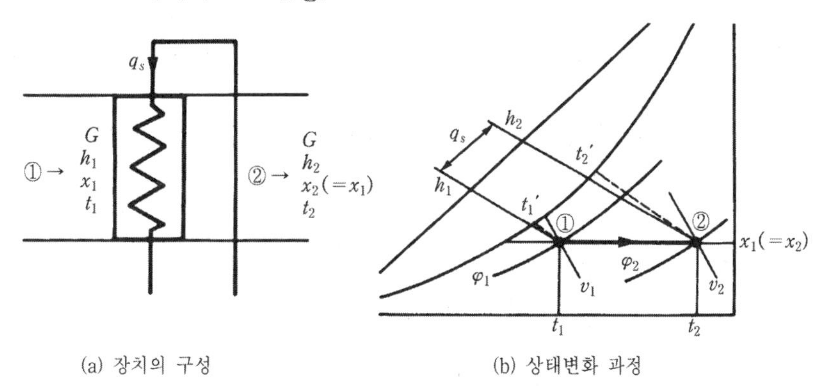

(a) 장치의 구성 (b) 상태변화 과정

그림 2-17 현열만에 의한 가열

공기조화에 사용되는 범위내에서는 비체적의 차이는 크지 않으므로 일반적으로 평균치 또는 적당한 대표값을 사용하여 계산하며 표준 공기중의 값을 사용하면 v=0.833[l/g]이므로 다음 식으로 나타낸다.

$$q_h = \frac{Q}{v} C_p(t_2 - t_1) = \frac{Q}{0.833} \times 1 \times (t_2 - t_1)$$

$$= 1.2 \times Q(t_2 - t_1) \ [\mathrm{W}] \quad \cdots\cdots (2\text{-}6)$$

여기서 C_p : 정압비열 = 1.01 [kJ/(kg · K)]

예 제 2-4 건구온도 10℃, 습구온도 5℃의 공기를 가열장치를 이용하여 건구온도가 25℃ 될 때까지 가열한다. 가열기를 통해간 공기량이 3,000 L/s일 때 필요가열량을 구하시오.

〔풀이〕 공기선도에 의해 가열장치 입구의 공기엔탈피는 18.84 kJ/kg(DA) 가열 후 공기엔탈피 33.92 kJ/kg(DA)에 의해 필요가열량은
1.2×3,000×(33.92−18.84)=54,288 W 또는
1.2×1.01×3,000×(25−10)=54,540 W

2) 냉각

그림 2-18과 같이 냉각은 가열과 반대방향(상태점 $\overrightarrow{①②}$)으로 수평 이동하므로 건구온도는 떨어지고 상대습도는 높게 되며 포화곡선에 도달하게 되면 상대습도가 100%, 즉 포화상태 또는 노점온도가 된다.

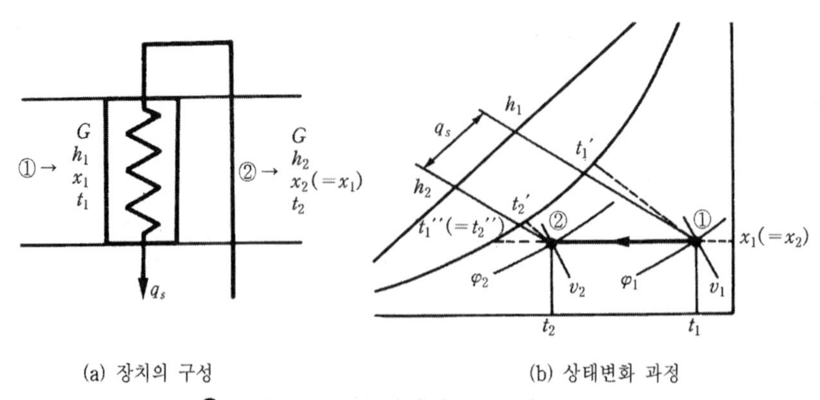

(a) 장치의 구성 (b) 상태변화 과정

그림 2-18 현열만에 의한 냉각

$$q_c = \frac{Q}{v}(h_1 - h_2) = G(h_1 - h_2) = \frac{Q}{v} \cdot C_p(t_1 - t_2)$$
$$\fallingdotseq 1.2 \times Q(t_1 - t_2) \ [\mathrm{W}] \ \cdots\cdots (2\text{-}7)$$

예 제 2-5 건구온도 35℃, 상대습도 50%의 공기 3,000 L/s을 냉각시켜 감습하지 않고 상대습도 95%의 공기를 제조하고자 할 때 냉각기를 통하여 공기로부터 제거하여야 할 열량을 구하시오.

〔풀이〕 공기선도에 의해 냉각 전 공기의 엔탈피는 80.80 kJ/kg(DA), 냉각 후 공기의 엔탈피 69.08 kJ/kg(DA), 건구온도 23.8℃에 의해,
$1.2 \times 3{,}000 \times (80.80 - 69.08) = 42{,}192$ W

3) 냉각감습

공급공기를 그 공기의 노점온도보다 낮은 온도의 냉수를 분무하는 공기세정기(air washer) 또는 냉각코일에 통과시키면 공기중에 함유되어있던 수분의 일부는 응축분리되며 공기의 절대습도는 떨어진다.

이와 같이 건구온도와 절대습도가 동시에 변화하며 그림 2-19에 나타내는 바와 같이 상태점 $B \rightarrow A$로 냉각·감습하는 과정에서 냉각열량은 $(h_B - h_A)$이며 B로부터 A로 연결되거나 B-C-A의 경로 또는 B-2-1-A와 같이 변화하여도 결과는 동일하다. 이러한 변화에서 B-C-A의 경로를 보면 현열변화$(h_C - h_A)$ 과정과 잠열변화$(h_B - h_C)$ 과정이 합하여진 것을 알 수 있다. 그림 2-19에서 단위공기량에 대하여 보면

$$B \rightarrow C \rightarrow A \text{의 냉각량} = (h_C - h_A) + (h_B - h_C) = (h_B - h_A) = B \rightarrow A \text{의 냉각량}$$

또한 감습량의 변화는

$$B \rightarrow C \rightarrow A \text{의 감습량} = (x_B - x_A) + 0 = (x_B - x_A) = B \rightarrow A \text{의 감습량}$$

전열량 q_h[W]는 다음과 같다.

$$q_h = G(h_C - h_A) + G(h_B - h_C) = G(h_B - h_A) \ [\mathrm{W}] \ \cdots\cdots (2\text{-}8)$$

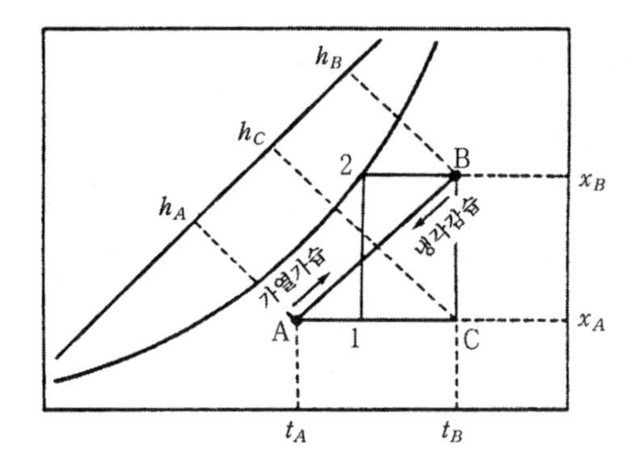

그림 2-19 현열과 잠열의 동시변화

4) 가습

가습을 하여 그림 2-20에서와 같이 절대습도 x_A의 공기A를 절대습도 x_B의 공기 B로 변화시키는 것은 건구온도를 일정하게 유지하면서 가습하는 경우의 상태변화이며 동일 건구온도의 선상을 수직방향으로 변화하는 것이 된다. 즉, 건구온도는 변화하지 않고 수증기량만이 증가하게 되며 이러한 열량을 잠열(latent heat)이라고 하고 습분이 증가하는 것을 가습이라고 한다.

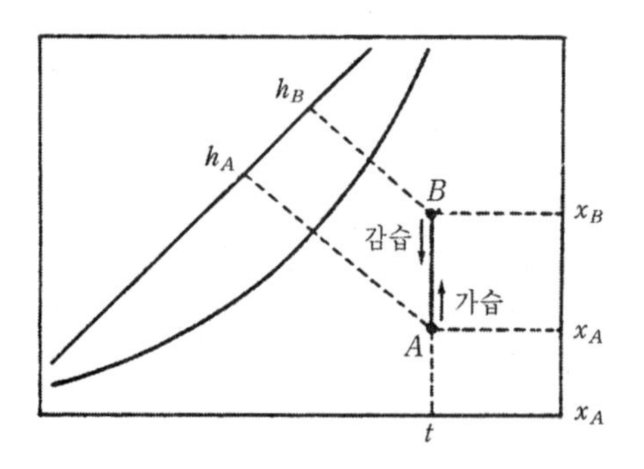

그림 2-20 잠열변화

잠열변화량 A에서 B까지의 가습량의 절대습도만의 변화로서 다음과 같다.

$$L = G \cdot (x_B - x_A) \ [\text{g/s}] \quad \cdots\cdots (2\text{-}9)$$

여기서 L : 가습량 [g/s]

G : 풍량 [g/s]

x_B, x_A : 점 A, B의 절대습도 [g/g′]

또한 물의 증발잠열은 r(0℃를 기준으로 하면 $r = 2{,}501$[J/g] ≒ 2,500[J/g]임)라고 하면 잠열증가량(혹은 감소량) q_{LH} [W]는

$$q_{LH} = r \cdot L \text{ [W]} \qquad \cdots\cdots (2\text{-}10)$$

로 된다. 식 (2-9)를 식 (2-10)에 대입하면

$$q_{LH} = 2{,}500 \cdot G \cdot (x_B - x_A) \text{ [W]} \qquad \cdots\cdots (2\text{-}11)$$

가 된다. 또 $G = 1.2Q$를 식 (2-11)에 대입하면

$$q_{LH} = 3{,}000 \cdot Q \cdot (x_B - x_A) \text{ [W]} \qquad \cdots\cdots (2\text{-}12)$$

로 된다. 한편 잠열증기량(혹은 감소량)은 공기선도상에서 A와 B의 엔탈피 변화에 해당하므로 다음과 같이 나타낼 수도 있다.

$$q_{LH} = G \cdot (h_B - h_A) \text{ [W]} \qquad \cdots\cdots (2\text{-}13)$$

가습방법에 따른 상태변화를 보면 다음과 같은 종류가 있다.

① 순환수에 의한 가습

그림 2-21의 (a)와 같이 물을 가열하거나 냉각하지 않고 펌프로 노즐을 통하여 공기중에 분무하여 가습하는 방법이다. 이때 공기를 가습시키는 수분은 물이 노즐에 의해 분무된 수증기 상태이며 수증기 상태로 되기 위해서는 주위공기로부터 증발잠열을 흡수해야 한다.

따라서 순환수의 분무로 인한 가습과정은 순환수는 공기로부터 증발잠열을 얻어서 다시 공기에 되돌려 주는(증기의 상태로 가습되므로) 것이다. 따라서 이 과정은 그림 2-21의 (d)에서 ①→②와 같이 습공기선도상에서는 $h_1 \fallingdotseq h_2$가 되어 엔탈피의 변화는 거의 없지만 건구온도는 감소한다. 순환수 분무과정에서 순환수의 온도는 입구공기의 습구온도와 동일하므로 $q_s = 0$이다. 만약 순환수의 온도가 t[℃]라면 열수분비 u는 식 (2-14)에 의해 다음과 같이 나타낸다.

$$u = h_1 = C \cdot t \qquad \cdots\cdots (2\text{-}14)$$

여기서 : 순환수의 비열(C) = 4.187 [J/(g · K)]

이 과정은 그림 (d)에서 ①→②와 같다. 예를 들어 10℃인 순환수를 분무한다면 물의 비열은 4.187 [J/(g · K)] ≒ 1 kcal/kg℃이므로 $u = 1 \times 10 = 41.87$ [J/(g · K)] ≒ 42 [J/(g · K)]의 열수분비 방향과 평행한 ①→② 과정으로 가습 · 냉각이 된다.

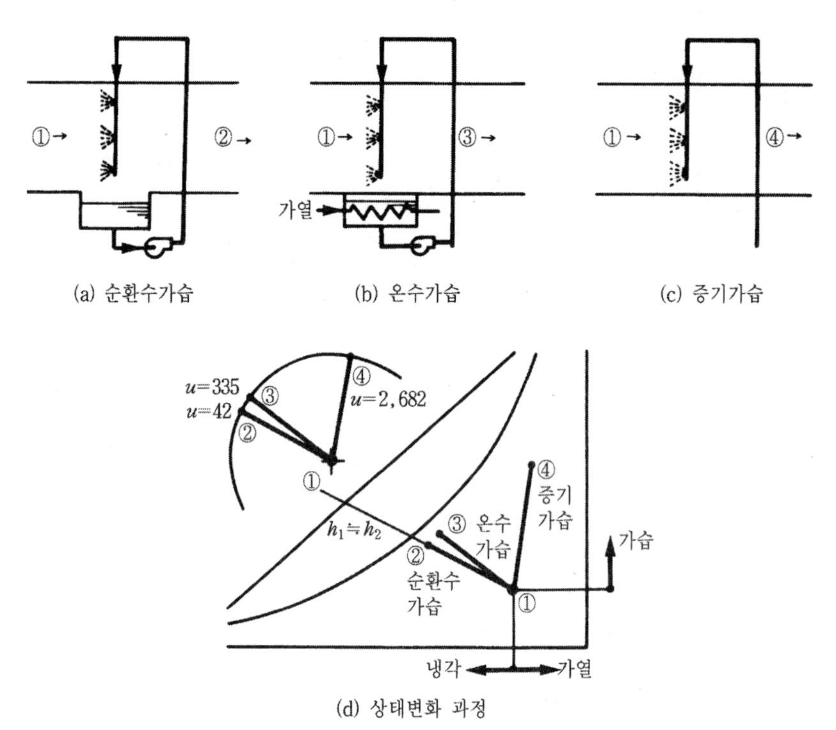

그림 2-21 가습과정(순환수, 온수, 증기)

② 온수에 의한 가습

한편 그림 2-21의 (b)는 순환수를 가열하여 분무하는 방법이며 예를 들면 80℃의 온수를 분무하여 가습한다면 습공기선도상에서 가습방향은 ①에서 열수분비 u에 평행한 ①→③ 방향으로 가습냉각이 된다. 즉, 이때의 열수분비 u[J/g]는 다음과 같다.

$$u = C \cdot t = 4.187 \times 80 \fallingdotseq 335 \text{ [J/g]} \quad \cdots\cdots (2\text{-}15)$$

③ 증기에 의한 가습

그림 2-21의 (c)는 증기를 분무하여 가습하는 방법으로 가습방향인 열수분비는 다음과 같이 포화증기의 엔탈피와 같다.

$$u = \frac{\Delta h}{\Delta x} = \frac{\Delta x(2,501 + 1.85 t_s)}{\Delta x} = 2,501 + 1.85 t_s \text{ [kJ/kg]} \quad \cdots\cdots (2\text{-}16)$$

여기서 t_s : 포화증기의 온도 [℃]

예를 들면 100℃ 포화증기의 열수분비는 다음과 같다.

$$u = 2,501 + 1.85 \times 100 = 2,686 \text{ [kJ/kg]} \quad \cdots\cdots (2\text{-}17)$$

예 제 2-6 건구온도 20℃의 공기 3,000 m³/min에 압력 1 kgf/cm²G의 포화증기(포화온도 119℃) 15 kg/min을 분무하였을 때 가습기 출구공기의 건구온도를 구하시오.

〔풀이〕 3,000 m³/min 중 건공기의 중량은

$$\frac{3,000}{0.83} = 3614\,\text{kg/min} \fallingdotseq 3,600\,\text{kg/min}$$

건공기 1 [kg]에 대하여 분무되어지는 증기는

$$\frac{15}{3600} = 0.004\,\text{kg}$$

$$\Delta t = 1.8 \times (119 - 20) \times 0.004\,\text{kg} = 0.71$$

따라서 출구공기의 건구온도는 20+0.71 = 20.71℃

5) 감습(화학감습)

감습에는 냉각코일이나 공기세정기(air washer)를 이용한 냉각감습 방법과 실리카겔(silicagel) 등의 고체흡착이나 염화리튬(lithium chloide)의 액체흡수에 의한 화학감습법이 있다. 고체 흡착제는 공기중의 수증기를 흡착제에 흡착시킬 때 흡착열을 발생한다. 실리카겔에서 수분 1g의 흡착열은 약 2,973[J]이다.

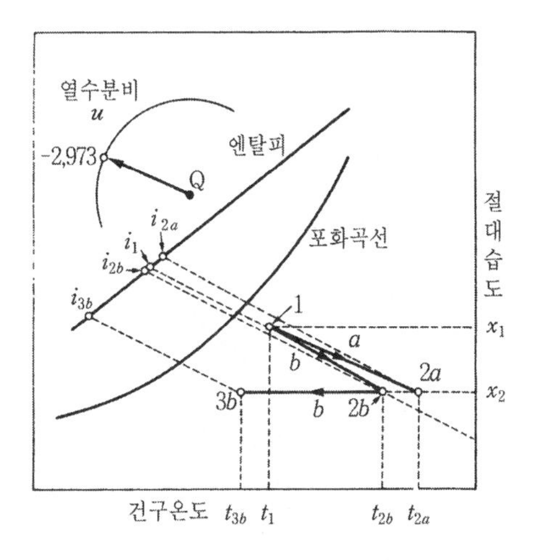

그림 2-22 감습변화(화학감습법)

따라서 공기의 상태변화는 그림 2-22에서와 같이 열수분비 $u = -2,973$ [J/g]의 선상에서 변화하여 감습과 함께 온도가 상승한다. 또한 흡착감습기에서는 흡착제의 능력이 저하하면 가열하여 재생한다. 이에 따라 재생에서 감습으로 변환하는 초기에는 흡착제 및 용기의 온도가 높게 되어 공기가 가열되므로 흡착열로 계산한 온도상승보다 높아진다.

액체감습에서는 흡수될 때에 흡수열을 발생한다. 이것은 수증기의 응축잠열과 용해열을 가한 것이지만 염화리튬 등에서는 용해열은 잠열의 1% 정도로 실용적으로 무시하는 것이 좋다. 이것 때문에 공기의 상태변화는 그림 2-22와 같이 거의 습구온도 일정의 선상에서 변화한다. 그러나 재생에 의한 용액온도의 상승이 있으므로 실제로는 이것보다 다소 온도 상승은 크게 된다.

6) 혼합

그림 2-23과 같은 장치는 G_1[g/s]의 공기가 ①의 상태 (t_1, h_1, x_1)로 G_2[g/s]의 공기가 ②의 상태 (t_2, h_2, x_2)로 들어와서 혼합되어 G_3[g/s] 즉, (G_1+G_2)의 혼합공기인 ③의 상태 (t_3, h_3, x_3)로 되어 나간다. 이 혼합과정에서 외부로부터 열을 공급받거나 방출되지 않는다면 단열혼합이라 한다. 단열혼합된 습공기의 상태량은 습공기선도에 도시하거나 또는 계산에 의해 구할 수 있다. 습공기선도에 의한 방법으로는 그림 2-23의 (b)와 같이 ①의 상태점과 ②의 상태점을 직선으로 연결하고 $\overline{②③}:\overline{①③}=G_1:G_2$의 비율로 내분하는 점 ③이 혼합공기의 상태 (t_3, h_3, x_3)가 된다. 즉 그림에서 ①의 공기에 ②상태의 공기를 k의 비율 (G_2 g)로 혼합하면 ①상태의 공기비율은 $(1-k)$인 G_1g이 된다.

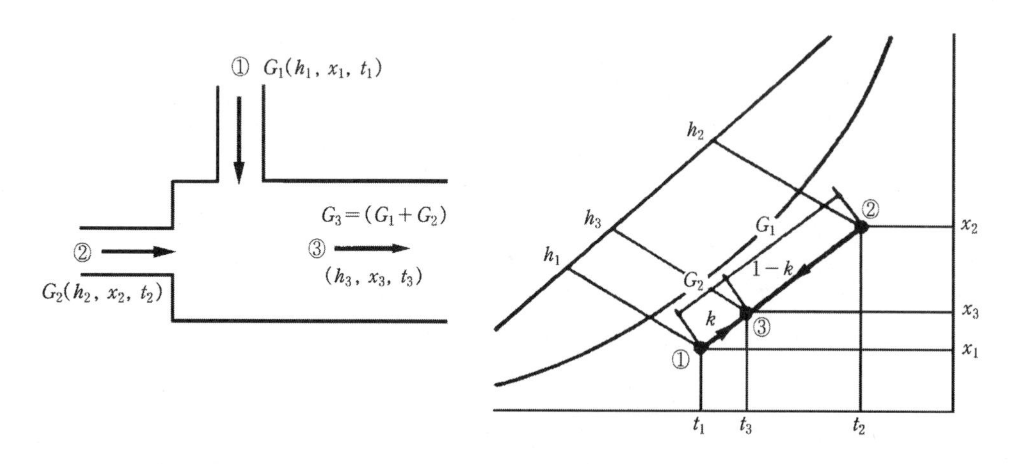

그림 2-23 단열혼합

예 제 2-7 건구온도 10℃, 습구온도 5℃의 공기 3kg과 건구온도 26℃, 습구온도 18℃의 공기 5kg이 혼합했을 때의 건구온도와 습구온도를 구하시오.

〔풀이〕 건구온도 $= \dfrac{10 \times 3 + 26 \times 5}{8} = 20℃$

습구온도 $= \dfrac{5 \times 3 + 18 \times 5}{8} = 13.13℃$

선도상에 건구온도 10℃, 습구온도 5℃ 공기의 상태점 A, 건구온도 26℃, 습구온도 18℃ 공기의 상태점 B를 연결하여 직선 AB를 AC : BC = 5:3로 나눈 점을 C라 할 때 점 C는 혼합공기의 상태점이 된다.

(5) 공기선도상의 실제변화

· 표준공기

공기부피는 매우 변화가 심하기 때문에 공피의 부피 대신 질량에 기초한 계산이 더 정확하다. 그러나 부피 단위는 코일, 팬, 턱트 등을 설계하는데 필요하므로 21℃ 건조공기(101.325 kPa), 노점온도 16℃인 경우를 기준으로 한 밀도{1.20 kg/m^3(0.833 m^3/kg)} 표준상태의 부피 단위가 정확한 계산을 위해 사용된다.

팬이나 코일, 덕트를 지나는 공기는 표준상태에 가깝기 때문에 특별한 보정이 필요 없다. 코일의 입구나 출구 같은 특별한 상태나 특변한 지점에서 풍량이 측정되어야 할 경우에는 습공기선도에서 이에 상응하는 비체적을 찾을 수 있다.

· 표준공기 계산

① 표준상태에서 공기의 엔탈피가 변화할 때 총열취득량 q_t

$$q_t = 1.20\, Q_s \Delta h$$

여기서 q_t : 총열취득량 [W]

Q_s : 표준상태의 유량 [l/s]

Δh : 엔탈피 변화량 [kJ/kg]

② 표준상태에서 유량 Q_s, 건구온도 차이가 Δt인 변화에 상응하는 현열취득 혹은 현열

의 변화 q_s

$$q_s = 1.2(1.01 + 1.85x)Q_s \Delta t$$

여기서 q_s : 현열취득량 [W]
1.01 : 건조공기의 비열 [kJ/(kg · K)]
x : 절대습도 [kg(물)/kg(건조공기)]
1.85 : 수증기의 비열 [kJ/(kg · K)]

비열은 -75~90℃의 범위에 대한 것이다. x=0일 때 1.006+1.805x=1.006, x=0.01일 때 1.02, x=0.02일 때 1.04, x=0.03일 때 1.06이 된다. 공조에 관련된 많은 문제에서 나타나는 상태가 x=0.01의 값일 때와 유사하기 때문에 현열취득은 일반적으로 다음과 같이 쓰일 수 있다.

$$q_s = 1.22\, Q_s \Delta t$$

그러나 절대습도(x)를 포함하는 항의 값이 건조공기의 비열값에 비해 미소하기 때문에 x항을 무시하고 습공기의 비열로 1.006 ≒ 1 kJ/kg을 사용하는 경우도 많다. 본서에서는 습공기의 비열을 위와 같이 1.006 ≒ 1 kJ/kg으로 한다.

③ 표준상태에서 유량 Q_s에서, 절대습도의 변화(Δx)에 에 따른 잠열취득 q_l

$$q_l = 1.20 \times 2500\, Q_s \Delta x = 3000\, Q_s \Delta x$$

여기서 q_l : 잠열취득량 [W]

위 식에서 상수 2500(2501 ≒ 2500 kJ/kg)은 0℃에서 물의 증발잠열이다. 3000은 해수면(101.325 kPa)에서 정상적인 온도와 절대습도의 상태에서 공조계산에 유용하다.

1) 혼합 → 가열

그림 2-24와 같이 외기 ①과 실내공기 ②를 혼합하여 ③의 상태로 한 후 공기가열기를 이용하여 혼합공기를 가열시켜 ④의 상태로 실내에 송풍한다. 이 경우 $\overrightarrow{④④'}$는 코일과 접촉없이 통과하는 공기비율로 바이패스 팩터(BF)이다.

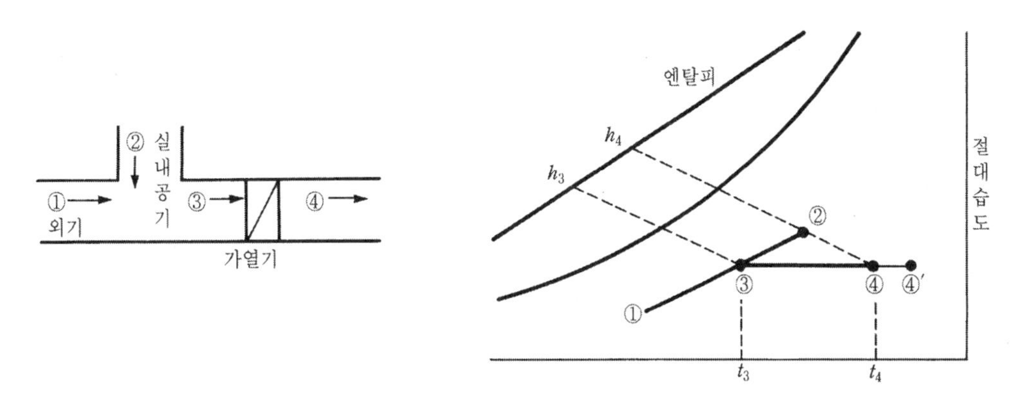

그림 2-24 혼합, 가열

또 공기가열기에 의한 가열량은 $\overrightarrow{③④}$의 길이이며 가열량 q_h[W]는 송풍 공기량은 Q [l/s] 또는 G[g/s]라 하면 다음 식으로 구한다.

$$q_h = G \cdot C_P(t_4 - t_3) = \frac{Q}{v}(h_4 - h_3) = G(h_4 - h_3) \cdots \text{(2-18)}$$

예 제 2-8 다음과 같은 공기조화장치에 대하여 물음에 답하여라.

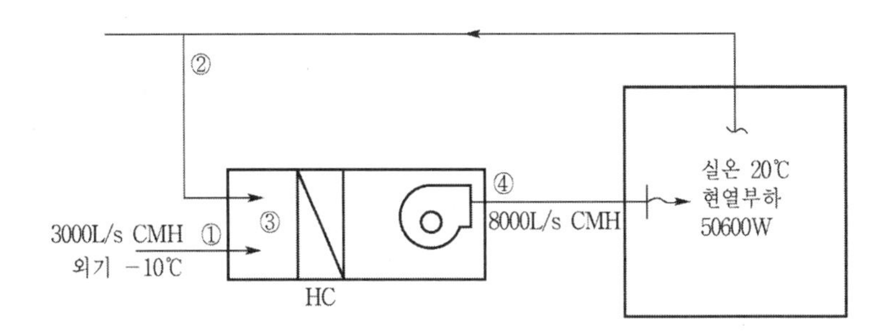

(1) 혼합점 ③의 온도는?

(2) 취출공기 ④의 온도는?

(3) 가열코일(HC) 부하(W)는?

〔풀이〕 (1) $t_3 = \dfrac{Q_1 t_1 + Q_2 t_2}{Q_1 + Q_2} = \dfrac{3000 \times (-10) + 5000 \times 20}{3000 + 5000} = 8.75℃$

(2) ④점의 온도를 구하기 위하여 식을 세우면

$$q_s = 1.2 \times 1.01 \times Q \times \Delta t_s$$

$$50600 = 1.2 \times 1.01 \times 8000 \times (t_4 - 20)$$

$$t_4 = 25.218 \fallingdotseq 28.22℃$$

(3) $q_{hc} = G \cdot C \cdot \Delta t$

$$= 8000 \times 1.2 \times 1.01 \times (25.22 - 8.75)$$

$$= 159693.12\,W \fallingdotseq 159693\,W$$

예 제 2-9 (1) 겨울철 손실 열량이 30,000W인 경우 실내를 20℃로 유지하기 위한 송풍 공기량(g/s)을 구하여라. (단, 외기온도 3℃, 송풍 공기 온도 34℃이다.)

(2) 위 문제에서 외기 도입량은 송풍량의 30%일 때 가열 코일의 부하를 구하여라.

〔풀이〕 (1) $G = \dfrac{q_s}{1.01 \cdot \Delta t} = \dfrac{30000}{1.01(34-20)} = 2132\,g/s$

(2) 혼합 공기 온도 $t_m = 0.3 \times 3 + 0.7 \times 20 = 14.9℃$

가열 부하 $q = G \cdot CP \cdot \Delta t = 2132 \times 1.01 \times (34 - 14.9)$

$$= 40924.8\,W \fallingdotseq 40925\,W$$

2) 혼합 → 가습 → 가열

그림 2-25와 같이 외기 ①과 실내공기 ②를 혼합하여 ③의 혼합공기로 만든 다음 혼합공기에 순환수의 온도가 t_w[℃]인 공기세정기(air washer)로 가습을 시키면 혼합공기를 ③은 습구온도 선상을 이동하여 포화상태로 되어 ④′의 상태가 된다.

그러나 실제로는 분무수와 공기와의 접촉정도에 따라 ④의 상태로 되며 이 $\overrightarrow{③④}/\overrightarrow{③④'}$를 가습기의 포화효율 또는 콘택트 팩터($CF = 1 - BF$)라 한다. 가열량 q_h[W]와 가습량 L[g/s]는 송풍공기량을 G[g/s], 도입외기량을 G_F[g/s]라 하면 다음 식과 같다.

$$q_h = G \cdot C_P(t_5 - t_4) = G(h_5 - h_4)$$

$$= G(t_5 - t_2) + G(h_2 - h_3)$$

$$= q_S + q_L + G_F(h_2 - h_1)$$

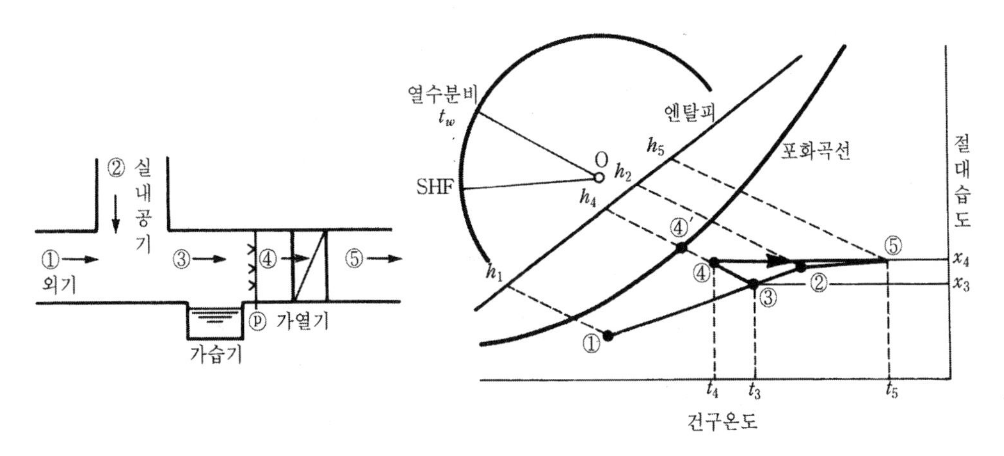

그림 2-25 혼합, 가습, 가열

$$L = G(x_4 - x_3) \quad \cdots\cdots (2\text{-}19)$$

여기서 q_S, q_L : 실내손실 현열량 및 잠열량 [W]

G_F : 외기량 [g/s]

h_1, h_2, h_3, h_4, h_r : 엔탈피 [J/g]

C_p(건공기 정압비율) : 1.01 [kJ/(kg · K)]

이때 공조장치 출구에서의 송풍공기 온도 $t_d(=t_5)$[℃]는 다음과 같다.

$$t_d = t_2 + \frac{q_s}{G} = t_2 + \frac{q_s}{1.2Q} \quad \cdots\cdots (2\text{-}20)$$

3) 혼합 → 가열 → 가습(온수)

그림 2-26과 같이 외기 ①과 실내공기 ②를 혼합하여 ③의 혼합공기로 만든 다음 이것을 가열기를 통과시켜 ④의 상태에서 온도(t_w℃)를 분무가습하여 ⑤의 상태로 실내에 송풍한다. 가열하여 ④ 상태가 된 공기는 온수분무에 의해 $\overrightarrow{④⑤}$′선상을 이동하여 ⑤의 상태로 된다. 여기서 $\overrightarrow{④⑤}/\overrightarrow{④⑤}$′는 콘택트 팩터(*CF*)이며 ⑤′는 온수 출구측의 수온이 된다. 가열량 q_h[W]와 가습량 L[g/s]는 송풍공기량을 G[g/s], 도입외기량을 G_F[g/s]라 하면 다음 식과 같다.

$$q_h = G(h_5 - h_3) = G(h_5 - h_2) + G(h_2 - h_3)$$

$$=q_S+q_L+G_F(h_2-h_1)$$

$$L=G(x_5-x_4) \quad \cdots\cdots (2\text{-}21)$$

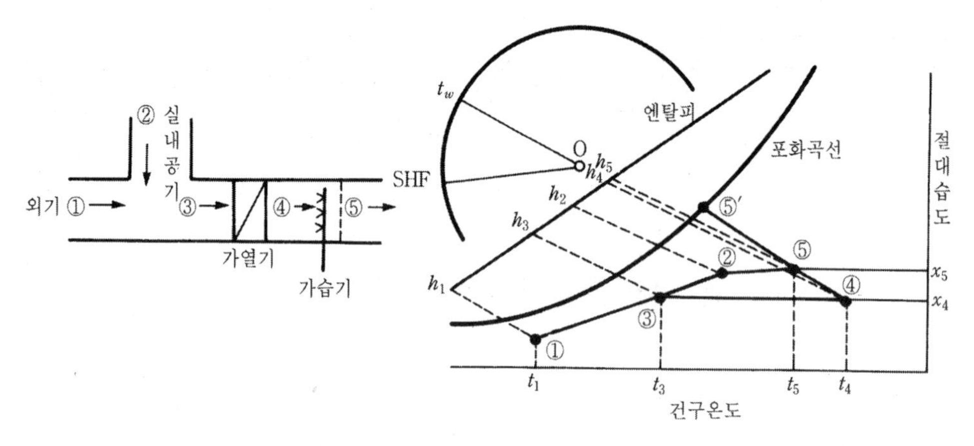

그림 2-26 혼합, 가열, 가습(온수)

또 공조장치 출구에서의 송풍공기 온도 $t_d(=t_5)$[℃]는 다음과 같다.

$$t_d=t_2+\frac{q_s}{G}=t_2+\frac{q_s}{1.2Q} \quad \cdots\cdots (2\text{-}22)$$

여기서 가열량 : $G(h_5-h_4)$ [W]

4) 예열 → 혼합 → 가열 → 가습(증기)

그림 2-27과 같이 ① 상태의 외기를 예열하여 ③의 상태로 하고 실내공기 ②와 혼합하여 ④의 혼합공기로 하며 혼합공기를 가열하면 ⑤의 상태가 되며 이것에 증기를 분무시켜서 ⑥의 상태로 실내로 송풍한다. ⑤의 상태로 가열한 공기 중에 증기를 분무하게 되면 공기는 열수분비선과 평행하게 이동하여 ⑥의 상태에 도달하게 된다. 이때 예열기의 예열량 q_P [W]는 다음 식으로 구한다.

$$q_P=G_F(h_3-h_1) \quad \cdots\cdots (2\text{-}23)$$

또 재열량 q_R[W]는 다음 식과 같다.

$$q_R=G(h_6-h_4)=G(h_6-h_2)+G(h_2-h_4) \quad \cdots\cdots (2\text{-}24)$$

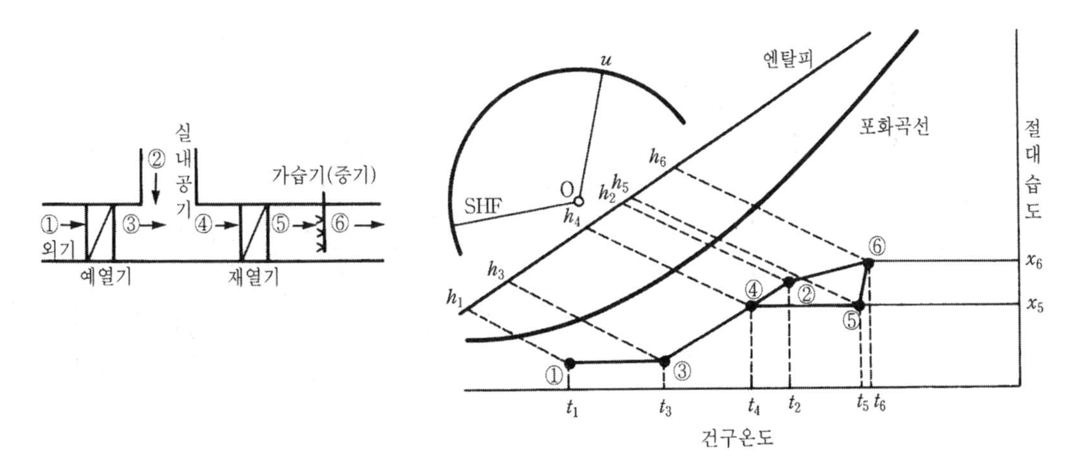

그림 2-27 예열, 혼합, 가열, 가습(증기)

그러므로 전가열량 q_h[W]는 다음과 식으로 구할 수 있다.

$$q_h = q_P + q_R = G(h_3 - h_1) + G(h_6 - h_4)$$
$$= q_S + q_L + G(h_2 - h_1) \quad \cdots\cdots (2\text{-}25)$$

여기서 전가열량 중 $G(h_6 - h_5)$[W]는 증기가 가진 열로서 공기를 가열시킨 것으로 가열 코일과는 무관한다. 한편 가습량 L[g/s]는 다음 식으로 구하면

$$L = G(x_6 - x_5) \quad \cdots\cdots (2\text{-}26)$$

공조장치 출구에서의 송풍공기 온도 $t_d(=t_6)$[℃]는 다음과 같다.

$$t_d = t_2 + \frac{q_s}{G} = t_2 + \frac{q_s}{1.2Q} \quad \cdots\cdots (2\text{-}27)$$

5) 혼합 → 냉각

그림 2-28의 (a)와 같은 공조장치는 ①의 상태 (h_1, t_1, x_1)의 환기량 G_R[g/s]과 ②의 상태 (h_2, t_2, x_2)인 외기량 G_F[g/s]가 혼합되어 ③의 상태 (h_3, t_3, x_3)인 혼합공기로 된 후 혼합공기량 G[g/s]는 냉각코일을 지나는 동안 상태변화를 하여 ④의 상태 (h_4, t_4, x_4)로 되어 송풍기에 의해 실내로 취출된다. 이 과정을 습공기 선도상에 작도하면 그림 (b)와 같다. 실내의 설계조건 및 외기조건에 따라 ① 및 ②점을 잡고 직선으로 연결한 후 실내의 환기량 G_R과 외기량 G_F의 혼합공기의 상태점 ③을 잡는다.

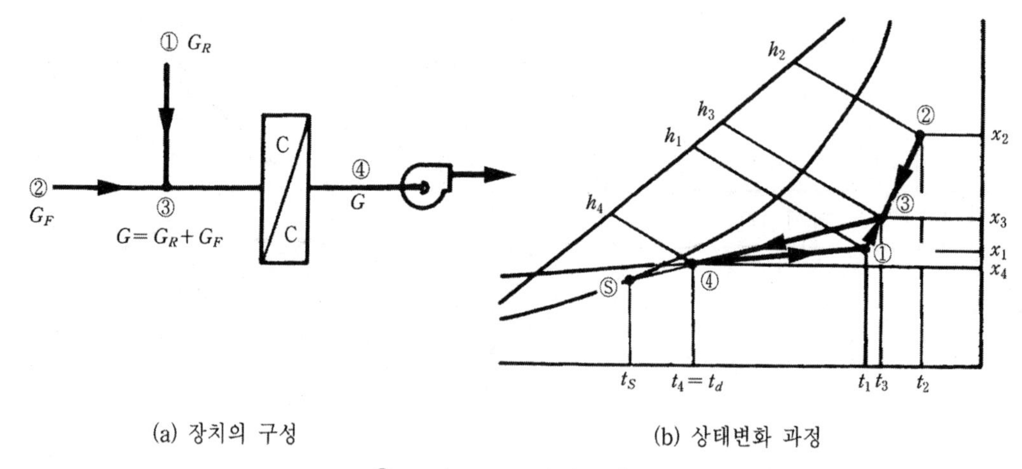

(a) 장치의 구성 (b) 상태변화 과정

그림 2-28 혼합·냉각

냉각기 출구상태인 ④점은 점 ①을 통과하는 SHF선상에 있으며 그 위치는 취출공기의 온도차(표 3-3 또는 식 3-46)를 t_1에서 뺀 상태의 온도상선에서 잡거나 또는 $\overline{③ⓢ}$선상에서 $\overline{ⓢ④}:\overline{③④}=BF:(1-BF)$의 비율로 잡는다. 따라서 냉각선은 ③과 ④를 연결한 선이 된다. 냉각기에서의 계산식은 열평형식과 물질평형식에 의해 다음과 같이 계산할 수 있다. 냉각기에서의 냉각열량 q_c[W]는

$$q_c = \text{외기부하} + \text{실내취득부하}$$
$$= G(h_3-h_1)+G(h_1-h_4)=G(h_3-h_4)$$
$$= 1.2Q(h_3-h_4)$$

냉각과정중 감습량 L[g/s]은

$$L = G(x_3-x_4)=1.2Q(x_3-x_4)$$

송풍량 G, Q[g/s, l/s]는

$$G=\frac{q_s+q_L}{h_1-h_4} \fallingdotseq \frac{q_s}{(t_1-t_4)}$$
$$Q=\frac{q_s+q_L}{1.2(h_1-h_4)} \fallingdotseq \frac{q_s}{1.2(t_1-t_4)} \quad \cdots\cdots (2\text{-}28)$$

냉각기 출구온도를 t_d[℃]라고 하면 그림 2-28의 (b)에서 $t_4 = t_d$ 이므로 식 (2-28)에 의해서

$$t_d = t_1 \frac{q_s}{G} = t_1 - \frac{q_s}{1.2Q} \quad \cdots\cdots (2\text{-}29)$$

예 제 2-10 다음과 같은 조건에서 이 실내를 냉방하는 데 필요한 송풍량(m^2/h)과 냉각 코일의 냉각 열량(W)을 구하시오.

[조건] ① 외기 조건 : 33℃ DB, 25℃ DP(노점 온도)
② 실내 조건 : 26℃ DB, 50% RH
③ 실내 취득 열량 : 현열 부하 50,000 W
잠열 부하 10,000 W
④ 도입 외기량은 송풍량의 30%
⑤ 냉각기 출구 상태는 상대 습도 90%로 한다.
⑥ 기기내 열 부하는 무시한다.
⑦ 공기 비열 : 1.01 kJ/kg℃, 밀도 1.2 kg/m^3
⑧ 공기 선도를 이용하여 계산하시오.

〔풀이〕 공기 선도에 작도하기 위하여
외기와 환기의 혼합점 온도 $t = 26 + (33 - 26) \times 0.3 = 28.1$

현열비 $\text{SHF} = \dfrac{50000}{50000 + 10000} = 0.833$

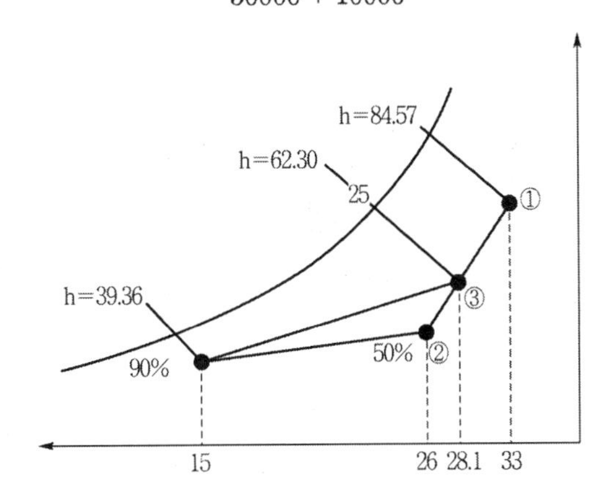

※ 작도 순서 : 외기점을 잡고 실내점을 잡아, 외기 도입량 30%에 의해 혼합

점을 잡은 뒤 실내점에서 실내 부하의 SHF 0.833선을 그어 그 선상에서 상대 습도 90%이고 온도 15℃점을 잡아 계통도를 완성한다.

(1) 송풍량 $G=\dfrac{q_s}{1.01\cdot\Delta t}=\dfrac{50000}{1.01\times(26-15)}=4500.45\,\text{g/s}\fallingdotseq4500\,\text{g/s}$

$Q=4500\times0.83=3735\,\text{L/s}$

(2) 냉각 열량 $q=G\cdot\Delta h=4500(62.30-39.36)=103230\,\text{W}$

예 제 2-11 300명을 수용하는 강당에서 다음 조건과 같이 공조할 경우 물음에 답하여라.

[조건]
- 강당 26℃ DB 50% RH
- 외기 32℃ DB 27℃ WB
- 실내 발생 전열 부하 335,000 kJ/h
- 실내 발내 수분량 35 kg/h
- 외기 도입량 : 20 m³/人 · h
- 취출 온도차 : 10℃, 공기 비중량 1.2 kg/m³

(1) 송풍 공기량[m³/h]은?

(2) 냉각 코일 부하[W]는?

〔풀이〕 (1) 송풍 공기량을 구하는 방법은 대부분 실내 현열 부하를 취출 온도차로 나누어서 구한다. 이 문제는 현열 부하가 주어지지 않았으므로 선도상에서 열 수분비에 의한 취출 공기의 엔탈피를 구하여 송풍량을 구한다.

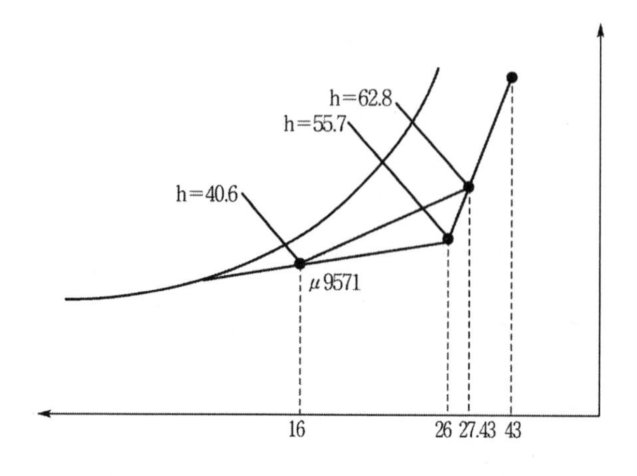

열 수분비 $u=\frac{q}{L}=\frac{335000}{35}=9571\,\text{kJ/kg}$

$Q = Q=\frac{q_T}{\rho \cdot \Delta h}=\frac{335,000}{1.2\times(55.7-40.6)}=18487.85\,\text{m}^3/\text{h}$

(2) 선도상에서 혼합점을 찾아 엔탈피 값을 구한다.

혼합 온도 $t_m=\frac{12487.85\times26+6000\times32}{12487.85+6000}=27.947 \fallingdotseq 27.95℃$

예 제 2-12 설계용 조건이 다음과 같으며 실내 냉방부하의 현열량이 15,000[W], 잠열량이 5,000[W]이다. 이 경우 외기량과 환기량(실내공기)을 1 : 4로 단일혼합 냉각하는 경우 다음을 구하시오. (단, 공기의 정압비열을 1.01 kJ/kg℃, 공기의 밀도 1.2 kg/m³을 적용하여 계산한다.)

(1) 실내 현열비[RSHF]
(2) 실내에 공급하는 취출공기량, V[m³/h] (단, 소수점 이하 반올림)
(3) 혼합공기(외기와 실내공기)의 건구온도 t_m[℃]와 엔탈피 h_m[kJ/kg]
(4) 냉각코일의 냉각열량, q_c[W] (단, 소수점 이하 반올림)

[조건]

	건구온도 t [℃]	상대습도 [%]	엔탈피 h [kJ/kg]
외 기	32	70	83.7
실 내 공 기	26	50	52.8
코일출구공기	15	85	37.7

〔풀이〕 (1) 실내현열비(RSHF) $=\frac{SH}{SH+LH}=\frac{15,000}{15,000+5,000}=0.75$

(2) 취출공기량 $V[\text{m}^3/\text{h}]=\frac{SH(=15,000\times3.6)}{1.01\times1.2\times(26-15)}=4050\,\text{m}^3/\text{h}$

(3) • 혼합공기의 건구온도, t_m [℃]

$t_m=26+(32-26)\times\frac{1}{5}=27.2℃$

• 혼합공기의 엔탈피 h_m [kJ/kg]

$h_m=52.8+(83.7-52.8)\times\frac{1}{5}=58.98\,\text{kJ/kg}$

(4) 냉각코일의 냉각열량 q_c [W]

$q_c=4,050\times1.2\times(58.98-37.7)=103420.8\,\text{kJ/h}=28728\,\text{W}$

6) 혼합 → 냉각 → 재열

실내에서의 취득현열에 대한 취득 전열량의 비(SHF)가 적은 경우 냉각, 감습만을 행하는 토출공기는 온도가 낮아져서 실내가 과냉된다. 이런 경우에는 재열기로서 토출공기의 온도를 높여야 할 필요가 있다. 그림 2-29는 이와 같은 경우에 적용되는 과정을 나타낸 것이다.

그림에서 ① 상태의 외기와 ② 상태의 실내공기를 혼합하여 ③의 혼합공기를 만든 다음 냉각코일을 통과시켜 ④의 상태인 냉풍을 만든다. 다음에 재열기를 통과시켜 상대습도를 떨어뜨린 ⑤의 상태인 가열된 송풍한다. 이때 필요풍량 G[g/s] 및 Q[l/s]는 q_s[W]를 현열부하라 하면 다음 식으로 구한다.

$$G = \frac{q_s}{1.01(t_2 - t_5)} \quad \cdots\cdots (2\text{-}30)$$

$$Q = \frac{q_s}{1.206(t_2 - t_5)} \quad \cdots\cdots (2\text{-}31)$$

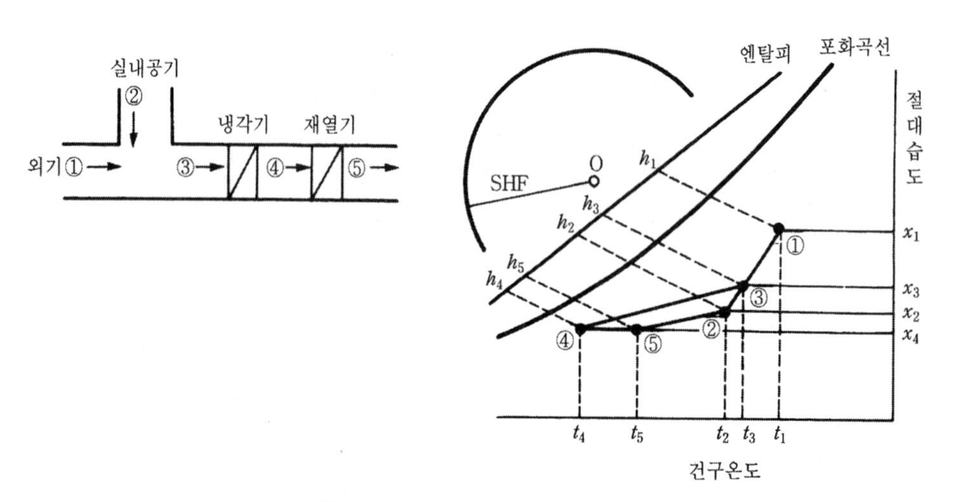

그림 2-29 혼합, 냉각, 재열

또한 냉각열량 q_c[W]는 다음 식으로 구할 수 있다.

$$\begin{aligned} q_c &= G(h_3 - h_4) \\ &= G(h_3 - h_2) + G(h_2 - h_5) + G(h_5 - h_4) \quad \cdots\cdots (2\text{-}32) \end{aligned}$$

식 (2-32)에서 $G(h_3-h_2)$는 외기부하 $G(h_2-h_3)$는 실내취득열량 $G(h_5-h_4)$는 재열량이다. 또한 냉각기에서의 감습량 L[g/s]은 다음과 같다.

$$L = G(x_3 - x_4) \quad \cdots\cdots (2\text{-}33)$$

재열량은 장마철과 같이 실내 취득현열량은 적고 취득잠열량이 많을 때 커지므로 재열기의 설계는 이 때의 조건에 맞추어야 한다.

7) 예냉 → 혼합 → 냉각

이 방식은 지하수를 냉동기의 응축기용 냉각수로 사용할 때 응축기에 사용하기 전에 외기를 예냉시키면 냉각기의 용량을 적게 할 수 있으므로 경제적으로 운전된다. 즉, 그림 2-30과 같이 ① 상태의 외기를 예냉시켜 ③의 상태에서 실내공기인 ②의 상태와 혼합하여 혼합공기인 ④의 상태로 하고 냉각기로서 냉각, 감습시키면 ⑤의 상태가 되므로 이것을 실내에 송풍한다.

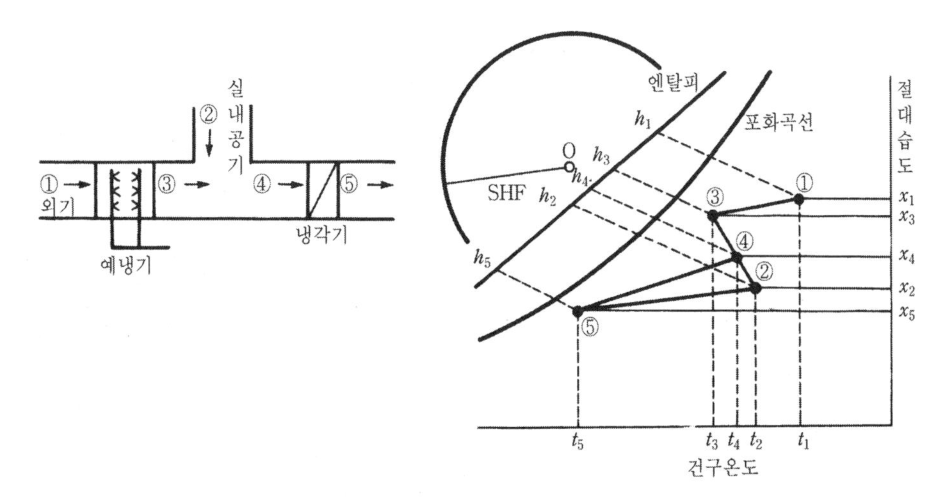

그림 2-30 예냉, 혼합, 냉각

이때 냉각기에서의 냉각열량 q_c[W]는 다음 식으로 구한다.

$$\begin{aligned} q_c &= G(h_4 - h_5) \\ &= G(h_4 - h_2) + G(h_2 - h_5) \\ &= G_F(h_3 - h_2) + G(h_2 - h_5) \\ &= G_F(h_1 - h_2) + G_F(h_1 - h_3) + G(h_2 - h_5) \quad \cdots\cdots (2\text{-}34) \end{aligned}$$

위 식에서 $G_F(h_1-h_2)$는 외기부하 $G_F(h_1-h_3)$는 예냉열량 $G(h_2-h_5)$는 실내 취득열량이다. 따라서 공조장치 전체의 공기에 대한 총 냉각열량을 q_{TC} 라 하면

$$q_{TC}[\mathrm{W}] = G(h_4-h_5)+G_F(h_1-h_3) \cdots\cdots (2\text{-}35)$$

이 되며 마찬가지로 냉각기에서의 감습량을 L[g/s], 공조장치에서의 감습량을 L_T[g/s]라 하면 다음 식과 같다.

$$L=G(x_4-x_5)$$

$$L_T=G(x_4-x_5)+G_F(x_1-x_3) \cdots\cdots (2\text{-}36)$$

제 3 장

공기조화설비의 부하계산

공기조화설비의 부하계산

3-1 개 요

(1) 열부하

실내를 일정한 온도와 습도로 유지하고 있는 경우 실외에서 유입되는 열과 실내에서 발생하는 열을 열취득이라고 하며 실외에 유출하는 열을 열손실이라 한다. 건물의 실내를 일정한 온도 및 습도로 유지하기 위해서는 그 실내공간에서 취득한 열량 및 수분을 제거하거나 손실된 열량 및 수분을 공급해 주어야만 한다.

이와 같이 실내온도를 상승 또는 강하시키는 열량을 현열부하(sensible heat load)라 하고 실내습도를 상승 또는 하강시키는 수분량을 열량으로 환산하여 잠열부하(latent heat load)라 하며 이들 열부하는 단위시간당 열량[W]으로 표시되고 공조장치의 각 기기의 용량을 결정하는 자료가 된다. 열부하의 형태를 종류별로 구분하면 다음과 같다.

1) 열부하

실내에서 요구하는 온·습도로 유지하기 위하여 제거해야 할 열량 또는 공급해야 할 열량을 말한다.

2) 열취득 및 열손실

열취득(heat gain)이라 하는 것은 일정한 온·습도로 유지하고 있는 실내공간에 실외에서 유입하는 열량과 실내에서 발생하는 열량을 말하며 실외로 유출하는 열량을 열손실(heat loss)이라 한다.

3) 제거열량

간헐운전과 같이 장치가 정지상태에서 실내온도가 변화하여 기동을 시작할 때 열부하 외에 예열부하(warming up load)와 예냉부하(pull down load)와 같은 부하(축열부하라고도 함)가 추가되는 경우 이러한 열량을 제거하여야 하는데 이러한 열량을 제거열량이라 한다.

4) 냉·난방부하

실내에서 발생하는 부하 외에 도입외기를 실내 온·습도 상태로 만들기 위한 열량, 송풍기로부터의 동력열, 덕트에서의 침입열과 공기누설로 인한 손실열 등을 더한 것이 공조기에 걸리는 부하이며 이것을 일반적으로 냉방부하 또는 난방부하라고 한다.

5) 공조기 부하, 장치부하

공조공간에 대한 냉·난방부하는 그 부하의 합계 자체가 공조기 부하로 되지만 여러 개의 공간을 하나의 계통으로 묶은 경우 공조기 부하는 각각의 공간에서의 냉·난방부하 합계와는 약간 다르다.

이것은 각 실의 최대부하가 걸리는 시간과 필요 송풍공기량이 다르기 때문이며 이와 같은 계통별의 공조부하를 장치부하라 하며 부하의 합계와는 별도로 계산하여 기기용량을 결정하는 데 사용한다.

6) 열원부하

각 계통별 장치부하 합계와 건물전체의 부하와는 다르게 된다. 이것은 각 계통의 최대부하가 걸리는 시각의 차이, 배관, 펌프, 송풍기에서의 열취득 및 손실, 축열조의 유무 등을 고려하여 결정되기 때문이며 이러한 열원기기의 부하를 열원부하라 한다.

7) 기간 냉·난방부하

냉·난방부하를 어떤 기간 또는 연간에 걸쳐서 합계한 것을 기간 냉·난방부하 또는 연간부하라 하며 다른 부하의 단위가 [W]인데 대하여 [MW/기간] 또는 [MW/년]으로 표시한다. 이러한 부하들의 형태 및 그 흐름을 그림 3-1에 나타낸다.

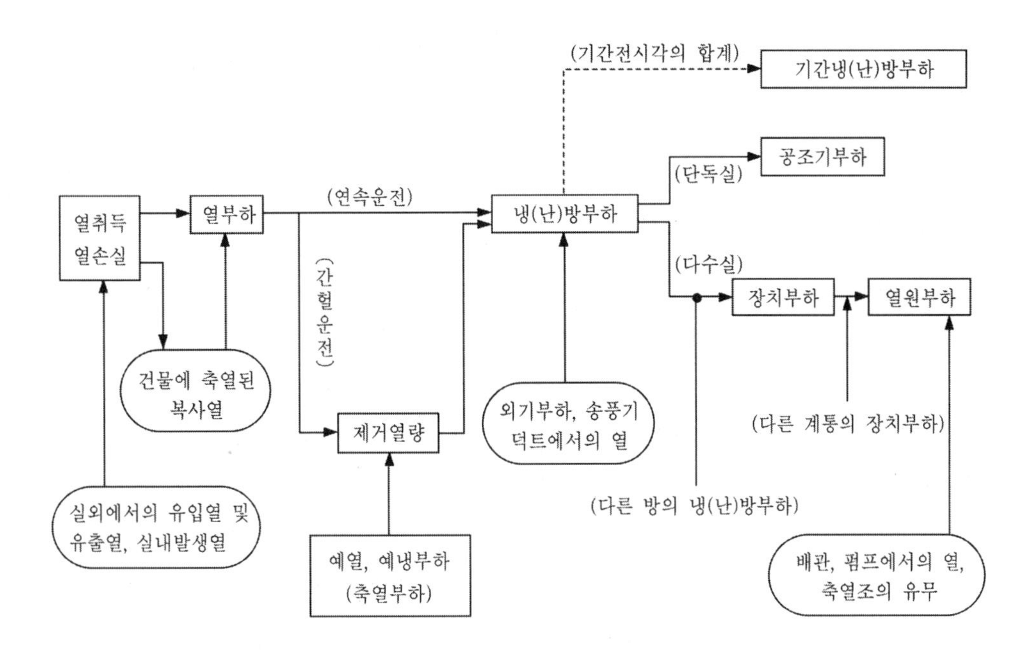

그림 3-1 부하의 형태 및 흐름

(2) 공조부하 계산

1) 연간공조에서의 부하

종래에는 여름철의 냉방부하와 겨울철의 난방부하만으로 계산하였으나 냉방기간이 5~11월로 연장될 경우 이 연간공조의 부하계산에 있어서는 여름, 겨울 이외 시기의 부하도 대상으로 할 필요가 있다. 난방부하는 외기의 온·습도가 낮은 겨울철에 최대가 되므로 연간공조에 있어서도 겨울철만을 대상으로 하면 된다.

그러나 냉방부하에 관해서는 동·서면은 여름철에 최대부하(peak load)를 이루나 남면은 태양고도가 낮은 10월의 정오 전후에 최대부하를 이루는 경우가 많다. 따라서 건물전체로서 남면의 유리면적이 클 때에는 10월에 최대부하를 이루는 경우도 있다. 그러므로 남면의 유리면이 클 경우에는 남측에 대하여 10월의 정오 전후의 취득열량도 계산할 필요가 있다.

2) 소규모 건축의 부하계산

고층 건축에서 평면형의 종횡비(aspect ratio)가 2.0 이내의 건물에서 각 층이 1개의 실로 사용될 때 동과 서의 외벽이 동일한 조건일 때는 실내인원과 기구의 부하가 일정하다고 하면 서측의 일사량이 최대로 되는 오후 4시가 최대로 되므로 오후 4시의 취득열량만을 계산하면 된다. 그러나 서측의 유리가 없을 때와 동측에 비해서 그 면적이 극히 작을 때는 동측의 일사량 최대치인 오전 8시가 최대 부하시간이 된다. 또한 남측이 정면일 때는 10월의 12시 전후가 피이크(peak)로 된다.

3) 대규모 건축의 부하계산

① 냉방에 대해서는 각 zone마다의 취득열량의 최대시간과 건물전체의 냉동기부하의 최대시간을 추정하여 각각의 시간에서의 취득열량을 계산한다.

② 취득열량의 최대시간의 추정은 상당히 복잡하며 전산기를 이용할 때는 각 zone마다 7월과 10월의 8시~20시의 매시간 취득열량을 전부 계산하여 그 중 최대부하를 구하면 된다. 수계산시의 추정방법으로는 건물의 평면형이 정방형 또는 이것에 가까울 때에 창면적비가 30%를 넘는 고층 건축(6층 이상)일 때 각 방위마다의 최대부하는 유리의 일사부하에 좌우된다. 유리면적이 30% 이하일 때는 벽의 부하에 영향을 받아서 1~2시간 뒤로 늦춰지는 일이 많다.

③ 내부 zone의 하계공조부하는 보통 계산에서는 1일중 일정하다고 본다. 내부 zone의 난방부하는 종래 0이라고 고려되어 있었는데 초고층 건물의 운전결과에 따르면 오전중은 온풍의 취출이 계속되고 오후가 되어 비로소 냉풍을 취출하게 된다. 이것은 오전중은 야간의 축열부하가 남아있고 또한 연돌효과에 의하여 극간풍의 각층 난방부하에 미치는 영향이 무시할 수 없는 양으로 되어있기 때문이며 지붕의 보온이 불충분할 때 최상층의 내부 zone은 하루종일 난방부하를 이룬다.

④ 냉동기부하의 최대시간은 외기부하의 비율이 40%을 넘을 때는 외기부하의 최대시간인 7월의 14시 전후로 되고 그 외는 7월의 16시 전후로 보아도 좋다.

⑤ 동계의 부하에 관해서는 취득열량도 보일러 부하의 최대시간도 아침의 운전개시인 8시로 된다. 단, 주택이나 호텔의 객실과 같이 24시간 난방일 때는 아침의 6시로 된다.

⑥ 건물의 형태가 좁고 길며 긴 변에만 창이 있고 짧은 변에는 창이 없을 때는 표 3-1과 같이 될 때가 많다. 짧은 변의 zone은 창이 없으므로 그 방위에 해당하는 상당 외기온도의 최대치가 생기는 시간이 피이크(peak)가 된다.

⑦ 상기한 내용은 인접 건물의 영향이 없을 경우이지만 시가지에서는 인접 건물의 그림자의 영향이 있어 냉방부하 상태는 복잡하게 된다. 예를 들어 길 건너편의 서측면에 같은 높이의 건물이 있을 때 자기 건물의 서측면 하층부는 일사가 없게 되나 서측면 상층부는 16시에 최대부하로 된다.

표 3-1 각 zone의 피크시(좁고 긴 평면일 때)

구 분		취득열량 또는 손실열량		냉동기 또는 보일러의 부하
		정 면	북 면	건물전체
긴 변 이 남면일 때	냉 방 난 방	10월 12시(13시) 1월 8시	7월 16시 1월 8시	7월 14시 또는 16시 1월 8시
긴 변 이 북면일 때	냉 방 난 방	7월 8시 1월 8시	7월 16시 1월 8시	7월 16시 1월 8시

3-2 냉방부하

(1) 냉방부하의 구성

냉방시 실내의 온도나 습도를 상승시키는 원인이 되는 현열이나 잠열의 부하를 냉방부하(cooling load)라고 하며 공기조화기에서 냉각기의 용량을 결정하는 것으로서 공기조화설계의 기초가 된다.

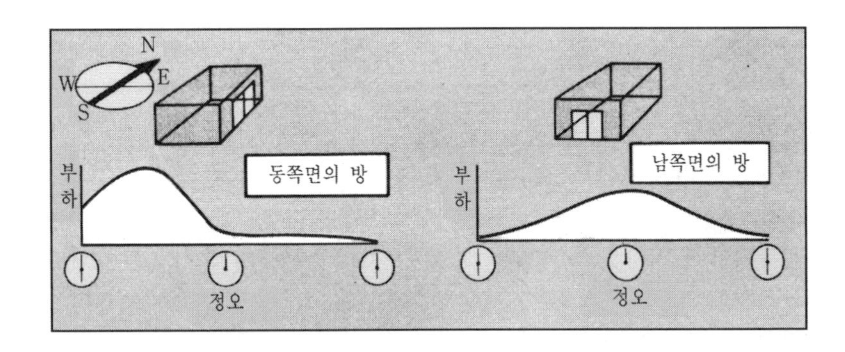

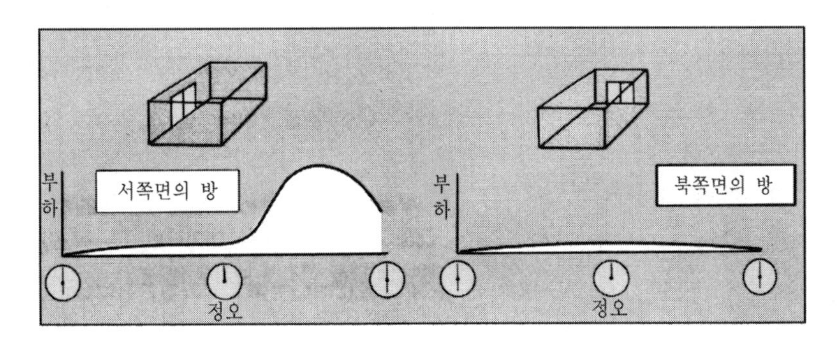

그림 3-2 방위별 부하의 차이

냉방부하계산에서는 일사에 의한 열취득이 크므로 외벽, 지붕, 유리창 등의 열취득은 방위별로 시각마다 계산하여 하루의 최대부하를 구한다. 냉방부하의 종류를 분류하면 표 3-2에 나타낸 바와 같다.

표 3-2 냉방부하의 종류

구 분		내 용	열의 종류
실내부하	태양복사열	유리를 통과하는 복사열	현 열
		외기에 면한 벽체(지붕)를 통과하는 복사열	현 열
	온도차에 의한 전 도 열	유리를 통과하는 전도열	현 열
		외기에 면한 벽체(지붕)를 통과하는 전도열	현 열
		간벽, 바닥, 천장을 통과하는 전도열	현 열
	내부발생열	조명에서의 발생열	현 열
		인체에서의 발생열	현열, 잠열
		실내기구에서의 발생열	현열, 잠열
	침입외기	외창새시, 문틈에서의 틈새바람	현열, 잠열
	기 타 (실내부하에 준하는 것)	급기덕트에서의 취득	현 열
		송풍기의 동력열	현 열
외기부하	도입외기	외기를 실내 온·습도로 냉각감습시키는 열량	현열, 잠열
기 타	기 타	환기덕트, 배관에서의 손실, 펌프의 동력열	현 열

(2) 냉방부하 계산순서

냉방부하의 열취득은 시각별로 현열과 잠열로 나누어 다음의 순서로 계산한다.

① 실내 온·습도 조건의 설정
② 실외 설계조건의 설정
③ 외벽과 지붕을 통한 열취득의 산정
④ 내벽, 천장, 바닥을 통한 열취득의 산정
⑤ 유리창을 통한 열취득의 산정
⑥ 실내발생 취득열의 산정
⑦ 침입외기 열취득의 산정
⑧ 복사축열 경감을 고려한 실내냉방(현열, 잠열)부하의 합계
⑨ 각 실의 냉방부하를 근거로 하여 최대냉방부하를 구하고 송풍량과 공기조화장치의 부하를 구한다. 바닥면적당의 개략적인 냉방부하는 표 3-3에 나타낸다.

표 3-3 바닥면적당의 냉방부하

실의 종류				단위바닥 면적당 냉방부하 [W/m²]	단위바닥 면적당의 냉방부하 산출의 조건				
					외기 환기횟수	창면적 바닥면적 [%]	바닥면적 10m²당 재실인수 [인/10m²]	조명 (형광등) [W/m²]	비고
일반 사무실	창없음		최상층	145	1	0	2	20	-
			중간층	105					
	북향		최상층	163	1	20	2	20	-
			중간층	116					
	서향		최상층	233	1	20	2	20	-
			중간층	169					
일반상점	사람의 출입 많음			180	2	40	3	40	일사 없음
	사람의 출입 적음			157	1				
호텔객실 병원객실	남향			116	1	20	1	20	-
	서향			169					
다방	환기팬 사용 없음			233	1	10	6	10	전열기 있음
	환기팬 사용			302	4				
식당	창이 좁음	환기팬 사용없음	남향	192	1	10	6	20	부엌의 열은 포함하지 않음
			서향	221					
		환기팬 사용	남향	262	4				
			서향	291					
	창이 넓음	환기팬 사용없음	남향	221	1	40	6	20	
			서향	302					
		환기팬 사용	남향	291	4				
			서향	372					
요정객실(일식)				198	1	-	6	10	석양에 한면은 복도를 사이에 두고 외기와 접함
바 (bar)	환기팬 사용 없음			192	1	10	6	10	밤
	환기팬 사용			256	4				
미용실				291	1	20	2	20	기구의 발열을 포함
이발소				233	1	20	2	20	기구의 발열을 포함
사진				116	1	10	2	20	일사 없음
주택 (목조단층)	일실		남향	221	1.5	40	3	0	-
			북향	163	1.5	20	3	10	
	양실		남향	192	1	30	3	0	-
			서향	233					
아파트 남향 양실			최상층	186	1	30	3	10	-
			중간층	145					

예 제 3-1 어느 실의 냉방장치에서 실내 취득 현열 부하가 36,000W, 잠열부하가 11,500W인 경우 송풍 공기량(L/s)을 구하시오. (단, 실내온도 26℃, 송풍공기온도 14℃, 외기온도 32℃, 공기 밀도 1.2 kg/m³, 공기 정압 비열 1.005 kJ/kg℃)

〔풀이〕 송풍량 $Q = \dfrac{q_s}{\rho \cdot C_{PB} \cdot \Delta t}$

$$= \frac{36000}{1.2 \times 1.01 \times (26 - 14)}$$

$$= 2475.24 ≒ 2475 \text{ L/s}$$

(3) 설계조건

1) 설계외기조건

냉방설계용 설계외기의 온·습도 조건은 여름철(6, 7, 8, 9월)의 최고 상태값을 이용하여 대상으로 하는 건물의 냉방부하계산을 하는 경우 장치용량이 커져서 비경제적이 되므로 전 냉방시간에 대한 위험률(기간중 그 온도를 초과하는 확률) 2.5%, 5%를 기준으로 한 외기온도와 일사량을 이용하여 작성한 상당외기온도를 적용하여 계산한다.

그러나 정밀도가 요구되는 항온, 항습실 등을 설계하는 경우에는 실내설계조건에 대한 검토를 충분히 한 후 위험률을 최소한의 값으로 설정하든가 또는 외기조건을 최고 상태값으로 할 필요가 있다. 지역별 외기조건은 표 1-13 (a), (b)에 제시한다.

그러나 이 표는 그 기준이 여름철 오후 3시의 값이므로 계산시간이 다를 경우에는 표 1-14에 나타난 바와 같이 일교차 비율을 그 지역의 일교차에 곱한 것을 설계외기온도에서 빼주는 방법으로 시각별 보정을 해야 한다. 또한 어떤 실에 대한 냉방을 위한 풍량이나 송풍온도, 실내유닛의 용량을 결정할 때에는 그 방의 실내부하가 최대로 되는 계절과 시간에 대하여 부하계산을 시행한다.

2) 실내 온습도조건

인체를 대상으로 하는 쾌감공조에서는 작용온도(기온과 주위벽체의 평균온도와의 가중평균)를 중시하여야 한다. 이를 나타내는 지표로는 온습도 및 기류의 영향 등을 고려한 유효온도(effective temperature, ET) 또는 이에 주위의 복사열 영향을 가미한 수정유효온도(corrected effective temperature, CET) 등이 있다.

최근에는 냉방설정 온도와 난방설정온도의 차가 적어지는 경향이 있으나 에너지 절약의 관점에서 보면 커다란 낭비로서 과잉의 냉난방이 이루어지지 않도록 실내온도를 설정하여야 한다.

일반적으로 장치용량의 경제성을 고려하여 냉방기에는 26℃, 50% 정도이며 난방기에는 22℃, 40~50%가 많이 적용되고 있다. 동절기에도 냉방이 요구되는 경우 실내 설계치는 24℃ 정도가 적용된다. 쾌적(보건) 공조용 설계시 적용하는 실내 온·습도 기준치는 표 3-4와 같으며 공조시 실내 온도 및 습도 기준으로 권장되는 값은 표 3-5와 같다.

표 3-4 실내조건의 기준치

구 분	여 름	겨 울
일반건물 (사무실, 주택 등)	26℃, 50% (25~27℃) (50~60 %)	22℃, 50%(20~22℃) (35~50%)
영업용 건물 (은행, 백화점 등)	26℃, 50% (26~27℃) (50~60%)	21℃, 50% (20~22℃) (35~50%)
공업용 건물 (공장 등)	28℃, 50% (27~29℃) (50~65%)	20℃, 50% (18~20℃) (35~50%)

(주) ( ) 값은 온·습도의 적용한계 범위를 나타낸다.

표 3-5 거실에서의 공기조화 기준치

온 도	17℃ 이상 28℃ 이하, 거실의 온도를 외기온도보다 낮게 할 경우에는 그 차를 현저하게 하지 말 것(7℃ 이내)
상대습도	40% 이상, 70% 이하
기 류	0.5m/s 이하
부유분진량	공기 $1m^3$에 대해 0.15mg 이하
일산화탄소의 함유율	100만분의 10(10ppm) 이하
탄산가스 함유율	100만분의 1,000(1,000ppm) 이하

3) 공기 청정조건

거주자를 대상으로 하는 쾌감(보건) 공조에서의 공기청정 요소는 탄산가스(CO_2)를 기준으로 하며 실내공기가 설계조건의 기준치 이내로 되도록 신선한 외기를 도입하여야 한다. 필요 외기량은 건물의 특성에 따른 연소기기의 사용 및 단위면적당 재실자수 그리고 흡연상태 등을 고려하여야 한다. 따라서 공기청정은 다음 요소를 고려한다.

① 탄산가스(CO_2) 설계조건은 표 3-6과 같다.

표 3-6 CO_2 설계조건 (단위 : ppm)

구 분	설계조건	완 화 조 건	
실 내	1,000	분진청정도의 확보, 공기여과기 및 청정기설비, 평균 CO_2 가스 통도감지에 의한 희석제어설비가 갖추어졌을 때에는 완화할 수 있다.	상한치 3,000 (평균 2,000)
실 외	350	실측에 의하여 대기오염도가 높은 지역(공장지역) 또는 아주 낮은 지역은 예외로 한다.	

② 일산화탄소(CO)의 설계조건은 사용기준 1일 평균

③ 필요외기량은 CO_2를 기준으로 하고 건물의 기능 또는 실의 평균 재실률, 흡연상태 등을 고려해야 한다. 다만 외기의 CO_2 농도 350ppm, 실내 CO_2 조건 1000ppm, 1인당 CO_2 발생량 17l/h일 때를 기준으로 해야 하나 사용계획상 금연실로 구획하였을 때는 실내 CO_2 농도 기준 2000ppm을 적용할 수도 있다.

또한 신선외기 도입을 위한 도입구의 설치위치는 자동차의 배기가스의 영향 등을 고려하여 도로측의 낮은 부분은 피하여야 하고 연소기기에는 국소 환기설비를 하여 실내오염을 최소화하여야 한다.

(4) 취득열량

1) 열관류율(열통과율)

구조체에서 열관류에 의한 통과열량의 계수로서 전열의 정도를 나타내는데 열관류율(heat transmission coefficient)을 사용하며 열관류율을 계산하여 사용하고자 할 때는 일반적으로 다음 식에 의한다.

$$K=\frac{1}{\frac{1}{\alpha_i}+\frac{1}{a}+\frac{d_1}{\lambda_1}+\frac{d_2}{\lambda_2}+\cdots+\frac{d_n}{\lambda_n}+\frac{1}{\alpha_0}} \quad \cdots\cdots (3\text{-}1)$$

여기서 K : 열관류율 [W/(m^2 · K)]

$\alpha_i,\ \alpha_0$: 구조체의 내측(α_i) 및 외측(α_0)에 있어서의 표면 열전달률로 이것은 구조체 표면에 얇은 공기막이 형성되어 열저항이 되는 계수이다.[W/(m^2 · K)] (표 3-7 참조) 표 3-7 (b)에서 건축재료인 경우

$\varepsilon = 0.9$ 이므로 표 3-7 (a)에서 무반사($\varepsilon = 0.9$)일 때 $\alpha_{i,}$ α_0을 적용하면 된다.

a : 벽체내부에 공간(공기층)이 있을 때 전열률 [W/(m^2 · K)] (표 3-9 참조)

λ : 구조체를 구성하는 각 재료의 열전도율 [W/(m^2 · K)] (표 3-7 참조)

d : 구조체를 구성하는 각 재료의 두께 [m]

t_e : 흙의 두께 [m]

λ_e : 흙의 열전도율

① 열전달률

열전달률(coefficient of heat transfer : α)은 유체가 고체 벽면에 접해서 흐를 때 벽면온도 t_w[℃], 유체온도 t[℃], 벽면적 A[m^2]이라 하면 정상상태에서 단위시간당 벽면에서 유체에 흐르는 열량은 $Q = \alpha A(t_w - t)$[W]로 나타내며 비례정수 α를 열전달률 [W/(m^3 · K)]이라 한다. 여기서 α의 값은 표 3-8 (a)에 나타낸다.

② 열관류율

열관류율(coefficient of over-all heat transmission, heat transmission coefficient : K)은 방의 내외 온도차 1℃에 대해서 구조체의 표면적 1m^{2}에 있어서 1시간에 전해지는 열량을 W로 나타낸 것이다. 즉 열관류에 의한 관류열량의 계수로서 전열의 정도를 나타내는 데 사용되는 것이다.

정상상태에 있어서 고체벽을 사이에 두고 두 유체 사이에 단위면적을 통해 단위시간에 이동하는 열량 Q는 두 유체의 온도차$(t_i - t_0)$에 비례하고 $Q = K(t_i - t_0)$[W/m^2]로 나타내며 비례정수 K[W/(m^2 · K)]를 열관류율 또는 열통과율이라 한다. 즉 다음 그림과 같은 벽체에서 열의 흐름이 정상상태라고 하면 관류열량은 다음과 같이 구한다.

$$\frac{1}{\frac{1}{\alpha_i} + \Sigma\frac{d}{\lambda} + \frac{1}{\alpha_0}} \ [\text{W/m}^2 \cdot \text{K}]$$

따라서 각종 열관류율의 값은 다음과 같이 달라진다.

㉮ 벽의 한 면이 옥외에 면할 때

$$\frac{1}{K} + \frac{1}{\alpha_0} + \frac{d_1}{\lambda_1} + \frac{d_2}{\lambda_2} + \frac{d_3}{\lambda_3} + \cdots + \frac{1}{\alpha_i} + \frac{1}{a} \quad \cdots\cdots (3\text{-}2)$$

$1/K$을 열관류저항(resistance of overall heat transmission ; 열전도저항과 열전달저항의 합으로서 열관류의 역수) $1/\alpha_0$, $1/\alpha_i$, d/λ, $1/a$을 각각의 전열저항(resistance of heat conduction ; 두께 d[m]인 물체의 열전도율을 K라 하면 열전도저항은 d/λ이며 열전도의 난이도를 나타냄)으로 하면 전기저항과 같이 전(全)전열저항은 각부의 전열저항의 합과 같으므로 (3-2) 식이 성립되므로 다음의 같이 나타낸다.

$$K = \frac{1}{(1/\alpha_0) + (d/\lambda) + (1/\alpha_i) + (1/a)} \quad \cdots\cdots (3\text{-}3)$$

㈏ 벽의 양면 모두가 옥외에 면해 있지 않을 때

$$\frac{1}{K} = \frac{1}{\alpha_i} + \frac{d_1}{\lambda_1} + \frac{d_2}{\lambda_3} + \frac{d_3}{\lambda_3} + \cdots + \frac{1}{\alpha_i} + \frac{1}{a} \quad \cdots\cdots (3\text{-}4)$$

㈐ 벽의 한 면이 실내, 다른 면이 지면에 면했을 때

$$\frac{1}{K} = \frac{1}{\alpha_i} + \frac{d_1}{\lambda_1} + \frac{d_2}{\lambda_2} + \frac{d_3}{\lambda_3} + \cdots \frac{d_e}{\lambda_e} \quad \cdots\cdots (3\text{-}5)$$

각종 재료의 열전도율(λ) 및 각종 단면에 대한 열관류율(K)값은 표 3-7에 나타나 있다.

표 3-7 비금속 고체의 열적 성질

물 질	온도 [K]	밀도 ρ[kgm^2]	비열 c_p[kJ/kg·K]	열전도계수 k[W/m·K]
기포콘크리트	293	710	1.130	0.174
기포콘크리트	293	350	1.130	0.084
보온벽돌	293	625	0.879	0.139
목면(布)	303	329	-	0.093
인견	303	170	-	0.049
양모(편물)	303	176	-	0.040
양모(직물)	303	379	1.632	0.050
소나무	293	479	2.092	0.174
삼목	293	329	2.092	0.128
노송나무	293	344	2.092	0.103
라왕	293	470	2.259	0.174
화강암	293	4808	0.837	3.486
대리석	293	2669	0.879	2.789
점토질토양	293	1449	0.879	0.116
사질토양	293	1599	-	1.069
흙	293	1888	0.837	0.627

물 질	온도 [K]	밀도 ρ[kgm^2]	비열 c_p[kJ/kg·K]	열전도계수 k[W/m·K]
모 래	293	1699	0.837	0.488
자 갈	293	1849	0.837	0.616
자 기	473	-	0.711~0.795	1.522
경량블록 BI형	293	876	1.046	0.744
경락블록 보조	293	948	1.046	0.453
중량블록 BI형	293	1530	0.879	1.139
경량블록 BI형	293	981	1.046	0.767
경량블록(표면마무리)보조	293	1139	1.046	0.476
페 놀 수 지	293	1270	1.590	0.232
고 무	293	920~1229	1.130~2.008	0.128
종 이	293	-	-	0.139
경질백지	293	1229	-	0.208
석영유리	273	2208	0.728	1.348
석 탄	293	1199~1499	1.255	0.256
운 모	293	2598~3198	0.837	0.465~0.581
콘크리트	293	2198	0.879	1.627
샤모트벽돌	473	1774	0.879	0.895
63SiO_2, 30Al_2O_3, 기타	1273	-	1.234	1.278
내화벽돌	293	1949	0.879	1.116
보통벽돌(21mm)	293	1519	0.837	0.314
보통벽돌(21mm)	293	1659	0.837	0.616
석 면	293	470	0.795	0.156
석 면	293	700	-	0.235
콜 크	293	100	1.674~2..029	0.042
콜 크	293	300	-	0.063
탄화콜크판(50mm)	293	240	1.674	0.051
탄화콜크판(50mm)	293	160	1.674	0.044
경 석	293	550	1.000	0.105
신 더	293	500	-	0.128
아 초	293	126	1.883	0.073
톱 밥	293	200	2.092	0.128
양 모	293	140	1.548	0.116
미네랄펠트	293	142	-	0.050
주름진 알루미늄막 (10mm)	293	-	-	0.051
평면 알루미늄막 (20mm)	293	-	-	0.052
평면 알루미늄막 (10mm)	293	-	-	0.036
화 이 버	293	1299	-	0.279
루핑페이퍼	293	1020	-	0.105
리노륨 (3mm)	293	1189	1.255	0.186
고무타일 천연고무 (6mm)	293	1778	1.590	0.395
베이클라이트판 (3mm)	293	1270	1.590	0.232
석면판 (3mm)	293	1149	0.795	0.279
석고보드 (6mm)	293	862	1.130	0.139

물　　질	온도 [K]	밀도 ρ[kgm^2]	비열 c_p[kJ/kg·K]	열전도계수 k[W/m·K]
다다미 (53mm)	293	229	1.883	0.110
얼　음	-	916	2.050	2.208
눈	-	200	-	0.151
모르타르	293	2019	1.130	1.394
슬레이트	293	2238	-	1.278
타　일	293	2398	1.088	1.278
판유리 (3mm)	293	2539	0.795	0.790
플라스틱	293	1938	1.046	0.616
석고시멘트판 (6mm)	293	1678	0.753	1.278
토　　벽	293	1279	0.879	0.686
사벽(마감)	293	1389	0.879	0.546
회 반 죽	293	1319	1.046	0.744

표 3-8 (a) 공기의 표면 전달율 및 열저항

표면의 위치	열류의 방향	표면의 방사율 ε					
		무반사 $\varepsilon = 0.90$		$\varepsilon = 0.20$		반사 $\varepsilon = 0.05$	
		α_i	R	α_i	R	α_i	R
정지 공기							
수평	상향	9.26	0.11	5.17	0.19	4.32	0.23
경사-45°	상향	9.09	0.11	5.00	0.20	4.15	0.24
수직	수평	8.29	0.12	4.20	0.24	3.35	0.30
경사-45°	하향	7.50	0.13	3.41	0.29	2.56	0.39
수평	하향	6.13	0.16	2.10	0.48	1.25	0.80
움직이는 공기(모든 위치)		α_o	R				
바람 (겨울) 6.7m/s(24km/h)	모든 방향	34.0	0.030	-	-	-	-
바람 (여름) 3.4m/s(12km/h)	모든 방향	22.7	0.044	-	-	-	-

(주) 1. 표면 전달율 α_i 및 α_o의 단위 : W/(m^2·K)

열저항 R의 단위 : [(m^2·K)/W]

표 3-8 (b) 다양한 표면의 방사율 값과 공기공간의 유효방사율

구 분	공기 공간의 유효 방사율 ε_{eff}		
	평균 방사율 $\varepsilon = 0.90$	한쪽 표면 방사율 ε; 다른쪽, 0.9	양쪽 표면 방사율 ε
알루미늄 박, 밝은 색	0.05	0.05	0.03
알루미늄 박, 결로수 보이기 시작 (>0.5g/m²)	0.30b	0.29	-
알루미늄 박, 결로수 명백히 보임 (>2.0g/m²)	0.70b	0.65	-
알루미늄 시트	0.12	0.12	0.06
알루미늄 코팅된 종이, 광택이 나는	0.20	0.20	0.11
아연도금 강, 밝은 색	0.25	0.24	0.15
알루미늄 페인트	0.50	0.47	0.35
건축재료 : 목재, 종이, 조적, 비금속 페인트	0.90	0.82	0.82
보통유리	0.84	0.77	0.72

표 3-9 공기층의 전열률($a=\lambda/d$ 개략치) [W/(m² · K)]

구 조 체	형 상	전 열 률
수 직 구 조 (벽 체)	밀 폐 표준적인 실제구조	5.8 14.0
수평구조(지붕, 천장)	상향 열류 (밀폐) 하향 열류 (밀폐)	6.2 4.2

(비고) 공기층의 내면 한 쪽이 광택면일 때의 전열률 a'의 개략치는 다음과 같다.

$$a' \fallingdotseq a - 4.65(0.82 - \varepsilon)$$

여기서 ε : 광택면의 평균복사율(알루미늄박 : 0.05, 알루미늄 : 0.2, 알루미늄시트 : 0.12, 도금강판 : 0.25)

a [kcal/m² · h · ℃] 일 때 $a' \fallingdotseq a - 4(0.82 - \varepsilon)$이고

1 [kcal/m² · h · ℃] = 1.163 [W/m² · K]이므로

a [W/m² · K]일 때 $a' \fallingdotseq a - 4.65(0.82 - \varepsilon)$이다.

예제 3-2 그림과 같이 양면을 회반죽 마감한 내벽의 열 관류율을 구하시오. (회반죽 두께는 각각 25mm, 벽돌두께 200mm, 에어스페이스 50mm이다.)

열 전달율 ┌ 실내: 8.7 W/m²℃
└ 실외 : 23.3 W/m²℃

열 전도율 ┌ 회반죽 : 0.81 W/m℃
└ 벽 돌 : 0.58 W/m℃

열 저항 : 에어스페이스 ┌ 10~20mm : 0.14 m²℃/W
└ 20mm 이상 : 0.16 m²℃/W

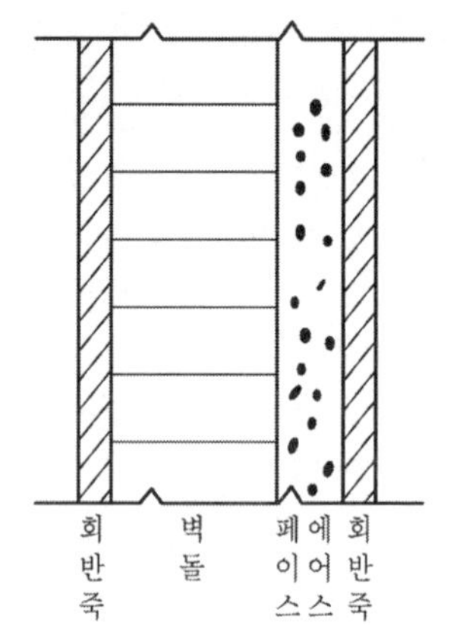

〔풀이〕 열관류 저항 ($\frac{1}{K}$)을 구하여 열 관류율 (K)을 구한다.

$$\frac{1}{K}=\frac{1}{\alpha_1}+\frac{l_1}{x_1}+\frac{l_2}{x_2}+\frac{1}{C}+\frac{l_1}{x_1}+\frac{1}{\alpha_0}$$

$$=\frac{1}{8.7}+\frac{0.025}{0.81}+\frac{0.2}{0.58}+0.16+\frac{0.025}{0.81}+\frac{1}{23.3}$$

$$=0.724$$

$$\therefore K=1.38\,\mathrm{W/m^2℃}$$

예제 3-3 아래 그림과 같은 외벽이 있다. 외기온도 −10℃, 실내온도 20℃ 외벽면적 10m²일 경우 아래 물음에 답하시오.

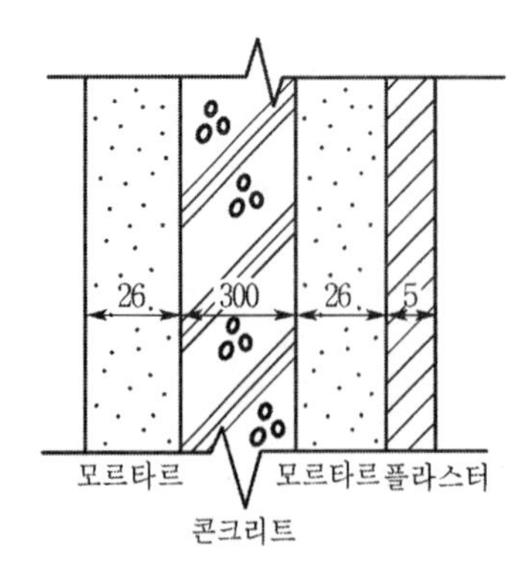

재 료	열전도율 λ[W/m℃]
모르타르	1.5
콘크리트	1.7
플라스터	0.6

구 분	열전달률 α[W/m²℃]
실 외	23
실 내	9

(1) 열관류율 〔K : W/m^2℃〕
(2) 손실열량 〔Q : W〕
(3) 외벽의 내표면온도 〔t_s : ℃〕

〔풀이〕 (1) $K = \dfrac{1}{\alpha_i + \Sigma\dfrac{l}{\lambda} + \dfrac{1}{\alpha_o}}$

$$= \frac{1}{\dfrac{1}{9} + \dfrac{0.026}{1.5} + \dfrac{0.3}{1.7} + \dfrac{0.026}{1.5} + \dfrac{0.005}{0.6} + \dfrac{1}{23}} = 2.67\,\text{W/m}^2℃$$

(2) $Q = K \cdot A \cdot \Delta t$

$= 2.67 \times 10 \times 30 = 801\,\text{W}$

(3) $K \cdot A(t_i - t_o) = \alpha_i \cdot A(t_i - t_s)$

$$t_s = t_i - \frac{K}{\alpha_i}(t_i - t_o) = 20 - \frac{2.67}{9} \times 30 = 11.1\,℃$$

2) 일사의 영향을 받는 외벽 · 지붕을 통한 취득열량

외기에 직접 면해 있는 벽체 또는 지붕으로부터의 취득열량은 건물내외의 온도차에 의한 전도열과 일사에 의한 태양복사열이 있으며 태양복사열은 일사가 외벽에 닿아서 그 표면온도가 상승하여 이것이 온도차에 의하여 실내로 열이 이동하게 되므로 실내외의 온도차와 태양복사의 열량을 더하여 계산하여야 한다.

태양복사열에 의하여 벽의 외면이 열을 받으면 벽체의 온도를 상승시킨다. 이와 같이 벽체외부의 온도는 외기온도보다 높게 되는데 이 온도를 상당외기온도(sol air temperature 또는 equivalent temperature)라고 하고 실내온도와 상당외기온도와의 차를 상당외기온도차(ETD : equivalent temperature difference)라고 한다.

$$q_{S2} = K \cdot A \cdot ETD \quad \cdots\cdots (3\text{-}6)$$

여기서 K : 구조체의 열관류율 [W/(m^2 · K)]
A : 구조체의 면적 [m^2]
ETD : 상당외기 온도차 [℃]
외벽면적 A를 구할 때 벽면의 높이는 층고를 적용한다.

3) 내벽(간막이), 천장, 바닥에서의 취득열량

일사의 영향을 받지 않는 간막이, 내벽, 바닥 등에서의 취득열량으로서 구조체 내외의 온도차에 의한 정상열전도로 취급하며 전도열 계산은 다음 식에 의해 계산한다.

$$q_{S1} = K \cdot A \cdot \Delta t \quad \cdots\cdots (3\text{-}7)$$

여기서 q_{S1} : 열이동량 [W]

K : 구조체의 열관류율 [W/(m^2 · K)]

A : 구조체의 면적 [m^2]

Δt : 실내 · 외의 온도차 [℃]

표 3-10 간막이, 천장, 바닥 등에 대한 온도차 Δt[℃]

간막이, 천장, 바닥의 구분	인접실과의 온도차 Δt[℃]
인접실, 상층, 하층이 공조되고 있지 않을 때	
• 일반	$\frac{t_0 - t_r}{2}$
• 쇼윈도와의 간막이	$\frac{t_0 - t_r}{2}$
• 필로티의 상부 바닥	$\frac{t_0 - t_r}{2}$
• 보일러실 또는 조리실과의 간막이	Δt=15~20℃
• 지면상의 바닥	0℃
• 바닥 밑의 통풍이 없는 지상의 바닥	0℃
인접실, 상층, 하층이 공조되고 있을 때	
• 일반	0℃
• 인접실이 저온일 때	0℃
• 인접실의 온도차가 Δt℃일 때	Δt℃

(주) 1) 간막이 벽에 보일러 전면 등의 복사열이 직접 도달할 때는 이것의 2배로 한다.

2) t_o, t_r : 외기 및 실내온도

3) 비냉난방실 온도는 다음과 같다.

· 비공조 공간의 온도 계산법

온도차는 외기와 실내와의 건구온도차를 적용하며 천정, 바닥, 간벽 등과 주위의 실이나 복도와 접하여 있을 때에는 그 인접개소와의 온도차를 사용한다. 인접개소가 지붕 속 공간이거나 창고, 복도 등으로 비공조 공간의 설정온도가 제시되지 않은 경우에는 다음에 제시된 ㉮, ㉯ 경우에 따라 계산할 수 있다.

㉮ 일반적인 비공조 공간

비공조공간에서의 온도는 공조공간의 온도와 외기온도 사이의 범위에 있게 되는데 비공조공간에 출입하는 열평형수지로부터 다음 식과 같이 계산하여 구할 수 있다.

$$t_u = [t_i(A_1K_1 + A_2K_2 + A_3K_3 + etc) + t_0(\rho c_p Q_0 + A_aK_a + A_bK_b + A_cK_c + etc)]$$
$$\div [A_1K_1 + A_2K_2 + A_3K_3 + etc + \rho c_p Q_0 + A_aK_a + A_bK_b + A_cK_c + etc)$$

여기서

ρC_p : 표준상태 공기의 비열에 밀도를 곱한 값(1.2[J/(l · K)])

t_u : 난방이 되지 않은 실내설계온도 [℃]

t_i : 난방되는 실의 실내설계온도 [℃]

t_o : 실외설계온도 [℃]

A_1, A_2, A_3, etc : 난방이 되는 실과 면한 비공조실의 면적 [m²]

A_a, A_b, A_c, etc : 외부에 노출된 비공조실의 표면적 [m²]

K_1, K_2, K_3, etc : A_1, A_2, A_3, etc 의 열관류율 [W/(m² · K)]

K_a, K_b, K_c, etc : A_a, A_b, A_c, etc 의 열관류율 [W/(m² · K)]

Q_0 : 침기 및 환기에 의해 비공조실로 들어오는 외부공기 유입량 [l/s]

㉯ 다락(attic) 공간

다락은 일반적으로 반자와 지붕 사이 0.3m 이상의 두께를 가진 공간으로 다음과 같이 구한다. 이 식은 다락공간의 결로방지를 위한 환기용 개구부의 영향을 고려하였으며 굴뚝이나 지붕면으로의 태양일사에 의한 영향은 배제하였다.

$$t_u = [A_cK_ct_c + t_0(\rho c_p A_c V_c + A_rK_r + A_wK_w + A_gK_g)]$$
$$\div [A_cK_c + \rho c_p V_c) + A_rK_r + A_wK_w + A_gK_g]$$

여기서

ρC_p : 표준상태 공기의 비열에 밀도를 곱한 값(1.2[kJ/(m³ · K)])

t_a : 반자 위 공간의 온도 [℃]

t_c : 맨 위층 천장부근의 온도 [℃]

t_o : 실외온도 [℃]

A_c : 반자(ceiling)의 넓이 [m²]

A_r : 지붕의 넓이 [m²]

A_w : 반자 위 공간에 면하는 벽의 면적 [m²]

A_g : 반자 위 유리의 면적 [m²]

K_c : 표면 열전달율이 12.5W/(m² · K)일 때의 반자의 열관류율

K_r : 표면 열전단율가 12.5W/(m² · K)일 때의 지붕의 열관류율

K_w : 벽 표면의 열관류율 [W/(m² · K)]

K_g : 유리의 열관류율 [W/(m² · K)]

V_c : 단위 면적당 환기에 의해 반자로 들어오는 외부공기 유입비율 [%]

일반적으로 비공조공간이 외기와 접하는 면이 많을 때에는 비공조공간의 온도는 외기와 실내온도와 합에 대한 1/2 정도로 한다.

4) 창 유리를 통한 취득열량

냉방시에 외부에서 유리창을 통하여 실내로 들어오는 열량은 실내의 온도차에 의한 전도열과 일사에 의한 복사열량이 있으며 그림 3-3과 같이 분류되며 그림에서

q_1 : 복사열 중에서 직접 유리를 투과하여 침입하는 열량

q_2 : 복사열 중에서 유리에 흡수되어 유리온도를 높인 다음 일부는 외부로 방출되고 나머지는 대류와 복사의 형태로 실내에 침입하는 열량

q_3 : 유리면의 실내외 온도차에 의한 전도에 의하여 침입하는 열량

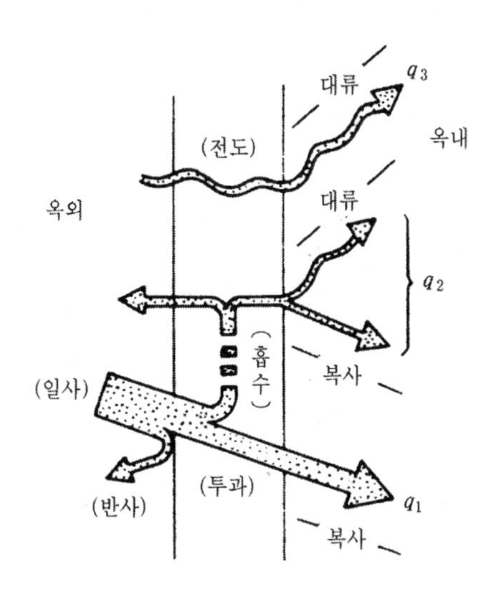

그림 3-3 유리창을 통한 열취득

그러므로 일사에 의한 취득열량은 투과량 q_1과 흡수열량중에서 실내로 복사 또는 대류되는 q_2와의 합이다. 따라서 유리를 통한 취득열량은 일사취득열량 $(q_1 + q_2)$와 전도에 의한 유리를 통한 관류열량 q_3과의 합이다.

여기에서 구분해야 할 사항은 유리를 통한 관류열량 q_3의 계산형식과 일사취득열량 $(q_1 + q_2)$의 계산 형식에는 차이가 난다. 따라서 부하계산용지에 의해 계산할 때에는 전자의 q_3는 벽체의 관류열량을 계산하는 방법과 같고 뒤에 설명하기로 한다. 한편 여기서 각종 유리의 일사에 대한 입사각에 따른 투과·반사·흡수율의 관계는 표 3-11과 같다.

표 3-11 각종 유리의 입사각에 따른 투과율 · 반사율 · 흡수율

입사각 [°]	보통투명 [3mm]			gray pane [5mm]			반사유리 [6mm]		
	투과율 τ[%]	반사율 γ[%]	흡수율 α[%]	투과율 τ[%]	반사율 γ[%]	흡수율 α[%]	투과율 τ[%]	반사율 γ[%]	흡수율 α[%]
0	87.69	7.83	4.48	58.91	5.89	35.21	60.00	30.00	10.00
10	87.69	7.80	4.52	58.75	5.84	35.41	60.52	29.76	9.72
20	87.54	7.86	4.60	58.20	5.87	35.93	61.50	29.20	9.30
30	87.10	8.18	4.73	57.17	6.12	36.71	61.99	28.43	9.59
40	86.23	8.81	4.96	55.59	6.49	37.92	61.80	27.30	10.90
50	83.84	10.87	5.29	52.90	7.98	39.12	60.80	26.70	12.50
60	78.05	16.08	5.87	48.09	11.84	40.07	59.20	28.00	12.80
70	65.61	28.09	6.30	38.81	19.93	41.26	55.00	32.50	12.50
80	41.50	52.00	6.50	20.77	43.64	35.59	46.00	44.03	9.97
90	0.0	100.00	0.0	0.0	100.00	0.0	0.0	100.00	0.0
천공복사	78.92	16.60	4.48	53.02	11.78	35.21	54.00	36.00	10.00

① 유리창을 통한 일사 취득열량 (q_1+q_2)

일반적으로 건물에 닿는 태양복사의 열량은 위도, 계절, 시각, 유리창의 방위에 따라서 다르며 유리를 통과하는 열량은 입사각, 유리의 종류, 차폐성에 의하여 달라진다. 이와 같은 일사에 의한 취득열량의 계산법은 여러가지 있으나 대표적인 몇 가지 방법을 제시한다.

㉮ 표준 일사취득법에 의한 취득열량

그림 3-3에서 보면 유리에 흡수된 열량 중에서 실내로 복사 또는 대류의 형식으로 전달되는 열량 q_2은 일사의 원인에 의한 것이므로 q_2와 투과열량 q_1을 합하여 일사취득열량으로 보는 방법이다. 위 방법은 계산법은 유리를 통해 실내로 들어온 열은 즉시 모두 냉방부하로 되는 것으로 가정한 것이다.

유리창에서의 일사취득열량을 여러가지 조건하에서 계산하여 수표를 작성하여 냉방부하 계산에 적용해야 하는데 준유리(두께 3mm)에 대한 표준 일사열 취득은 표 3-12 (a)와 같다. 한편 유리의 종류 또는 차폐의 상태에 따라 알맞은 차폐계수를 고려하여 다음과 같이 계산한다.

$$q_{GR}=SSG\times k_s\times A_g \quad \cdots\cdots (3\text{-}8)$$

여기서 q_{GR} : 유리면을 통한 태양복사열 부하 [W]

A_g : 유리창 면적 [m^2]

SSG : 유리창에서의 표준일사열 취득 [W/m^2] (표 3-12 (a) 참조)

k_s : 차폐계수(표 3-12 (b) 참조)

표 3-12 (a) 유리창에서의 표준일사열 취득 [W/m²]

계 절	방 위	시각 (태양시)															합계
		오 전								오 후							
		5	6	7	8	9	10	11	12	1	2	3	4	5	6	7	
여 름 철 (7월23일)	수평	1	67	243	441	602	732	816	844	816	732	602	441	243	67	1	6,648
	N·그늘	51	85	53	33	40	45	49	50	49	45	40	33	53	85	0	711
	NE	0	341	447	406	335	117	49	50	49	45	40	33	24	14	0	1,950
	E	0	374	554	573	506	363	159	50	49	45	40	33	24	14	0	2,784
	SE	0	174	323	399	412	363	255	120	49	45	40	33	24	14	0	2,251
	S	0	14	24	33	62	117	164	181	164	117	62	33	24	14	0	1,009
	SW	0	14	24	33	40	45	49	120	255	363	412	399	323	174	0	2,251
	W	0	14	24	33	40	45	49	50	159	363	506	573	554	374	0	2,784
	NW	0	14	24	33	40	45	49	50	49	117	277	406	447	341	0	1,892

(주) ① □의 값은 그 방위에서 1일의 최고값이며 축열계수법의 계산시에 사용한다.
② 축열계수법에 의하여 계산할 경우 「N·그늘」은 1일 평균치 51 [W/m²]를 이용한다.

표 3-12 (b) 차폐계수

유리창 (두께 mm)		내부 Blind 없음		밝은색 Blind		중간색 Blind	
		전차폐계수 k_S	복사차 폐계수 k_R	전차폐계수 k_S	복사차 폐계수 k_R	전차폐계수 k_S	복사차 폐계수 k_R
보통유리	(3)	1.00	0.99	0.53	0.27	0.64	0.25
	(5)	0.98	0.96	0.53	0.27	0.64	0.25
	(6)	0.97	0.95	0.53	0.26	0.64	0.25
	(8)	0.95	0.93	0.53	0.26	0.63	0.24
	(12)	0.92	0.90	0.53	0.25	0.62	0.24
흡열유리	(3)	0.86	0.79	0.53	0.25	0.61	0.23
	(5)	0.77	0.67	0.52	0.24	0.58	0.22
	(6)	0.73	0.63	0.51	0.23	0.56	0.22
	(8)	0.67	0.54	0.49	0.21	0.54	0.20
	(12	0.57	0.41	0.47	0.20	0.49	0.18
보통(3)+보통(3)		0.91	0.90	0.52	0.24	0.61	0.22
보통(5)+보통(5)		0.88	0.84	0.52	0.23	0.61	0.22
보통(6)+보통(6)		0.86	0.81	0.53	0.24	0.61	0.22
보통(8)+보통(8)		0.83	0.77	0.53	0.23	0.60	0.21
흡열(3)+보통(3)		0.74	0.69	0.45	0.20	0.52	0.18
흡열(5)+보통(5)		0.63	0.56	0.41	0.17	0.46	0.16
흡열(6)+보통(6)		0.58	0.50	0.39	0.17	0.44	0.15
흡열(8)+보통(8)		0.50	0.40	0.39	0.15	0.40	0.18

㉯ 축열계수(storage load factor)를 고려하는 경우의 취득열량

실제로는 그림 3-4와 같이 유리를 통해 투과된 일사량 Ⓐ는 실내의 바닥에 도달하여 열로 변하면 그 중에서 일부는 Ⓑ와 같이 공기중에 대류의 형식으로 전달되거나 또는 Ⓒ와 같이 바닥에 전도되어 Ⓔ와 같이 실내에 방열되고 또 일부는 Ⓓ의 형식으로 반사되어 벽면의 온도를 상승시킨다. 이때 Ⓑ와 같은 경우는 순간적으로 냉방부하가 되지만 Ⓒ와 같은 경우는 냉방부하가 지연된다.

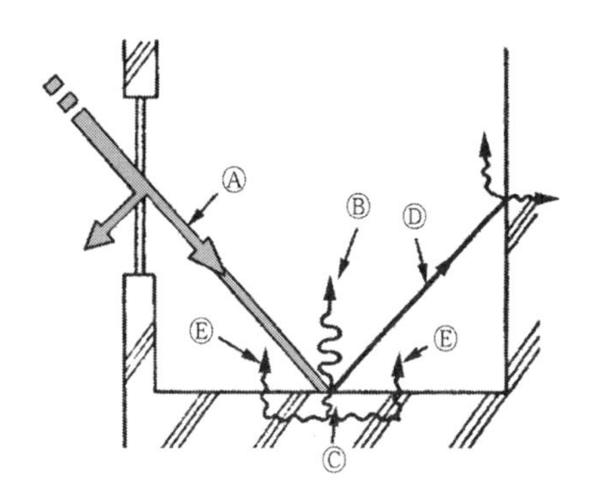

그림 3-4 축열계수를 고려한 태양복사열의 이동

이러한 부하는 유리창에서 침입하는 열 즉, 열취득이지만 실제적으로는 유리창을 통과한 복사성분열은 즉시 열부하로 되지 않고 일부는 건물에 축열되었다가 어떤 시간이 지난 다음에 열부하가 되기 때문에 이것을 다음과 같이 계산에 넣으면 정확한 부하를 얻을 수 있다. 축열을 고려하는 방법은 여러 가지가 있으나 가장 일반적으로 사용하는 축열계수법(storage load factor)을 이용하여 운전시간에 따른 축열계수는 표 3-13과 같다.

$$q_{GRS} = A_g \times S_{n\ \max} \times k_s \times S_G$$

여기서 q_{GRS} : 유리면을 통한 태양복사열 부하 [kcal/h]

$S_{n\ \max}$: 유리창에서의 표준일사량의 최대값 [kcal/m^2·h][표 3-12 (a) 참고]

S_G : 축열계수(표 3-13 참고)

다만 위 표에서 건물중량[kg/m^2 : 바닥면적]의 산출법은 다음에 따른다.

① 외벽 및 지붕이 있는 경우

$$\frac{(\text{외벽 및 지붕중량}) + \frac{1}{2}(\text{간막이, 바닥무게})}{\text{실의 바닥면적}}$$

② 외벽 및 지붕이 없는 경우

$$\frac{\frac{1}{2}(\text{간막이, 바닥, 천정의 무게})}{\text{실의 바닥면적}}$$

③ 최하층의 경우

$$\frac{(\text{외벽의 바닥무게})+\frac{1}{2}(\text{간막이, 천정부게})}{\text{실의 바닥면적}}$$

④ 건물 또는 구역 전체

$$\frac{\text{외벽, 간막이, 바닥, 천정, 구조체 등의 무게}}{\text{공조하는 부분의 바닥면적}}$$

⑤ 방바닥에 융단을 깔 때는 그 단열효과를 고려하여 바닥무게를 $\frac{1}{2}$로 한다.

표 3-13 투과일사량에 대한 축열계수 S_G

방위	건축구조 중량 [kg/m²]	내측에 블라인드 유												내측에 블라인드 무											
		시각												시각											
		6	7	8	9	10	11	12	13	14	15	16	17	6	7	8	9	10	11	12	13	14	15	16	17
NE	H 750	.59	.67	.62	.49	.33	.27	.25	.24	.22	.21	.20	.17	.34	.42	.47	.45	.42	.39	.36	.33	.30	.29	.26	.25
	M 500	.59	.68	.64	.52	.35	.29	.24	.23	.20	.19	.17	.15	.35	.45	.50	.49	.45	.42	.34	.30	.27	.26	.23	.20
	L 150	.62	.80	.75	.60	.37	.25	.19	.17	.15	.13	.12	.11	.40	.62	.69	.64	.48	.34	.27	.22	.18	.16	.14	.12
E	H 750	.51	.66	.71	.67	.57	.40	.29	.26	.25	.23	.21	.19	.36	.44	.50	.53	.53	.50	.44	.39	.36	.34	.30	.28
	M 500	.52	.67	.73	.70	.58	.40	.29	.26	.24	.21	.19	.16	.34	.44	.54	.58	.57	.51	.44	.39	.34	.31	.28	.24
	L 150	.53	.74	.82	.81	.65	.43	.25	.19	.16	.14	.11	.09	.36	.56	.71	.76	.70	.54	.39	.28	.23	.18	.15	.12
SE	H 750	.20	.42	.59	.70	.74	.71	.61	.48	.33	.30	.26	.24	.34	.37	.43	.50	.54	.58	.57	.55	.50	.45	.41	.37
	M 500	.18	.40	.57	.70	.75	.72	.63	.49	.34	.28	.25	.21	.29	.33	.41	.51	.58	.61	.61	.56	.49	.44	.37	.33
	L 150	.09	.35	.61	.78	.86	.82	.69	.50	.30	.20	.17	.13	.14	.27	.47	.64	.75	.79	.73	.61	.45	.32	.23	.18
S	H 750	.28	.25	.40	.53	.64	.72	.77	.77	.73	.67	.49	.31	.47	.43	.42	.46	.51	.56	.61	.65	.66	.65	.61	.54
	M 500	.26	.22	.38	.51	.64	.73	.79	.79	.77	.65	.51	.31	.44	.37	.39	.43	.50	.57	.64	.68	.70	.68	.63	.53
	L 150	.21	.29	.48	.67	.79	.88	.89	.83	.56	.50	.24	.16	.28	.19	.25	.38	.54	.68	.78	.84	.82	.76	.61	.42
SW	H 750	.31	.27	.27	.26	.25	.27	.50	.63	.72	.74	.69	.54	.51	.44	.40	.37	.34	.36	.41	.47	.54	.57	.60	.58
	M 500	.33	.28	.25	.23	.23	.35	.50	.64	.74	.77	.70	.55	.53	.44	.37	.35	.31	.33	.39	.46	.55	.62	.64	.60
	L 150	.29	.21	.18	.15	.14	.27	.50	.69	.82	.87	.79	.60	.48	.32	.25	.20	.17	.19	.39	.56	.70	.80	.79	.69
W	H 750	.63	.31	.28	.27	.25	.24	.22	.29	.46	.61	.71	.72	.56	.49	.44	.39	.36	.33	.31	.31	.35	.42	.49	.54
	M 500	.67	.33	.28	.26	.24	.22	.20	.28	.44	.61	.72	.73	.60	.52	.44	.39	.34	.31	.29	.28	.33	.43	.51	.57
	L 150	.77	.34	.25	.20	.17	.14	.13	.22	.44	.67	.82	.85	.77	.56	.38	.28	.22	.18	.16	.19	.33	.52	.69	.77
NW	H 750	.68	.28	.27	.25	.23	.22	.20	.19	.24	.41	.56	.67	.49	.44	.39	.36	.33	.30	.28	.26	.26	.30	.37	.44
	M 500	.71	.31	.27	.24	.22	.21	.19	.18	.23	.40	.58	.70	.54	.49	.41	.35	.31	.28	.25	.23	.24	.30	.39	.48
	L 150	.82	.33	.25	.20	.18	.15	.14	.13	.19	.41	.64	.80	.75	.53	.36	.28	.24	.19	.17	.15	.17	.30	.50	.66
N	H 750	.96	.96	.96	.96	.96	.96	.96	.96	.96	.96	.96	.96	.75	.75	.79	.83	.84	.86	.88	.88	.91	.92	.93	.93
	M 500	.98	.98	.98	.98	.98	.98	.98	.98	.98	.98	.98	.98	.81	.84	.86	.89	.91	.93	.93	.94	.94	.95	.95	.95
	L 150	← 1.00 →												← 1.00 →											

㈐ 일사흡열수정법에 의한 취득열량

유리창을 통해 실내로 들어온 일사열은 즉시 실내의 냉방부하가 되는 것이 아니고 실내에 있는 각종 물체 등에 흡수된 후 시간이 경과함에 따라 서서히 실내 부하로 나타난다. 따라서 부하 계산법도 이와 같은 시간지연을 고려하여 하는 법을 일사흡열 수정법이라고 한다. 이 방법은 식 (3-8)과 같이 구한 표준일사취득열량에 수정흡열수정량을 더하여 구한다. 즉, 이 방법에 의한 일사취득열량 q'_{GR}[W]는 다음 식으로 나타낸다.

$$q'_{GR} = q_{GR} + q_a \quad \cdots\cdots (3\text{-}9)$$

여기서 q_{GR} : 유리창의 표준 일사취득열량 [W] (식 3-8)

q_a : 유리창의 일사흡열 수정량 [W]

한편 수정흡열수정량 q_a는 다음 식으로 나타낸다.

$$q_a = A_g \cdot k_R \cdot AMF\,[\mathrm{W}] \quad \cdots\cdots (3\text{-}10)$$

여기서 A_g : 유리창의 면적 [m^2]

k_R : 유리의 복사 차폐계수 (표 3-12 (b))

AMF : 벽체의 일사흡열 수정계수[W/m^2] (표 3-14)

표 3-14 일사흡열수정계수 AMF [W/m^2] (하계냉방용 2.5%)

벽		시각 (지방시)																							
형	방위	0	1	2	3	4	5	6	7	8	9	10	11	12	13	14	15	16	17	18	19	20	21	22	23
I	H	2	1	0	0	0	0	-13	-42	-77	-83	-76	-63	-44	-21	2	26	47	65	85	84	60	27	12	6
	N	1	0	0	0	0	0	-20	-16	0	-1	-2	-2	-2	-1	0	1	2	3	-6	-10	30	14	6	2
	NE	0	0	0	0	0	0	-49	-78	-56	-2	38	51	28	13	6	5	3	5	6	9	13	6	2	1
	E	0	0	0	0	0	0	-49	-93	-85	-31	10	50	72	44	21	10	7	7	7	9	13	6	2	1
	SE	0	0	0	0	0	0	-22	-56	-66	-43	-17	9	36	51	34	16	9	19	7	9	13	6	2	1
	S	0	0	0	0	0	0	-6	-10	-9	-9	-19	-26	-22	-12	3	17	24	6	12	12	14	6	2	1
	SW	3	1	0	0	0	0	-6	-10	-9	-7	-6	-3	-7	-34	-50	-45	-27	-6	23	52	74	34	15	7
	W	6	2	1	0	0	0	-6	-10	-9	-7	-6	-3	-2	-5	-45	-71	-63	-44	-9	42	133	59	27	12
	NW	5	2	1	0	0	0	-6	-10	-9	-7	-6	-3	-2	-1	-1	-27	-55	-57	-33	12	114	51	23	10
II	H	3	1	1	0	0	0	-22	-71	-130	-141	-128	-106	-77	-35	3	43	79	110	144	143	102	45	21	9
	N	2	1	0	0	0	0	-34	-27	-1	-2	-5	-5	-3	-1	0	2	5	6	10	19	51	23	10	5
	NE	1	0	0	0	0	0	-84	-134	-97	-5	66	87	47	21	10	7	7	8	10	15	21	9	5	2
	E	1	0	0	0	0	0	-84	-159	-144	-52	17	84	122	76	35	17	12	10	12	15	21	9	5	2
	SE	1	0	0	0	0	0	-37	-94	-113	-73	-30	16	62	86	58	28	16	13	13	16	21	9	5	2
	S	1	0	0	0	0	0	-10	-17	-15	-15	-31	-43	-38	-20	6	29	41	31	21	20	23	10	5	2
	SW	5	2	1	0	0	0	-10	-17	-15	-12	-9	-6	-13	-57	-85	-77	-45	-9	40	90	127	57	26	12
	W	9	5	2	1	0	0	-10	-17	-15	-12	-9	-6	-5	-8	-78	-121	-106	-76	16	71	226	101	45	21
	NW	8	3	1	1	0	0	-10	-17	-15	-12	-9	-6	-5	-2	-1	-45	-93	-97	56	20	193	87	40	17

벽		시각 (지방시)																							
형	방위	0	1	2	3	4	5	6	7	8	9	10	11	12	13	14	15	16	17	18	19	20	21	22	23
	H	15	10	7	5	3	2	-8	-31	-64	-78	-80	-74	-63	-42	-20	5	29	51	76	85	73	50	34	23
	N	5	2	2	1	1	1	-14	-15	-5	-3	-5	-3	-24	-2	-1	0	2	2	-3	-8	20	14	9	6
	NE	2	1	1	1	0	0	-36	-65	-59	-23	14	34	27	17	12	9	8	8	8	10	13	9	6	3
	E	2	2	1	1	0	0	-36	-77	-83	-50	-16	22	51	43	29	21	16	13	12	13	15	10	7	5
Ⅲ	SE	3	2	1	1	0	0	-15	-44	-59	-50	-33	-9	17	37	34	23	17	14	13	13	15	10	7	5
	S	3	2	1	1	1	0	-5	-8	-9	-9	-17	-23	-24	-17	-6	8	17	17	14	14	16	10	7	5
	SW	13	8	6	5	2	2	-3	-8	-8	-8	-7	-6	-8	-28	-44	-47	-36	-19	6	35	60	41	28	19
	W	19	13	9	6	5	3	-2	-7	-8	-8	-7	-6	-5	-6	-36	-60	-63	-55	-29	14	93	63	42	28
	NW	15	10	7	5	3	2	-3	-7	-8	-8	-7	-6	-5	-3	-2	-21	-45	-53	-42	-8	73	50	34	22
	H	24	16	10	7	5	3	-14	-52	-104	-127	-131	-122	-101	-67	-33	8	48	84	122	137	119	79	53	36
	N	7	5	3	2	1	1	-23	-24	-8	-7	-7	-6	-6	-3	-2	0	2	5	-6	-14	33	22	15	9
	NE	5	2	1	1	1	0	-58	-105	-97	-37	22	56	43	29	20	15	13	12	13	16	21	14	9	6
	E	5	3	2	1	1	0	-58	-124	-135	-81	-27	36	84	71	48	34	26	21	19	20	23	16	10	7
Ⅳ	SE	5	3	2	1	1	0	-26	-72	-97	-81	-52	-14	29	60	55	38	28	22	20	21	24	16	10	7
	S	5	3	2	1	1	1	-7	-14	-14	-15	-28	-38	-40	-28	-8	13	28	28	23	23	26	17	12	8
	SW	202	14	9	6	5	2	-6	-13	-14	-13	-12	-9	-13	-45	-72	-74	-58	-31	9	57	99	66	44	30
	W	30	21	14	9	6	5	-5	-12	-14	-13	-12	-9	-7	-9	-58	-99	-102	-88	-47	23	152	101	69	45
	NW	24	16	10	7	5	3	-5	-13	-14	-13	-12	-9	-7	-5	-3	-34	-74	-88	-67	-14	120	80	53	36
	H	41	27	17	12	8	5	-23	-88	177	216	223	208	-173	-117	-56	13	80	143	208	234	201	135	90	60
	N	12	7	5	3	2	1	-40	-41	14	12	12	10	-9	-6	-3	0	5	8	-10	-24	56	37	26	16
	NE	7	5	3	2	1	1	-99	-176	165	65	38	95	73	49	34	24	21	21	22	27	35	23	16	10
	E	8	5	3	2	1	1	-100	-213	230	140	45	62	143	121	81	57	43	35	31	34	40	27	17	12
Ⅴ	SE	8	6	3	2	1	1	-43	-123	166	138	91	24	49	104	92	64	48	38	34	35	41	27	19	12
	S	8	6	3	2	1	1	-12	-23	24	27	48	66	-66	-48	-15	22	49	48	40	35	43	29	20	13
	SW	34	22	15	10	7	5	-9	-22	23	19	20	16	-22	-77	-122	-128	-99	-53	16	97	167	113	76	50
	W	51	35	23	15	10	7	-8	-21	23	19	19	15	-13	-16	-99	-170	-176	-151	-80	40	259	173	116	80
	NW	41	27	19	12	8	6	-9	-21	23	19	20	16	-13	-8	-7	-58	-127	-150	-115	-24	205	137	92	62
	H	35	30	26	22	19	16	8	-12	-41	-59	-71	-76	-74	-64	-49	-29	-7	16	43	50	64	55	47	42
	N	7	6	5	5	3	3	-8	-10	-6	-5	-5	-6	-5	-5	-3	-2	-1	0	-3	-7	11	10	9	8
	NE	8	7	6	5	5	3	-22	-49	-52	-34	-8	10	12	10	8	8	8	8	9	12	14	11	10	9
	E	10	9	8	7	6	5	-21	-56	-70	-57	-36	-8	19	23	20	17	16	16	15	16	19	16	14	11
Ⅵ	SE	9	8	7	6	6	5	-7	-30	-47	-48	-41	-26	-5	13	17	15	15	14	14	15	17	15	13	11
	S	8	7	6	5	5	3	0	-3	-6	-7	-14	-21	-23	-21	-14	-3	6	8	9	11	14	11	10	9
	SW	19	16	14	12	10	9	5	0	-2	-3	-5	-5	-7	-21	-36	-43	-41	-31	-14	10	35	30	26	22
	W	26	22	19	16	14	12	7	2	0	-2	-2	-2	-3	-5	-27	-49	-58	-58	-45	-15	47	40	35	29
	NW	19	16	14	12	10	8	5	0	-2	-3	-5	-5	-3	-3	-3	-16	-36	-48	-45	-26	35	30	26	22
	H	60	52	45	38	33	28	13	-21	-69	-102	-122	-130	-127	-110	-85	-51	-13	28	74	-104	110	95	83	71
	N	11	9	8	7	6	6	-13	-17	-9	-9	-9	-9	-9	-8	-6	-3	-1	1	-6	-13	21	17	15	13
	NE	13	11	9	8	7	6	-38	-82	-91	-58	-14	19	20	16	15	14	14	15	16	20	24	21	19	15
	E	17	15	13	11	9	8	-37	-95	-120	-96	-63	-14	33	40	34	30	29	28	27	29	33	28	24	21
Ⅶ	SE	16	14	13	10	9	8	-13	-51	-80	-81	-68	-44	-9	22	30	27	26	24	24	27	30	27	22	20
	S	14	11	9	8	7	6	0	-7	-9	-13	-24	-34	-41	-36	-23	-6	9	15	16	20	24	21	19	15
	SW	33	29	24	21	19	15	8	0	-3	-6	-7	-7	-12	-37	-63	-74	-70	-53	-23	16	59	51	44	38
	W	44	38	33	28	24	21	13	3	-1	-3	-5	-6	-6	-8	-45	-84	-100	-100	-77	-26	73	69	59	51
	NW	33	28	24	21	19	15	8	0	-3	-6	-7	-7	-7	-6	-6	-28	-63	-83	-77	-43	59	51	44	38
	H	91	78	67	58	50	43	20	-30	-104	-154	-184	-198	-192	-166	-128	-77	-19	43	112	159	166	143	123	106
	N	17	15	13	10	9	8	-20	-27	-14	-13	-26	-14	-13	-12	-9	-6	-2	1	-9	-20	31	27	20	20
	NE	20	17	15	13	12	9	-57	-126	-136	-87	-21	28	30	26	23	22	22	22	24	29	36	31	27	23
	E	27	23	20	17	15	13	-56	-144	-181	-147	-94	-21	50	59	52	47	43	41	41	43	49	42	36	31
Ⅷ	SE	26	22	19	16	14	12	-19	-78	-122	-123	-105	-66	-14	35	45	41	38	37	37	41	45	40	34	29
	S	20	17	15	13	12	9	0	-10	-15	-19	-36	-53	-60	-55	-35	-9	14	22	24	29	37	31	27	23
	SW	50	43	37	31	27	23	12	0	-6	-9	-10	-10	-17	-56	-95	-112	-105	-81	-36	26	91	78	67	58
	W	66	57	49	42	36	31	19	6	-1	-5	-7	-7	-8	-12	-69	-127	-105	-151	-116	-38	121	104	90	77
	NW	50	43	36	31	27	23	12	0	-6	-9	-10	-10	-10	-9	-8	-43	-94	-124	-116	-65	90	77	66	57

보통콘크리트 두께 [mm]	경량콘크리트 두께 [mm]	단층벽	내측단열재 · 합판, 외측타일 글라스 울			외측단열재 · 몰탈, 내측플라스터 발포 폴리에틸렌		
			25mm	50mm	100mm	25mm	50mm	100mm
- 20	- 20	Ⅰ	Ⅱ	Ⅲ	Ⅳ	Ⅲ	Ⅳ	Ⅴ
20 - 70	20 - 60	Ⅱ	Ⅲ	Ⅳ	Ⅴ	Ⅳ	Ⅴ	Ⅵ
70 - 110	60 - 80	Ⅲ	Ⅳ	Ⅴ	Ⅵ	Ⅴ	Ⅵ	Ⅶ
110 - 160	80 - 150	Ⅳ	Ⅴ	Ⅵ	Ⅶ	Ⅵ	Ⅶ	Ⅷ
160 - 230	150 - 210	Ⅴ	Ⅵ	Ⅶ	Ⅷ	Ⅶ	Ⅷ	Ⅷ
230 - 300	210 - 280	Ⅵ	Ⅶ	Ⅷ	Ⅷ	Ⅷ	Ⅷ	Ⅷ
300 - 380	280 - 360	Ⅶ	Ⅷ	Ⅷ	Ⅷ	Ⅷ	Ⅷ	Ⅷ
380 -	360 -	Ⅷ	Ⅷ	Ⅷ	Ⅷ	Ⅷ	Ⅷ	Ⅷ

② 유리면을 통한 전도열량 (q_3)

실내외 온도차에 의하여 유리를 통해 열전도의 형식으로 전해지는 열량이며 온도차로서는 계절과 시각에 따라 외기온도와 실내온도차를 이용하며 다음 식을 이용하여 계산한다.

$$q_G = K \times A_g \times \Delta t \quad \cdots\cdots (3\text{-}11)$$

여기서 q_G : 유리면을 통한 전도열량 [W]

K : 유리의 열관류율(표 3-15 참조)

Δt : 실내・외 온도차 [℃]

표 3-15 유리의 열관류율 [W/(m²・K)]

종류		열관류율	종류		열관류율
일중유리(여름)		5.93(1)	흡열유리	블루 페어 3~6 mm	6.62(2)
일중유리(겨울)		6.40(2)		그레이페어 3~6 mm	6.62(2)
이중유리	공기층 6mm	3.49		그레이페어 8 mm	6.28(2)
	공기층 13mm	3.14		서모 페어 12 mm	3.49(2)
	공기층 20mm 이상	3.02			
	유리블록(평균)	3.14			

(주) (1) 평균풍속 : 3.5m/s (2) 평균풍속 : 7m/s

(5) 실내에서의 취득열량

실내의 발열에는 조명기구에 의한 것, 인체에 의한 것, 기타의 장치・기구에 의한 것이 있다. 어느 것이든 냉방부하로 된다. 엄밀하게는 실내 발열부하의 현열부분에는 방사성분이 있어서 발열후 즉시에 실냉방부하로 되지는 않지만 본서에서는 이 시간적 지연은 무시하고 취급한다.

① 인체로부터의 취득열량

사람의 체표면이나 호흡으로 복사, 대류, 혹은 수분의 증발로 열량이 발생하는데 실내에 거주하는 재실자로부터의 발생열량은 표 3-16에 나타낸다. 사람으로부터의 발생열량은 실내온도와 작업상태에 따라서 현열량과 잠열량이 다르다. 즉, 실내온도가 낮으면 현열의 발생량이 증가하고 힘든 작업의 경우는 잠열의 발생량이 증가한다. 사람으로부터 발생하는 현열량과 잠열량은 N명이 있는 경우를 보면 현열량[W/인]과 잠열량의 형태로 나타내며 실내취득열로서 냉방부하가 되고 다음 식으로 계산한다.

표 3-16 인체에서의 발생열량 [W/인]

작업상태	예	전발열량 [W/인]	하 기[*2]									중 간 기									동 기[*2]								
			착의량 clo	22℃		24℃		26℃		28℃		착의량 clo	20℃		22℃		24℃		26℃		착의량 clo	18℃		20℃		22℃		24℃	
				SH	LH	SH	LH	SH	LH	SH	LH		SH	LH	SH	LH	SH	LH	SH	LH		SH	LH	SH	LH	SH	LH	SH	LH
정 좌	극 장	98	0.6	77[*1]	23	73	24	64	34	51	47	0.8	79[*1]	22	74	23	69	28	57	40	1.0	83[*1]	22	76	22	73	24	63	35
경 작 업	학 교	116	0.6	88	28	80	36	67	49	55	62	0.8	90	27	84	31	72	43	60	55	1.0	91	26	87	28	77	40	66	50
사무소안의 가벼운보행	사 무 소 호 텔 백 화 점	121	0.6	92	29	81	40	69	53	55	66	0.8	93	28	85	36	73	48	62	59	1.0	94	28	88	33	78	43	67	55
서는 동작 앉는 동작 걷는 동작	은 행	139	0.6	98	42	85	55	71	67	58	81	0.8	100	40	88	51	77	63	64	74	1.0	102	37	91	49	80	59	70	70
앉는 동작	레스토랑	146	0.6	105	41	92	55	79	67	65	81	0.8	107	40	95	50	84	63	72	74	1.0	108	38	99	48	88	58	77	69
착석 작업	공 장 의 경 작 업	208	0.6	116	92	101	106	86	121	71	137	0.8	117	91	103	103	91	117	77	130	1.0	117	90	106	101	94	114	81	126
보통 댄스	댄 스 홀	230	0.6	130	99	115	115	98	133	80	150	0.8	130	100	115	114	101	129	86	144	1.0	129	101	116	114	103	127	90	141
보 행 (4.8km/h)	공 장 의 중 작 업	277	0.6	145	131	127	149	108	169	88	187	0.8	143	133	128	149	112	165	94	183	1.0	142	134	128	149	114	163	99	178
볼 링	볼 링 장	400	0.4	176	224	151	249	126	274	101	299	0.6	167	233	148	253	127	273	106	294	0.8	163	237	144	256	127	273	109	292

(주) 1) 현열・잠열 방열량 비율은 Gagge의 Towo-Nade Model의 문헌을 이용하여 정상상태의 값을 계산하여 구하였으며 인체의 체표면적은 $1.71m^2$로 하였다.
2) 작업상태 : 앉아서 작업(레스토랑)의 음식물로부터 발열은 현열・잠열 각각 9W/인을 포함하고 있다.
3) 환경조건 : 상대습도 50%, 기류속도 0.2m/s

*1 : 본값은 증기에 의해 생산된 열의 증가를 고려한 경우임

*2 : 하절기 clo 값 0.8을 채택한 경우 중간기 값을 채택하여도 좋음

SH : 현열, LH : 잠열

표 3-17은 바닥면적만 알고 재실인원수를 모를 경우에 적용한다.

$$q_{HS} = N \cdot H_S$$

$$q_{HL} = N \cdot H_L$$

여기서 N : 재실인원수 [인] (표 3-17 참조)
H_S, H_L : 인체발생 현열량, 잠열량 [W/인] (표 3-16 참조)

표 3-17 재실인원 1인당의 바닥면적 [m^2/인]

구 분	사무소 건축		백화점, 상점			레스토랑	극 장, 영화관의 관 람 석	학 교 의 일반교실	미술관 전시실
	사무실	회의실	평 균	혼 잡	한 산				
일 반	4~7	2~5	3~5	0.5~2	4~8	1~2	0.4~0.6	1.3~1.6	3~5
설계값	5	2	3.0	1.0	5.0	1.5	0.5	1.4	

② 기구의 취득열량

㉮ 조명기구

실내조명용 기구는 전기에너지가 빛을 내고 열에너지로 변화하여 냉방부하가 되며 최근 사무실 건물의 조도는 점점 높아져서 조명열이 실내부하에서 차지하는 비율이 점점 높아지고 있다. 조명기구에 의한 냉방부하는 설계시 적용된 용량에 따라 산정하며 용량이 명확하지 않을 때는 표 3-18을 이용하여 개략값을 산출한다. 따라서 조명기구에서의 취득열량 q_E [W]는 다음 식으로 계산된다.

첫째, 백열등인 경우

$$q_E = (1-a)W \cdot f \quad \cdots\cdots (3\text{-}12)$$

둘째, 형광등인 경우

$$q_E = (1-a)W \cdot f \times 1.2$$

여기서 W: 조명기구의 소비전력 [W]
f : 조명기구의 사용률
1.2 : 형광등일 경우 안정기에 의한 발열분 20% 가산
a : 흡입 트롭퍼(trogger)의 열제거율

표 3-18 조도와 실의 단위면적당 소비전력 [W/m²]

건물의 종류		조 도 [lx]		조명전력 [W/m²]	
		일 반	고 급	일 반	고 급
사 무 소	사 무 실	400~500	700~800	20~30	50~55
	은행영업실	750~850	1,000~1,500	60~70	70~100
극장 등의 관람석로비	관객석	100~150	150~200	10~15	15~20
	로 비	150~200	200~250	10~15	20~25
상 점	점포내	500~600	800~1,000	30~40	55~70
백화점과 슈퍼마켓	1층, 지하실	800~1,200		80~100	
	2층 이상	600~1,000		60~80	
학 교	교 실	150~200	250~350	10~15	25~35
병 원	객 실	100~150	150~200	8~12	15~20
	진료실	300~400	700~1,000	25~35	50~70
호 텔	객 실	80~150	80~150	15~30	15~30
	로 비	100~200	100~200	20~40	20~40
공 장	작업장	150~250	300~450	10~20	25~40
주 택	거 실	200~250	250~350	15~30	25~35

(주) 소비전력은 호텔은 백열등, 기타는 형광등 기준임

흡입 트롭퍼 등이 없을 때는 $a=0$으로 계산하고 있을 경우는 $a=0.15\sim0.25$ 정도이다. 흡입 트롭퍼에 의한 제거열량은 실내부하로 되지는 않지만 장치부하로 되는 일에 주의할 필요가 있다. 그러나 위의 두 식은 조명기구의 소비전력량을 정확히 알고 있을 때 부하계산이 가능하지만 모를 때는 다음 식을 사용한다.

백열등인 경우

$$q_E=(1-a)W\cdot f\times A \quad \cdots\cdots (3\text{-}13)$$

형광등인 경우

$$q_E=(1-a)W\cdot f\times A\times 1.2 \quad \cdots\cdots (3\text{-}14)$$

여기서 W: 단위면적당 조명기구의 소비전력 [W/m²] (표 3-18 참조)

A : 실의 면적 [m²]

㉯ 전동기기

실내에서 운전되는 동력기기에서 발생하는 열량은 전동기모터와 그에 따라 구동되는 기기의 설치상태에 따라 표 3-20과 같이 분류되며 전동기와 이것으로 구동되는 기계가 모두 실내에 잇는 경우 발열량 q_{Em}[kW]은 현열량으로 다음 식으로 나타낸다.

$$q_{Em} = P \cdot \phi_1 \cdot \phi_2 / \eta_m \quad \cdots\cdots (3\text{-}15)$$

여기서 P : 전동기의 정격출력 [kW]

ϕ_1 : 전동기의 부하율(=0.85~0.95)

ϕ_2 : 전동기의 사용률

η_m : 전동기의 효율(표 3-18 참조)

표 3-19 전동기의 효율

kW	0~0.4	0.75~3.7	5.5~15	20 이상
η_m	0.60	0.80	0.85	0.90

표 3-20 전동기에 의한 발생열량

구 분	예	발생열량 q_ε
(1) 전동기와 이것으로 구동되는 기계가 모두 실내에 있는 경우	소형냉장고, 선풍기, 일반공장 내의 기계	$\frac{\phi_1 \cdot \phi_2 \cdot P}{\eta_m}$
(2) 전동기는 실외에 있고, 실내의 기계를 구동할 때	실외전동기로 카운트 샤프트를 통하여 구동시키는 기계	$\phi_1 \cdot \phi_2 \cdot P$
(3) 위와 같은 경우 전동기가 설치되어 있는 실내		$\phi_1 \cdot \phi_2 \cdot P\{(1/\eta_m) - 1\}$

㉰ 실내기구

실내에 설치되는 전기, 가스 등을 사용하는 기구류에 의한 취득열량으로 커피포트, TV, 컴퓨터, 사무실에서의 복사기 및 OA기기 등으로부터의 발생열원에 대한 조사를 하여 냉방부하에 가산한다. 실내기기로부터의 발생열은 표 3-21에 나타낸다.

표 3-21 실내기구에서의 발생열

(a) 기구에서의 발생열

기구의 종류	용량 및 크기 W×L×H [mm]	열원용량	부하열량 [W]			
			후드 없음			후드 있음
			현 열	잠 열	합 계	현 열
(전기기구)		[W]				
음료용 탕비기	12l	2,000	744	250	994	291
음료용 탕비기	20l	3,000	1,128	366	1,494	465
토 스 터	4매용 폽압	2,540	651	576	1,227	384
헤어드라이어	블로워형	1,580	675	116	781	
헤어드라이어	헬 멧 형	705	547	99	645	
파머먼트웨이브	25W 히터×60개	1,500	250	47	297	
기구소독기		1,100	192	349	541	
(가스기구)		[W]				
음료용 탕비기	12l×300 φ	2,930	1,023	442	1,465	291
음료용 탕비기	20l×350 φ	4,384	1,535	657	2,192	422
오븐레인지	350×525×375	8,792	2,198	2,198	4,396	878
분 젠 버 너	11 φ	884	488	122	611	

(비고) ① 요리용 기구의 부하는 열원용량에 대하여 사용률 0.5를 곱한다.
② 적절한 후드가 있으면 현열부하만을 계산한다.

(b) OA기기에서의 발생열

기 기		발열량(현열) [W]
종 류	내 용	
퍼스널컴퓨터	16비트, 플로피디스크 장치(8인치×2) 디스플레이, 프린터 포함	547
오피스컴퓨터	자기디스크 파일용량 66M 바이트, 디스플레이, 프린터 포함 자기디스크 파일용량 90M 바이트, 디스플레이(4대), 프린터(2대) 포함	1,251 2,267
워크스테이션	디스플레이, 프린터	326
워드프로세서	플로피디스크 베이스(8인치×2), 디스플레이, 프린터 포함	640
팩 시 밀 리		361
광디스크장치		781
복 사 기	소 형 (탁 상 용) 중형(바닥설치용)	1,163 2,198

6) 침입외기에 의한 취득열량

㉮ 침입외기의 양

출입문의 개폐 또는 창문새시의 틈새를 통해 실내로 유입되는 바람을 틈새바람(infiltration air)이라고 한다. 그러나 냉방의 경우에는 실내외의 온도차가 난방시보다 적고 건물외부의 바람이 심하지 않으므로 틈새바람의 영향이 겨울철의 난방의 경우보다 심각하지 않으며 또한 최근의 건축물은 밀폐창으로 시공되어 기밀성이 좋은 경우가 많아 외기침입에 대한 부하계산을 생략하기도 한다.

그러나 실내외의 온도차가 크고 창문의 틈새가 많은 구조의 새시라든가 개폐창의 경우에는 외기침입에 대한 고려를 하여 동절기의 침입외기에 의한 손실열량을 기준하여 부하계산을 할 필요가 있다. 그러나 비교적 실규모가 적은 경우 외기에 면해있는 출입구가 있으면 출입문의 개폐에 의한 외기의 침입이 부하에 영향을 미치므로 표 3-22의 값을 적용하여 계산한다.

표 3-22 문의 개폐에 의한 침입외기량 Q_I

실 명	회전식 (지름 1.8m)	한쪽열기 (폭 0.9m)	실 명	회전식	한쪽열기
사 무 실	-	4.2	식 당	7.0	8.5
사 무 실	-	6.0	식 당(레스토랑)	3.4	4.2
백화점(소규모)	11.0	13.5	상 점(구두가게)	4.6	6.0
은 행	11.0	13.5	상 점(옷 가 게)	3.4	4.2
병 실	-	6.0	이 발 소	6.8	8.5
드럭스토어	9.5	12.0	담 배 가 게	34.0	50.0

(주) ① 침입외기량 Q_I [m³/h·인]는 실내인원 1인당 1시간당의 침입외기량이다.
② 한쪽열기에 전실이 있는 경우 회전식에 준한다.
③ 출입문에 3.5[m/s]의 바람이 수직으로 들어오는 경우이며 경사지에 닿는 경우에는 0.6배 한다.

㉯ 침입외기에 의한 취득열량

창이나 문틈으로의 침입외기는 냉방시 현열부하와 잠열부하의 원인이 되며 취득열량 q_I[W]은 다음식을 이용하여 계산한다.

$$q_I = q_{IS} + q_{IL}$$

$$q_{IS} = G_I(t_0 - t_i) = 1.2 \times Q_I(t_o - t_i) \quad \cdots\cdots (3\text{-}16)$$

$$q_{IL} = \gamma \cdot G_I(x_o - x_i) = 3,000 \times Q_I(x_o - x_i) \quad \cdots\cdots (3\text{-}17)$$

여기서 q_{IS} : 극간풍에 의한 현열 취득열량 [W]

q_{IL} : 극간풍에 의한 잠열 취득열량 [W]

G_I, Q_I : 극간풍량 [g/s, l/s]

t_o, t_i : 외기 및 실내공기 온도 [℃]

x_o, x_i : 외기 및 실내공기의 절대습도 [kg/kg] (DA)

γ : 0℃ 물의 증발잠열 ≒ 2,500 [kJ/kg] ≒ 2,500 [J/g]

건공기의 정압비열 ≒ 1.006 [kJ/(kg · K)] ≒ 1 [J/(g · K)]

예 제 3-4 극간풍에 의한 침입 외기량이 2,000 L/s 일 때, 현열 부하와 잠열 부하를 각각 구하시오. (단, 실내온도 25℃, 절대습도 0.0179 kg/kg′, 외기온도 32℃, 절대습도 0.0209 kg/kg′)

〔풀이〕 현열부하 $q_s = 1.2 \times Q \times 1.01 \times \Delta t$

$= 1.2 \times 2000 \times 1.01 \times (32 - 25)$

$\fallingdotseq 16,968$ W

잠열부하 $q_l = 2501 \times 1.2 \times Q \times \Delta x$

$= 2501 \times 1.2 \times 2000 \times (0.0209 - 0.0179)$

$\fallingdotseq 18,000$ W

7) 여유율〔실내 현열부하(RSH) 계산시〕

이상의 계산에서 나타내지 못한 부하 또는 예상 외의 부하에 대처하거나 장치의 용량에 여유를 주기 위하여 다소의 여유값을 계산하는 데 특별히 정해진 계산법은 없으므로 일반적으로 실내 현열부하를 합한 값의 몇 %(경험치로 함)를 가산한다. 가산량은 계산 이외의 부하가 예상되거나 항온항습장치와 같이 온도 유지가 요구되는 경우에는 5~10% 정도이다.

8) 기타 부하

실제적으로는 실내에서 발생하는 부하는 아니지만 이것에 준하는 것으로 실내부하에 포함시켜 취급하는 것이 편리한 다음과 같은 항목이 있다.

㉮ 급기덕트에서의 열취득

냉풍의 덕트가 냉방되지 않는 온도가 높은 곳을 통과하게 되면 덕트 외부로부터의 열침입이 있게 된다. 따라서 덕트내 풍속, 덕트 단면비 및 덕트 내·외 온도차에 따라 실내 현열부하의 1~3%를 가산한다. 또한 그림 3-5는 실내 현열부하에 대한 급기덕트의 열취득(%)을 보여준다.

㉯ 급기덕트의 누설손실

일반적으로 덕트는 양의 차이는 있지만 누설이 발생하게 되며 덕트접합상태에 따라 공기의 누설량이 큰 차이가 난다. 공조하고자 하는 공간 밖에서의 누설은 현열과 잠열의 손실을 초래하므로 누설된 만큼의 실내부하에 준하는 열량을 감안하여 공급해 주어야 한다.

누설량은 덕트의 길이, 형상, 시공성, 공기의 압력 등에 따라서 달라지므로 정확하게 산출할 수가 없지만 일반적으로 송풍량의 5~10% 정도를 가산한다. 그러나 누설량 중에서 열손실로서 계산하는 것은 공조하지 않은 공간을 통과하는 부분의 경우이며 공조하고자 하는 공간에서의 누설은 제외되어야 한다. 또한 패키지형 공조기를 사용하는 경우와 같이 덕트의 길이가 짧거나 덕트가 설치되지 않을 때에는 덕트에서의 누설손실은 계산하지 않는다.

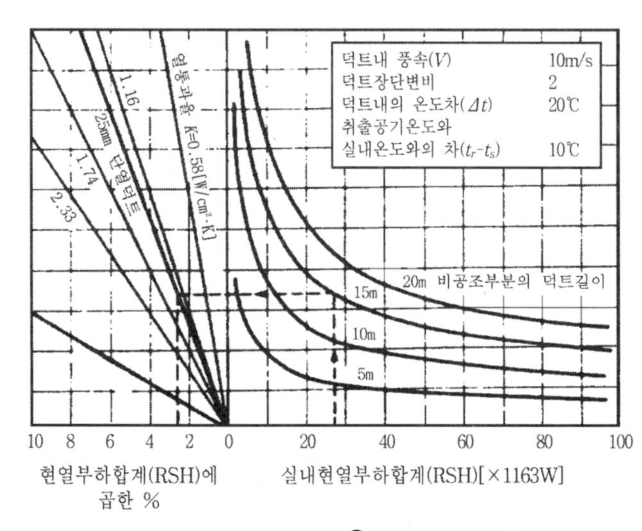

V, Δt의 값이 그림과 다른 경우의 보정치

Δt \ V	5	10	15	20
15	0.86	0.75	0.62	0.53
20	1.14	1.00	0.82	0.71
25	2.43	1.25	1.03	0.80
30	1.71	1.50	1.23	1.00

그림 3-5 급기덕트의 열취득

㉰ 송풍기 동력

송풍기에 의해 공급공기를 가압할 때에 주어지는 에너지의 일부는 열로 변하여 급기온도를 상승시키므로 현열부하로 가산하여야 한다. 그러나 송풍기가 냉각코일 상류측에 설치가 되었다면 송풍기의 발생열은 냉각코일의 부하로 되며 실내의 현열부하로 되지 않는다. 송풍기에서 발생하는 현열도 실내 현열부하에 대한 비율(%)로 표 3-23의 값을 적용한다.

표 3-23 송풍기에 의한 열부하(실내 현열에 대한 %)

송풍기전압 [Pa]	실온과 급기온도와의 차 [℃]					
	5	7.5	10	12.5	15	17.5
150	1.5	1.1	0.8	0.7	0.6	0.5
200	2.3	1.6	1.2	0.9	0.8	0.7
250	3.0	2.0	1.5	1.2	1.0	0.9
300	3.9	2.7	2.0	1.5	1.3	1.2
400	5.1	3.7	2.7	2.2	1.8	1.5
500	6.7	4.7	3.5	2.8	2.3	2.0
750	11.0	7.7	5.8	4.6	3.9	3.3
1,000	16.7	11.5	8.5	6.9	5.5	4.8
1,250	20.5	14.0	10.4	8.6	7.2	6.2
1,500	27.0	19.0	13.6	11.0	9.0	7.8
2,000	-	28.0	21.2	17.2	14.2	12.3

(주) ① 중앙의 장치로서 송풍기 전압효율 70%의 경우
② 송풍기용 모터가 공조공간 또는 케이싱 안에 설치되지 않은 경우

㉣ 기타 부하의 합계

송풍계통의 부하는 덕트에서의 열취득, 덕트의 누설손실, 송풍기 동력 등 각각의 비율을 구하여 가산하면 되지만 일반적인 공조부하계산에서는 전술한 부하들을 합계하여 개략적으로 계산하며 이에 대한 비율은 다음과 같다.

① 일반덕트의 경우 : 실내현열 합계의 10%
② 고속덕트 등 송풍기 정압이 높은 경우 : 실내현열 합계의 15%
③ 급기덕트가 없거나 짧은 경우 : 실내현열 합계의 5%

9) 실내잠열부하

㉮ 틈새바람

앞에서 침입외기에 의한 취득열량중 잠열부하용의 계산식은 다음과 같다.

$$q_{IL} = r_o \cdot G_x (x_o - x_i) = 3,000 \times Q_I (x_o - x_i)$$

여기서 절대습도차는 계산적용시간에 있어서의 외기상태와 실내상태와의 절대습도의 차를 말한다.

㉯ 인체

표 3-15에 인체에서의 발열량 중에서 잠열을 사람의 숫자에 곱하여 산출한다.

㉰ 기구 기타

상기 이외에 실내기구에서 발생하는 잠열을 표 3-20 (a)를 이용하여 가산하며 공장 등에서는 공정간에서의 수분발생 등을 가산한다.

㉱ 투습에 의한 잠열부하(투습부하)

실내벽면에서의 수분의 발생현상은 실내와 외부의 수증기 분압차에 의하여 수분이 유입하거나 유출하는 투습과 실내온습도의 변화에 따라서 실내공기에 면한 소재가 수분을 흡수하거나 방출하는 것을 말한다. 이와 같은 투습에 의한 잠열부하는 실내의 습도가 매우 낮은 실험실과 투습저항이 적은 벽 등의 특수한 실내의 경우 이외에는 계산할 필요가 없다.

계산이 필요한 경우에는 다음의 방법에 의한다. 건축 구조체의 내부의 양측의 공기에 수증기 분압이 다를 경우 수증기는 고수증기분압 측에서 저수증기 분압측으로 투습한다. 정상상태에서의 통과수분량은 식 (3-18)과 같다.

$$W_{TU} = K_v \Delta f \quad \cdots\cdots (3\text{-}18)$$

여기서 W_{TU} : 단위면적당 통과수분량 [g/(m^2 · s)]

K_v : 습기통과율 [g/(m^2 · s · Pa)]

Δf : 양측 공기의 수증기 분압차 [Pa]

통과 수분에 의한 부하는 식 (3-19)에서 구한다.

$$HL_n = rW_{TU}A_w = 2500\,W_{TU}A_w \quad \cdots\cdots (3\text{-}19)$$

여기서 HL_n : 통과수분에 의한 잠열부하 [W]

r : 물의 증발잠열(=2500) [J/g]

A_w : 벽면적 [m^2]

다층벽의 습기통과율은 열통과율과 같은 식으로 구한다.

$$\frac{1}{K_v} = \frac{1}{K_{v1}} + \frac{1}{K_{v2}} + \cdots + \frac{1}{K_{vn}} \quad \cdots\cdots (3\text{-}20)$$

여기서 K_v : 습기통과율 [g/(m^2 · s · Pa)]

K_{vn} : 각층의 투습계수 [g/(m^2 · s · Pa)]

공기층의 투습계수는 표 3-24에 의하며 각종 재료의 투습계수는 표 3-25에 나타낸다. 또한 μg(=10^{-6}g)의 단위이므로 주의하여야 한다. 이 값은 재료의 양면에서 공기와 수증기가 포함된 기구로서 재료 내부에서 이동하는 단순한 것이 아니므로 재료의 두께와 양면의 수증기분압차는 반드시 비례하는 것은 아니다.

◆ 표 3-24 공기층이 투습계수

기 밀 공 기 층		투습계수 [μg/(m^2·s·Pa)]
온도 [℃]	두께 [mm]	
0	10	16
10~20	10	17~19
0	20 이상	7.8
10~20	20 이상	8.6~9.4

◆ 표 3-25 각종 재료의 투습계수

재 료	적 요	두께 [mm]	투습계수 [μg/(m^2·s·Pa)]
알루미늄판		-	0.010~0.012
폴리에틸렌	2mm	0.05	0.007 9~0.009 2
경 질 고 무		1	0.000 025
폴리스틸렌		1	0.000 063
	삼성20kg	0.7	0.45
	70lb/500ft^2	-	0.056~0.32
	삼성22kg		0.006 9
흑색건축용 종이		-	0.006 3
플라스터		12.7	1.4~1.5
플라스터	팔라스터보드하지	9.5	0.57
팔라스터	보통페인트2회도장	19.0	0.085~0.12
도 료 막	에나멜2회도장	-	0.025~0.048
도 료 막	비닐계2회도장	-	0.17~0.19
도 료 막	염화고무계	-	0.35~0.13
도 료 막		-	0.83~0.17
베니아판	Douglas Fir	12.7	0.15~0.19
베니아판	보통품	3.0	2.6
베니아판	내수성	6.0	1.3
목 재		12.7	0.11
목 재		12.7	0.10
목 재		6.0	1.2~1.5
목 재		6.0	1.3~1.6
석면슬레이트		6.0	0.71
석고보드		9.5	2.9
플라스터보드			
목섬유판		9.6	4.1~4.4
목섬유판		25.4	1.0
석 면	200kg/m^3	25~50	2.8~5.4
콘크리트	1:2:4	100	0.046
몰 탈	1:2	10	0.33
공동콘크리트블록	경량	200	0.038
적 벽 돌		100	0.046
타 일 벽		100	0.006

㉮ 여유율[실내잠열부하(RLH)계산시]

계산하기 어려운 수분발생이나 예상외의 부하에 대처하거나 준공초기의 건물구체에서의 수분을 고려하여 일반적으로 5% 정도의 여유율을 가산한다. 또한 항온항습 장치에서는 장치의 습도조절 능력에 여유를 주기 위하여 10~15%로 한다.

㉯ 기타 부하

실내 발생부하는 아니지만 급기덕트의 누설손실분을 기타 부하로서 5% 정도 가산한다. 급기덕트가 짧거나 공조공간에서의 누설이면 이러한 손실은 계산하지 않는다.

10) 실내부하

(실내현열부하)+(실내잠열부하)=실내전열부하(room total heat : RTH)

(실내현열부하소계)+(여유율)+(기타부하)=실내현열부하(room sensible heat : RSH)

(실내잠열부하소계)+(여유율)+(기타부하)=실내잠열부하(room latent heat : RLH)

11) 외기부하

보건(쾌감) 공조에서는 실내에는 항상 신선한 외기의 공급이 필요하다. 덕트에 의한 공조시스템에서는 실내로부터의 환기와 외기를 혼합하여 필터와 냉각코일을 통과하여 냉풍을 만들며 공기조화된 공기를 실내로 송풍한다. 일반적으로 도입외기의 양은 전체풍량의 20~30% 정도이다. 도입된 외기는 산소를 공급하여 인체에서의 냄새 등을 제거하고 담배연기나 호흡 및 여러 가지의 원인 등에 의해 오염된 공기를 도입된 외기의 양만큼 배출시켜서 공기의 청정도를 높이게 되며 이것을 환기라고 한다.

실내공기의 청정도를 일정수준으로 갖기 위하여 돌아오는 공기와 더불어 외기를 받아들여 실내로 송풍한다. 이때의 필요외기량은 표 3-26에서 보는 바와 같고 실내에 있는 사람 수를 알면 1인당 필요외기량에서 구할 수 있다. 그러나 사람 수를 알 수 없을 때는 단위바닥면적당의 필요외기량에서 계산으로 구할 수 있다. 도입된 외기의 온도나 습도는 실내공기와 차이가 있다. 따라서 온도 차이에 의한 현열부하와 습도차이에 의한 잠열부하가 되며 이 두 가지를 합하여 외기부하라 한다. 외기부하의 계산식은 극간풍에 의한 부하 계산식과 같으며 다음과 같이 계산된다.

$$q_F = q_{FS} + q_{FL} = G_F(h_o - h_i) \quad \cdots\cdots \quad (3\text{-}21)$$

$$q_{FS}\,[\mathrm{W}] = G_F(t_o - t_i)$$
$$= 1.2 \times Q_F(t_o - t_i) \quad \cdots\cdots (3\text{-}22)$$

$$q_{FL}\,[\mathrm{W}] = 2,500 \times G_F(x_o - x_i)$$
$$= 3,000 \times Q_F(x_o - x_i) \quad \cdots\cdots (3\text{-}23)$$

여기서 q_{FS}, q_{FL} : 외기부하에 의한 현열량 및 잠열량 [W]

G_F, Q_F : 외기량 [g/s, l/s]

h_o, h_i : 외기 및 실내공기의 엔탈피 [J/g]

t_o, t_i : 외기 및 실내공기의 건구온도 [℃]

x_o, x_i : 외기 및 실내공기의 절대습도 [g/g']

0℃에서 물의 증발잠열 ≒ 2,500 [J/g]

표 3-26 외기의 표준량(흡연을 고려한 경우 : 미국)

장 소	흡 연 자	1인당 외기량 [m³/h]	
		적 당 량	최 저 량
백화점	없 음	13 [3.6]	8.5 [2.4]
병원(수술실)	〃	-	36(바닥면적m²당 [10]
병 원(병 실)	〃	34 [9.4]	25 [6.9]
극 장	〃	13 [3.6]	8.5 [2.4]
사무실(개인실)	〃	42 [11.7]	25 [6.9]
사무실(개인실)	많 음	51 [14.2]	42 [11.7]
사무실(일반실)	약 간	25 [6.9]	17 [4.7]
식 당	〃	25 [6.9]	20 [5.6]
이발소	〃	25 [6.9]	17 [4.7]
은 행	〃	17 [4.7]	13 [3.6]
아파트	〃	34 [9.4]	25 [6.9]
호 텔	많 음	51 [14.2]	42 [11.7]
바	〃	51 [14.2]	42 [11.7]

(주) [ ]안에 값은 [l/s]로 나타낸 것으로 소수 두 자리에서 반올림한 것이다.

외기량을 체적단위로 할 때는 공기의 밀도 ρ [1.2 g/l]를 곱하여 3,000[J/l]을 적용한다. 표 3-27은 재실인원당 필요외기량과 바닥면적당 필요외기량을 나타낸다.

표 3-27 필요외기량

건물 종류	끽연 정도	실내사람 1인당 [m³/h·인]		단위바닥면적당 [m³/m²·h]	
		권장값	최소값	권장값	최소값
사무소 일반	다소 있음	25.5 [7.1]	17 [4.7]	6 [1.7]	4 [1.1]
사무소 개실	없 음	42 [11.7]	25.5 [7.1]	6 [1.7]	3 [0.8]
집회실·회의실	매우 많음	85 [23.6]	51 [14.2]	30 [8.3]	20 [5.6]
호 텔	많 음	51 [14.2]	42 [11.7]	-	-
상점 · 백화점	없 음	13 [3.6]	8.5 [2.4]	10 [2.8]	6 [1.7]

(주) [ ]안에 값은 [l/s·인]과 [l/m²·s]로 나타낸 것으로 소수 두 자리에서 반올림한 것이다.

12) 냉방부하(단독실인 경우)

단독실인 경우 냉방부하는 이상에서 계산한 실내부하와 외기부하와의 합계를 말한다. 다만 이 냉방부하는 어디까지나 계산적용시간에 있어서의 것이며 실내부하는 최대라 하더라도 냉방부하는 최대가 아닌 경우도 있다. 예를 들면 여름철 아닌 계절에 계산하거나 같은 여름철이라 하더라도 낮시간이 아닌 경우에는 냉방부하가 최대가 되는 시간으로 바꿔서 계산하고 이것을 이 방에 대한 공조기의 부하로 한다.(다만 이 방에 대한 송풍량은 실내부하의 최대시간에 얻어진 송풍량을 기준으로 한다.)

열원부하로서는 패키지형 공조기는 그대로 선정해도 좋으나 냉수 또는 냉매를 멀리 반송해 오는 공조기인 경우 냉동기의 부하는 냉수배관 또는 냉매배관에서의 침입열, 냉수순환펌프의 동력열 등 약 5% 정도의 손실을 더한다. 더욱이 실내상대습도를 유지하기 위하여 냉각코일을 통과한 공기를 재열기에서 가열하면서 보내는 경우에는 가열량 만큼 실내현열부하에 가산하고 냉동기부하도 증가시킨다. 이러한 경우는 재열기에서 가열한 만큼 냉각기에서 더 냉각해야 하므로 냉방부하에 포함된다. 이때 재열부하 q_R[W]은 다음 식으로 계산한다.

$$q_R = G(t_2 - t_1) = 1.2Q(t_2 - t_1) \quad \cdots\cdots (3\text{-}24)$$

여기서 G, Q: 송풍 공기량 [g/s, l/s]

t_2, t_1 : 재열기 출구, 입구의 공기온도 [℃]

13) 송풍온도와 송풍량

여러 가지 요인에 대한 부하계산을 끝내면 어떤 상태의 공기로 온·습도를 조정하여 송풍량을 어느 정도로 하여야 하는가 또는 공조기 전체로서는 어느 정도의 용량이 되어야 하는가를 계산해야 한다.

㉮ 현열비 및 상태선(SHF선)

현열비(sensible heat factor : SHF)는 다음 식으로 구하며 송풍공기의 상태를 정하는 지표로 한다.

$$현열비\ (SHF) = \frac{실내\ 현열부하(RSH)}{실내\ 전열부하(RTH)} = \frac{RSH}{RSH + RLH} \cdots\cdots (3\text{-}25)$$

부하계산 결과 윗식에 의해 현열비가 얻어지면 희망하는 실내 온·습도를 유지하기 위하여 어떤 상태의 공기를 보내야 할 것인가를 공기선도상에서 구할 수 있다. 즉, 공기선도에 제시되어 있는 현열비의 눈금과 그것에 대응하는 기준점이 선도상에 ⊕표로 나타나 있으므로 현열비의 값을 선도의 눈금으로 하여 기준점과 연결하면 하나의 경사가 결정되고 또 선도상에서 설계 실내 온·습도의 상태를 나타내는 점을 지나면서 이 경사선과 평행한 선을 긋는다. 이 선을 상태선(SHF선)이라고 하며 이 선상에 있는 점은 모두 실내에서의 송풍상태를 나타내고 또 실내에서의 송풍공기 상태점은 모두 이 선상에 있다.

실내부하에는 냉각코일을 통과하여 실내에 이르는 도중에서 생기는 부하도 포함되어 있으므로 여기서 말하는 송풍상태란 코일 출구상태를 의미하며, 실내에서의 토출상태는 송풍기, 급기덕트에서의 건구온도 상승분(약 1~1.5℃)만큼 변화한다. 그리고 상태선이 포화곡선과 교차하는 점을 실내의 장치노점온도라 한다.(그림 3-6 참조)

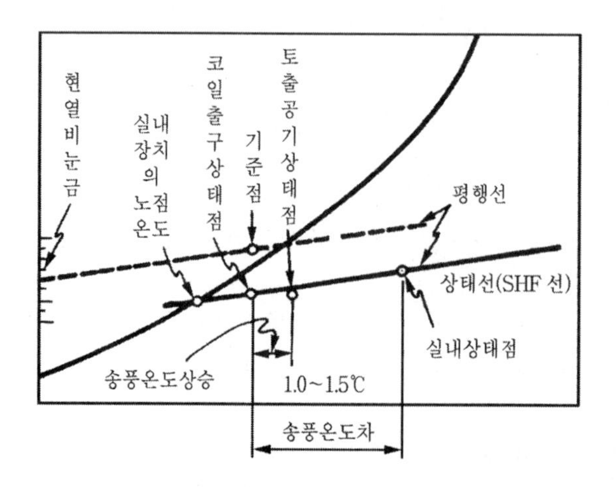

그림 3-6 상태선(SHF선)

㉯ 송풍온도

상태선(SHF선)상에서 코일 출구공기 상태(송풍상태)점을 결정해야 하는데 일반적인 냉방의 경우에는 다음 2가지 조건에 의하여 결정한다.

ⓘ 적당한 송풍온도차

송풍온도차를 적게 하면 풍량이 많아지고 온도차가 크면 풍량이 적어지지만 토출구에서의 온도차가 과대해지면 재실자들에게 드래프트를 느끼게 하거나 실내 온도분포를 나쁘게 한다. 실제는 토출구의 설치높이 또는 형식에 따라 허용 최대 토출온도차가 달라지지만 일반적으로 10℃ 정도가 적당하다. 여기서 송풍온도차는 토출온도차에 송풍온도 상승분 1~1.5℃를 더한 것을 말한다.

ⓘⓘ 냉각코일 출구공기의 상대습도

냉각코일 출구공기의 상대습도는 일반적으로 85~95% 범위에 있으며 상태선상의 점도 이 범위 내에 있는 것이 좋다. 위의 조건 ①, ②는 일반적인 경우이고 특수한 경우에는 각각의 대응방법을 적용한다. 예를 들면 토출온도차를 적게 하고 싶을 때에는 냉각코일 통과공기와 환기를 혼합하여 송풍하거나 상태선의 경사가 너무 클 때에는 냉각코일의 재열을 고려해야 한다.

㉰ 송풍량

코일 출구공기 상태점이 결정되면 그 온도로서 다음 식에 의해 송풍량 G[g/s] 및 Q[l/s]를 계산한다.

$$G = \frac{\mathrm{RSH}}{(t_i - t_c)}$$

$$Q = \frac{\mathrm{RSH}}{1.2\,(t_i - t_c)} \quad \cdots\cdots (3\text{-}26)$$

여기서 RSH : 실내 최대 현열부하 [W]

t_i : 실내온도 [℃]

t_c : 냉각코일 출구공기의 건구온도 [℃]

14) 장치부하(다실의 경우)

단독실인 경우의 냉방부하는 그대로 공조기 부하가 되지만 다수실이 하나의 송풍계통으로 되는 경우에는 각 실의 냉방부하의 합계가 그대로 공조기 또는 공조장치의 부하로 되지 않는다. 이것은 그 송풍계통(공조계통)의 부하가 최대로 되는 시각과 각 실의 시각이 반드시 일치하지 않으며 각 실의 현열비에서 얻을 수 있는 송풍상태점이 조금씩 달라지기 때문이다. 따라서 다수실을 하나의 공조계통으로 구성하는 경우에는 그 장치부하를 별도로 다음 방법에 의하여 계산한다.

㉮ 각 실의 부하계산은 실내 전열부하만을 계산하고 외기부하는 계산하지 않으며 대신 각 실별 현열비를 계산한다. 이 현열비는 조금씩 다르므로 그 중에서 이 계통용으로 하나를 선정하며 일반적으로 안전하게 가장 낮은 것을 채용한다.

그러나 각 현열비 중에는 다른 것과 동떨어지게 낮은 것이 있을 수 있으므로 그런 것은 제외시키는 것이 좋다. 그래서 그 방에 대해서는 분기덕트 내에서 재열하고 그 열량을 실내 현열부하에 가산하여 현열비를 높게 해서 다른 것과 균형을 이루도록 한다.

㉯ 선정된 현열비에 의하여 선도상에 그은 상태선(SHF선)을 참고로 하여 적당한 송풍온도차를 결정하고 장치로서의 냉각코일 출구공기의 온도와 습도를 구한다.

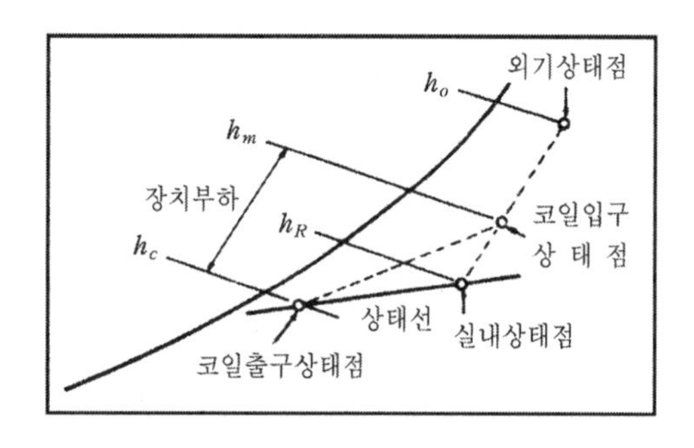

그림 3-7 장치부하

㉰ 식 (3-26)의 송풍량 계산식에 의하여 각 실별 송풍량을 산출하고 이것을 합계하여 이 계통의 송풍량으로 한다. 또한 계통에서 필요한 도입외기량을 정하여 송풍량을 외기량과 환기량으로 구분한다.

㉱ 장치부하가 최대가 된다고 예상되는 월과 시각을 정한다. 대개의 경우 도입외기의 부하가 최대가 되는 여름철 오후 1~3시로 하지만 각 실의 최대부하가 다른 월이나 시각에 집중되어 있는 경우에는 주의를 요한다.

㉲ 마지막으로 공조장치(냉각코일, 공기세정기)에 걸리는 냉각감습의 부하 즉, 장치부하를 계산한다. 외기와 환기의 배울과 온습도상태를 알게 되면 그 혼합공기의 상태를 그림 3-7과 같은 공기선도를 이용하거나 별도 계산에 의하여 구한다. 이 때 환기덕트에서의 손

실은 무시하고 환기는 공조실내와 동일한 온습도상태라고 한다. 혼합공기는 냉각코일의 입구공기가 되므로 코일을 통과하는 공기의 입구와 출구의 엔탈피(전열량)의 차에서 장치부하 q_m[W]은 다음 식과 같이 계산한다.

$$q_m = 1.2 \times Q \times (h_m - h_c) \quad \cdots\cdots (3\text{-}27)$$

여기서 1.2 : 표준공기의 밀도 [g/l]
h_m : 냉각코일 입구측 공기(외기와 환기의 혼합공기)의 엔탈피 [J/g(DA)]
h_c : 냉각코일 출구측 공기의 엔탈피 [J/g(DA)]

또 냉각코일 입구측 공기의 엔탈피 h_m을 구하는 식은 다음과 같다.

$$h_m = \frac{(Q_0 \times h_0) + (Q_R \times h_R)}{Q} \quad \cdots\cdots (3\text{-}28)$$

여기서 Q_0, Q_R : 외기량 및 환기량 [l/s]
i_0, i_R : 외기 및 환기의 엔탈피 [J/g(DA)]
Q : 송풍량 $(= Q_0 + Q_R)$ [l/s]

그리고 이 계통에서의 열원부하(여기서는 냉동기 부하)는 이 장치부하에 냉수배관의 열취득, 펌프 동력열 등 약 3~5%를 가산한 것이다. 냉각코일 또는 냉수를 분무하는 공기세정기(air washer)를 통과하는 공기가 튜브(tube) 표면 또는 분무수와 충분히 접촉하여 100% 열교환을 하게 되면 포화상태가 된다. 이 온도를 코일의 장치노점온도(apparatus dew point : ADP)라고 한다.

그러나 실제는 그림 3-8과 같이 코일을 통하여 나오는 공기는 코일 입구상태와 장치노점온도 사이의 어떤 상태로 되어 나온다. 그리고 그 상태는 그림과 같이 코일의 바이패스 팩터(bypass factor : BF)에 의하여 선도상에서 구할 수 있다. 냉각코일의 BF는 코일의 형식 또는 통과풍속에 따라서 결정되며 일반적인 값은 다음과 같다.

① 플레이트 핀 코일 3열, 에어로 핀 코일 80-4 열 : 0.2
② 플레이트 핀 코일 4열, 에어로 핀 코일 80-6열 : 0.1
③ 플레이트 핀 코일 6열, 공기세정기 : 0.05

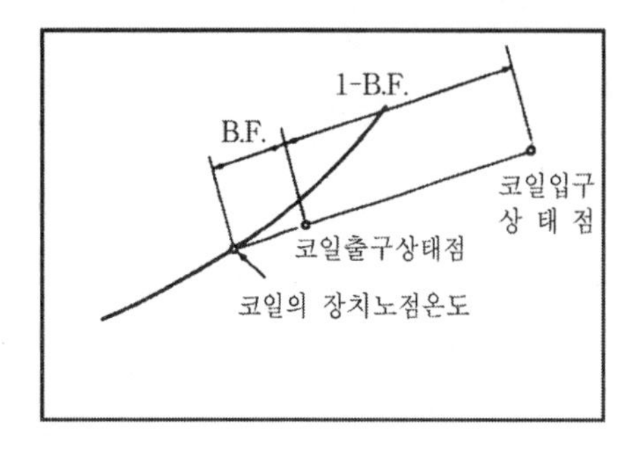

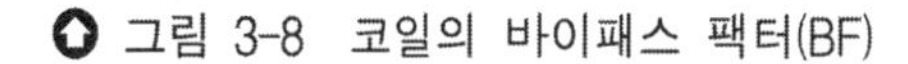
그림 3-8 코일의 바이패스 팩터(BF)

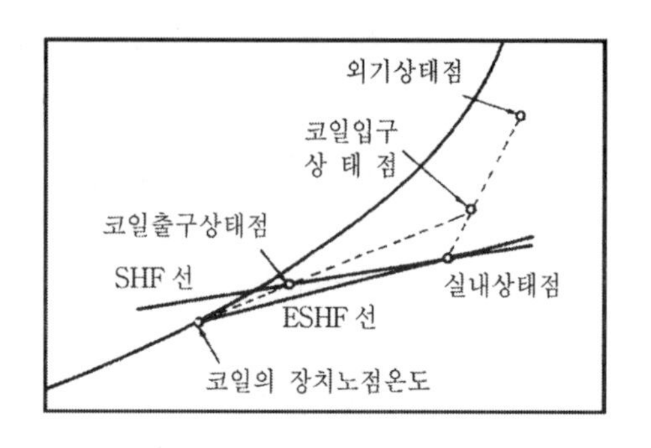

그림 3-9 ESHF선

공조기의 냉각코일을 통과하는 공기에는 몇 %인가의 도입외기가 포함되어 있지만 이 외기 중에서 코일의 튜브 표면에 접촉하지 않고 외기상태인 채로 실내에 들어오는 양(외기량×BF)을 틈새바람과 같은 계산식에 의하여 실내 현열부하와 실내 잠열부하에 각각 가산하여 거기서 얻어진 것을 유효 실내 현열부하(effective room sensible heat : ERSH), 유효 실내 잠열부하(effective room latent heat : ERLH) 및 유효현열비(effective sensible heat factor : ESHF)라고 한다.

그림 3-6에서 현열비(SHF)선을 그은 것과 같은 방법으로 유효 실내 현열부하(ESHF)선을 그어 이 선이 포화선과 교차되는 점을 코일의 장치노점온도라고 한다. 그리고 송풍량 Q [l/s]는 다음 식으로 구할 수 있다.

$$Q = \frac{ERSH}{1.2\times(t_i \times t_{ADP})\times(1-\mathrm{B.F})} \quad \cdots\cdots (3\text{-}29)$$

여기서 t_i : 실내온도 [℃]

t_{ADP} : 코일의 장치노점온도 [℃]

식 (3-29)에서 얻어진 송풍량은 그림 3-6의 SHF 선상에서 정한 코일 출구공기의 상태점을 ESHF에서 구한 장치노점온도와 같은 냉각코일을 사용한다고 가정하면 식 (3-26)에서 얻어진 송풍량과 같다.(그림 3-9의 점선 참조)

3-3 난방부하

(1) 개 요

겨울철의 한냉·건조한 기후로 인해 냉각된 실내공기를 쾌적한 상태로 유지하기 위해 열원기기에서 가열된 증기 또는 온수 등의 열매를 직접 실내의 방열장치에 공급하여 난방하는 직접난방과 또는 열원기기에서 가열된 증기 또는 온수 등의 열매를 공기조화기, 배관, 덕트를 통하여 실내로 공급하는 간접난방 방식으로 이루어진다.

직접 난방방식은 간접난방방식에 비해 설비가 간단하고 유지관리가 용이하지만 공기조화에서 요구하는 실내공기의 온도, 습도, 기류속도, 청정도의 유지가 곤란하다. 겨울철의 열부하인 난방부하는 공조(또는 직접난방) 장치속의 보일러, 공기가열기(또는 방열기) 등 기기 용량을 결정하는 기초가 된다.

또한 공급하는 방식에 따라 난로나 화로 등과 같이 실내에서 직접 불을 사용하는 방식을 개별난방이라 하며 보일러, 온풍로 등을 기계실에 설치하고 여기에서 발생되는 증기, 온수, 온풍 등을 실내로 공급하는 것을 중앙난방이라 한다. 중앙난방방식을 분류하면 증기난방, 온수난방, 온풍난방, 복사난방이 있다. 난방설비의 분류를 그림 3-10에 나타낸다.

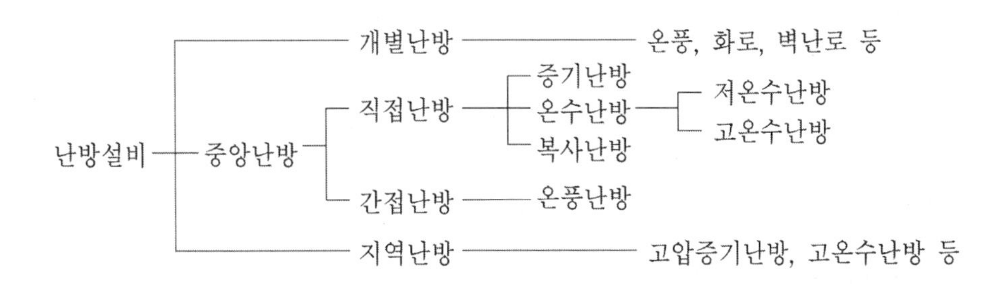

그림 3-10 난방설비의 분류

이러한 난방설비의 난방부하를 계산하는 방법은 설계용 외기온도조건이 냉방부하 계산시보다 낮다는 점, 난방기간 동안 최악의 조건을 만족시킨다는 의도에서 일시부하와 내부발열이 제외된다는 점, 구조체의 축열효과가 무시된다는 점을 제외하고는 냉방부하 계산방법과 기본적으로 동일하다.

(2) 난방부하의 종류

난방부하에도 냉방부하와 같이 현열부하와 잠열부하가 있으며 냉방부하의 발생요인 보다는 아주 간단하게 취급된다. 난방부하는 냉방부하에서 고려한 일사(日射)의 영향이나 조명기구를 포함한 실내기구, 재실(在室) 인원 등으로부터의 발생열량은 난방부하를 경감시키는 안전측의 요인들이며 일반적인 경우에는 부하계산에 포함시키지 않는다. 따라서 냉방부하의 경우와 같이 시각별로 부하를 계산하지 않아도 된다.

그러나 현대 고층 건물에 같이 유리창이 많아서 일사를 많이 받는 쪽이라든가 조명기구, 기타의 발열기구(發熱器具)가 많은 경우 재실인원이 많은 경우 등에는 이를 감안하지 않으면 난방장치의 용량이 과대하게 된다. 특히 대형건물에서는 외주부(外周部)를 난방할 때 내부(內部) 또는 일사를 받는 외주부를 냉방해야 할 경우 등이 있다. 표 3-28은 난방부하의 요소와 부하의 내용을 나타낸다.

표 3-28 난방부하의 요소

난방부하의 요소	난방부하의 내용	비 고
전도에 의한 열손실 (Transmission loss)	지붕, 외벽, 유리창, 바닥, 인접공간을 통하여 열관류에 의해서 손실되는 열량	실의 손실열량 (현열)
침입외기에 의한 난방손실 (Infiltration load)	창문의 틈새나 출입문, 구조체를 통한 침입외기를 실내공기 상태로 가열 및 가습하는데 소요되는 열량	실의 손실열량 (현열+잠열)
외기부하 (Ventilation load)	실내공기의 환기를 위해서 도입되는 외기를 실내공기 상태로 가열 및 가습하는데 소요되는 열량	공조기부하 (현열+잠열)

(3) 난방부하의 계산순서

난방부하 계산에는 최대부하를 주는 조건에서 다음의 순서로 계산한다.

① 외기온도, 풍향, 풍속 등 설계 외기조건을 확인하고 각 존 및 실별 실내온도 조건을 선정한다.

② 설계 외기조건에 따른 주차장, 다락 등 인접비 난방공간의 온도를 산정한다.

③ 외벽, 유리창 등 외기에 면한 구조체와 내벽, 슬라브, 천장 등 비난방 공간과 인접한 구조체의 열관류율을 계산한다.

④ 열손실 계산을 위해 외벽, 유리창 등 외기에 면한 구조체와 내벽, 슬라브, 천장 등 비난

방 공간과 인접한 구조체의 내측 면적을 산출한다.

⑤ 열 관류율과 면적, 온도차를 곱하여 구조체별 전도에 의한 열손실을 계산한다.

⑥ 지하실 및 지면에 접하는 바닥을 통한 열손실을 계산한다.

⑦ 창문의 틈새나 출입문, 구조체를 통한 침입외기에 의한 부하를 계산한다. 주로 크랙의 형태, 폭, 외기풍속, 실내외 온도차에 따라 달라진다.

⑧ 공조기를 통한 외기도입이 있을 경우 침입외기에 의한 부하를 산정하는 방법과 동일하게 계산하며 공간의 배기 유무에 따라 침입외기량을 조절하여 산정한다.

⑨ 전도에 의한 열손실, 침입외기 및 외기도입부하를 합산하여 난방부하를 산정한다.

또한 주거용 건물이 일반 상업용 건물과 난방부하 계산시 다른 점은 다음과 같다.

① 주거용 건물은 일반적으로 24시간 난방이 실시되며 규모상 단일 존이 보편적이다.

② 주거용 건물은 인체, 조명 등 내부발열 요소보다는 구조체를 통한 열손실, 침입외기, 환기에 의한 영향이 크다.

③ 주거용 건물은 외기조건에 의한 영향이 크므로 설계외기조건보다 양호한 대부분의 난방기간 동안 부분부하 상태로 운전될 가능성이 있으므로 적정 용량의 산정이 매우 중요하다.

④ 공동주택은 벽체가 모두 외기에 접하지 않는다는 점 이외에는 단독주택과 부하특성이 유사하다.

(4) 난방부하의 설계

1) 외기 설계조건

난방장치의 용량을 가장 극심한 기상조건하에서 발생하는 최대난방부하에도 충분히 대응할 수 있도록 선정한다면 이론적으로는 합당할지 모르나 매우 비경제적인 난방 시스템이 될 것이다. 극심한 기후조건은 매년 반복되어 발생하는 것이 아니기 때문에 과도한 장치용량은 시스템의 운전기간중 대부분 정지상태로 남아 있게 되고 이로 인해서 시스템 전체의 경제성도 그만큼 낮아지게 된다.

대부분의 경우 매우 짧은 기간동안 발생하는 기상조건의 극치에 대해서 난방장치의 용량이 부족하여 실내온도가 설계치보다 약간 낮아지더라도 난방목적상 크게 심각한 문제는 야기되지 않는다. 다만, 산업공조나 특별한 조건이 요구되는 난방시스템에 있어서는 이러한 최저 외기온도 설계조건으로 고려하여야 하는 경우도 있으므로 주의하여야 한다. 따라서 설계 외기온도의 선정시 설계자는 건물 구조체의 열용량, 내부발열 부하의 양과 계산반영

여부, 난방기간 등을 고려하여야 한다.

일반적으로 건물이 경구조이고 단열이 되어 있지 않으며 유리창 면적이 보통의 경우보다 많을 때 또는 하루중의 가장 추운 시간대에 사람이 거주하는 건물의 경우에는 외기 설계온도로서 년간 최저 외기온도의 중간 값(median of extremes)을 채택하는 것이 바람직하다. 중간구조로서 내부 부하가 약간 있고 주간에 사용하는 건물에서는 TAC 99% 값을 외기설계온도로 사용하는 것이 타당하며 중구조이고 유리창 면적이 적은 건물에서는 TAC 97.5% 값을 사용하는 것이 좋다.

우리나라에서는 에너지 합리적인 이용기준에 의하면 난방설계용 외기온도 조건은 겨울철(12, 1, 2, 3월)의 전 난방기간에 대한 위험율 2.5%를 기준으로 한 건구온도와 상대습도를 사용하며 건물의 종류와 지역에 따라 다르게 결정되는데 지역별 외기조건은 표 1-13 (a), (b)를 적용한다.

2) 실내 설계조건

설계 실내온도의 결정은 건물의 용도, 재실특성, 법정기준 등을 고려하여야 하며 국내의 경우 건축법, 공중위생 보건법, 고시(에너지의 합리적 이용기준, 각종 에너지절약 설계기준) 등을 나타나 있다. 정확한 실내조건이 요구되지 않는 경우에는 유효온도(ET) 범위 내에서 가능한 한 온습도 조건을 완화하여 건구온도 18℃, 상대습도 40%를 기준으로 하도록 권장하고 있다.

그러나 실제 설계에 있어서는 사무실에 대하여 건구온도 22℃, 상대습도 40%를 적용하며 기타 실에 대하여는 사용목적에 따라서 다르므로 표 3-29은 실내온도를 기준으로 한다. 난방시에는 실내에서의 바닥, 천정, 외벽, 유리창 등의 내면온도가 낮아서 인체의 온감을 낮추는 경우가 있기 때문에 이때에는 실온을 약간 높여야 하고 반대로 복사난방인 경우에는 실온을 다소 낮게 할 수가 있다.

실내온도는 일반적으로 벽체(직접난방인 때에는 방열기가 설치되어 있는 반대측 벽체)에서 1m 떨어지고 바닥 위에서 1.5m 높이(바닥 복사난방일 때에는 0.75m 높이)의 호흡선에서 측정한다. 방안의 높이에 따라서 실온의 온도 분포는 일정하지 않으며 호흡선보다 천정의 온도는 높아지는데 이것은 난방방식이나 천장의 높이, 방의 구조 및 온도차 등에 따라 다르므로 주의하여야 한다. 천장 높이에 따른 실내온도는 표 3-30을 이용한다.

표 3-29 실내 온·습도조건

종 류	건구온도 [℃]	상대습도 [%]	유효 온도	종 류	건구온도 [℃]	상대습도 [%]	유효 온도
주택, 아파트의 거실	22	50	19.5	학교의 교실	18	50	16.5
주택, 아파트의 침실	18	50	16.5	학교의 강당	16	50	15
주택, 아파트의 현관홀	18	50	16.5	학교의 교원실	20	50	18
주택, 아파트의 복도, 계단	18	50	16.5	공장의 앉은 작업	18	50	16.5
호텔의 거실	22	60	20.0	공장의 경작업	16	35	14
호텔의 침실	18	60	16.5	공장의 중노동	13	35	12
호텔의 현관홀	20	50	18	은 행	21	50	19.0
호텔의 식당, 공용부분	20	50	18	사 무 실	21	50	19.0
병원의 병실	18	50	16.5	상 점	16	50	15
병원의 의사실	22	50	19.5	백 화 점	18	50	16.5
병원의 진료실	24	60	22	식당, 다방	20	50	18
병원의 대합실	20	50	18	공 회 당	16	50	15
병원의 수술실	21~30	55~65	19~26	교 회	20	50	18
극장의 객석	20	50	18	체 육 관	13	50	12
영화관의 객석	18	50	16.5	수 영 장	24	60	24
영화관의 복도	18	50	16.5	화 장 실	13	50	12

표 3-30 천장높이와 실내온도

천 장 높 이	실 온 분 포
3m 이하	표 3-29를 표준실온으로 함
3~4.5m	$t_h = t + 0.06(h - 1.5)t$
4.5m 이상	$t_h = t + 0.18t + 0.183(h - 4.5)$

(주) t_h : 바닥위 h[m]의 온도 [℃], t : 표준실온 [℃], h : 바닥위의 높이 [m]

(5) 손실열량

겨울철 실내의 손실열량은 벽체(외벽, 내벽, 유리, 지붕)의 구조체를 통한 열관류에 의한 손실열량인 현열과 또한 창틈이나 문의 틈새 사이로 침입하는 침입외기에 의해 손실되는 현열과 잠열의 합계에 안전율을 가산하여 합계한 것이다.

1) 외벽, 창유리, 지붕에서의 손실열량

외기와 접한 벽체(외벽, 외창, 지붕) 등의 전열손실이 있는 면에 열관류과 실내외 온도차를 적용하여 손실열량 q_w[W]을 다음 식을 이용하여 계산한다.

$$q_w = K \cdot A \cdot k(t_r - t_o - \Delta t_a) \quad \cdots\cdots (3\text{-}30)$$

여기서 K : 구조체의 열관류율 [W/(m^2 · K)]
A : 구조체의 면적 [m^2]
k : 방위계수(표 3-31)
t_r, t_o : 실내외 공기의 온도 [℃]
Δt_a : 대기복사에 의하는 외기온도에 대한 보정온도 ℃(표 3-32)

표 3-31 방위계수 (P)

방 위 별	방위계수
북측 외벽, 지붕, 최하층 바닥(공간바닥)	1.20
북동 · 북서측 외벽	1.15
동 · 서측 외벽	1.10
남동 · 남서측 외벽	1.05
남측 외벽	1.00

표 3-32 대기복사에 대한 외기온도의 보정 Δt_a [℃]

외벽 및 창	3층 이하	Δt_a=0
	4~9층 주위에 건물이 있을 때	0
	4~9층 주위가 개방되어 있을 때	2
	9층 이상일 때	3
지 붕	지붕구배 5/10 이상	4
천 장	지붕구배 5/10 이하	6
바닥, 내벽		0

2) 내벽, 바닥에서의 손실열량

외기와 접하지 않는 내벽, 내창, 바닥, 천장 등에서의 손실열량 q_w[W]은 다음의 식을 이용하여 구하며 외기의 영향을 받지 않으므로 방위계수와 대기복사에 의한 외기온도 보정은 고려하지 않는다.

$$q_w = K \cdot A \cdot \Delta t \quad \cdots\cdots (3\text{-}31)$$

여기서 Δt : 실내 · 외의 온도차 ℃

Δt는 상하층이 난방시에는 부하계산이 불필요하며 비난방시에는 부하계산이 필요하다. 비난방 공간의 온도는 표 3-9의 (주) ③에서 구할 수도 있으나 일반적으로 $(t_i + t_o)/2$ 이다. 따라서 실내 온도차 Δt는 다음과 같다.

$$\Delta t = t_i - \frac{t_i + t_o}{2} = \frac{t_i - t_o}{2} \ [℃]$$

냉방부하에서 지면에서 접하는 벽이나 바닥에 대한 계산은 불필요하나 난방부하의 경우는 계산을 필요로 한다. 지면에 접하는 벽(지층)이 실외온도는 벽의 중심깊이의 지중온도로 한다. 지면에 접하는 바닥의 실외온도는 단층의 경우에는 바닥면에서 깊이 1m의 지중온도로 하고 지층의 경우는 바닥면 깊이의 지중온도(그림 1-18 참조)로 한다.

또한 표 1-18은 각 지역의 난방설계용 지중온도를 나타낸다. 실외공기에 접하지 않는 벽(지층)이나 바닥(지층이 없는 단층, 지층)의 열관류율 K는 실외의 표면 열전달율을 고려할 필요가 없으므로 $1/\alpha_0 = 0$으로 다음 식에서 구한다.

$$K = \frac{1}{\dfrac{1}{\alpha_i} + \Sigma\dfrac{d}{\lambda} + \dfrac{l_e}{\lambda_e}} \quad \cdots\cdots (3\text{-}32)$$

여기서 λ_e : 흙의 열전도율 [W/(m · K)] (표 3-6 참조)

l_e : 흙의 두께 [m] (일반적으로 1m로 한다.)

3) 틈새바람에 의한 손실열량

틈새바람에 의한 열손실은 난방부하 계산에서는 대단히 중요한 요소로서 특히 냉방시보다 실내 · 외 온도차가 크고 고층건물에서는 굴뚝효과가 일어나기 쉽고 외기풍속이 빠르므로 침입외기의 양은 풍속, 풍향, 건물의 높이 구조, 창문이나 출입문의 기밀성 등에 의해 영향을 받으므로 정확한 계산이 요구되며 틈새바람에 의한 손실열량은 다음 식을 이용하여 계산한다.

$$q_{iS} = 1.2 \times Q(t_i - t_o) \quad \cdots\cdots (3\text{-}33)$$

$$q_{iL} = 3000 \times Q(x_i - x_o) \quad \cdots\cdots (3\text{-}34)$$

여기서 q_{iS} : 틈새바람에 의한 현열손실열량 [W]

q_{iL} : 틈새바람에 의한 잠열손실열량 [W]

Q : 틈새바람의 양 [l/s]

t_i, t_o : 실내외 온도 [℃]

일반적으로 건물에 있어서는 다음과 같은 두 가지의 요소에 의하여 틈새바람이 생긴다.

㉮ 바람에 의한 영향

바람이 건물의 어떤 면에 닿게 되면 그 면에 있어서의 기압이 높아지고 한편 반대측에서는 기압이 낮아진다. 이러한 바람에 의한 작용압에 의하여 창이나 출입문의 틈새에서 외기가 들어온다. 이 작용압은 풍속에 따라서 다음 식으로 계산한다.

$$\Delta P_w = C\frac{\rho}{2}v^2 \quad \cdots\cdots (3\text{-}35)$$

여기서 ΔP_w: 바람에 의한 작용압 [Pa]

(+)는 건물 안쪽으로 향하는 압력

(−)는 건물 바깥쪽으로 향하는 압력

C : 풍압계수, 건물형상에 따라 다르며 일반적인 건물에서는 풍상측 0.8, 풍하측 −0.4임

ρ : 공기의 밀도 [kg/m³]

v : 외기속도 [m/s], 겨울에는 7[m/s], 여름에는 3.5[m/s]를 기준

㉯ 공기의 밀도차에 의한 영향(연돌효과)

건물 안팎의 공기의 온습도가 다르면 공기의 밀도차에 의하여 연돌효과가 생겨서 이것도 틈새바람의 원인이 된다. 겨울철 난방시에는 실내공기가 외기보다 온도가 높고 밀도가 적기 때문에 부력이 생겨서 건물의 위쪽에서는 밖으로 향하는 압력이 생기고 아래쪽에서는 안쪽으로 향하는 압력이 생긴다. 이러한 작용압에 의하여 틈새 또는 개구부에서의 외기가 출입한다.

여름철 냉방시에는 이것과 정반대로 건물의 위쪽에서는 안으로 향하는 압력이 생기고 아래쪽에서는 밖으로 향하는 압력이 생긴다. 어떤 경우이든 건물의 위쪽과 아래쪽에서는 압력방향이 달라지기 때문에 건물의 중간 지점에 작용압이 0이 되는 점이 있게 된다. 이것을 중성대라고 하는데 건물의 구조, 틈새, 개구부 등에 의하여 다르지만 대개 건물높이의 중앙 부분에 위치한다. 한편 연돌효과에 의한 작용압은 다음 식에 의하여 계산한다.

$$\Delta P_s = h \cdot (\rho_r - \rho_o) \quad \cdots\cdots (3\text{-}36)$$

여기서 ΔP_s : 연돌효과에 의한 작용압 [Pa]
(+)는 안쪽으로 향하는 압력
(−)는 바깥쪽으로 향하는 압력
h : 창문의 지상높이에서 중성대의 지상높이를 뺀 거리 [m]
창문이 위쪽이면(+) 아래쪽이면(−)
$\rho_r - \rho_o$: 실내 및 외기의 공기밀도 [kg/m^3]
난방시에는 $\rho_r < \rho_o$

이상의 요소에 의하여 일어나는 틈새바람의 계산법으로는 다음과 같은 것이 있다.

① 환기횟수에 의한 방법

실의 용적을 이용하여 계산하는 가장 간단한 방법으로 개략적인 계산법이다. 실의 용적과 틈새바람과의 비율로서 시간당 환기량을 나타낸다. 즉, 환기횟수 0.7[회/h]이면 시간당 실용적의 70%가 외기로 교체됨을 뜻한다. 따라서 환기량 Q_1[l/s]는 다음 식으로 계산된다.

$$Q_1 = n \cdot V \quad \cdots\cdots (3\text{-}37)$$

여기서 n : 시간당 환기횟수(표 3-33, 3-34)
V : 실의 체적 [m^3]

환기는 자연환기와 기계환기로 구분한다. 자연환기는 외기의 풍속과 온도차 및 창·문의 틈새 등에 따라 차이가 있으며 주택 등과 같은 소규모의 건물에 대해서 표 3-33을 적용시킨다. 송풍기를 이용하는 기계환기는 비교적 큰 건물이나 환기량이 많은 경우에 적용하며 이때는 표 3-34와 같은 실용적(室容積)을 기준한다.

표 3-33 실의 종류별 환기횟수 n[회/h]

실의 종류	환기 횟수(n)	실의 종류	환기 횟수(n)
1면이 외기에 접하고 창 또는 문이 있는 경우	1	외기에 접하고 창·문이 없는 경우	$\frac{1}{2} \sim \frac{3}{4}$
2면이 외기에 접하고 창 또는 문이 있는 경우	1.5	현 관	2~3
3면이 외기에 접하고 창 또는 문이 있는 경우	2	응접실	2
4면이 외기에 접하고 차 또는 문이 있는 경우	2	욕 실	2

(주) 기밀창일 경우는 이 표의 $\frac{1}{2}$을 취한다. 단, n은 $\frac{1}{2}$회 보다 적게는 취하지 말 것.

표 3-34 환기횟수 n [용적기준]

실용적 [m³]	500 미만	500~1,000	1,000~1,500	1,500~2,000	2,000~2,500	2,500~3,000	3,000 이상
환기횟수 n[회/h]	0.7	0.6	0.55	0.5	0.42	0.4	0.35

② 창문의 틈새길이법(crack법)

창문이나 문의 틈새를 이용하여 침입하는 외기의 양을 계산하는 방법으로서 틈새길이와 풍속과의 관계를 이용하여 계산하며 여기에는 2가지 방법이 있다. 첫번째 방법은 식 (3-38)과 같이 크랙길이 l[m]에 단위시간당 침입공기의 양 Q_1[m³/m·h]를 곱하면 비교적 정확하게 극간풍량을 구할 수 있다. 다음 식은 크랙법에 의한 침입외기량 Q_I[m³/h]의 계산식이다. 창이나 문의 틈새길이는 둘레 및 맞춤부의 길이이며 그림 3-11과 같이 계산한다.

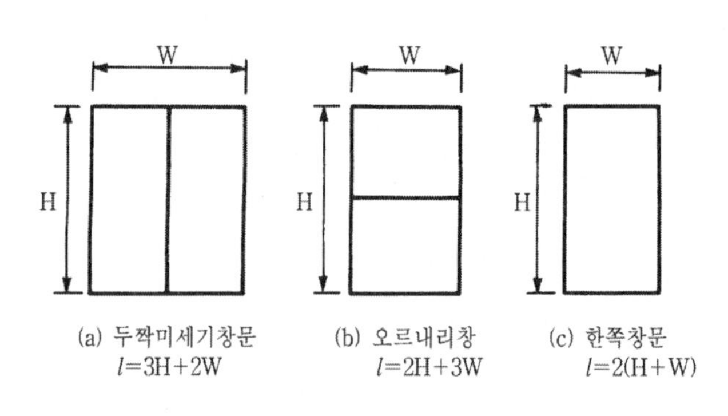

그림 3-11 틈새길이

$$Q_I = l \cdot Q_1 \quad \cdots\cdots (3\text{-}38)$$

여기서 l : 틈새길이 [m]

Q_1 : 단위길이(1m), 단위시간당 침입외기량 [m³/m·h] (표 3-35)

예제 3-5 금속재 샤시로 된 창문의 틈새길이가 100m일 경우에 침입외기량 Q_1[m³/h], 현열 취득량 q_{IS}[W], 잠열 취득량 q_{IL}[W], 전열 취득량 q_I[W]를 구하시오. (단, 외기의 풍속은 4.5m/s이고, 실내외 공기의 온·습도는 각각 t_r : 22℃, x_r : 0.0082kg/kg′, t_o : 33℃, x_o : 0.0192 kg/kg′ 이다.)

〔풀이〕 (1) 침입 외기량은 표 3-35 및 식 (3-38)에 의해

$Q_I = l \cdot Q_i = 100 \times 1.2 = 120\,\text{L/s}$

(2) 현열 취득량은 식 (2-12)에 의해

$q_{IS} = 1.005 \times 1.2 \times Q_I(t_o - t_r) = 1.005 \times 1.2 \times 120 \times (33 - 22) = 1,592\,\text{W}$

(3) 잠열 취득량은 식 (2-13)에 의해

$q_{IL} = 2,501 \times 1.2 \times Q_I(x_o - x_r) = 2,501 \times 1.2 \times 120(0.0192 - 0.0082) = 3962\,\text{W}$

(4) 전열 취득량은

$q_I = q_{IS} + q_{IL} = 1592 + 3962 = 5554\,\text{W}$

틈새를 통해 들어오는 외기는 바람이 부는 방향이며 그 반대방향으로는 틈새바람이 나간다. 따라서 창・문의 틈새길이 전체를 식 (3-38)에 적용해서는 안된다. 즉, 1면이 외벽인 경우에는 그 면의 전체틈새길이를 적용하지만 외벽이 2면 이상인 경우에는 각 외벽면 중 틈새길이가 최대로 되는 면의 틈새길이를 적용하며 또한 전체 틈새길이의 1/2 이하가 되지 않도록 한다. 두번째 방법은 식 (3-39)와 같이 틈새길이 l[m]에 표 3-36과 같은 통기특성 a와 작용압력 Δp[Pa]를 고려해서 구한다. 즉, 침입외기량 Q_I[l/s]는

$$Q_I = 4.58 \cdot l \cdot a \cdot \Delta p^{\frac{2}{3}} \quad \cdots\cdots (3\text{-}39)$$

여기서 l : 틈새길이 [m] (그림 3-5 참고)

a : 통기특성(표 3-36)

Δp : 작용압력 [Pa]

Δp[mmAq]일 때 $Q_I = l \cdot a \cdot \Delta p^{\frac{2}{3}}$ 이다. 여기서 1mmAq=9.80665Pa이므로 Δp[Pa]일 때 $Q_I = (9.80665)^{\frac{2}{3}} \cdot l \cdot a \cdot \Delta p^{\frac{2}{3}}$ 이다.

$$\therefore\ Q_I = 4.58 \cdot l \cdot a \cdot \Delta p^{\frac{2}{3}}$$

표 3-35 창 및 문으로부터의 침입외기(크랙법)

창 및 문의 종류	크랙 길이 1m당 풍량 Q_1 [m³/m·h]					
	풍 속 [m/s]					
	2.0	4.5	7.0	9.0	11.0	13.5
나 무 새 시	0.7 [0.2]	2.8 [0.8]	3.6 [1.0]	5.5 [1.5]	7.4 [2.1]	9.7 [2.7]
나무새시(장착이 나쁜 것)	2.5 [0.7]	6.4 [1.8]	10.3[2.9]	14.5[4.0]	18.4[5.1]	23.4[6.5]
금 속 제 새 시	1.8 [0.5]	4.2 [1.2]	6.9 [1.9]	9.6 [2.7]	12.8[3.6]	15.6[4.3]
철강 회전창(공장형)	4.9 [1.4]	10.0[2.8]	16.2[4.5]	22.8[6.3]	28.4[7.9]	34.5[9.6]
유리도어(틈새 5mm)	26.7[7.4]	83.5[23.2]	78.0[21.7]	111.0[30.8]	134.0[37.2]	162.0[4.5]
나무 또는 철제도어(틈새 3mm)	5.0 [1.4]	12.8[3.6]	20.6[5.7]	29.0[8.1]	36.8[10.2]	46.8[13.0]
공장의 도어(틈새 3mm)	17.8[4.9]	35.7[9.9]	53.5[14.9]	72.4[20.1]	69.1[19.2]	106.0[29.4]

(주) ① 풍속은 지방별 풍속을 정한다.
② 여기서 [ ]값은 [l/m·s]로 나타낸 것으로 소수 두 자리에서 반올림한 것이다.

표 3-36 새시의 등급과 적용 예

등 급	Ⅰ	Ⅱ	Ⅲ	Ⅳ
a (새시정수)	0.22	0.86	3.24	12.92
적용 예	기밀 기구가 있는 경우	기밀 패킹이 있는 상하작용 또는 미닫이 새시, 웨더스트립이 있는 목재 상하작용형 새시	기밀 패킹이 있고 어긋난 미닫이 새시, 고급목재 새시	기밀 패킹이 없는 새시, 중급 이하의 목재

여기서 작용압력 $\Delta p(=\Delta P_w+\Delta P_s)$는 바람에 의한 영향($\Delta P_w$)와 실내외 공기의 비중량에 중성대에서의 높이를 곱한 값의 합으로 중성대의 위치는 일반적으로 건물높이의 1/2로 한다. 또한 작용압력 Δp는 바람이 부는 쪽이 앞쪽이냐 뒤쪽이냐에 따라 다르며 표 3-37의 값을 적용하여 구한다.

$$\Delta p = C_f \times \frac{w^2}{2}\rho_o + g(\rho_r - \rho_o)h \quad \cdots\cdots (3\text{-}40)$$

바람 뒤쪽에 실(室)이 있을 때의 작용압 Δp[Pa]는

$$\Delta p = C_b \times \frac{w^2}{2}\rho_o + g(\rho_r - \rho_o)h \quad \cdots\cdots (3\text{-}41)$$

여기서 C_f : 바람의 앞쪽에 실이 있을 때의 풍압계수(표 3-37)

C_b : 바람의 뒤쪽에 실이 있을 때의 풍압계수(표 3-37)

ρ_r : 실내공기의 밀도 [kg/m³]

ρ_o : 실외공기의 밀도 [kg/m³]

g : 중력 가속도 ≒ 9.8[m/s]

w : 풍속 [m/s]

h : 중성대에서 높이 [m] (중성대 위쪽은 +, 아래는 −)

표 3-37 풍압계수

건물폭/건물높이	C_f	C_b
0.1~0.2	1.0	−0.4
0.2~0.4	0.9	−0.4
0.4 이상	0.8	−0.4

③ 창 면적으로 구하는 방법

침입외기량 Q_I[m³/h]는 창문의 총 면적에 표 3-38에서의 풍속과 문의 형식에 따른 단위 면적, 단위 시간당의 침입외기량을 곱하여 구하는 방식으로서 다음 식과 같이 구한다.

$$Q_I = A \cdot Q_i \quad \cdots\cdots (3\text{-}42)$$

여기서 Q_I : 창이나 문으로부터의 단위면적, 단위시간당 침입외기량 [m³/m² · h] (표 3-38)

A : 창이나 문의 총 면적 [m³]

예 제 3-6 알루미늄 샤시로 된 한쪽 열기창이 중간정도의 기밀 구조일 때 침입 외기량 Q_I[m³/h]를 구하시오. (단, 창 면적은 10m²이며 외기의 풍속은 6m/s이다.)

〔풀이〕 식 3-42 및 표 3-38에 의해

$Q_I = A \cdot Qi = 10 \times 0.044 = 0.44\,\text{L/s}$

④ 사용빈도수에 의한 출입문의 침입외기

출입문을 통한 침입외기는 사람의 출입으로 인하여 개폐할 때 대량의 외기가 유입되며 표 3-39는 실의 용도에 따라 사용인원 1인당 1시간에 침투되는 바람의 양을 나타낸 것이다. 특히 겨울철 난방시에는 건물자체의 굴뚝효과로 현관 홀이 부압(-압력)으로 되어 극간풍이 증가하는데 굴뚝효과는 높은 건물일수록 심하기 때문에 설계 및 시공시 굴뚝효과를 억제할 수 있도록 각층별 기류이동을 차단할 수 있는 고려가 되어야 한다. 표 3-40은 출입 인원수, 건물높이, 실내외의 온도차에 따른 굴뚝효과를 고려한 침입외기의 양을 나타내고 있다.

표 3-38 알루미늄샤시 침입외기량 Q_I [l/(m^2 · s)]

풍 속 [m/s]			2	4	6	8	10
풍 압 [Pa]			1.8	7.21	16	29	45
옆으로 엇갈려 열기		A	0.019	0.044	0.069	0.097	0.13
		B	0.39	0.56	0.67	0.75	0.83
		C	1.4	1.9	2.3	2.7	2.9
한쪽 열기		A	-	0.0058	0.011	0.016	0.021
		B	0.016	0.031	0.044	0.058	0.072
		C	0.022	0.050	0.078	0.11	0.14
안쪽으로 열기		A	0.019	0.026	0.031	0.036	0.039
		B	0.039	0.064	0.083	0.11	0.14
		C	0.019	0.053	0.094	0.14	0.20
슬라이드형		A	0.0083	0.011	0.014	0.016	0.017
		B	0.014	0.039	0.075	0.12	0.17
		C	0.064	0.16	0.26	0.36	0.47
회 전 창		A	0.003	0.009	0.016	0.025	0.033
		B	0.015	0.044	0.075	0.11	0.16
		C	0.061	0.14	0.23	0.28	0.29
엇갈린 2중 새시		A	0.012	0.031	0.050	0.075	0.10
		B	0.26	0.49	0.69	0.89	1.08
		C	0.44	0.92	1.4	2.0	2.5
주택용	엇갈리기	A	0.31	0.64	0.94	1.3	1.6
		B	0.78	1.8	2.9	4.0	5.3
		C	1.4	2.9	4.4	6.1	7.5
	BL형 방음	A	0.017	0.031	0.042	0.056	0.067
		B	0.036	0.078	0.13	0.18	0.24
		C	0.31	0.64	0.94	1.3	1.6

(주) ① A, B, C는 기밀성의 정도를 표시하는 것이며 A는 양호, B는 중 정도, C는 불량
② 풍속은 지방별로 결정한다.

표 3-39 문의 개폐에 의한 침입 외기량 Q_I[l/(인 · s)]

실 명	회전식 (1.8m 폭)	스윙식 (0.9m 폭)
사무소(개인용)	-	1.2
사무소(사업용)	-	1.7
백화점(소규모)	3.1	3.8
은 행	3.1	3.8
병 원	-	1.7
약 국	2.6	3.3
식 당	1.9	2.4
식당(레스토랑)	0.9	1.2
상점(구두가게)	1.3	1.7
상점(옷 가 게)	0.9	1.2
이 발 소	1.9	2.4
담배가게	9.4	13.9

(주) 1. 위 표의 값은 문의 출입의 평균 빈도를 기준으로 하며 사용에 의한 실내재실인원은 별도로 고려할 것
2. 문의 출입에 의한 극간풍의 표준은 1시간에 문을 통과하는 1인당 회전식 0.6l/s, 스윙식 0.9l/s이다.

표 3-40 연돌효과를 고려한 한쪽열기문으로 들어오는 침외기량(ASHRAE) [l/s]

출입인원수 n		1중문 (수동식)				2중문 (수동식)			
h	Δt	n=250	n=500	n=750	n=1000	n=250	n=500	n=750	n=1000
50	15	1 100	1 900	2 700	3 300	500	900	1 300	1 500
	20	1 200	2 000	2 800	3 400	600	1 000	1 400	1 700
	25	1 300	2 100	2 900	3 500	600	1 100	1 600	1 800
100	15	1 300	2 300	3 100	3 900	700	1 300	1 800	2 100
	20	1 800	2 800	3 600	4 400	900	1 600	2 100	2 600
	25	2 100	3 100	3 900	4 700	1 100	1 800	2 400	2 900
200	15	2 100	3 200	4 400	5 700	1 200	1 900	2 600	3 100
	20	2 400	3 900	5 300	6 100	1 300	2 100	2 800	3 300
	25	2 800	4 400	5 800	7 100	1 400	2 300	3 100	3 600

(주) 출입인수 n은 1개의 문당 매시간의 인원수, h는 건물높이 [m] Δt는 실내외온도차 [℃]

4) 외기도입에 의한 손실열량

외기의 도입으로 인한 손실열량 q_F [W]의 계산도 냉방시와 같은 방법으로 다음 식에 의해 계산된다.

$$q_F = q_{FS} + q_{FL}$$

여기서 현열부하는

$$q_{FS} = G_F(t_r - t_o)$$
$$= 1.2 \times Q_F(t_r - t_o) \quad \cdots\cdots (3\text{-}43)$$

잠열부하는

$$q_{FL} = 2,500 \times G_F(x_r - x_o)$$
$$= 3,000 \times Q_F(x_r - x_o) \quad \cdots\cdots (3\text{-}44)$$

여기서 G_F, Q_F : 도입외기량 [g/s, l/s]

3-4 냉·난방부하의 개략치

건축물을 용도별로 냉방부하 계산과 난방부하 계산을 단위 시간당과 단위 바닥면적 당으로 계산하면 건물의 종류에 따라 일반적으로 그 값은 어느 범위내에 있게 된다. 표 3-41은 건물의 냉·난방부하의 개략치를 나타내고 있으며 이 개산값을 이용하여 부하계산의 적정성 여부를 검토한다.

표 3-41 냉·난방부하의 계산값

건물의 종류	용도 등	냉방부하 [kcal/m²·h]	난방부하 [kcal/m²·h]
사무소건물	저 층 고 층	70~130 [81~51] 100~170 [116~198]	70~110 [81~128] 100~200 [116~233]
주택·아파트	남 향 북 향	190~250 [221~291] 140~200 [163~233]	일반 100~150 [116~174] 추운곳 130~180 [151~209]
극장·공회당	객 석 무 대	450~550 [523~640] 110~150 [116~174]	390~450 [454~523] 190~240 [221~279]
백화점	1층 매장 일반매장	350~400 [407~465] 260~350 [302-407]	50~100 [58~116] 50~90 [58~105]
호텔	객실·로비	70~160 [81~186]	100~140 [116~163]
병원	병 실 진료실 수술실 검사실	80~90 [93~105] 150~220 [174~256] 300~660 [345~768] 150~330 [174~384]	100~150 [116~174] 110~150 [128~174] 400~800 [465~930] 130~240 [151~279]

(주) ① 일반적으로 공조면적은 신축의 경우는 연면적의 60~65%, 증축은 70~80%
② [ ]의 값은 [W/cm²]의 값으로 소수 첫 자리에서 반올림한 것이다.

제 4 장

공기조화 방식

공기조화 방식

4-1 공조방식의 분류

공기조화 방식은 기계실내에 공조기를 설치하여 공조기에 의해 조화된 공기를 덕트를 통해 각실로 공급하는 방식이 사용되고 있다. 덕트를 통해 공기를 공급할 경우 열을 운반하는 열매의 단위체적당 열운반량이 물에 비해 현저히 적으므로 넓은 덕트 설치공간이 필요하다.

물을 이용하여 동일한 공간을 공조하는 경우 배관의 관경을 1/20 정도로 줄일 수 있어 덕트 스페이스를 절약할 수 있는 장점이 있다. 공조방식의 분류법에는 표 4-1에 나타난 바와 같이 여러 가지가 있으며 크게는 중앙식과 개별식으로 분류된다.

표 4-1 공조방식의 분류

구 분	열매체에 의한 분류	시스템명	세분류
중앙식	전공기 방식	정풍량 단일덕트 방식	존재열, 단말재열
		변풍량 단일덕트 방식	
		2중덕트 방식	멀 티 존 방 식
	수 - 공기방식	팬코일유닛 방식(덕트 병용)	2관식, 3관식, 4관식
		유인유닛 방식	2관식, 3관식, 4관식
		복사냉난방방식(패널에어 방식)	
	수 방 식	팬코일유닛 방식	2관식, 3관식, 4관식
개별식	냉매방식	룸 쿨러	
		패키지유닛 방식(중앙식)	
		패키지유닛 방식(터미널유닛 방식)	

(1) 분배방식에 의한 분류

1) 중앙방식

중앙방식은 공기조화설비의 기본이 되는 방식으로서 중앙기계실에 열원설비(냉동기, 보일러 등)를 설치하여 열매체(熱媒體)인 냉·온수 또는 냉·온풍을 만드는 장소를 중앙기계실이라고 한다.

중앙방식의 공조시스템은 중앙기계실로부터 냉·온수를 2차 측에 설치한 공기조화기에 공급하여 조화된 공기를 각 실(室)이나 존(zone)에 공급하는 방식으로 열 매체의 종류에 따라 전공기방식(all air system), 공기·수방식(air-water system), 전수방식(all water system)으로 분류된다.

중앙방식은 집중 설치되어 있는 기계실로부터 각 실로 덕트나 배관을 통해 냉·온풍이나 냉·온수를 공급해야 하므로 덕트 스페이스(duct space), 파이프 스페이스(pipe space)가 필요하다. 그러나 열원기기가 중앙기계실에 집중 설치되어 있으므로 유지관리가 편리하다. 따라서 이 방식은 주로 규모가 큰 건물에 적용한다.

2) 개별방식

개별방식은 유닛 내에 냉동기를 내장하고 이 유닛을 실내에 설치해서 공조하는 방식으로서 유닛마다 냉동기를 갖추고 있어서 소음과 진동이 크며 외기냉방(外氣冷房)을 할 수 없고 또 유닛이 여러 곳에 분산되어 있어 관리하기가 불편하다. 또한 각 층 또는 각 존에 각각 공기조화 유닛(unit)을 분산시켜 설치한 것으로서 개별제어 및 국소운전이 가능하여 에너지 절약적이다.

(2) 열매체에 의한 분류

1) 전공기 방식

실내에 열을 공급하는 매체로 공기를 사용한 것이 전공기 방식이다. 그림 4-1에서와 같이 외기와 실내환기의 혼합공기를 공조기로 보내어 냉풍 또는 온풍을 만들어 덕트를 통해 실내로 공급하며 단일덕트 방식, 2중덕트 방식, 덕트병용 패키지 방식, 각층유닛 방식 등으로 분류되며 그 특징은 다음과 같다.

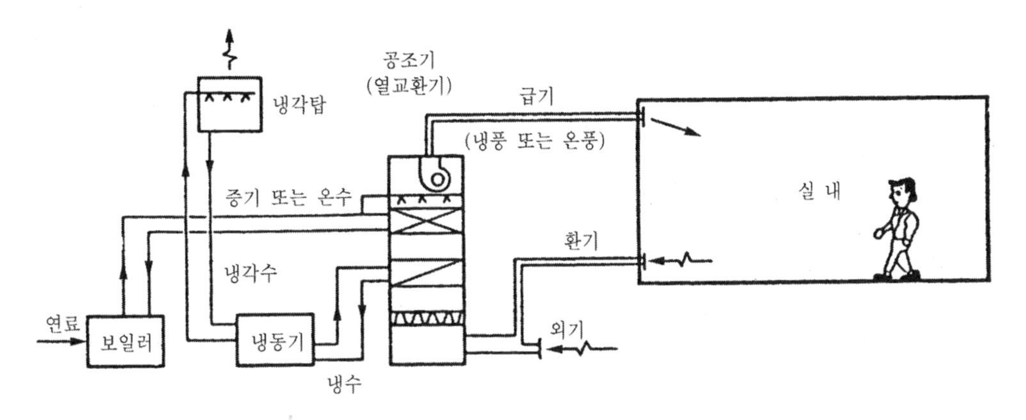

그림 4-1 전공기 방식

① 장점

㉠ 송풍량이 충분하므로 실내공기의 오염이 적다.

㉡ 중앙집중식이므로 운전, 보수관리를 집중화할 수 있다.

㉢ 실내에는 취출구와 흡입구를 설치하면 팬코일 같은 기구가 노출되지 않는다.

㉣ 리턴 홴을 설치하면 외기냉방이 가능하다.

㉤ 폐열회수 장치를 이용하기 쉽다.

㉥ 많은 배기량에도 적응성이 있다.

㉦ 겨울철 가습하기가 용이하다.

② 단점

㉠ 덕트가 대형으로 되므로 설치공간이 크게 된다.

㉡ 존별 공기평형을 유지시키기 위한 기구가 없으면 공기균형 유지가 어렵다.

㉢ 송풍동력이 크고 공기·수방식에 비해서 반송동력이 크게 된다.

㉣ 대형의 공조기계실을 필요로 한다.

위와 같은 특징을 가진 전공기 방식을 적용할 수 있는 대상으로는 사무소 건물이나 병원의 내부 존과 같이 공기의 갱신을 필요로 하는 곳이나 극장 관객석과 체육관 등 대공간으로서 송풍공기의 도달거리가 멀 때 또는 병원의 수술실, 공장, 클린룸 등 공기청정의 요구가 극히 높은 곳, 대풍량 및 높은 정압이 요구되는 곳에는 전공기 방식이 사용된다.

2) 수-공기 방식

열의 매체로서 물과 공기를 병용하는 방식으로서 열원장치로부터 냉수, 온수 또는 증기를 실내에 설치된 열교환 유닛으로 보내어 실내공기를 가열 또는 냉각하는 방식이다. 또한 전공기 방식과 같이 공기조화기에서 조화된 공기를 실내로 송풍한다. 이 방식은 전 공기방식과 전 수방식의 특징을 고려한 방식이며 종류에는 덕트병용 팬코일유닛 방식, 유인유닛 방식, 덕트병용 복사냉난방 방식 등이 있으며 그 특징은 다음과 같다.

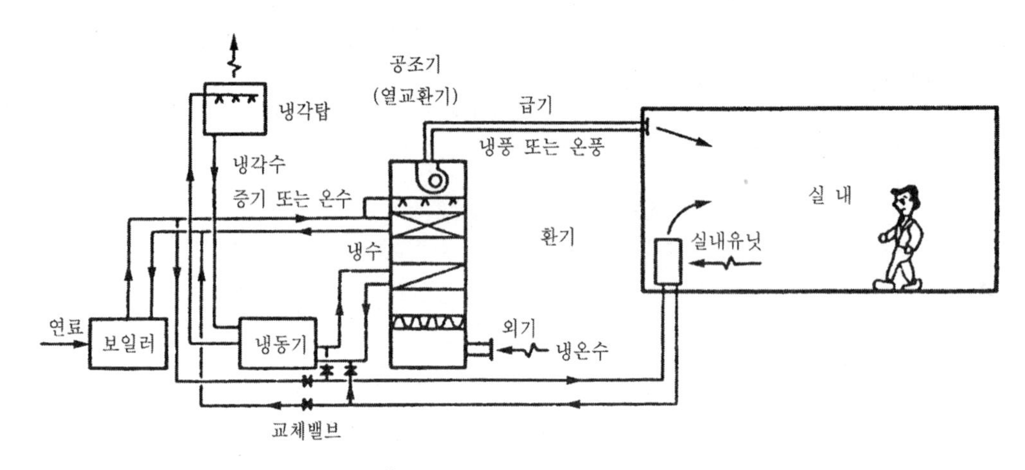

그림 4-2 수-공기 방식

① 장점

㉠ 큰 부하의 실에 대해서도 덕트가 작게 되고 덕트 스페이스가 작다.
㉡ 전공기 방식에 비하여 반송동력이 적다.
㉢ 유닛 1대로서 조운을 구성하므로 조우닝이 용이하며 개별제어가 가능하다.

② 단점

㉠ 필터가 저성능으로 실내의 공기 청정화에 기여하지 않는다.
㉡ 유닛의 소음이 발생하기 쉽다.
㉢ 실내기기를 바닥 위에 설치하는 경우 바닥 유효면적이 감소한다.
㉣ 수배관을 필요로 하므로 누수의 우려가 있다.

이 방식은 주로 사무소, 병원, 호텔 등에서 외부 존은 수방식으로 하고 내부 존은 공기방식으로 하는 경우가 많다.

3) 전 수방식

전 수방식은 실내에 설치된 유닛에 열매로 사용되는 물을 공급하여 실내공기를 가열·냉각하는 방식이다. 수(水)방식은 덕트가 없으므로 설치면에서는 유리하지만 외기도입이 어려워서 실내공기가 오염되기 쉽고 실내의 배관으로 인한 누수의 염려도 있다. 그러나 개별적인 실온제어가 가능하므로 사무소 건물의 외주부용, 여관, 주택 등과 같이 거주인원이 적고 극간풍이 있을 때에만 사용된다.

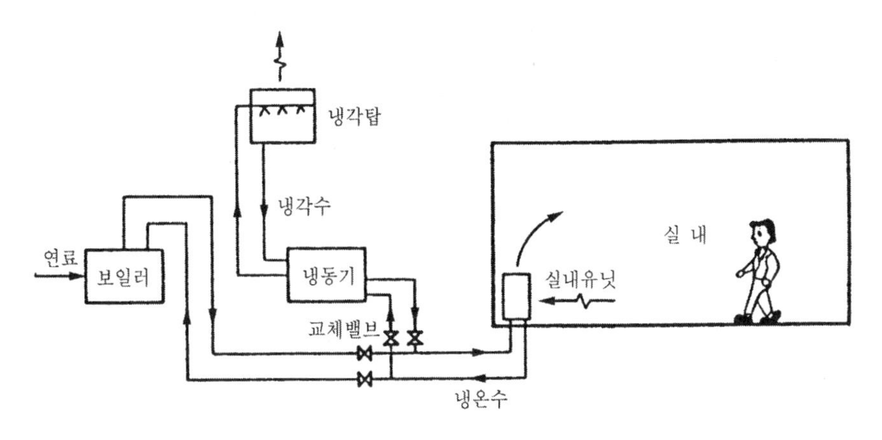

그림 4-3 전 수방식

4) 냉매방식

이 방식은 냉매에 의해 실내공기를 냉각·가열하는 방식으로 냉매를 직접 열매로 이용하는 패키지 유닛(package unit)을 사용하여 실내의 온도를 조절한다. 사용목적에 따라 냉방용 또는 냉·난방 겸용이 있다. 또 다음과 같은 특징으로 주택, 호텔의 객실, 점포 등 비교적 소규모 건축물이나 24시간 계통인 전산실, 수위실 등에 채용하고 있으며 최근에는 사무용 건축물에도 많이 적용하고 있다.

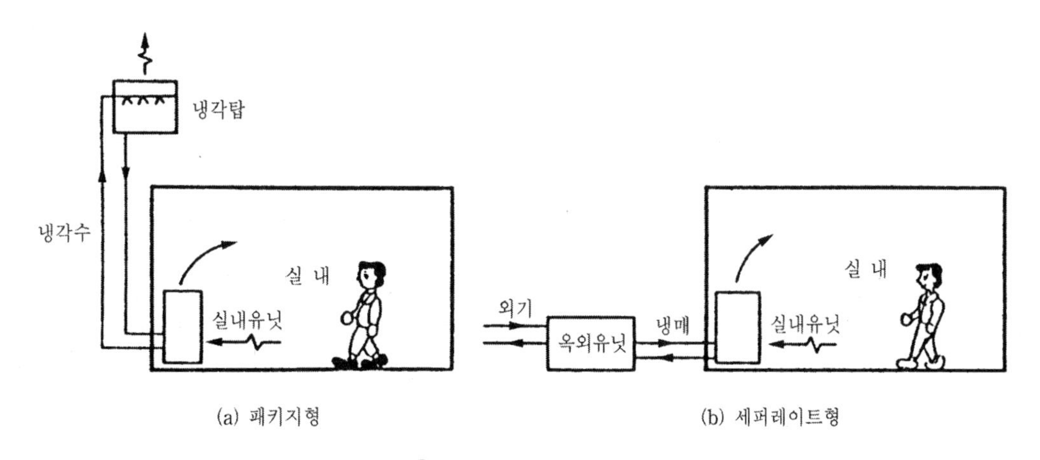

그림 4-4 냉매방식

① 장점

㉠ 유닛에 냉동기를 내장하고 있으므로 사용시간에만 냉동기가 작동하여 에너지 절약적이고 또한 잔업시의 운전 등 국소적인 운전이 자유롭게 된다.

㉡ 장래의 부하증가, 증축 등에 대해서는 유닛을 증설함으로써 쉽게 대응할 수 있는 융통성이 있다.

㉢ 온도조절기를 내장하고 있어서 개별제어가 가능하다.

㉣ 취급이 간편하고 대형의 것도 쉽게 운전된다.

② 단점

㉠ 유닛에 냉동기를 내장하고 있으므로 소음, 진동이 발생하기 쉽다.

㉡ 외기냉방이 어렵다.

㉢ 다른 방식에 비하여 기기의 수명이 짧다.

㉣ 히트펌프 이외의 것은 난방용으로서 전열을 필요로 하며 운전비가 높다.

4-2 공기조화 방식

(1) 단일덕트 · 정풍량방식

1) 구성

이 방식은 다른 방식에 비해 가장 기본적인 것으로 중앙기계실에는 열원장치를 설치하고 2차측에 공조기를 설치하여 조화된 공기를 일정한 풍량으로 송풍하여 실내의 부하변동에 따라서 토출공기의 온도를 변화시키는 방식이다. 이 방식에는 중앙기계실에 공기조화기를 설치하여 중앙식의 단일덕트 방식을 채용하는 경우와 각 층, 각 존별로 공기조화기를 설치하는 분산방식 등이 있다.

단일닥트방식에 대한 구성은 그림 4-5와 같으며 공조기(AHU : Air Handling Unit)에는 가열기, 냉각기, 가습기, 에어필터, 송풍기 등을 갖추고 있으며 공조기에서 냉각감습, 가열가습한 공기를 덕트를 통해 각실로 송풍하고 외기와 실내환기의 혼합공기를 필터를 통해 제진한 후 냉각감습 혹은 가열가습하여 각실로 하나의 덕트를 통해 실의 최대부하를 처리할 수 있는 만큼의 공기를 송풍한다.

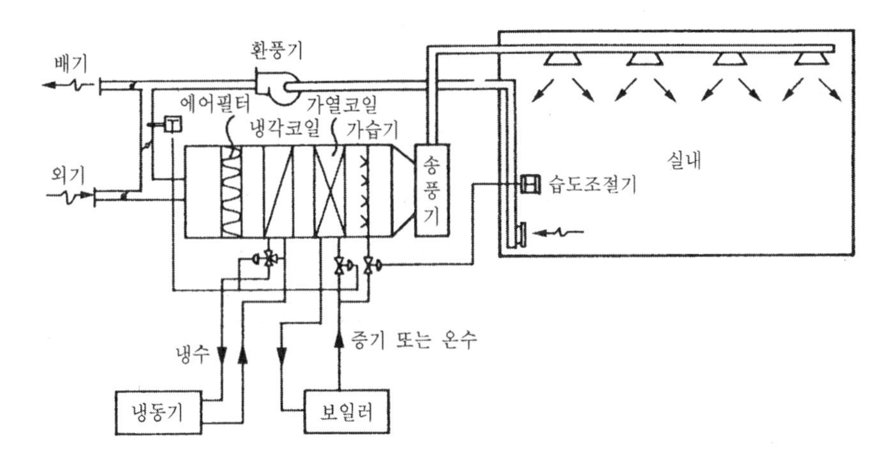

그림 4-5 단일덕트방식

2) 특징

① 장점

㉠ 기계실에 기기류가 집중설치되므로 운전 · 보수 · 관리가 용이하다.

㉡ 고성능 필터의 사용이 가능하다.

㉢ 외기의 도입이 용이하며 환기팬 등을 이용하면 외기냉방이 가능하고 전열교환기의 설치도 가능하다.

㉣ 시스템이 간단하고 사용실적이 많아 설계 · 시공이 용이하고 설비비가 싸다.

㉤ 전 공기방식의 특성이 있다.

② 단점

㉠ 각 실이나 존의 부하변동이 서로 다른 건물에서는 온 · 습도에 불균형이 생기기 쉽다.

㉡ 대규모 건물에서 존마다 공조계통을 분할할 때에는 설비비도 높고 기계실 면적도 크게 된다.

㉢ 실내부하가 감소될 경우에 송풍량을 줄이면 실내공기의 오염이 심하다.

3) 제어법

그림 4-6은 냉각코일, 가열코일, 가습기를 갖추고 있는 공조장치로서 단일덕트 시스템에 의해 공조를 하고 있는 예이다. 냉각코일에는 냉수를, 가열코일과 가습기에는 증기를 공급하는 실내 또는 환기덕트 내에 설치된 서모스탯(thermostat) T에 의해 냉수 조절배브 및 증기 또는 온수 조절밸브를 제어하도록 한다.

또 휴미디스탯(humidistat) H는 냉방시에 습도가 상한치에 도달했을 때에 서모스탯 T의 신호여하를 불문하고 냉수밸브를 열어 감습하도록 한다. 또 겨울용 휴미디스탯 H는 가습용 증기밸브를 제어하도록 하고 가습용 증기밸브는 송풍기가 작동하지 않을 때 닫히도록 송풍기 측과 인터록(inter lock)한다.

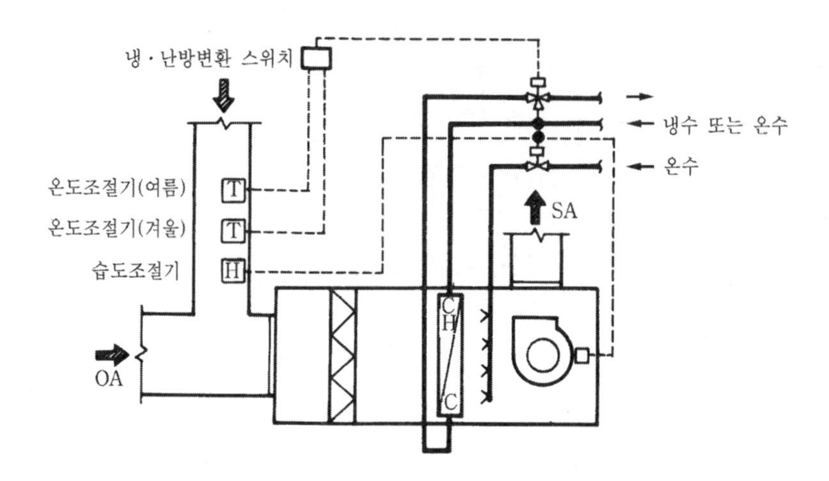

그림 4-6 단일덕트 방식의 자동제어 계통도

(2) 단일덕트 재열방식

1) 시스템의 구성

이 방식은 정풍량 단일덕트 방식의 분기부분 또는 각실의 토출구 직전에 재열기(reheater)를 설치하고 온도조절기(thermostat)로서 실내부하 변동을 감지하여 재열기로 재가열 후 송풍하는 방식으로서 냉방시에는 중앙공조기로부터 냉풍을 급기하여 현열부하가 적게 된 존은 재열하여 과냉을 방지할 수 있다.

또한 재열방식은 냉방시에는 냉각한 공기를 재열하므로 경제적으로는 유리한 방법이라 할 수 없다. 재열기의 열원으로는 전열, 증기, 온수가 사용되며 이 방식이 채용되는 경우로는 사람이 많이 모이는 장소라든가 식당, 주방 등과 같이 잠열부하가 많이 발생되는 장소 등 현열비(SHF)가 적기 때문에 냉각기만 있는 공조기 출구공기는 습공기 선도상에서 그려보면 냉각된 공기와 SHF 평행선과 교차하지 않는다.

따라서 냉각기 출구공기를 재열기(reheater)로 가열(재열) 후 송풍하므로 덕트내의 공기를 말단재열기(terminal reheater) 또는 존별재열기(zone reheater)를 설치하고 증기 또는 온수로 송풍공기를 가열하여 취출한다. 말단 재열방식은 송풍되는 공기를 각 실 또는 각 취출구별로 재열기를 설치하고 개별제어를 실시함으로써 연간 온·습도 제어가 가능하다.

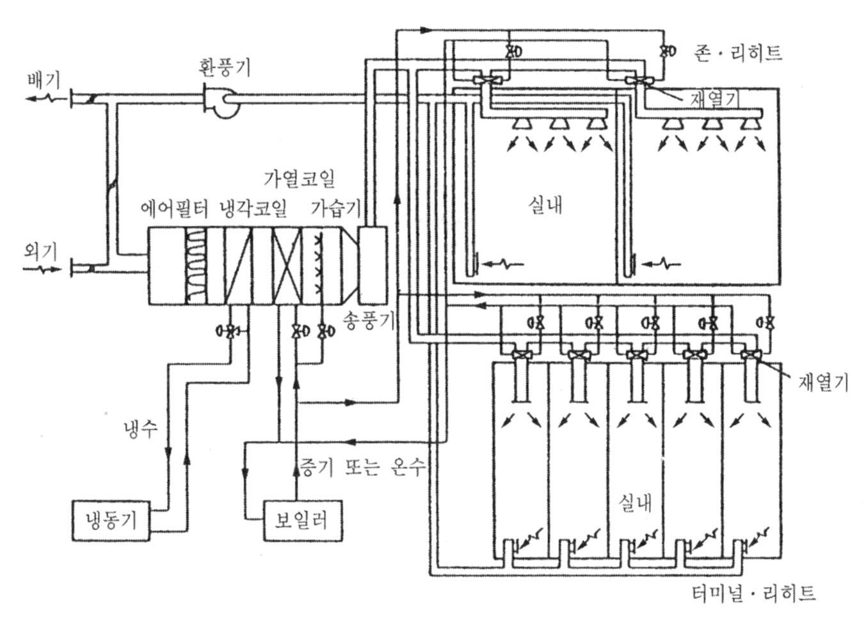

그림 4-7 단일덕트 재열방식

따라서 재열방식은 부하변동이 큰 실에 대하여 안정된 공조를 행하고자 하는 경우에 적용하며 잠열부하가 많고 현열비가 적은 식당, 다방, 외기에 면하지 않은 실로서 외부로 부터의 유입열이 없는 경우 실내온도를 낮게 유지하기 위하여 과냉각시켜 제습한 공기를 재열하는 경우 등에 적용한다. 그러나 단일덕트 재열방식은 여름에도 보일러를 가동해야 하는 방식으로 일반 공조용으로는 사용되지 않는다.

2) 특징

① 장점

㉠ 부하특성이 다른 다수의 실이나 존이 있는 건물에 적합하다.

㉡ 잠열부하가 많은 경우나 장마철 등의 공조에 적합하다.

㉢ 설비비는 일반적으로 단일덕트 방식보다 많고 2중덕트 방식보다는 적게 든다.

㉣ 전 공기방식의 특성이 있다.

② 단점

㉠ 재열기의 설비비 및 유지관리비가 든다.

㉡ 재열기의 설치 스페이스가 필요하다.
㉢ 운전경비는 재열기의 재열손실에 상당하는 만큼 재열부하가 첨가된다.
㉣ 여름에도 보일러의 운전이 필요하다.
㉤ 재열기가 실내측에 있을 경우 누수의 염려가 있다.

3) 제어법

그림 4-8 (a)는 재열기가 공조기 내에 있는 경우로 냉각코일은 일정한 상태로 운전되고 재열코일은 실내 또는 환기의 온도를 감지할 수 있는 서모스탯 T에 의해 밸브 V를 제어한다. 그림 (b)는 말단 또는 존별재열기를 설치했을 때의 제어방식에 대한 계통도이다.

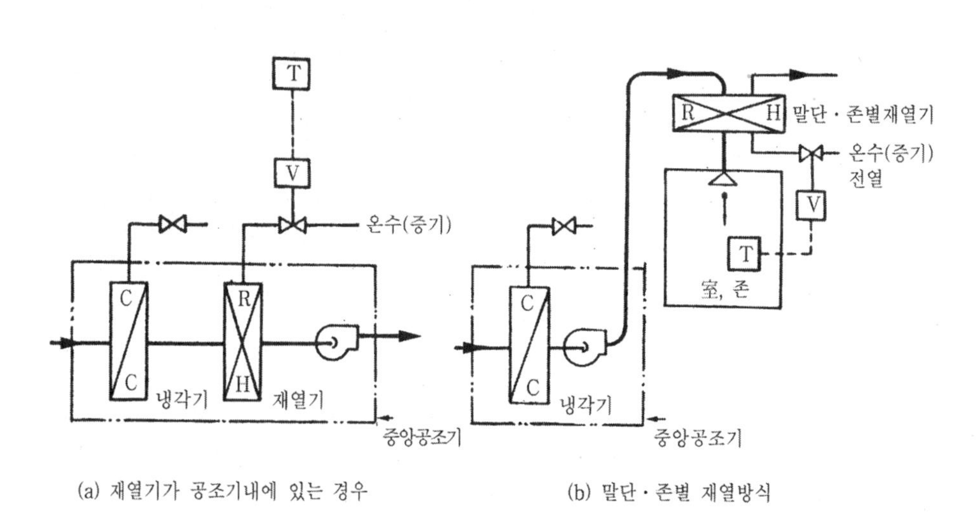

(a) 재열기가 공조기내에 있는 경우　　(b) 말단・존별 재열방식

그림 4-8 단일덕트 재열방식의 제어

(3) 이중덕트 방식

1) 구성

2중덕트 방식은 공조기에 설치된 냉각코일과 가열코일에서 만들어진 냉풍과 온풍을 냉풍덕트와 온풍덕트를 통해 각 실이나 존으로 공급하고 각실의 부하상태에 따라 냉・온풍을 혼합상자(mixing box)에서 적당한 비율로 혼합 공급하여 그림 4-9 (a)와 같은 방식으로 취출시키므로서 실내온도를 제어하는 방식이다.

또 2중덕트 방식의 일종으로 그림 4-9 (b)와 같이 공조기에서 송풍되어지는 냉・온풍은 혼합댐퍼(mixing damper)에 의해 일정한 비율로 냉・온풍을 혼합한 후 각 존 또는 실로 보내는 방식으로 이를 멀티존(muti zone) 방식이라 한다. 멀티존 방식에서는 각 존에서 요구하는 송풍온도로 하기 위해 공조기로 냉풍과 온풍의 혼합비를 바꾸어 단일덕트로 송풍하지만 이중덕트(dual duct) 방식에서는 공조기에서 처리한 냉풍과 온풍을 각각 별개의 덕트로 송풍해서 필요한 장소에 설치한 혼합상자에서 혼합한다.

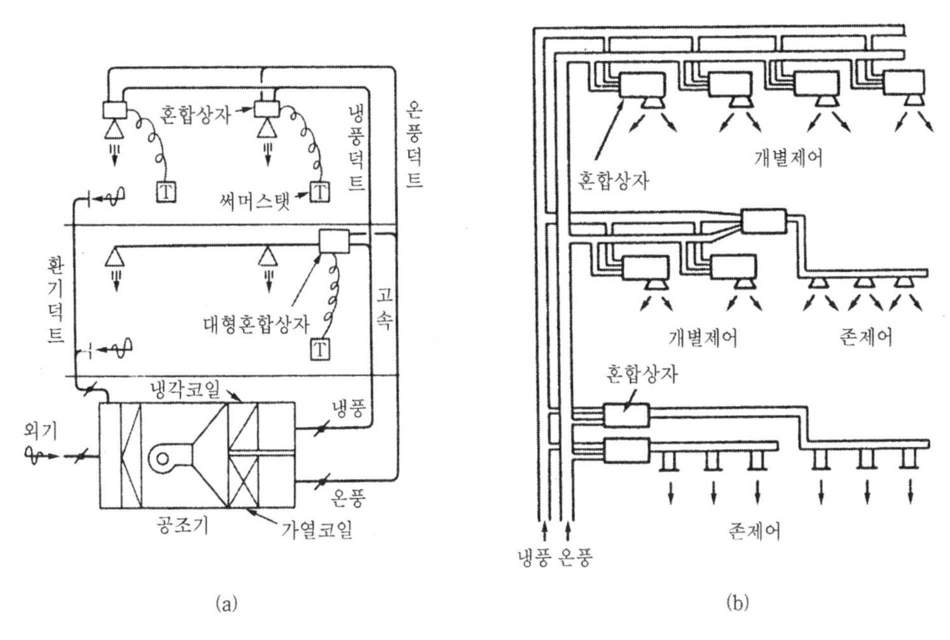

그림 4-9 이중덕트 방식

2) 특징

① 장점

㉠ 부하특성이 다른 다수의 실이나 존에도 적용할 수 있다.

㉡ 각 실이나 존의 부하변동이 생기면 즉시 냉·온풍을 혼합하여 취출하므로 적응속도가 빠르다.

㉢ 장래 칸막이 변경이나 용도변경에 대하여 유연성이 있다.

㉣ 실의 냉·난방 부하가 감소되어도 취출공기의 부족현상이 없다.

㉤ 전 공기방식의 특성이 있다.

② 단점

㉠ 덕트가 냉풍 및 온풍 2개의 계통이므로 설비비가 많이 든다.

㉡ 혼합상자에서 소음과 진동이 생긴다.

㉢ 냉·온풍의 혼합으로 인한 혼합손실이 있어서 에너지 소비량이 많다.

㉣ 덕트 샤프트 및 덕트 스페이스를 크게 차지한다.

㉤ 실내습도의 제어가 어렵다.

3) 제어법

그림 4-10은 외기와 실내환기를 공조기에서 혼합 후 일부는 가열기로 가열하고 나머지는 냉각기로 냉각한 후 각각 온풍덕트와 냉풍덕트를 통해 각 실이나 존으로 보내진다. 외기덕트에 있는 서모스탯 T_1 및 온풍덕트에 있는 T_2에 의해 가열기에 있는 밸브 V_1을 제어한다. 냉풍온도는 일정하도록 냉각코일 출구에 있는 서모스탯 T_3에 의해 냉수밸브 V_2를 제어한다.

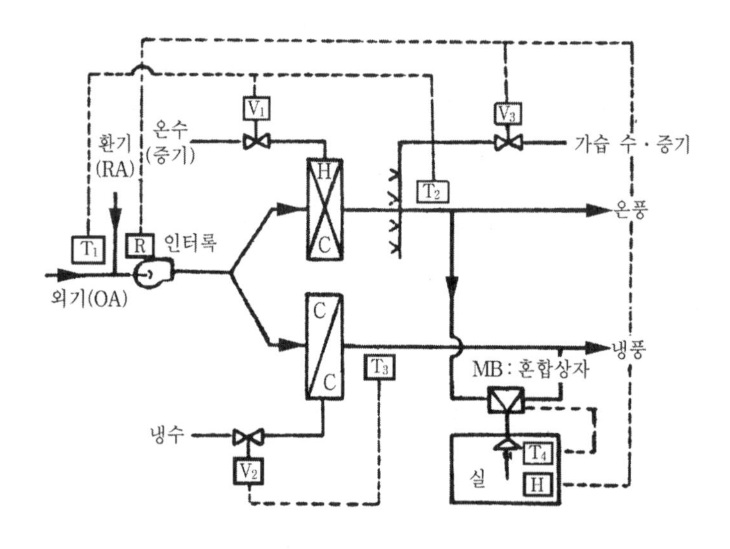

그림 4-10 2중덕트의 제어방식

또 대표적인 실에 설치된 휴미디스탯 H에 의해 실내의 상대습도를 검출하여 공조기의 온풍측에 설치된 가습기의 V_3를 제어하여 가습량을 조절하며 공조기에 있는 송풍기와 인터록시킨다. 한편 실내에 설치된 서모스탯 T_4에 의해 혼합상자의 냉・온풍의 혼합비율을 변화시킨다.

(4) 멀티존 유닛방식

1) 구성

공조기에 냉・온 2개의 열원을 설치하고 각 존의 부하상태에 따라 냉・온풍의 혼합비를 조절하여 송풍공기의 온·습도를 조절하여 공급하는 방식이다. 그림 4-11에 나타난 바와 같이 송풍기의 토출측에 냉각코일과 가열코일을 설치한 멀티존-유닛(multi zone-unit) 공조기를 사용하는 방식으로서 비교적 존수가 적은 소규모의 건물에 적합하다.

이 방식에서는 각 존별 댐퍼의 작동에 의해 냉풍과 온풍의 혼합비가 바뀌면서 송풍온도가 변하여 실내로 송풍된다. 또한 냉·난방부하가 최대일 때는 댐퍼의 누설이외에 냉풍과 온풍의 혼합이 없으므로 혼합손실이 적지만 냉풍과 온풍의 혼합량이 많아지면 혼합손실도 증가한다.

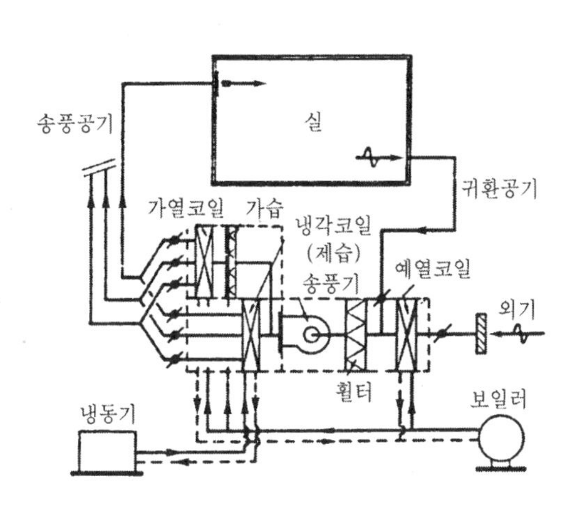

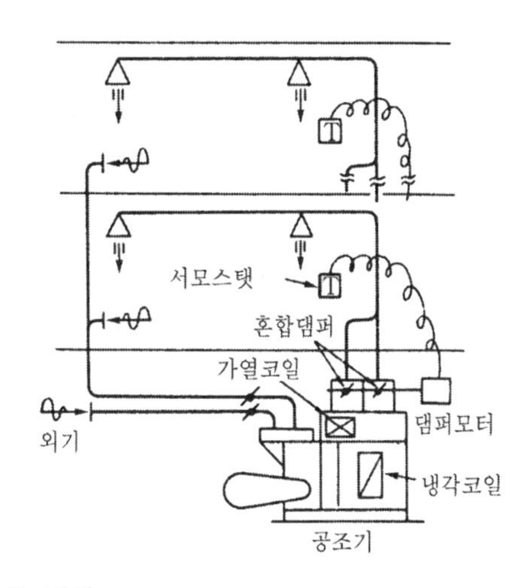

그림 4-11 멀티존 방식

2) 특징

① 장점

㉠ 각 존마다 제어할 수 있다.

㉡ 연간을 통해 냉·난방이 가능하다.

② 단점

㉠ 각 존마다 독립된 덕트가 필요하므로 덕트 스페이스가 커진다.

㉡ 부하변동에 따라 혼합손실이 많아진다.

(5) 가변풍량 방식

1) 시스템의 구성

정풍량 방식은 풍량을 일정하게 유지하면서 송풍온도를 변화시켜서 부하의 변동에 대처하는 방식이며 가변풍량 방식(VAV : Variable Air Volume System)은 송풍온도를 일정하게 유지하고 부하변동에 따라서 송풍량을 변화시킴으로써 실온을 제어하는 방식이며 실내존(interior zone)과 같이 부하변동의 폭이 적은 곳에는 급기온도 일정의 방식이, 부하변동이 큰 외주부(perimeter zone), 환기 요구량이 많은 장소 등에는 급기온도 가변의 방식이 채용된다.

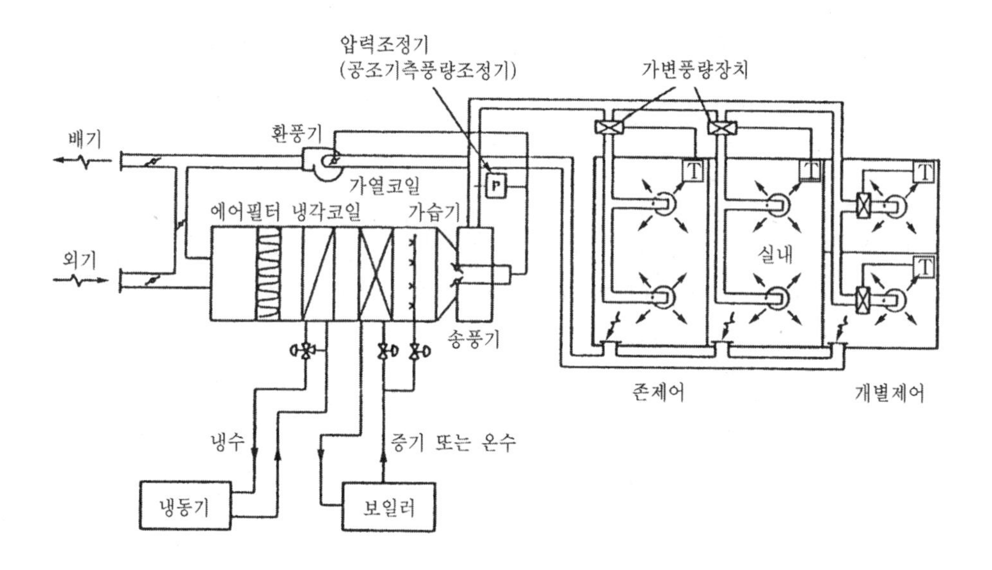

그림 4-12 단일덕트 변풍량 방식

단일덕트 변풍량방식은 취출구 1개 또는 여러개에 변풍량 유닛(VAV unit)을 설치하여 실온에 따라 취출풍량을 제어한다. 이 방식은 실내부하가 감소되면 VAV유닛이 작동하여 송풍량을 감소시켜 지나치게 냉각되는 것을 방지한다. 그러나 송풍량이 감소되어 실내공기의 오염이 심해진다.

따라서 단일덕트 변풍량 방식의 단점을 보완한 것이 2중덕트 변풍량 방식이다. 2중덕트 변풍량 방식은 2중덕트의 혼합상자와 변풍량유닛을 조합한 2중덕트 변풍량 유닛을 사용하거나 또는 혼합상자와 변풍량 유닛이 별개로 분리된 것을 사용하기도 한다.

2) 특징

① 동시사용률을 고려하여 기기용량을 결정할 수 있으므로 설비용량을 적게 할 수 있다.

② 각실 또는 존 별로 VAV 유닛을 설치하고 부하변동에 따라서 송풍량을 조절하므로 에너지의 낭비가 없다.

③ 부분부하시 송풍기 제어에 의하여 송풍기 동력을 절감할 수 있다.
④ 부하변동에 대하여 제어응답이 빠르므로 거주성이 향상된다.
⑤ 전폐형 유닛의 사용으로 공실의 급기를 정지하여 운전비를 줄일 수 있다.
⑥ 시운전시 토출구의 풍량조정이 간단하다.
⑦ 칸막이 변경이나 부하증가에 대하여 유연성이 있다.
⑧ 덕트의 설계시공이 간단해진다.

3) 가변풍량 방식의 설계시 주의점

① 사용하는 변풍량 유닛은 정풍량 특성 및 소음특성이 우수할 것
② 풍량변화에 대하여 가능하면 일정한 취출패턴을 갖는 취출구를 선정할 것
③ 최소풍량시 도입외기량의 확보
④ 습도조건이 엄격한 곳에서 현열만이 감소한 경우 급기량의 감소와 함께 제습량이 감소하므로 재열등의 방법이 필요하게 된다.
⑤ 최대·최소 풍량시의 홴 운전특성을 체크하여 안정적 운전여부와 동력절약이 가능한지 검토한다.
⑥ 냉방·난방의 전환 또는 냉방·난방이 동일 존에 동시에 발생한 경우의 적절한 대책을 고려한다.
⑦ 송풍량의 변동에 수반하는 각 실의 실내압 변동에 대한 검토를 한다.

4) 변풍량 유닛

변풍량 방식에서 터미널유닛을 변풍량 유닛(VAV unit)이라 한다. 변풍량 유닛을 풍량제어 방기에 따라 바이패스형(bypass type), 교축형(throttle type), 유인형(induction type) 등으로 대별되며 우리나라에서는 교축형을 많이 사용하고 있다.

① 바이패스형 유닛(bypass type unit)

바이패스형 유닛은 그림 4-13과 같이 실내의 부하변동에 따라서 송풍공기중 취출구를 통해 실내에 취출하고 남은 공기를 천장내를 통하여 바이패스하여 환기덕트로 되돌려 보낸다. 이때 취출공기량은 실내에 설치된 서모스탯 T에 의해 풍량조절 댐퍼(바이패스 댐퍼)를 조절한다. 따라서 이 시스템에서는 각 존으로 공급하는 공기량은 변화하지만 시스템 전체의 풍량, 즉 공조기의 처리풍량은 항상 일정하다.

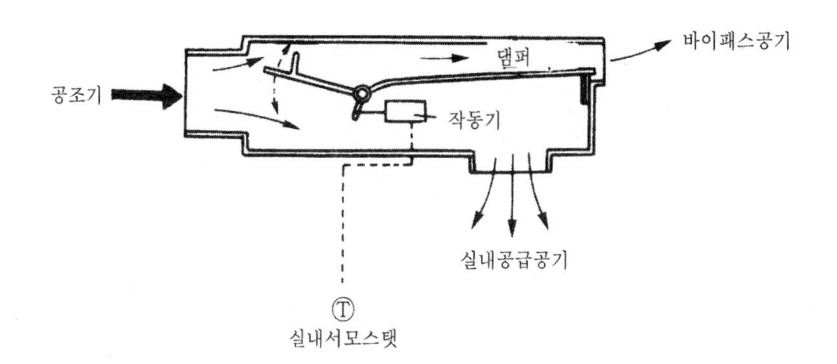

그림 4-13 바이패스형 유닛

- 장점
  ㉠ 부하가 변하여도 덕트내 정압의 변동이 없으므로 발생소음이 적다.
  ㉡ 송풍기 제어없이 일정풍량을 송풍하므로 에어필터에서의 집진효과가 크다.
  ㉢ 천장내의 조명열이 제거된다.
- 단점
  ㉠ 송풍량이 일정하므로 송풍기 제어에 의한 동력절약이 없다.
  ㉡ 덕트 계통의 증축에 대하여 유연성이 적다.

② 교축형(throttle type)

교축형은 그림 4-14 (a)와 같이 실내 서모스탯의 신호에 의해 교축기구를 작동시킴으로써 개구면적을 바꿔 풍량을 제어한다. 따라서 동일 덕트 계통에서 다수의 유닛이 동시에 작동하면 유닛 입구측 압력이 큰 폭으로 변경된다. 그러므로 유닛은 이러한 압력변동에 영향받지 않는 정풍량특성이 뛰어난 것을 선정하는 것이 중요하다.

또한 덕트내의 정압변동을 되도록 적게 할 목적과 경 부하시의 홴 동력절약 및 안정운전을 위해 정압제어를 하는 것이 중요하다. 일반적으로 사용되는 정압 제어법으로는 덕트에 의한 홴 바이패스제어, 홴의 송출구 댐퍼제어, 홴 인레트베인 제어, 홴 가변피치 제어, 홴 스피이드 제어 등이 있다.

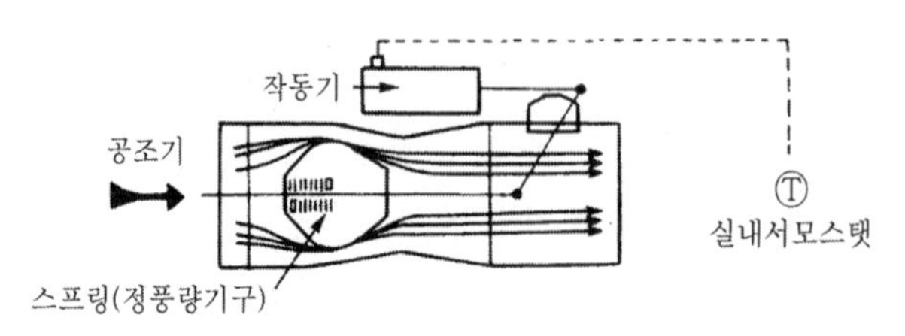

(a) 교축형 유닛(스프링 내장형, 단일유닛)

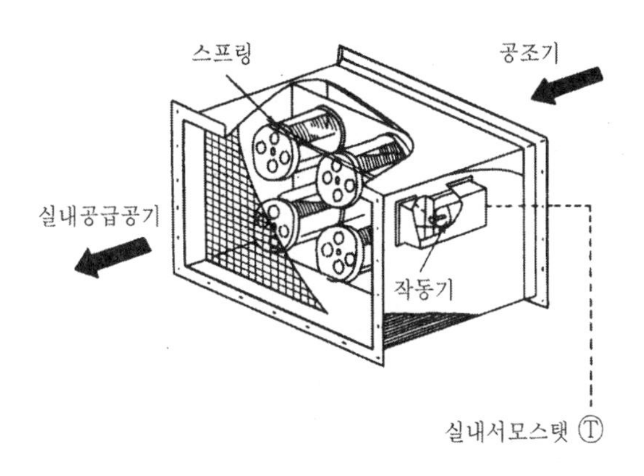

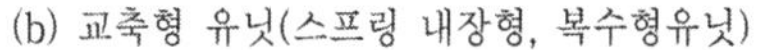
(b) 교축형 유닛(스프링 내장형, 복수형유닛)

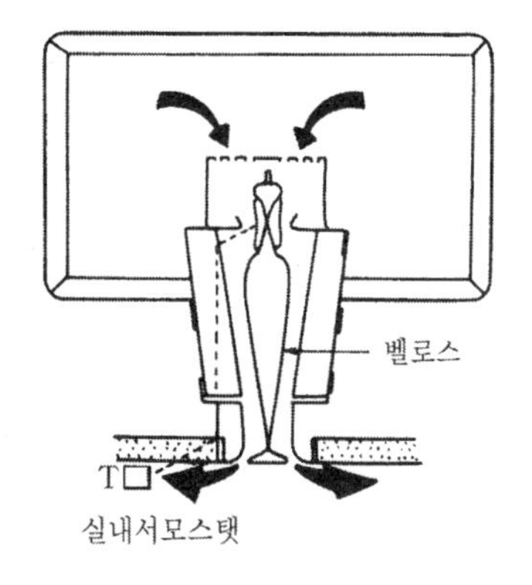

(c) 교축형 유닛(벨로스 내장형)

그림 4-14 교축형 유닛

- 장점

㉠ 부하변동에 따라 송풍량을 변화시키고 송풍기를 제어하므로 동력이 절약된다.

㉡ 일정풍량 특성이 있으므로 덕트의 설계, 시공이 간단하다.

- 단점

㉠ 덕트내 정압변동이 크므로 정압제어 방식이 필요하다.

㉡ 최소한의 필요환기량 확보를 위하여 최소개도 설정이 필요하다.

㉢ 송풍량의 변화로 발생소음이 크다.

③ 유인형(induction type)

유인형은 그림 4-15와 같이 공조기에 의해 저온의 고압 1차공기를 유닛에 공급하고 여기에 실내 또는 천정내의 공기를 2차공기로서 유인하여 혼합해서 실내에 취출하는 방식이다. 실내 서모스탯의 신호에 의해 1차공기와 2차공기와의 댐퍼개도를 바꿈으로써 혼합비율을 변화시켜 풍량과 온도를 조절하여 실온의 제어를 하는 방식이다.

이 유닛은 1차공기의 댐퍼개도에 의하여 유인비가 변화하므로 제어하기가 어렵다. 따라서 이러한 점을 보완하고자 1차 공기측에 고압의 정풍량 기구를 설치하고 1차공기를 정풍량으로 하여 유인비를 일정하게 유지시키고 실내부하가 감소하면 2차측 공기댐퍼를 열어 송풍공기 온도를 높여준다.

- 장점

㉠ 1차공기를 고속으로 송풍하므로 덕트치수를 적게 할 수 있다.

㉡ 실내 발생열을 온 열원으로 이용이 가능하다.

• 단점

㉠ 1차공기를 고속으로 취출하기 위한 고압의 송풍기를 필요로 한다.

㉡ 실내의 2차공기를 유인하므로 집진효과가 떨어진다.

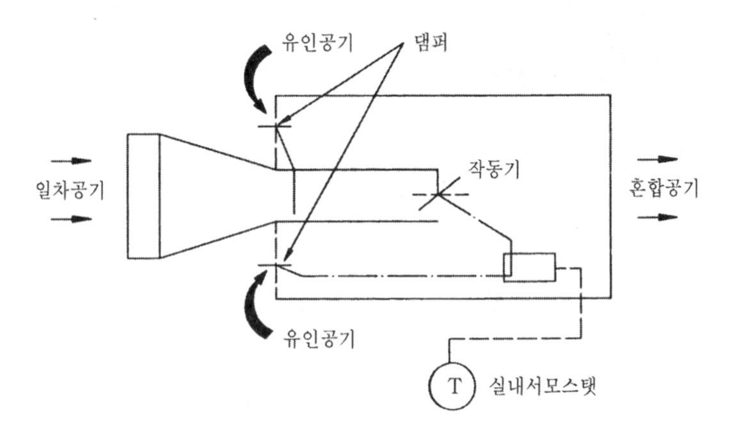

그림 4-15 유인형 유닛

5) 변풍량 방식의 자동제어

그림 4-16은 단일덕트 변풍량방식의 시스템제어 계통도이다.

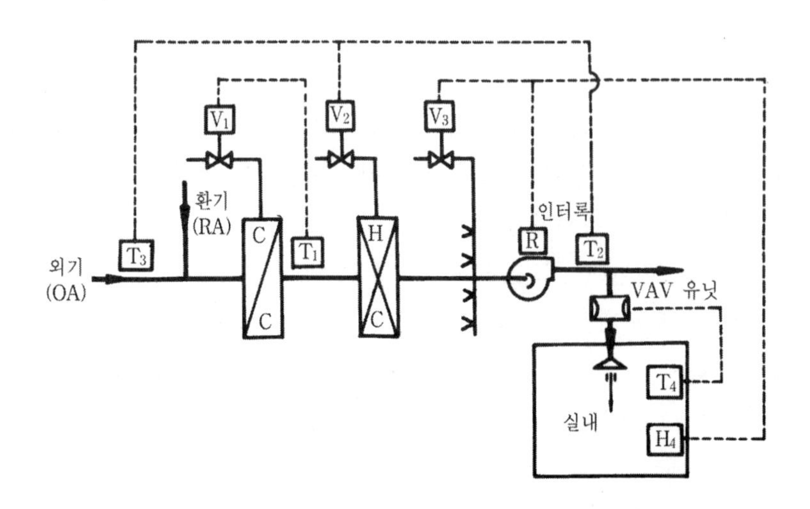

그림 4-16 단일덕트 변풍량방식의 제어법

냉수코일 출구 쪽에 있는 서모스탯 T_1에 의해 냉수밸브 V_1을 제어하고 외기덕트 및 송풍기 출구측 서모스탯 T_3, T_2에 의해 온수(또는 증기)밸브 V_2를 제어한다. 또 실내에 설치된 휴미디스탯 H_4에 의해 가습량 조절밸브 V_3를 제어한다. 한편 변풍량 유닛은 실내에 설치된 서모스탯 T_4에 의해 제어된다.

6) 부하에 따른 송풍량 변화

① 단일덕트 변풍량

변풍량 유닛은 냉방용으로 개발된 것으로 겨울철에 난방에 적용할 경우 내부 존에서의 다량의 난방부하가 발생할 경우 토출풍량이 감소하여 재실자에게 환기량 부족문제가 발생하게 되며 송풍공기량이 적어지면 신선외기 도입량도 비례하여 적어지므로 실내의 오염도가 심하게 된다.

따라서 실내 송풍량이 감소하여도 재실인원(在室人員)을 위하여 최소 필요량의 풍량을 확보해야 한다. 그림 4-17는 변풍량 유닛의 취급풍량 30~50%의 값을 최소풍량으로 하고 이 풍량 이하로 감소되지 않도록 하여 일정량의 신선외기 도입이 되도록 한 것이다.

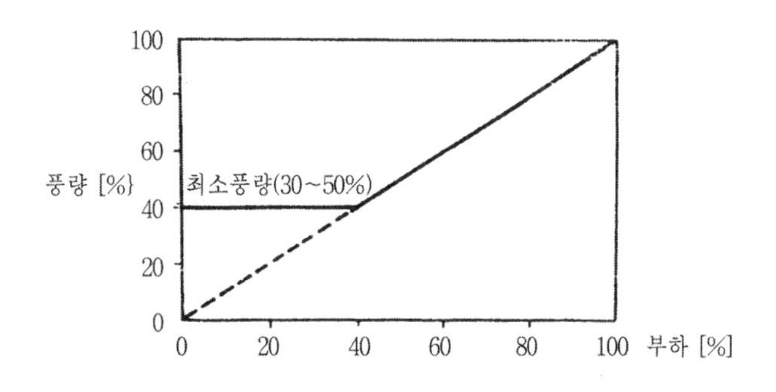

그림 4-17 변풍량 유닛의 풍량제어

② 단일덕트 변풍량 재열방식

단일덕트 변풍량유닛에서 실내의 냉방부하가 최소치에 달해도 일정량의 풍량이 취출되므로 재실자가 추위를 느끼게 된다. 따라서 변풍량 재열방식은 그림 4-18 (a)와 같은 재열형 변풍량(再熱形 變風量) 유닛으로 공급공기를 재열하여 취출한다.

그림 4-18 (b)는 부하변동에 따른 풍량과 취출온도와의 관계로서 냉방부하가 감소되어 냉풍의 송풍량이 최소치까지 떨어지면 재열기에 온수·증기 등이 공급되어 취출온도를 높여주므로 실내온도는 낮아지지 않는다.

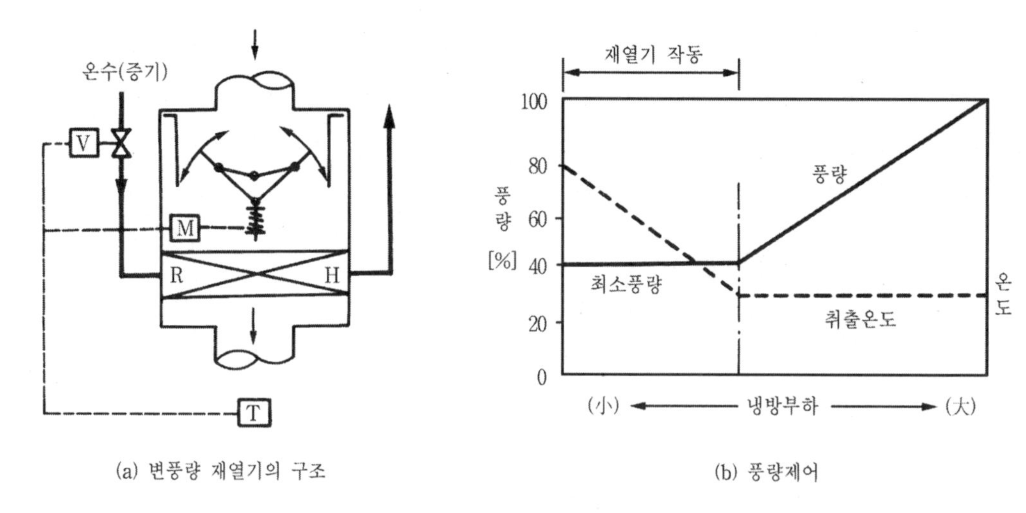

(a) 변풍량 재열기의 구조

(b) 풍량제어

그림 4-18 변풍량 재열기 및 풍량제어

③ 2중덕트 변풍량방식

단일덕트 변풍량방식은 공조부하의 감소시에 송풍량의 부족현상이 생긴다. 따라서 2중덕트 방식에 혼합상자와 변풍량유닛을 조합하여 그림 4-19와 같이 부하가 감소하여 풍량이 최소가 되면 온풍의 양을 점차 늘리고 냉풍의 공급량을 줄인다. 이 유닛에는 냉·온풍을 혼합하기 위한 혼합상자와 풍량을 조절하기 위한 변풍량 장치가 조합되어 있으므로 2중덕트 방식의 특성과 변풍량 방식의 특성을 함께 갖추고 있다.

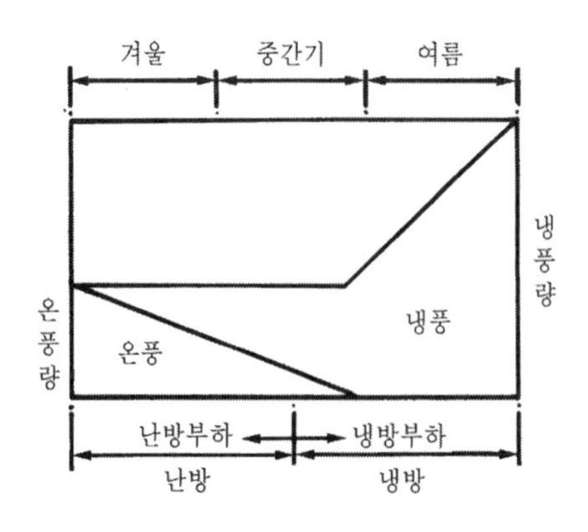

그림 4-19 2중덕트 변풍량 방식에 의한 풍량제어

이 방식은 실내온도 조절을 비교적 정확하게 해야 하면서 일정량 이상의 송풍량을 확보해야 하는 실에 적용된다. 그림 4-20은 2중덕트 방식에 혼합상자와 변풍량 유닛을 다양하게 응용시킨 예이다. 그림 (a)는 혼합상자와 변풍량 유닛를 조합시킨 예이고 그림 (b)는 혼합상자로 냉·온풍을 혼합하여 송풍공기의 온도를 제어하며 각 실에는 변풍량 유닛을 설치하여 취출풍량을 제어한다. 그림 (c)는 혼합상자만 설치한 경우이다. 한편 그림 (d)는 연중 냉방부하만 있는 실에 대해 변풍량 유닛을 설치하며 풍량만을 제어한다. 또한 그림 (e)는 각 실마다 혼합상자만을 설치하고 부하에 따라 온도만을 제어한다.

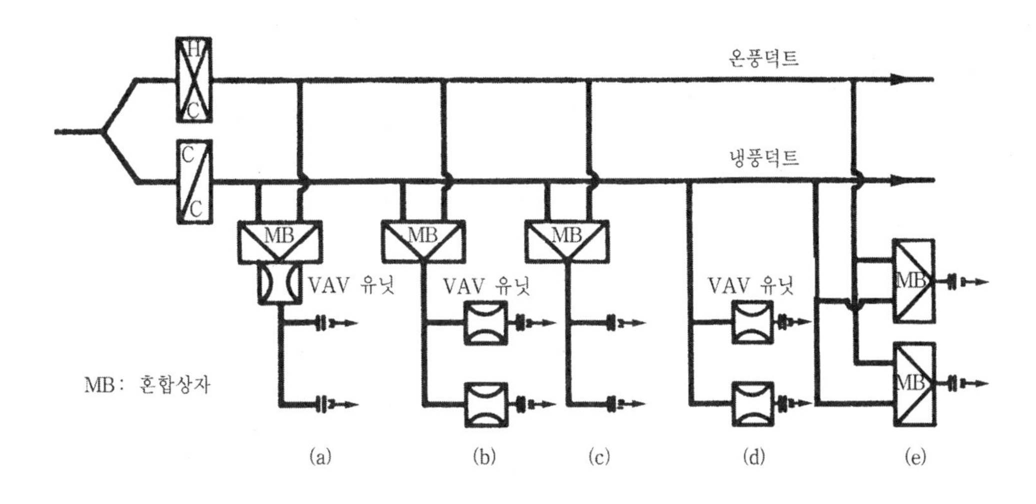

그림 4-20 2중덕트 변풍량 방식 [DDVAV 방식]

④ 방식의 특징 비교

변풍량 방식은 단일덕트 변풍량방식, 단일덕트 변풍량 재열방식, 2중덕트 변풍량방식 등이 있다. 이들의 특성은 표 4-2와 같다.

표 4-2 변풍량 방식의 특성비교 (1)

특 성	단일덕트 변풍량 방식	단일덕트 변풍량 재열방식	2중덕트 변풍량 방식
장 점	· 실내부하가 적어지면 송풍량을 줄일 수 있으므로 에너지 절감효과가 크다. · 각 실이나 존의 온도를 개별제어하기가 쉽다. · 대규모의 건물일 경우 공조기나 열원기기의 동시 가동률을 고려하면 효율적이다. · 일사량 변화가 심한 페리미터 존에 적합하다. · 전 공기방식의 특성이 있다.	· 실의 냉방부하가 감소되어도 실내온도는 설정치 이하로 내려가지 않는다. · 각 실 및 존의 개별 제어가 쉽다. · 페리미터 존에 적합하다. · 외기풍량을 많이 필요로 하는 실(회의실) 등에 적합하다. · 전 공기방식의 특성이 있다.	· 2중덕트 방식의 특성을 갖는다. · 정풍량 2중덕트보다는 에너지 절감효과가 있다. · 최소풍량이 취출되어도 실내온도는 설정온도 범위를 유지한다. · 외기풍량을 많이 필요로 하는 실에 적합하다. · 까다로운 실내조건을 만족시킬 수 있다. · 전 공기방식의 특성이 있다.

표 4-2 변풍량 방식의 특성비교 (2)

특 성	단일덕트 변풍량 방식	단일덕트 변풍량 재열방식	2중덕트 변풍량 방식
단 점	· 변풍량 유닛으로 인한 설비비가 많이 든다. · 실내부하가 적어지면 송풍량이 적어지므로 실내공간의 오염도가 높다. · 재열기가 없으면 최소풍량이 취출될 때 실내온도가 낮아져 추위를 느낀다.	· 재열기 설치로 인한 설비비가 많이 든다. · 여름에도 보일러를 가동해야 한다. · 재열부하가 발생한다. · 실내에 있는 재열기까지 배관을 함으로 누수의 염려가 있다. · 재열기의 설치공간이 필요하다.	· 변풍량 유닛으로 인한 설비비가 많이 든다. · 변풍량 유닛의 설치공간이 필요하다. · 2중덕트 방식에 의한 혼합손실이 있다.

(6) 패키지 유닛방식

1) 구성

이 방식은 송풍기, 가열코일(또는 냉각코일), 공기여과기 및 냉동기 등을 케이싱 등으로 구성된 공장 생산품을 이용하는 방식으로서 그림 4-21에 나타난 바와 같이 수냉식과 공냉식이 있으며 패키지내에는 냉매가 직접 팽창하는 직접팽창코일(direct expansion coil) 즉, 증발기가 있어서 냉풍을 만들 수 있고 응축기는 옥외에 있는 냉각탑으로부터 공급되는 냉각수에 의해 냉각된다. 또 패키지내에 있는 가열코일에는 보일러로부터 온수 또는 증기를 공급하거나 또는 전열기(電熱器)를 설치하여 온풍을 만들어 실내로 공급한다.

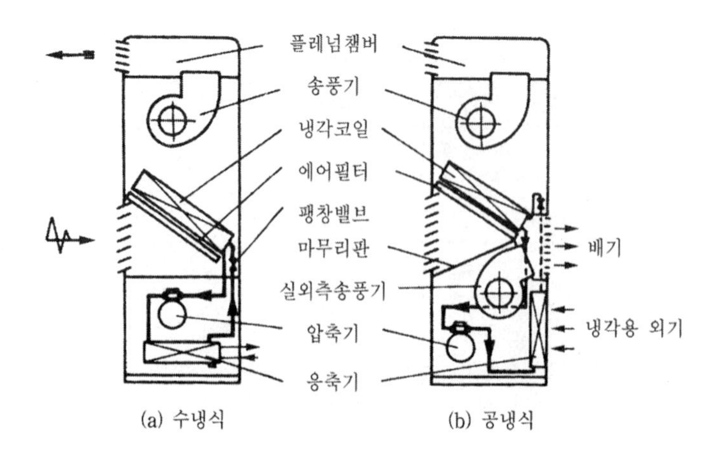

그림 4-21 패키지형 유닛의 구조

2) 방식의 특징

① 장점

㉠ 중앙기계실에 냉동기를 설치하는 방식에 비하여 설비비가 적게 들고 공기가 단축된다.
㉡ 취급이 간단해서 단독운전을 할 수 있고 대규모 건물의 부분공조가 용이하다.
㉢ 중앙기계실의 면적을 적게 차지한다.
㉣ 냉방식에 각 층을 독립적으로 운전할 수 있으므로 에너지 절감효과가 크다.
㉤ 실내에 설치하는 경우 급기를 위한 덕트 샤프트가 필요 없다.

② 단점

㉠ 패키지형 공조기가 각 층에 분산배치되므로 유지관리가 번거롭다.
㉡ 실온제어(室溫制御)의 편차가 크고 온·습도 제어의 정도가 낮다.
㉢ 송풍기 정압이 낮으므로 제진효율이 떨어진다.
㉣ 실내에 설치하는 경우 소음·진동대책이 필요하다.

3) 제어법

냉방시에는 그림 4-22와 같이 패키지 본체 또는 실내에 설치된 서모스탯 T_1에 의해 냉동기를 제어하고 난방시에는 실내에 있는 서모스탯 T_2에 의해 가열용 온수 또는 증기밸브 V_1을 또 실내에 있는 휴미디스탯 H에 의해 가습용 온수 또는 증기밸브 V_2를 제어한다. 이때 V_2는 송풍기와 인터록되어 있어서 송풍기가 정지되면 가습용 밸브 V_2는 닫힌다.

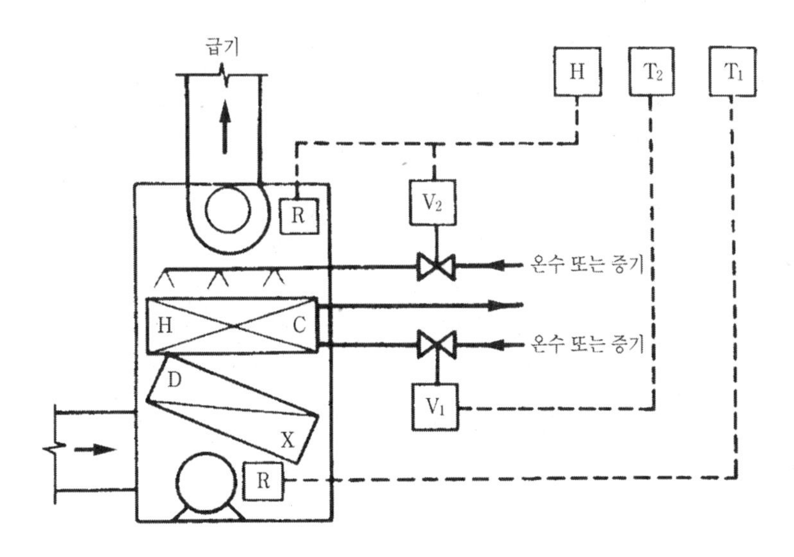

그림 4-22 패키지형 유닛의 제어법

(7) 각층 유닛방식

1) 구성

각층유닛 방식은 중·대규모 건물에서 공기조화기를 중앙기계실에 집중설치하지 않는다. 이 방식은 단일덕트의 정풍량 또는 변풍량 방식 혹은 2중덕트 등 모든 방식에 응용될 수 있고 각 층에 독립된 유닛(2차공조기)을 설치하며 공조기의 냉각코일 및 가열코일에는 중앙기계실로부터 냉수 및 온수(또는 증기)를 공급한다.

그림 4-23은 외기용 중앙공조기(1차공조기)가 1차공기(외기)를 가열·가습 또는 냉각·감습하여 각 층 유닛으로 보내면 환기와 혼합·가열 또는 혼합·냉각되어 취출된다. 과거에는 그림 4-23 (a)과 같이 옥상에 외기 처리용 공조기를 설치해서 각층 유닛에 덕트로서 외기를 도입하는 방식이 많았으나 최근에는 그림 4-23 (b)와 같이 각층에서 외기를 도입하는 방식이 많이 사용되고 있다. 그림 4-23 (b)와 같이 리턴 홴(return fan)과 리턴덕트를 설치하면 이 방식으로도 외기냉방이 가능하다.

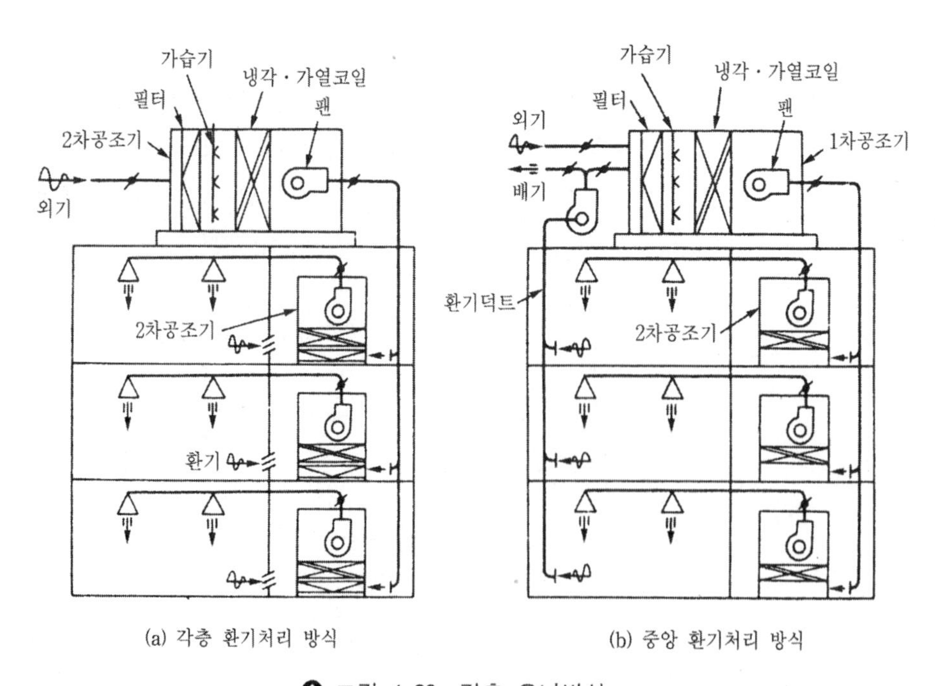

그림 4-23 각층 유닛방식

2) 방식의 특징

① 장점

㉠ 송풍덕트가 짧게 되고 주 덕트의 수평 이동은 각층의 복도부분에 한정되므로 설치가

용이하다.

㉡ 사무실과 병원 등의 각층에 대하여 시간차 운전 등 부분운전에 적합하다.

㉢ 각층 슬래브의 관통덕트가 없게 되므로 방재상 유리하다.

㉣ 중앙기계실의 면적을 적게 차지하고 송풍기 동력도 적게 든다.

㉤ 외기용 공조기가 있는 경우에는 습도제어가 쉽다.

② 단점

㉠ 공조기가 각 층에 설치되므로 설비비가 높아지며 관리하기가 불편하다.

㉡ 각 층마다 공조기를 설치해야 할 공간이 필요하다.

㉢ 각 층의 공조기로부터 소음 및 진동이 발생한다.

㉣ 각 층에 수배관(水配管)을 해야 하므로 누수의 우려가 있다.

(8) 팬코일 유닛방식

1) 구성

팬코일 유닛(fan coil unit : FCU)은 물-공기 방식의 공조방식 중 가장 많이 사용되는 방식이며 그림 4-24와 같이 송풍기, 냉온수 코일 및 필터 등을 내장시킨 유닛을 실내에 설치하고 중앙기계실의 냉・온 열원설비(냉동기, 보일러, 열교환기 및 축열조 등)로부터 냉수 또는 온수나 증기를 배관을 통해 각 실에 있는 유닛(FCU)에 공급하여 실내의 공기를 팬(fan)으로 코일에 순환시킴으로써 냉각 또는 가열작용을 하는 공조방식이다. 유닛내의 필터는 간단한 것이며 실내의 공기청정화에는 거의 도움이 되지 않는다. 그림 4-25는 외기도입형 FCU를 나타내고 있다.

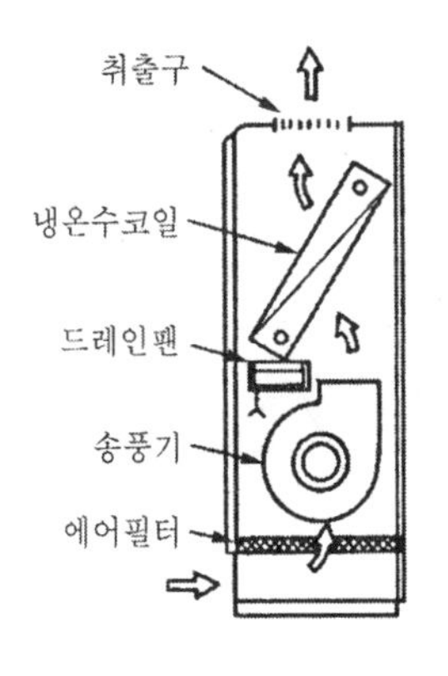

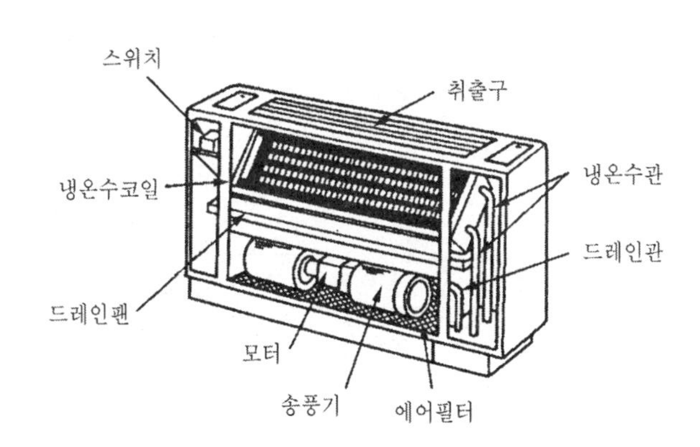

그림 4-24 팬코일 유닛

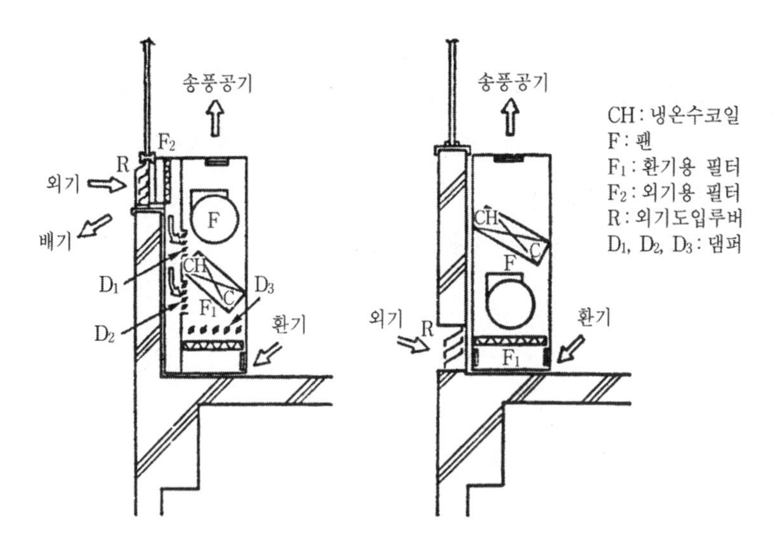

그림 4-25 외기도입형 FCU

사무소 건물 등에서는 FCU를 그림 4-26 창측에 설치하여 이것으로 스킨로드를 처리하고 내부 존의 덕트를 페리미터 존에 연결하여 이것으로서 외기를 도입, 가습부하의 처리를 한다.

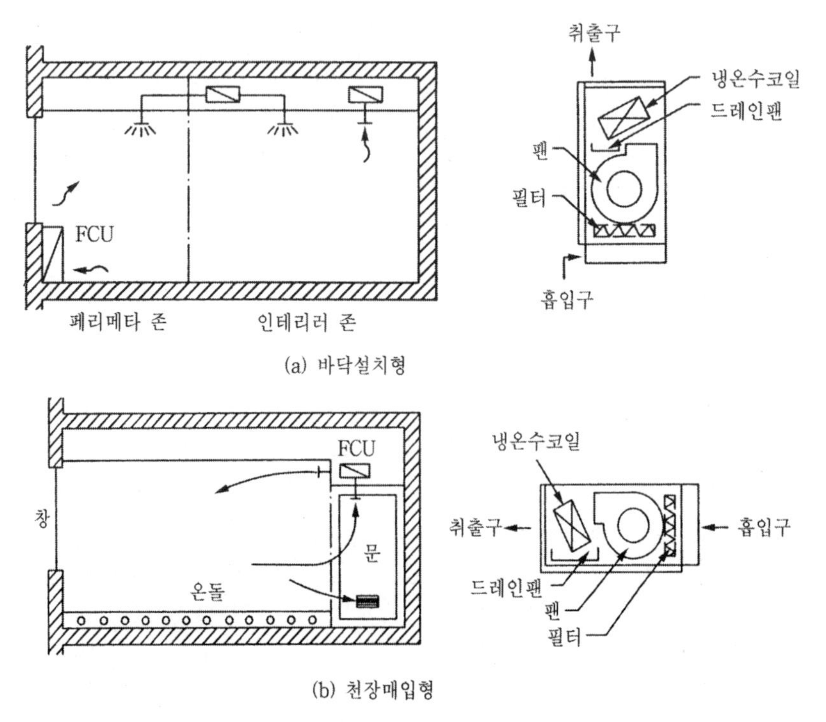

그림 4-26 FCU 배치법

FCU의 위치로서는 동계의 창의 콜드 드래프트(cold draft)를 방지하기 위해서 창의 하부에 설치하는 것이 유리하나 호텔 등에서는 그림 4-26 창의 반대측 천장에 설치하고 FCU의 취출구와 나란히 1차공기의 취출구를 설치하기도 한다.

팬코일 유닛의 배관방식에는 2관식, 3관식, 4관식 등이 있다. 2관식은 냉·온수식 겸용 방식으로서 그림 4-27과 같이 동일배관에 계절별로 냉방시에는 냉수를 보내고 난방시에는 온수를 공급하는 것이다.

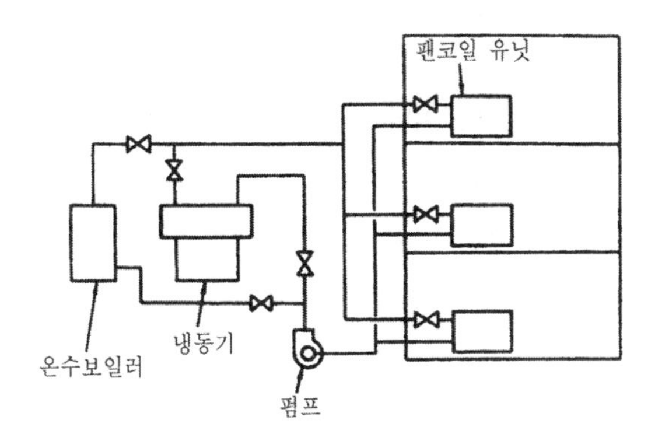

그림 4-27 팬코일 유닛방식(2파이프)

3관식은 그림 4-28과 같이 온수 공급관, 냉수 공급관 및 냉·온수 겸용 환수관으로 구성되어 있으며 환수관에서 냉수와 온수가 혼합하므로 열손실이 발생한다. 4관식은 그림 4-29와 같이 냉수계통과 온수계통이 독립되어 있어서 각각의 공급관과 환수관을 설치하여 각 유닛 또는 각 계통별로 동시에 냉·난방 운전을 할 수 있는 방식이다.

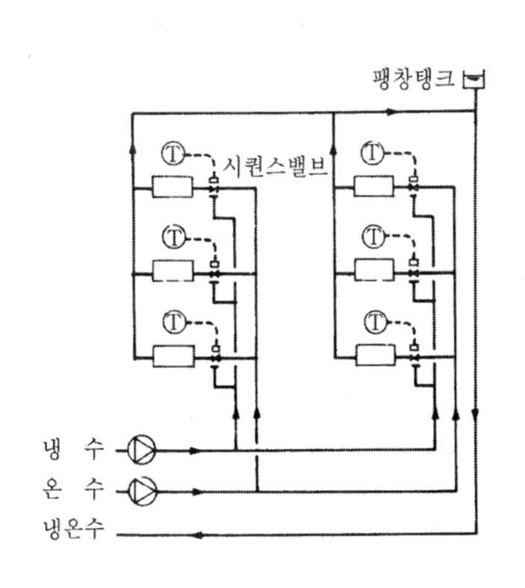

그림 4-28 3관식 변유량 개별방식

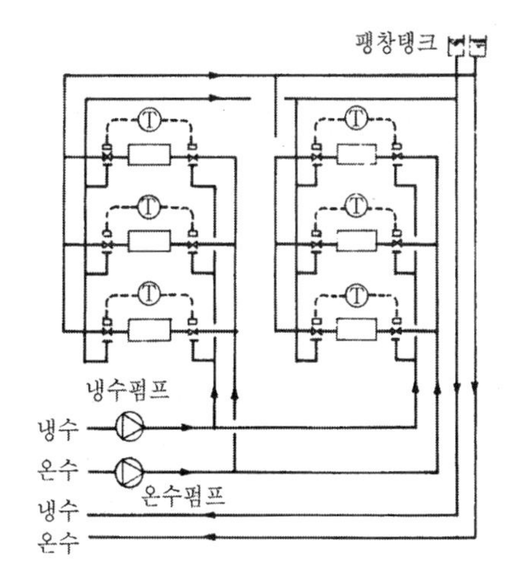

그림 4-29 4관식 변유량 방식

4관식은 혼합손실은 없으나 배관의 양이 증가하므로 공사비 및 배관설치용 공간이 증가한다. 일반적으로 팬코일을 사용하는 경우에는 팬코일 유닛을 단독으로 설치하여 사용하는 경우와 팬코일 유닛과 중앙공조기에 의한 덕트방식을 조합하여 사용하는 경우가 있다.

단독으로 설치하는 경우에는 가습이 불가능하여 습도제어가 곤란하며 덕트와 병용하는 경우에는 대상공간을 외주부와 내주부로 구분하여 외주부의 스킨로드(skin load)인 일사부하, 벽체와 유리의 관류부하를 팬코일 유닛이 담당하고 내주부의 인체부하 조명부하 및 신선공기의 공급 그리고 겨울철의 가습 등을 내주부 계통의 공조기가 처리한다.

2) 팬코일 유닛의 외기 공급방식에 의한 분류

① 외기를 도입하지 않는 경우

소규모의 건물이나 주택 등과 같이 재실인원이 적은 경우에는 외기를 도입하지 않고 팬코일 유닛에 실내공기만을 순화시켜 냉각 또는 가열한다.

② 팬코일 유닛으로 외기를 직접 도입하는 경우

그림 4-25에서와 같이 팬코일 유닛이 설치된 벽을 통해 외기를 직접 도입하여 실내환기와 혼합·냉각 또는 가열하여 취출하는 방식이다.

③ 덕트병용 팬코일 유닛방식

덕트병용 팬코일 유닛방식은 중앙공조기에서 1차 공조기에서 외기를 조화하여 덕트를 통해 각 실로 공급하며 실내유닛인 팬코일 유닛으로는 실내환기를 조화한다. 중앙공조기에서 공급하는 1차 공기는 내부 존의 부하를 처리하며 팬코일 유닛은 건물의 외부존의 부하를 처리한다. 따라서 이 방식은 대형 건축물의 내부 존과 외부 존을 구분하여 공조를 하는 시스템에 적용시킬 때 편리하다

3) 방식의 특징

표 4-3은 팬코일 유닛방식의 특성을 비교한 것이며 장·단점은 다음과 같다.

• 장점

㉠ 외주부의 창문 밑에 설치하면 콜드 드래프트(cold draft)를 방지할 수 있다.

㉡ 개별제어가 가능하므로 부분부하가 많은 건물에서 경제적인 운전이 가능하다.

㉢ 실내부하 변경에 대하여 팬코일 유닛의 증감으로 쉽게 대응할 수 있다.

㉣ 전공기 방식에 비해 외주부 부하에 상당하는 풍량을 줄일 수 있으므로 덕트 설치공간이 작아도 된다.

㉤ 열매로서 물을 이용하므로 공기를 이용할 때보다 이송동력이 적다.

• 단점

㉠ 수배관으로 인한 누수의 염려가 있다.

㉡ 부분부하시 도입외기량이 부족하여 실내공기의 오염이 심하다.

㉢ 실내에 설치된 팬코일 유닛내의 팬으로부터 소음이 있다.

표 4-3 팬코일 유닛방식의 특성 비교

구 분	외기도입이 없는 경우	외기를 직접 도입하는 경우	덕트병용의 경우
설 비 비	적게 든다	비교적 적게 든다	많이 든다
중앙기계실 면적	작 다	작 다	크 다
덕 트 설 비	필요 없다	외기 인입덕트 필요	필요하다
실내 유효 면적	크 다	크 다	작 다
동 력 비	적게 든다	적게 든다	많이 든다
조 닝	어렵다	어렵다	쉽 다
습 도 제 어	어렵다	어렵다	쉽 다
외기량확보	어렵다	비교적 쉽다	쉽 다

4) 제어법

팬코일 유닛의 제어는 그림 4-30의 (a)와 같이 공기측에서의 팬제어와, (b)와 같은 물측에서의 냉·온수 밸브제어가 있다. 공기측에서의 팬제어는 ON, OFF제어와 단계적으로 제어하는 방법이 있으며 물측 제어에는 2방밸브를 사용하는 변유량 제어와 3방밸브를 사용하는 정유량 제어가 있다.

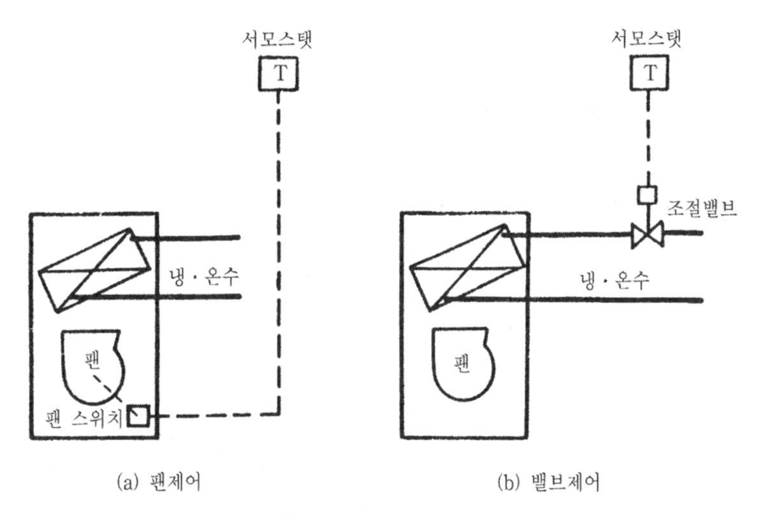

(a) 팬제어 (b) 밸브제어

그림 4-30 팬코일 유닛의 제어

변유량 제어는 펌프측에서의 대수제어 또는 회전수 제어로서 운전비를 절감시킬 수가 있으며 동시사용률을 적용하면 펌프의 용량을 줄일 수 있다.

(9) 유인유닛 방식

1) 구성

이 방식은 실내에 유인유닛(Induction Unit System)을 설치하고 그림 4-31에 나타난 바와같이 1차 공조기로부터 조화한 공기를 고속덕트를 통해 각 유닛에 송풍하면 1차공기가 유인 유닛속의 노즐을 통과할 때에 유인작용을 일으켜 실내공기를 2차공기로 하여 유인한다. 이 유인된 실내공기는 유닛속의 코일에 의해 냉각 또는 가열된 후 2차의 혼합공기로 되어 실내로 송풍되는 방식이다.

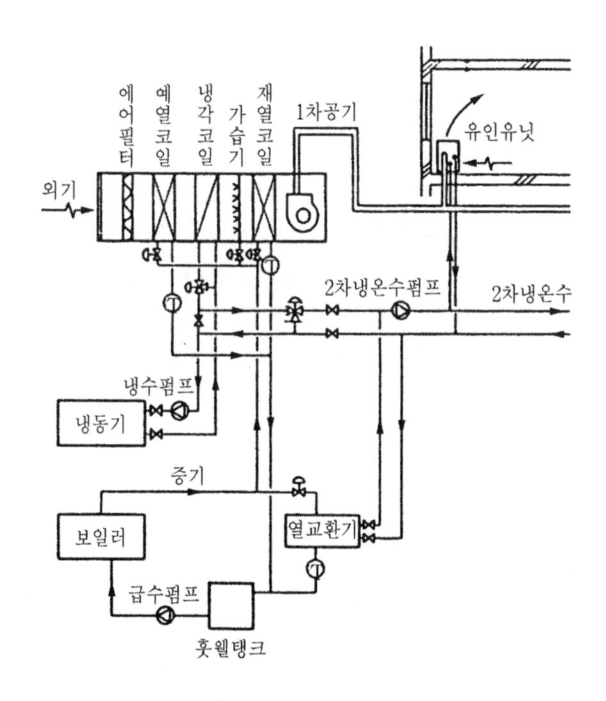

그림 4-31 유인유닛 방식

유인유닛 방식의 구조로는 1차공기를 처리하는 중앙공조기, 송풍덕트(고속덕트)와 각 실에 설치되어 있는 유인유닛 및 냉·온수(증기)를 공급하는 배관에 의해 구성된다. 여기서 1차공기는 보통 외기만 통과하지만 때로는 실내환기와 외기를 혼합하여 통과하는 경우도 있다. 1차공기의 송풍온도는 하절기에는 실내의 잠열을 제거하기 위해 감습된 공기를 송풍하고 동기에는 외기온도가 저하함에 따라서 송풍온도를 높여 송풍한다.

실내유닛은 실내의 부하변동에 따라서 써머스탯 또는 수동으로 2차 냉·온수를 제어하는 수량제어 방식과 2차 냉온수는 일정량 흐르게 하고 바이패스댐퍼에 의해 2차코일을 통과하는 2차 공기량을 조정하는 방식이 있다. 유인유닛의 배관방식은 2차코일의 냉온수량을 조절하기 위한 2관식, 3관식, 4관식이 있으며 각각에 설치되어 있는 자동밸브에 의해 급수량이 제어된다.

유닛으로 들어오는 1차공기를 PA(Primary Air), 2차공기를 SA(Secondary Air), 1차공기와 2차공기가 혼합된 합계공기를 TA(Total Air)라 하면 (TA)/(PA)의 비를 유인비 k라고 한다. 유인비 k는 일반적으로 3~4이며 유닛의 양측으로부터 SA를 흡입하는 이중코일(double coil) 방식일 때는 6~7로 한다.

이 방식은 건물의 페리미터 부분에 설치하여 외주부 부하에 대응하도록 하고 내부 존 부분에서는 단일덕트 정풍량방식 또는 단일덕트 변풍량 방식이 가장 많이 채용되고 있으며 적용은 고층사무소 빌딩, 호텔, 회관 등의 외부 존에 적용된다. 최근의 건물은 유리창이 많아서 태양에 의한 일사량이 변화는 계절, 시각, 방위에 따라 변화가 심하여 겨울철에도 냉방을 해야 하는 존이 생긴다. 따라서 냉·온수를 준비하여 부하의 변동에 대응하도록 하는 방식이다.

2) 방식의 특징

• 장점

㉠ 각 유닛마다 제어가 가능하므로 개별실제어(個別室制御)가 가능하다.

㉡ 고속덕트를 사용하므로 덕트스페이스를 작게 할 수 있다.

㉢ 1차공기와 2차 냉온수를 공급하므로 실내환경 변화에 대응이 용이하다.

㉣ 유인유닛에는 회전부분이 없어 동력(전기) 배선이 필요 없다.

㉤ 1차 공기량이 타방식의 1/3 정도이며 2/3는 실내환기가 유인되므로 덕트 스페이스가 적다.

• 단점

㉠ 각 유닛마다 수배관을 해야 하므로 누수의 염려가 있다.

㉡ 냉각·가열을 동시에 하는 경우 혼합손실이 발생한다.

㉢ 유인성능 및 스페이스의 문제 등으로 고성능 필터의 사용이 곤란하다.

㉣ 송풍량이 적어서 외기냉방의 효과가 적다.

㉤ FCU와 같이 개별운전을 할 수 없고 노즐에서의 공기 분출소음이 크다.

3) 제어법

유인유닛 방식의 제어는 1차공기와 2차 냉·온수의 두 가지 부하를 처리하는 방법이 있으며 건물의 부하특성에 따라 이들 요소를 조합시켜 시스템을 구성할 수 있다. 유인유닛의 제어에는 실내에 설치된 온도 조절기에 의해 냉·온수 조절밸브를 제어하는 경우와 댐퍼를 조작하여 2차공기의 양을 제어하는 경우가 있으며 1차공기 및 2차 냉·온수를 제어하는 방법으로는 그림 4-32와 같은 비전환(非轉換)(non change over) 방식과 그림 4-33과 같은 전환(轉換)(change over) 방식이 있다.

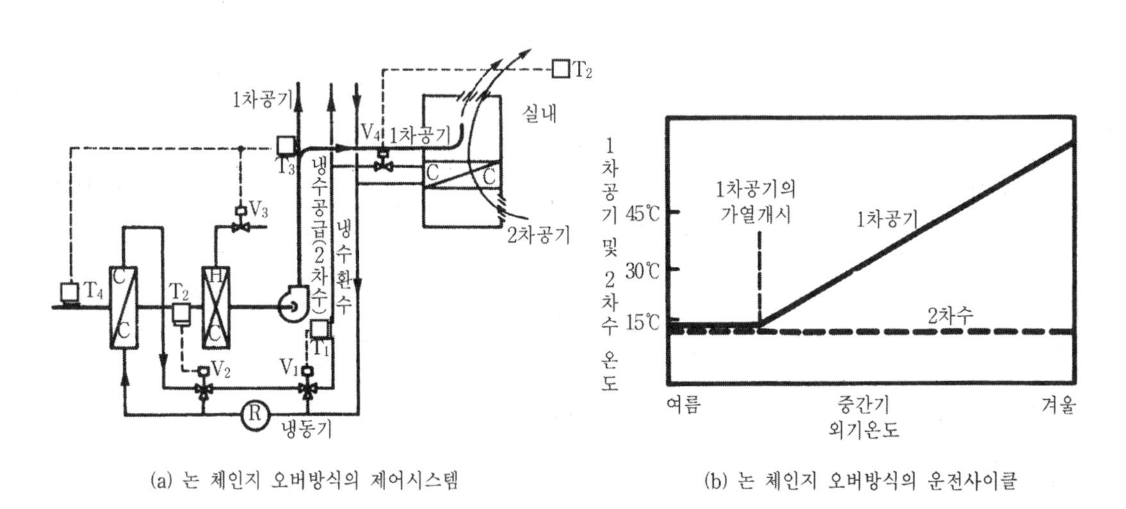

(a) 논 체인지 오버방식의 제어시스템 (b) 논 체인지 오버방식의 운전사이클

그림 4-32 비전환(non change over) 방식

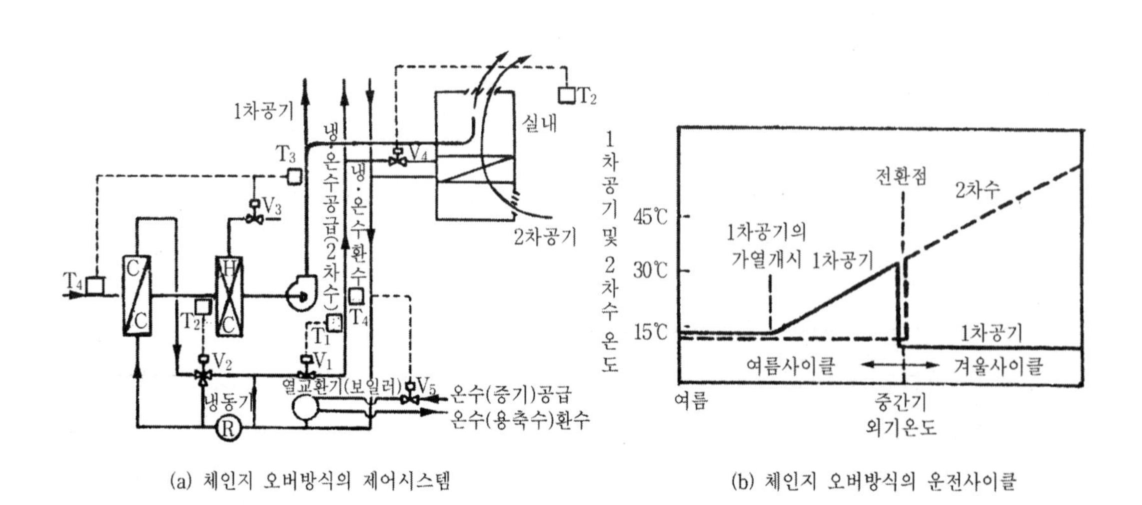

(a) 체인지 오버방식의 제어시스템 (b) 체인지 오버방식의 운전사이클

그림 4-33 전환(change over) 방식

비전환방식은 실내의 유닛에 공급되는 2차 냉·온수는 여름이나 겨울 모두 일정온도의 냉수를 공급하기 위하여 T_1에 의해 3방밸브 V_1을 제어한다. 전환방식의 제어시스템은 그림 4-33의 (a)와 같으며 외기온도가 10~15℃ 부근에서 여름 사이클(summer cycle)이 겨울 사이클(winter cycle)로 변환되고 여름에서 중간기의 전화점까지는 non change over 방식과 동일하다.

그러나 외기온도가 점차 떨어지면 난방부하가 증가하므로 이때 1차공기는 외기를 이용한 냉풍을, 2차 수는 온수를 실내유닛으로 보낸다. 이때 온수인 2차 수의 유량은 2차 수온도 T_1에 의해 3방밸브인 V_1으로 또 2차수온은 T_6에 의해 V_5를 조절하므로 열교환기로(HEX : Heat Exchanger)들어오는 가열용 온수(또는 증기)량을 제어한다. change over 방식으로 운전될 때 계절에 따른 1차공기와 2차 수의 온도변화는 그림 4-33의 (b)와 같다.

(10) 복사 냉난방 방식

1) 구성

이 방식은 파이프코일(혹은 패널)을 바닥이나 천장 또는 벽면을 복사면으로 하며 실내 현열부하의 50~70%를 처리하도록 하고 나머지의 현열부하와 잠열부하는 중앙공조기로부터 덕트를 통해 공급되는 공기로 처리한다. 복사면은 냉·온수를 통하게 하는 패널(panel)을 사용하거나 파이프를 바닥이나 벽 등에 매설하는 경우와 전기히터를 사용하는 경우 또는 연소가스나 바닥 구조체의 온돌을 통하게 하는 경우가 있다.

우리나라의 경우 온돌은 복사난방법의 하나로 뜨거운 연소가스나 온돌바닥을 가열하면 방바닥을 통해 복사열이 실내로 발산되도록 하는 역사적으로 오래된 우리나라 고유의 방법이다. 한편, 근래에는 열의 운반매체로서 온수를 사용한 바닥패널 또는 바닥매설에 의한 복사난방을 하고 있다.

그러나 냉방목적으로의 냉각패널을 사용한 경우 우리나라는 여름이 고온다습한 기후이기 때문에 복사면의 표면에 결로(結露)가 생기게 된다. 따라서 패널 표면온도를 실내의 노점온도보다 높게 할 필요가 있으며 제습을 위해서는 냉각감습한 공기를 송풍하여 노점온도를 낮추어야 한다.

여기서 복사패널은 바닥이나 천장에 설치하게 되는데 난방을 위한 온수패널은 바닥에, 냉방을 위한 냉수패널은 그림 4-34와 같이 천장에 설치하며 그림 4-35는 복사 냉·난방에서의 실내온도 분포를 나타내고 있고 또한 각종 난방방식에서 수직온도 분포를 그림 4-36에 나타낸다.

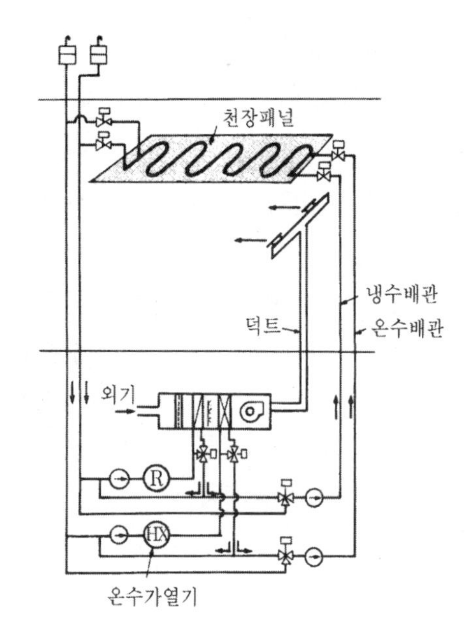

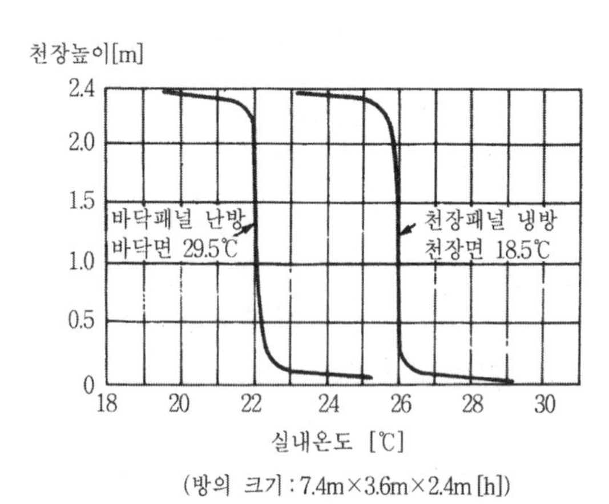

그림 4-34 패널에어 방식 계통도

그림 4-35 복사 냉·난방에서의 실내온도 분포 예

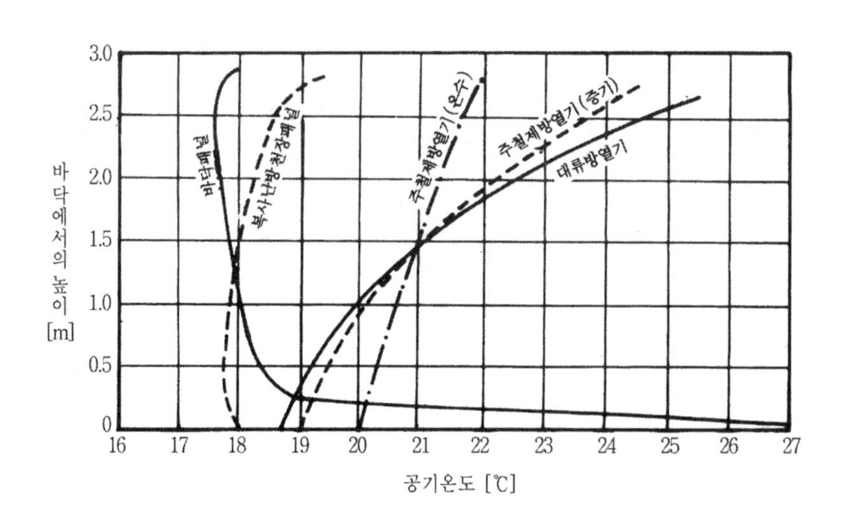

그림 4-36 각종 난방방식에서의 수직온도 분포

2) 방식의 특징

• 장점

㉠ 복사열을 이용하므로 쾌감도가 높다.

㉡ 냉난방부하를 복사열로 처리하므로 전공기 방식에 비하여 덕트크기를 작게 할 수 있다.
㉢ 냉방시에 조명부하나 일사에 의한 부하를 쉽게 처리할 수 있어 실내온도의 제어성을 높일 수 있다.
㉣ 바닥에 기기를 배치하지 않아도 되므로 이용공간이 넓다.
㉤ 건물의 축열을 기대할 수 있다.

• 단점

㉠ 구조체의 예열시간이 길고 일시적 난방에는 부적당하다.
㉡ 배관매설을 위한 시설비가 많이 들며 보수 및 수리가 어렵다.
㉢ 방의 모양을 바꿀 때 융통성이 적다.
㉣ 냉방시에는 패널에 결로(結露)의 염려가 있으며 잠열부하가 많은 공간에는 부적당하다.
㉤ 전공기식에 비하여 풍량이 적으므로 보통 이상의 풍량을 필요로 하는 경우에는 적당하지 않다.

(11) 바닥취출 공조방식

1) 개요

바닥취출 공조방식은 전공기 방식의 일종으로 그림 4-37에 나타난 바와 같이 이중바닥, 실내, 천장 3개의 공간으로 구성되어 있는 것이 일반적이다.

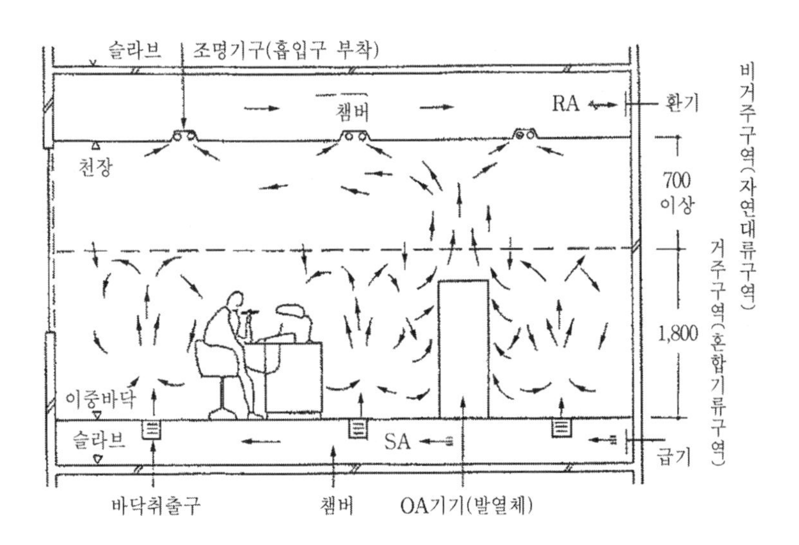

그림 4-37 바닥취출 공조방식

실내공간을 거주구역과 비거주지역으로 구분하고 거주구역을 공조공간으로 하는 것을 전제로 하고 있다. 이 방식은 공조기에서 공조공기가 덕트 또는 챔버(이중바닥내 공간)에 의해 이중바닥면에 설치된 각 바닥취출구로 공급되어 실내로 취출되는 방식이다.

즉 이중바닥을 OA기기 등의 케이블 배선공간 및 공조공기용 공간으로서 사용하는 것이다. 또한 이 방식은 바닥 취출구를 거주자의 근처에 설치함으로써 개인의 기분이나 신체리듬에 맞게 풍량, 풍향 또는 온도를 자유롭게 조절할 수 있는 거주성 중시의 「쾌적공조 시스템」이라고 말할 수 있다.

2) 특징

• 장점

㉠ 천장덕트와 같이 고정된 설비가 적어 실용도 변경, 실내의 칸막이 변동 및 부하증가에 따른 대응이 용이하다.

㉡ 천장덕트 사용을 최소화할 수 있어 건축층고를 줄일 수 있으며 건축전체의 비용이 감소한다.

㉢ 바닥 취출구는 거주자의 근처에 설치해 개개인의 기분이나 체감에 맞게 풍량 혹은 풍향을 조정할 수 있기 때문에 쾌적성이 향상된다.

㉣ 환기횟수가 증대하며 거주자의 머리와 발사이의 온도차를 약 2℃ 이내로 제어할 수 있다.

• 단점

㉠ 가압식의 경우 공조공기를 이중 바닥내로 균일하게 분포시키기 위해서 배선케이블 등의 장해물은 이중바닥 높이의 1/4 이하로 제한하는 것이 필요하며 급기거리도 18m 이하로 제한된다.

㉡ 바닥 취출구에서의 취출되는 온도와 실내온도와의 차이가 10℃ 이상이면 드래프트 현상을 유발할 수 있다.

㉢ 공조기가 거주구역에 가까이 설치되므로 소음대책에 유의하여야 한다.

㉣ 바닥 취출구의 성능이 전체성능을 좌우하므로 충분한 검토를 하여야 한다.

3) 자동제어

정풍량 방식 및 변풍량 방식과 동일한 자동제어로 구성된다. 즉 실내온도제어, 습도제어, 급기온도제어, 풍량제어, 정압제어 등이 있다.

표 4-4 바닥취출 공조방식의 비교

구분			개념도	개요
급기	압력	순환		
덕트 방식	가압식	바닥취출 천장리턴	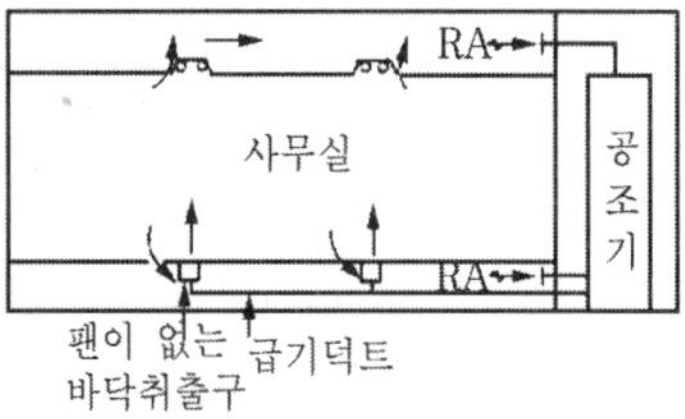 RA 사무실 공조기 RA 팬이 없는 바닥취출구 급기덕트	공조공기는 급기덕트를 통해서 이중바닥의 바닥취출구로 공급되어 각 바닥취출구에서 실내로 강제적으로 송풍된다. 환기는 대부분이 천장내에서 환기되고 일부는 이중바닥 챔버를 경유하여 공조기로 환기된다.
덕트 방식	등압식	바닥취출 천장리턴	등압챔버 방식 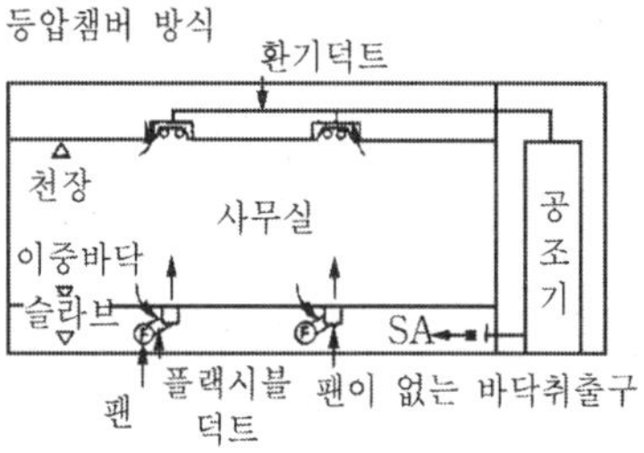 환기덕트 천장 사무실 이중바닥 슬라브 공조기 SA 팬 플랙시블 덕트 팬이 없는 바닥취출구	이중바닥을 공조용 등압 챔버로 사용하는 것으로 공조기에서 이중바닥내로 송풍되는 공조공기와, 이중바닥내로 유인된 실내공기가 혼합된 후 이중바닥내에 설치된 팬 및 플렉시블 덕트를 통해 바닥취출구에 접속되어 실내에 강제적으로 송풍하며 환기는 천장 환기덕트를 통해 환기한다.
챔버 방식(플레넘 방식)	가압식	바닥취출 천장리턴	가압챔버 방식 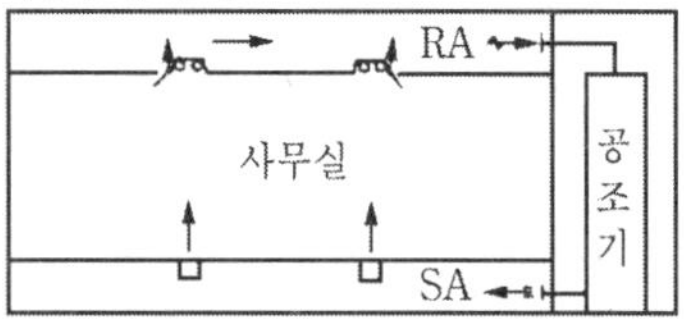 RA 사무실 공조기 SA	이중바닥을 공조용 가압챔버로 사용하는 것으로 이중바닥내를 실내보다 약간 양압으로 유지함으로써 이중바닥 내와 실내간의 차압을 이용하여 팬이 없는 바닥취출구에서 공조공기를 실내로 자연스럽게 송풍하며 천정플레넘을 통해 환기한다.
챔버 방식(플레넘 방식)	등압식	바닥취출 천장리턴	등압 급기챔버 방식 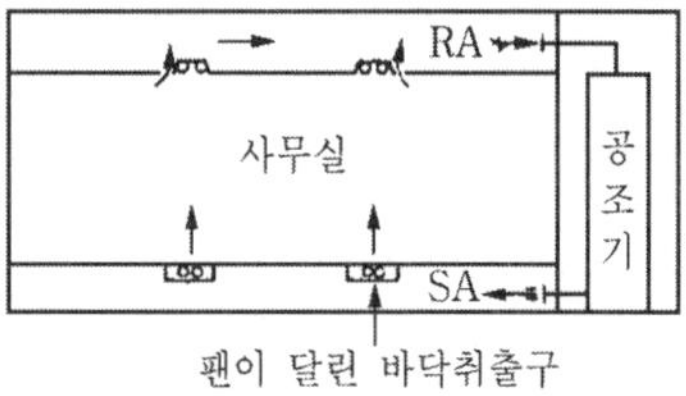 RA 사무실 공조기 SA 팬이 달린 바닥취출구	이중바닥을 공조용 등압챔버로 사용하는 것으로 이중바닥내는 실내와 등압 혹은 약간 가압으로 되어 팬이 달린 바닥취출구에서 공조공기를 실내공기와 혼합하여 실내로 강제적으로 송풍하며 천장플레넘을 통해 환기한다.
챔버 방식(플레넘 방식)	등압식	바닥취출 바닥리턴	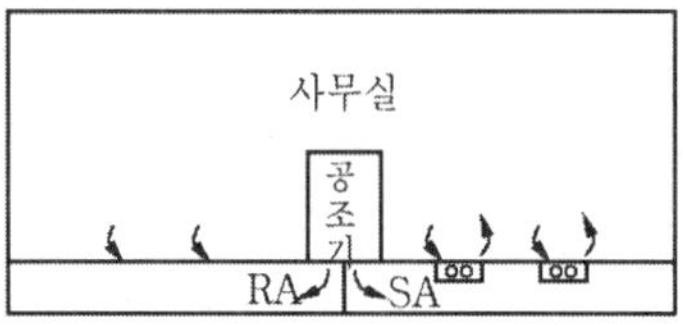 사무실 공조기 RA SA	이중바닥을 공조용 등압챔버로서 사용하며 바닥하부에 칸막이를 설치하여 급기챔버와 환기챔버로 나누어 사용하는 것으로 팬이 달린 바닥취출구에서 공조공기를 실내공기와 혼합하여 실내로 강제적으로 송풍하며 다른편 바닥의 환기챔버를 통해 환기한다.

(12) 저온공조 방식

1) 저온공조의 개요

저온공조 시스템은 공조기의 냉수온도를 낮추어 저온공기를 공급하여 급기풍량을 줄임으로써 덕트 크기 및 층고를 줄이는 공조시스템으로 열원플랜트에서 기존 공조시스템에서보다 낮은 온도(약 1~4℃)의 냉수를 공급함으로써 공조기 냉수코일에서는 열량의 전달이 용이해져 냉수의 입출구 온도 차이가 기존 시스템(약 5℃)보다 증가(약 10~12℃)하게 되어 코일내의 필요유량이 감소하게 되며 이는 냉수순환 시스템의 펌프동력 절감효과와 배관지름 감소의 효과를 가져오게 된다.

2) 저온공조의 장점

① 초기 설비비 절감

저온공조는 필요한 급기의 양을 줄임으로써 팬과 덕트동력의 감소로 인한 기계설비의 절감을 가져온다.

② 건물의 층고감소

작은 덕트 크기는 단위층고를 낮추고 구조물, 건물의 외장 그리고 다른 건물시스템의 상당한 절감을 가져다준다.

③ 낮은 상대습도로 인한 쾌적성 향상

낮은 습도의 공기는 재실자에게 상쾌함과 쾌적성을 제공한다.

④ 팬동력 감소로 운전비 절감

줄어든 공기 송풍량으로 송풍기 에너지소비는 30~40% 절감된다.

⑤ 냉방부하 증가시 유연성 제공

기존 공조시스템의 냉방부하 증가로 인하여 설비개선이 요구될 때 저온공조방식을 사용하면 기존덕트 및 배관의 설비추가 없이 냉방용량을 증가시킬 수 있는 장점이 있기 때문이다.

3) 문제점에 대한 대안

① 줄어든 급기량과 실내공기의 질

② 덕트와 취출구에서의 결로

③ 저온공조시스템과 열원설비 선정

④ 저온공조시 콜드드래프트로 인한 불쾌감

4) 저온공조 시스템 설계

• **급기온도의 선택**

공조설계의 급기온도는 공조시스템설계의 거의 모든 부분에 영향을 미친다.

① 급기온도가 낮아질수록

㉠ 팬과 덕트의 크기가 감소

㉡ 팬발열량과 팬소비전력의 감소

㉢ 팬과 덕트에 필요한 공간의 감소

㉣ 잠열부하와 냉방에 관련된 에너지 감소

㉤ 냉각코일 전열면적의 감소와 열수의 증가

㉥ 급기를 확산시키거나 완화시키는데 필요한 조건의 증가

㉦ 환기량 중의 외기비율 증가(절대 외기량은 일정)

설계된 설비계획에 적합한 온도를 결정하기 위해 이런 요소들의 평균을 취하는 검토가 있어야 한다.

② 다음 조건을 만족하는 최적의 급기온도 선정은 설치비와 운전비를 절감할 수 있다.

㉠ 현열과 잠열냉방부하 둘 다를 만족시킨다

㉡ 전 부하 상태시에도 충분한 환기를 제공한다

㉢ 적당한 공기확산성능을 제공한다

㉣ 적절한 소음운전이 가능하다

㉤ 최적의 급기온도의 검토한계는 각각의 적용에서 다를 것이다.

㉥ 기후조건, 열적 쾌적감, 음향적 쾌적성의 충족, 사용용도와 재실형태 그리고 운전비와 설비비의 상대적 중요성은 각각의 계획하에 다양하게 나타날지도 모른다. 이런 요소들은 모두 건물목적에 따른 발주자의 요구에 부합되어야 한다.

5) 자동제어

공조시스템의 첫번째 목적은 시스템이 서비스하는 각 존(zone)마다에 적당한 환기를 공급하고 건구온도를 제어하는 데 있다. 두번째의 목적은 상대습도의 제어이다. 이들은 통상 다음의 요소들을 제어함으로써 그 목적을 달성할 수 있다.

① 중앙시스템에 의해 공급된 외기도입량의 제어

② 중앙시스템에 의해 공급된 전송풍량, 송풍온도

③ 각 존에 공급되는 송풍량, 송풍온도

(13) 공조방식의 비교

다음의 표 4-5는 각종 공조방식들을 결정 요인별로 비교하여 나타낸 것이다.

표 4-5 각종 공조방식의 비교

분류		검토항목 / 대표적인 공조방식	①	②	③	④	⑤	⑥	⑦	⑧	⑨	⑩	⑪	⑫	⑬
			설비과	팬·펌프동력비	에너지혼합손실	기계실스페이스	덕트·배관스페이스	개별제어	시간외운전	외기냉방	보수관리의난이	시공기술의정도	페리미터존	인테리어존	비고
중앙방식	공기방식	정풍량단일 덕트방식	소~중	중	소~중	대	대	-	가	가	보	보	○	○	중급빌딩
중앙방식	공기방식	변풍량단일 덕트방식	중	소~중	소	중	중	가	가	가	보	고급	◎	◎	고급빌딩
중앙방식	공기방식	이중덕트방식	중~대	대	대	중~대	중~대	가	가	가	보	고급	○	◎	고급빌딩
중앙방식	수-공기병용방식	단일덕트 재열방식	중~대	중	중	대	대	가	가	가	보	고급	○	○	고급빌딩
중앙방식	수-공기병용방식	각층유닛방식	중	소	소	중~대	중~대	-	가	가	보	보	○	◎	사무소 건물
중앙방식	수-공기병용방식	FC유닛방식 덕트병용(2관식)	소~중	소	중	소	소	<가>	-	-	용이	보	◎	-	사무소, 호텔, 병원
중앙방식	수-공기병용방식	FC유닛방식 덕트병용(4관식)	중~대	소	소	소	소	가	-	-	용이	고급	◎	-	고급사무소 건물, 호텔
중앙방식	수-공기병용방식	유인유닛방식 (2관식)	중	소~중	중	중	중	가	-	-	용이	보	○	-	사무소, 호텔, 병원
중앙방식	수-공기병용방식	유인유닛방식 (3관식)	중~대	소~중	소	중	중	가	-	-	용이	고급	◎	-	고급사무소 건물, 호텔
중앙방식	수-공기병용방식	복사냉난방 덕트병용	대	소	소	중	중	가	가	-	보	고급	○	○	고급사무소 건물
개별방식	냉매방식	패키지유닛방식 (소형유닛)	소~중	소	소	소	소	가	가	-	용이	보	◎	<○>	중·소규모 건물
개별방식	냉매방식	패키지유닛방식 덕트병용	소~중	소	소	소	소	-	가	-	용이	보	○	○	중·소·대 규모 건물의 부분공조

(주) ① 설비비의 대중소는 개략이며 참고로 나타낸 것이다.
② ○표시보다 ◎표시의 편이 보다 적합하다는 것을 나타낸다.
③ 개별제어의 가는 자동제어를 설치리한 개별제어를 말한다.
④ FC유닛방식 덕트병용의 경우에서는 페리키터존에 FCU를 설치하고 인테리어 존에는 덕트를 쓴 공조방식이다. 인테리어존의 란은 생략했다.
⑤ 에너지 혼합손실 가운데서 본 표에서는 재열에 의한 에너지 손실을 포함시킨 경우를 나타낸다.
⑥ 시간외 운전이란 통상의 경우 8시 30분부터 17시 30분 정도로 그 이외의 잔업근무 및 야간 등의 경우를 말한다.

공조방식은 공조를 하기 위해 구성된 시스템을 의미하며 공조방식을 결정할 때에는 각종 건축물의 규모와 실내조건에 따라 선택이 다를 수 있으므로 기존방식 중에서 경험적으로 선정하거나 적용하고자 하는 건물에 최적의 선택이 될 수 있도록 다음 사항을 고려하여야 한다.

① 건물의 규모, 구조, 용도　　② 설비비 및 운전비의 경제성
③ 공조부하에 대한 적응성　　④ 조닝에 대한 적응성
⑤ 설비 기기류의 설치공간　　⑥ 온·습도를 포함한 실내 환경성능의 정도
⑦ 사용자 및 유지관리자의 취급과 조작성의 간단 여부

4-3 열원방식

(1) 열원방식의 선정

공조설비의 열원방식을 선정할 때에는 기기에 대한 검토와 에너지에 대한 검토로 대별하여 선정하며 기기검토는 공조 계통별의 열부하 계산에서 얻어진 열원설비부하(동시부하율 및 여유율 고려)로 결정된 열원용량을 기초로 하여 기기자체에 대한 고정비, 변동비, 신뢰성 등에 대하여 검토한다.

또한 에너지에 대한 검토는 에너지의 전반적인 동향에 관심을 갖고 공급 안정성이나 가격 안정성에 대하여 집중적으로 검토한다. 열원기기의 대수는 건설비, 설치공간, 관리성 등을 고려하여 가능하면 적은 것이 유리하나 운전비의 면에서는 냉·온열원 중 어떤 것이든 저부하시에 저효율로서 대용량의 기기를 운전하는 것은 불리하다.

따라서 기기의 운전패턴이나 연간부하의 계산을 시행하고 그 결과와 기기의 특성을 고려한 제어방식을 수립하여 최적 운전대수를 결정한다. 한편 열원방식을 선정할 때에는 전부하 상당시간이 사용되며 일반적으로 전부하 상당시간(equivalent full load hour)을 구할 때에는 다음 식을 적용한다.

$$\text{전부하상당시간} = \frac{\text{연간공급열량}}{\text{열원기기용량}}$$

전부하 상당시간은 건물의 종류, 열원방식, 용도, 지역특성에 따라서 달라진다. 한편 주요 열원설비인 냉동기와 보일러에는 펌프, 냉각탑, 탱크 등의 보조기기가 부대설비로 설치된다.

(2) 열원방식

공기조화설비의 열원방식은 냉방 및 난방을 위해 사용되는 냉수, 증기, 온수 등이 있으며 냉열원 설비에서는 일반적으로 전기 에너지에 의한 전동 냉동기를 사용하고 온열원으로는 경유, 중유, 천연가스를 연료로 하는 보일러를 사용하는 방식이다.

1) 전동 냉동기와 보일러 병용방식

냉열원 설비로는 왕복동식 냉동기 또는 터보 냉동기와 온열원 장치로는 보일러를 설치하는 방식으로 흡수식 냉동기가 개발되기 이전에는 대부분의 건물에서 이 방식을 적용하는 경향이었으나 최대 전력수요가 여름철에 발생하는 선진국형으로 바뀌면서 여름철 전력수요가 급증하여 발전설비 용량의 부족현상이 발생하여 최근에는 이 방식의 적용이 제한되고 있는 설정이다. 그러나 이 방식은 역사가 길고 운전보수가 용이하며 신뢰성이 높을 뿐만 아니라 설비비가 저렴하므로 앞으로도 계속해서 이용될 것으로 판단된다.

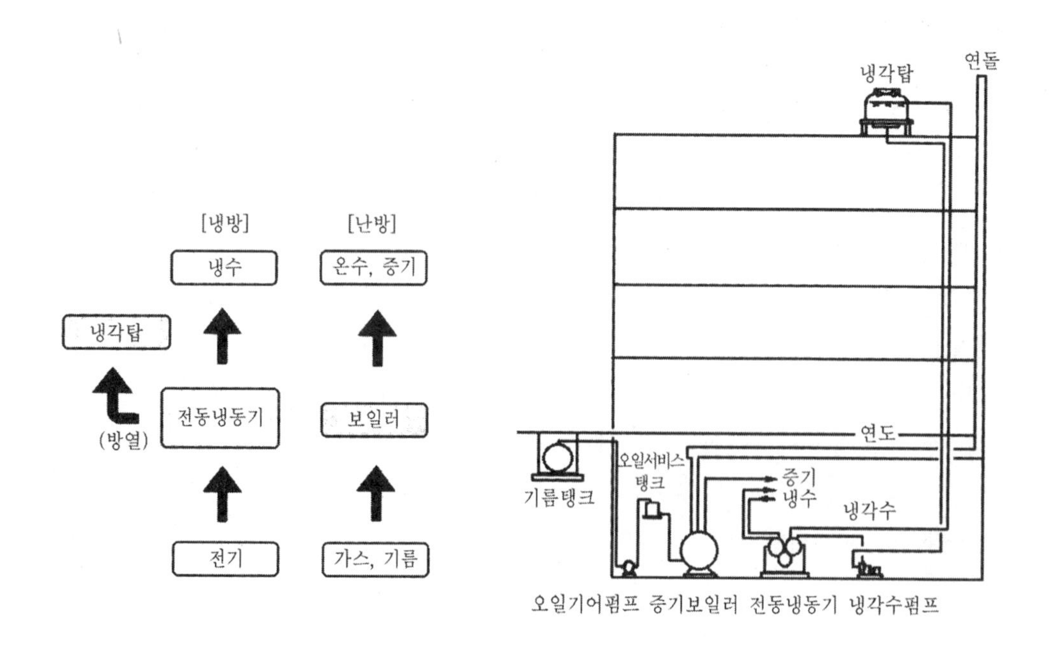

그림 4-38 전동냉동기+보일러 방식

2) 흡수식 냉동기와 보일러 병용방식

냉열원 설비인 흡수식 냉동기는 1중효용과 2중효용이 있으며 온열원 장치로는 보일러를 설치하는 방식이며 일반증기(증기압력 0.1[MPa] 정도)를 사용할 때에는 전동터보 냉동기에 비하여 운전비가 높아진다.

이중효용 흡수냉동기는 1RT당 약 4.5[kgf/h]의 고압증기(증기압력 0.8[MPa] 정도)를 필요로 하며 전동터보 냉동기에 비하여 운전비는 싸지만 설비비가 비싸지므로 열원 설비비만 아니라 특별고압 수전설비비 및 이에 수반하는 설치공간 등에 대한 총체적인 비용을 검토한 다음 결정하여야 한다.

흡수식 냉동기는 전동기에 의한 냉매방식이 아니므로 전기 사용량이 적어 사용이 증대되고 있으며 전동냉동기에 비해 운전비가 저렴하지만 설비비가 비싸다. 이 방식은 흡수제에 혼입된 냉매를 분리시키기 위해 여름에도 보일러를 가동하여 증기를 생산하므로 병원이나 공장과 같이 연중 고압의 증기를 사용하는 경우에 적절한 방식이다.

흡수냉동기는 전동냉동기에 비하여 주전동기 상당분의 동력용량을 차감하면 되므로 30,000 m^2 정도의 건물에서 특별고압 수전설비가 필요한 경우에도 흡수식 냉동기를 적용하면 보조기기류가 단순하고 동력용량이 적어서 특별고압 수전설비가 필요 없다.

냉동기 본체의 소음, 진동이 적을 뿐만 아니라 부분부하 특성이 우수하다는 장점이 평가되어 우리나라에서도 전력설비의 최대부하를 삭감할 수 있는 냉열원으로 각광을 받고 있다. 그림 4-39에 흡수식 냉동기와 보일러의 병용방식을 나타낸다.

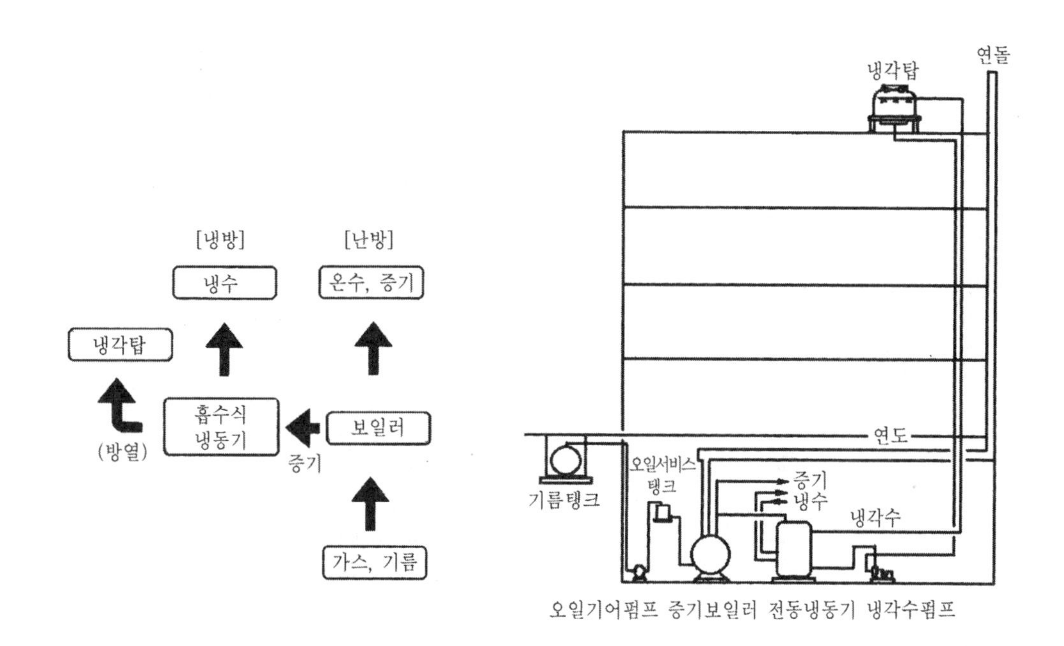

그림 4-39 흡수식 냉동기+보일러 방식

3) 흡수식 냉온수기 방식

냉·난방 겸용 열원으로 이용되는 냉온수 발생기는 보일러 부분과 흡수식 냉동기 부분을 일체화시킨 것으로 연료를 직접 연소시키는 구조로서 연료 소비량은 3,315W(1RT당, 이중효용 30% 에너지 절약형)이다. 냉·온수 발생기에는 냉수와 온수를 변환시켜 사용하는 경우와 냉수와 온수를 동시에 취출하여 사용하는 경우가 있다. 가스를 연료로 사용하게 되면 가스배관을 직접 연결하므로 연료의 공급 및 유지관리가 간단하며 일반적으로 가스직화식을 선정한다.

이 방식의 흡수식 냉동기와 보일러의 조합방식보다 유리한 장점으로는 직화식 연소장치 부분의 보일러와 거의 동일한 구조이므로 진공식 온수기의 관내압과 같아서 보일러의 법규제를 받지 않으므로 취급자격 제한이 없으며 냉동기와 연소장치 부분이 일체화되어 있어서 설치면적을 최소화할 수 있다는 것 등이다.

그래서 최근 도시가스의 보급이 일반화되면서 증기의 직접이용이 없는 건물에 대하여 권장되고 있다. 이 방식은 난방을 위한 온수온도가 높지 않으며 증기를 제조할 수 없기 때문에 증기를 필요로 하는 건물에는 부적당하며 별도의 증기 보일러 설치가 필요하다. 그림 4-40에 흡수식 냉온수기 방식을 나타낸다.

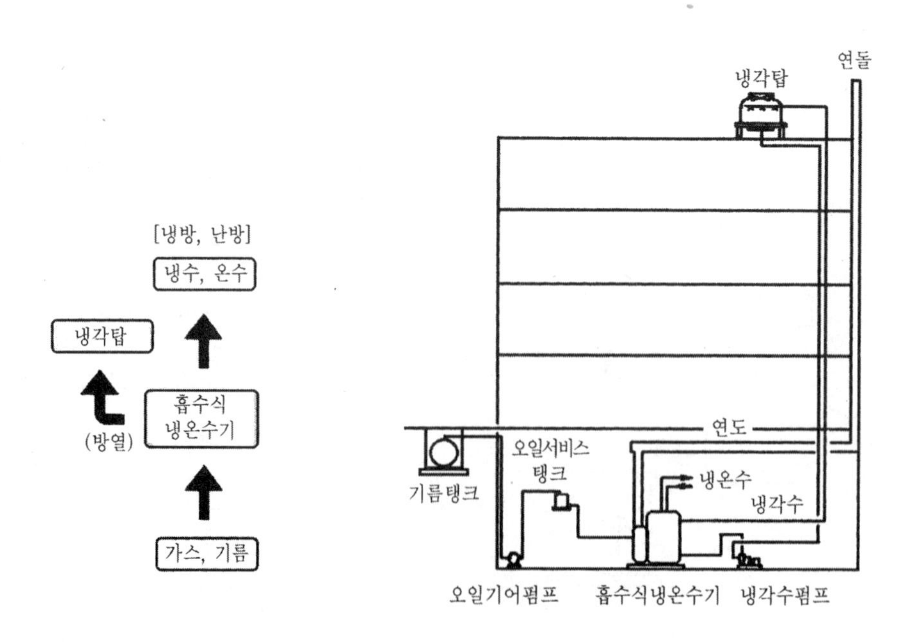

그림 4-40 흡수식 냉온수기 방식

(3) 열원설비의 특징

1) 왕복동식 냉동기

왕복동식 냉동기는 공조용으로 7~386kW 용량범위 내에서 많이 이용되며 설비비면에서 다른 형식에 비하여 저렴하다. 일반적으로 압축기 용량이 15kW 정도까지는 소형으로 값이 저렴한 전밀폐형이며 그 이상은 내구성이나 서비스성을 고려하며 반밀폐형이다. 한편 30kW 이상의 대형 냉동기는 고속 다기통으로 반밀폐형과 개방형의 것이 있다.

일반적으로 왕복동식 냉동기는 소·중규모의 건물에서 사용되는 일이 많으며 원심식(터보) 냉동기와의 사용상 분기점을 용량으로 구분하면 대체로 352kW 이상이 터보 냉동기, 그 이하를 왕복동식 냉동기로 구분한다.

2) 터보 냉동기

터보 냉동기를 일반 공조용으로 사용할 때에는 거의 밀폐형이 사용되며 용량은 80~3,860kW 정도의 것이 이용된다. 사용냉매는 R-11, R-113 등과 같은 저압냉매가 이용되므로 고압가스 안전관리법의 적용을 받지 않는다.

터보 냉동기는 공기조화의 분야에서 사용되기 시작한지 약 50여년의 역사를 갖고 있으며 압축기의 성능향상, 단단화, 고속 소형화, 밀폐화 등을 달성하여 상당히 높은 질적 향상이 이루어졌고 에너지 절약, 절수, 소음방지, 무고장 무보수(無故障 無補修)에 대한 연구개발이 활발하게 진행되고 있으며 최근 CFC 규제에 따라 대체냉매의 개발과 사용이 진행되고 있다.

표 4-6 각종 냉동기 방식의 비교

구 분		장치 규모	설치비	운전비	용 량 제어성	설치 장소	진동 소음	보수 관리	적용 예	용 도
왕복동식	공 랭 식	소~중	A	B	A	A	B	A	많 음	소규모 건물
	수 냉 식	소~중	B	B	B	B	A	B	많 음	소규모 건물
터 보식	수냉식(전동)	중~대	B	B	B	B	B	B	많 음	중·대규모 건물
	공랭식(전동)	중	D	B	B	C	C	B	적 음	
	복수터빈구동	대	D	A	C	C	C	C	적 음	지역 냉방용
흡 수 식	냉온수발생기	중~대	A	B	B	A	A	C	많 음	중규모 건물
	증 기 식	대	B	C	A	C	A	C	중 간	증기가 필요한 호텔
스크류식	공 랭 식	중~대	C	B	A	A	D	A	적 음	
	수 냉 식	중~대	B	B	B	B	C	B	적 음	

3) 보일러

일반적으로 온수 보일러 또는 증기 보일러가 사용되며 보일러의 용량, 증기압력, 보일러 출력 등에 의하여 종류 및 크기를 결정한다. 보일러 설비는 냉동기 설비에 비하면 관련기기도 많고 복잡하며 그 구성은 보일러 본체, 연료저장, 연소 및 통풍, 연돌, 급수, 수처리 및 자동제어 등으로 구분된다.

그 중에서 중유 또는 등유, 고압의 압력용기, 배연설비 등이 소방, 공해방지 등의 점에서 구조, 설치, 취급, 기타 사항에 대하여 법령의 규제를 받는다. 따라서 보일러 설비의 계획, 검토는 단순히 기능이나 경제상의 관점에서뿐만 아니라 발주자의 요구를 충분히 이해하고 제반법규에 대한 검토가 필요하다.

사용연료는 경제성뿐만 아니라 공해에 대한 고려, 장래의 에너지 공급, 비상시의 비축, 연간 사용량 등을 검토하여 선정하며 대형 플랜트에서는 배기가스 중의 NO_x 농도를 억제하기 위하여 NO_x 장치를 설치하고 기록, 감시하여야 하며 매연과 SO_2가 없는 도시가스를 연료로 사용하도록 규제하고 있다.

4) 외부열원 열펌프

냉동기의 원리에서 응축기에서의 방열을 온수 또는 온풍으로 변환시켜 난방용으로 이용하는 것을 열펌프라 한다. 물을 열원으로 이용하는 방식에서는 지하수, 하천수 등의 자연수를 이용하며 공기를 열원으로 이용하는 방식은 심야전력 이용과 연결하여 보급하고 있으나 이 방식은 설비비가 높아지고 물열원 방식에 비하여 *COP*가 낮으며 운전소음이 크다는 단점 이외에 외기온도가 낮을 때의 운전불능 문제, 물열원 방식에 비하여 동력비가 높다는 이유로 배기열을 확보할 수 있는 건물에서만 채용된다. 열펌프 방식은 보일러와 같이 많은 양의 고온의 열을 일시적으로 얻을 수 없다.

그래서 일반적으로 사무소 건물인 경우 난방부하를 엄밀히 계산하고 건물의 열특성을 충분히 파악할 필요가 있다. 또한 열펌프 방식은 보일러와 같은 연소과정이 없기 때문에 대기오염이나 화재의 위험이 없고 1대의 장치로서 냉열원 및 온열원을 얻을 수 있을 뿐만 아니라 설치공간을 절약할 수 있다. 그러므로 열펌프 방식은 열원설비의 영원한 과제인 자원절약, 에너지 절약대책의 주역으로서 앞으로 더욱 발전할 것으로 기대된다. 열펌프 방식의 효율을 나타내는 성적계수(*COP*)는 응축기의 방열량을 압축기 일량의 열량 환산값으로 나누어 다음 식과 같이 표시한다.

$$COP = \frac{q}{W} = \frac{h_4 - h_1}{h_4 - h_3}$$

여기서 COP : 성적계수, q : 응축기의 방열량, W: 압축기의 일량
$h_1 \sim h_4$: 모리엘 선도상의 각 위치의 엔탈피(그림 4-41 참조)

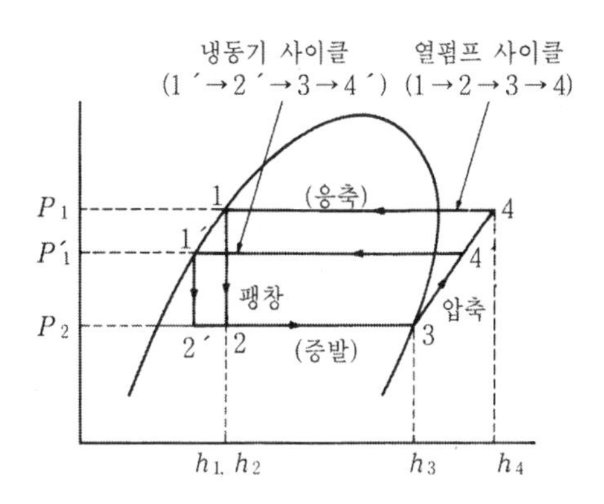

그림 4-41 냉동기와 열펌프의 사이클

일반적인 열펌프 방식의 성적계수는 개략 2~5이지만 증발온도가 높고 응축온도가 낮을수록 성적계수는 커진다. 따라서 적당한 온도의 채열원을 얻을 수만 있으면 필요한 난방열원의 1/2~1/5의 에너지량으로 난방을 할 수 있다. 채열원은 열량이 풍부하고 온도가 높고 안정성이 있으며 쉽게 채열할 수 있는 것이 바람직하며 현재 이용되고 있는 채열원으로는 건물 내의 잉여열, 각종 배기, 외기, 식수 또는 지하수 등 이외에 석유 대체에너지로서 주목받고 있는 지열, 태양열 등의 대상이 된다.

① 공기

공기는 물과 달라서 비교적 채열하기가 쉬워 열펌프의 채열원으로 많이 이용된다. 그러나 공기는 열용량, 열전도율 등의 열적 성능이 물에 비하여 떨어지므로 채열시 외기도입량이 많아지고 또 열교환기가 커지므로 이에 수반하여 소음이나 진동 등이 문제가 된다. 또한 겨울철 최대 난방부하시에는 외기온도가 낮아져서 열펌프의 COP가 저하되며 외기의 습구온도가 5℃ 이하가 되면 열교환기에 이슬이 맺히므로 제상장치가 필요하게 된다.

② 물

채열원으로서 물은 시수를 비롯하여 지하수, 하천수, 호수, 해수 등이 있으며 공기에 비하여 열용량이 커서 반송이 쉽고 여름철에는 응축기의 냉각수로도 사용된다. 특히 지하수는 연중 15~20℃를 유지하므로 다른 물에 비하여 온도가 안정되어 유리하나 채수의 문제가 남아 있다. 하천수, 호수는 지하수와는 달리 채수량은 안정될 수 있지만 온도가 불안정하여 특히 겨울철에 온도가 낮으며 장소에 제약이 있고 해마다 수질이 악화되고 있다는 문

제가 있어서 이들을 채수원으로 하는 경우에는 시스템, 기기, 배관재질 등에 대하여 충분한 검토가 있어야 한다. 해수는 염분에 의한 기기, 배관, 탱크류 등에 대한 부식방지 대책, 어패류의 침입방지 대책 등을 고려해야 한다.

표 4-7 (a) 각종 열펌프 방식의 비교

반송체: 체열측	반송체: 발열측	냉·난방 교체회로	개념도	적용기기	특징
공기	공기	냉매회로 교체	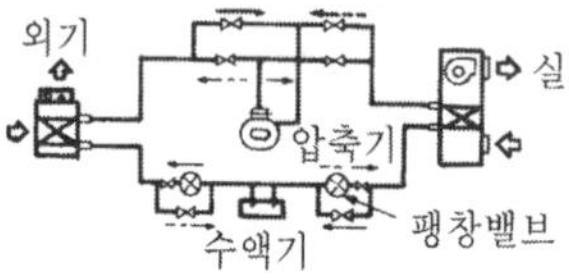	공기열원열펌프 패키지형유닛 열펌프룸쿨러 (왕복동식, 로터리식)	· 냉매밸브로서 사이클이 교체되므로 장치가 간단하다. · 전체를 유닛화한 패키지식이나 룸쿨러식이 많이 사용된다. · 축열이 불가하다.
공기	공기	공기회로 교체	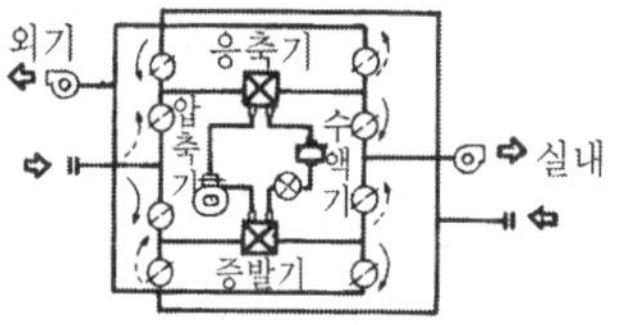		· 공기의 흐름방향을 교체하기 때문에 덕트가 복잡하고 설치공간이 커진다. · 잘 이용되지 않는다. · 축열이 불가하다. · 냉매회로를 교체하므로 고장이 적다.
공기	물	냉매회로 교체	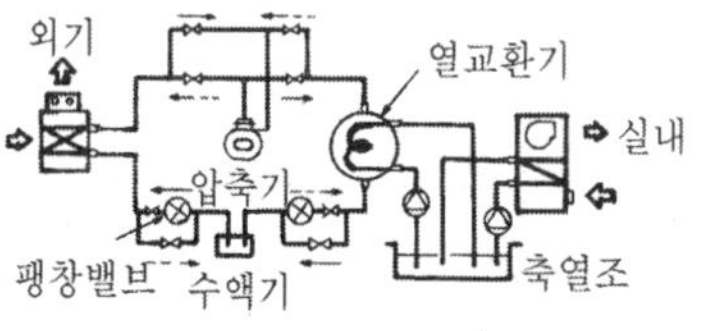	공기열원열펌프 칠링유닛 (왕복동식, 스큐류식, 터보식)	· 방열축이 수회로이므로 축열조를 사용하여 냉동기 용량을 적게 하고 외기온도가 높은 때에는 고효율의 열펌프 운전이 가능하다. · 각종 용량을 유닛화한 열펌프가 사용된다. · 대형 기종은 팬의 소음에 주의한다.
공기	물	물회로 교체	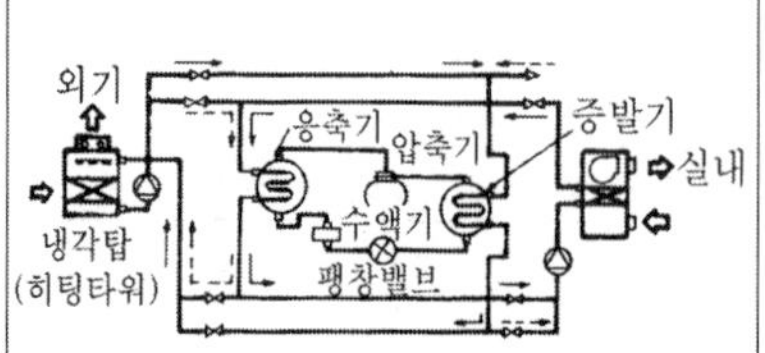		· 외기가 0℃ 이하에서는 물을 사용할 수 없으므로 에틸렌글리콜 등의 브라인을 사용하여 −10℃ 정도의 외기에서 채열한다. · 브라인은 캐리오버에 의하여 소모한다. 브라인의 농도관리 및 여름철 물과의 교체 등 보수가 번잡하다.

표 4-7 (b) 각종 열펌프 방식의 비교

반송체		냉·난방 교체회로	개념도	적용기기	특징
체열측	발열측				
물	공기	냉매회로 교체	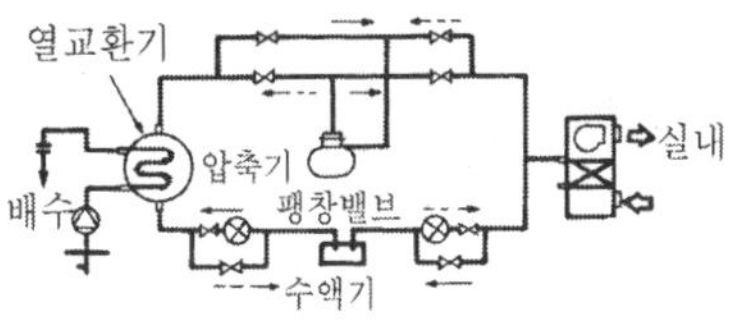 열교환기 압축기 배수 팽창밸브 수액기 실내	소형 열펌프 수냉유닛 (왕복동식, 로터리식)	· 전체를 소형의 유닛으로 하고 수회로를 공통으로 하여 열회수 열펌프 수냉유닛이 많이 사용된다. · 냉매에 의하여 사이클을 교체하므로 장치가 간단하다. · 중소형기에 적합하다.
물	물	냉매회로 교체	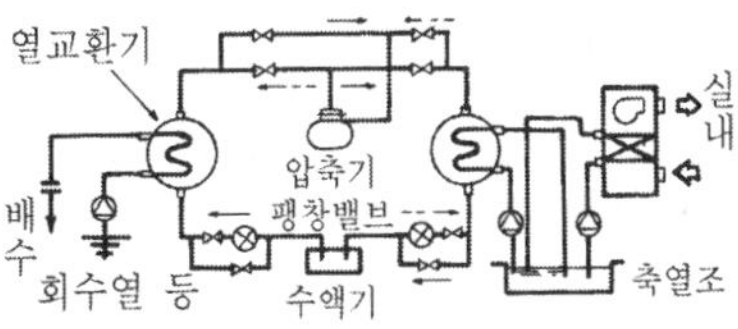 열교환기 압축기 팽창밸브 배수 회수열 등 수액기 축열조 실내		· 축열조를 이용할 수 있다. · 공조기측이 냉매와 물의 열교환기이므로 기기가 간단하다. · 대형 기종에도 적합하다. · 채열측을 축열조로 하여 냉온수를 동시에 이용할 수 있다.
물	물	물회로 교체	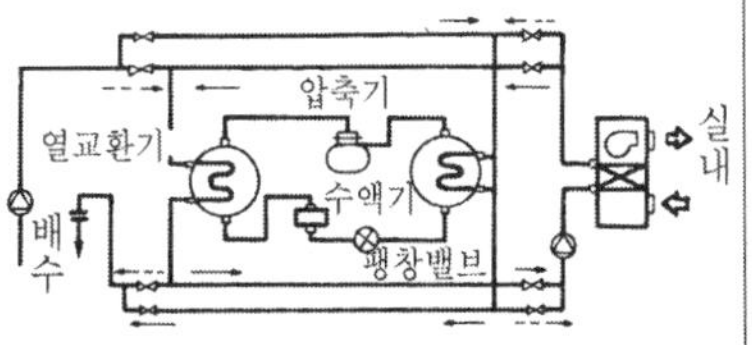 압축기 열교환기 수액기 배수 팽창밸브 실내		· 수회로를 교체하므로 냉매회로가 간단하다. · 대형기종에도 적합하다. · 냉온수를 동시에 이용할 수 있다. · 축열조를 이용할 수 있다.
물	물	교체없음 (이중응축기)	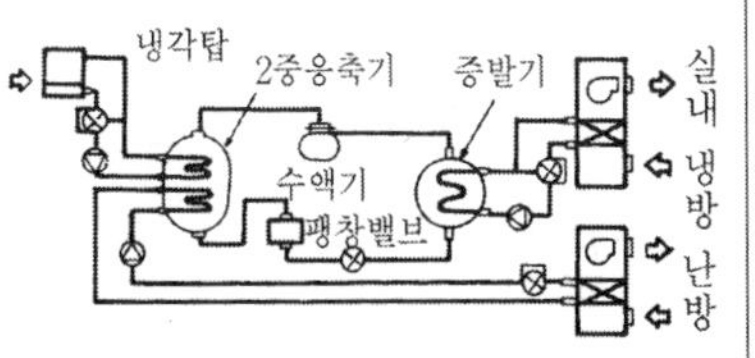 냉각탑 2중응축기 증발기 수액기 팽창밸브 실내 냉방 난방	이중응축기 열펌프 (왕복동식, 스큐류식, 터보식)	· 중대형의 열회수 열펌프방식으로 사용된다. · 냉매 및 수회로를 교체할 필요가 없으므로 안정된 운전이 가능하다. · 축열조를 사용할 수 있다. · 냉온수를 동시에 이용할 수 있다.

(4) 토탈에너지 방식

토탈에너지 방식(total energy system)이란 전력의 자체조달 목적으로 자기 건물 안에 내연기관 등을 설치하여 그것으로 자가 발전기 또는 냉동기 등을 구동하고 에너지를 처음에서 마지막 단계에 이르는 중간단계에서 다목적으로 단계적으로 이용함으로써 총체적인 에너지 효율을 높이고자 하는 방식을 말하며 이 중에서 발전기를 동반하는 방식을 cogeneration system이라고 한다.

(5) 축열방식

축열조는 물, 자갈, 얼음 또는 융해물질 등의 축열물질에 열을 비축해 두었다가 필요시에 필요한 양만큼을 빼내서 사용하는 것으로 그 특징은 다음과 같다.

① 장점

㉠ 피크 컷(peak cut)에 의하여 열원장치 용량을 최소화할 수 있다.
㉡ 열원기기를 고부하 운전함으로써 효율을 향상시킨다.
㉢ 부분부하 운전에 쉽게 대응할 수 있다.
㉣ 값이 저렴한 심야전력의 이용이 가능하다.
㉤ 열원기기의 운전시간을 연장함으로써 장래의 부하증가에 대응할 수 있다.
㉥ 열원기기가 고장이거나 정전시에 단시간동안 수조의 열로 대처할 수 있다.
㉦ 축열조의 물을 화재시에 소화용수로 이용할 수 있다.
㉧ 도시의 전력수급상태 개선에 공헌한다.
㉨ 태양열의 이용, 열회수 방식, 공기열원 열펌프 방식에 있어서는 집열 또는 열회수 시간과 열이용 시간과의 시차가 있으므로 이 시간적 변동에 대응할 수가 있다.

② 단점

㉠ 단열공사를 비롯하여 축열조의 건설비가 너무 비싸진다.
㉡ 개방식 수조인 경우 펌프의 위치수두만큼의 동력비가 증가한다.
㉢ 야간운전에 따른 관리 인건비가 상승한다.
㉣ 축열조의 이용 온도차를 넓히기 위하여 공조기의 냉수입구 온도를 높게(온수일 때에는 낮게)하므로 코일의 열수가 증가하고 공기저항이 커져서 팬 동력이 증가한다.
㉤ 축열조 내에서의 물의 혼합, 열손실 또는 열취득으로 인하여 축열한 열량을 전부 유효하게 이용할 수가 없다. 일반적으로 축열조의 축열 효율은 60~80%이다.
㉥ 개방식 축열조에 있어서는 공기중의 산소가 용해하거나 수조가 콘크리트인 경우에는 수질이 악화되므로 높은 정도의 수질관리가 요구된다.

축열조는 방송국이나 호텔의 공공부분과 같이 간헐운전이 심한 경우 또는 백화점과 같이 부하변동이 심하여 부분연장 운전이 필요한 경우에 적용할 수 있으며 열원설비 용량의 감소, 열회수, 배열이용, 심야전력의 이용, 전력의 피크 컷 등의 목적으로 이용된다. 축열재는 표 4-8에 제시한 바와 같이 용도에 따라서 여러 가지가 있으나 일반적으로 값이 싸고 안전하고 열용량이 크고 공조설비의 열매로 직접 이용할 수가 있다는 점에서 물을 이용한다.

표 4-8 축열물질의 종류

구 분	축열물질	용 도	요구조건
현 열 이 용 축 열	물	· 냉난방 전용 · 열회수 방식용 · 공기열원 열펌프용 · 태양열이용 난방용	· 가격이 저렴할 것 · 열용량이 클 것 · 화학적으로 안정되고 무해할 것 · 공조장치의 열매로서 직접 이용할 수 있는 것 · 기기 또는 배관을 부식하지 않을 것
	쇄석, 벽돌, 모래	· 태양열이용 난방용	
잠 열 이 용 축 열	얼음-물	· 냉방용	· 가격이 저렴할 것 · 화학적으로 안정되고 무해할 것 · 공조장치의 열매로서 직접 이용할 수 있는 것 · 기기 또는 배관을 부식하지 않을 것 · 단위체적당 잠열량이 클 것 · 열의 흡수, 방출이 단시간에 이루어질 것
	고온수-증기	· 어큐뮬레이터용	
	망초 ($Na_2SO_4 \cdot 10H_2O$)	· 태양열이용 난방용 (연구단계)	

자갈류는 수동형 태양열이용 설비에서 사용되며 얼음(氷) 축열은 값싼 심야전력을 이용과 축열조의 용량을 감소시키는 데 효과가 있어서 채용된다. 고온수 축열은 고압증기 보일러를 설치한 병원의 열원장치 용량을 감소시키거나 심야에 보일러 운전이 불필요한 경우에 이용함으로써 인건비의 절감, 보일러의 저부하시에 온·오프 운전함으로써 야기되는 에너지 손실을 방지한다. 물을 축열하는 방식으로는 개방식과 밀폐식이 있으며 개방식 축열조는 일반적으로 그림 4-42와 같이 지하층 기초부의 이중 슬래브 구조를 이용한다.

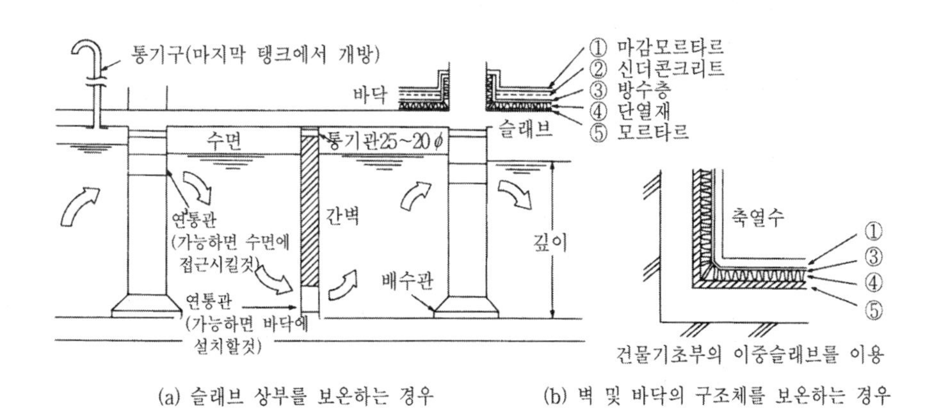

그림 4-42 개방식 축열조의 구조

(6) 열회수 방식

열회수 방식은 건물 내의 잉여열이나 버려지는 배열을 회수하여 건물내에서 열이 부족한 곳에 반송하여 유효한 난방용 열원으로 이용하는 방식으로서 건물 안에서의 회수열은 조명열, 인체열, OA기기열(대형 컴퓨터를 포함), 기계실, 전기실, 승강기계설비에서의 배기열 등이 있다. 이들 열을 회수하는 방식으로는 직접 이용하는 전열교환기 방식과 열펌프에 의한 승온이용 방식 등이 있다.

직접 이용하는 전열교환기 방식은 공기 대 공기의 전열(全熱)을 교환하는 것으로 원판형의 특수한 충진재료로 된 로터를 설치하여 외기측과 배기측 사이에서 회전시킴으로써 열교환을 하며 물 등의 중간 열매체를 거치지 않은 잠열과 현열의 교환으로 열교환율은 55~70% 정도이다. 이 방식은 공조설비의 에너지 절약기법으로 가장 많이 이용되고 있으며 외기 도입량이 많고 운전시간이 긴 시설에서는 효과가 대단히 크다.

(7) 태양열 이용방식(太陽熱 利用方式)

대체에너지로 주목받고 있는 태양에너지는 청정에너지로 대폭적인 열원설비로의 도입이 기대되고 있으며 이용설비로는 태양열 발전, 태양열의 다목적 이용(solar system), 태양광발전(태양전지)의 에너지 변환 이용 등을 들 수 있다. 그러나 우리나라에서의 태양열 이용은 아직 연구소 등에서의 연구단계에 머물고 있으며 일부 급탕 및 난방용으로 실용화가 이루어져 보급되고 있는 실정이다.

태양열 이용방식은 그림 4-43에 나타난 것과 같이 태양열 집열기, 축열조, 열교환기, 보조열원기기(보일러 또는 냉동기), 냉온수 순환펌프 및 배관, 자동제어장치 등의 조합으로 되어 있다. 또 태양열 집열기는 그림 4-44에 나타난 것과 같이 급탕·냉난방용의 평판형 집열기, 진공유리관형 집열기와 태양열 발전용의 집관형 집열기 등으로 분류되어 이중 평판형 집열기는 일반적으로 집열판이 방사전열에 의하여 냉각되는 것을 방지하기 위하여 유리 또는 투명 플라스틱 등의 투명판으로 덮는다.

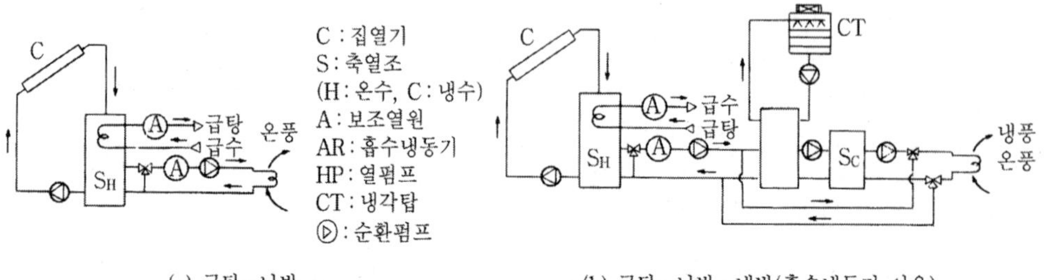

(a) 급탕·난방

(b) 급탕·난방·냉방(흡수냉동기 이용)

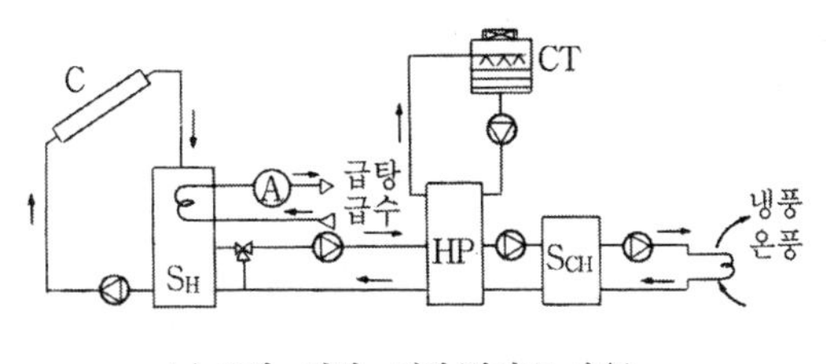

(c) 급탕 · 난방 · 냉방(열펌프 이용)

그림 4-43 태양열 이용방식

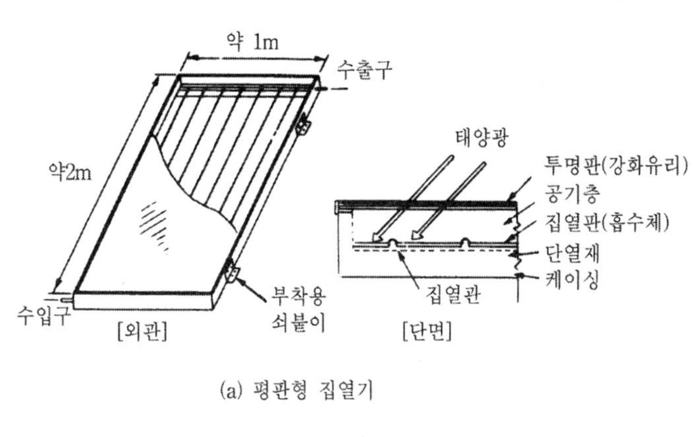

(a) 평판형 집열기

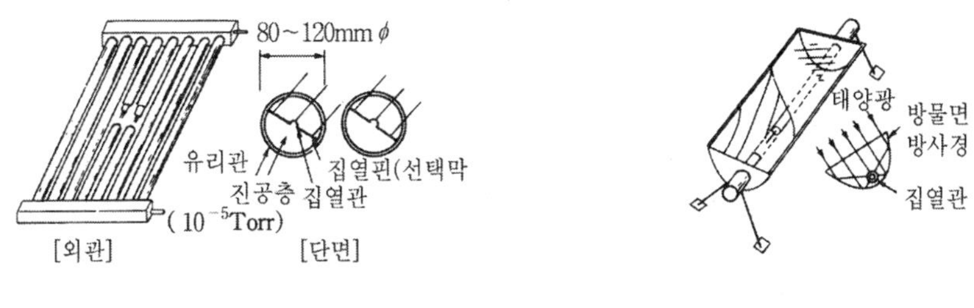

(b) 진공유리관형 집열기

(c) 집광형 집열기

그림 4-44 집열기의 형식

집열판은 액체 또는 기체의 열매체가 통하는 통로에서의 열교환을 위하여 높은 열전도율을 필요로 하므로 주로 금속계의 재료로 제작하고 표면은 열흡수를 좋게 하기 위하여 흑색 도료 또는 특별한 화학피막을 입혀서 흡수율을 높이고 방사손실을 억제하는 선택적인 성능을 갖도록 한다.

진공유리관 속에 집열판을 수납한 집열기는 대류 및 전도에 의한 열손실이 감소하므로 일반 평판형보다 집열효율이 높다. 축열조는 소형의 것은 금속, 플라스틱제이고 대형의 것은 콘크리트 금속제이다. 축열물질은 물, 자갈, 흙 콘크리트, 화학물질 등이 있다.(표 4-8 참고)

(8) 지역냉난방 방식(地域冷暖房 方式)

지역냉난방이란 많은 건물이 개별적으로 냉·난방용 열원설비를 설치하지 않고 냉수, 온수, 증기 등의 열매를 집중열원 플랜트로부터 배관을 통하여 공급하는 시설로서 다음과 같은 이점이 있다.

① 에너지의 유효 이용

화력발전 플랜트와 병용하는 열병합발전 플랜트, 도시 쓰레기 소각 및 변전소 등의 각종 폐열의 유효 이용이 가능하다.

② 도시내 환경 개선

양질의 연료 사용 및 연료 폐기물 처리 등에 의한 대기오염 방지, 열원기기의 총체적인 효율을 향상시킨다.

③ 방재대책

보일러 또는 연료 저장고의 집중화로 재해의 발생을 방지할 수 있다. 지역냉난방의 성립 조건으로는 건물이 집중화하여 연간 에너지 소비량이 많고 적극적으로 대기오염 방지를 추진하고자 하는 지역으로서 폐열이용에 대하여 관심이 많은 지역 등을 들 수 있다.

제 5 장

덕트 및 부속설비

덕트 및 부속설비

5-1 덕트설비

(1) 개 요

송풍계통의 설계는 필요한 공기량(열 · 수분 등 운반성분을 포함함)을 목적장소로 가장 경제적으로 운반하는 것과 실내환경의 유지, 즉 설비스페이스의 유효이용, 거주공간의 기류분포, 온도분포, 진동 · 소음레벨 · 송풍공기의 위생성 등 시스템 요건과 설계요소 등을 고려하여 유지관리가 용이하도록 계획하여야 한다.

송풍계통은 공기 또는 공기를 매체로 하여 열 · 수분 · 가스 및 분진 등을 운반하는 경로이며 그림 5-1과 같이 송풍기 · 덕트 · 풍량조절댐퍼 · 취출구 · 흡입구 · 실내공기 배출구 및 외기흡입구 등으로 구성된다.

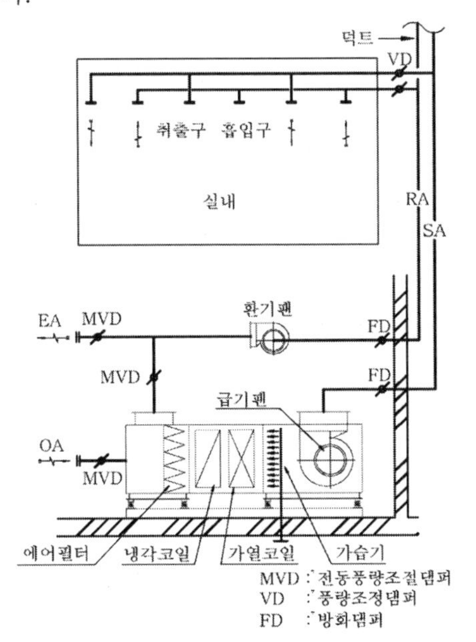

그림 5-1 송풍계통의 구성

(2) 덕트의 종류

건축설비용 덕트 재질로는 보통 아연도철판이 많이 사용된다. 그러나 주방, 욕실, 탕비실 등 아연도금 철판을 사용할 경우 부식의 우려가 있는 장소에는 알루미늄판, 스테인레스 강판, 동판, 염화비닐판, 유리섬유판 등을 사용하기도 한다. 덕트를 풍속, 형상 및 사용목적에 따라 분류하여 보면 그림 5-2와 같다.

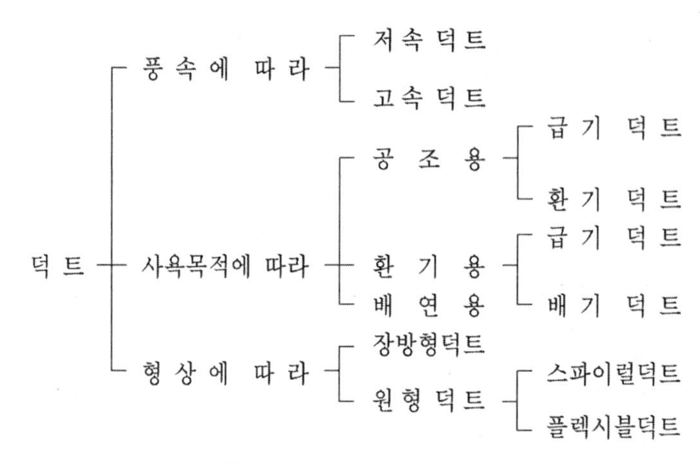

그림 5-2 덕트의 종류

풍속에 의한 분류법중 저속덕트는 덕트속의 풍속이 15m/s 이하이며 정압 500[Pa] 미만인 것을 말하며 고속덕트는 풍속이 15m/s 이상이고 정압이 500[Pa] 이상인 것을 말한다. 형상에 따라 분류한 장방형 덕트는 주로 저속용으로 원형덕트는 고속용으로 사용한다. 이것은 고속덕트인 경우는 덕트내의 압력이 높게 되므로 덕트의 강도를 크게 해서 공기누설을 막는 구조로 할 필요가 있기 때문이다.

제작상에 의한 분류로는 공장에서 규격치수로 만든 덕트를 이용하는 프리패브식의 방법과 시공도에 의해 공장 혹은 현장에서 제작하는 방법이 있다. 프리패브식의 원형 덕트는 띠 형태의 철판을 나선상으로 감아서 만든 스파이럴(spiral) 덕트와 플랙시블(flexible) 덕트가 있다. 플랙시블 덕트는 주로 저압덕트에 사용되는 것으로서 가요성이 있고 덕트와 박스 혹은 취출구 사이의 접속 등에 사용되며 재료로는 알루미늄제가 많이 사용된다.

(3) 덕트의 배치

1) 덕트의 배치

송풍기에서 덕트와 취출구까지의 덕트 배치방식은 그림 5-3에 나타난 바와 같이 (a), (b)

와 같은 간선덕트방식, (c)와 같은 개별덕트방식, (d)와 같은 환상덕트 방식으로 구분된다. 간선 닥트방식은 1개의 주덕트에 각 취출구가 직접 설치되는 방식으로 시공이 용이하며 설비비가 싸고 덕트 스페이스도 적어 공조 환기용에 많이 사용된다.

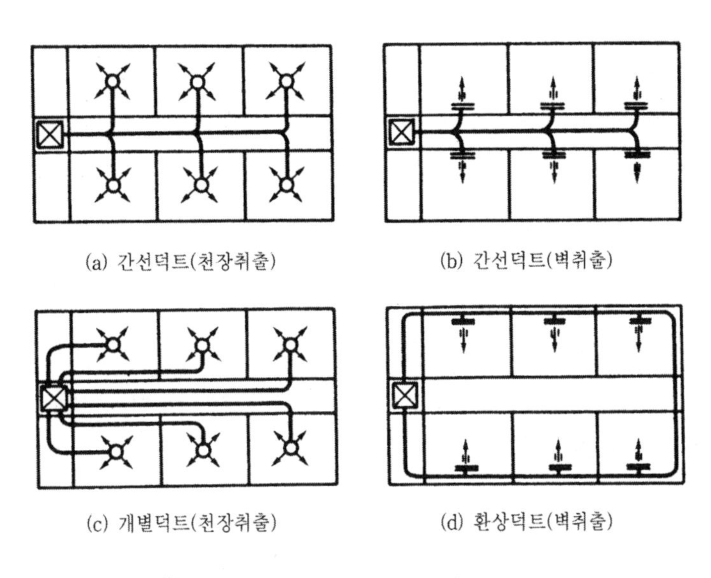

(a) 간선덕트(천장취출) (b) 간선덕트(벽취출)

(c) 개별덕트(천장취출) (d) 환상덕트(벽취출)

그림 5-3 덕트의 배치법(평면도)

또한 주덕트인 수직덕트로부터 각 층에서 분기되어 각 취출구에서 취출하며 천장에서 취출하는 것이 일반적이나 벽면에서 취출하는 방식도 있다. 천장취출 방식은 실내공기의 분포도는 좋으나 덕트스페이스를 많이 차지하고 벽면에서의 취출방식은 덕트스페이스는 적게 필요하지만 실내에서 기류의 분포가 좋지 않고 덕트가 지나가는 복도 등의 천장을 낮게 시공해야 한다. 개별덕트 방식은 수직덕트(주덕트)에서 각개의 분기덕트에 연결하여 취출구를 설치하는 방식으로 각 실의 개별제어성은 우수하다.

그러나 덕트 스페이스를 많이 차지하고 공사비도 많이 소요되므로 일반적으로 적용하지 않는다. 환상덕트 방식은 말단부 취출구에서 압력차이에 의한 풍량의 불균형을 해결할 수 있는 방식으로 2개의 덕트말단을 루프(loop) 상태로 연결함으로써 환상(環狀)으로 하며 양쪽덕트의 정압이 균일하게 되어 덕트말단의 취출구에서 송풍량의 언밸런스를 개선할 수 있다. 이 방식은 공장의 급·배기에 주로 사용된다. 주덕트를 단독으로 사용할 수 없는 단점이 있다.

(4) 덕트의 설계

1) 송풍계통의 설계방안

① 필요송풍량의 결정

설계단계에서 필요송풍량 결정은 공조용과 일반 환기용으로 목적에 따라 구분하여 산출방식을 정할 수 있다.

㉠ 공조설비 필요송풍량

건물내의 각실(또는 각 부분)의 사용기간중의 최대열부하를 기본으로 하여 식 (5-1)에서 구해진다.

$$Q=\frac{q}{C_p\rho(t_r-t_s)}=\frac{q}{1.2(t_r-t_s)} \quad \cdots\cdots (5\text{-}1)$$

Q : 송풍량 [l/s]

q : 현열취득량, 잠열손실량 [W]

C_p : 공기의 정압비열 1.01 [kJ/(kg · K)]

ρ : 공기의 밀도 1.2[kg/m^3]≒1.2 l/s

t_r : 실내 공기의 건구온도 [℃]

t_s : 취출구 송풍 건구온도 [℃]

이 계산방법은 코일특성(통과풍속, 냉온수 온도조건)과 무관하게 결정하기 때문에 미리 실내의 온습도 상태를 예상하여 취출온도를 자유롭게 결정할 수 있다.

㉡ 환기설비 필요송풍량(환기량)

실내공기 오염의 주요원인은 실내 설비물에 의한 환경으로서 유해가스, 냄새, 분진 등의 발생과 재실자에 의한 환경 즉 산소량의 감소 및 CO_2의 증가, 의복 또는 구두 등에 의한 먼지 유입, 세균 등의 감염 등을 예로 들 수 있다. 공조에서의 환기는 오염공기를 외부로 배출하는데 있으며 환기설비에 있어서의 환기량은 실내에서 발생하는 가스나 먼지 등을 실내에서 허용되는 농도이하로 희석하는 의미로서 식 (5-2)로 구할 수 있다.

$$Q=\frac{M}{C-C_o} \quad \cdots\cdots (5\text{-}2)$$

Q : 필요환기량 [m^3/h]

M : 실내에서 발생하는 가스 또는 분진의 발생량 [mL/h]
C : 실내에서 허용되는 가스 또는 분진의 농도 [mL/m^3]
C_o: 송풍공기의 가스 또는 분진의 농도 [mL/m^3]

② 조닝(zoning)

동일계통에 열부하 변동이 현저하게 다른 경향을 갖는 부분이 포함되지 않는 편이 온습도제어를 보다 정확하게 할 수 있으므로 쾌적한 실내환경을 만들기 위해 부하변동이 유사한 부분끼리 모아서 몇 개의 공조구역으로 나눈다. 이것을 조닝이라 하며 건물 전체를 통해서 항상 일정한 실온을 유지하는 것이 조닝의 목적이라 할 수 있다.

일반적으로 일사부하의 시간적 차이에서 방위별 조닝에 의한 외부존(perimeter zone), 일사부하의 영향이 적은 내부존(interior zone)이 각각 독립존이 되지만 건물규모나 인접건물에 의한 일사의 차폐 등의 관계로 더욱 세분화하는 경우와 역으로 통합하는 경우가 있다.

이와 같이 외부존과 내부존을 따로 하는 조닝방법을 페리미터방식이라고 하며 외부존의 깊이는 외벽중심선으로부터 3~4m까지 설정한다. 또한 사용시간대가 다른 부분(예를 들면 일반사무실과 식당, 회의실 등) 이나 온습도 조건이 다른 부분(전산실 등) 등과 같이 사용시간대별, 용도별 및 층별 조닝도 검토하여 설계에 적용한다.

③ 송풍경로

송풍기와 각 취출구 또는 흡입구를 연결하는 덕트경로는 다음과 같은 요소를 고려하여 결정한다.

㉠ 건축에 지장이 없는 범위에서 송풍기로부터 취출구 또는 흡입구까지를 최단거리가 되도록 연결한다. 건물규모가 큰 경우는 각층 공조실 또는 2~3층 단위의 각층 공조실을 설치하여 덕트길이를 최소화하거나 계통별로 송풍할 수 있도록 설계 계획하는 것이 바람직하다.
㉡ 덕트의 굴곡이나 변형 등 저항증가의 요소는 되도록 적게하여 송풍동력의 증가를 방지하고 유지관리가 저렴하도록 계획한다.
㉢ 고온다습한 지역내에는 덕트통과를 피하여 열손실 또는 덕트재료의 부식 등을 방지한다.
㉣ 천장내부 환기통로 방식(ceiling return type)의 송풍경로는 공기순환 과정에서 오염공기와 혼합 또는 열손실의 우려가 있는 실 또는 계통에는 부적합하므로 주의를 요한다.
㉤ 외기흡입구와 실내공기 배출구 사이에는 일정한 거리(최소 10m 이상) 또는 상호방향을 다르게 설치하여 오염공기의 재유입이 되지 않도록 계획한다.

ⓑ 유해가스 또는 심한 냄새를 동반한 배기계통(정화조・화장실・주방 또는 실험실 배기 등)은 배풍기를 건물의 최상층에 설치하여 덕트내의 기류가 강제 흡출 되도록 하여 기류누기 등을 방지하고 특히 저기압 일 때 냄새 등이 주변에 확산되지 않도록 한다.

④ 취출구・흡입구의 위치

거주공간의 쾌적환경을 위해서는 일정한 온습도 및 균일한 기류분포 유지와 기타 실내환경 등이 요구되며 기류는 취출구와 흡입구의 위치에 따라 다음 3가지의 특성이 있다.

㉠ 완전혼합식 공기흐름

종래의 취출현상으로서 벽면취출의 자유분류에서 천장까지는 실내공기와의 혼합이 이루어져 온도 및 오염물질・가스농도가 균일화되어진다.

㉡ 층류

클린룸 등에 사용되며 천장에서 저속층류로 취출하여 다소의 실내공기와의 혼합이 있으며 하류의 온도 및 오염물질・가스등의 농도가 높아진다.

㉢ 복합식 공기흐름

바닥취출구로부터 취출되는 공기흐름에서는 바닥에 수직자유분류 및 취출방향을 축으로 한 선회류에 의한 거주역의 실내공기와의 혼합이 발생되며 발열체 (인체・기기류)에 의한 자연대류에서는 천장 (천장흡입구)면에서 온도 및 오염물질・가스농도가 높아진다.

이상과 같이 취출구 및 흡입구의 위치는 실내공기 분포에 가장 큰 영향을 미치므로 다음과 같은 점을 고려하여 선정한다.

㉮ 실내에 공기가 균등하게 순환할 것

취출기구를 평면적으로 넓게 분산시키고 안목이 깊은 부분 등에 대해서도 도달거리가 큰 취출구를 사용한다. 또한 흡입구를 기류가 흐르기 힘든 곳에 배치하는 등 실내에 정체구역(dead space)이 발생되지 않도록 할 것

㉯ 취출기류에 의해 인체에 드래프트를 느끼게 하지 말 것

일반적으로 취출구는 천장하면 또는 천장부근의 벽면에 설치되나 취출기류가 직접 거주공간에 유입하게 되면 온도분포가 나빠질 뿐만 아니라 그 부분에 불쾌한 기류를 느끼게 한다. 취출기류는 상부공간에서는 충분히 실내공기와 혼합된 다음 거주역에 도달시키는 것이 바람직하다. 천장이 낮고 상부공간이 작은 경우에는 유인비가 큰 기구를 선정한다. 대향하는 취출구로부터의 취출기류가 상부공간에서 부딪치는 경우는 그 상부에 드래프트가 발생하므로 기구의 배치 및 도달거리를 적정하게 한다.

㉰ 취출기류가 흡입구에 단락되지 않을 것

취출기류의 도달위치에 흡입구를 배치하게 되면 열부하를 유효하게 제거할 수 있다.

㉱ 부하에 의해 발생되는 기류를 거주역에 유입되지 않도록 할 것.

부하때문에 발생되는 온도차가 큰 기류가 거주공간에 유입하게 되면 온도분포가 나빠지므로 이전에 흡입구로 회수하거나 취출기류에 의해 상쇄해 버리도록 하는 것이 바람직하다.

⑤ 덕트치수

덕트의 경로 및 각 취출구의 송풍량이 결정되면 덕트를 통과하는 풍량이 구해진다. 덕트치수 내부 통과풍속을 적당히 선정하면 소요단면적에 의해 결정할 수 있다. 덕트치수의 결정에는 풍속을 기준으로 하는 것이 있으나 분체의 수송 등 최저풍속이 제어되는 경우를 제외하고 일반적으로 압력손실을 기준으로 해서 계산된다. 덕트치수 결정에 있어서는 다음사항에 유의한다.

㉠ 동일풍량의 경우 가장 표면적이 작은 것은 원형 단면이고 다음은 정방형 단면이다.
㉡ 건축적인 사유로 장방형으로 하는 경우에도 가로세로비(aspect ratio)를 4 이하로 하는 것이 바람직하다.
㉢ 덕트의 굴곡은 $R/d = 1.5 \sim 2.0$ 정도의 크기로 한다.
㉣ 덕트의 확대부 각도는 15° 이하, 축소부는 30° 이하가 바람직하다.
㉤ 덕트내 풍속을 크게 취하면 덕트치수는 작게 할 수 있으나 통풍저항이 증가하기 때문에 송풍기 필요압력이 증대하고 소음발생도 크게 되므로 소음기 등의 설비를 필요하게 된다.

일반적으로 주덕트의 풍속이 15 m/s 이하를 저속덕트, 그 이상의 것을 고속덕트라 부르고 있으나 엄밀한 한계는 없다.

⑥ 공조기

공조기는 송풍기, 에어필터, 냉온수코일, 가습기, 공기혼합박스 등으로 구성되며 송풍량, 송풍공기의 온습도 등에 의해 각각 기기의 능력이 결정된다. 송풍기 전압력은 송풍계통의 필요전압력(공조기 내부압력손실+송풍계통 압력손실)에 다소의 여유(약5~10%)를 고려해서 결정한다.

2) 기본사항

① 동압과 정압

덕트내의 공기가 주위에 미치는 압력(공기조화에서는 대기압하의 취급이므로 압력은 대기압과의 차이인 계기 압력이며 절대압력을 뜻하지 않는다)을 정압(P_s)이라 한다. 공기의 흐름이 없고 덕트의 일단이 대기에 개방되고 있을 때는 정압이 0이다. 공기의 흐름이 있을 때는 흐름방향에 속도에 의해 생기는 압력을 동압 또는 속도압(P_v)이라 한다.

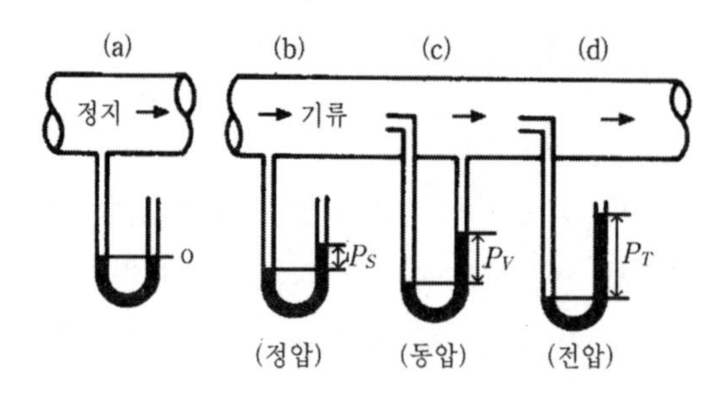

그림 5-4 덕트내의 압력변화

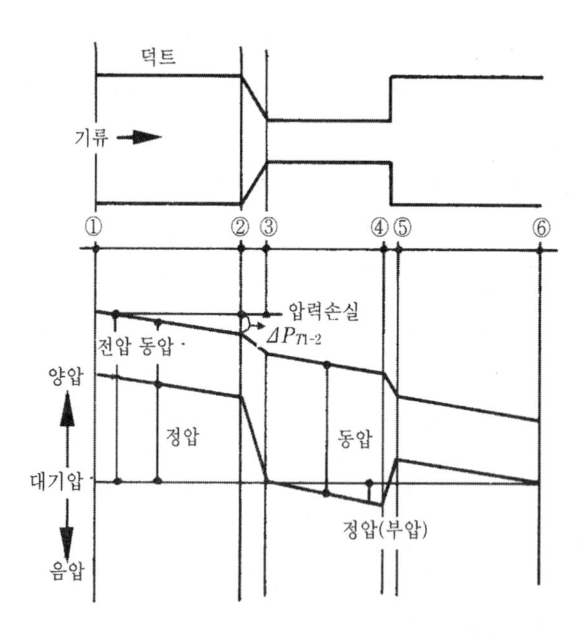

그림 5-5 덕트내의 전압 · 동압 · 정압

정압과 동압의 합계를 전압(P_T)라 한다. 이 관계를 그림 5-4에 도시한다. 동압 P_v는 식 (5-3)으로서 표시된다.

$$P_v = \frac{v^2}{2}\rho = 0.6v^2 \quad \cdots\cdots (5\text{-}3)$$

여기서 v : 풍속 [m/s]
g : 중력가속도=9.8[m/s^2]
ρ : 공기의 밀도=1.20[kg/m^3] (20℃, 60% RH)
P_v : 동압 [Pa]

예 제 5-1 덕트 내에 흐르는 공기의 풍속은 12m/sec, 정압은 250Pa이다. 동압 및 전압은 각각 몇 Pa인가? (단, 공기의 밀도는 1.2kg/m^{3}으로 한다.)

〔풀이〕 (1) 동압 P_v는

$$P_v = \frac{w^2}{2} \cdot 1.2$$

$$= \frac{12^2}{2} \times 1.2 = 86.4Pa$$

(2) 전압 P_T는

$$P_T = P_S + P_V$$

$$= 250 + 86.4 = 336.4\,\text{Pa}$$

② 온도 · 압력에 의한 풍속의 수정

그림 5-5의 단면 ①과 단면 ②의 덕트내에서 온도나 압력이 현저하게 다를 때는 각각의 온도[℃] 및 압력[Pa]을 (t_1, P_1), (t_2, P_2)라 하면 다음 식이 성립된다.

$$v_2 = v_1\sqrt{\frac{273.15 + t_2}{273.15 + t_1} \times \frac{101357 + P_1}{101357 + P_2}} \quad \cdots\cdots\cdots\cdots (5\text{-}4)$$

일반 공조에서는 ($t_1 - t_2$)가 10℃ 이하, ($P_1 - P_2$)는 1000Pa 이하의 상태이므로 이 정도의 변화에서는 보정할 필요가 없다.

③ 덕트내 흐름의 압력변환

전압은 덕트내의 어떤 단면에서 공기가 갖는 에너지라고 생각될 수 있으므로 덕트내를 흐름에 따라 마찰손실 등으로 인하여 감소되어 가지만 정압이나 동압은 상호 변환될 수 있으므로 흐름이 하류로 이동함에 따라 반드시 감소된다고는 할 수 없다. 그림 5-5와 같은 형상의 덕트를 생각한 경우 정압과 동압의 변화를 그림의 아래에 표시한다. 구간 ①→②는 직관이고 압력손실은 식 (5-5)로서 표시된다.

$$\Delta P_{T\,1-2}=\lambda\frac{l_{1-2}}{d_1}\times\frac{{v_1}^2}{2}\rho=\Delta P_{S\,1-2} \quad\cdots\cdots\cdots\cdots\cdots\cdots\cdots\cdots\cdots (5\text{-}5)$$

여기서 $\Delta P_{T\,1-2}$: 구간 ①→②간의 전압손실 [Pa]

$\Delta P_{S\,1-2}$: 구간 ①→②간의 정압손실 [Pa]

λ : 마찰계수

d_1 : 직관 ①→②의 원형덕트의 지름 [m]

l_{1-2} : 구간 ①→②의 길이 [m]

v : 구간 ①→②의 풍속 [m/s]

구간 ①→②의 경우는 풍속의 변화가 없기 때문에 동압의 변화는 없고 전압손실($\Delta P_{T\,1-2}$)은 정압손실($\Delta P_{S\,1-2}$)과 동일량이 된다.

구간 ②→③에서 단면적이 축소되어 풍속이 증가한다. 또한 형상이 변화하기 때문에 마찰손실과는 다른 손실이 생긴다.

$$\Delta P_t=\zeta\cdot\frac{v^2}{2}\rho[\text{Pa}] \quad\cdots\cdots\cdots\cdots\cdots\cdots\cdots\cdots\cdots\cdots\cdots (5\text{-}6)$$

여기서 ζ를 국부손실계수라 한다. 동압 P_v는 속도가 증가했기 때문에 증대한다. 그 증가량은 식 (5-7)로서 표시된다.

$$\Delta P_{V\,2-3}=\frac{\rho}{2}({v_2}^2-{v_3}^2)\ [\text{Pa}] \quad\cdots\cdots\cdots\cdots\cdots\cdots\cdots\cdots (5\text{-}7)$$

이 동압의 증가량은 베르누이의 정리에 의해 정압의 감소량이 된다. 구간 ③→④에서는 덕트경이 작으므로 풍속이 빠르고 단위길이당의 마찰손실은 구간 ①→②보다 크며 압력하강선의 구배가 급하게 된다. 구간 ④→⑤는 유로가 확대되기 때문에 국부손실이 있다. 이밖에 동압은 풍속이 감소하기 때문에 작아진다. 이 감소량은 다음으로 표시된다.

$$\Delta P_{V\,4-5}=\frac{\rho}{2}({v_4}^2-{v_5}^2)\ [\text{Pa}] \quad\cdots\cdots\cdots\cdots\cdots\cdots\cdots\cdots (5\text{-}8)$$

한편 정압은 동압이 감소했으므로 그만큼 증가한다. 구간 ⑤→⑥은 구간 ①→②와 마찬가지로 풍속의 변화가 없으므로 동압은 일정이며 전압·정압 모두 마찰손실에 의해 동일하게 감소하게 된다.

3) 덕트의 직관압력손실

① 원형덕트의 압력손실

일반적으로 원형덕트의 직관부분의 압력손실은 다음 식(다르시-바이스바하 공식)으로 표시된다.

$$\Delta P_t = \lambda \cdot \frac{l}{d} \cdot \frac{v^2}{2} \cdot \rho \quad \cdots\cdots (5\text{-}9)$$

여기서 ΔP_t : 직관부 압력손실 [Pa]

λ : 저항계수

l_{1-2} : 직관부 길이 [m]

d : 직관부 직경 [m]

v : 풍속 [m/s]

ρ : 밀도 [kg/m^3]

조도 ε은 내벽면의 요철의 평균치를 표시하는 것이나 덕트에 있어서는 이음부분의 요철이 크게 영향을 미치므로 길이 약 30m에 40개소의 이음을 설치한 아연도금 철판제의 원형덕트에 표준공기(D.B. 20℃, R.H. 60%)를 통하여 실험한 결과 $\varepsilon \doteqdot 0.15$mm가 얻어지며 이것을 기본으로 하여 덕트의 마찰선도가 제작되고 있다. 본서에서는 다소 여유를 취하여 ε =0.18mm로 하여 만들어진 마찰선도를 그림 5-8에 수록하였다.

또한 덕트의 재질이 아연도 강판 이외의 것에서는 내면의 절대조도가 다르기 때문에 마찰저항 계수λ의 값이 그림 5-8과 달라지게 되므로 표 5-1에 나타난 바와 같이 보정계수 k를 그림 5-8에서 구한 값에 곱해서 사용한다. 이 표의 값은 덕트직경이 1m의 것이며 직경이 이것보다 적을 때의 k는 커지고 직경이 커지면 k는 적어진다.

표 5-1 덕트내면의 조도에 의한 보정계수 k

덕트 내면	예	풍속			
		5	10	15	20
특히 거친 경우	콘크리트 마감	1.7	1.8	1.85	1.9
보통 거친 경우	모르타르 마감	1.3	1.35	1.35	1.37
특히 매끈한 경우	인발강판, 비닐관	0.92	0.85	0.82	0.80

공기온도의 차이에 의한 압력손실의 차이는 일반공기범위에서는 무시해도 좋지만 크게 다를 때는 다음 식으로 보정한다.

$$\Delta P_o = K \cdot \Delta P \quad \cdots\cdots \quad (5\text{-}10)$$

여기서 ΔP_o : 실제의 압력손실 [Pa]

ΔP : 표준상태의 압력손실 [Pa]

K : 압력손실보정계수(그림 5-6 참조)

$$K = \frac{273.15 + 20}{273.15 + t_a}$$

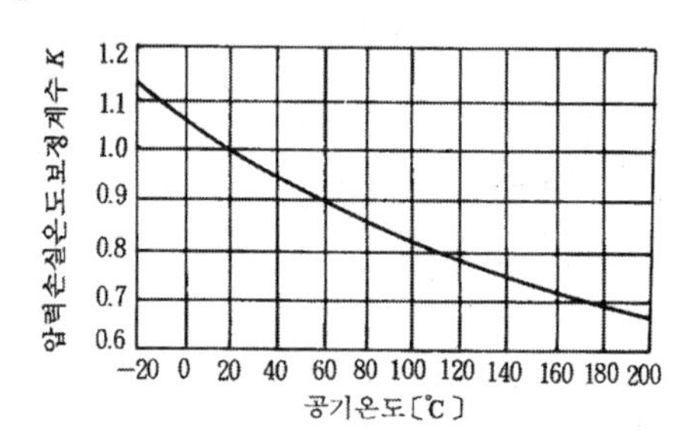

그림 5-6 온도 보정

② 장방형 덕트의 마찰손실

장방형 덕트의 마찰손실은 이것과 동일한 풍량과 동일한 마찰손실을 갖는 원형덕트와의 관계에서 구한다. 이 원형덕트의 직경 D_e를 상당직경이라 부르고 장방형덕트의 장변 및 단변의 길이를 각각 a, b라 할 때인 관계가 있다.

$$D_e = 1.3\left\{\frac{(a \cdot b)^5}{(a+b)^2}\right\}^{1/8} \quad \cdots\cdots \quad (5\text{-}11)$$

예 제 5-2 송풍량 7,200m³/h를 마찰손실 1Pa로 송풍하기 위한 (1) 원형 덕트의 직경, (2) 장방형 덕트의 장변을 60cm로 할 때 단변치수, (3) 아스펙트비를 2 : 1로 할 때 장변 및 단변치수를 구하시오.

〔풀이〕 (1) 원형덕트 직경은 그림 5-8에 의해

$d = 600\,\text{mm}$

(2) 식 5-11에 $d=600\,\text{mm}$, $a=60\,\text{cm}$를 대입하여 단변치수 b를 구할 수 있지만 표 5-3의 환산표를 이용하면
$b=550\,\text{mm}$

(3) 상당직경 600mm와 아스펙트비 2 : 1과의 교점에 상당하는 장변 및 단변 치수는 식 5-11에 의해서
$a=2b$을 대입하여 구하면
약 $a=800\,\text{cm}$, $b=400\,\text{cm}$이다.

예 제 5-3 풍량 20,000m³/h, 풍속 10m/s인 원형 덕트가 있다. 계산에 의해 다음을 구하여라.
(1) 장방형 덕트로 환산할 때 장변과 단변을 구하시오. (종횡비 $n=2$)
(2) 원형 덕트의 송풍량과 마찰 손실이 같도록 반원 덕트의 지름을 구하여라.

〔풀이〕 (1) 원형 덕트 직경 $De=\sqrt{\dfrac{Q\times 4}{V\times\pi}}$

$$=\sqrt{\frac{20,000\times 4}{3,600\times 10\times\pi}}=0.841\,\text{m}=84.1\,\text{cm}$$

종횡비가 2이므로 $b=2a$

$$De=1.3\left[\frac{(a\cdot 2a)^5}{(a+2a)^2}\right]^{1/8}$$

$$84.1=1.3\left[\frac{(2a^2)^5}{(3a)^2}\right]^{1/8}$$

$$\left[\frac{2^5\cdot a^{10}}{9a^2}\right]^{1/8}=\frac{84.1}{1.3}$$

$$\left(\frac{32}{9}\right)^{1/8}\cdot a=\frac{84.1}{1.3}$$

$\therefore\ a=55.2\,\text{cm}$, $b=110.4\,\text{cm}$

(2) 송풍량과 풍속이 같으면 되므로

반원 면적 $A=\dfrac{\pi}{4}d^2\times\dfrac{1}{2}=\dfrac{Q}{V}$

$$d=\sqrt{\frac{Q\times 8}{V\times\pi}}$$

$$=\sqrt{\frac{20000\times 8}{3600\times 10\times\pi}}=1.19\,\text{m}=119\,\text{cm}$$

$\therefore\ d=119\,\text{cm}$

③ 타원형(oval) 덕트

표 5-2에는 타원형 덕트(flat oval duct)의 단면크기를 등가한 원형덕트의 지름을 나타내었다. 타원형 덕트의 상당직경 D_e는 다음 식으로 구해진다.

$$D_e = \frac{1.55\,A^{0.625}}{P^{0.250}} \qquad \text{(5-12)}$$

위 식에서 A, P는 타원형 덕트의 면적과 접수길이이며 수식으로 표현하면 다음과 같다.

$$A = \left(\frac{\pi b^2}{4}\right) + b\,(a-b) \qquad \text{(5-13)}$$

$$P = \pi b + 2(a-b) \qquad \text{(5-14)}$$

위 식에서 a, b는 타원형 덕트의 장변과 단변을 의미한다.

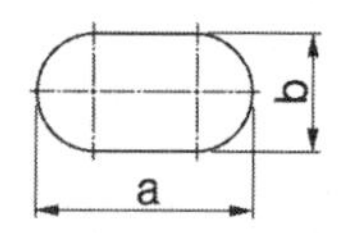

그림 5-7 타원형 덕트의 형상

표 5-2 타원형 덕트의 등가지름

원형덕트의 지름 mm	단변 지름 (b) mm																
	70	100	125	150	175	200	250	275	300	325	350	375	400	450	500	550	600
	장변 지름 (a) mm																
125	205																
140	265	180															
160	360	235	190														
180	475	300	235	200													
200		380	290	245	215												
224		490	375	305	-	240											
250			475	385	325	290											
280				485	410	360	-	285									
315				635	525	-	-	345	325								
355				840	-	580	460	425	395	375							
400				1115	-	760	-	530	490	460	435						
450				1490	-	995	-	675	-	570	535	505					
500						1275	-	845	-	700	655	615	580				
560						1680	-	1085	-	890	820	765	720				
630								1425	-	1150	1050	970	905	810			
710										1505	1370	1260	1165	1025			
800											1800	1645	1515	1315	1170	1065	
900												2165	1985	1705	1500	1350	
1000														2170	1895	1690	
1120															2455	2170	1950
1250																2795	2495

4) 덕트의 국부압력손실

① 국부손실계수

덕트의 곡관부나 단면변화부에는 압력손실이 있다. 이와 같은 직관부 이외의 압력손실은 식 (5-15)로서 표시된다.

$$\Delta P_t = \zeta \cdot \frac{v^2}{2} \cdot \rho = \zeta \cdot P_v \quad \cdots\cdots \quad (5\text{-}15)$$

여기서 ζ : 국부손실계수 v : 풍속 [m/s]
P_v : 동압 [Pa] ΔP_t : 전압손실 [Pa]

ζ와 ζ_s는 다음의 관계가 있다.

$$\zeta = \zeta_s + 1 - \left(\frac{v_2}{v_1}\right)^2 \quad \cdots\cdots \quad (5\text{-}16)$$

여기서 v_1 : 국부상류측 풍속 [m/s] v_2 : 국부하류측 풍속 [m/s]

국부손실계수 ζ의 값을 표 5-6에 표시한다. 단 v는 합류부를 제외한 국부상류측의 풍속이다.

예 제 5-4 다음 그림과 같은 장방형 덕트의 국부저항손실을 구하시오. 또 덕트 재료의 마찰저항 계수를 0.02로 하면 국부저항의 상당길이는 몇 m인가? (단, 풍속은 10m/s이다.)

w = 10m/s
W = 500mm
H = 250mm
R = 500mm

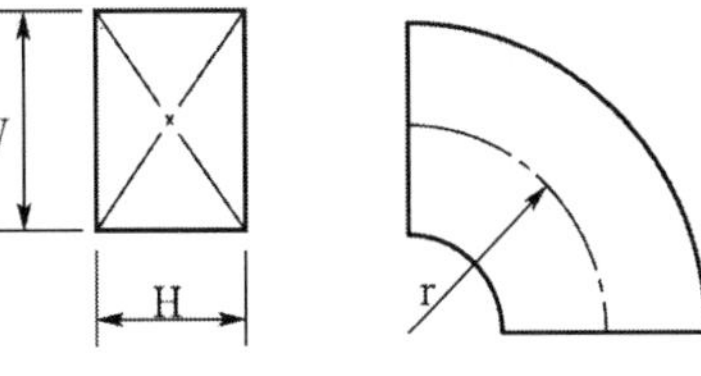

〔풀이〕 표 5-6의 6에서 H/W=0.5, R/W=1이므로 국부저항손실계수 ξ는 0.28이다.
따라서

$$\Delta P_T = \xi \frac{w^2}{2} \cdot 1.2 = 0.28 \times \frac{10^2}{2} \times 1.2 = 16.8\,\text{Pa}$$

또한 국부저항 상당길이 l' 는 식 5-18과 $W = d$ 이므로

$$l' = W\frac{\xi}{\lambda} = d\frac{\xi}{\lambda} = 0.5 \times \frac{0.28}{0.02} = 7\,\text{m}$$

표 5-3 (a) 사각(Rectangular) 덕트의 상당지름

사각 덕트 치수	100	125	150	175	200	225	250	275	300	350	400	450	500	550	600	650	700	750	800	900	1000	사각 덕트 치수
100	109																					100
125	122	137																				125
150	133	150	164																			150
175	143	161	177	191																		175
200	152	172	189	204	219																	200
225	161	181	200	216	232	246																225
250	169	190	210	228	244	259	273															250
275	176	199	220	238	256	272	287	301														275
300	183	207	229	248	266	283	299	314	328													300
350	195	222	245	267	286	305	322	339	354	383												350
400	207	235	260	283	305	325	343	361	378	409	437											400
450	217	247	274	299	321	343	363	382	400	433	464	492										450
500	227	258	287	313	337	360	381	401	420	455	488	518	547									500
550	236	269	299	326	352	375	398	419	439	477	511	543	573	601								550
600	245	279	310	339	365	390	414	436	457	496	533	567	598	628	656							600
650	253	289	321	351	378	404	429	452	474	515	553	589	622	653	683	711						650
700	261	298	331	362	391	418	443	467	490	533	573	610	644	677	708	737	765					700
750	268	306	341	373	402	430	457	482	506	550	592	630	666	700	732	763	792	820				750
800	275	314	350	383	414	442	470	496	520	567	609	649	687	722	755	787	818	847	875			800
900	289	330	367	402	435	465	494	522	548	597	643	686	726	763	799	833	866	897	927	984		900
1000	301	344	384	420	454	486	517	546	574	626	674	719	762	802	840	876	911	944	976	1037	1093	1000
1100	313	358	399	437	473	506	538	569	598	652	703	751	795	838	878	916	953	988	1022	1086	1146	1100
1200	324	370	413	453	490	525	558	590	620	677	731	780	827	872	914	954	993	1030	1066	1133	1196	1200
1300	334	382	426	468	506	543	577	610	642	701	757	808	857	904	948	990	1031	1069	1107	1177	1244	1300
1400	344	394	439	482	522	559	595	629	662	724	781	835	886	934	980	1024	1066	1107	1146	1220	1289	1400
1500	353	404	452	495	536	575	612	648	681	745	805	860	913	963	1011	1057	1100	1143	1183	1260	1332	1500
1600	362	415	463	508	551	591	629	665	700	766	827	885	939	991	1041	1088	1133	1177	1219	1298	1373	1600
1700	371	425	475	521	564	605	644	682	718	785	849	908	964	1018	1069	1118	1164	1209	1253	1335	1413	1700
1800	379	434	485	533	577	619	660	698	735	804	869	930	988	1043	1096	1146	1195	1241	1286	1371	1451	1800
1900	387	444	496	544	590	633	674	713	751	823	889	952	1012	1068	1122	1174	1224	1271	1318	1405	1488	1900
2000	395	453	506	555	602	646	688	728	767	840	908	973	1034	1092	1147	1200	1252	1301	1348	1438	1523	2000
2100	402	461	516	566	614	659	702	743	782	857	927	993	1055	1115	1172	1226	1279	1329	1378	1470	1558	2100
2200	410	470	525	577	625	671	715	757	797	874	945	1013	1076	1137	1195	1251	1305	1356	1406	1501	1591	2200
2300	417	478	534	587	636	683	728	771	812	890	963	1031	1097	1159	1218	1275	1330	1383	1434	1532	1623	2300
2400	424	486	543	597	647	695	740	784	826	905	980	1050	1116	1180	1241	1299	1355	1409	1461	1561	1655	2400
2500	430	494	552	606	658	706	753	797	840	920	996	1068	1136	1200	1262	1322	1379	1434	1488	1589	1685	2500
2600	437	501	560	616	668	717	764	810	853	935	1012	1085	1154	1220	1283	1344	1402	1459	1513	1617	1715	2600
2700	443	509	569	625	678	728	776	822	866	950	1028	1102	1173	1240	1304	1366	1425	1483	1538	1644	1744	2700
2800	450	516	577	634	688	738	787	834	879	964	1043	1119	1190	1259	1324	1387	1447	1506	1562	1670	1772	2800
2900	456	523	585	643	697	749	798	845	891	977	1058	1135	1208	1277	1344	1408	1469	1529	1586	1696	1800	2900
3000	462	530	592	651	706	759	809	857	903	991	1073	1151	1225	1295	1363	1428	1490	1551	1609	1721	1827	3000
사각 덕트 치수	100	125	150	175	200	225	250	275	300	350	400	450	500	550	600	650	700	750	800	900	1000	사각 덕트 치수

표 5-3 (b) 사각(Rectangular) 덕트의 상당지름

사각 덕트 치수	1100	1200	1300	1400	1500	1600	1700	1800	1900	2000	2100	2200	2300	2400	2500	2600	2700	2800	2900	3000	사각 덕트 치수
1100	1202																				1100
1200	1256	1312																			1200
1300	1306	1365	1421																		1300
1400	1354	1416	1475	1530																	1400
1500	1400	1464	1526	1584	1640																1500
1600	1444	1511	1574	1635	1693	1749															1600
1700	1486	1555	1621	1684	1745	1803	1858														1700
1800	1527	1598	1667	1732	1794	1854	1912	1968													1800
1900	1566	1640	1710	1778	1842	1904	1964	2021	2077												1900
2000	1604	1680	1753	1822	1889	1952	2014	2073	2131	2186											2000
2100	1640	1719	1793	1865	1933	1999	2063	2124	2183	2240	2296										2100
2200	1676	1756	1833	1906	1977	2044	2110	2173	2233	2292	2350	2405									2200
2300	1710	1793	1871	1947	2019	2088	2155	2220	2283	2343	2402	2459	2514								2300
2400	1744	1828	1909	1986	2060	2131	2200	2266	2330	2393	2453	2511	2568	2624							2400
2500	1776	1862	1945	2024	2100	2173	2243	2311	2377	2441	2502	2562	2621	2678	2733						2500
2600	1808	1896	1980	2061	2139	2213	2285	2355	2422	2487	2551	2612	2672	2730	2787	2842					2600
2700	1839	1929	2015	2097	2177	2253	2327	2398	2466	2533	2598	2661	2722	2782	2840	2896	2952				2700
2800	1869	1961	2048	2133	2214	2292	2367	2439	2510	2578	2644	2708	2771	2832	2891	2949	3006	3061			2800
2900	1898	1992	2081	2167	2250	2329	2406	2480	2552	2621	2689	2755	2819	2881	2941	3001	3058	3115	3170		2900
3000	1927	2022	2113	2201	2285	2366	2444	2520	2593	2664	2733	2800	2865	2929	2991	3051	3110	3168	3224	3279	3000
사각 덕트 치수	1100	1200	1300	1400	1500	1600	1700	1800	1900	2000	2100	2200	2300	2400	2500	2600	2700	2800	2900	3000	사각 덕트 치수

② 상당길이

곡관부분 등의 마찰손실을 표시하는 방법으로서 이것과 같은 압력손실을 갖는 동일경의 직관덕트 길이(l')로 표현할 경우도 있다. 이 l'을 국부저항의 상당길이라고 부른다.

$$\Delta P_t = \zeta \cdot \frac{v^2}{2} \cdot \rho = \lambda \cdot \frac{l'}{d} \cdot \frac{v^2}{2} \cdot \rho \quad \cdots\cdots (5\text{-}17)$$

$$\therefore\ l' = \frac{\zeta}{\lambda} \cdot d \ \text{ 또는 } \ \frac{l'}{d} = \frac{\zeta}{\lambda} \quad \cdots\cdots (5\text{-}18)$$

③ 댐퍼 · 공조기의 압력손실

풍량조정 또는 유량폐쇄를 위하여 덕트중간에 설치되는 댐퍼에는 평행익형과 대향익형이 있으나 표 5-4는 평행익형 댐퍼의 마찰계수이다. 공조기등은 유로의 확대, 변형 외에 에어필터, 냉각 및 가열 코일 등이 있어 통풍 마찰손실이 있게 된다. 이들은 기내저항이라 하며 카탈로그 등에서 표시되어 있는 것도 있다.

⊙ 표 5-4 평행익형 댐퍼의 마찰계수

날개수	개 폐 각 도 γ							
	10°	20	30	40	50	60	70	80
1	ζ=0.3	1.0	2.5	7	20	60	100	1,500
2	0.4	1.0	2.5	4	8	30	50	350
3	0.2	0.7	2.0	5	10	20	40	160
4	0.25	0.8	2.0	4	8	15	30	100
5	0.2	0.6	1.8	3.5	7	13	28	80

5) 덕트의 압력손실계산

① 덕트내의 풍속

덕트에는 급기덕트와 환기덕트가 있다. 급기덕트는 덕트스페이스를 충분히 취할수 없는 경우에 풍량을 빠르게 하면 덕트스페이스가 적게 되어 유리한 반면 소음발생이나 소비동력의 증가 등 불리한 점이 생기므로 이 양자와 사용하는 건물종류를 감안하여 결정해야 한다. 표 5-5에 일반적으로 쓰이고 있는 덕트내 풍속을 표시한다. 또한 환기덕트는 일반적으로 저속덕트 방식을 쓰는 것이 보통이다.

⊙ 표 5-5 덕트 내의 풍속

구 분	저 속 방 식						고 속 방 식	
	권장풍속 [m/s]			최대풍속 [m/s]			권장	최대
	주 택	공공건물	공 장	주 택	공공건물	공 장	임대빌딩	
공기도입구*	2.5	2.5	2.5	4.0	4.5	6.0	3.0	5.0
팬흡입구	3.5	4.0	5.0	4.5	5.5	7.0	8.5	16.5
팬취출구	5~8	6.5~10	8~12	8.5	7.5~11	8.5~14	12.5	25
주 덕 트	3.4~4.5	5~6.5	6~9	4~6	5.5~8	6.5~11	12.5	30
분기덕트	3.0	3~4.5	4~5	3.5~5	4~6.5	5~9	10	22.5
분기수직덕트	2.5	3~3.5	4	3.25~4	4~6	5~8	-	-
필 터*	1.25	1.5	1.75	1.5	1.75	1.75	1.75	1.75
코 일*	2.25	2.5	3.0	2.5	3.0	3.5	3.0	3.5
에어와셔*	2.5	2.5	2.5	2.5	2.5	2.5	2.5	2.5
리터언덕트	-	-	-	3.0	5.0~6.0	6.0	-	-

*표는 전면적 풍속, 기타는 자유면적(프리 에어리어) 풍속, ASHRAE Handbook

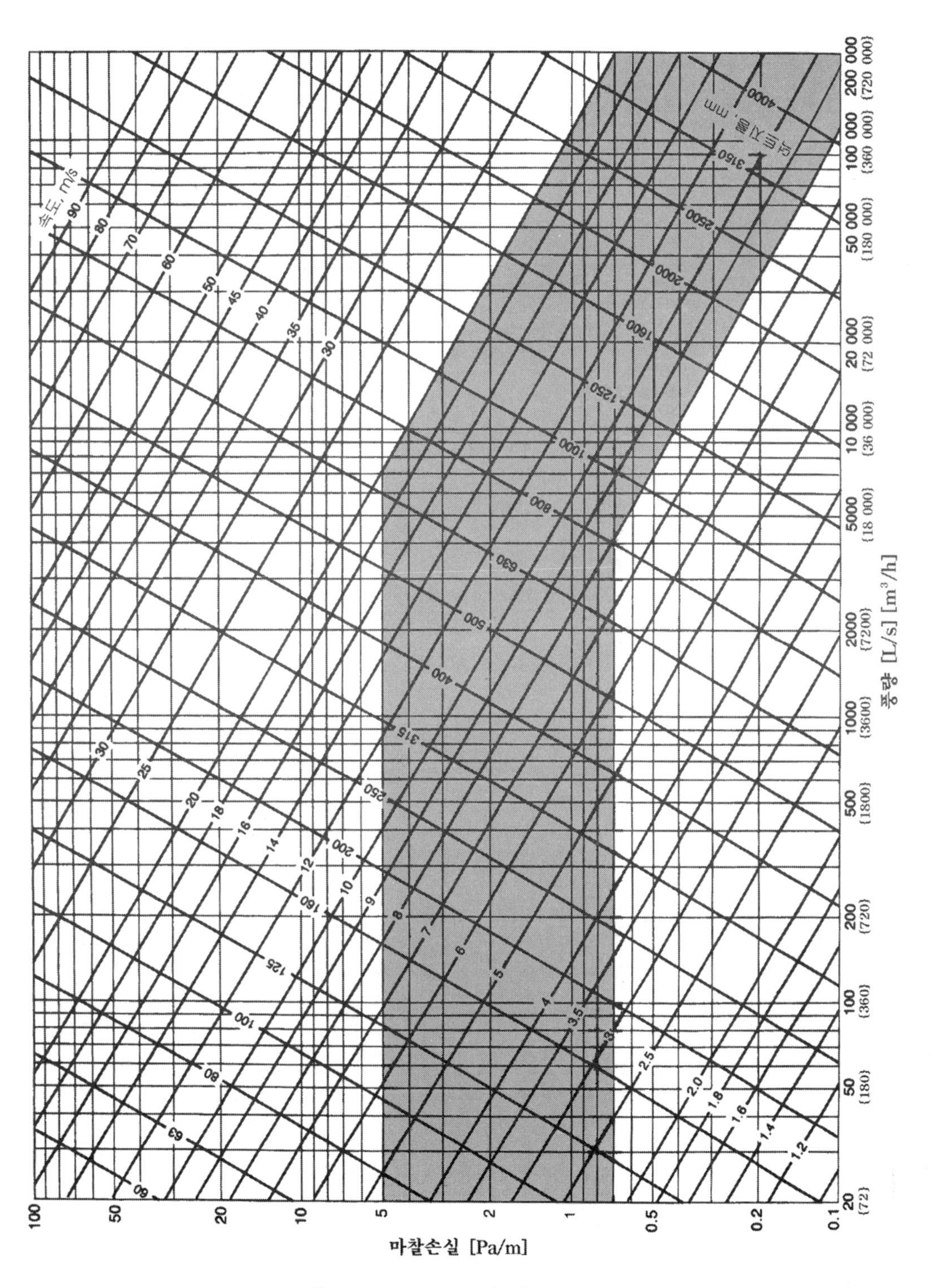

그림 5-8 덕트의 마찰손실선도

표 5-6 덕트의 국부저항계수 (1)

No	명 칭	그 림	계 산 식	상태 H/W	상태 R/D R/W	저항계수 ζ
1	원형단면 원호밴드		$\Delta P_T = \zeta \frac{v^2}{2} \rho$		0.5	0.90
					0.75	0.45
					1.0	0.33
					1.5	0.24
					2.0	0.19
2	원형단면 직각밴드		$\Delta P_T = \zeta \frac{v^2}{2} \rho$			1.30
3	원형단면 마디이음 (3피이스)		$\Delta P_T = \zeta \frac{v^2}{2} \rho$		0.5	0.98
					1.0	0.42
					1.5	0.44
					2.0	0.34
4	원형단면 마디이음 (4피이스)		$\Delta P_T = \zeta \frac{v^2}{2} \rho$		1.0	0.38
					1.5	0.28
					2.0	0.24
5	원형단면 마디이음 (5피이스)		$\Delta P_T = \zeta \frac{v^2}{2} \rho$		1.0	0.34
					1.5	0.24
					2.0	0.19
6	장방형단면 원호 벤드		$\Delta P_T = \zeta \frac{v^2}{2} \rho$	0.25	0.5	1.25
					0.75	0.60
					1.0	0.37
					1.5	0.19
				0.5	0.5	1.10
					0.75	0.50
					1.0	0.28
					1.5	0.13
				1.0	0.5	1.00
					0.75	0.41
					1.0	0.22
					1.5	0.09
				4.0	0.5	0.96
					0.75	0.37
					1.0	0.19
					1.5	0.07
7	장방형단면 직각 밴드		$\Delta P_T = \zeta \frac{v^2}{2} \rho$	0.25		1.25
				0.5		1.47
				1.0		1.50
				4.0		1.38

No	명 칭	그 림	계 산 식	상 태		저항계수
				H/W	R/D R/W	ζ
8	장방형단면 원호벤드 (2매베인)		$\Delta P_T = \zeta \frac{v^2}{2} \rho$		0.5	0.45
					0.75	0.12
					1.0	0.10
					1.5	0.15
9	장방형단면 직각 벤드 (소형베인)		$\Delta P_T = \zeta \frac{v^2}{2} \rho$			0.35
10	장방형단면 직각 벤드 (소형성형베인)		$\Delta P_T = \zeta \frac{v^2}{2} \rho$			0.10
11	장방형단면 직각 벤드 (대형1매베인)		$\Delta P_T = \zeta \frac{v^2}{2} \rho$			0.56
12	장방형단면 직각 벤드 (대형2매베인)		$\Delta P_T = \zeta \frac{v^2}{2} \rho$			0.44

(주) *1 2매베인의 위치

R/W	R_1/W	R_2/W
0.5	0.2	0.4
0.75	0.4	0.7
1.0	0.7	1.0

*2 1매베인의 위치 R / W=0.5

*3 2매베인의 위치 R_1 / W=0.3, R_2 / W=0.5

No	명 칭	그 림	계 산 식	흐름방향	상 태	저 항 계 수 ζ					
13	T자관		$\Delta P_T = \zeta \frac{v_1^2}{2} \rho$	1→2	v_2/v_1	0.3	0.5	0.8	0.9		
						0.09	0.075	0.03	0		
				1→3	v_3/v_1	0.2	0.4	0.6	0.8	1.0	1.2
						1.12	1.20	1.33	1.54	1.80	2.16
				2→1	v_2/v_1	0.2	0.4	0.6	0.8	1.0	
					$A_2/A_1=1$	0.50	0.40	0.30	0.18	0.04	
					$A_2/A_1=0.33$	1.25	1.00	0.77	0.50	0.30	
				3→1	v_3/v_1	0.4	0.6	0.8	1.0	1.2	1.5
					$A_3/A_1=1$	0.20	0.56	0.85	1.13		
					$A_3/A_1=0.66$	0	0.33	0.68	1.03	1.39	
					$A_3/A_1=0.33$	0.32	0	0.34	0.70	1.04	1.72
					$A_3/A_1=0.25$	0.42	0.18	0.21	0.48	0.88	1.48

No	명 칭	그 림	계 산 식	흐름방향	상 태	저 항 계 수 ζ				
14	코우니컬 분 기 관		$\Delta P_T = \zeta \frac{v^2}{2} \rho$	1→2	v_2/v_1	0.3	0.5	0.8	0.9	
						0.09	0.075	0.03	0	
				1→3	v_3/v_1	0.6	0.7	0.8	1.0	1.2
					$A_2/A_1=0.5$	0.92	0.81	0.806	0.65	0.693
					$A_2/A_1=0.122$	0.706	0.623	0.62	0.50	0.534
				2→1 3→1		데이터 없음				
15	Y자관 (45° 분기)		$\Delta P_T = \zeta \frac{v^2}{2} \rho$	1→2	v_2/v_1	0.05-0.06				
				1→3	v_3/v_1	0.4	0.6	0.8	1.0	1.2
					$A_3/A_1=1$	0.513	0.368	0.323	0.47	
					$A_3/A_1=0.33$	0.594	0.504	0.48	0.51	0.605
					$A_3/A_1=0.122$			0.506	0.57	0.677
				2→1	v_2/v_1	0.2	0.4	0.6	0.8	1.0
					$A_3/A_1=1$	-0.17	0.06	0.19	0.17	0.04
					$A_3/A_1=0.33$	-0.05	-0.70	-0.20	-0.10	0
					$A_3/A_1=0.122$	-5.70	-2.90	-1.10	-0.10	0
				3→1	v_3/v_1	0.4	0.6	0.8	1.0	1.2
					$A_3/A_1=1$	0	0.22	0.37	0.37	0.20
					$A_3/A_1=0.33$	-0.36	-0.10	0.15	0.40	0.75
					$A_3/A_1=0.122$	-0.56	-0.32	-0.05	0.24	0.55
16	Y자관 (60° 분기)		$\Delta P_T = \zeta \frac{v^2}{2} \rho$	1→2	v_2/v_1	0.2	0.4	0.6	0.8	1.0
					$A_3/A_1=1$	0.082	0.214	0.398	0.634	0.920
					$A_3/A_1=0.33$	0.022	0.048	0.082	0.121	0.164
					$A_3/A_1=0.166$	0.010	0.022	0.034	0.048	0.065
				1→3	v_3/v_1	0.2	0.4	0.6	0.8	1.0
					$A_3/A_1=1$	0.769	0.594	0.524	0.577	0.720
				2→1	v_2/v_1	0.2	0.4	0.6	0.8	1.0
					$A_3/A_1=1$	0.223	0.318	0.284	0.122	0.168
					$A_3/A_1=0.33$	0.081	0.131	0.157	0.153	0.119
					$A_3/A_1=0.166$	0.042	0.070	0.085	0.090	0.081
				3→1	v_3/v_1	0.2	0.4	0.6	0.8	1.0
					$A_3/A_1=1$	-0.382	-0.085	-0.399	-0.566	0.579
					$A_3/A_1=0.33$	-0.750	-0.470	-0.133	0.233	0.638
					$A_3/A_1=0.166$	-0.852	-0.642	-0.366	-0.028	0.374
17	크로스관 (십자관)		$\Delta P_T = \zeta \frac{v^2}{2} \rho$	1→3	v_3/v_1	0.2	0.5	1.0	5.0	
						1.12	1.25	1.75	16	
						데이터 없음				

No	명 칭	그 림	계 산 식	흐름방향	상 태	저 항 계 수 ζ					
18	코우니컬 크로스관		$\Delta P_T=\zeta\frac{v^2}{2}\rho$			0.5	1.0	2.0	5.0		
						0.80	0.50	1.0	6.0		
						데이터 없음					
19	각형덕트 직각원형 접 속		$\Delta P_T=\zeta\frac{v^2}{2}\rho$	1→3	v_3/v_1	0.375	0.5	0.75	1.0	1.25	1.50
						1.03	1.12	1.40	1.70	2.08	2.25
				1→3		데이터 없음					
20	각형덕트 직각코우 니컬원형 접 속		$\Delta P_T=\zeta\frac{v^2}{2}\rho$	1→3	v_3/v_1	0.375	0.5	0.75	1.0	1.25	1.50
						0.77	0.83	0.90	1.0	1.14	1.35
						데이터 없음					
21	각형덕트 45° 원형 접 속		$\Delta P_T=\zeta\frac{v^2}{2}\rho$	1→3	v_3/v_1	0.375	0.5	0.75	1.0	1.25	1.50
						1.12	0.852	0.732	0.75	0.94	1.17
						데이터 없음					
22	각형덕트 45° 원형 테이퍼 접 속		$\Delta P_T=\zeta\frac{v^2}{2}\rho$	1→3	v_3/v_1	0.375	0.5	0.75	1.0	1.25	1.50
						0.983	0.70	0.535	0.53	0.594	0.676
						데이타 없음					
23	Y자관 (30° 분기)		$\Delta P_T=\zeta\frac{v^2}{2}\rho$	1→2	v_2/v_1	0.2	0.4	0.6	0.8	1.0	
					$A_3/A_1=1$	0.154	0.360	0.618	0.927	1.288	
					$A_3/A_1=0.33$	0.046	0.097	0.154	0.217	0.288	
					$A_3/A_1=0.166$	0.022	0.046	0.086	0.097	0.125	
				1→3	v_3/v_1	0.2	0.4	0.6	0.8	1.0	
					$A_3/A_1=1$	0.687	0.473	0.358	0.344	0.427	
				2→1	v_2/v_1	0.2	0.4	0.6	0.8	1.0	
					$A_2/A_1=1$	0.180	0.201	0.062	-0.237	-0.695	
					$A_2/A_1=0.33$	0.067	0.095	0.084	0.034	-0.057	
					$A_2/A_1=0.166$	0.034	0.051	0.050	0.030	-0.006	
				3→1	v_3/v_1	0.2	0.4	0.6	0.8	1.0	
					$A_3/A_1=1$	-0.423	-0.011	-0.235	-0.316	-0.230	
					$A_3/A_1=0.33$	-0.763	-0.493	-0.189	-0.149	-0.520	
					$A_3/A_1=0.166$	-0.859	-0.657	-0.394	-0.070	-0.316	

(주) No. 13~23 표 중의 화살표는 흐름방향을 표시함(다음 그림 참조)

분 기	합 류
ⓐ 1 → 2 ⓑ 1 → 3	ⓐ 2 → 1 ⓑ 3 → 1

No	명 칭	그 림	계 산 식	상 태	저 항 계 수 ζ									
24	급확대 (원형 · 장방형)		$\Delta P_T = \zeta \frac{v^2}{2} \rho$	A_2/A_1	∞	10	5	3.3	2.5	2	1.66	1.43	1.25	1.11
				ζ	1.0	0.81	0.64	0.49	0.36	0.25	0.16	0.09	0.04	0.01
				데이터 없음										
25	급축소 (장방형)		$\Delta P_T = \zeta \frac{v^2}{2} \rho$	A_2/A_1	10	5	2.5	1.66						
				ζ	340	80	23	0.44						
	급축소 (원 형)			A_2/A_1	10	5	3.3	2.5	2	1.66	1.43			
				ζ	48.0	12.0	4.7	2.3	1.3	0.72	0.47			
26	점확대 (장방형)		$\Delta P_T = \zeta \frac{v^2}{2} \rho$	A_2/A_1	θ=5°	10°	20°	30°	40°					
				2.5	0.14	0.24	0.38	0.50	0.61					
				2	0.13	0.21	0.34	0.44	0.55					
				1.66	0.11	0.18	0.29	0.38	0.47					
				1.43	0.10	0.14	0.23	0.30	0.37					
				1.25	0.06	0.10	0.16	0.21	0.26					
	점확대 (원 형)			A_2/A_1	θ=5°	10°	15°	20°	25°	30°	35°			
				4	0.08	0.10	0.16	0.23	0.35	0.46	0.57			
				2.5	0.05	0.07	0.10	0.15	0.22	0.30	0.37			
				2	0.04	0.05	0.07	0.10	0.16	0.21	0.26			
				1.66	0.02	0.03	0.05	0.07	0.10	0.13	0.16			
				1.43	0.01	0.02	0.03	0.04	0.06	0.07	0.09			
				1.25	0.006	0.007	0.01	0.02	0.03	0.03	0.04			
27	점축소 (장방형)		$\Delta P_T = \zeta \frac{v^2}{2} \rho$	A_2/A_1	θ=30°	45°	60°							
				0.4	0.13	0.25	0.44							
				0.5	0.08	0.16	0.28							
				0.6	0.06	0.11	0.19							
				0.7	0.04	0.08	0.14							
				0.8	0.03	0.06	0.11							
28	변 형		$\Delta P_T = \zeta \frac{v^2}{2} \rho$		θ < 14°, ζ = 0.15									
29	관 내 오리피스		$\Delta P_T = \zeta \frac{v^2}{2} \rho$	A_2/A_1	5	2.5	1.66	1.25	1.0					
				ζ	47.8	7.80	1.80	0.29	0					
30	덕트의 파이프 관통		$\Delta P_T = \zeta \frac{v^2}{2} \rho$	E/D	0.10	0.25	0.50							
				ζ	0.20	0.25	2.00							
31	덕트의 평절 관통		$\Delta P_T = \zeta \frac{v^2}{2} \rho$	E/D	0.10	0.25	0.50							
				ζ	0.7	1.4	4.0							

No	명 칭	그 림	계 산 식	상 태	저 항 계 수 ζ					
32	덕트내의 커버부관통		$\Delta P_T=\zeta\frac{v^2}{2}\rho$	E/D	0.10	0.25	0.50			
				ζ	0.07	0.23	0.90			
33	장방형덕트의 분기		직통관(1→2) $\Delta P_T=\zeta\frac{v_1^2}{2}\rho$	$v_2/v_1 < 1.0$인 때는 대개 무시할 수 있다. $v_2/v_1 \geq 1.0$인 때는 $\zeta = 0.46-1.24x+0.93x^2$ $x=\left(\frac{v_3}{v_1}\right)\times\left(\frac{a}{b}\right)^{1/4}$						
			분기관 $\Delta P_T=\zeta\frac{v^2}{2}\rho$	x	0.25	0.5	0.75	1.0	1.25	
				ζB	0.3	0.2	0.3	0.4	0.65	
				단, $x=\left(\frac{v_3}{v_1}\right)\times\left(\frac{a}{b}\right)^{1/4}$						
34	장방형덕트의 합류		직통관(1→3) $\Delta P_T=\zeta\frac{v_3^2}{2}\rho$	v_1/v_2	0.4	0.6	0.8	1.0	1.2	
				A_1/A_2=0.75	-1.2	-0.3	0.35	0.8	1.1	
				0.67	-1.7	-0.9	0.3	0.1	0.45	
				0.60	-2.1	-1.3	-0.8	0.4	0.1	
			합류관(2→3) $\Delta P_T=\zeta_B\frac{v_3^2}{2}\rho$	v_2/v_1	0.4	0.6	0.8	1.0	1.2	1.5
				ζB	-1.2	-0.90	-0.5	0.1	0.55	1.4
35	연속벤드 (장방형덕트)	(a) (b) (c)	$\Delta P_T=\zeta\frac{v^2}{2}\rho$	a) 1개의 벤드저항의 1.5배 b) 1개의 벤드저항의 2.0배 c) 1개의 벤드저항의 2.4배						
36	직각엘보우	내장 글라스울 붙임 면포피복	$\Delta P_T=\zeta\frac{v^2}{2}\rho$	치 수 D [mm]	손실계수 ζ					
				700	1.1					
				600	1.2					
				500	1.2					
				400	1.2					
				300	1.4					
				200	1.7					
37	외각엘로우	내장 글라스울 붙임 면포피복	$\Delta P_T=\zeta\frac{v^2}{2}\rho$	치 수 D [mm]	손실계수 ζ					
				700	0.6					
				600	0.7					
				500	0.7					
				400	0.7					
				300	1.2					
				200	1.5					

No	명 칭	그 림	계 산 식	상 태				저항계수 ζ
38	흡 음 셀	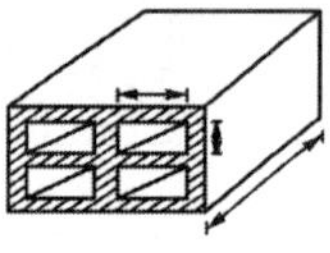	$\Delta P_T = \zeta \frac{v^2}{2} \rho$	글라스울 두께 25mm a × b = 20 × 17.5cm				
				l = 0.9m				2.21
				l = 1.8m				3.03
39	관 출 구	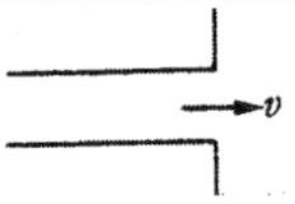	$\Delta P_T = \zeta \frac{v^2}{2} \rho$					1.0
40	관 출 구	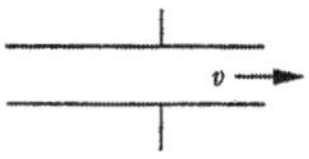	$\Delta P_T = \zeta \frac{v^2}{2} \rho$					1.0
41	관 출 구 (오리피스부)	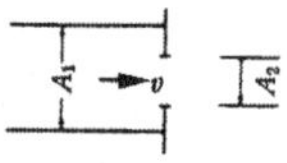	$\Delta P_T = \zeta \frac{v^2}{2} \rho$	A_2/A_1		0.5		7.76
						0.6		4.65
						0.8		1.95
						1.0		1.00
42	관 출 구 (점확대)	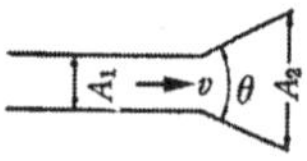	$\Delta P_T = \zeta \frac{v^2}{2} \rho$	A_2/A_1	1.43	θ	10°	0.64
							20°	0.72
							30°	0.79
							40°	0.86
					1.67		10°	0.55
							20°	0.64
							30°	0.74
							40°	0.83
					2		10°	0.48
							20°	0.58
							30°	0.70
							40°	0.79
					2.5		10°	0.40
							20°	0.53
							30°	0.65
							40°	0.76
					3.3		10°	0.34
							20°	0.48
							30°	0.62
							40°	0.73
43	취 출 구 (다공판)	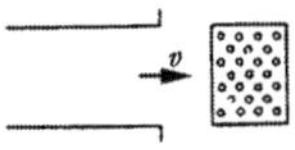	$\Delta P_T = \zeta \frac{v^2}{2} \rho$	자유면적비		0.2		30.0 - 41.0
						0.4		6.0 - 8.6
						0.6		2.3 - 3.7
						0.8		1.0 - 1.5
44	관 입 구	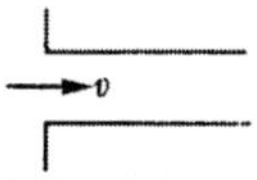	$\Delta P_T = \zeta \frac{v^2}{2} \rho$					0.5

<table>
<tr><th>No</th><th>명 칭</th><th>그 림</th><th>계 산 식</th><th colspan="4">상 태</th><th colspan="3">저항계수 ζ</th></tr>
<tr><td>45</td><td>관입부
(단관부)</td><td></td><td>$\Delta P_T = \zeta \frac{v^2}{2} \rho$</td><td colspan="4"></td><td colspan="3">0.85</td></tr>
<tr><td rowspan="2">46</td><td rowspan="2">관입부
(플랜지부)</td><td rowspan="2"></td><td rowspan="2">$\Delta P_T = \zeta \frac{v^2}{2} \rho$</td><td rowspan="2">$t$</td><td colspan="3">$D / 20$</td><td colspan="3">0.50</td></tr>
<tr><td colspan="3">$t > D$</td><td colspan="3">0.43</td></tr>
<tr><td>47</td><td>관입구
(벨마우스부)</td><td></td><td>$\Delta P_T = \zeta \frac{v^2}{2} \rho$</td><td colspan="4"></td><td colspan="3">0.03</td></tr>
<tr><td rowspan="4">48</td><td rowspan="4">관입구
(오리피스부)</td><td rowspan="4"></td><td rowspan="4">$\Delta P_T = \zeta \frac{v^2}{2} \rho$</td><td rowspan="4">$A_2/A_1$</td><td colspan="3">0.4</td><td colspan="3">9.61</td></tr>
<tr><td colspan="3">0.6</td><td colspan="3">3.08</td></tr>
<tr><td colspan="3">0.8</td><td colspan="3">1.17</td></tr>
<tr><td colspan="3">1.0</td><td colspan="3">0.48</td></tr>
<tr><td rowspan="5">49</td><td rowspan="5">관입구
(원형후드부)</td><td rowspan="5"></td><td rowspan="5">$\Delta P_T = \zeta \frac{v^2}{2} \rho$</td><td rowspan="5">$\theta$</td><td colspan="3">20°</td><td colspan="3">0.02</td></tr>
<tr><td colspan="3">40°</td><td colspan="3">0.03</td></tr>
<tr><td colspan="3">60°</td><td colspan="3">0.05</td></tr>
<tr><td colspan="3">90°</td><td colspan="3">0.11</td></tr>
<tr><td colspan="3">120°</td><td colspan="3">0.20</td></tr>
<tr><td rowspan="5">50</td><td rowspan="5">관입구
(장방형
후드부)</td><td rowspan="5"></td><td rowspan="5">$\Delta P_T = \zeta \frac{v^2}{2} \rho$</td><td rowspan="5">$\theta$</td><td colspan="3">20°</td><td colspan="3">0.13</td></tr>
<tr><td colspan="3">40°</td><td colspan="3">0.08</td></tr>
<tr><td colspan="3">60°</td><td colspan="3">0.12</td></tr>
<tr><td colspan="3">90°</td><td colspan="3">0.19</td></tr>
<tr><td colspan="3">120°</td><td colspan="3">0.27</td></tr>
<tr><td rowspan="4">51</td><td rowspan="4">흡입구
(다공판)</td><td rowspan="4"></td><td rowspan="4">$\Delta P_T = \zeta \frac{v^2}{2} \rho$</td><td rowspan="4">자 유
면적비</td><td colspan="3">0.2</td><td colspan="3">35.0</td></tr>
<tr><td colspan="3">0.4</td><td colspan="3">7.6</td></tr>
<tr><td colspan="3">0.6</td><td colspan="3">3.0</td></tr>
<tr><td colspan="3">0.8</td><td colspan="3">1.2</td></tr>
<tr><td rowspan="5">52</td><td rowspan="5">흡입구
(목제루우버)</td><td rowspan="5"></td><td rowspan="5">$\Delta P_T = \zeta \frac{v^2}{2} \rho$</td><td rowspan="5">자 유
면적비
A_2/A_1</td><td colspan="3">0.5</td><td colspan="3">4.5</td></tr>
<tr><td colspan="3">0.6</td><td colspan="3">3.0</td></tr>
<tr><td colspan="3">0.7</td><td colspan="3">2.1</td></tr>
<tr><td colspan="3">0.8</td><td colspan="3">1.4</td></tr>
<tr><td colspan="3">0.9</td><td colspan="3">1.0</td></tr>
<tr><td rowspan="4">53</td><td rowspan="4">철 망</td><td rowspan="4"></td><td rowspan="4">$\Delta P_T = \zeta \frac{v^2}{2} \rho$
v : 구멍을
통과하는 풍속</td><td>철사지름</td><td>0.27mm</td><td>0.27</td><td>0.66</td><td>0.72</td><td>1.56</td><td>1.72</td></tr>
<tr><td>간 격</td><td>1.67mm</td><td>2.08</td><td>3.57</td><td>5.0</td><td>11.1</td><td>16.7</td></tr>
<tr><td>개 구 비</td><td>70%</td><td>76</td><td>67</td><td>74</td><td>72</td><td>81</td></tr>
<tr><td>ζ</td><td>0.80</td><td>0.70</td><td>0.65</td><td>0.51</td><td>0.51</td><td>0.50</td></tr>
</table>

예 제 5-5 다음 그림과 같이 장방형 덕트가 점차 축소될 때 공기의 압력손실[Pa]을 구하시오.

$\theta = 30°$

$w_1 = 12\text{m/s}$

〔풀이〕 입구측의 단면적 A_1과 출구측이 단면적 A_2의 비율은

$$\frac{A_2}{A_1} = \frac{25 \times 20}{50 \times 20} = 0.5$$

따라서 표 5-6의 27에 의해 $A_2/A_1 = 0.5$, $\theta = 30°$ 일 때 $\xi = 0.08$을 얻어서 다음 식으로 구한다. 표 5-6의 27에 의해

$$\Delta P_T = 0.08 \times \frac{12^2}{2} \times 1.2 = 6.9\,\text{Pa}$$

② 덕트의 설계법

덕트의 계산법에는 정압손실을 산정하는 정압기준의 방법과 전압손실을 산정하는 전압기준의 방법이 있으며 두 방법 모두 사용되고 있는데 정압기준의 방법에서는 풍속이 커지게 되면 정압재취득이 무시할 수 없게 되므로 계산이 복잡해진다.

㉠ 등속법(equal velocity method)

덕트내의 풍속을 정하고 각부분의 풍속을 일정하게 유지할 수 있도록 덕트치수를 결정하는 방법으로 정속법 이라고도 한다. 덕트치수는 송풍속도가 정해지면 그림 5-8과 같은 덕트 마찰손실선도에서 정해진 송풍량에 해당되는 수평선과 표 5-5, 5-7에 의한 필요 풍속선과의 교점에 상당하는 덕트 직경을 구할 수 있다.

이 덕트는 어느 위치에서나 풍속이 일정하므로 먼지나 산업용 분말을 이송시키는데 적당하다. 이 방식은 각 부분마다 단위길이당 압력손실이 달라지며 계산이 번거로와 일반적으로는 사용되지 않는다. 따라서 송풍기 용량을 구하기 위해서는 전체구간의 압력손실을 구해야 하는 번거로움이 있다.

표 5-7 덕트내에서 분진이 침적되지 않는 풍속 [m/s]

분진의 종류	항 목	풍 속
매우 가벼운 분진	가스, 증기, 연기, 차고 등의 배기가스 배출	10
중간정도 비중의 건조분진	목재, 섬유, 곡물 등의 취급시 발생된 먼지배출	15
일반 공업용 분진	연마, 연삭, 스프레이 도장, 분체작업장 등의 먼지배출	20
무거운 분진	납, 주조작업, 절삭작업장 등에서 발생된 먼지배출	25
기 타	미분진의 수송 및 시멘트분말의 수송	20~35

㉡ 등마찰손실법(equal friction loss method)

이 방법은 등압법 또는 정압법이라고도 하며 모든 덕트계의 단위길이당 마찰손실이 일정한 상태가 되도록 덕트 마찰손실선도(그림 5-8)에서 직경을 구하는 방법으로 쾌감용(보건용) 공조의 경우에 흔히 적용되며 송풍기의 정압계산이 간단하고 덕트 말단으로 갈수록 풍속이 느려지므로 소음처리가 비교적 용이하다.

이 방법은 흡입구에서 송풍기를 거쳐서 취출구에 이르는 덕트경로 중에서 가장 큰 압력손실이 예상되는 경로에 대한 덕트내 풍속을 표 5-5의 값을 이용하여 직관덕트 1m당 마찰손실을 실의 소음제한이 엄격한 주택이나 음악감상실과 같은 곳은 0.7 [Pa/m], 일반건축은 1 [Pa/m], 공장이나 기타의 소음제한이 없는 곳은 1.5 [Pa/m]로 선정하여 덕트의 치수를 결정한다.

또한 분기부나 곡관부에 대한 국부저항은 선정된 덕트치수와 덕트내 풍속 등을 고려하여 표 5-4의 값을 이용하여 계산한다. 계산된 덕트 직관부의 단위 마찰손실과 덕트 전길이를 곱하고 각부의 국부저항을 가산한 것으로 송풍기의 정압을 결정하기 위한 덕트계의 소요정압으로 한다. 개략설계를 할 때에는 덕트 지관부의 전체길이에 대하여 국부저항의 전 상당길이를 소규모인 경우에는 1~1.5배, 대규모인 경우에는 0.7~1.0배, 소음장치 등이 있어서 저항이 많을 경우에는 1.5~2.5배 정도로 하여 계산한다.

또 등마찰법으로 많은 풍량을 송풍하면 소음발생이나 덕트의 강도상에도 문제가 있어서 풍량이 10,000m^3/h 이상이 되면 등속법으로 하기도 한다. 이 방법의 단점은 주간(主幹) 덕트에서 분기된 분기덕트의 길이가 극히 짧은 경우에는 분기덕트의 마찰저항이 적으므로 분기덕트 쪽으로 필요 이상의 공기가 흐르게 된다. 따라서 길이가 다른 경우에는 길이가 짧은 분기측 덕트에 풍량조절용 댐퍼를 설치하거나 덕트 치수를 적게 하여 마찰을 증가시켜 가능한 경로마찰을 같게 한다.

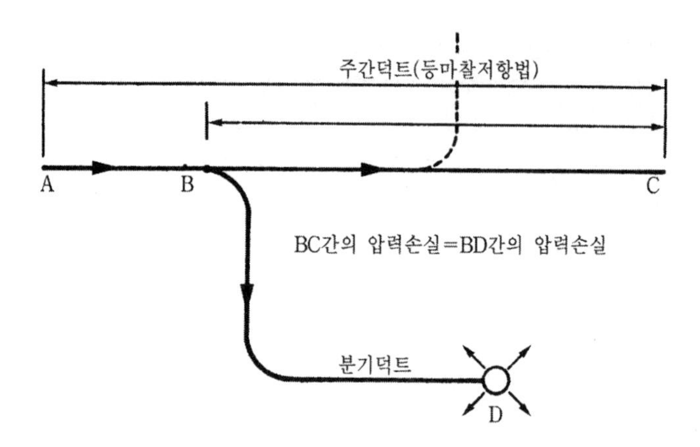

그림 5-9 개량 등마찰저항법에 의한 덕트치수 결정법

예 제 5-6 그림 5-10과 같은 공장용 덕트의 치수 및 송풍기의 필요압력을 구한다. (다만 각 취출구의 취출풍량은 1,000m^3/h로 하고 그때의 필요 전압을 49Pa, 흡입구의 면풍속을 3.6m/s, 전면은 60% 개구의 다공철판 마감, 공조기의 내부저항을 294Pa로 한다.)

〔풀이〕 공장용 덕트 풍속은 표 5-5를 써서 선정하게 되며 여기서 v=10m/s을 채용하면 총풍량을 6000m^3/h가 흐를 때의 치수는 덕트 마찰선도에서 지름 460mm가 얻어지며 이때의 단위길이당 마찰손실은 2.25 Pa/m가 된다. 이후의 각 덕트는 단위길이당 마찰을 2.25 Pa/m로 하여 각 부분을 통과하는 풍량에 의해 마찰선도를 써서 표 5-8과 같이 구해진다.

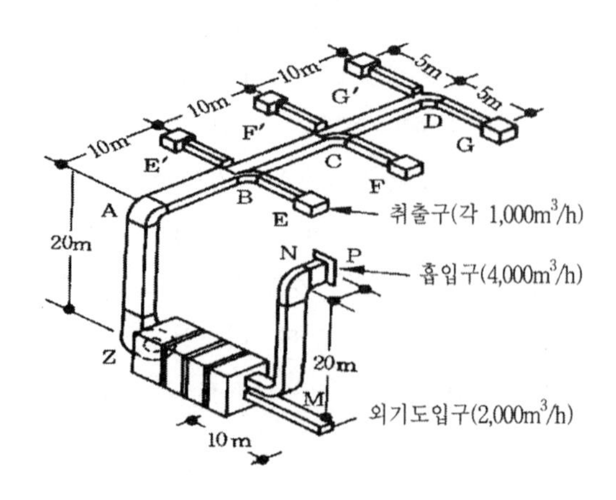

그림 5-10 덕트계통 예제

표 5-8 덕트의 저항계산표 (예제)

덕트구간	Q [m³/h]	형상	d [mm]	$a \times b$ [mm]	v [m/s]	pv [Pa]	ζ	λ [Pa/m]	l [m]	ΔP [Pa]	$\Sigma \Delta P$ [Pa]	비고
Z-A	6000		460	600×300	10	60.07		2.25	20	45.1	45.1	
A	6000		〃	〃	〃	〃	0.09			5.4	50.5	
A-B	6000		〃	〃	〃	〃		2.25	10	22.5	73.0	
B-C	4000		390	400×300	9	48.61		〃	〃	22.5	95.6	
C-D	2000		310	340×240	7.7	35.57		〃	〃	22.5	118.1	
D	1000		235	200×240	6.5	25.38	0.09			2.25	120.3	
D-G	1000		235		〃	〃		2.25	5	11.8	132.1	
취출구	1000									49	181.1	
송풍덕트저항합계 $\Sigma \Delta P$=181.1Pa												
P흡입구	4000				3.6	7.74				23.52	23.52	
P축소	〃			$A_0/A_2=0.4$ $\theta=60°$	〃	〃				3.43	26.5	
P-N	〃		390	400×300	9	48.61		2.25	3	6.76	33.7	
N	〃		〃	〃	〃	〃				4.41	38.1	
N-M	〃		〃	〃	〃	〃		2.25	20	45.1	83.2	
M	〃		〃	〃	〃	〃				4.41	97.4	
M-L	〃		〃	〃	〃	〃		2.25	1	2.25	89.9	

각 구간의 풍량에서 원형덕트의 지름이 구해지고 또한 원형-장방형 덕트의 환산표에 의해 적당한 장방형 덕트의 치수를 결정해 나간다.

[결과] 송풍측덕트의 필요전압 = 181.1Pa

단, 이 방법은 덕트 경로의 길이에 비례하여 저항이 증가하므로 각 취출구까지의

환기측 덕트의 필요전압 = 89.87Pa

공조기 내부의 필요전압 = 294Pa

송풍기의 필요전압 = 564.97Pa

송풍기의 토출속도가 10m/s라면 이때의 동압은 60.0Pa이므로 송풍기 정압은 564.97−60.0 =504.9Pa가 되지만 일반적으로 필터의 오염 등에 의한 저항증가 등을 감안하여 5~10%의 여유를 잡아서 송풍기 압력을 결정한다. 다음은 송풍기출구에서 가장 긴 경로의 취출구 G까지의 마찰손실과 거기서 송풍기에 가까운 취출구 F 및 E까지의 마찰손실을 비교해 본다.

Z-G까지의 경로중 Z-B는 공통이므로 B점 이후의 압력손실을 비교한다. 표 5-8에서 B→C→D→G=22.5+22.5+2.25+11.8+49=108.05Pa, B→E=ΔPB(B부의 분기손실)+(B→E의 직관 마찰손실)+(E의 취출전압)=ΔPB+11.8+49=ΔPB+60.8 Pa, B→F=(B→C의 직관마

찰)+ΔPC(C부의 분기손실)+(C-F의 직관 마찰손실)+F의 취출전압=22.5+ΔPC+11.8+49=ΔPC+83.3Pa, ΔPB는 분기덕트의 치수 240×200mm와 그림 5-11에 의해

$X=0.5$ ……	$\zeta_B=0.2$
$X=0.75$ ……	$\zeta_B=0.3$
$X=1.0$ ……	$\zeta_B=0.4$

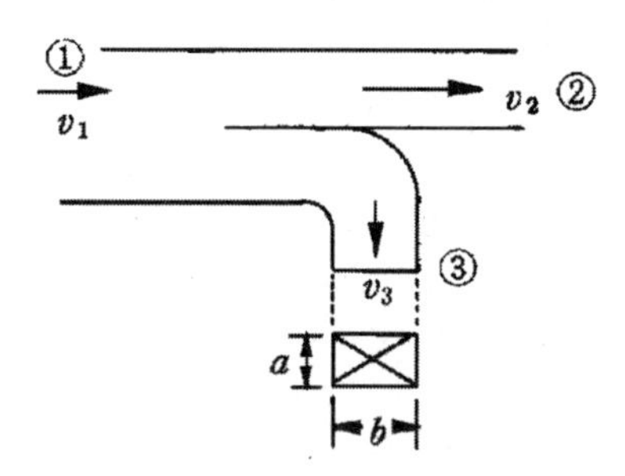

그림 5-11 분지관의 압력손실

$$X=\frac{v_3}{v_1}\times\left(\frac{a}{b}\right)^{1/4}=\frac{6.5}{10}\times\left(\frac{200}{240}\right)^{1/4}=0.65\times0.955=0.62$$

$\therefore\ \zeta_B$ = 0.25(그래프를 그려서 중간점을 읽는다)

$$\Delta P_B=\zeta_B\times\frac{\rho {v_1}^2}{2}=0.25\times60.1=15.0\text{Pa}$$

$\therefore$ B→E = 15.0 + 60.8 = 75.8Pa

$$\Delta P_b=\zeta_B\times\rho\frac{{v_1}^2}{2}$$ (①→③의 분류저항)

$$X=\frac{v_2}{v_1}\times\left(\frac{a}{b}\right)^{1/4}$$

마찬가지로 B→F=12.7+83.3=96.0Pa가 되며 어느 경우나 취출구 B→G보다 마찰손실이 적게되어 그대로 둔다면 E, F의 취출구에 설계치보다 많은 풍량이 취출되게 된다. 이것을 수정하기 위해서는 분기덕트의 치수를 적게 하고 풍속을 크게 하여 저항을 증가시켜 압력의 벨런스를 취해본다. 분기덕트의 풍속 v_3=10m/s로 하면

ΔP_B = 44.1Pa (앞서 언급한 계산방법에 의한다.)

분기직관 덕트저항 = 6.87×5 = 34.3Pa

(v=10m/s, Q=1000m^3/h에서 단위길이 손실은 6.86Pa/m가 된다.)

취출구 저항 = 49Pa

합계 127.4Pa가 되어 과대하다. 이때 v_3=9m/s로 하면

ΔP_B = 34.3Pa
분기직관덕트저항 = 5.1×5 = 25.5Pa
취출구 저항 = 49Pa

합계 108.8Pa가 되어 대략 취출구 G까지와 같게 되었다. 마찬가지로 F에 대해 검토한다.

v_3= 7.0m/s로 하면
ΔP_C = 21.6Pa
분기직관덕트저항 = 2.64×5 = 13.2Pa
취출구저항 = 49 Pa
B→C간의 직관덕트저항 = 22.5Pa

합계 106.3Pa가 되어 대략 각 취출구의 밸런스가 취해졌다. 따라서 분기덕트 B-E 및 C의 치수는 각각의 풍속을 만족하는 치수를 선정하면 된다.

ⓒ 정압재취득법(static pressure regain method)

급기덕트에서는 일반적으로 덕트내 풍속은 주덕트에서 말단으로 가면서 덕트의 저항이 증가하고 각 취출구에서의 취출로 인하여 전압은 감소한다. 베르누이 정리에 의해 풍속(동압)이 감소되면 속도에너지는 압력에너지로 변환하여 그 동압의 차이만큼 정압이 상승되기 때문에 이 정압 상승분을 다음 덕트 구간의 압력손실에 이용하면 덕트의 각 분기부에서의 정압이 거의 같아지고 취출풍량이 균형을 이루게 된다.

이와 같이 분기후의 정압 상승분을 분기덕트의 압력손실로 이용하는 방법을 정압재취득(static regain method)이라 한다. 그림 5-12는 1개의 급기덕트에 몇 개의 취출구가 순차적으로 있을 때 1구간에서 말단으로 가면서 덕트 마찰손실 ΔP는 점차로 증가하고 각 취출구에서의 취출로 인하여 전압(P_T)이 감소되는 것을 보여주고 있다. 전압(P_T)과 동압(P_V), 정압(P_S)과의 관계는 다음과 같다.

$$\text{전압}(P_T) = \text{동압}(P_V) + \text{정압}(P_S)$$

따라서 덕트내 취출구에서 취출된 후에도 일정한 정압을 유지시키기 위해서는 취출후에 덕트내의 풍속(동압: P_V)을 감소시켜서 정압(P_S)을 올리는 방법을 택한다. 즉, 앞구간에서 동압감소(풍속감소)로 인해 얻은 정압을 다음 구간에 있는 취출구의 취출 압력손실로 이용하는 설계법을 정압재취득법(SPR: Static Pressure Regain)이라 하며 공기를 송풍할 때 정압재취득량 ΔPs[Pa]는 식 (5-19)와 같다.

이 방법은 취출구 직전의 정압이 대략 일정한 값이 되므로 각 취출구에서 댐퍼에 의한 풍량조절을 하지 않아도 결정된 송풍량을 취출할 수 있으나 저속덕트의 경우에는 이용될 수 있는 압력이 적기 때문에 등 마찰법에 의한 경우보다 덕트치수를 크게 하여야 한다.

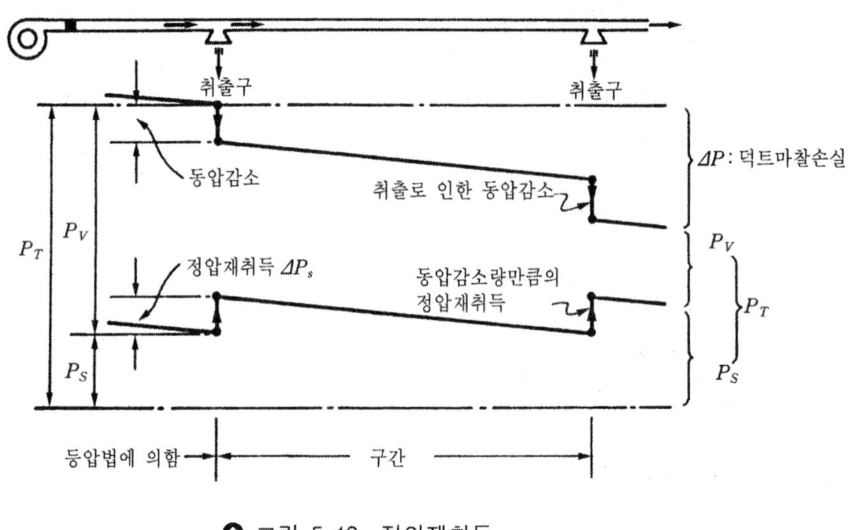

그림 5-12 정압재취득

따라서 이 방식은 고속덕트에 적합하고 송풍기로부터 최초의 분기부까지의 정압손실 및 취출구의 저항손실만을 계산하면 되므로 등압법에 비하여 송풍기 동력이 절약되며 풍량조절이 쉽다.

$$\Delta P_s = k\left(\frac{w_1^{\ 2}}{2} - \frac{w_2^{\ 2}}{2}\right)\rho \quad \cdots\cdots (5\text{-}19)$$

여기서 ΔP_s : 정압재취득량 [Pa]

k : 정압재취득계수 = 0.75~0.9

w_1, w_2 : 상류 및 하류측 취출구의 풍속 [m/s]

ρ : 공기의 밀도 ≒ 1.2[kg/m^3]

실제로 정압재취득법에 의한 덕트치수를 결정할 때는 송풍기 출구에서 분기덕트가 있는 곳까지는 표 5-5를 이용하여 등마찰법으로 결정한다. 각 취출구와 접속되는 분기덕트의 치수는 그림 5-13을 이용하여 각 취출구 사이의 덕트 상당길이와 구간풍량으로 K값을 구한다. 한편 K는 다음과 같은 계산식으로 구할 수도 있다.

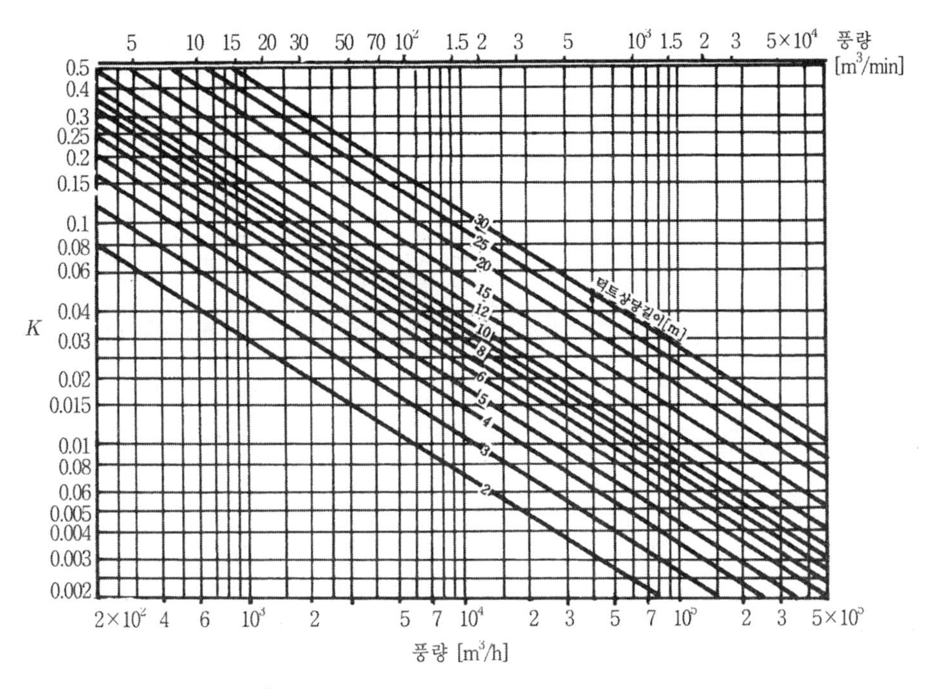

그림 5-13 정압재취득 계산선도

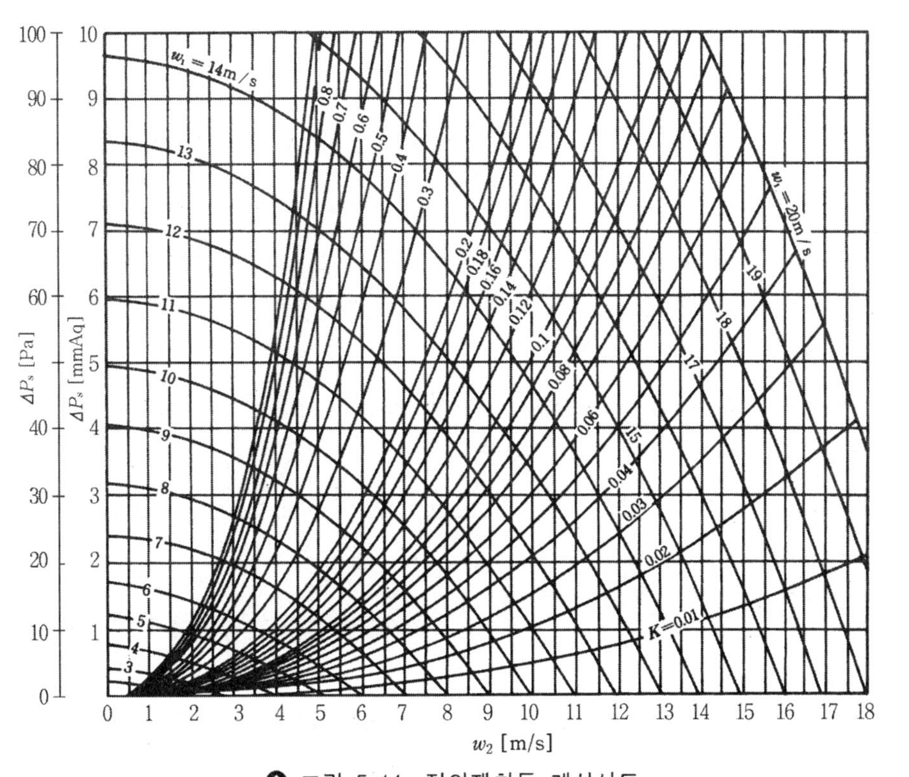

그림 5-14 정압재취득 계산선도

$$K = \frac{L}{Q^{0.62}} \quad \cdots\cdots (5\text{-}20)$$

여기서 L : 해당구간의 덕트 상당길이 [m]

Q : 해당구간의 풍량 [m³/h]

다음은 그림 5-14를 이용하여 앞에서 구한 K와 구간풍속 v_1과의 교점에서 수직선을 아래로 긋고 구간풍속 v_2를 구하여 다음 식으로 덕트의 직경을 구할 수 있다.

$$A = \frac{Q}{v_2 \times 3600} = a \times b \quad \cdots\cdots (5\text{-}21)$$

여기서

A : 덕트 단면적 [m²], Q : 풍량 [m³/hr], v_2 : 풍속 [m/s]

a, b : 덕트의 변길이 [m] (종횡비는 1 : 2.5 이하로 한다.)

풍속 v_2를 다음 구간의 v_1으로 하여 같은 방법으로 하류측의 풍속을 결정하고 덕트치수를 결정한다.

② 전압법(total pressure method)

이 방법은 각 취출구에서 전압이 같아지도록 설계하는 방법으로서 등마찰법에는 덕트내에서의 풍속변화에 따른 정압의 상승이나 강하 등을 고려하지 않으므로 급기덕트의 하류측에서 정압재취득에 의한 정압의 상승으로 상류측에서 보다 하류측에서 토출량이 설계치보다 많아지는 경우가 발생하므로 이러한 점을 개선하고자 각 취출구에서 전압이 같아지도록 설계하는 방법을 전압법이라 한다.

전압법에 의한 덕트의 설계는 우선 등마찰법으로 기준경로인 덕트의 개략치수를 결정하고 다음으로 덕트의 마찰저항, 국부저항을 전압기준에 의하여 구해서 송풍기 취출구에서 기준경로의 취출구에 이르기까지 전압손실을 구한다. 전압법은 가장 합리적인 덕트 설계법이지만 일반적으로 등마찰법에 의하여 설계한 덕트 계통을 검토하는데 이용되고 있으며 전압법을 사용하게 되면 정압재취득법은 필요없게 된다.

③ 덕트의 개략 설계법

공조설비의 기본계획시 덕트샤프트나 덕트스페이스의 개략적인 크기를 정하기 위해서 또는 짧은 시간내에 덕트의 개략적인 설계를 해야 할 경우에는 표 5-9의 풍량[m³/m²·h]에 바닥면적[m^2]을 곱하여 필요풍량[m^3/h]을 정하고 그 송풍량을 표 5-10에 적용시켜 원형덕트 또는 장방형덕트의 치수를 정한다.

한편 송풍기의 용량을 결정하기 위한 송풍기 풍량을 필요풍량에 10%를 가산하고 송풍기 정압(Ps)은 장치에 따라 차이는 있으나 일반적으로 표 5-11의 범위에서 정한다. 표 5-11의 송풍기 필요정압은 각 층 유닛(unit)식이나 배기팬(fan)이 있는 경우 또는 고속덕트 등의 경우에 그대로 적용하면 큰 오차가 생기므로 다음 식으로 약산한다.

$$P_S = P_D + P_A \quad \cdots\cdots (5\text{-}22)$$

여기서 P_S : 송풍기의 필요정압 [Pa]

P_D : 덕트의 저항 [Pa]

$P_D = R \cdot l(1+k)$

R : 덕트내에서 단위길이당 압력강하 [Pa/m]

l : (가장 먼 곳에 있는 취출구까지의 송풍덕트의 연장길이)
+(가장 먼 곳에 있는 흡입구까지의 리턴덕트의 연장길이) [m]

k : 국부저항의 비율
k=0.5(굴곡부, 분기가 적을 때)=1.0(굴곡부, 분기가 많을 때)

P_A : 에어필터, 에어워셔, 가열코일 등의 공기조화장치 저항의 합계 [Pa]

표 5-9 공조용 표준풍량

건물 종류	취출구 위치	소요풍량 [m^3/m^2 · h] 및 환기횟수 n [회/h]	
		난방시	냉방시
주 택	벽면하부(수평취출) 벽면하부(상향취출) 벽면상부(수평취출)	8~16 (n=3~6) 8~16 (n=3~6) 13~24 (n=5~9)	 16~24 (n=6~9) 16~24 (n=6~9)
사무실 상 점 식 당	벽면상부(수평취출)	13~22 (n=5~8)	16~33 (n=6~12)
극 장 공회당	벽면상부(수평취출)	30~60 (n=5~10)	30~72 (n=6~12)

표 5-10 덕트의 치수(R = 1Pa/m, 단 Q > 10,000m^3/h 에서는 ω = 8m/s)

풍 량 [m^3/h]	덕트의 치수 [cm]		풍량	치 수		풍 량	치 수		풍 량	치 수	
			1,400	31.6	62×15	5,500	52.8	82×30	20,000	94	128×60
	원형	장방형			43×20			59×40			
100	11.7	12×10	1,600	33.1	70×15	6,000	54.5	88×30	35,000	106	168×60
		20×6			48×20			63×40			
200	15.2	20×10	1,800	34.6	53×20	7,000	57.5	70×40	30,000	114	198×60
		40×6			34×30			56×50			
300	17.5	28.10	2,000	36.0	58×20	8,000	60.3	78×40	35,000	125	245×60
		36×8			36×30			62×50			
400	19.5	35×10	2,500	39.2	70×20	9,000	63.0	86×40	40,000	132	285×60
		48×8			44×30			68×50			
500	21.3	42×10	3,000	41.8	50×30	10,000	66	94×40	45,000	143	250×75
		26×15			36×40			74×50			
600	22.7	50×10	3,500	44.4	56×30	12,000	74	94×50	50,000	151	280×75
		30×15			42×40						
800	25.2	38×15	4,000	46.5	62×30	14,000	76	88×60	60,000	165	270×90
					46×40						
1,000	27.6	46×15	4,500	48.8	70×30	16,000	86	105×60	70,000	178	280×100
		32×20			50×40						
1,200	29.5	54×15	5,000	51.0	76×30	18,000	89	113×60	80,000	190	290×110
		38×20			56×40						

표 5-11 송풍기의 필요정압 [Pa]

설 비 구 분	규 모	필요정압 Ps [Pa]
환 기 설 비	일 반	100~200
	대규모 장치	300~400
공기조화설비 (리턴덕트 有, 리 턴 팬 無)	소 규 모 (300m^2 이내)	400~500
	중규모(20,000m^2 이내)	600~750
	대규모(20,000m^2 이상)	650~1,000
	고속덕트(중규모)	1,000~1,500
	고속덕트(대규모)	1,500~2,500

(5) 덕트의 구조와 시공

1) 덕트의 재료

덕트의 재료로는 가격이 싸고 가공하기 쉬우며 강도가 있는 아연도금 강판(KSD 3506)을 가장 많이 사용되며 그 밖에 열간 압연 박강판 및 냉간압연 강판, 동판, 알루미늄판, 스테인레스 강판, 염화비닐판 등이 사용되고 있고 또 글라스울(glass wool) 및 건물 구조체를 이용하는 콘크리트 덕트 등이 있다.

아연도금 강판은 일명 함석(KS D 3506)이라고 하며 공조용으로 사용되는 것은 판두께 0.5, 0.6, 0.8, 1.0, 1.2mm의 것이 사용되고 평판 또는 코일형상의 것이 시판되고 있으며 최근에는 기계화 시공의 경향으로 코일의 이용이 증가하고 있다.

그 외에 온도가 높은 공기에 사용하는 덕트, 방화댐퍼, 보일러용 연도, 후드 등에는 열간 또는 냉간압연 박강판, 부식성 가스 또는 다습공기에 사용되는 덕트에는 동판, 알루미늄판, 스테인리스강판, 플라스틱판 등이 사용되고 있으며 근래에는 단열 및 흡음을 겸한 글라스화이버판으로 만든 글라스울 덕트(fiber glass duct)의 이용도 증가하고 있다.

알루미늄판은 평판으로 사용되는 경우보다는 골판으로 성형하여 플렉시블 덕트(flexible duct)로 사용되며 글라스울은 단열성이 좋아서 덕트의 단열재 및 흡음재로 사용되며 글라스울판에 알루미늄 박지나 열화비닐을 접착하여 저압용 덕트로 사용하기도 한다.(일명 fiber glass duct라 한다.) 이들 덕트의 접속이나 지지, 행거 등에는 평강, 형강 기타 강재가 사용된다. 표 5-12는 덕트제작용 아연도금 강판의 두께를 제시하고 있다.

표 5-12 덕트치수와 아연도금강판의 판두께 [mm]

장방형덕트의 장변 [mm]	판 두 께		원형 덕트 지름 [mm]	판두께 [mm]	스파이럴 덕트지름 [mm]	판두께 [mm]
	[mm]	No				
450 이하	0.5	26	500 이하	0.5	200 이하	0.5
460~750	0.6	24	510~700	0.6	210~600	0.6
760~1,500	0.8	22	710~1,000	0.8	610~800	0.8
1,510~2,200	1.0	20	1,010~1,200	1.0	810~1,000	1.0
2,210~	1.2	18	1,210~	1.2		

2) 덕트 시공

① 덕트의 제작

일반적으로 덕트의 사용재료로는 가격이 싸고 가공하기 쉬우며 강도가 높은 아연도 철판(KSD 3506)이 많이 사용되며 종래에는 수공으로 가공・제작하였지만 최근에는 기계화 시공방법이 증가하는 추세이다. 종래부터 사용해온 공작법을 재래공법이라 하며 후자를 SMACNA (steel metal & air conditioning contractor's national association) 공법이라 부른다. 덕트의 시공은 아연철판을 구부려서 말단의 모서리 부분에서 록 또는 시임(lock or seam) 고정으로 하면 덕트의 모양이 된다.

록 또는 시임이란 두장의 철판을 서로 구부려서 고정시키는 공법으로서 아연철판 덕트는 철판을 적당한 크기로 절단하고 이음으로 접속하며 다시 보강을 하면서 제작한다. 원형덕트는 그림 5-17과 같이 아연도 철판을 둥글게 축 방향에 세로이음으로 성형한 나선형 덕트가 널리 이용되고 있다.

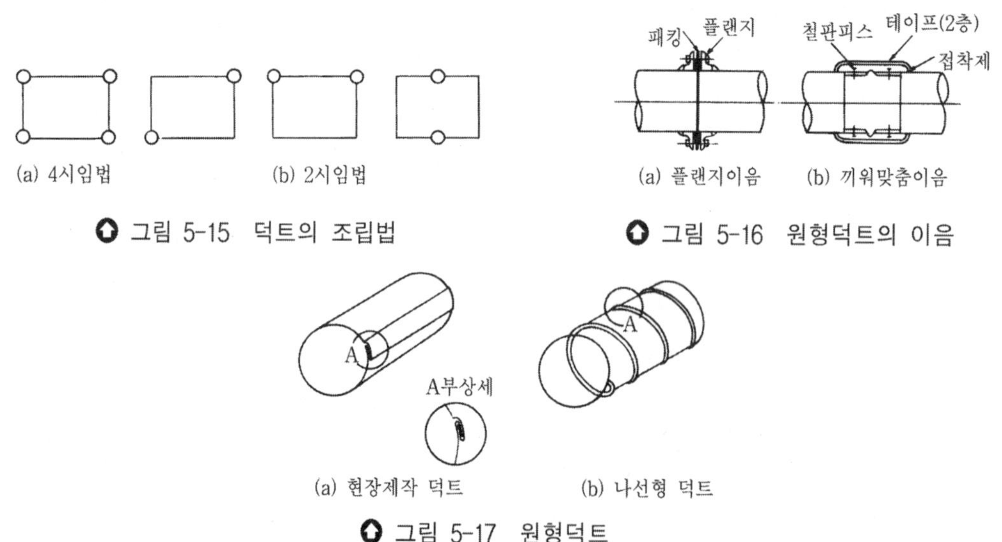

(a) 4시임법 (b) 2시임법

그림 5-15 덕트의 조립법

(a) 플랜지이음 (b) 끼워맞춤이음

그림 5-16 원형덕트의 이음

(a) 현장제작 덕트 (b) 나선형 덕트

그림 5-17 원형덕트

② 덕트의 이음

덕트이음의 형식에는 그림 5-15와 같은 방법이 있으며 두 모서리 또는 한 모서리만을 이음으로 하는 2시임법 또는 1시임법 등을 이용하여 덕트의 제작 공수를 줄이도록 하고 있다. 또한 이음은 일반적으로 플랜지 이음이 사용되고 있으나 최근 현장공수를 줄이기 위한 새로운 형식이 적용되고 있다.

고속덕트의 모서리 부분은 피츠버그록이 평면부는 모서리 세로이음이 이용되고 있으며 덕트의 접속에는 플랜지 이음 및 플랜지 바와 코너 플레이트를 사용한다. 장방형 덕트의 네모서리부는 종래에는 각 그루부드시임(grooved seam)이 쓰였지만 최근에는 피츠버그록(pittsburgh lock)이 사용되고 있다.

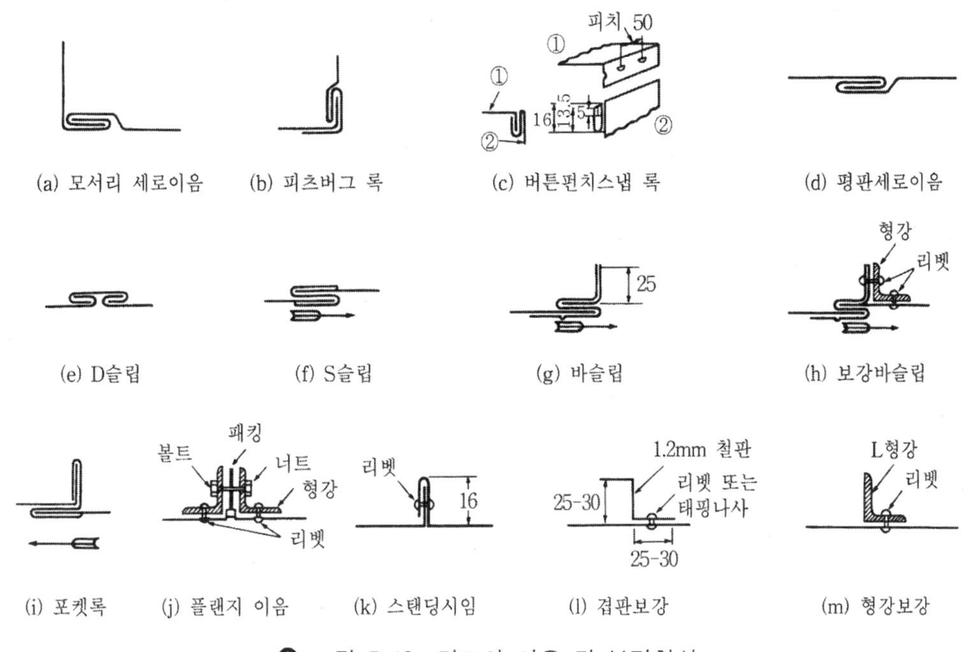

그림 5-18 덕트의 이음 및 보강형식

또한 원형덕트의 접속은 그림 5-16과 같이 플랜지 또는 끼워맞춤으로 하고 덕트의 접속부에는 패킹을 사용하며 원형덕트의 끼워맞춤 이음부에는 접합하기 전에 끼워 넣는 부분의 바깥면에 불건성 실(seal)제를 충분히 도포하여 끼워넣고 구경이 큰 것은 여러개의 철판피스로서 고정하고 이음부분에 덕트 테이프를 이중으로 감는다.

③ 덕트의 보강

장방형 덕트의 보강법은 그림 5-18과 표 5-13의 방법 외에 그림 5-19와 같이 다이아몬드 브레이크 또는 평행보강 립(rib) 등이 사용되고 있다. 그러나 이 방법은 판상의 비교적 단단한 보온재를 부착할 때에는 시공상 불편하기 때문에 고려하여야 한다.

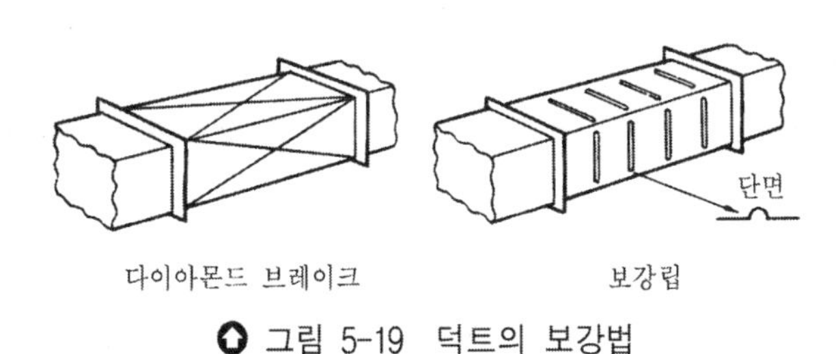

그림 5-19 덕트의 보강법

표 5-13 덕트의 보강

(a) 장방형 덕트

판두께 [mm]	형강 보강				스탠딘 시임 보강			
	형강치수 [mm]	최대간격 [mm]	리 벳		시임높이 [mm]	보강 스탠딩 시임		간 격 [mm]
			경	피 치		높이 [mm]	평강 [mm]	
0.5	25×25×3	1.8	4.5	150	25	-	-	1.2
0.6	25×25×3	14.8	4.5	150	25	-	-	1.2
0.8	30×30×3	0.9	4.5	150	25	-	-	0.9
1.0	40×40×3	0.9	4.5	150	40	45	40×3	0.9
1.2	40×40×5	0.9	4.5	150	40	45	40×3	0.9

(b) 원형덕트

덕트경 [mm]	형강 [mm]	간 격 [m]
600~750	30×30×3	2.4 이하
750~1200	30×30×3	1.8 이하
1,200 이상의 것	40×40×3	1.8 이하

④ 덕트의 지지

덕트의 지지 및 현수방법에는 여러 가지가 있으나 수평덕트를 천장 슬라브에 매다는데 사용하는 행거와 바닥 또는 벽체에 설치하는 수직덕트 지지용 철물 등으로 나누어지며 수평덕트나 수직덕트용 지지물의 치수는 표 5-14에 나타나 있다. 행거는 장방형 수평덕트의 현수철물로서 그림 5-20과 같이 천장슬라브 등에 환봉을 매달고 형강을 수평으로 설치하며 형강위에 덕트를 올려놓는 방식이 일반적으로 사용된다.

그러나 최근에는 그림 (c)와 같이 형강 대신 행거 레일을 이용하거나 평판 또는 철판을 D슬립, S슬립의 형상으로 접은 것을 행거로 하여 이것을 덕트의 측벽에 리벳 또는 태핑나사에 의하여 설치하는 방법이 이용되고 있다. 건물의 진동이나 소음의 전달을 방지하기 위하여 덕트의 지지물에 방진재를 설치하고 건물의 관통부에도 방진재를 삽입한다.

수직덕트의 지지철물로는 그림 5-21과 같이 산형강을 사용하는 것이 일반적으로 사용되고 있으며 원형덕트의 수평덕트는 그림 5-22와 같이 행거를 사용한다. 또한 건물의 진동이나 소음의 전달을 방지하기 위하여 지지철물에 방진재를 설치하고 관통부에도 방진재를 삽입한다.

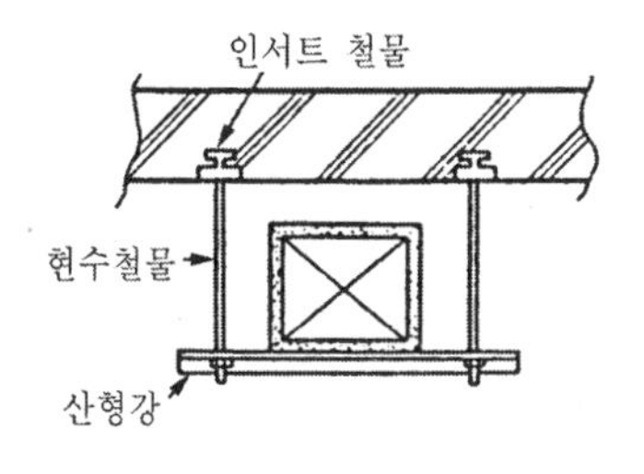

(a) 덕트 1개의 위치

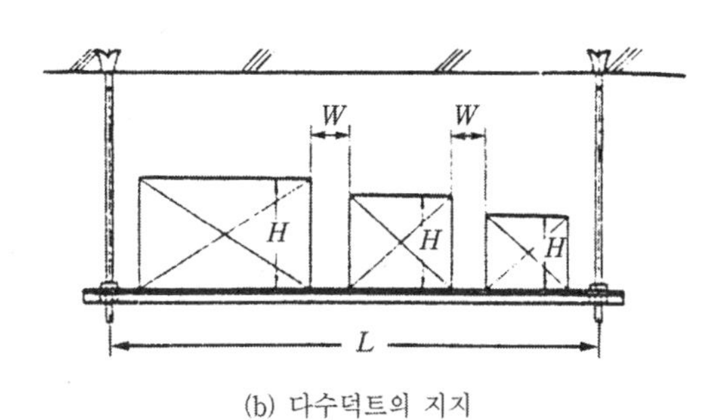

(b) 다수덕트의 지지

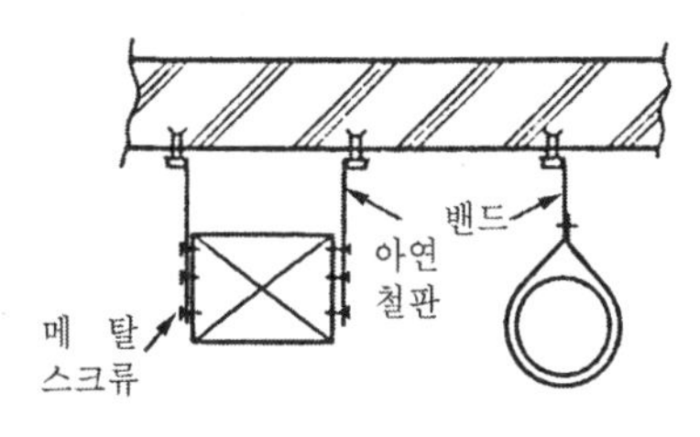

(c) 수평덕트의 지지

(주) ① $H>500$인 경우는 $W \geq 200$, $H \leq 500$인 경우는 ≥ 150으로 한다.
② $L \geq 3.0$m인 경우에는 현수볼트를 중간에 하나 더 설치한다.

그림 5-20 수평덕트의 지지

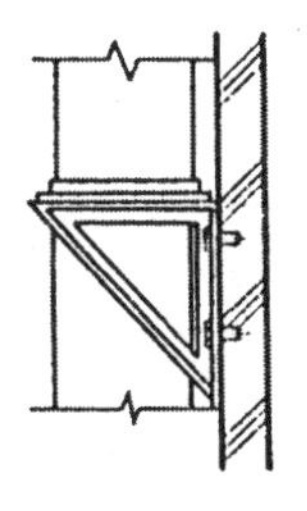

(a) 벽에 의한 지지

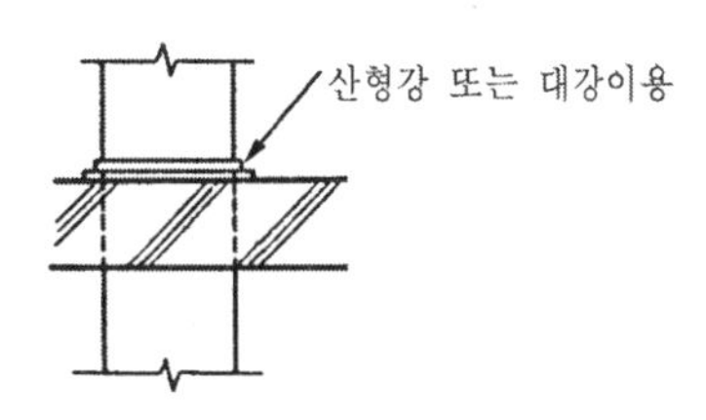

(b) 바닥에 의한 지지

그림 5-21 수직덕트의 지지

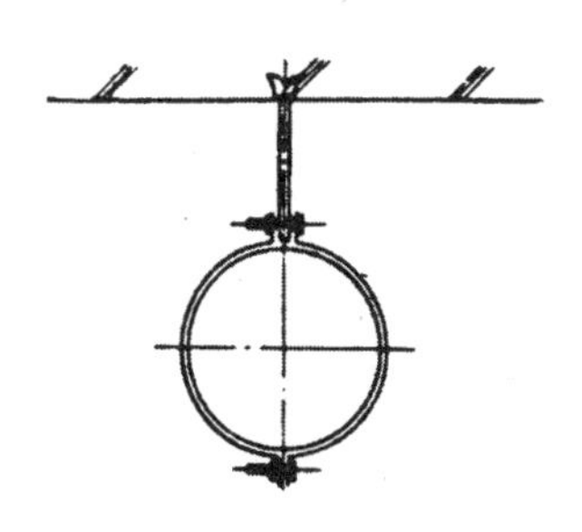

(a) 직경 500mm

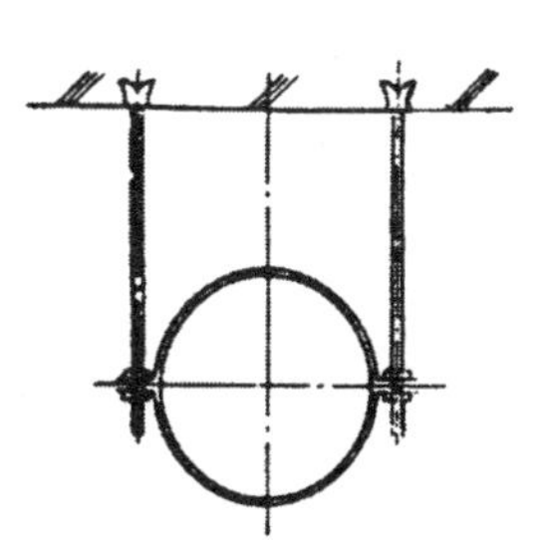

(b) 직경 500mm 이상인 경우

그림 5-22 원형덕트의 지지

표 5-14 덕트의 행거 및 지지금물 [mm]

(a) 장방형 덕트

장변치수 [mm]	행거					지지물	
	평판·철판 이용		형강 이용			형강치수	최대간격 [m]
	형상치수	리벳나사경×본수	형강치수	환봉	최대간격[m]		
450 이하	D 슬립·0.6 평판 1.2t×25	4mm×2본	25×25×3	8	3.0	25×25×3	3.6
450 이상 750 이하	S 슬립·0.6 평판 1.6t×25	4mm×3본	25×25×3	8	3.0	25×25×3	3.6
750 이상 1,000 이하	S 슬립·0.6 평판 1.6t×25	4mm×3본	30×30×3	8	3.0	30×30×3	3.6
1,000 이상 1,500 이하			30×30×3	8	3.0	30×30×3	3.6
1,500 이상 2,250 이하			40×40×3	8	3.0	40×40×3	3.6
2,250 이상의 것			40×40×5	8	3.0	40×40×3	3.6

(b) 원형덕트

덕트경 [mm]	평강	환봉	최대간격 [m]
1,500 이하	25×3	8	3.0
1,500 이상	30×3	8	3.0

⑤ 덕트의 변형과 분기

덕트가 지나가는 도중에 장애물이 있거나 설치장소의 제약 등으로 치수, 형상의 변경, 경로의 전환 등이 필요한 경우 국부저항이 적은 방법으로 변형을 시키고 덕트내의 기류나 취출기류의 편류가 일어나지 않도록 주의해야 한다.

㉠ 덕트의 곡률반경

일반적으로 덕트 굽힘부의 안쪽 반경은 장방형 덕트의 폭 또는 원형덕트의 직경을 덕트의 내측 곡률반경으로 하며 대구경의 덕트에서는 엘보를 사용한다. 곡률반경이 이것보다 적은 경우 또는 직각엘보를 사용하는 경우에는 내부에 가이드 베인을 설치한다.

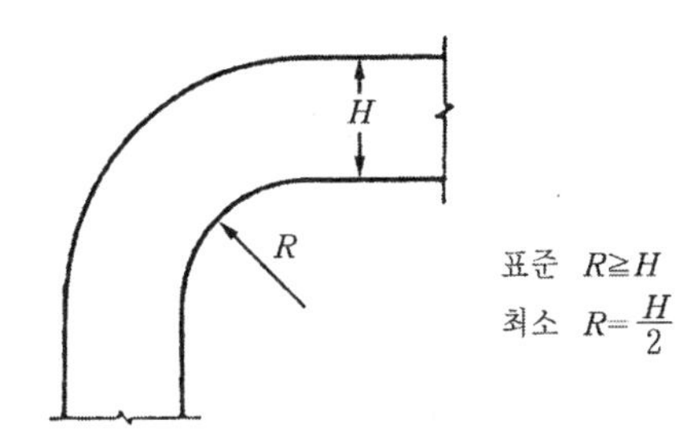

그림 5-23 덕트의 굽힘반경

㉡ 덕트의 확대·축소

덕트가 지나가는 도중에 어떠한 장애물이 있거나 보(beam)를 지나갈 때에는 각도를 작게 하여 압력손실이 적게 발생하도록 하여야 하며 단면변화를 급격히 하면 기류의 와류현상이 발생한다. 그림 5-24에 나타난 바와 같이 경사도는 확대부에서 15° 이하, 축소부에서 30° 이하가 되도록 하며 그 이상의 각도가 될 경우에는 가이드 베인을 설치한다.

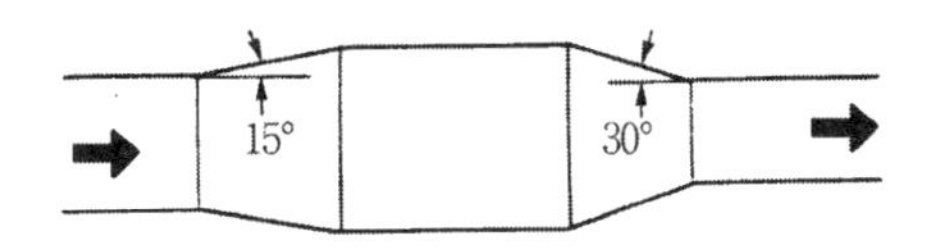

그림 5-24 덕트의 확대 및 축소

㉢ 덕트의 분기

덕트를 분기할 때에는 그 부분의 기류저항이 적게 발생하도록 하여야 하며 덕트굽힘부 가까이에서 분기하는 것은 피하는 것이 좋다. 분기방법으로는 그림 5-25에 나타난 바와 같이 베인형, 직각분기형, T형 분기 등이 있다. 또한 굽힘부 가까이에 분기를 할 경우에는 그림 5-26과 같이 가능한 길게 직선배관으로 하여 분기하며 그 거리가 덕트 폭의 6배 이하일 경우에는 원형덕트에서는 그림 5-27와 같이 Y형 이음을 사용하거나 직각분기의 경우에는 분기부를 원추형 T로 하여 분기저항을 적게 하여야 한다.

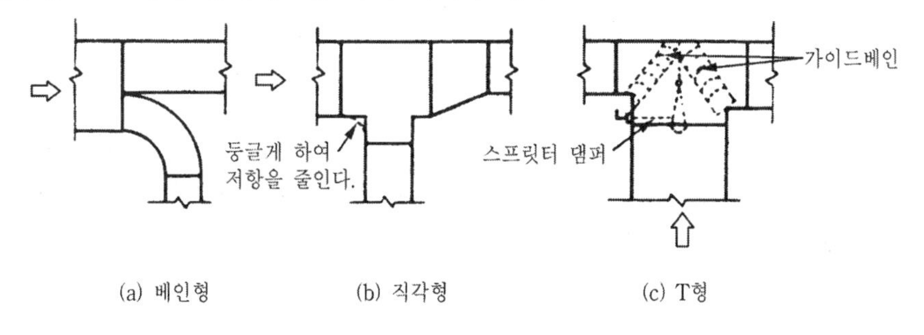

그림 5-25 장방형 덕트의 분기

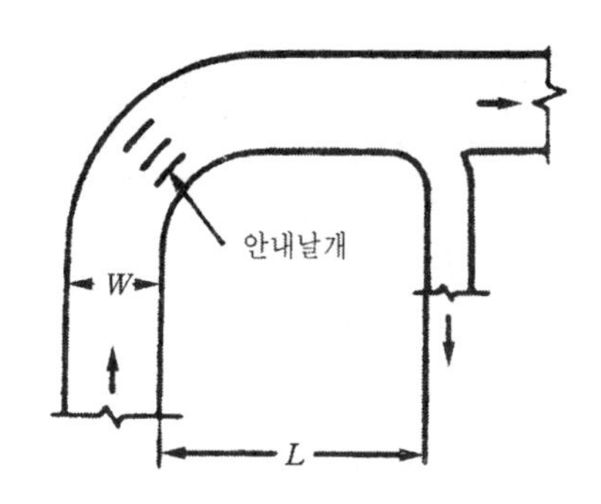

그림 5-26 굽힘부에 가까운 분기법

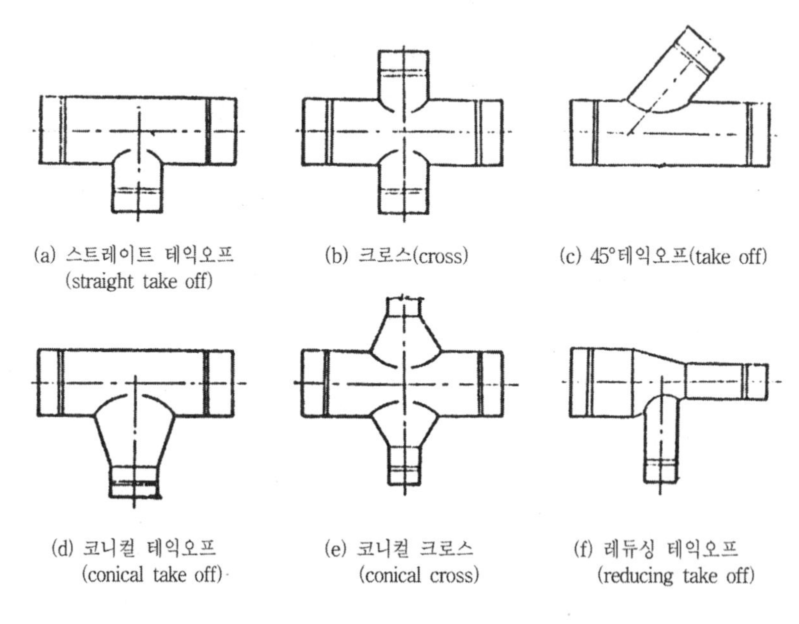

그림 5-27 원형덕트의 분기

⑥ 덕트의 수밀과 기밀유지

욕실, 주방 등의 배기덕트에 있어서는 배기중의 수증기나 기름기가 냉각되어 응축하면 물방울, 기름방울로 되어 덕트내를 흐르면서 플랜지부 또는 이음부에서 외부로 누출되는 경우가 있다. 이와 같은 우려가 있는 경우에는 플랜지부, 이음부에 실(seal)제를 도포하거나 납땜을 하여 기밀, 수밀을 유지하고 덕트의 낮은 부분에 물빼기 및 기름빼기를 설치하며 덕트 내면이 기름 등으로 더러워지는 경우에는 정기적으로 내부를 청소할 수 있는 맨홀을 설치한다.

또한 덕트의 이음형식에 따라 그 길이와 덕트 내외의 압력차에 비례하여 덕트에서 공기가 누설한다. 이 공기의 누설량은 덕트제작의 정밀도에 따라 좌우되며 일반적으로 전체 송풍량의 3~10% 정도이다. 이러한 공기의 누설은 플랜지, 패킹, 실(seal), 시임(seam) 등에 의한 것으로서 공조성능에 영향을 미치게되며 소음의 발생의 원인이 되기도 한다. 특히 고속덕트에서는 덕트내의 정압이 높기 때문에 누설이 되기 쉬우며 누설을 방지하기 위해서는 이음부분에 실(seal)제 등을 사용하여 충분히 밀폐시켜야 한다.

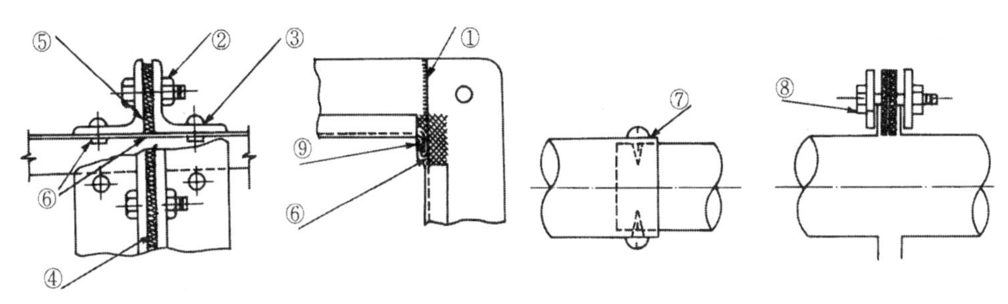

그림 5-28 덕트의 공기누설 요소

⑦ 송풍기와 덕트의 접속

송풍기의 성능은 공장에서 성능을 측정하여 결정되는 일이 많으나 이것을 현장에 설치하여 덕트를 접속할 때에는 성능 시험시와 같은 이상적인 상태를 기대할 수 없으므로 송풍기 성능의 저하를 초래하는 경우가 있으며 현장에서 덕트와 접속할 때에는 다음 사항을 주의하여야 한다.

㉠ 송풍기의 흡입구 및 취출구에 대한 덕트의 접속은 기류의 쏠림이나 급격한 방향전환, 확대・축소 등이 일어나지 않아야 한다.

㉡ 송풍기의 토출측 덕트는 그림 5-29 (a)에 나타난 바와 같이 취출구 입구에서 경사를 두어 덕트를 접속하며 또 토출 및 흡입덕트를 송풍기 접속부에서 바로 방향전환할 경우에는 송풍기 날개직경의 1.5배 이상 직선덕트를 유지하고 방향전환을 하여야 한다.

㉢ 흡입구 접속덕트는 가능하면 큰 치수로 하여 저항을 적게 하여야 하며 송풍기의 진동이 덕트나 장치에 전달되는 것을 방지하기 위하여 그림 5-30은 수평덕트의 지지와 같이 길이 150~300mm 정도의 캔버스이음(canvas connection) 접속을 하며 송풍기의 토출측과 흡입측에 설치한다. 캔버스 이음의 재료는 석면포 등을 사용하며 설치할 때에는 느슨하게 하여야 한다.

표 5-15 신축이음부의 길이 [mm]

송풍기 No	1	2	3	4	5	6	7
길 이	150	150	150	200	250	250	250

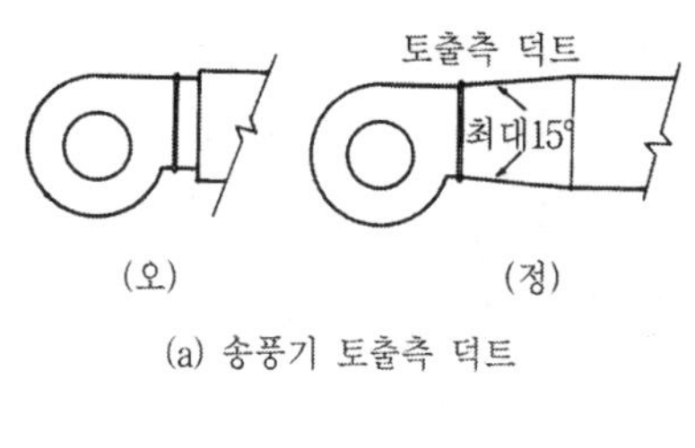

(a) 송풍기 토출측 덕트

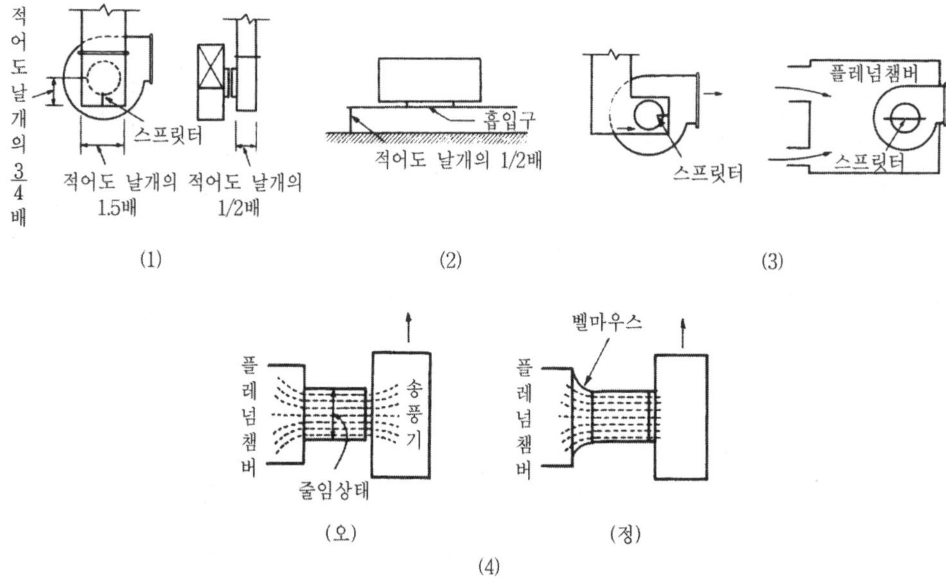

(b) 송풍기 흡입측 챔버

그림 5-29 송풍기의 접속덕트

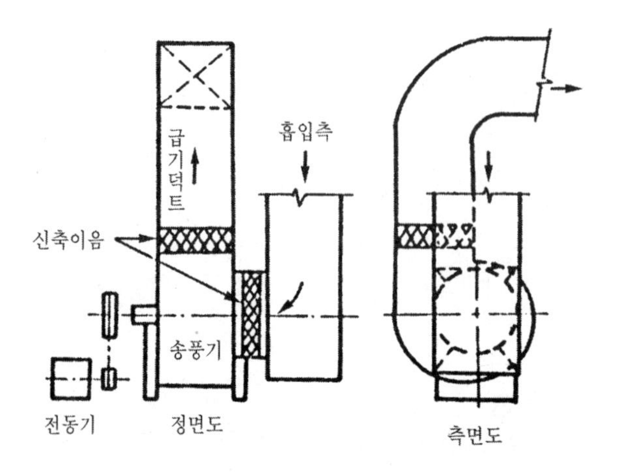

그림 5-30 송풍기와 덕트의 신축이음

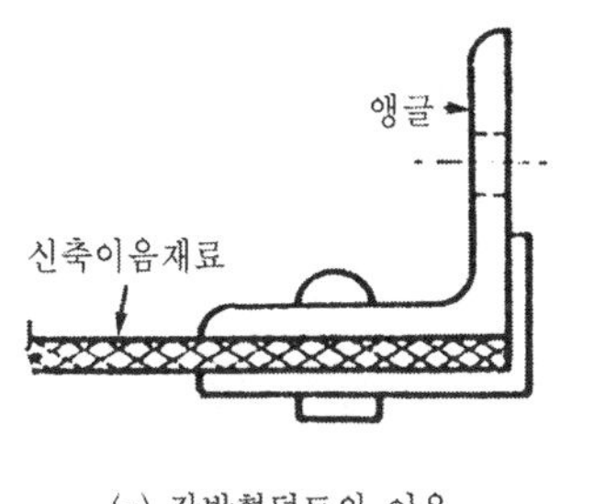

(a) 장방형덕트의 이음

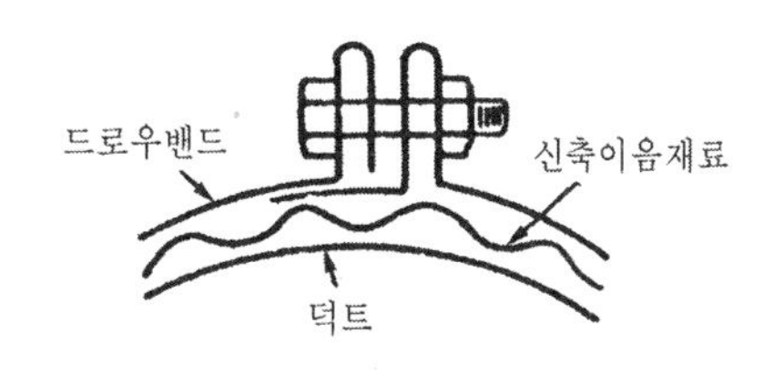

(b) 원형덕트의 이음

그림 5-31 신축이음의 상세

⑧ 덕트의 단열

냉방을 위한 냉풍이나 난방을 위한 온풍의 송풍 덕트는 보냉·방로·보온의 목적으로 덕트전면에 걸쳐 단열 한다. 그러나 외기도입용 덕트나 배기덕트 등에서 결로의 우려가 없는 경우에는 단열하지 않는다.

환기덕트는 주위공기의 온·습도의 상태에 따라서 단열을 하는 경우와 하지 않는 경우로 구분한다. 덕트에서의 단열재 두께는 유리솜 보온판 25mm가 주로 사용되며 공조기, 송풍기 등에는 50mm가 적용된다.

그림 5-32에 나타난 바와 같이 단열재는 덕트에 접착제 또는 납땜으로 고정한 다음 핀을 사용하여 부착하고 은폐덕트에서는 그 위에 알루미늄 포일 페이퍼로 마감한다. 옥외 노출덕트는 단열재 위에 아스팔트 펠트를 감고 아연도 철선으로 조인 다음 아연철판으로 감고 도장하여 마감한다.

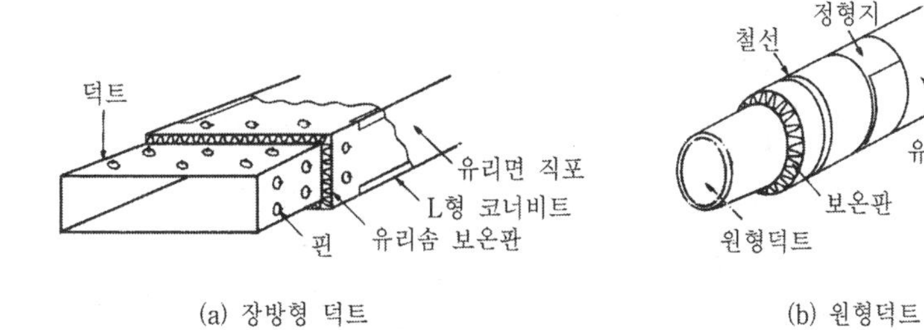

(a) 장방형 덕트 (b) 원형덕트

그림 5-32 덕트의 단열시공법

⑨ 덕트의 흡음장치

덕트를 통해 전달되는 소음의 원인에는 여러 가지가 있지만 송풍기에 의한 소음이 가장 크며 송풍기에서 발생된 소음은 덕트를 지나는 동안 약간은 감쇠하지만 취출구를 통해 실내로 전달되므로 흡음장치를 이용하여 실내에 영향을 미치기 전에 흡음하여 발생소음이 허용소음 이내로 유지되도록 한다.

덕트에 접속하고 있는 기계로부터의 발생음이나 덕트내의 기류속도나 풍압으로 인하여 발생하는 음이 취출되는 것을 방지하기 위하여 덕트 내면에 흡음재를 붙이거나 소음기 또는 소음챔버를 사용한다.

흡음장치에는 그림 5-33과 같이 여러 가지의 종류가 있으며 일반적으로 사용되고 있는 것은 내장 엘보우와 흡음박스 등이며 셀형과 플레이트형은 저주파 영역의 감쇠성능이 좋지 않으므로 일반적으로는 사용되지 않는다.

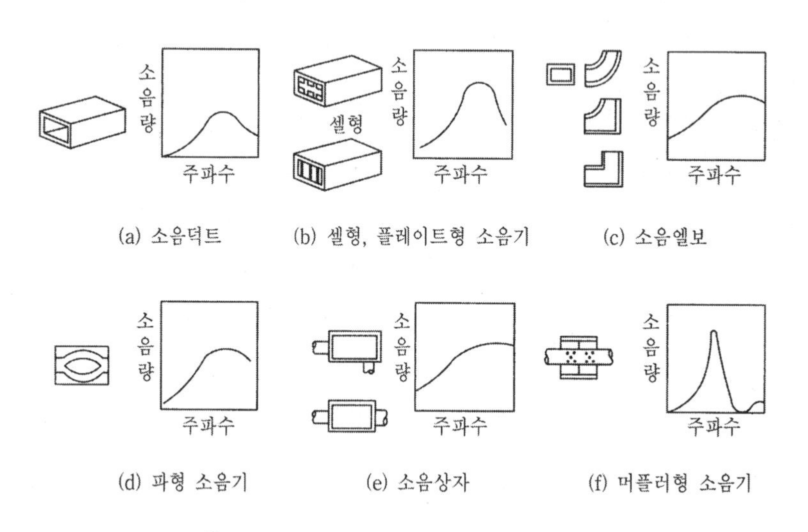

그림 5-33 각종 소음기와 흡음특성

⑩ 점검구

덕트의 주요 요소의 점검이나 조정을 위하여 점검구를 설치한다. 점검구의 설치가 필요한곳은 방화댐퍼의 퓨즈점검이나 풍량조절 댐퍼의 점검 및 조정이 필요한곳과 말단코일이 설치된 곳 그리고 에어챔버가 있는 곳 등이며 공기조화기에도 주요부분의 점검을 위해 설치한다. 점검구에 설치되는 점검문은 1.2mm 이상의 아연도 철판으로 제작하고 그 주위에는 고무제품 등의 패킹을 붙여서 기밀을 유지할 수 있어야 한다.

점검문에는 문 내측에 보온재를 부착한 것과 부착하지 않은 것이 있으며 덕트가 보온시공 된 곳에는 보온재를 부착한 문을 사용하여야 하고 덕트에 점검구를 설치할 때에는 그림 5-34와 같은 방법으로 설치하여야 한다.

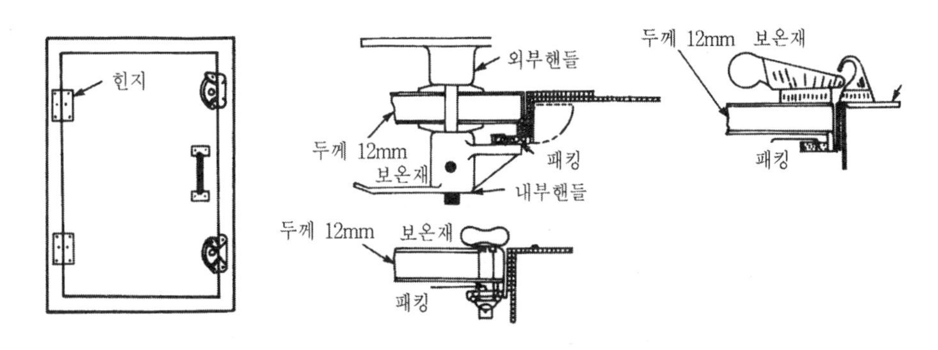

그림 5-34 점검문

⑪ 덕트 시공

• 시공도 작성시의 유의사항

덕트의 시공도는 제작과 시공시에 필수적인 도면으로서 기능과 공법 및 경제적으로 적절한가를 검토해야 하며 다음과 같은 사항을 검토한 후 시공도를 작성한다.

㉠ 덕트의 경로는 될 수 있는 한 최단거리로 한다.
㉡ 설치시에 작업공간을 고려한다.
㉢ 필요한 치수를 기입한다.(덕트의 종·횡치수, 취출구의 위치, 취출구의 종류에 따른 풍량, 주변장애물과의 거리, 적절한 분기 및 변형과 치수, 주변기기의 설치위치 등)
㉣ 댐퍼의 조작 및 점검이 가능한 위치에 있도록 한다.
㉤ 소음과 진동을 고려한다.
㉥ 기타 설비(조명기구, 스피커, 스프링쿨러 등)와의 공간을 고려한다.
㉦ 덕트內로 배관은 같은 장애물의 통과는 없는지 살핀다.
㉧ 단열 및 도장공사의 필요성을 검토한다.
㉨ 취출구 분기부의 위치는 적절한가 검토한다.
㉩ 실내의 공기분포와 취출구 및 흡입구의 위치와의 관계를 검토한다.
㉪ 진동이나 소음의 전파는 없는지 검토하고 필요시에 캔버스(canvas) 이음 또는 플렉시블(flexible) 이음 및 방진, 소음장치를 한다.

3) 덕트의 변형

4각덕트에서 단면을 변형시킬 때 이음부는 그림 5-35의 (a)와 같이 한쪽면 F가 구배인 경우와 그림 (b)와 같은 양면 F가 구배인 경우에는 연결부의 길이 L은 각각 다음과 같이 취한다.

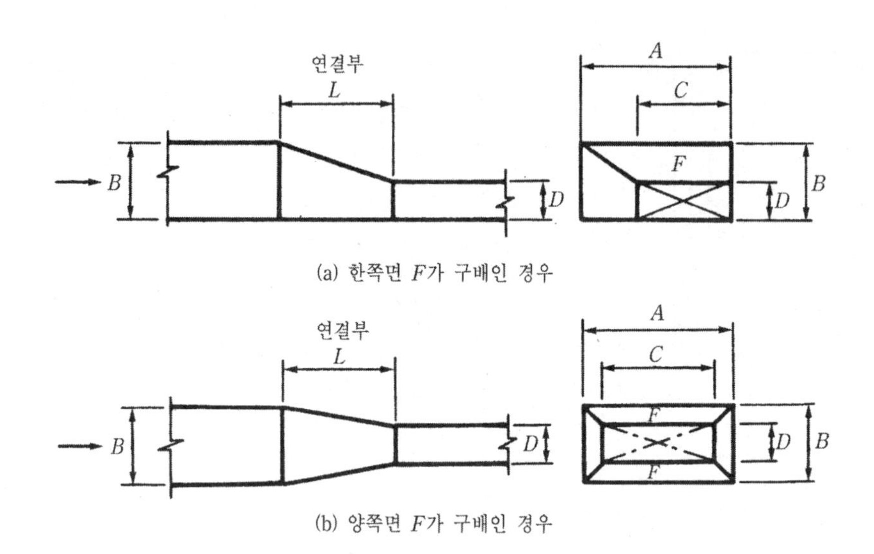

그림 5-35 덕트치수의 변경

그림 (a)와 같이 한쪽인 F가 구배인 경우

$(A-C) \geq (B-D)$ 일 때 $L=(A-C) \times 7$

$(A-C) \leq (B-D)$ 일 때 $L=(B-D) \times 7$

그림 (b)와 같이 양쪽면 F가 구배인 경우

$(A-C) \geq (B-D)$ 일 때 $L=(A-C) \times 3.5$

$(A-C) \leq (B-D)$ 일 때 $L=(B-D) \times 3.5$

한편 그림 5-36과 같이 덕트의 도중에 재열기와 같은 코일은 넣을 경우에는 코일 입구쪽의 연결부 경사는 최대 30°, 출구쪽은 연결부는 최대 45°를 초과하지 않도록 한다.

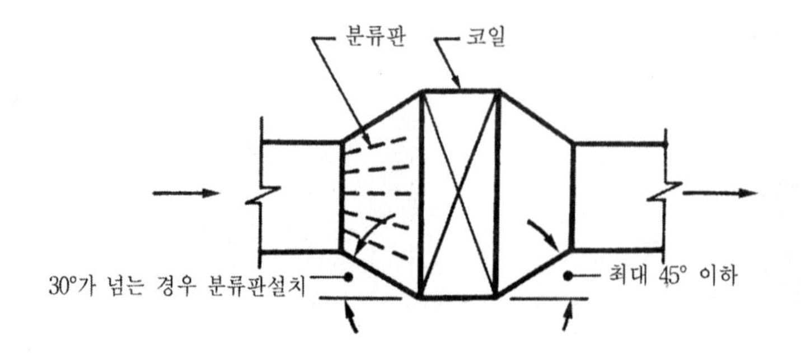

그림 5-36 덕트내에 코일을 넣은 경우

경사도가 너무 크면 코일을 통과하는 기류분포가 균등하지 못하여 전열효과가 좋지 못하다. 그러나 설치장소의 사정으로 그 이상이 될 때에는 그림에서 보는 바와 같이 코일 입구측에 분류관을 설치하여 기류를 골고루 분포시킨다.

4) 덕트의 수밀 및 기밀유지

욕실, 주방 등의 배기덕트에 있어서는 배기 중의 수증기나 기름끼가 냉각되어 응축하면 물방울, 기름방울이 되어 덕트 내를 흐르면서 플랜지부 또는 이음부에서 외부로 누출되는 경우가 있다. 이와 같은 우려가 있는 경우에는 플랜지부, 이음부에 실(seal)제를 도포하거나 납땜을 하여 기밀, 수밀을 유지하고 덕트의 낮은 부분에 물빼기 및 기름빼기를 설치한다. 또한 덕트 내면이 기름 등으로 더러워지는 경우에는 정기적으로 내부를 청소할 수 있는 맨홀을 설치한다.

5) 댐퍼

① 풍량조절댐퍼

풍량조절댐퍼(VD : volume damper)는 그림 5-37과 같은 것으로서 주덕트의 주요 분기점, 송풍기 출구측에 설치되며 날개의 열림 정도에 따라 풍량조절 또는 폐쇄의 역할을 하며 날개의 구조에 따라 그림 5-38와 같이 구분한다.

날개의 작동은 댐퍼축과 연결된 레버핸들(lever handle)이나 웜기어 핸들(worm gear handle)을 사용하여 수동으로 조절하거나 또는 전동모터(modulating type)와 연결시켜 자동으로 제어하기도 한다. 그림 5-38에서 (a)는 날개가 1개인 버터플라이 댐퍼(butterfly damper)로서 주로 소형덕트에서 개폐용으로 사용되며 풍량조절용으로도 사용된다.

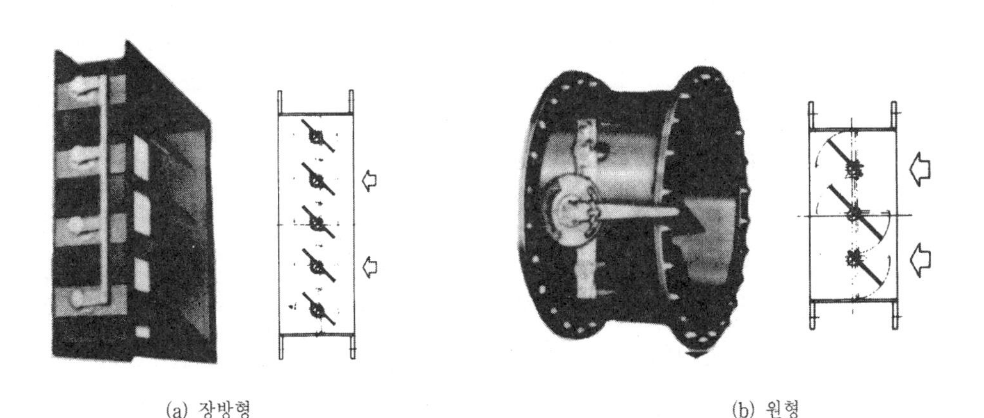

(a) 장방형 (b) 원형

그림 5-37 풍량조절댐퍼

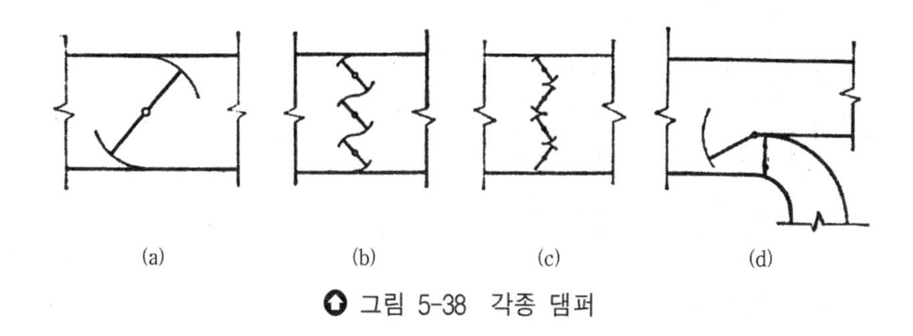

그림 5-38 각종 댐퍼

장점은 구조가 간단하고 완전히 닫았을 때 공기의 누설이 적다. 그러나 단점으로는 기류가 통과시 개폐조작에 큰 힘을 필요로 하며 날개가 중간정도 열렸을 때 댐퍼의 하류측에 와류가 생기므로 유량조절용으로는 적당하지 않다. 그림 (b)와 (c)는 여러 개의 날개를 갖는 루버댐퍼로서 (b)를 평행익형 댐퍼, (c)를 대향익형 댐퍼라 한다.

평행익형은 주로 대형덕트의 개폐용으로 사용되며 여러 장의 날개가 서로 링케이지(linkage)되어 있으므로 1개의 댐퍼축으로 여러 개의 날개가 동시에 작동된다. 날개가 여러 장으로 분할되므로 기류가 정숙하여 풍량조절용으로 적당하다. 단점으로는 완전히 닫아도 틈이 많이 있어서 누설이 많고 중간정도로 열려 있을 때에는 하류측에 편류가 심하여 비례조정으로는 적당하지 못하다.

(c)의 경우는 날개가 서로 마주보는 대향익형으로서 (b)의 경우와 마찬가지로 각 날개는 링케이지 되어 있으며 풍량조절용으로 많이 사용된다. 단점으로는 완전히 닫아도 공기의 누설이 많고 동일용량을 조절할 때 압력손실은 평행익형보다 크다.

그림 (d)는 스프릿 댐퍼(split damper)로서 분기부에 설치하여 풍량조절용으로 사용한다. 장점은 구조가 간단하여 값이 싸고 주덕트의 압력강하도 적으나 단점으로는 정밀한 풍량조절은 불가능하며 누설이 많아 폐쇄용으로는 사용하지 않는다.

② 방화댐퍼

방화댐퍼(FD : fire damper)는 화재가 발생했을 때 덕트를 통해 다른 곳으로 화재가 번지는 것을 방지하기 위하여 방화구역을 관통하는 덕트내에 설치되는 차단장치이다. 방화댐퍼는 작동상태 및 설치위치에 따라 그림 5-39와 같이 구분된다. (a)는 루버(louver)형의 방화댐퍼로서 대형의 4각덕트에 설치된다.

여러 개의 날개는 링케이지 되어 있어서 퓨즈가 녹으면(퓨즈의 용융온도는 72℃) 여러 개의 루버는 동시에 닫힌다. (b), (c), (d)는 피봇(pivot)형으로 기류의 방향에 따라 (b)는 수평기류용, (c)는 하향 수직기류용, (d)는 상향 수직기류용으로 구분된다. 날개(blade)는 1장으로 피봇(회전축)에 고정되어 스프링의 눌림을 받고 있다.

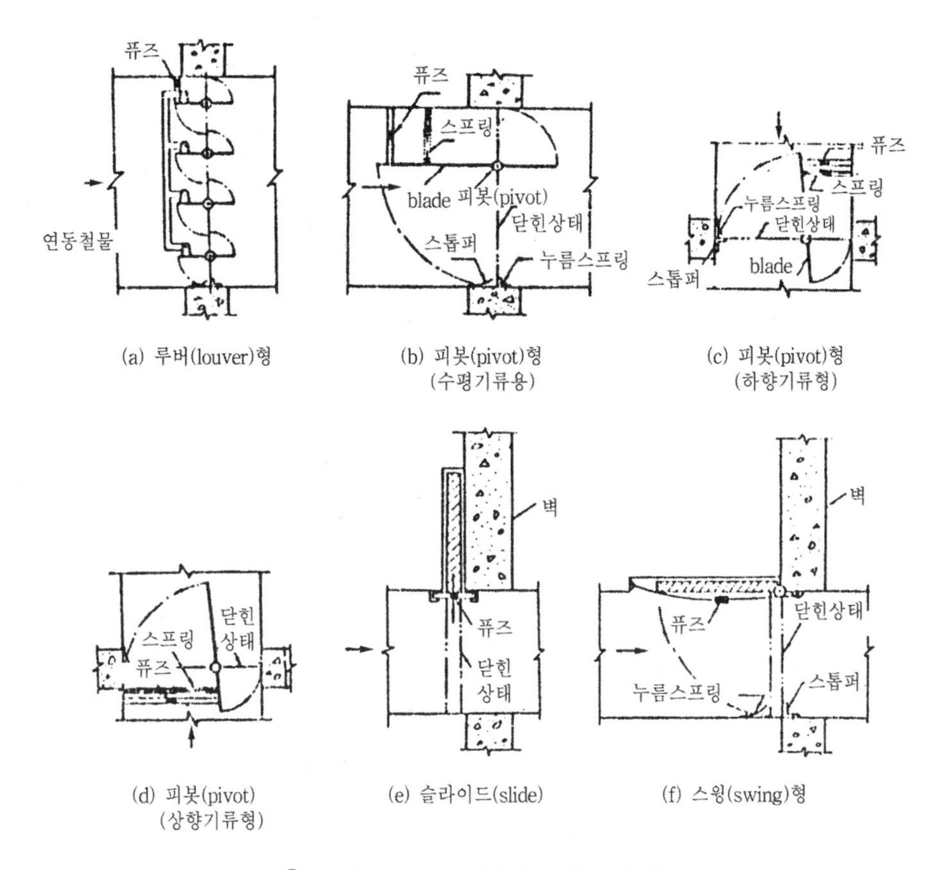

그림 5-39 방화댐퍼의 종류와 구조

화재시에 퓨즈가 녹으면 날개는 피봇을 중심으로 회전하며 덕트를 폐쇄한다. 그림 (e)는 슬라이드(slide)형으로 퓨즈가 녹으면 댐퍼는 자중으로 내려와서 차단하게 되어 있다. 또 (f)는 스윙(swing)형으로 퓨즈가 녹으면 댐퍼의 자중으로 회전하여 덕트를 차단한다.

③ 방연댐퍼

방연댐퍼(SD : smoke damper)는 연기감지기와의 연동으로 되어 있는 댐퍼를 말하며 작동은 실내에 설치된 연기감지기로 화재의 초기에 발생된 연기를 탐지하여 방연댐퍼로 덕트를 폐쇄시키므로 다른 구역으로 연기의 침투를 방지한다.

그림 5-40은 방연댐퍼의 구성을 나타낸 것으로 연기감지기와 함께 감온퓨즈를 갖추면 방화댐퍼의 기능도 겸하게 되는 방연 · 방화댐퍼(SFD : smoke and fire damper)이다. 또 방연댐퍼(SD), 방화댐퍼(FD), 풍량조절댐퍼(VD)의 기능을 겸한 것을 방연 · 방화 · 풍량조절댐퍼(SFVD)라고 한다. 그림 5-41은 VD, FD, SFD, SFVD의 배치의 예이다.

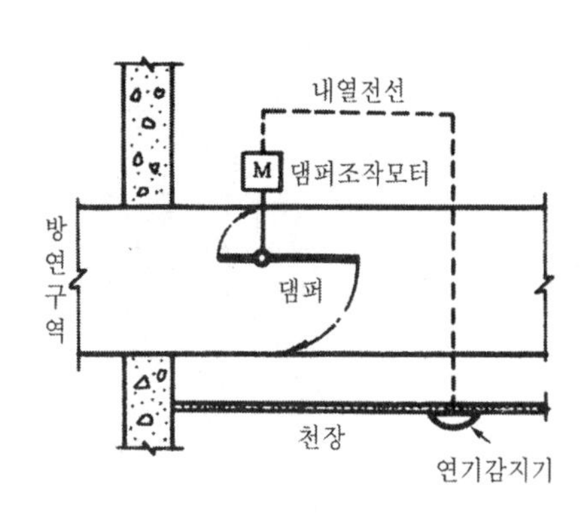

그림 5-40 방연댐퍼

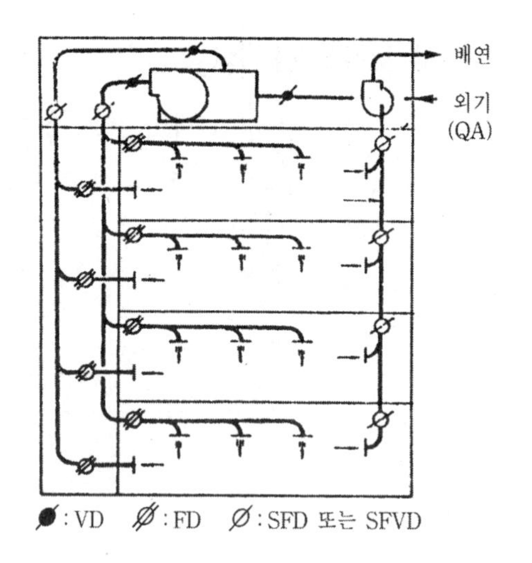

그림 5-41 FD, SFD(SFVD)의 배치 예

5-2 취출구와 흡입구

(1) 취출구의 종류

취출구는 조화된 공기를 실내에 공급하기 위한 개구부를 말하며 일반적으로 천장, 벽면 또는 바닥에 설치하고 실내에 공기를 공급하는 기구로서 설치위치에 따라 분류하면 천장에 설치하여 하향으로 취출하는 천장 취출구와 벽면에 설치하여 수평방향으로 취출하는 벽면 취출구 및 창틀 밑에 또는 창 위쪽에 설치하여 상향 또는 하향으로 취출하는 라인형 취출구 등으로 분류된다. 취출구의 분류는 표 5-16에 제시되어 있다.

1) 천정 취출구

천정 취출구로는 아네모스탯형, 팬형 등이 널리 사용되고 있으며 모듀울 방식을 적용하는 사무소 건물에서는 T 라인형 취출구를 극장 등과 같이 천장이 높을 때에는 천정노즐 혹은 아네모스탯 등이 일반적으로 사용된다.

2) 벽설치형 취출구

벽설치형 취출구로서는 유니버설형이 가장 많이 사용되고 대공간에는 노즐형이 많이 사용된다.

3) 모듀율 플래닝

사무소 건물 등에서 간막이 변경 등의 경우에 취출구를 추가하지 않아도 되도록 건축의 평면도를 일정한 크기의 격자로 나누어서 이 격자의 구획내에 취출구, 흡입구, 조명, 스프링클러 등의 모든 필요한 설비요소를 배치하는 방식이 이루어지고 있다. 이러한 방식을 모듀율 방식이라 하며 그 하나의 구획을 모듀율이라고 한다.

표 5-16 취출구의 종류

분 류	명 칭	풍향조정	비 고
복 류 취출구	아네모스탯형	베인가동, 베인고정	천장 디퓨저
	팬 형	팬가동, 팬고정	
축 류 취출구	노 즐	고 정	
	펑커루버	수 직	수직형의 노즐
	베인격자형	고정펀칭메탈 고정베인, 가동베인	유니버설형
라인형 취출구	브리즈라인형	고정베인, 가동베인	
	캄라인형	고정베인, 가동베인	
	슬 롯 형	고정베인, 가동베인	
	다공판형	고정베인, 가동베인	

(2) 벽설치형 취출구

1) 베인(vane)형 취출구

베인격자형 취출구는 그림 5-42와 같이 각형의 몸체에 폭 20~25mm 정도의 얇은 날개(vane) 여러 개를 취출면에 수평 또는 수직으로 설치하여 날개를 움직임으로써 공기의 취출방향을 자유롭게 조절할 수 있으며 날개가 고정된 것을 고정베인형 취출구, 가동할 수 있는 것을 가동베인형 취출구(유니버셜형 취출구)라고 하며 주로 벽면에 설치하지만 천정면에 설치하거나 로보이형(low-boy-type) 팬코일 유닛과 같이 창밑에 설치하는 경우도 있다.

고정베인형은 도달거리와 강하도의 관계를 안전하게 실내의 거주조건에 맞추어서 설계하여야 설치후 거주구역에 냉풍이 침입할 우려가 없으며 이러한 베인의 각도를 변경함으로서 설치후 도달거리와 강하도를 수정할 수 있게 한 것이 가동베인형이다.

특성은 고정베인형과 같으며 취출허용 온도차를 크게 할 수 있다. 베인의 형태가 그림

5-43 (a)와 같이 수직형인 것은 확산각도를 넓힐 수 있어서 방의 폭이 넓은 경우에 적용되며 (b)와 같이 수평형인 것은 취출공기의 강하 및 상승거리를 조절할 수 있고 (c)와 같이 격자형의 경우는 앞의 두가지 기능을 모두 갖도록 가로방향과 세로방향이 날개를 조합하여 제작되는 것으로 취출속도 약 5m/s까지는 소음발생이 거의 없다.

취출풍량의 조절은 베인 뒷쪽에 있는 셔터(또는 shutter)를 설치하여 이용하는데 셔터는 조리개형으로 되어 있어 너무 조이게 되면 소음발생의 원인이 된다. 이와 같이 셔터가 있어서 풍량을 조절할 수 있는 것을 레지스터(register)라 하며 댐퍼 또는 셔터가 없는 것을 그릴(grille)이라 한다.

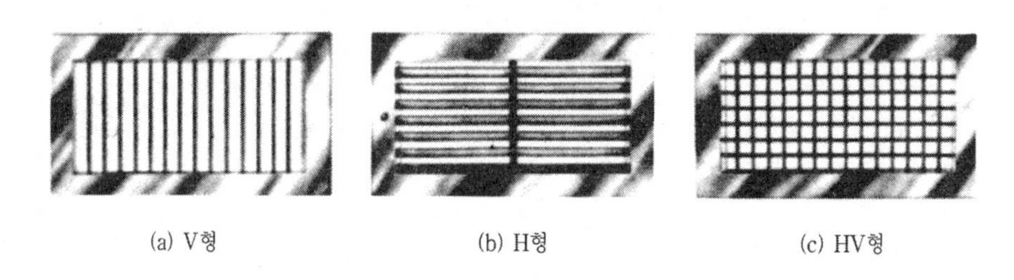

(a) V형 (b) H형 (c) HV형

그림 5-42 베인격자형 취출구

2) 노즐형 취출구(nozzle diffuser)

노즐을 분기덕트에 접속하여 급기를 취출한다. 노즐은 구조가 간단하며 도달거리가 길기 때문에 실내공간이 넓은 경우에 벽면에 부착하여 횡방향으로 취출하는 예가 많지만 천장이 높은 경우에 천장에 설치하여 하향취출하는 경우도 있다. 노즐형 취출구는 소음이 적기 때문에 극장, 로비, 방송국 스튜디오나 음악감상실 등에서 취출풍속을 5m/s 이상으로 사용되고 있다.

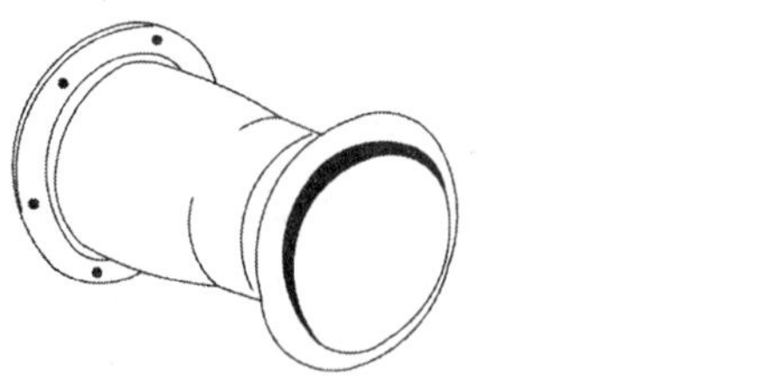

그림 5-43 노즐형 취출구

3) 펑커루버형 취출구(punka diffuser, punka louver)

그림 5-44와 같은 취출구로 천장이나 벽쪽의 덕트에 접속시키며 기류의 방향도 자유자재로 변경시킬 수 있는 일종의 노즐형 취출구이다. 원래는 선박에서 환기용으로 제작되었으며 취출구에 달려있는 댐퍼로 풍량조절도 쉽게 할 수 있다.

그림 5-44 팡커형 취출구(punka diffuser, punka louver)

일반적인 공조방식은 전반적인 거주영역을 대상으로 하지만 펑커루버는 제한된 영역만을 대상으로 공조를 실시할 경우에 적용하며 취출풍량에 비하여 공기저항이 크다는 단점이 있으나 주방 등의 국소 냉방과 소형의 것은 미용실, 사진실, 버스, 선박 등에 사용되며 열기가 다량으로 발산되는 공장의 경우에는 작업자가 많은 시간 동안 체류하는 곳을 대상으로 한다.

그림 5-45는 다량의 열을 발산하는 작업장에서 펑커루버에 의한 국소냉방(spot cooling)을 하는 예로서 취출기류의 속도 w_0 및 방향각도 $\theta°$는 거주영역과 작업자의 위치에 따라 조정된다.

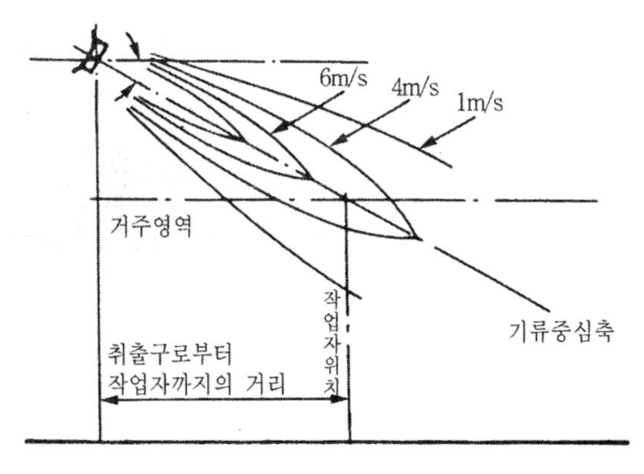

그림 5-45 펑커형 취출구의 취출각도와 작업자의 위치

4) 다공판(multi vent)형 취출구

그림 5-46과 같이 취출구의 프레임(frame)에 다공판(perforated face)을 부착시킨 것으로 천장설치용으로 적당하며 취출구의 두께가 얇아서 천장내의 덕트스페이스가 작은 경우에 적합하다. 다공판은 확산효과가 크기 때문에 도달거리는 짧고 또한 드래프트(draft)가 적다. 따라서 거주영역의 공간높이가 낮은 방에도 확산효과가 크다.

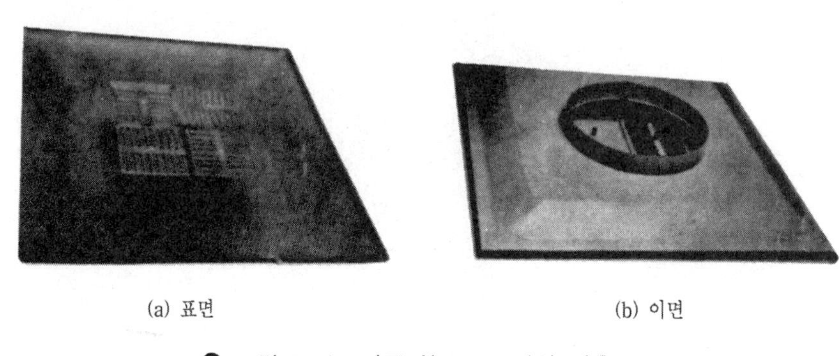

(a) 표면 (b) 이면

그림 5-46 다공판(muti-vent)형 취출구

기류의 방향을 조정하기 위해서는 다공판의 안쪽에 있는 풍향조절 엘리멘트(element)를 그림 5-47과 같이 여러가지의 조합방식에 따라 변화시킬 수 있다. 풍향조절 엘리멘트는 방의 모양과 냉난방 부하의 방향 및 크기에 따라 융통성 있게 조합되며 다공판을 열고 쉽게 바꿀 수 있다. 한편 흡입구로 사용할 때에는 풍향조정 엘리멘트를 제거한다.

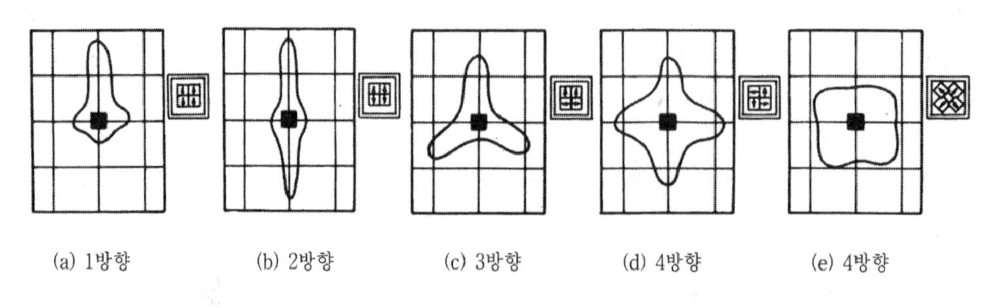

(a) 1방향 (b) 2방향 (c) 3방향 (d) 4방향 (e) 4방향

그림 5-47 풍향조정 엘레멘트(element)의 조합과 기류분포

(3) 천장 취출구

1) 아네모스탯(anemostat)형 취출구

아네모스탯은 확산형 취출구의 일종으로 다수의 동심원 또는 각형의 판을 층상으로 포개어 그 사이로 공기를 취출하는 것으로서 1차공기에 의한 2차공기의 유인성능이 좋다. 따라서 확산반경이 크고 도달거리가 짧기 때문에 천장취출구로 가장 많이 사용된다. 한편 취출구에서의 취출풍속은 빠른 편이 좋으나 발생소음이 크므로 적용시 고려하여야 한다.

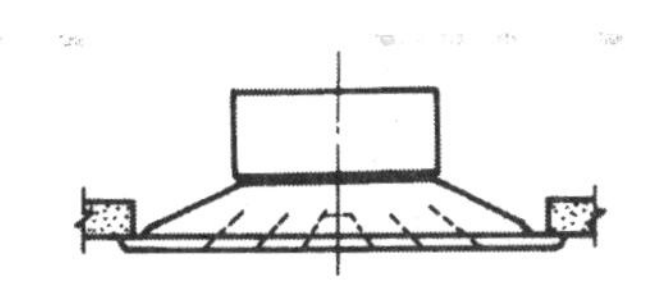
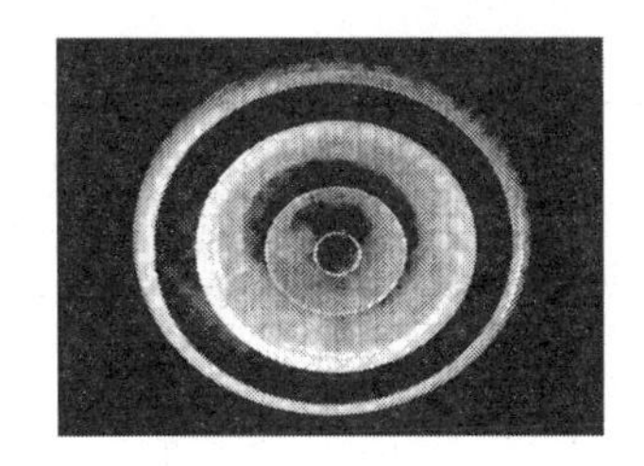

그림 5-48 아네모스텟형 취출구

천장이 높을 경우에는 난방시에 온풍을 취출하면 취출된 공기는 천장면으로 올라가서 거주영역까지 도달하지 못한다. 따라서 그림 5-49의 (b)와 같이 콘을 올려서 수직방향으로 취출하도록 하고 냉방시에는 콘을 내려서 천장면에 따라 취출기류가 확산되도록 하며 중간기에는 콘을 중간위치에 둔다.

취출구 뒤쪽에는 그림 5-50의 (a)와 같이 취출풍량을 조절하기 위한 댐퍼와 그림 (b)와 같이 정류(整流)를 위한 디플렉터(deflecter)를 설치하기도 한다.(또는 둘 중에서 한가지만 설치하기도 한다.)

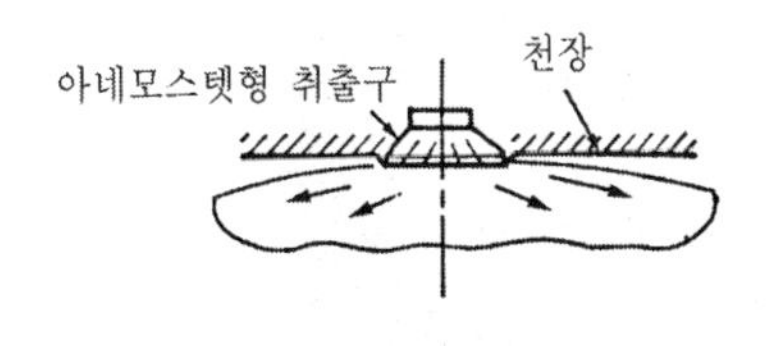

(a) 콘을 내였을 때

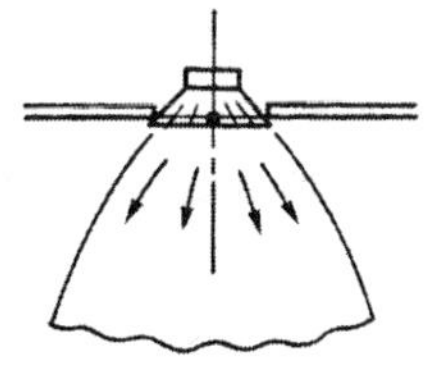

(b) 콘을 올렸을 때

그림 5-49 콘(cone)의 위치에 따른 기류분포

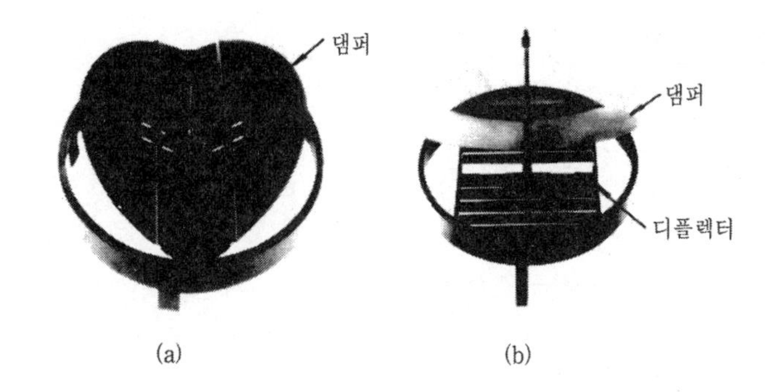

그림 5-50 천장취출구에 부속된 댐퍼 및 디플렉터

천장 취출구에서는 취출기류나 유인된 실내 공기중에 함유된 먼지 등으로 취출구 주위의 천장면이 검게 더러워지는 것을 스머징(smudging)이라 하며 이 현상을 방지하기 위하여 취출구 주위에 안티스머징 링(anti-smudging ring)을 붙이기도 한다.

2) 팬형(pan type) 취출구

천장덕트 접속부의 아래쪽에 원형 또는 원추형의 팬을 매달아 여기에 취출기류를 부딪히게 하여 천장면에 따라서 수평방향으로 공기를 취출하는 것으로 구조는 간단하지만 일정한 기류의 형상을 얻기가 힘들고 냉방시에는 양호하나 난방시에는 온풍이 천장면에 체류하여 실내상하에 큰 온도차를 만들기 때문에 난방용 취출온풍을 실내하부를 향하여 불어내도록 팬을 상하로 작동시키거나 우산모양으로 만든 것도 있다.

이 취출구는 팬의 위치를 상하로 이동시키므로 기류의 확산범위를 조정한다. 즉, 난방시에는 팬을 위로 올려 이동시킴으로써 취출기류는 실내하부로 취출되므로 천장가까이에 온풍이 체류되는 것을 방지하며 냉방시에는 팬을 내려서 취출기류가 천장면을 따라 수평방향으로 확산되므로 콜드 드래프트가 생기지 않도록 한다.

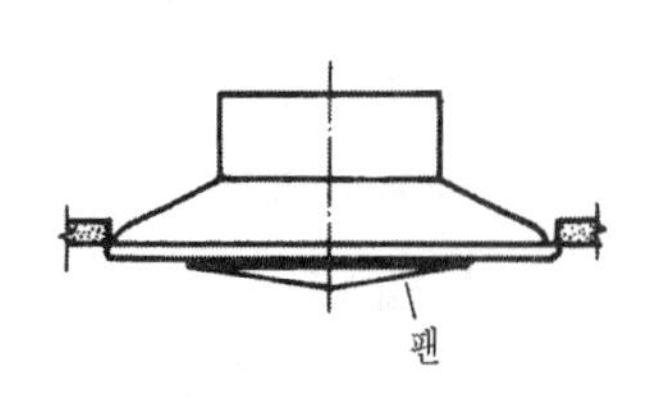

그림 5-51 팬형 취출구

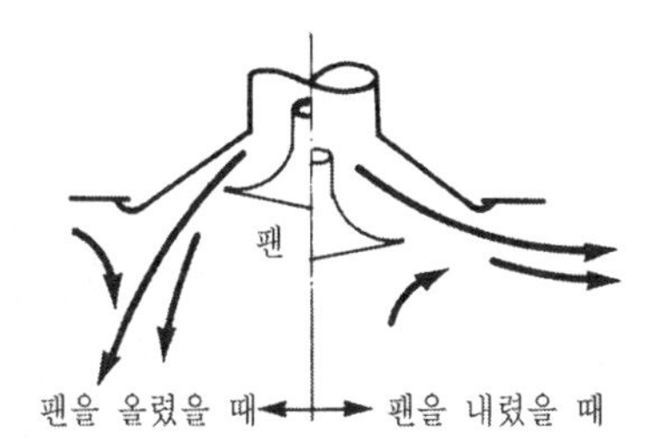

그림 5-52 팬(pan)의 위치에 따른 기류의 방향

3) 천장 노즐형 취출구

노즐형 취출구를 천장에 설치하여 실내하부로 취출하는 방법이며 의장적으로 눈에 띄지 않으므로 극장 등 천장높이가 높은 곳에 주로 사용된다. 취출풍속의 설계를 신중히 하지 않으면 냉방시에 취출구 바로 아래에 콜드 드래프트(cold draft)가 발생하므로 천장높이가 낮은 사무실 등에서는 부적당하다.

4) 천장 슬롯형 취출구

슬롯형 취출구는 아스펙트비(aspect ratio)가 대단히 크고 폭이좁고 길이가 1m 이상되는 것이며 의장적인 이유로 최근에 많이 사용되고 있다. 트로퍼 형은 슬롯형 취출구에 조명기구를 조합한 것이다. 그림 5-53과 같이 라이트-트로퍼의 양쪽에 취출구를 갖고 있으며 중앙에는 조명 등을 갖추고 있다.

취출구내에는 그림의 단면도에서 보는 바와 같이 풍량조절 댐퍼가 있어서 풍량을 조절하고 또 풍향조절용 브레이드에 의해 난방시에는 수직취출을 냉방시에는 수평취출을 하도록 한다. 또한 댐퍼나 풍향조절용 브레이드를 제거하면 흡입구로도 사용할 수 있다.

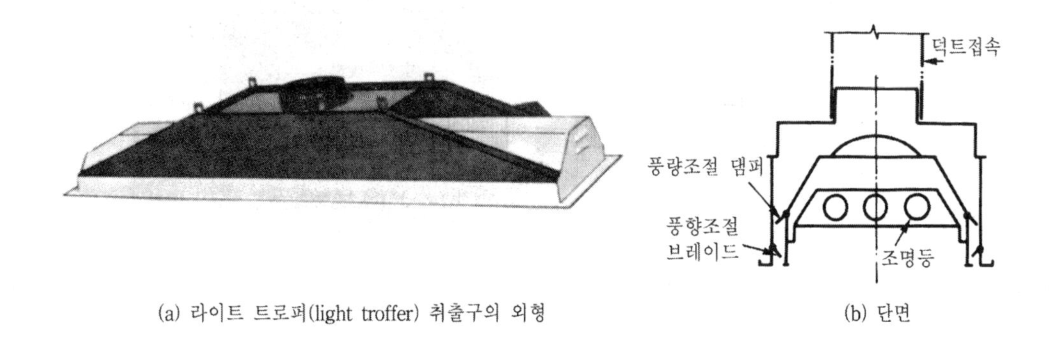

(a) 라이트 트로퍼(light troffer) 취출구의 외형

(b) 단면

그림 5-53 라이트 트로퍼(light troffer)형 취출구

5) 라인(line)형 취출구

① 브리즈 라인(breeze line)형 취출구

라인형 취출구의 일종으로 그림 5-54에서 보는 바와 같이 취출부분에는 홈(slot)이 있다. 따라서 선의 개념을 통하여 인테리어 디자인에서 미적인 감각을 살리 수 있다. 설치위치는 페리미터쪽의 천장 또는 창틀 위에 설치하여 출입구의 에어커튼(air curtain) 역할 및 외부 존(perimeter zone)의 냉・난방부하를 처리하고 또 취출구내에 있는 브레이드(blade)의 조정으로 취출기류를 내측으로 바꾸면 내부 존(interior zone)의 부하를 처리할 수 있다. 이때 취출기류를 거주영역으로 직접취출하는 경우에는 드래프트(draft)에 주의하여야 한다.

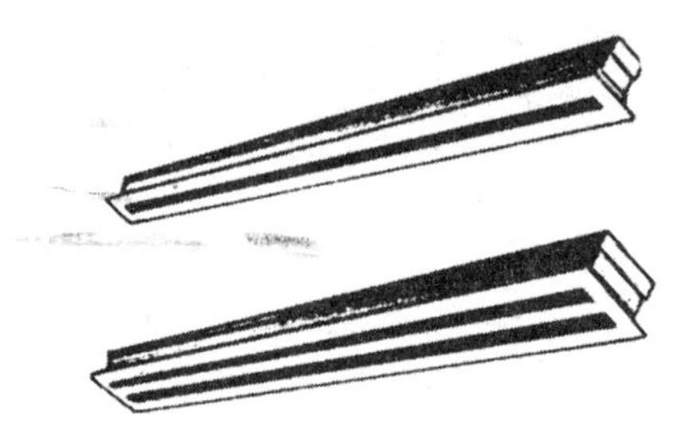

그림 5-54 라인(breeze line)형 취출구

취출기류가 나오는 부분인 slot은 취출풍량에 따라 1개 또는 2, 3개 등이 있다. 브리즈 라인형 취출구를 환기나 배기를 위한 흡입용으로 사용할 때에는 취출구 속에 있는 브레이드를 제거한다. 그림 5-55는 취출구 단면으로 브레이드의 각도에 따라 기류의 방향이 정해진다. 그림에서 (a)는 수직기류로 취출하는 경우이고 (b)는 45° 방향, (c)는 최대경사각으로 취출하는 경우이며 (d)는 양쪽으로 기류를 분리시키는 경우이다.

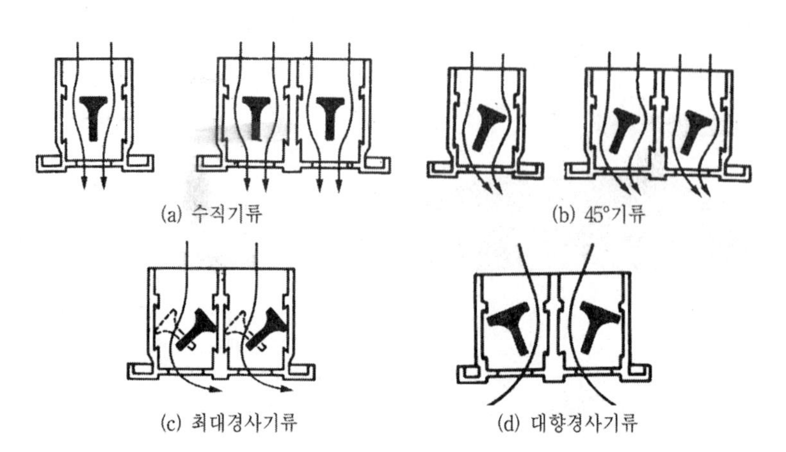

그림 5-55 브레이드(blade)의 각도와 취출기류의 방향

② 캄 라인(calm line)형 취출구

라인형 취출구의 일종으로 그림 5-56에서 보는 바와 같이 가느다란 면형 취출구가 있으며 그 뒤쪽에는 그림 5-57 (a)와 같은 디플렉터(deflector)가 있어서 정류(整流) 작용을 한다. 그러나 흡입용으로 사용하는 경우에는 디플렉터가 필요없다.

그림 5-56 캄 라인(calm line)형 취출구

이 취출구는 외부 존이나 내부 존에 모두 적용되며 출입구 부근의 air curtain용으로도 적합하며 선형이므로 interior design 면에서 유리하다. 인테리어 디자인의 조화를 이루기 위하여 취출공기의 필요없는 곳에도 취출구의 연속된 외형이 필요한 경우가 있다. 이때는 그림 5-57의 (b)와 같이 취출구의 뒤쪽에 바람막이판을 붙여서 취출기류를 차단한다.

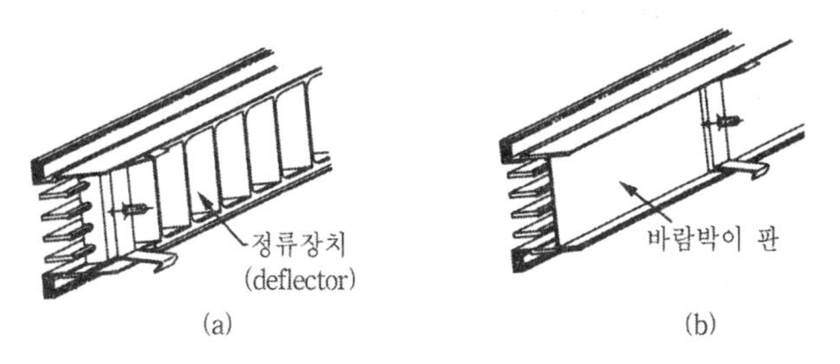

그림 5-57 캄 라인(calm line)형 취출구의 정류장치 및 바람막이판

③ T-라인(T-line)형 취출구

그림 5-58과 같이 천장이나 건축물이 구조체에 바-프레임(bar frame)인 T-바(T-bar)를 고정하고 그 틈 사이에 취출구를 끼운다. 취출기류의 방향은 그림 5-59와 같이 취출구내에 있는 베인의 고정방향에 따라 다양하게 바꿀 수 있으며 댐퍼의 기능도 갖고 있다. T-라인형 취출구는 내부 존이나 외부 존 모두 사용되며 베인을 제거하면 흡입구로도 사용할 수 있다.

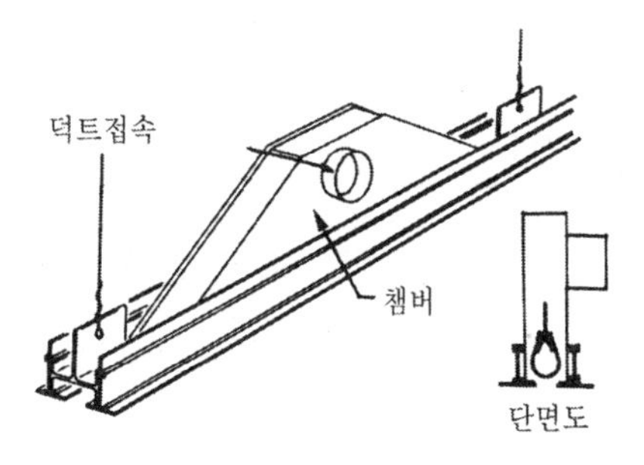

그림 5-58 티 라인(T-line)형 취출구

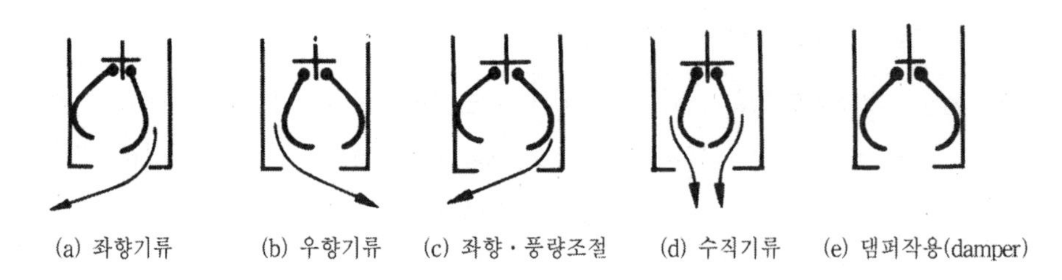

그림 5-59 베인(vane)의 각도와 취출기류의 방향

(4) 흡입구

실내공기의 흡입구는 공조에서 실내공기를 환기시키는 환기용 흡입구, 공장이나 주방 등에서의 오염공기를 부분적으로 배출시키기 위한 후드(hood), 화재시에 연기를 배출시키기 위한 배출구 등이 있다. 그러나 여기서는 공조용 흡입구에 대해서 취급한다.

1) 기류 분포

흡입구 부근의 기류는 그림 5-60에서와 같이 흡입구에서 멀어짐에 따라 급격히 풍속이 감소되기 때문에 흡입기류가 실내의 기류에 미치는 영향은 적다. 보통 흡입구는 거주영역 가까이에 설치되는 경우가 많아 소음이 문제가 되며 또 풍속을 빠르게 하면 드래프트를 느끼는 경우가 있으므로 유의해야 한다.

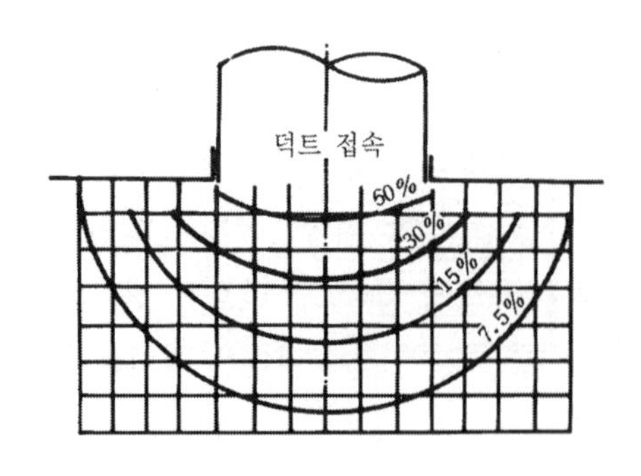

그림 5-60 흡입기류의 속도분포

2) 흡입구의 종류

흡입구의 설치위치에 따라 천정설치형, 벽설치형, 바닥설치형으로 구분되며 흡입구의 종류는 표 5-17과 같다.

표 5-17 흡입구의 분류

설치위치	종 류
천 장	라인(line)형 흡입구 라이트 트로퍼(light troffer)형 흡입구 격자형 흡입구 화장실 배기용 흡입구
벽	격자형 흡입구 펀칭메탈(punching metal)형 흡입구
바 닥	머쉬룸(mushtoom)형 흡입구

① 라인형 흡입구

라인형 흡입구는 라인(line)형 취출구에서 풍향조절용 브레이드(blade)를 제거하여 사용하는 것이며 라이트 트로퍼(light troffer)형 취출구와 겸용으로 사용할 수 있다.

② 격자(slit)형 흡입구

그림 5-61과 같이 4각의 프레임에 (a)와 같은 루버(louver)나 (b)와 같은 그리드 (grid)를 부착시킨 것으로서 일반적으로는 벽에 설치하지만 천장에도 설치된다. 내부에는 그림 5-62의 (a)와 같이 흡입풍량을 조절하기 위한 댐퍼나 또는 셔터가 있는 것이 있는데 이것을 레지스터(register)형 흡입구라 한다. 그러나 (b)와 같이 이것이 없는 것은 그릴(grill)형 흡입구라 한다. 흡입공기를 공조기로 환기시킬 경우에는 흡입구내에 필터(filter)가 있으므로 정기적으로 청소를 해야 한다. 그러나 배기용일 경우에는 필터가 없다.

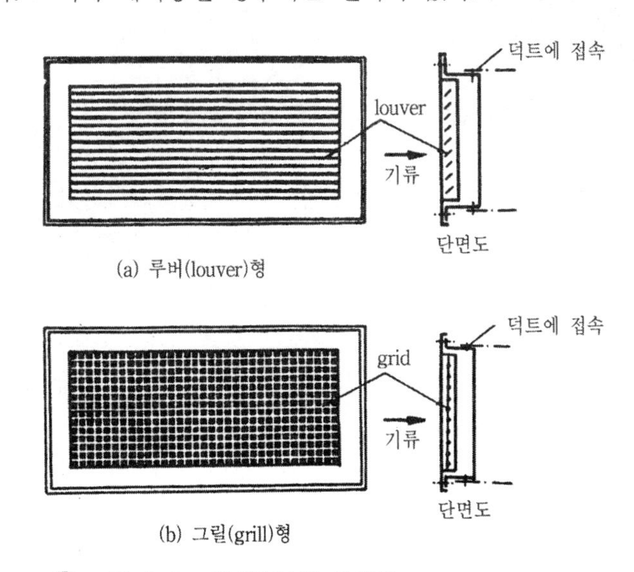

그림 5-61 격자(slit)형 흡입구

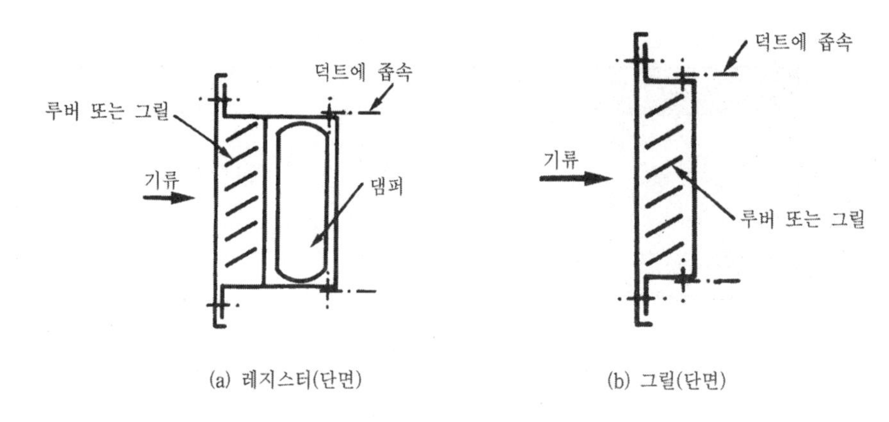

그림 5-62 레지스터(register)와 그릴(grill)

③ 다공판(punching metal)형 흡입구

4각의 프레임에 그림 5-63과 같은 강판 등에 직경이 적은 구멍을 뚫은 판을 부착하여 흡입구로 사용하는 것으로 댐퍼의 유무에 따라 레지스터형과 그릴형으로 구분된다. 펀칭메탈의 관통된 구명의 총면적을 자유면적이라 하며 전면적과의 비율을 자유면적비라고 한다. 따라서 자유면적비가 클수록 흡입저항이 적다.

$$\text{즉, 자유면적비} = \frac{\text{자유면적}}{\text{전면적}}$$

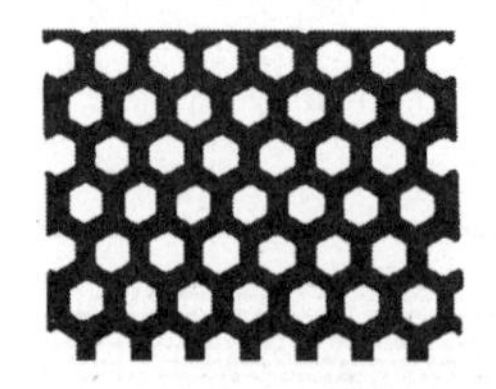
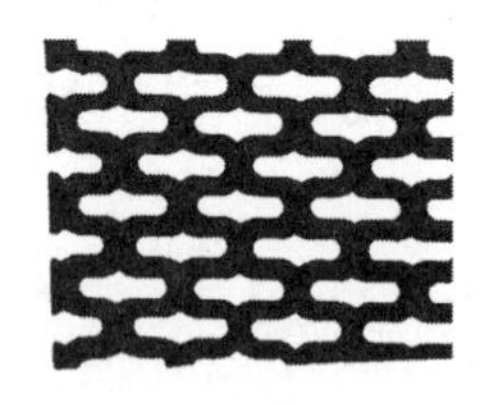

그림 5-63 펀칭메탈(punching metal)

④ 화장실 배기용 흡입구

화장실이나 욕실 등에서 배기용으로 사용되는 것으로 그림 5-64와 같은 천장설치용 흡입구를 배기덕트에 접속시킨다.

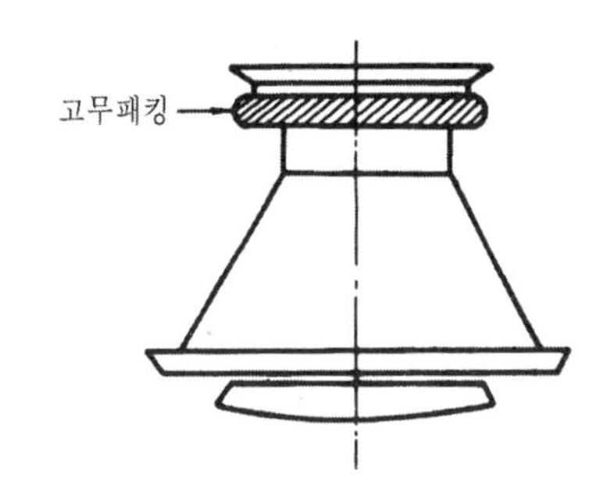

그림 5-64 화장실 배기용 흡입구

⑤ 머쉬룸형 흡입구

바닥설치형으로 사용되는 머쉬룸형은 그림 5-65와 같이 버섯모양의 머쉬룸(mush room)형 흡입구를 바닥면의 오염공기를 흡입하도록 설치한다. 이와 같은 흡입방식은 극장 등의 좌석 밑에 설치하여 바닥밑의 환기덕트에 연결하고 있으며 기류의 침체를 방지하는 것으로서 방호용으로 덮개를 설치하여 버섯모양의 형상을 하고 있다.

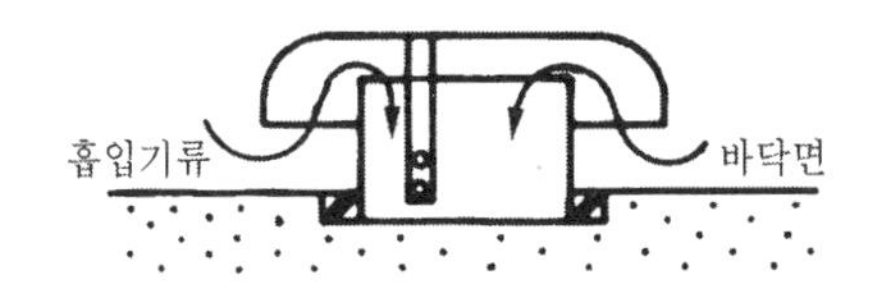

그림 5-65 머쉬룸형(mushroom) 흡입구

5-3 실내의 기류분포

(1) 실내기류의 표준풍속

인체에 대하여 불쾌한 냉감을 주는 기류를 콜드드래프트(cold draft)라고 하며 이것은 동절기 창의 틈새로 극간풍이 유입할 때 또는 저온의 외벽내면에서 차가워진 공기가 흘러내릴 경우 등과 같이 실온보다 낮은 온도의 기류가 인체에 접촉할 경우와 저온도의 실내에서 기류속도가 평균기류속도보다 고속의 기류에 인체가 노출될 때에 일어나는 현상이다.

인체는 신진대사에 의해 계속적으로 열을 생산하고 생산된 열은 주위로 발산된다. 그러나 생산된 열량보다 소비되는 열량이 많으면 추위를 느끼게 된다. 인체로부터의 열 손실이 큰 경우를 보면 다음과 같다.

① 인체 주위의 공기온도가 낮을 때
② 인체 주위의 기류속도가 클 때
③ 주위 공기의 습도가 낮을 때
④ 주위 벽면의 온도가 낮을 때

따라서 콜드 드래프트를 최소로 하기 위해서는 실내의 온도분포를 균일하게 하고 기류의 풍속이 일정범위 내에 있도록 하여야 한다. ASHRAE에서는 의자에 앉아서 업무를 하는 인체에 대한 실내기류 속도의 표준으로 0.075~0.20m/s를 권장하고 있다.

표 5-18 실내기류의 속도와 반응

기류의 속도 [m/s]	반 응	적용장소
0.0008 이하	기류가 침체되어 불쾌	
0.13	이상적인 상태(쾌적)	업무용 쾌적공조
0.13~0.25	약간 불만족	〃
0.33	불만족(종이가 날림)	음 식 점
0.38	보행자에게 만족	소매점, 백화점
0.38~1.5	공장용 공조에서 양호	국부공조에 적합

(2) 유효 드래프트 온도(EDT)와 공기확산성능계수(ADPI)

드래프트의 기준으로서 ASHRAE에서는 다음의 식으로서 유효 드래프트 온도(EDT : Effective Draft Temperature)를 제시하고 있다.

$$EDT\,℃ = (t_x - t_m) - 0.039(200\,w_x - 30) \quad \cdots\cdots (5\text{-}23)$$

여기서 t_x : 실내의 어떤 장소(임의의 장소)에 대한 온도 [℃]
t_m : 실내의 평균온도 [℃]
w_x : 실내 어떤 장소의 풍속 [m/s]

식 (5-7)에 의해 계산된 *EDT*가 −1.5℃~+1℃의 범위내에 있고 실내기류의 풍속이 0.35m/s 이하일 때 거주자는 쾌적하다고 느낀다. 실내의 각 점에 대한 *EDT*를 구하고 전체 점수에 대한 쾌적한 점수의 비율을 공기확산성능계수(ADPI : Air Diffusion Performance Index)라 한다. 즉, ADPI가 높으면 실내에 공기분포가 균일하여 골고루 쾌적한 상태가 된다는 뜻이다.

(3) 드래프트 방지를 위한 취출구 선정법

취출방법에 대하여 최대의 ADPI가 얻어지는 도달거리 T와 실의 대표길이 L과의 비(T/L)와 그 때의 ADPI가 표 5-19에 제시되어 있다. T는 실내 풍속 0.25m/s일 때의 도달거리이다. 또 T/L의 허용범위와 ADPI의 최대치가 나타나 있다.

표 5-19 각종 취출방법과 ADPI의 관계(냉방시)

취출입 종류	열부하 [W/m²]	최대 ADPI		T/L 범위		L을 구하는 방법
		T/L	ADPI	허용 T/L	최저 ADPI	
① 벽설치격자형 (universal)	47 93 140 186	1.4 1.6 1.7 1.8	87 82 77 73	1.0~1.7 1.1~2.1 1.3~2.2 1.5~2.2	84 76 70 70	대면의 벽까지의 거리
② 원형천장 (diffuser)	47 93 140 186	0.8 0.8 0.8 0.8	94 91 87 83	0.8~1.3 0.6~1.4 0.6~1.4 0.7~1.2	93 85 80 80	벽까지 또는 인접취출구 기류의 말단까지의 거리
③ 창대취출격자형 고정깃(vane)	47 93 140 186	0.8 1.1 1.4 1.7	97 90 82 73	0.7~1.1 1.0~1.7 1.2~1.8 1.4~1.7	93 85 78 70	취출방향의 실의 길이
④ 창대취출격자형 가변깃(vane)	47 93 140 186	0.7 0.7 0.7 0.7	94 94 94 94	(0.8~2.1) (0.8~2.0) (0.7~1.8) 0.6~1.7	 (64) (72) 80	〃
⑤ 천장 (slot diffuser)	47 93 140 186	0.3* 0.3* 0.3* 0.3*	92 91 90 88	0.3~1.6 0.3~1.3 0.3~1.0 0.3~0.8	80 80 80 80	벽까지 혹은 2개의 취출구 간의 중심까지
⑥ torffer형	47 93 140 186	1.0 1.0 1.3 2.4	95 95 92 97	5.0 이하 3.5 이하 3.0 이하 3.8 이하	90 90 88 80	2개의 취출구의 중심까지의 거리와 천장부터 거주구역 상한까지
⑦ 다공판천장	35~163	2.0	96	1.0~3.4 1.4~2.7	80 90	벽까지 또는 2개의 취출구의 중심까지의 거리

(주) *: 중심풍속이 0.5 m/s 일 때

(4) 취출구와 흡입구의 배치

1) 취출구의 위치

① 벽면상부 또는 천정설치형 하향취출구를 사용할 때는 동절기의 취출풍속을 2.5m/s 이상으로 해서 온풍이 천장면에 정체하지 않도록 하여야 한다. 또한 풍량이 적고 취출 온도차가 클 경우에는 실내의 기류분포가 균일하게 되지 않을 수 있으므로 실내의 취출풍량은 공조공간의 환기회수를 확보하도록 하여야 한다. 벽면상부에서의 취출은 그림 5-66 (a)와 같이 장애물에 의해 기류가 방해받지 않도록 하여야 한다.

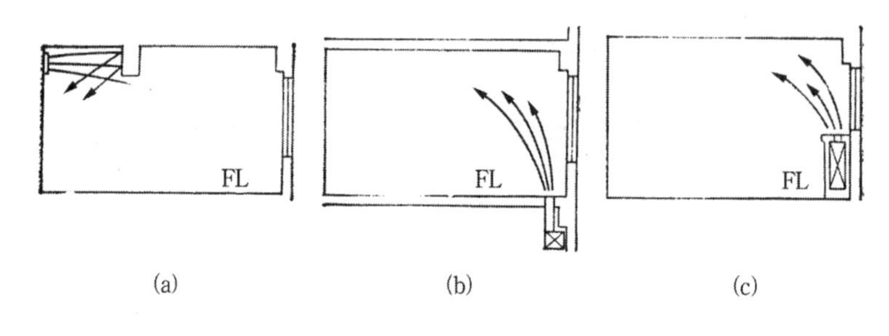

그림 5-66 취출구의 배치

② 벽하부에서 취출 또는 바닥면에서의 취출은 그림 (b)와 같이 냉방시에 취출기류가 직접 거주범위내에 들어가지 않게 하여야 한다. 하부에서의 취출은 동절기 난방시 1.5~2.0m/s 정도의 저속 취출로서도 효과가 있어 온풍난방에 많이 사용된다.

③ 창밑에 취출구를 설치하여 상부로 취출하는 방법은 그림 (c)와 같이 냉난방 모두 양호한 효과가 얻어지며 난방시에는 유리면의 콜드 드래프트를 방지할 수 있다.

2) 흡입구의 배치

① 흡입구를 거주지역에 가깝게 설치하면 거주자에게 드래프트가 닿게 되므로 거주구역으로부터 떨어진 장소 또는 천장면에 설치하든지 흡입풍속을 1m/s 이하로 감속하거나 분산 배치한다.

② 흡입구로서 벽설치형을 사용할 때는 담배 연기가 천장면에 체류하므로 회의실, 로비 등 흡연이 많은 실은 벽설치형 흡입구 외에 천장설치형을 설치하여 실내 송풍량의 10~20%는 이곳으로 배기한다.

③ 복도를 환기통로로 사용할 때는 문에 갤러리를 설치하든지 또는 문의 하부를 3~5cm

정도 바닥면으로부터 떼어서(under-cut) 여기에 배기를 시키는 방법이 사용된다.

④ 그릴형의 흡입구와 천장디퓨져를 병용하면 흡입구 부근의 디퓨져로부터의 취출공기가 직접 흡입되는 경우가 발생하기도 한다.

(5) 취출구와 흡입구의 풍속

1) 취출구의 허용풍속

건축물의 용도에 따른 기류의 허용풍속을 표 5-20에서 제시하고 있으며 취출구가 노즐형일 때에는 표의 값보다 크게 하여도 된다.

표 5-20 취출구의 허용풍속

건물의 종류	허용취출풍속 [m/s]
방 송 국	1.5~2.5
주택, 아파트, 교회, 극장, 호텔 침실, 음향처리한 개인 사무실	2.5~3.75
개인사무소	2.5~4.0
영 화 관	5.0
일반사무실	5.0~6.25
백 화 점	7.5
백화점(주층 즉, 1층)	10.0

(주) 노즐형 취출구에서는 이 값보다 높게 취할 수 있다.

2) 흡입구의 허용풍속

흡입구의 설치위치는 실내의 천장, 벽면 등이 많으나 출입문, 벽면에 그릴 또는 언더컷(under cut)을 설치하여 여기에서 복도를 거쳐 흡입하는 경우도 있다. 흡입구 부근의 흡입기류 풍속은 그림 5-67에 나타난 바와 같이 흡입구에서 멀어짐에 따라서 급격하게 감소하므로 흡입구의 위치가 실내의 기류분포에 영향을 미치는 일은 거의 없다.

실내의 흡입구는 일반적으로 거주구역 가까이 설치하는 일이 많아서 흡입구에서 발생하는 소음이 문제가 되거나 흡입풍속이 너무 빠르게 되면 드래프트를 느끼게 되므로 흡입풍속이 너무 크지 않도록 하여야 한다. 표 5-21에 일반적으로 사용되고 있는 허용 흡입풍속을 나타낸다.

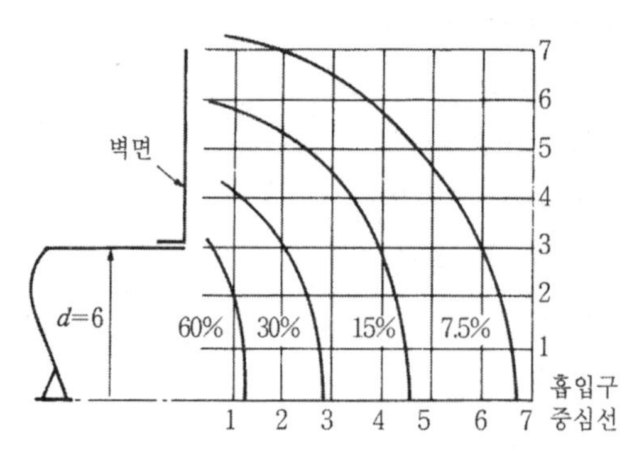

(주) 60%란 평균흡입풍속의 60%의 등풍속선을 나타낸다.

그림 5-67 흡입구 부근의 기류분포

표 5-21 흡입구의 허용 흡입풍속

흡입구 위치		허용 흡입풍속 [m/s]
거주구역보다 위 부분		4 이상
거주구역내	부근에 좌석이 없는 경우	3~4
	부근에 좌석이 있는 경우	2~3
출입문에 설치한 그릴		1~1.5
출입문의 언더 컷		1~1.5

회의실 등과 같이 많은 사람이 모이는 장소 또는 담배를 심하게 피우는 실내에 있어서는 연기가 실내상부에 모이기 때문에 천장면에 전용의 흡입구를 설치하는 경우가 있다. 머쉬룸형 등의 바닥에 설치하는 흡입구는 바닥에 있는 먼지 등을 함께 흡입하므로 흡입공기를 환기로서 재이용하는 경우에는 이러한 흡입구 위치는 바람직하지 못하다.

(6) 취출기류의 성질 및 풍속

1) 취출공기의 이동

① 유인작용과 속도분포

취출구에서 실내로 취출되어 나온 공기를 1차공기(primary air)라고 하며 1차공기에 의하여 유인된 실내에 있던 공기를 2차공기(secondary air)라고 한다. 1차공기와 2차공기를 합하여 전공기(total air)라고 한다.

원형이나 종횡비(aspect ratio)가 크지 않은 각형 취출구에서 취출면에서 기류의 방향을 변화시킬 수 없는 축류 취출구로부터 취출공기는 실내로 진행하여 가면서 주위공기를 유인하여 차츰 풍속이 저하한다. 이러한 취출공기와 유인공기의 전체적인 운동에 대해서는 다음 식에 나타난 바와 같이 운동량 보존의 법칙을 적용시켜 생각할 수 있다.

$$Q_1 V_1 = (Q_1 + Q_2) V_2 \quad \cdots\cdots \quad (5\text{-}24)$$

여기서 Q_1 : 취출공기량 [m³/s]

Q_2 : 유인공기량 [m³/s]

V_1 : 취출풍속 [m/s]

V_2 : 혼합공기의 풍속 [m/s]

또한 1차공기와 전공기의 비를 유인비(R)라 하며 다음과 같이 정의한다.

$$R = \frac{\text{1차공기량} + \text{2차공기량}}{\text{1차공기량}} = \frac{\text{전공기량}}{\text{1차공기량}} \quad \cdots\cdots \quad (5\text{-}25)$$

취출공기는 유인작용에 의해서 주위 공기를 끌어들이므로 취출구로부터 멀어질수록 공기량은 증가하고 속도는 감소하여 기류는 원추형태로 퍼져 나간다. 그러나 어느 한계를 지나면 기류의 속도가 낮아져서 유인작용을 하지 못하고 주위로 확산된다.

한편 동일한 풍량이 동일한 압력상태에서 실내로 취출되는 경우에 원형단면을 갖는 취출구보다는 단면의 둘레가 긴 직사각형으로 된 취출구에서 유인작용이 더욱 잘 일어난다. 축류 취출구에서의 취출기류는 그림 5-68의 (a)와 같이 4단계의 영역으로 나누어진다.

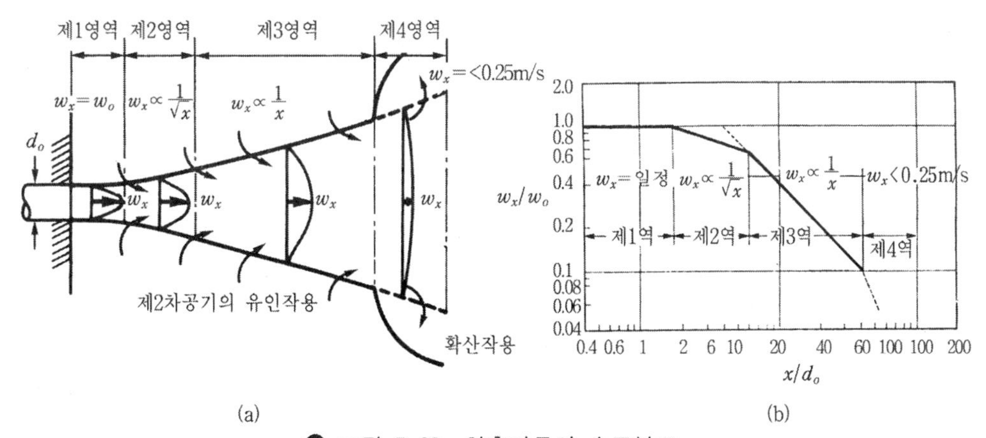

그림 5-68 취출기류의 속도분포

즉, 그림 (b)에서 세로축은 취출구에서의 공기속도 w_o[m/s]에 대한 취출구로부터 x[m] 만큼 떨어진 곳에서의 중심속도인 w_x[m/s]의 비율 w_x/w_o이고 가로축은 취출구의 상당직경 d_o[m]에 대한 취출구보부터 x[m] 떨어진 거리와의 비율 즉, x/d_o이다. 위의 변화과정을 4단계로 구분하면 다음과 같다.

여기서 d_o : 취출구의 상당직경 [m]
w_o : 취출구에서의 속도 [m/s]
w_x : 취출구로부터 x[m] 위치에서의 중심기류속도 [m/s]
x : 취출구로부터의 거리 [m]

축류 취출구에서의 취출기류는 취출구의 형상이 원형이거나 정방형이거나 기류단면은 차츰원형으로 되고 그림 5-69와 같이 그 퍼짐각은 18~20° 정도이다. 이 축류 취출기류의 중심풍속 w_x는 취출구에서의 거리에 따라서 변화의 상태가 달라진다.

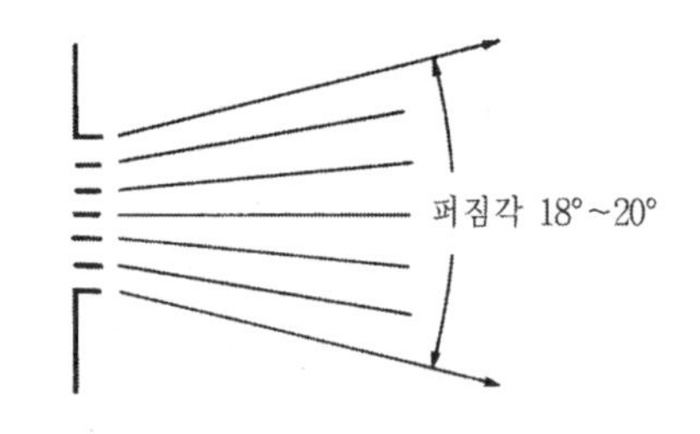

그림 5-69 취출공기의 퍼짐각

일반적으로 그림 5-68 (b)에 나타난 바와 같이 다음과 같은 4구역으로 나눌 수 있으며 이것을 취출기류의 4구역이라 한다. 그림에 있어서 w_o는 취출풍속이고 w_x는 취출구에서의 거리 x[m]에 있어서 취출기류의 중심풍속 [m/s]이며 D_o는 취출구의 직경 [m]이다.

㉠ 제1영역

취출구에서 분출되는 공기는 아주 짧은 거리에서는 속도의 변화가 없는 것으로 본다. 예를 들면 노즐이나 오리피스 형상의 취출구에서는 취출구 직경의 2~4배 정도의 범위내에서는 속도의 변화가 없는 제1영역으로 본다. 즉, $w_o = w_x$인 영역이다.

㉡ 제2영역

취출거리가 점차 멀어지면 w_x도 작아지게 되는 영역으로서 일명 천이구역이라고도 한다. 이 영역은 장방형 혹은 격자형 취출구와 같이 아스펙트비(aspect ratio)가 큰 취출구일수록 이 영역은 걸어진다. 즉, $w_x \propto \frac{1}{\sqrt{x}}$인 영역이다.

㉢ 제3영역

취출구로부터 더욱 멀리 떨어지면 주위공기와 충분히 혼합되는 부분으로 취출거리의 대부분을 차지하며 공기조화에서 일반적으로 이용되는 것은 이영역의 기류이다. 이 영역은 취출구의 종류에 따라 특성이 현저하게 다르며 취출기류 속도가 0.25m/sec까지 감소되는 곳으로서 1차공기(취출공기)가 취출속도에 의해 도착되는 한계영역이다. 즉, $w_x \propto \frac{1}{x}$인 영역이다. ($x = 10 \sim 100D_0$)

㉣ 제4영역

취출기류의 속도가 급격히 감소되어 주위 공기를 유인하는 힘이 없어서 혼합된 공기(1차공기 + 2차공기)까지도 주위로 확산되는 영역이다. 즉, $w_x < 0.25$ m/s인 영역이다.

② 도달하강 및 상승거리

일반적으로 공기조화기에 있어서 축류 취출기류는 중심풍속이 0.25m/s 정도의 영역에서 이용되며 취출구에서 취출기류의 풍속이 0.25m/s로 되는 위치까지의 거리를 도달거리(throw)라고 한다. 또한 냉풍 및 온풍을 토출할 때에는 실내공기와의 비중차에 의하여 혼합공기는 강하하거나 상승한다.

취출구에서 도달거리에 도달하는 동안 일어나는 기류의 강하 및 상승을 최대 강하거리 또는 강하도(drop) 및 최대 상승거리 또는 상승도(rise)라고 한다. 또한 취출공기(1차 공기)량에 대한 혼합공기(1차공기+2차공기)량의 비 $(Q_1 + Q_2/Q_1)$을 유인비라고 한다.

그림 5-70과 같이 벽면에서 공기를 수평으로 취출하는 경우에 취출공기와 실내공기의 온도가 동일하면 공기의 비중도 동일하므로 그림 (a)와 같이 수평방향으로 퍼져나갈 것이다. 그러나 취출공기의 온도가 실내공기의 온도보다 높으면 취출공기가 가벼워서 (b)와 같이 천장쪽으로 뜨면서 퍼져나가고 또 취출공기의 온도가 낮으면 (c)와 같이 바닥으로 가라앉으면서 퍼져 나간다.

이때 취출구로부터 기류의 중심속도 w_x가 0.25 m/s로 되는 곳까지의 수평거리 L_{max}을 최대도달거리라 하고 또 w_x가 0.5m/s로 되는 곳까지의 수평거리 L_{min}을 최소도달거리라 한다. 또한 상승기류일 경우는 그림 (b)와 같이 최대도달 거리에 상당하는 점까지의 높이를 상승거리 L_v라 하고 또 강하하는 기류는 그림 (c)와 같이 최대도달거리에 상당하는 점까지의 높이를 강하거리 L_v라고 한다. 따라서 도달거리는 취출기류의 풍속에 비례하고 강하거리나 상승거리는 기류의 풍속 및 실내공기와의 온도차에 비례한다.

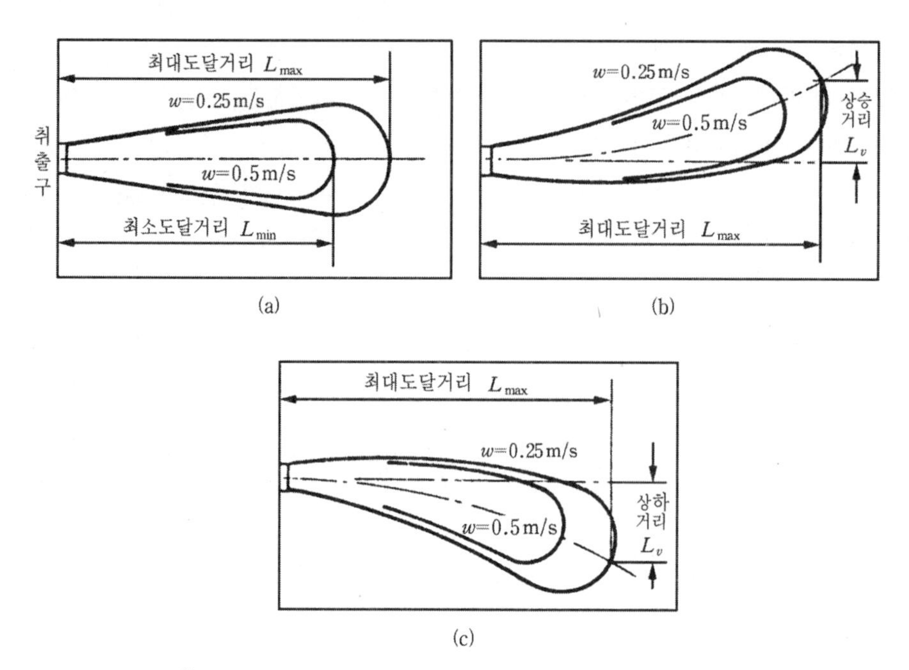

그림 5-70 수평취출기류의 도달 · 강하 및 상승거리

③ 확산반경

그림 5-71과 같이 천장취출구에서 취출을 하는 경우에 드래프트(draft)가 일어나지 않는 상태로 하향취출을 했을 때 거주영역에서 평균풍속이 0.1~0.125m/s로 되는 최대단면적의 반경을 최대확산반경이라 하고 거주영역에서 평균풍속이 0.125~0.25m/s로 되는 최대단면적의 직경을 최소확산반경이라고 한다. 최소확산반경내에 보(beam)나 벽 등의 장애물이 있거나 인접한 취출구의 최소확산반경이 겹치면 드래프트, 즉 편류(偏流) 현상이 생긴다.

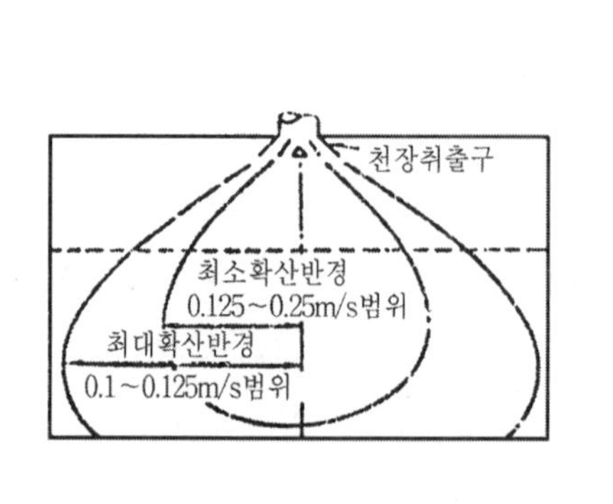

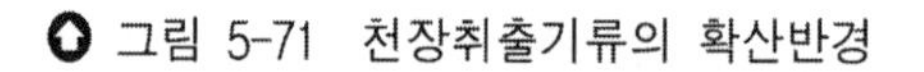
그림 5-71 천장취출기류의 확산반경

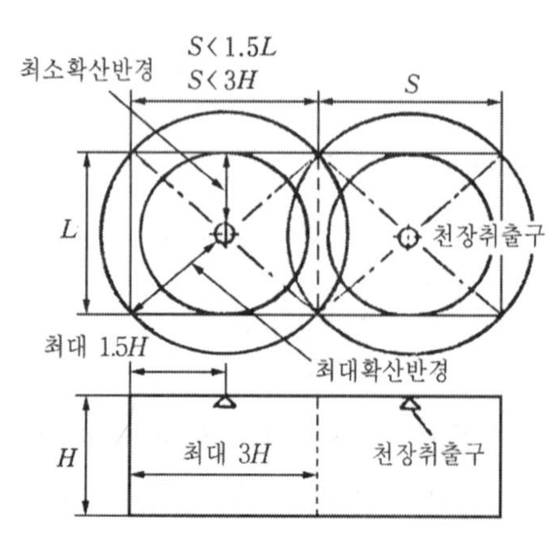

그림 5-72 천장취출구의 확산반경

따라서 취출구의 배치는 최소확산반경이 겹치지 않도록 하고 거주영역에 최대확산반경이 미치지 않는 영역이 없도록 그림 5-72와 같이 천장을 장방형으로 나누어 배치한다. 이때 분할된 천장의 장변은 단변의 1.5배 이하로 또 거주영역에서 취출높이의 3배 이하로 한다.

④ 취출구 · 흡입구의 배치 예

㉠ 기류의 이동

취출구와 흡입구의 위치는 일반적으로 거주영역에 기류가 원활히 흐르도록 배치한다. 즉, 취출구의 위치는 벽 상부나 하부에 축류형 취출구를 또는 선형 취출구로는 상면(床面) 취출을 하거나 천장취출을 하고 흡입구는 벽의 하부에 설치했다. 그러나 취출구와 흡입구 상호간의 위치가 적절하지 못하면 단락류가 되거나 dead space가 생긴다.

㉡ 기류 이동의 예

그림 5-73과 같이 한 방향에 창문이 있고 외벽면을 갖는 일반적인 실내에 대해 취출구와 흡입구의 위치와 기류의 관계를 살펴본다.

ⓐ 그림 (a)는 벽의 상부취출로 흡입구는 벽하부 또는 도어그릴 등이 있는 예이다. 취출기류가 충분히 부하면까지 도달하면 부하에 의한 기류가 소멸되어 거주공간은 좋은 온도분포가 된다. 단, 취출기류가 약하면 동절기에 부하면에 생긴 저온기류가 바닥면을 따라 흡입구로 흐르므로 바닥부근에 저온층이 생기기 쉽다.

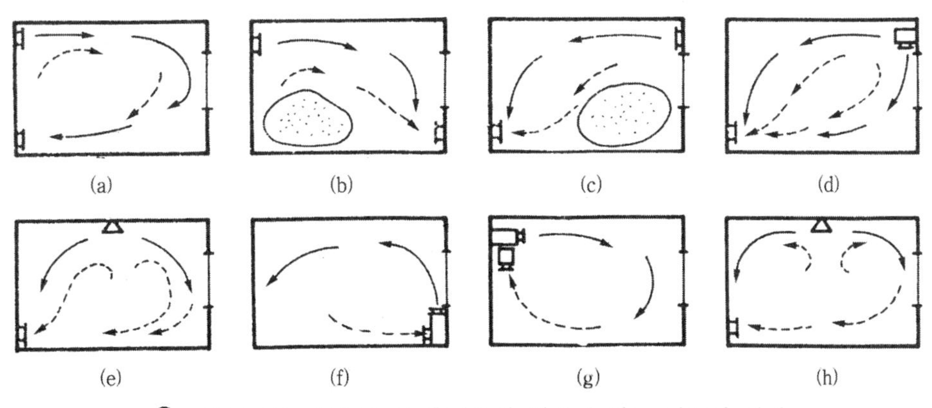

그림 5-73 취출구 및 흡입구의 위치에 따른 기류의 영향

ⓑ 그림 (b)는 내벽측의 상부에서 수평취출을 하고 외벽의 하부에서 흡입하는 경우로 취출기류가 충분히 부하면을 덮는 경우에는 (a)와 마찬가지로 좋은 온도분포가 된다. 특히 동절기에 부하면의 저온기류를 흡입구에서 배제할 수 있으므로 바닥 부근의 저온층을 방지할 수 있다. 단, 취출구 하부에 dead space가 생기는 경우가 있다.

ⓒ 그림 (c)는 외벽측의 상부에서 취출하고 내벽측 하부에서 흡입하는 예인데 하절기에는 부하면에서 생긴 높은 온도의 공기가 상승하여 취출기류와 혼합되므로 좋다. 그러나 동절기에는 부하기류의 흐름이 반대로 되고 또 창 부근에 dead space가 생기므로 좋지 않다.

ⓓ 그림 (d)는 외벽의 상부에서 취출기류의 일부는 수평취출을 하고 또 일부는 라인형 취출구로 수직으로 부하면을 따라 취출한다. 흡입구는 내벽의 하부에 설치했다. 이 경우는 (c)에서 발생되는 부하면의 기류와 혼합되어 불어 내리므로 dead space를 방지할 수 있다.

ⓔ 그림 (e)는 천장변에 아네모스탯형의 취출구를 내벽의 하부에는 흡입구를 설치한 예이다. 이 경우에는 유인비가 커서 비교적 좋은 공기분포가 된다. 그러나 동절기에 창면의 부하기류가 바닥에 흐르는 결점이 있다.

ⓕ 그림 (f)는 팬코일유닛(FCU)이나 유인유닛(IDU)을 창밑에 설치했을 때와 같은 예인데 취출구가 창폭과 같은 길이를 가질 때는 부하기류를 충분히 없앨 수 있어서 하절기나 동절기에 모두 좋은 공기분포를 얻을 수 있다.

ⓖ 그림 (g)은 취출구를 내벽측 상부(천장부근)에서 수평 취출을 하며 흡입구도 내벽층 상부에서 수직으로 상향 흡입하는 경우로서 기류분포가 양호하다. 그러나 단점은 그림 (a)와 같이 취출기류가 약하면 동절기에 부하면의 찬 기류가 바닥쪽으로 내려온다.

ⓗ 그림 (h)는 팬형취출구를 천장에 흡입구는 내벽의 하부에 설치한 예로서 (e)와 같이 기류분포는 양호하나 도달거리가 짧으므로 동절기에는 창문쪽의 부하기류가 거주영역으로 내려오므로 cold draft가 생기기 쉽다.

⑤ 취출구 수의 결정

하나의 실에 여러 개의 취출구를 설치하는 경우에는 기류의 분포를 균일하게 하기 위해서는 취출구의 수를 적절히 선정하여 배치해야 한다.

㉠ 벽에 설치하는 축류형 취출구

그림 5-74와 같이 취출구에서 마주보는 벽까지의 거리를 l이라고 할 때 취출기류의 도달거리 X는 3/4로 하고 벽의 폭을 W로 하면 취출구 수 n은 다음과 같은 범위내에서 선정한다.

$$0.4K\frac{W}{X} \leqq n \leqq 1.3K\frac{W}{X} \quad \cdots\cdots (5\text{-}26)$$

여기서 K : 취출구 상수(표 5-22)

표 5-22 취출구 상수

형 식	상수 K
그릴형	5.0
다공판	3.7
노즐형	7.0
슬롯형	3.5

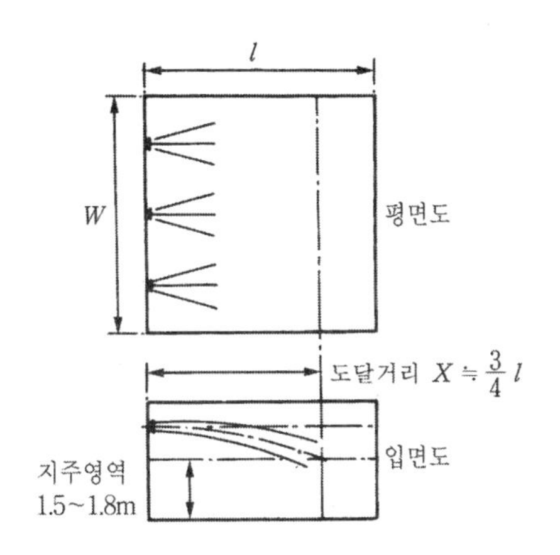

그림 5-74 벽취출구의 배치

㉡ 천장에 설치하는 축류형 취출구

축류형 취출구를 천장에 설치하는 경우에는 그림 5-75와 같이 취출구에서 거주역 상한까지의 거리를 h로 하고 실내의 길이를 l, 폭을 W, 취출구 상수를 K로 할 때 취출구의 수 n은 다음의 범위내에서 선정된다.

$$0.4K\frac{l}{h} \leqq n \leqq 1.3K\frac{l}{h} \quad \cdots\cdots (5\text{-}27)$$

$$0.4K\frac{W}{h} \leqq n \leqq 1.3K\frac{W}{h} \quad \cdots\cdots (5\text{-}28)$$

$$n = n_1 \times n_2 \quad \cdots\cdots (5\text{-}29)$$

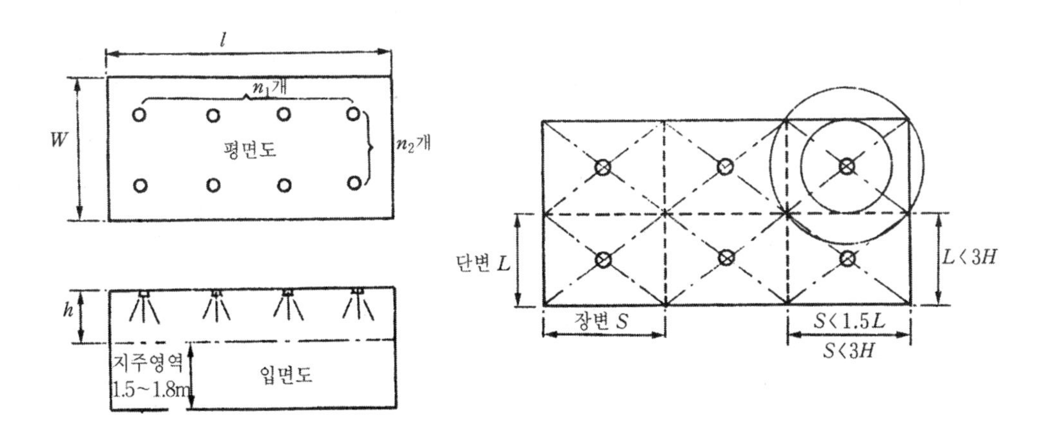

그림 5-75 축류형 취출구의 천장배치

그림 5-76 확산형 취출구의 천장배치

㉢ 천장확산형 취출구

실내의 평면을 그림 5-75와 같이 정방형 또는 장방형으로 분할하고 그 중앙에 취출구를 배치한다. 이때 분할된 장변의 결이 S는 단변길이 L의 1.5배 이하로 또 실높이 H의 3배 이내가 되도록 한다. 그리고 취출기류는 그림 5-76과 같이 이 정방형의 면적내에서 최소확산반경의 범위를 벗어나지 않고 최대확산반경이 미치지 않는 곳이 없도록 한다.

5-4 송풍기

(1) 송풍기의 종류

송풍기는 기계적인 에너지를 주어서 공기를 수송하는 유체기계로서 일반적으로 압력상승이 10[kPa] 이하인 것을 팬(fan), 10~100[kPa] 사이의 것을 블로어(blower)라고 하며 100[kPa] 이상인 것을 압축기라 부른다. 공조용에 사용되는 송풍기의 날개는 400~600회전/분 정도로 운전되며 통풍압력은 일반적으로 1.5 정도이다.

대형 건물에서는 3[kPa], 73.5[kW]인 대형의 것도 있다. 표 5-23은 공조용 송풍기의 종류를 나타내고 있으며 표 5-24는 공조, 환기용으로 사용하고 있는 송풍기를 제시하고 있다. 저압용으로 다익 송풍기가 가장 많이 사용되고 있으나 이것은 값은 싸지만 효율이 좋지 않으므로 최근에는 익형(翼形) 송풍기 등의 사용이 증가하고 있다.

표 5-23 송풍기의 종류

종 류	형 태	소 분 류
원심식송풍기	전곡형 날개(forward blade)	다익송풍기
	후곡형 날개(backward blade)	리밋 로드(limit load) 송풍기 익형(airfoil) 송풍기 터보(turbo) 송풍기
축류송풍기		프로펠러 팬(propeller fan) 튜브형 팬(tube type fan)
사류송풍기		
관류송풍기		

표 5-24 공조용 송풍기의 적용

종 류	풍 량 [m³/min]	정 압 [Pa]	효 율 [%]
다익 송풍기	10~5,000	100~1,000	35~55(소형), 50~60(대형)
리밋 로드 송풍기	20~3,000	100~1,500	50~65
익형 송풍기	50~3,000	400~3,000	50~65(소형), 70~85(대형)
축류 송풍기(튜브형)	300~6,000	100~600	60~80
관류 송풍기	50 이하	300 이하	35~50

한편 냉각탑 또는 환기용으로는 풍량이 많고 비교적 압력이 적은 축류(軸流) 송풍기 또는 사류(斜流) 송풍기가 사용되고 있으며 에어커튼(air curtain) 또는 팬 코일 유닛에는 관류(貫流) 송풍기가 이용된다. 이들 송풍기의 동력으로는 일반적으로 전동기가 사용되고 직결 또는 V벨트에 의하여 구동되며 배연용으로는 엔진구동의 것이 있다. 송풍기를 나온 공기는 급기덕트를 통해 실내로 보내지며 중앙식 공조방식에서는 대체로 풍량이 상당히 많아지므로 덕트의 치수가 커지게 된다.

덕트의 치수는 공기속도에 반비례하지만 주택과 같은 소규모 건물에 설비하는 공조용 덕트에서는 덕트내 풍속이 5m/s 정도이며 분기덕트에서는 3~4m/s 정도이다. 사무소 건물 등의 중, 대규모 건축물에서는 덕트내 풍속이 주덕트에서 10m/s 정도이고 분기덕트에서 5~6m/s 정도를 적용한다.

그러나 대규모 상업용 건물 등에서는 덕트 설치공간을 절약하기 위하여 주덕트의 풍속을 최고 20m/s 정도로 상승시키고 있다.

(2) 송풍기의 특성

1) 특성

송풍기는 덕트와 조합하여 사용하는 것으로서 덕트계의 전 저항손실에 상당하는 값에 해당하는 정압의 송풍기를 선정하여야 한다. 만약 정압의 차이가 크면 소정의 풍량을 얻을 수 없거나 과대한 양의 공기가 흐르게 된다. 송풍기의 특성을 하나의 선도로 나타낸 것을 송풍기의 특성곡선이라고 한다.

송풍기의 특성곡선은 그림 5-77과 같이 송풍기의 사용 회전수에 있어서의 풍량에 대한 압력상승, 축동력 및 효율을 나타내며 송풍공기의 압력상승으로는 송풍기의 전압 또는 정압이 이용되고 있다. 그림을 보면 일정속도로 회전하는 송풍기의 풍량조절댐퍼를 열어서 송풍량을 증가시키면 축동력(실선)은 점차 급상승하고 전압(1점쇄선)과 정압(2점쇄선)은 산형을 이루면서 강하한다.

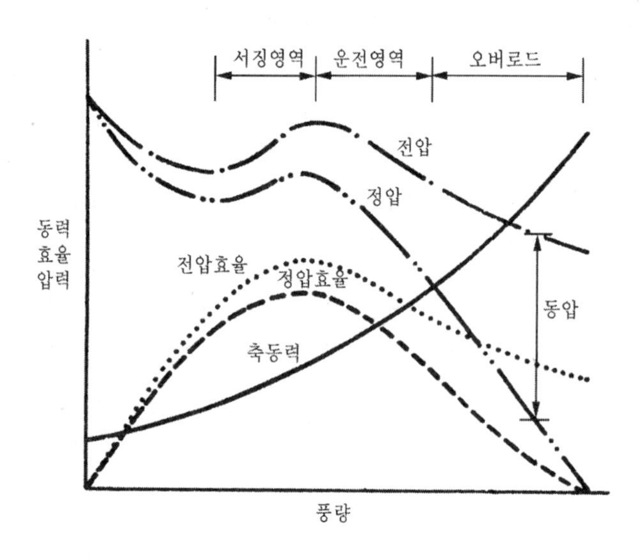

그림 5-77 송풍기의 특성곡선

여기서 전압과 정압의 차가 동압이다. 한편 효율은 전압을 기준으로 하는 전압효율(점선)과 정압을 기준으로 하는 정압효율(점선)이 있는데 포물선 형식으로 어느 한계까지 증가 후 감소한다.

따라서 풍량이 어느 한계 이상이 되면 축동력이 급증하고 압력과 효율은 낮아지는 오버로드현상이 있는 영역과 정압곡선에서 좌하향 곡선부분은 송풍기 동작이 불안정한 서징(surging) 현상이 있는 곳으로서 이 두 영역에서의 운전은 좋지 않다.

여기서 팬 정압은 팬 전압과 팬 토출 동압과의 차를 말하며 팬 전압은 팬 출구 전압과 팬 흡입 전압과의 차이며 팬 동압은 팬 출구를 통하여 나가는 평균속도에 해당되는 속도압이다.

2) 송풍기의 특성 비교

그림 5-78은 후곡형 송풍기, 방사형 송풍기, 다익형 송풍기에 대한 특성곡선이다. 이 곡선은 최고효율점에 대한 풍량, 압력 및 축동력을 백분율로 표시하여 비교하였다.

표 5-25 송풍기의 분류와 특성

구분	종류	날개형태	특성곡선	특성	성능: 풍량 [m³/min]	성능: 정압 [Pa]	성능: 효율(대형) [%]	성능: 효율(소형) [%]	비교 크기	용도
원심식 송풍기	다익형 (시로코팬)			압력곡선에 오목 部有, 동력곡선도 오목형, 저항변화에 대해 풍량·동력변화 크다. 운전정숙	10 ~ 2,800	100 ~ 1,250	45 ~ 60	35 ~ 40	100%	환기·공조용 (저속덕트)
	전곡형 (터보팬)			고회전·고압·고능률, 동력곡선 볼록형이며 과부하 無, 저항에 대해 풍량·동력변화가 비교적 적다.	20 ~ 3,000	1,000 ~ 2,500	70 ~ 80	55 ~ 65	112%	(고속덕트)
	리버스형 (리미트·로드팬)			터보와 거의 같다. 동력곡선의 리미트 로드성이 현저하다.	100 ~ 3,000	100 ~ 1,500	55 ~ 65	40 ~ 45	175%	공조용(중규모 저속덕트) 공장환기용
	익형 (에어·포일팬)			압력곡선의 점이 풍량 40% 정도이며 터보와 거의 같은 식이다.	100 ~ 3,000	1,250 ~ 2,500	70 ~ 85	25 ~ 30	128%	공조용 (고속덕트)
	관류형 (크로스, 플로우팬)			압력곡선은 볼록형, 다익형과 거의 같은 식이다.	3 ~ 30	0 ~ 80	40 ~ 50	30	200%	팬코일 유닛 에어 커튼, 순환회로용
축류식 송풍기	프로펠러형 (대형은 가변피치)			압력상승은 적고 우하향, 압력·동력은 풍량 0으로 최대, 저항에 대해 풍량·동력변화 최소	20 ~ 500	0 ~ 100	10 ~ 50	45	88%	유닛 히터 환기팬, 소형 냉각탑용
	튜브축류식			베인식에 비해 압력상승은 적고 거의 같다.	500 ~ 5,000	50 ~ 150	55 ~ 65	45	98%	국소환기, 대형 냉각탑용
	베인축류식			압력곡선은 급경사로 굴곡有, 動대, 동력은 풍량 0으로 최대, 계획풍량 외는 효율급감소	40 ~ 1,000	100 ~ 800	75 ~ 85	40	98%	국소환기용

Q: 풍량, P_T: 전압, P_s: 정압, L: 축동력, η: 전압효율 (풍압, 풍량은 일반적으로 사용되는 것)

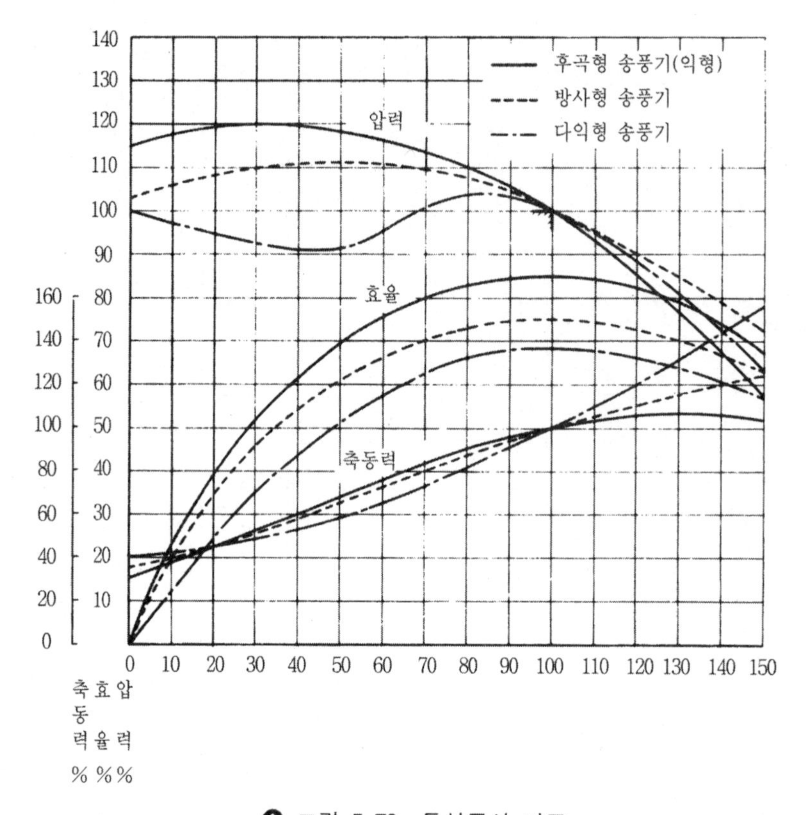

그림 5-78 특성곡선 비교

3) 송풍기의 설계(또는 법칙)

① 송풍기의 크기

송풍기의 크기는 송풍기번호(N_O, #)로 다음과 같이 계산된다.

㉠ 원심송풍기의 경우

$$N_O(\#) = \frac{\text{회전날개의 지름(mm)}}{150(\text{mm})} \quad \cdots\cdots (5\text{-}30)$$

㉡ 축류송풍기의 경우

$$N_O(\#) = \frac{\text{회전날개의 지름(mm)}}{100(\text{mm})} \quad \cdots\cdots (5\text{-}31)$$

② 송풍기의 특성식

송풍기의 법칙은 송풍기의 운전조건이나 치수가 달라졌을 때 송풍기의 성능을 예측할 수 있다. 표 5-26은 송풍기 법칙을 나타낸 것으로 표에서 각 기호는 다음과 같다.

Q : 송풍량 [m³/min]
N : 임펠러의 회전수 [rpm]
P : 송풍기에 의해 생긴정압 [Pa]
L : 송풍기의 소요동력 [W]
D : 송풍기 날개의 직경 [mm]

표 5-26 송풍기의 법칙

변 수	정수	법 칙	공 식
회전속도 $N_1 \rightarrow N_2$	송풍기의 크 기	풍량은 회전속도에 비례하여 변화한다.	$Q_2 = Q_1\left(\frac{N_2}{N_1}\right)$
		압력은 회전속도의 2제곱에 비례하여 변화한다.	$P_2 = P_1\left(\frac{N_2}{N_1}\right)^2$
		동력은 회전속도의 3제곱에 비례하여 변화한다.	$L_2 = L_1\left(\frac{N_2}{N_1}\right)^3$
송풍기의 크 기 $D_1 \rightarrow D_2$	회전속도	풍량은 송풍기 크기비의 3제곱에 비례하여 변화한다.	$Q_2 = Q_1\left(\frac{D_2}{D_1}\right)^3$
		압력은 송풍기 크기비의 2제곱에 비례하여 변화한다.	$P_2 = P_1\left(\frac{D_2}{D_1}\right)^2$
		동력은 송풍기 크기비의 5제곱에 비례하여 변화한다.	$L_2 = L_1\left(\frac{D_2}{D_1}\right)^5$

예 제 5-7 동력 0.75kW, 정압 20Pa, 풍량 150m³/h일 때 주파수 850에서 950으로 바뀌었다. 다음을 구하여라.

(1) 풍량
(2) 정압
(3) 동력

〔풀이〕 표 5-26을 참고하여 계산하면

(1) 풍량 $Q' = Q\left(\frac{n'}{n}\right)^1 = 150 \times \left(\frac{950}{850}\right)^1 = 167.65\,\text{m}^3/\text{h}$

(2) 정압 $P' = P\left(\frac{n'}{n}\right)^2 = 20 \times \left(\frac{950}{850}\right)^2 = 25.0\,\text{Pa}$

(3) 동력 $N' = N\left(\frac{n'}{n}\right)^3 = 0.75 \times \left(\frac{950}{850}\right)^3 = 1.05\,\text{kW}$

예 제 5-8 500rpm으로 운전되고 있는 송풍기가 풍량 300m^3/min, 전압 400Pa, 동력 3.5kW의 성능을 나타내고 있다. 회전수를 10% 증가하면 풍량, 전압, 동력은 각각 어떻게 되는가?

〔풀이〕 표 5-26을 참고하여 계산하면

(1) 풍량 : $300 \times \left(\frac{550}{500}\right)^1 = 330\,\mathrm{m^3/min}$

(2) 전압 : $400 \times \left(\frac{550}{500}\right)^2 = 484\,\mathrm{Pa}$

(3) 동력 : $3.5 \times \left(\frac{550}{500}\right)^3 = 4.6585\,\mathrm{kW}$

③ 동력

㉠ 공기동력

송풍기가 Q[m^3/min]의 공기를 ΔP[Pa]만큼 압력을 상승시켰다면 이는 회전날개가 공기에 직접 준 동력이므로 공기동력 L_a[W]라고 하며 다음 식으로 나타낸다.

$$L_a = \frac{Q \cdot \Delta P}{60} \quad \cdots\cdots (5\text{-}32)$$

㉡ 축동력

송풍기의 회전날개는 회전축의 회전에 의해 돌아간다. 따라서 회전축을 돌리기 위한 축동력 L_S[W]는 다음 식과 같다. 여기서는 송풍기의 전압효율로서 송풍기의 종류 및 송풍량에 따라 다르다.

$$L_S = \frac{L_a}{\eta_f} = \frac{Q \cdot \Delta P}{60 \times \eta_f} \quad \cdots\cdots (5\text{-}33)$$

㉢ 전동기출력

송풍기 축은 전동기에 의해 구동된다. 따라서 전동기가 갖추어야 할 전동기출력 L_d[W]는 다음 식과 같다. 여기서 α는 표 5-27에 있는 여유율이고 η_t는 표 5-28에 있는 전동효율이다.

$$L_d = \frac{L_s(1+\alpha)}{\eta_t} \quad \cdots\cdots (5\text{-}34)$$

표 5-27 원동기 종류에 따른 여유계수 (α)

원동기의 종류	α
유도 전동기	0.1~0.2
소 형 엔 진	0.2~0.25
대형디젤엔진	0.15~0.2

표 5-28 전동방식에 따른 전동효율 (η_t)

전 동 방 식	η_t
직결인 경우	1.0
평 벨 트	0.9
V 벨 트	0.95
평 기 어	0.92~0.95
헤리컬 기어	0.95~0.98
스파이럴베벨기어	0.90~0.95

4) 송풍기의 풍량제어

최근 변풍량(VAV) 공조방식이 사용되면서부터 송풍기의 풍량제어법에 대한 중요성이 커지고 있다. 이것은 변풍량 공조방식이 다른 공조방식에 비하여 에너지 절약적이라는데 있으며 많은 부분이 풍량제어시에 동력이 충분히 절약될 수 있는 방식이 아니면 무의미하게 된다. 일반적으로 원심송풍기에 사용되는 풍량제어 방법은 다음과 같다.

① 송풍기의 회전수 변화에 의하는 방법 (회전수제어)
② 흡입구에 설치한 베인에 의하는 방법 (베인제어)
③ 스크롤 댐퍼에 의하는 방법
④ 취출덕트에 설치한 댐퍼에 의하는 방법 (댐퍼제어)

그림 5-79는 풍량과 소요동력과의 관계를 나타내고 있으며 그림에서와 같이 회전수 제어가 가장 효과적이며 베인제어가 그 다음이고 댐퍼제어가 가장 나쁘다.

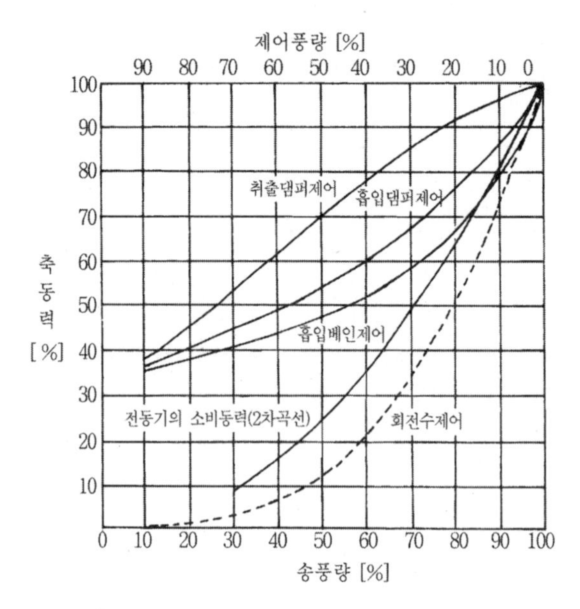

그림 5-79 풍량제어법과 축동력의 비교

5) 덕트시스템 영향(System effect)

예전에는 현장에서 측정된 팬 성능이 팬 제작자가 제시한 수치보다 낮게 나타나는 것이 단순히 팬 제작상의 문제로 여겨졌다. 그러나 이러한 팬 성능의 감소는 덕트시스템 영향(system effect)에 의해 나타나는 현상으로서 공조덕트 계통에서 요구되는 설계치를 확보하기 위해서는 이를 반드시 고려하여야 한다.

① 덕트시스템 영향인자

덕트시스템 영향이란 팬과 연결된 덕트의 상호작용으로 인해 팬 성능이 감소되는 현상을 말한다. 덕트시스템 영향에 의해 야기된 팬 성능 감소량을 덕트시스템 영향인자(system effect factor)라고 한다. 따라서 덕트시스템 영향인자는 감소된 팬의 성능을 예측하거나 덕트 설계시 팬정압 산정에 사용된다.

일반적으로 덕트시스템 영향인자는 많은 연구로부터 얻어진 근사치이며 몇몇 팬 제작자의 연구와 엔지니어의 경험을 바탕으로 한 수치가 발표되었다. 서로 다른 종류의 팬 그리고 같은 종류라 할지라도 제작자가 다른 경우에는 반드시 수치가 적용되는 것이 아니기 때문에 덕트시스템 영향인자를 적용할 때에는 실질적인 경험에 비추어 판단할 필요가 있다.

그림 5-80은 덕트시스템 영향에 의해 야기된 팬 및 시스템 성능의 부족현상을 설명하고 있다. 덕트 시스템의 압력손실이 정확하게 계산되고 나면 설계자는 팬을 선정함에 있어 시스템 곡선 A상의 ①에서 운전되도록 팬의 사양을 결정할 것이다.

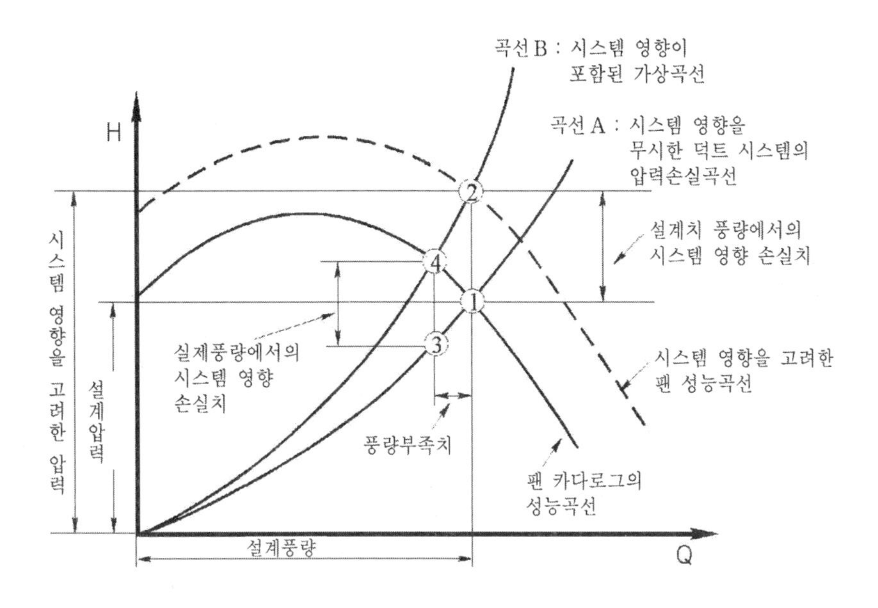

그림 5-80 덕트시스템 영향이 무시되었을 때의 시스템 성능부족

이러한 팬 선정방법에는 팬과 덕트의 연결부에 의한 팬 성능의 오차 즉, 덕트시스템 영향을 고려하지 않았다. 이것을 보상하려면 먼저 계산된 덕트계통의 압력손실에 덕트시스템 영향인자를 더하여 새로운 시스템곡선을 결정한다. 이 경우 덕트시스템 영향이 포함된 "가상" 시스템 곡선 B와 팬 성능곡선 사이의 교점인 ④에서 팬이 운전된다. 그러나 실제 시스템 풍량은 ①에서 ④의 차이만큼 부족하게 나타난다.

따라서 설계풍량을 만족시키려면 ②에서 시스템이 운전되도록 새로운 성능곡선을 가지는 팬이 선정되어야 한다. 일반적으로 이러한 팬 성능곡선은 팬의 회전수를 증가함으로써 얻어지며 높은 축동력이 필요하게 된다. 현장에서 덕트시스템 영향이 보상된 실제의 공조시스템 상태를 측정하면 풍량과 정압은 ①에 있게 된다. 왜냐하면 그 점이 실제로 시스템의 운전점이기 때문이다. 가상 시스템 곡선은 단지 성능감소의 팬을 보상하여 선정할 때만 필요한 것이지 시스템이 가상 시스템 곡선 상에서 운전되는 것은 아니다.

덕트시스템 영향은 풍속과도 관계가 있다. 그 이유는 그림 5-80에서 보이는 바와 같이 ①과 ②의 압력 차이가 ③과 ④의 차이보다 크기 때문이다. 덕트시스템 영향인자는 덕트계통의 배치에 따라 팬 성능에만 영향을 준다. 이외의 덕트 및 모든 부속품의 압력손실은 공조덕트 계통의 압력손실의 한 부분으로 계산되므로 "시스템곡선 A"의 한 부분이다.

② 팬 토출구에서의 덕트시스템 영향

차단판(cut-off plate)이 있는 원심형 팬에서의 토출공기는 덕트와 연결되는 팬 토출구의 면적(outlet area)보다 작은 크기의 송풍면적(blast area)을 통과하면서 속도가 증가된다. 이러한 토출구 면적과 송풍면적의 차이를 송풍면적비(blast area ratio)라고 하고 이것은 송풍면적을 토출구면적으로 나눈 값으로 정해진다.

팬 토출구에 토출구보다 큰 덕트가 연결되었다면 송풍구역에서 높은 풍속의 일부는 정압으로 변환되어 정압 재취득이 이루어진다. 이것은 토출구와 연결된 덕트내의 풍속이 토출구에서 보다 낮기 때문이다.

③ 팬 흡입구에서의 덕트시스템 영향

루프 벤틸레이터(roof ventilator)의 성능 시험은 대부분 현장여건과 비슷한 조건하에서 실시되기 때문에 덕트시스템 영향은 큰 문제가 되지 않는다. 그러나 공조용 원심형 또는 축류형 팬인 경우에는 대부분 성능검사가 흡입측에 덕트연결부가 없거나 또는 덕트가 있다 하더라도 장애물이 없는 조건하에서 실시되기 때문에 문제가 발생한다.

6) 송풍기 선정

송풍기의 풍량, 압력은 시공시의 변경을 고려하여 일반적인 설계보다 5~10% 증가시킨다. 송풍기는 각각의 특성이 다르기 때문에 공장실험후 송풍기의 성능곡선을 확인하고 송풍기에 연결된 덕트시스템을 고려하여 운전점을 결정한다. 필요압력이 송풍기 1대로 얻을 수 있는 최대압력보다 큰 송풍기가 필요하거나 시스템 저항이 높은 경우에는 2대 이상의 송풍기를 직렬운전하고 설치공간 문제로 대형송풍기의 설치가 불가능하고 분해할 필요가 있는 경우, 송풍기의 고장시 풍량을 확보하고자 할 경우, 광범위한 풍량제어가 필요한 경우에는 병렬운전을 한다.

제 6 장

열원기기

열원기기

6-1 보일러

(1) 구 성

보일러는 본체와 연소장치, 급수장치, 자동제어장치 등의 부속장치, 수면계 등의 부속기기로 구성되어 있다.

1) 연소실

연료를 연소시켜 용기 내의 물을 가열하여 증기나 온수를 발생시키는 부분이며 강판으로 만들어진 드럼 및 소구경의 강관으로 이루어져 있다. 연료를 연소시키는 공간으로 주로 화염방사에 의해 열을 흡수시키는 부분으로서 전열면으로 되어 있고 그 외부에 물로 가득찬 벽으로 구성되어 있다.

2) 보일러 본체

증기와 물이 들어있는 내압용기이며 연소실에서 발생한 연소가스와 접촉 또는 복사에 의해 열을 흡수하는 전열면을 가진 것으로 수관, 연관, 드럼으로 구성되어 있다.

3) 부속기기

안전밸브, 증기밸브, 압력계, 수면계, 급수 및 취출밸브 등이 있다.

4) 부속장치

연소시키기 위한 장치, 급수장치, 자동제어장치 등이 있다.

① 연소장치 : 송풍장치, 연도, 공해방지시설

② 급수장치 : 급수펌프, 인젝터, 환수탱크, 응축수 탱크, 경수연화장치

② 자동제어 장치 : 운전제어판넬, 온도제어, 수면제어, 경보제어

(2) 보일러의 종류

공조용 보일러는 사용압력, 물순환방법, 본체구조, 보일러형식, 구성재료, 열매의 종류 등으로 분류되며 보일러의 요구되는 조건은 다음과 같다.

① 온수 또는 증기를 발생시키는데 요구되는 시간이 짧을 것

② 건축물 내의 반출입이 용이할 것

③ 용량에 비하여 설치면적이 적을 것

④ 취급이 쉽고 보수관리가 용이할 것

건축물의 공조용 열원기기로 사용되는 보일러의 분류는 표 6-1과 같다.

표 6-1 보일러의 종류와 적용

종 류	형 식 (예)
원통보일러	입형보일러
	노통보일러(코니시, 랭카셔 보일러)
	연관보일러(내화식, 외화식)
	노통연관보일러(일반형, 증기드럼 별도형)
수관보일러	자연순환식 보일러
	강제순환식 보일러
	복사보일러
관류보일러	관류보일러(벤손, 슐저 보일러)
	소형관류보일러(다관식)
기타 보일러	간접가열 보일러(진공식, 무압식 보일러)
	특수연료 보일러(소각보일러)
	특수액체 보일러(다우삼 보일러)
	폐열보일러(소각폐열보일러)
	기타(전기보일러)

1) 주철제 보일러(cast iron sectional boiler)

건물의 난방용으로 사용되는 저압증기 또는 온수를 만드는 보일러로서 내부압력은 낮고 내식성이 강한 주철로 만들었으며 주철제 섹션(section)을 난방부하의 크기에 따라 최대 20매까지 조립한 난방용 보일러이다. 또한 조립, 분해 및 운반이 용이하며 좁은 장소에 설치할 수 있고 섹션의 증가에 따라 용량을 조절할 수 있으나 재질이 약하여 고압으로는 사용할 수 없고 용량도 적다. 따라서 규모가 비교적 작은 건물의 난방용으로 사용된다.

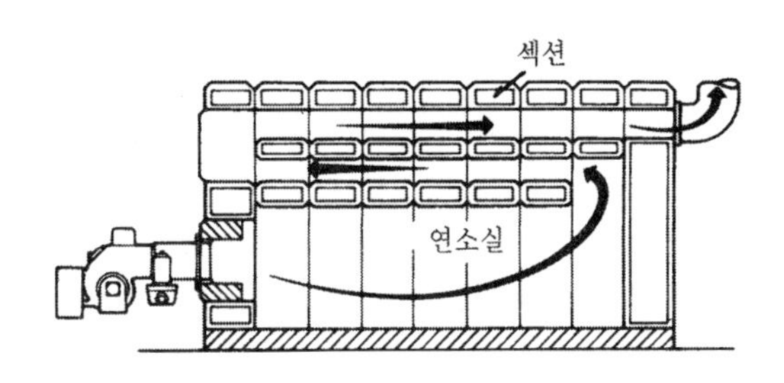

그림 6-1 주철제 보일러

2) 노통연관 보일러(fire tube boiler, flue tube boiler)

노통연관 보일러는 그림 6-2에서와 같이 몸체내부에 노통(연소실)과 노통에 연결되어 있어 노통에서 발생되는 고온의 연소가스가 노통내의 파이프 속으로 통과하며 파이프 밖에 있는 물을 가열 또는 증발시킨다. 다른 보일러에 비해 크기가 커서 공사시 반입하기가 용이하지 않으나 효율이 좋고 가격도 경제적이며 수질관리도 비교적 용이하므로 공조 및 급탕을 겸하여 비교적 규모가 큰 건물에 많이 사용되고 있다.

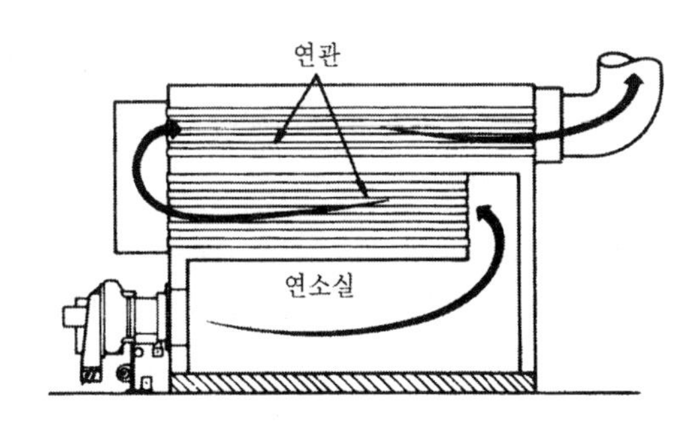

그림 6-2 연관보일러

장점은 부하변동에 잘 적응하며 보유수면이 넓어서 급수용량 제어가 쉽다. 단점은 예열시간이 길고 반입시 분할이 어려우며 수명이 짧다.

3) 수관보일러(water tube boiler)

수관보일러는 그림 6-3과 같이 보일러 하부의 물드럼과 상부의 기수(氣水 : 증기와 물)드럼을 연결하는 다수의 수관을 연소실 주위에 배치한 것으로 하부의 물드럼에서 나온 물은 여러 차례 관내를 순환하면서 점차 가열된 후 상부의 기수드럼 내에서 증기가 분리되어 배출된다.

장점은 사용압력이 연관식보다 높고 부하변동에 대한 추종성이 높다. 또한 예열시간이 짧고 효율도 좋다. 단점은 연관식보다 설치면적이 넓고 초기 투자비가 많이 들며 급수처리가 까다롭다. 따라서 수관보일러는 대형 건물 또는 병원이나 호텔 등과 같이 고압증기를 다량 사용하는 곳 또는 지역난방 등에 사용된다.

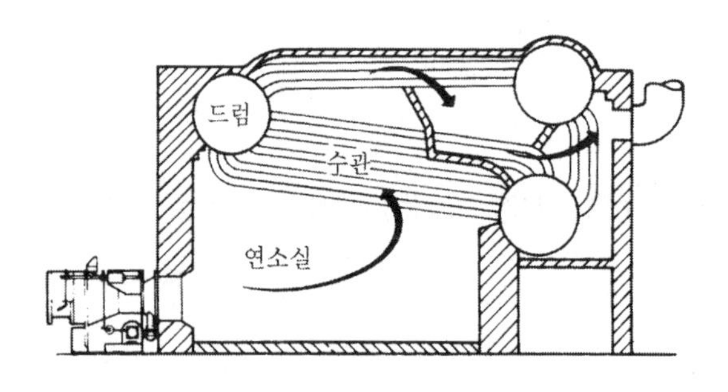

그림 6-3 수관보일러

4) 관류보일러(through flow boiler)

관류보일러는 수관보일러와 같이 수관으로 되어 있으나 드럼(수실)이 없다.(그림 6-4) 즉, 보일러 하부로 들어간 물이 관을 통해 상부로 올라가는 동안에 가열되어 증기가 되는 것으로 보일러 내 보유수량이 극히 적으므로 신속하게 증기가 생산되는 장점이 있으나 엄격한 수질관리를 필요로 한다.

장점은 보유수량이 적으므로 가열시간이 짧고 부하변동에 대한 추종성이 좋으며 경량 및 설치면적이 작다. 그러나 급수처리가 까다롭고 수명이 짧으며 값이 비싸고 소음이 크다. 따라서 관류보일러는 공조용으로 사용하는 예는 거의 없고 간단히 고압의 증기를 얻으려 하는 경우에 사용된다.

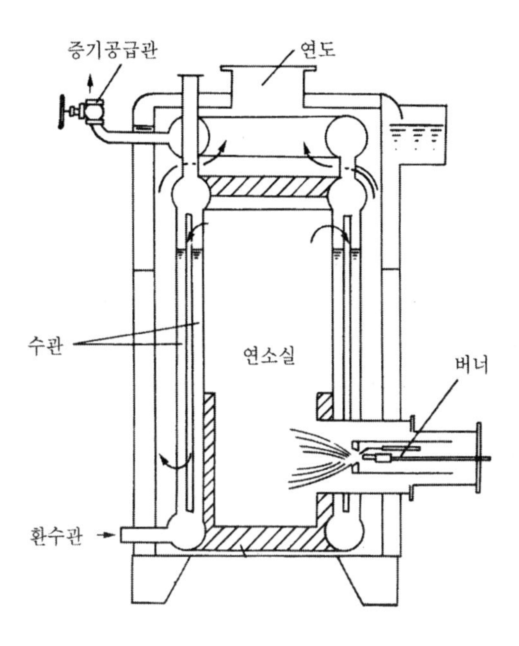

⬆ 그림 6-4 관류보일러

5) 입형보일러(vertical type boiler)

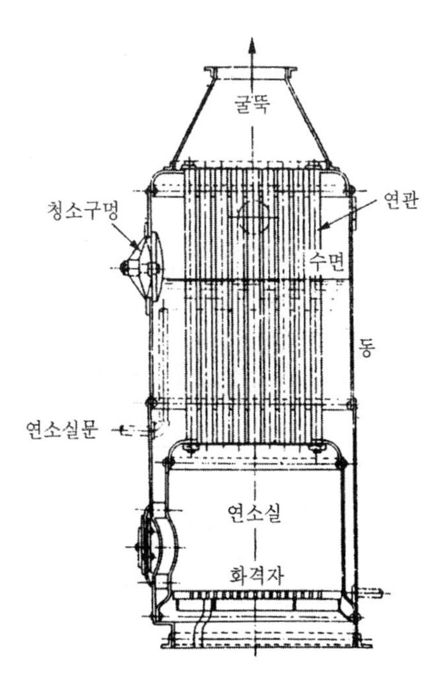

⬆ 그림 6-5 입형보일러

입형보일러는 수직으로 세운 드럼내에 연관(fire tube) 또는 수관(water tube)이 있는 소규모의 패키지형으로 되어 있다. 장점은 설치면적이 작고 취급이 용이하며 수처리가 필요 없다. 단점은 사용압력이 낮고 용량이 적으며 효율도 낮다. 따라서 입형보일러는 규모가 작은 건물 및 일반 가정용 난방에 사용한다.

(3) 보일러의 성능 및 효율

1) 보일러의 능력

보일러 출력의 표시방법은 다음과 같이 4가지가 있으나 일반적으로 정격출력을 사용하며 정미출력에 대한 정격출력의 비는 일반적으로 1.35배로 한다.

표 6-2 보일러의 출력표시

출 력	표 시 방 법
과부하출력	운전초기에 과부하가 발생했을 때는 정격출력의 10~20% 정도 증가해서 운전할 때의 출력으로 한다.
정 격 출 력	연속해서 운전할 수 있는 보일러의 능력으로서 난방부하, 급탕부하, 배관부하, 예열부하의 합이며 보통 보일러 산정시에는 정격출력에 기준으로 둔다.(또는 정미출력의 1.35배로 한다.)
상 용 출 력	정격출력에서 예열부하를 뺀 값으로 정미출력에 5~10%를 가산한다.
정 미 출 력	난방부하와 급탕부하를 합한 용량으로 표시된다.

2) 보일러의 용량

① 증발량

보일러의 용량은 일반적으로 정격용량 즉, 최대연속부하의 상태로서 단위시간에 발생하는 증기량으로 나타내는 것이다. 정격시 증기발생에 이용되는 열량(Q)은 식 (6-1)과 같이 표시된다.

$$Q = G(h_2 - h_1)\ [\mathrm{kJ/h}] \quad \cdots\cdots \quad (6\text{-}1)$$

여기서 h_1, h_2 : 급수 및 발생증기의 엔탈피 [kJ/kg]

G : 실제증발량 [kg/h]

② 환산증발량(상당증발량)

발생증기의 엔탈피는 증기의 압력, 온도에 따라 다르므로 상기의 증기량에 발생증기의 압력과 온도를 함께 나타내거나 다음에 기술하는 환산증발량으로 나타내는 것이 보통이다. 환산증발량은 실제로 급수로부터 소요증기를 발생시키는데 필요한 열량을 100℃의 포화수를 100℃의 건포화 증기로 증발시키는 경우에 해당하는 기준상태로 환산한 것을 말하며 상당증발량 또는 기준증발량이라고도 한다. 환산증발량(G_e)은 다음 식 (6-2)로 계산된다.

$$G_e = \frac{G(h_2 - h_1)}{2,257} \ [\mathrm{kg/h}] \quad \cdots\cdots (6\text{-}2)$$

식에서 2,257[kJ/kg]은 100℃에 있어서 포화수에서 건포화증기로 변할 때의 증발열이다.

③ 상당방열면적

방열기의 방열량은 시간당 방열량[W] 또는 상당방열면적(EDR, Equivalent Direct Radiation)으로 표시되며 상당방열면적은 표준상태에서는 식 (6-3)과 같이 방열기의 전방열량 Q[W]를 표준방열량 q_o[W/m^2]로 나눈 값으로 구한다.

$$\text{상당방열면적(EDR, m}^2) = \frac{Q}{q_o} \quad \cdots\cdots (6\text{-}3)$$

여기서 Q : 표준상태의 방열기 전방열량 [W]

q_o : 표준상태에서의 표준방열량 [W/m^2]

열매종류에 따른 표준상태 및 표준상태의 방열기 표준방열량은 표 6-3와 같다.

표 6-3 방열기의 표준 방열량

열매	표준방열량 (W/m^2)	표준상태 조건	
		열매온도 (℃)	실내온도 (℃)
증기	755.8	102	18.5
온수	523.3	80	18.5

단, 실내온도 및 열매온도가 표준상태와 다른 경우에는 방열량이 증감하므로 식 (6-4)에 따라 보정을 하여야 한다.

$$상당방열면적(EDR) = \frac{Q}{\frac{q_o}{c}} \quad \cdots\cdots (6\text{-}4)$$

여기서 c는 보정계수이며 식 (6-5) 및 식 (6-6)으로 계산된다.

$$증기인\ 경우\quad c = \left(\frac{83.5}{t_s - t_r}\right)^n \quad \cdots\cdots (6\text{-}5)$$

$$온수인\ 경우\quad c = \left(\frac{61.5}{\frac{t_{w1} + t_{w2}}{2} - t_r}\right)^n \quad \cdots\cdots (6\text{-}6)$$

여기서 t_s : 어떤 상태에서의 증기온도 [℃]

t_r : 어떤 상태에서의 실내온도 [℃]

t_{w1} : 어떤 상태에서의 방열기 입구측 온수온도 [℃]

t_{w2} : 어떤 상태에서의 방열기 출구측 온수온도 [℃]

n : 방열기의 종류에 따른 지수

방열기의 종류에 따른 지수 n은 일정 조건하에서 행한 시험 결과치를 회귀분석하여 구할 수 있으며 개략적인 지수 n은 표 6-4와 같다.

표 6-4 방열기 종류에 따른 n 지수

구 분	주철 방열기	컨벡터	베이스보드 컨벡터	핀 달린 관	관 방열기
미 국	1.3	1.5	1.4	-	-
독 일	1.3	1.25~1.45	-	1.25	1.25

④ 난방 보일러의 용량

난방 보일러의 용량은 난방대상 건물의 난방부하, 배관계통의 열손실, 시동시 예열부하 및 여유율을 고려하여 결정한다. 난방 대상건물의 난방을 방열기에 의해 행하는 경우 배관계통의 열손실은 일반적으로 방열기 용량의 20%로 잡는다. 따라서 난방보일러의 용량은 다음 식 (6-7)으로 나타낼 수 있다. 일반적으로 강재보일러의 경우 시동시 예열부하계수는 1.25를 적용한다.

$$보일러\ 용량 = (시동시\ 예열부하계수) \times 1.2 \times (방열기\ 총용량) \cdots (6\text{-}7)$$

⑤ 증발율

증발율이란 보일러 본체의 전열면적 1m²당 평균 매시 증발량을 말하며 보일러 본체 전열면의 증발성능을 나타내기 위해 사용한다. 상당증발량을 보일러의 증발량으로 취하면 증발율은 다음 식 (6-8)과 같다.

$$G_a = \frac{G_e}{(A_c + A_r)} \ [\mathrm{kg/m^2h}] \quad \cdots\cdots (6\text{-}8)$$

여기서 G_a : 증발율 [kg/m²h]

G_e : 보일러의 상당증발량 [kg/h]

A_c : 대류전열면적 [m²]

A_r : 복사전열면적 [m²]

증발율은 보일러의 종류에 따라 다르며 개략치는 표 6-5와 같다.

표 6-5 증발율의 개략치

보일러의 종류	증발율 (kg/m²h)
노통 연관 보일러	65~105
관류 보일러(소형)	35~100
수관 보일러	50~150

3) 보일러의 효율

① 보일러의 효율

보일러에 있어서 급수로부터 소요증기를 발생시키는데 사용하는 열량과 연소장치에 공급되는 연료의 완전연소에 의해 발생되는 열량과의 비로 나타내며 식 (6-9)와 같다.

$$\text{보일러의 효율} = \frac{G(h_2 - h_1)}{G_f \times H_L} \times 100 \ [\%] \quad \cdots\cdots (6\text{-}9)$$

여기서 G : 증발량 [kg/h]

G_f : 연료 소모량 [kg(Nm³)/h]

h_1 : 급수의 엔탈피 [kJ/kg]

h_2 : 발생증기의 엔탈피 [kJ/kg]

H_L : 연료의 저위 발열량 [kJ/kg(Nm^3)]

보일러 효율은 사용연료의 종류와 보일러 구조에 따라 다르지만 보일러의 종류에 따라 대략 표 6-6과 같은 값이 적용되고 있다.

표 6-6 보일러의 종류에 따른 효율

보일러의 종류	효율 (%)
노통 연관 보일러	82~88
관류 보일러(소형)	85~88
수관 보일러	85~91

② 증발배수(倍數)

사용 연료당의 증기량을 말하며 증기량은 상당 증기량을 기준으로 하여 식 (6-10)로 표시한다.

$$\text{증발배수} = \frac{\text{환산증발량}}{\text{연료소비량}} \ [\text{kg/kg(Nm}^3)] \quad \cdots\cdots (6\text{-}10)$$

③ 증발계수

보일러의 증발능력을 표준상태와 비교하여 표시한 값으로 식 (6-11)로 표시한다.

$$\text{증발계수} = \frac{(\text{증기 엔탈피} - \text{급수 엔탈피})}{2,257} \quad \cdots\cdots (6\text{-}11)$$

④ 보일러 부하율

최대연속증발량[kg/h]당 실제증발량[kg/h]을 %로 나타낸 값으로 식 (6-12)로 표시한다.

$$\text{부하율} = \frac{\text{실제증발량[kg/h]}}{\text{최대연속증발량[kg/h]}} \times 100[\%] \quad \cdots\cdots (6\text{-}12)$$

⑤ 보일러 효율계산

보일러에는 급수, 급유(가스) 유량계, 온도계, 압력계, 산소분석기, 기타의 계측기를 설치해서 필요에 따라 보일러의 효율을 파악할 수 있어야 한다. 보일러의 효율은 입·출열법 또는 열손실법으로 계산한다. 입·출열법에 의한 보일러의 효율계산은 식 (6-13)에 의한다.

$$\eta_1 = \frac{\text{증발량} \times (\text{증기엔탈피} - \text{급수엔탈피})}{\text{연료소비량} \times \text{연료저위발열량}} \times 100[\%] \cdots\cdots\cdots\cdots \text{(6-13)}$$

표 6-7 (a) 액체연료의 조성 및 발열량

연료 종류	비 중	조 성						발열량	
		탄소	수소	황	질소	산소	기타	고위	저위
	15/4℃	wt %	wt %	wt %	wt %	wt %	wt %	kJ/kg	kJ/kg
고급휘발유	0.7516	85.02	12.27	0.002	-	2.7	-	46,976	43,836
경유(0.05%)	0.8351	85.40	14.37	0.004	-	-	0.08	45,795	42,948
경유(1.0%)	0.8449	85.00	14.02	0.77	-	-	0.08	45,628	42,823
실내등유	0.7970	88.50	13.47	0.002	-	-	0.02	46,348	43,459
보일러등유	0.8290	85.51	14.40	0.068	-	-	0.02	45,854	43,003
B-A유(0.5%)	0.9087	86.40	12.40	0.42	700	0.5	0.20	44,640	42,044
B-C유(0.5%)	0.9373	86.30	12.22	0.43	1.900	0.5	0.35	44,305	41,650
B-C유(1.0%)	0.9438	85.00	12.98	0.84	2.500	0.5	0.42	44,070	41,558
B-C유(4.0%)	0.9610	84.60	11.25	2.89	2.500	0.5	0.50	43,882	41,340

(b) 기체연료의 조성 및 발열량

연료종류	비중	조 성						발열량	
	15/0℃	CH_4	C_2H6	C_3H_8	C_4H_{10}	N_2	기타	고위	저위
		Vol. %	Vol. %	Vol. %	Vol. %	Vol. %	Vol. %	kJ/Nm^3	kJ/Nm^3
LNG	0.6232	90.43	6.09	2.22	0.56	0.17		48,211	39,720
LPG	1.55	-	0.79	98.90	0.31	-		99,001	93,437

(4) 보일러의 용량 결정

보일러의 용량 Q[W]을 결정하는 정격출력은 다음 식에 의해 정해진다.

$$Q = \text{난방부하}(q_1) + \text{급탕부하}(q_2) + \text{배관부하}(q_3) + \text{예열부하}(q_4) \cdots\cdots\cdots\cdots \text{(6-14)}$$

1) 난방부하 q_1 [W]

난방부하는 부하계산법에 의해 계산되지만 계획시에는 다음과 같은 간이계산법에 의한다.

$$q_1 = \alpha \cdot A \quad \cdots\cdots (6\text{-}15)$$

여기서 α : 건물의 단위면적당 열손실계수 [W/m^2] (표 6-8)
A : 난방면적 [m^2]

표 6-8 지방별 열손실계수 α [W/m^2]

지 방	小	中	大
서 울	48	104	188
인 천	45	99	180
강 릉	41	87	159
대 구	41	88	162
전 주	41	91	164
광 주	40	86	156
부 산	35	76	138
목 포	36	79	144
여 수	29	63	115

(주) 小 : 단열이 잘된 건물, 中 : 단열이 보통정도인 건물, 大 : 단열정도가 나쁜 건물

2) 급탕부하 q_2 [W]

$$q_2[W] = (G \cdot C \cdot \Delta t) \times \frac{1}{3.6} \quad \cdots\cdots (6\text{-}16)$$

여기서 G : 급탕량 [kg/h]
C : 물의 비열 [kJ/(kg · k)]
Δt : 출탕온도－급수온도 [℃]

3) 배관부하(배관 열손실) q_3 [W]

배관부하는 규모에 따라 다르지만 난방 및 급탕부하의 15~25% 범위이며 보통 20%를 기준으로 한다.

$$q_3 = (q_1 + q_2) \times (0.15 \sim 0.25) \quad \cdots\cdots (6\text{-}17)$$

4) 예열부하 q_4 〔W〕

$$q_4 = (q_1 + q_2 + q_3) \times 0.25 \quad \cdots\cdots (6\text{-}18)$$

6-2 냉동기

(1) 냉동의 원리

물체에서 열을 빼앗아 그 물체의 온도가 하강하는 것을 냉각(cooling)이라 하고 냉각물체의 온도를 대기온도 이하로 낮추는 것을 냉동이라 한다. 냉동기는 외부에서 일을 가하여 저온의 물체에서 열을 빼앗아 고온 물체로 이동시키는 장치이며 아래 그림은 증기압축 냉동장치의 원리를 나타낸다.

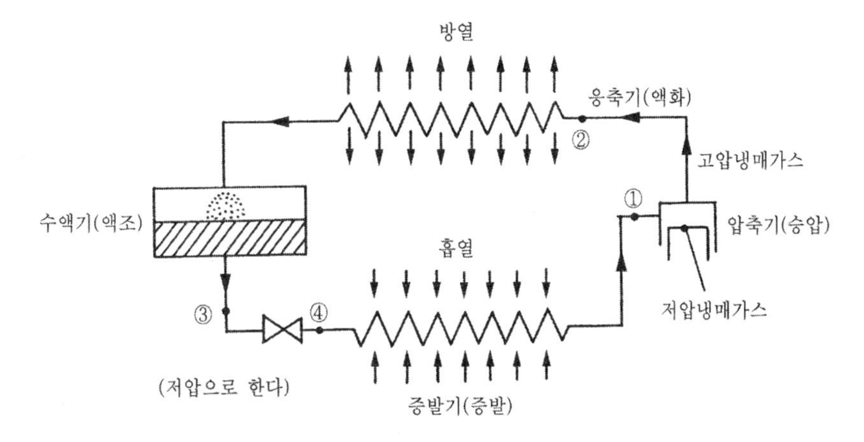

(2) 냉동방법

현재 사용되는 냉동방법을 분류하면 다음과 같다.

① 융해열을 이용하는 방법
② 승화열을 이용하는 방법
③ 증발열을 이용하는 방법
④ 압축기체의 팽창을 이용하는 방법
⑤ 펠티어(peltier) 효과를 이용하는 방법 등이 있다.

펠티어효과란 서로 다른 두 금속의 도체선의 양 끝을 접합하고 이들 회로에 직류전류를 흐르게 하면 한쪽의 접점에서는 발열이 일어나고 다른 쪽 접점에서는 흡열이 일어나는 현상을 말한다. 이 현상을 이용하는 냉동법을 열전냉동이라고 한다.

(3) 냉동기의 구성

그림 6-6은 압축식 냉동기의 냉동사이클을 나타낸 것이며 압축식 냉동기의 냉동장치는 증발하기 쉬운 액체를 증발시켜 그 잠열을 이용하는 방법을 이용하며 주요부품으로는 압축기, 응축기, 팽창밸브, 증발기로 구성된다.

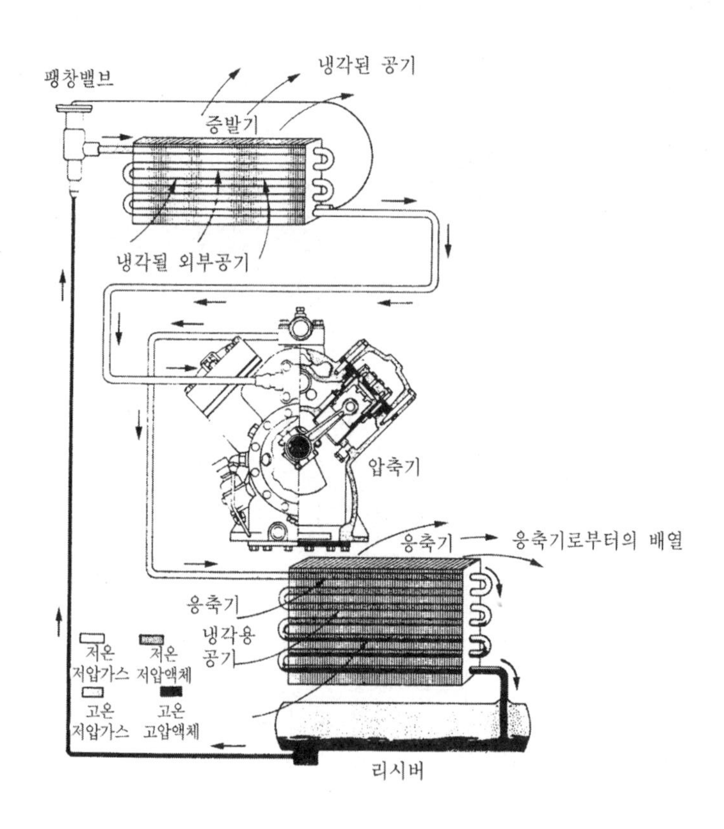

그림 6-6 압축식 냉동사이클

① 압축기(compressor)

증발기에서 증발된 저온·저압의 기체인 냉매를 흡입·압축하여 응축기에서 상온의 물이나 공기와 열 교환하여 쉽게 응축액화시킬 수 있도록 온도 및 압력을 높이는 역할을 한다.

② 증발기(evaporator)

팽창밸브에서 압력과 온도를 낮춘 후 저온·저압의 냉매가 피냉각 물질로부터 열을 빼앗아 증발하여 냉동작용을 한다.

③ 응축기(condensor)

압축상태의 고온·고압의 기체냉매를 상온에서 공기나 물과 접촉시켜 열을 제거하여 응축액화시키는 일을 한다.

④ 팽창밸브(expansion valve)

응축기에서 응축액화된 고온·고압의 냉매액을 증발하기 쉽도록 교축작용을 하여 순간적으로 압력을 강하시켜 증발기에서 증발하기 쉽게 해주며 냉매유량을 조절한다.

(4) 냉동기의 성적계수

냉매의 각 상태에서의 특성을 표시하는 몰리에르 선도(molier diagram)가 있으며 압력과 엔탈피를 이용하므로 $P-h$ 선도라고도 한다.

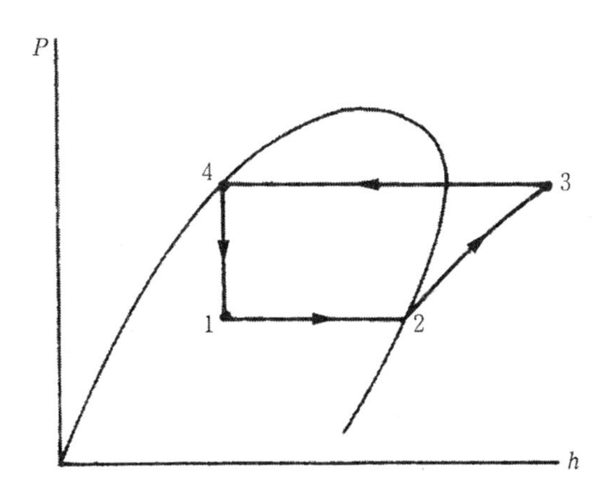

그림 6-7 증기압축 냉동사이클의 압력 [P]−엔탈피 [h] 선도

횡축에 엔탈피 h[kJ/kg], 종축에 냉매의 절대압력 P[Pa]를 나타내며 선도상의 눈금을 읽음으로써 냉동능력, 압축일, 방열량의 계산에 편리하다.

과정 1→2 : 정압증발과정(열량을 흡수)

과정 2→3 : 단열압축과정(등엔트로피 변화)

과정 3→4 : 정압응축과정(열량을 방열)

과정 4→4 : 교축팽창과정(등엔탈피 변화)

① 증발기에서 냉매 1kg이 흡수하는 열량 q_2 [kJ/kg]

$$q_2 = h_2 - h_1$$

여기서 h_1, h_2 : 각각 증발기 입·출구의 엔탈피이다. 증발기에서의 흡수열량을 냉동효과라 한다.

② 압축에 필요한 일 A_w [kJ/kg]

$$A_w = h_3 - h_2$$

여기서 h_2, h_3 : 압축기 입구와 출구에서의 엔탈피

③ 응축기의 발열량 q_1 [kJ/kg]

$$q_1 = h_3 - h_4$$

팽창밸브에서는 등엔탈피 변화를 하므로 $h_4 = h_1$이 된다.

④ 성적계수(coefficient of performance)

증발기에서 흡수하는 열량 q_2와 압축소요일 A_w와의 비를 말한다.

$$\text{COP} = \frac{q_2}{A_w} = \frac{h_2 - h_1}{h_3 - h_2} = \frac{h_2 - h_4}{h_3 - h_2}$$

(5) 냉동능력

냉동능력은 증발기에서 흡수하는 열량[W]으로 표시하며 일반적으로 냉동톤(ton of refrigeration)의 단위를 사용한다. 1냉동톤[RT]은 0℃의 물 1톤을 24시간 동안에 0℃의 얼음으로 만드는 냉동능력을 말한다. 따라서 1[RT]는 얼음의 융해열이 333.7[kJ/kg]이므로

$$1[\text{RT}] = \frac{1,000 \times 333.7}{24} \fallingdotseq 13904[\text{kJ/h}] \fallingdotseq 3860[\text{W}]$$

한편 미국이나 영국에서는 1[ton](단 2,000[lbs]), 융해열 144[BTU]로 하고 있으므로 1냉동톤은 다음과 같이 표시된다.

$$\frac{144 \times 2,000}{24} = 12,000[\text{BTU}] \text{(1[USRT]라고 함)}$$

1[BTU]=1.055[kJ]이므로 이를 환산하면 1[USRT]=12,000[BTU/h]×1.055[kJ/BTU]=12660[kJ/h] ≒ 3516[W]가 된다.

(6) 냉동기의 분류 및 비교

건축물의 공조용 냉열원 기기로 사용되는 냉동기의 종류 및 특성은 다음과 같다.

표 6-9 각종 냉동기의 비교

비교항목 \ 냉동기 종류	왕복동식		스크류식	터보식	흡수식
	직팽식	냉수식			
설비비 (소규모)	A	B	D	C	D
설비비 (대규모)	-	B	D	A	C
운 전 비	B	C	B	B	A
용 량 제 어 성	C	C	A	B	A
보수관리의 용이성	C	B	B	A	C
설 치 면 적	A	B	B	C	D
필요천장높이	A	B	B	B	C
운전시 중량	A	B	B	C	D
진동 및 소음	C	C	B	B	A

(주) 표 중에 A가 가장 양호. B, C, D 순으로 분리함을 표시함

표 6-10 냉동기의 분류

방 식	종 류		사용냉매	용 도	특 성
증 기 압축식	왕복동식 냉 동 기		R-12, R-22 R-500, R-502	공조용(소·중용량, 100RT 이하), 냉동용	압축비는 높지만 대용량에 부적합
	원심식 냉동기 (터보냉동기)		R-11, R-12 R-500, R-113	공조용(대용량, 100RT 이상), 냉동용(대용량)	압축비는 낮지만 대용량에 적합
	회전식 냉동기	로터리식 냉동기	R-22, R-12	공조용(룸 에어콘)	압축비가 높고 소형에 적합
		스크류식 냉동기	R-22, R-12	중·대형 건물-공조용, 냉동용	무단계 용량제어 가능
		스크롤식 냉동기	R-22	소형건물-공조용 (패키지형)	소형 압축기에 적합
흡수식	흡수식 냉동기		H_2O(냉매) LiBr(흡수액)	중·대형 건물-공조용	냉매를 압축시키기 위한 동력 불필요
	흡수식 냉온수기(직화식)				

(7) 냉동기의 종류

1) 왕복동식 냉동기

왕복동식 냉동기는 피스톤이 실린더 내에서 왕복운동을 하면서 냉매를 압축하는 형식으로서 가장 오래 전부터 사용되어 왔다. 소형에서 중형에 이르기까지 사용범위가 넓으며 실제 공조용으로 사용하는 것은 2~100[USRT]가 대부분이다. 또한 냉매를 냉각코일에 직접 팽창시켜 냉방용 순환공기를 냉각시키는 직접팽창식과 증발기를 순환하는 냉수를 냉각시키는 냉수식이 있다.

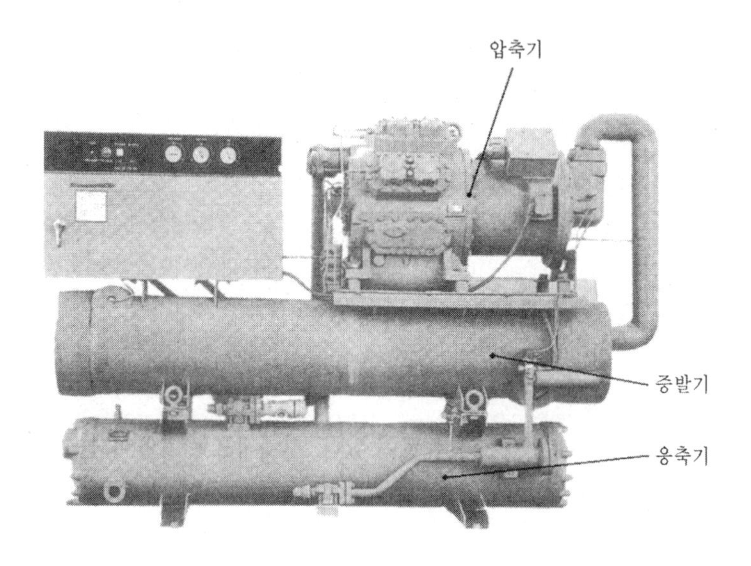

그림 6-8 압축식 냉동기

왕복동식 냉동기는 설비비, 설치면적, 유지보수, 높은 압축비 등의 면에서 큰 장점이 있으나 피스톤의 왕복운동에 의한 소음·진동이 발생하며 고압기기로서 운전적격자가 필요하므로 소규모 빌딩 등에서 적용 예가 많다.

2) 원심식(터보) 냉동기

원심냉동기는 날개 형태의 기기(임펠러)가 회전하면서 생기는 원심력으로 냉매를 압축하는 원리에 따라 원심냉동기라 부르며 압축기 분류상 터보압축기의 한 종류이므로 터보냉동기라고도 한다. 작동과정은 그림 6-10에서와 같이 증발기에서 증발된 냉매가스는 엘리미네이터(eliminator)를 통과하여 압축기로 흡입되어 압축된다.

그림 6-9 터보식 냉동기의 외형

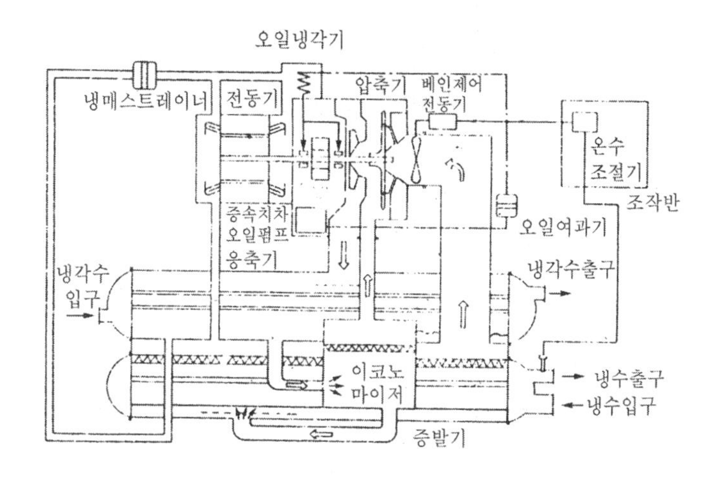

그림 6-10 터보식 냉동기의 내부구조

압축된 냉매가스는 토출관을 통하여 응축기로 보내지며 응축기에서 냉각수에 열을 빼앗겨 냉매액으로 응축된다. 응축된 냉매액은 감압장치에 의해 감압되어 증발기로 보내지며 증발기에 유입된 냉매액은 증발기 튜브내로 흐르는 냉수로부터 열을 받아 증발되어 압축기로 가며 이때 냉수는 냉각된다. 압축기에 윤활유의 급유는 오일탱크에 내장된 오일펌프에 의해 강제 순환되며 전동기 및 윤활유는 사이클 중의 냉매액에 의해 냉각된다.

터보식 냉동기의 장점은 수명이 길고 초기 투자비가 싸며 유지 및 보수가 쉽다. 또한 대용량에서는 압축효율이 좋고 비례제어가 가능하다. 그러나 30% 이하의 출력에서는 서징(surging) 현상이 발생하며 흡수식에 비해서는 소음 및 진동이 심하다. 따라서 대·중형 규모의 중앙식 공조기에서 냉방용으로 사용된다.

3) 흡수식 냉동기

흡수식 냉동기는 냉매로서 물을 사용하므로 프레온 가스로 인한 오존층 파괴의 문제가 없고 또한 전기 사용량이 적기 때문에 여름철 전력수급에도 도움이 되어 최근 중대형 건물에서는 많이 적용되고 있다.

그림 6-11 흡수식 냉동기의 외형

• 장점

㉠ 기기내부가 진공상태로서 파열의 위험이 없으며 운전 유자격자가 필요 없다.

㉡ 기기의 구성요소중 회전하는 부분이 적어 소음 및 진동이 적다

㉢ 흡수식 냉온수기 한대로 냉방과 난방을 겸용할 수 있다.

• 단점

㉠ 설치면적 및 중량이 크다

㉡ 기기를 통해 배출되는 열량이 압축식에 비해 크므로 냉각탑, 냉각수 펌프 등의 용량이 커진다.

㉢ 예냉시간이 길어 냉방용 냉수가 나올 때까지 시간이 걸린다.

① 흡수식 냉동기의 종류

압축식 냉동기는 냉동효과를 거두기 위해서 외부로부터 전기의 입력에 의한 기계적 에너지가 필요했다. 그러나 흡수식 냉동기는 기계적 에너지가 아닌 열에너지에 의해 냉동효과를 거둔다. 이 열에너지는 연료를 직접 연소시키는 직화식과 고온수나 증기 또는 태양열이나 폐수 등을 이용하는 간접식이 있으며 발생기의 형식에 따라 단효용(1중효용)식과 2중효용식이 있다.

구조는 증발기(evaporator), 흡수기(absorber), 재생기 또는 발생기(generator), 응축기(condenser) 등으로 구성되어 있다. 냉방용의 흡수냉동기는 물과 브롬화리튬(LiBr)의 혼합 용액을 사용하며 물은 냉매의 역할을 하고 LiBr은 흡수제의 역할을 한다. 흡수식 냉동기의 분류는 표 6-11과 같다.

표 6-11 흡수식 냉동기의 종류

항목 / 냉동기명칭	냉매와 흡수제 종류	사이클의 종류	주용도	용량 [RT]	가열원의 종류	비고
1중효용 흡수냉동기	물과 브롬화 리튬	1중	공조용	50~2,000	증기 고온수	저압증기(2atg 이하)일 때에 칠러로서 사용된다
2중효용 흡수냉동기	물과 브롬화 리튬	2중	공조용	75~1,100	증기	중압증기(8kg/㎠)이상일 때에는 칠러로서 사용된다.
직화식 냉온수기	물과 브롬화 리튬	1중	공조용	50~100	도시가스 및 등유	소·중규모 건물용 냉온수 공급
직화식 2중효용 냉온수기	물과 브롬화 리튬	2중	공조용	50~1,100	도시가스 및 등유	도시의 공해대책으로 가스가 사용된다. 냉온수 공급
수형 냉온수기	물과 브롬화 리튬	1중	가정 공조용	3~10	도시가스 및 등유	가정용 중앙식에 사용된다. 냉온수 공급
저온흡수 냉동기	암모니아와 물	1중	공업용	대용량	증기 기타	사용 예가 거의 없다.
암모니아 소형흡수냉동기	암모니아와 물	1중	가정용	3~12	도시가스	일반적으로 사용되지 않는다.

② 흡수식 냉동기의 원리

㉠ 증발기의 작용

그림 6-12의 하단 우측에 있는 것이 증발기이다. 증발기내의 압력은 65[Pa] 정도의 진공이므로 팽창밸브에서 분무되는 냉매(물)는 쉽게 증발되며 따라서 증발기내를 통과하는 냉수는 냉매(물)의 증발잠열에 의해 냉각되어 공조기로 간다. 표 6-12는 물의 압력과 증발온도 및 흡수냉동기의 주요부에 대한 압력과의 관계이다.

㉡ 흡수기의 작용

증발기에서 증발된 냉매증기(수증기)는 증발기 좌측에 있는 흡수기로 넘어가며 발생기에서 내려온 LiBr의 농도가 진한 용액(LiBr + H_2O)이 분무되어 증발기에서 넘어온 수증기를 흡수하여 묽은 용액을 만든다. 이때 흡수작용에 의해 발생되는 용해열을 제거하기 위하여 냉각수코일을 둔다.(냉각탑에서 공급되는 냉각수에 의한 냉각) 또한 묽은 용액(LiBr+ H_2O)은 펌프에 의해 발생기로 이송된다.

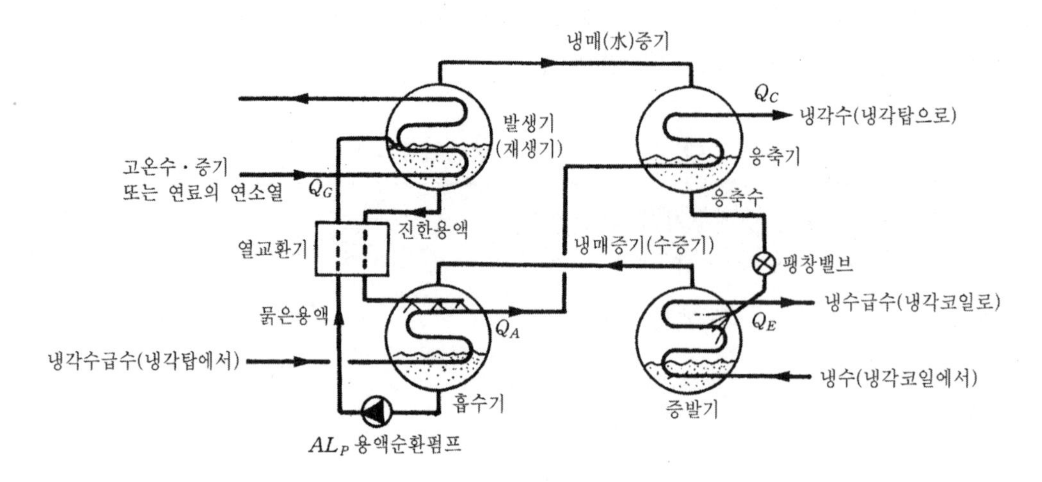

그림 6-12 흡수식 냉동기의 원리도(1중효용 : 단효용)

표 6-12 압력과 온도와의 관계

구 분	게이지압력 [kPa g]	절대압력 [kPa abs]	온도 [℃]	비 고
	2157	2256	218.5	
	1569	1667	203.4	
	981	1078	183.2	
	883	981	179.0	
	785	883	174.5	2중효용가열 증기압력
	684	785	169.6	
	583	684	164.2	
	490	583	158.1	
	392	490	151.1	
	294	392	142.9	
대기압	196	294	132.8	
이 상	98	196	119.6	1중효용가열 증기압력
↑	49	147	110.8	
대기압	0	101.2	0	
↓		86.7	95.5	고온재생기압력
진 공		70.1	90	
		47.4	80	
		31.2	70	
		19.9	60	
		12.3	50	
		8.1	41.5	응축기(저온재생기)압력
		7.4	40	
		4.2	30	
		2.3	20	
		1.2	10	
		1.00	7	
		0.93	6	
		0.87	5	증발기압력
		0.81	4	
		0.76	3	

㉢ 발생기의 작용

흡수기에서 올라온 묽은 용액에 열을 가하면(연료의 연소열, 증기 또는 고온수 등) 용액 중에서 물은 증발하여 수증기로 된 후 응축기로 넘어가고 나머지 진한 용액은 흡수기로 내려간다. 즉, 발생기는 용액으로부터 냉매인 수증기와 흡수제인 LiBr로 분리시키는 작용을 한다.

㉣ 응축기의 작용

발생기로부터 넘어온 냉매증기(수증기)는 냉각수코일에 의해 냉각되어 물로 응축된 후 다시 증발기로 넘어간다. 여기서 냉각수 배관은 흡수기를 냉각시키고 그 출구는 응축기의 냉각수관 입구와 연결되며 응축기 냉각수관 출구는 냉각탑으로 연결되어 냉각수는 다시 흡수기로 이어진다.

③ 열평형 및 성적계수

이상적인 흡수냉동기의 열평형식 및 성적계수에 관한 식은 다음과 같다. 즉, 열평형 식은

$$Q_G + Q_E + A \cdot L_P = Q_C + Q_A \quad \cdots\cdots (6\text{-}19)$$

여기서 순환펌프의 일에 상당하는 열량 $A \cdot L_P$는 다른 열량에 비해 무시할 수 있을 정도로 작으므로 다음 식이 성립된다.

$$Q_G + Q_E = Q_C + Q_A \quad \cdots\cdots (6\text{-}20)$$

따라서 시스템에 대한 성적계수는

$$COP = \frac{Q_E}{Q_G} + A \cdot L_P \quad \cdots\cdots (6\text{-}21)$$

여기서도 $A \cdot L_P \ll Q_G$ 이므로 식 (6-21)은

$$COP \fallingdotseq \frac{Q_E}{Q_G} \quad \cdots\cdots (6\text{-}22)$$

여기서 Q_G : 발생기에 가해진 열량 [kJ/h]
Q_E : 증발기에서 냉수로부터 얻어진 열량 [kJ/h]
Q_C : 응축기에서 냉각된 열량 [kJ/h]
Q_A : 흡수기에서 냉각된 열량 [kJ/h]

A : 일의 열당량 $\left(\frac{1}{102}\ [\text{kJ}/(\text{kg} \cdot \text{m})]\right)$
L_P : 순환펌프가 용액에 준 일량 $[(\text{kg} \cdot \text{m})/\text{h}]$

④ 2중효용 흡수식 냉동기

앞에서의 각 구성요소에 대한 작용 설명은 1중효용(단효용) 흡수냉동 사이클로서 발생기가 1개인 경우였다. 그러나 2중효용 흡수냉동사이클은 그림 6-13과 같이 고온발생기와 저온발생기를 갖추고 있다. 여기서 저온발생기는 고온발생기보다 압력이 낮다. 따라서 고온발생기보다 낮은 온도에서 증기가 발생한다.

즉, 고온발생기에서 묽은 용액은 외부로부터의 가열에 의해 냉매증기(수증기)는 저온발생기로 넘어가며 비등온도가 낮은 저온발생기에 있는 용액은 다시 한번 가열하여 수증기를 발생시키고 자신은 물로 응축되어 응축기를 통해 증발기로 간다.

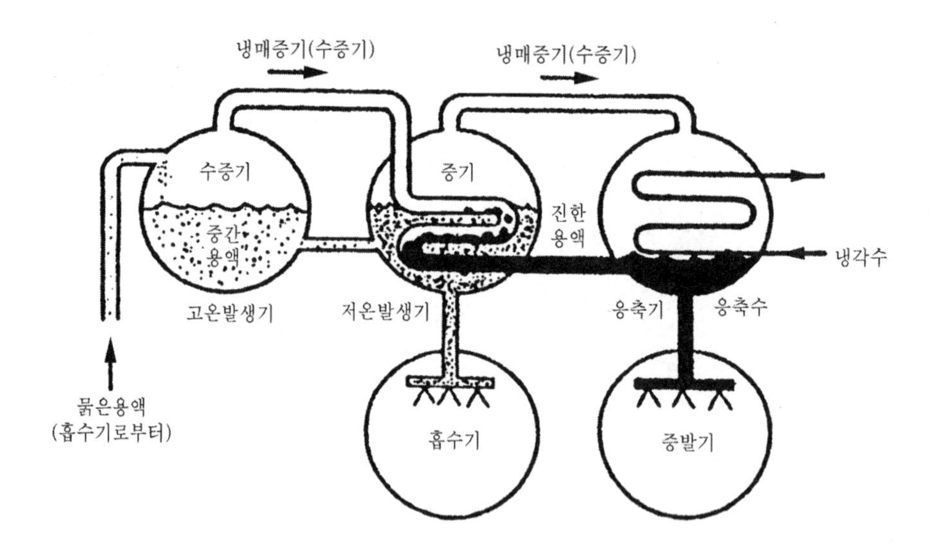

그림 6-13 2중효용 흡수식 냉동기의 원리

따라서 용액측에서 보면 흡수기에서 고온 발생기로 올라온 묽은 용액(LiBr+ H_2O)은 고온발생기에서 H_2O를 수증기로 분리시키고 중간정도의 진한 용액(LiBr+ H_2O)이 되어 저온발생기로 넘어와서 재차 H_2O를 수증기로 분리시키고 진한 용액이 되어 흡수기로 다시 내려간다. 따라서 2중효용 흡수식 냉동기는 응축기에서 버리던 증기의 응축열을 저온발생기에서 냉매증기(수증기)의 발생에 한번 더 이용하므로 에너지 절약적이고 냉각탑의 용량도 줄일 수 있다.

⑤ 흡수식 냉동기의 배관계통

그림 6-14는 흡수식 냉동기와 각종 공조용 기기와의 배관 계통도이다. 냉각수 계통은 냉각탑으로부터 냉각수 순환펌프에 의해 흡수기를 거쳐 응축기를 통해 냉각탑으로 간다. 또한 냉수는 공조기로부터 환수헤더를 거쳐 증발기로 들어와서 저온으로 된 후 공급헤더를 통해 공조기로 간다.

한편 그림에서 냉동기의 우측상단에 온수기가 있는데 이것은 냉방시에 일부의 존(zone)에 난방부하가 있다거나 또는 온수를 필요로 하는 경우에 고온발생기에서의 증기와 물의 열교환에 의해 온수를 공급하는 열교환장치이다. 따라서 온수기가 있는 경우는 환수헤더 및 공급헤더 측과 연결된다.

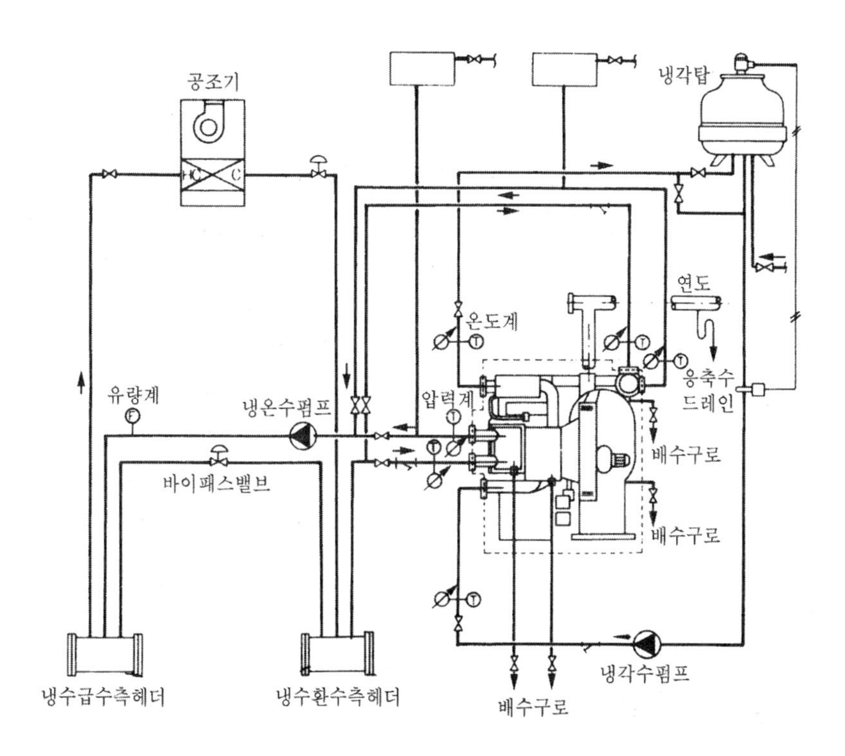

그림 6-14 흡수식 냉동기의 배관 계통도

4) 스크류 냉동기

스크류 냉동기는 그림 6-15에 나타난 바와 같이 스크류 모양의 암·수 로터가 서로 물고 넘어가면서 연속적으로 가스를 흡입·압축한다. 왕복동식에 비하여 부품수와 구동부가 적고 원심식에 비하여 회전수가 적으며 서징 등이 발생하지 않는다.

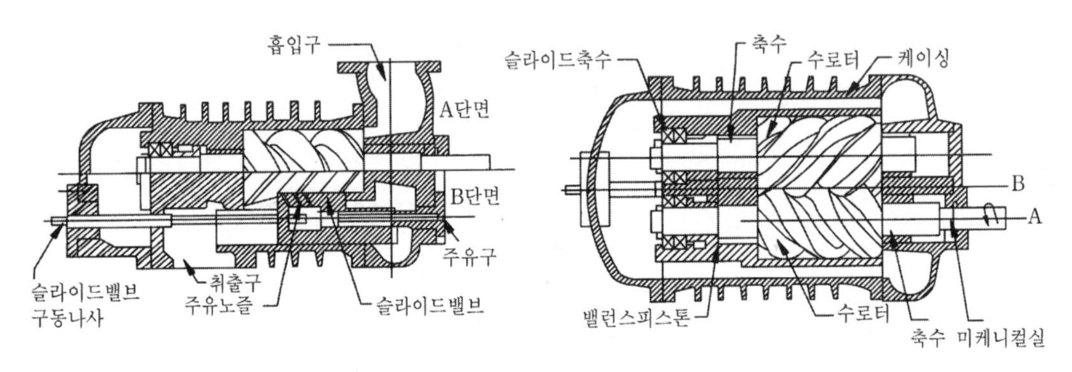

그림 6-15 스크류식 냉동기

소형, 경량이며 용량제어도 슬라이드 밸브의 개폐로 압축행정이 변화하여 10% 정도까지 무단계 제어가 가능하고 부하변동에 대한 성능이 안정되어 있다. 스크류 냉동기는 압축비가 클 때 효율이 좋으므로 공조분야에서는 대형 공기열원의 히트 펌프용으로 채용되고 있다.

6-3 냉각탑(cooling tower)

냉각탑은 냉동기의 응축기에서 냉매가 방출하는 열과 냉각수가 열 교환하여 가열된 냉각수를 식히는 장치이다. 냉동기의 응축기에서 열 교환하여 가열된 냉각수를 냉각탑 상부로부터 하부로 낙하시키고 외부공기와 접촉하여 그 중 일부가 증발하면서 나머지 냉각수의 온도를 낮추게 된다. 냉각탑의 설치는 공기의 유동이 원활한 건물의 옥상이나 옥외에 설치하게 되며 냉동기 용량에 따라서 냉각용량도 비례하여 크기가 결정된다.

(1) 냉각탑의 종류

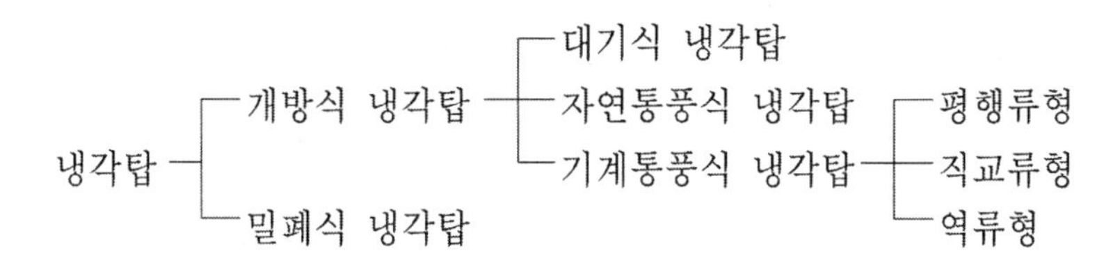

1) 개방식 냉각탑

개방식은 냉각수가 냉각탑 내에서 대기에 노출되는 개방회로 방식이며 냉각효과가 크고 성능이 안정되어 있으며 가격면에서도 유리하여 공조분야 뿐만 아니라 산업용으로도 많이 사용되고 있다. 개방식 냉각탑은 냉각수와 공기와의 접촉방법에 따라 대향류형과 직교류형으로 구분된다.

① 대향류형 냉각탑

대향류형 냉각탑은 그림 6-16과 같이 냉각수는 상부에서 하부로 외부공기는 하부에서 상부로 서로 마주보는 형태로 접촉하게 된다. 설치면적이 적고 효율이 좋으므로 가장 많이 사용되고 있다. 송풍기는 거의가 프로펠러형의 축류송풍기를 쓰며 탑의 꼭대기에 설치하여 바람을 아래에서 위로 불어낸다.

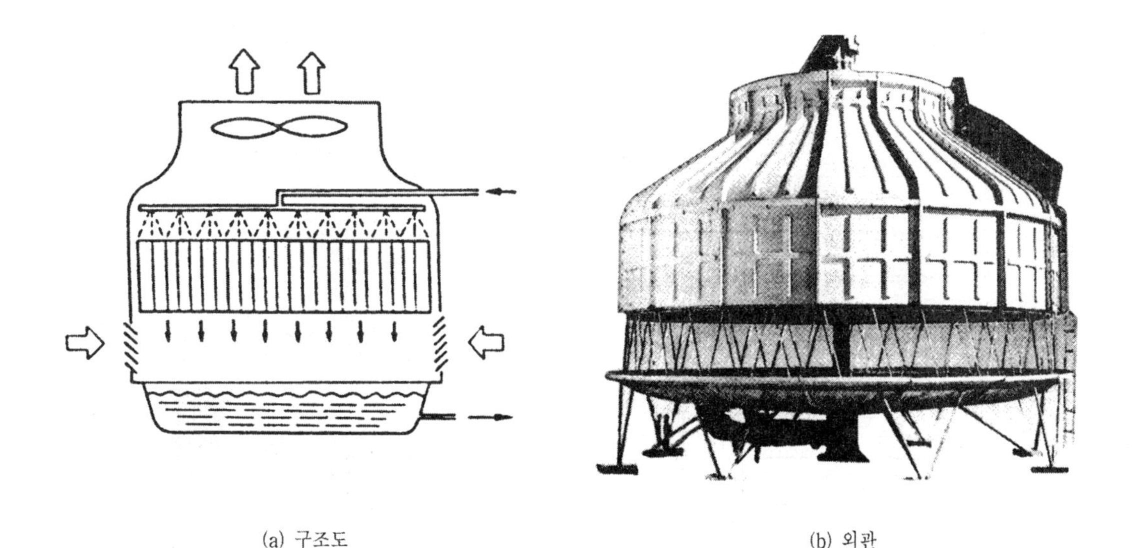

(a) 구조도　　(b) 외관

그림 6-16 흡수식 대류형 냉각탑

② 직교류형 냉각탑

직교류형 냉각탑은 그림 6-17과 같이 수평측에서 공기가 흡입되어 상방으로 공기를 불어내며 냉각수는 상부에서 하부로 살수하여 냉각수와 공기가 직각방향으로 접촉하여 열 교환하면서 냉각수를 냉각시킨다. 설치면적이 크고 중량이 무거우나 설치 높이가 낮아서 고도를 제한하는 경우에 적합하다.

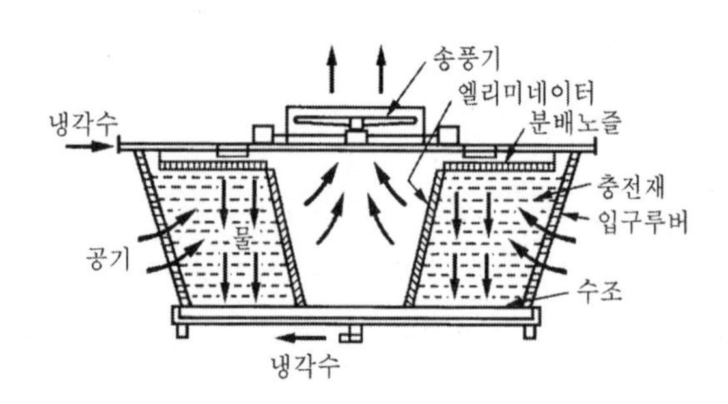

그림 6-17 직교류형 냉각탑

2) 밀폐식 냉각탑

밀폐식 냉각탑은 그림 6-18과 같이 냉각수는 배관내를 통하게 하고 공기와 직접적으로 접촉하지 않은 상태에서 배관 외부에 물을 살수하며 살수된 물의 증발에 의해 배관내 냉각수를 냉각시키는 방식이다. 밀폐식 냉각탑은 냉각수가 대기와 접촉하지 않아 수질오염이 방지되므로 대기오염이 심한 곳 등에서 적용된다.

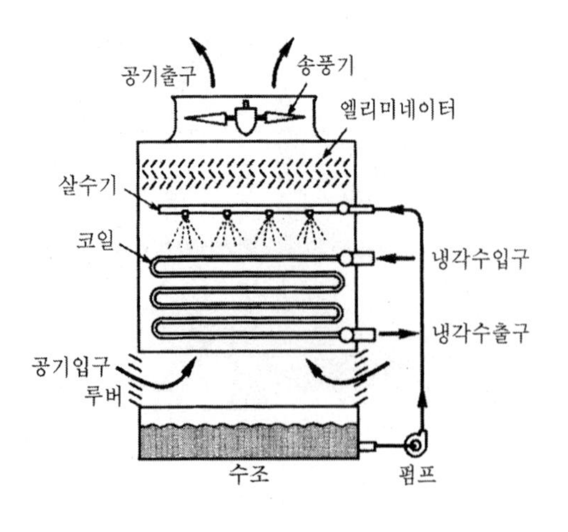

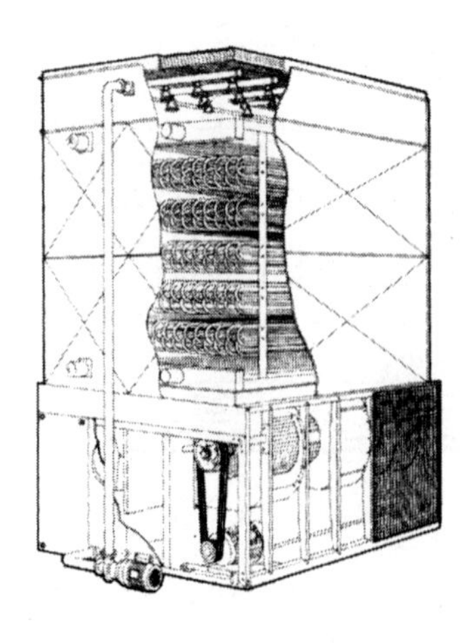

그림 6-18 밀폐식 냉각탑

(2) 냉각능력과 냉각수량

1) 냉각톤

압축식 냉동기에서는 1[RT]당 냉각탑에서 방출하는 열량은 개략적으로 3,900[kcal/(h · RT)]이며 이것을 냉각탑의 공칭능력으로 1냉각톤이라고 한다. 흡수식 냉동기에서는 1냉동톤당 냉각탑에서 방출해야 할 열량은 약 2~2.5배로 한다. 냉각탑에서는 냉각수를 냉각시키는 과정에서 물의 일부가 증발되므로 열이동과 함께 물질 이동도 일어난다. 따라서 가능한 한 공기와 물의 접촉면적을 크게 하고 공기의 유통을 원활히 해야 한다.

냉각탑의 물은 이론적으로는 접촉하는 공기의 습구온도까지 냉각할 수 있어서 주위공기의 건구온도보다 낮은 냉각수를 얻을 수 있지만 실제로는 공기의 습구온도까지 냉각은 안 된다. 그림 6-19는 수온과 습공기 온도의 변화를 나타낸 것이다.

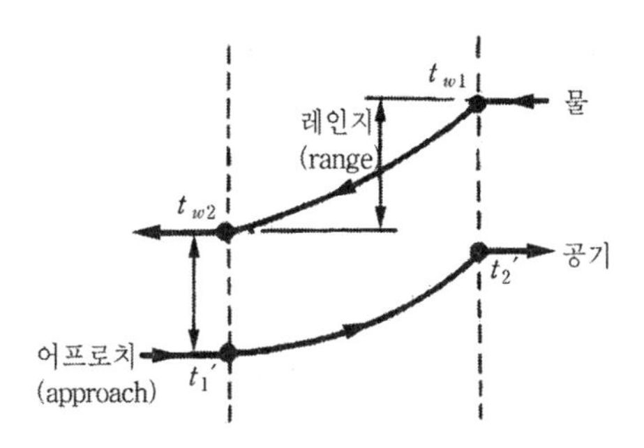

그림 6-19 냉각탑내의 온도변화

2) 어프로치(approach)

냉각탑 출구수온 t_{w2} − 입구공기 온도 t_1'를 말하며 일반적으로 5[deg℃]를 기준으로 한다.

3) 렌지(range)

냉각수 입구수온 t_{w1} − 냉각수 출구수온 t_{w2}를 말하며 압축식 냉동기에서는 5[deg℃], 흡수식 냉동기에서는 6~9[deg℃]로 잡는다. 또한 출구공기의 습구온도 t_2' − 입구공기의 습구온도 t_1'는 5[deg℃] 정도가 된다. 여기서 입구공기의 습구온도 t_1'는 각 자방의 설계용 외기습구온도가 된다. 또한 위 조건에 의한 냉각수 순환량[kg/h] 및 냉각탑의 송풍량[kg/h]은 다음 식으로 계산한다.

$$L = \frac{q_c}{(t_{w1} - t_{w2}) \cdot C} \quad \cdots\cdots (6\text{-}23)$$

$$G = \frac{q_c}{h_2 - h_1} \quad \cdots\cdots (6\text{-}24)$$

여기서 q_c : 냉각열량 [kJ/h](압축식 냉동기에서는 냉동기부하의 약 1.3배, 흡수식에서는 약 2.5배 정도)

t_{w1}, t_{w2} : 냉각탑 입구 및 출구수온 [℃]

C : 물의 비열 4.187 [kJ/(kg · K)]

h_2, h_1 : t_2', t_1'에서 포화공기의 엔탈피 [kJ/kg]

deg℃ : 섭씨온도차

6-4 열펌프(heat pump)

(1) 열펌프 원리

냉동기의 압축기에서 취출된 고온 · 고압의 냉매증기는 응축기에서 방열하고 액화된다. 이때 방출되는 응축열을 열매체인 물과 공기에 전달하여 그 열을 난방에 이용하는 기능을 열펌프(heat pump)라고 한다.

그림 6-20과 같이 저온의 물질(heat source)과 온도가 높은 물질(heat sink) 사이에 열펌프가 있어서 냉동사이클에 의해 저온 물질측에 증발기를 고온 물질측에 응축기가 위치되도록 하여 저온물질로부터 열을 얻어 공조용이나 공업용 및 급탕용으로 이용한다.

냉동기와 열펌프는 본질적으로 같은 것이지만 사용목적에 따라 냉각을 목적으로 할 경우에는 냉동기라고 한다. 열펌프는 냉동사이클에서 응축기의 방열량을 이용하기 위한 것으로 공기조화에서는 난방용으로 응용된다.

열펌프는 보통 냉동기보다 압축비를 높게 하여 보다 고온의 물이나 공기가 응축기에서 얻어지도록 하고 있으며 현재 열펌프로 이용되고 있는 것은 압축식 냉동기와 흡수식 냉동기가 주로 사용된다.

또한 열펌프는 보일러에서와 같은 연소를 수반하지 않으므로 대기오염 물질의 배출이 없고 화재의 위험성도 적으며 1대로 냉난방의 냉 · 온열원을 겸하므로 보일러실이나 굴뚝, 탱크실 등의 설치공간을 줄일 수 있다.

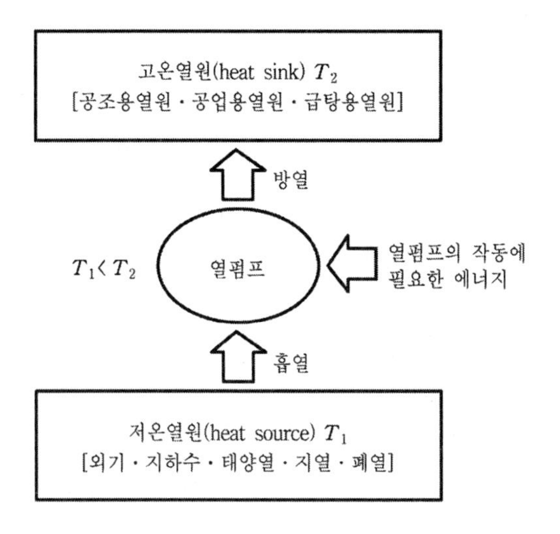

그림 6-20 열펌프의 원리

(2) 열펌프의 사이클 해석

열펌프의 기본적인 구성요소는 그림 6-21과 같이 저온부의 열교환기인 증발기, 고온부의 열교환기인 응축기, 압축기, 팽창밸브 등이다. 작동매체인 냉매는 증발 → 압축 → 응축 → 팽창 → 증발의 변화를 반복하면서 장치내를 순환하게 된다.

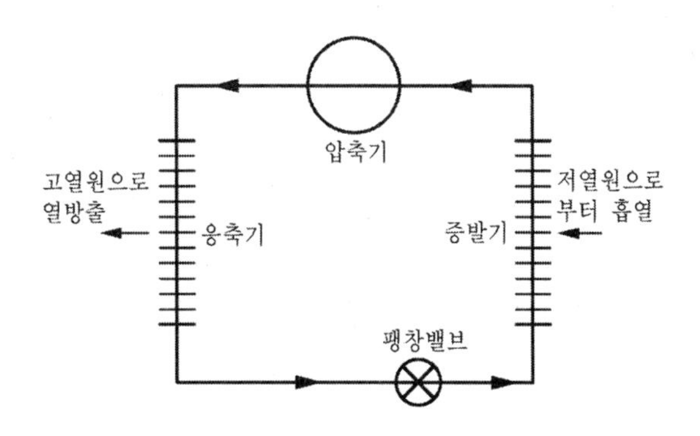

그림 6-21 압축식 열펌프의 기본구성

이 기본 사이클을 Mollier 선도상에 표시하면 그림 6-22와 같다. 압축식 열펌프의 성능은 제공된 기계적 일량에 대한 응축기에서 방출된 열량의 비율인 성적계수(COP_h : Coefficient of Performance)를 사용하여 다음 식과 같이 표시한다.

$$COP_h = \frac{Q_h}{A \cdot L} \quad \cdots\cdots (6\text{-}25)$$

여기서 Q_h : 응축기에서 방출된 열량 [kJ/h]

A : 일의 열당량 $\left(\frac{1}{102}\,[\mathrm{kJ/(kg \cdot m)}]\right)$

L : 압축일 [kg · m/h]

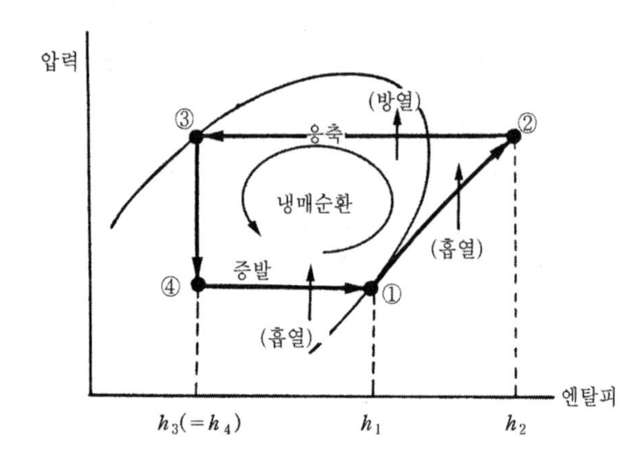

그림 6-22 압축식 열펌프의 기본사이클

냉매의 순환량을 G[kg/h]라고 할 때 압축기의 소요일량 $A \cdot L$은

$$A \cdot L = G \cdot (h_2 - h_1) \quad \cdots\cdots (6\text{-}26)$$

응축기의 방열량 Q_h는

$$Q_h = G \cdot (h_2 - h_3) \quad \cdots\cdots (6\text{-}27)$$

냉동효과 q_o는

$$q_o = h_1 - h_4 \quad \cdots\cdots (6\text{-}28)$$

증발기 흡열량 Q_o는

$$Q_o = G \cdot q_o = G(h_1 - h_4) \quad \cdots\cdots (6\text{-}29)$$

이때 냉동기의 성적계수 COP 는

$$COP = \frac{Q_o}{A \cdot L} = \frac{G(h_1 - h_4)}{G(h_2 - h_1)} = \frac{(h_1 - h_4)}{(h_2 - h_1)} \quad \cdots\cdots (6\text{-}30)$$

또 식 (6-16)의 열펌프의 성적계수 COP_h 는

$$COP_h = \frac{G(h_2 - h_3)}{G(h_2 - h_1)} = \frac{(h_2 - h_3)}{(h_2 - h_1)} \quad \cdots\cdots (6\text{-}31)$$

여기서 $h_3 = h_4$ 이므로 식 (6-22)는

$$COP_h = \frac{(h_2 - h_4)}{(h_2 - h_1)} = \frac{(h_2 - h_1) + (h_1 - h_4)}{(h_2 - h_1)} = 1 + COP \quad \cdots\cdots (6\text{-}32)$$

따라서 압축식 열펌프는 냉동기로 사용했을 경우에 얻어지는 성적계수보다 1만큼 더 큰 성적계수를 얻을 수 있다.

(3) 열펌프의 방식

열펌프로 난방을 하는 경우에는 증발기 측에서 채열하여 응축기로부터 열을 빼앗지만 채열을 하기 위한 열원으로는 물, 공기, 지열, 지하수, 공업용 배수 등을 이용하며 공조분야에서 적용하는 방식에는 다음과 같은 것이 있다.

표 6-13 열펌프 방식

방식		변환방식
열원측	가열측	
공 기	공 기	냉매회로 변환방식 공기회로 변환방식
공 기	물	냉매회로 변환방식 수 회 로 변환방식
물	공 기	냉매회로 변환방식
물	물	수 회 로 변환방식 냉매회로 변환방식

1) 공기-공기방식

소형의 패키지형 공기조화기와 룸에어콘 등에 사용되는 냉매회로 교체방식과 대형 공기조화기에 사용되는 공기회로 교체방식이 있다. 전자는 그림 6-23과 같이 냉방운전시의 증발기를 응축기로서 이용하므로 4방밸브에 의해 냉매의 흐름을 바꾸어 준다. 후자는 공기회로를 댐퍼에 의해서 교체하는 것이며 냉매회로를 교체할 필요가 없다.

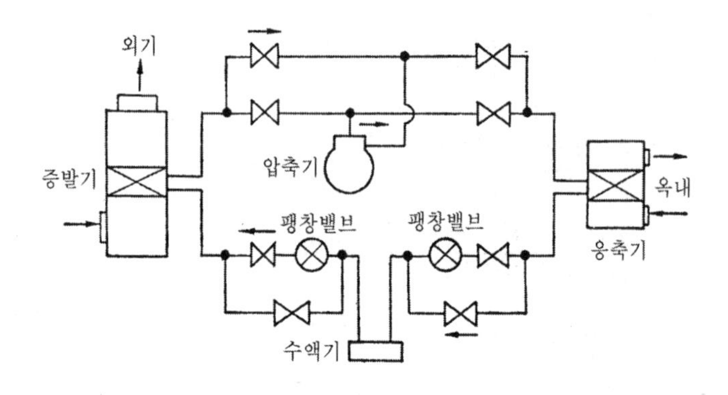

그림 6-23 공기-공기 방식(냉매회로 교체방식)

2) 물-공기 방식

그림 6-24와 같이 난방운전은 냉매회로를 교체함으로써 옥외측의 응축기를 증발기로 해서 물에서 채열하고 이 열량을 실내측의 응축기로 보내 실내공기를 가열한다. 공기-공기 방식에 비하여 효율이 좋으며 소규모 장치에 사용된다.

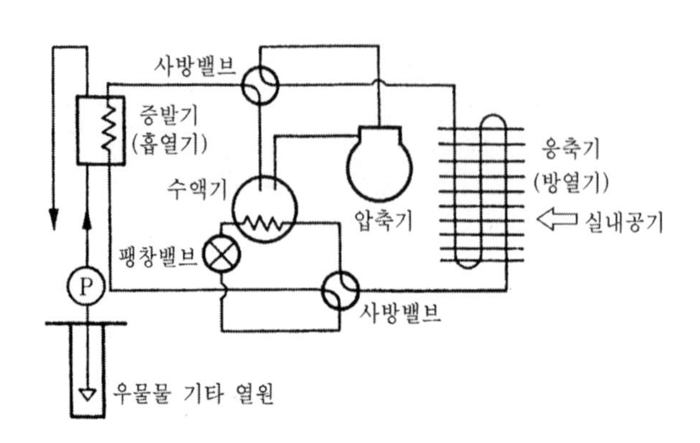

그림 6-24 물 - 공기 방식

3) 물-물 방식

우물물 등을 열원으로 해서 물로부터 채열하여 다시 물에 열량을 공급하는 방식이다. 온수는 공기조화기의 가열코일에 보내어 난방을 한다. 흡열, 방열측에 냉매-물의 열교환이 되기 때문에 대규모 장치가 가능하다. 이 방식에는 냉매회로 교체방식과 물회로 교체방식이 있다. 그림 6-25에 냉매교체 방식을 나타낸다.

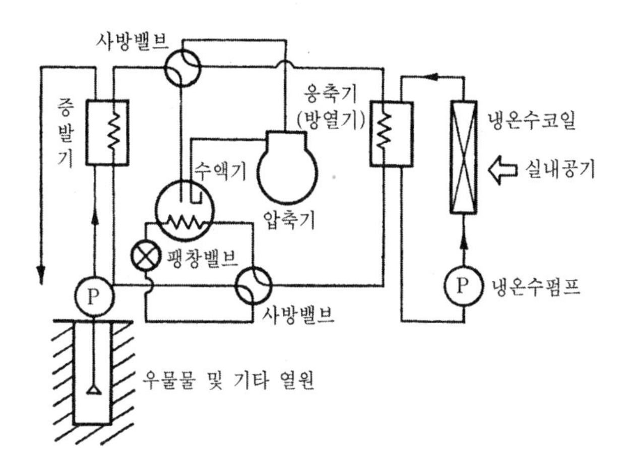

그림 6-25 물-물 방식(냉매교체 방식)

제 7 장

공기조화기

공기조화기

7-1 공기조화기의 종류

공기조화기는 실내에 공급하는 공기의 상태를 조정하는 곳으로 공기정화, 공기냉각 및 감습, 공기가열 및 가습작용을 하는 장치이다. 공기조화기의 종류는 표 7-1과 같으며 기계실에 설치하고 덕트에 의해서 실내에 송풍하는 중앙식과 공조하는 실내에 설치하는 개별식으로 구분된다. 또한 개별식에는 실내유닛과 실외유닛을 분리설치하여 냉매배관으로 연결하는 분리형과 분리되지 않은 일체형이 있다.

표 7-1 공기조화기의 종류

방 식	종 류
중 앙 식	에어 핸들링 유닛(단일덕트형, 멀티존형, 이중덕트형) 패키지형 공조기(덕트연결형)
개 별 식	패키지형 공조기-실내형(룸 에어콘, 팬 코일 유닛, 인덕션 유닛)

7-2 공기조화기의 구성

공기조화기는 그림 7-1과 같이 공조시스템의 구성요소의 하나로 공기를 여과, 가열, 냉각, 가습, 감습하여 공조공간으로 보내기 위한 장치를 말하는 것으로 다음의 기기로 구성되어 있다. 중앙식 공조기의 구성요소는 다음과 같은 것들이 있으며 공기조화 목적에 따라 선택되며 조립순서가 정해진다.

① 공기여과기(air filter)
② 공기가열기(air heater)
③ 공기냉각기(air cooler)
④ 공기가습기(air humidifier)
⑤ 공기감습기(air dehumidifier)
⑥ 송풍기(blower)
⑦ 엘리미네이터(eliminater)

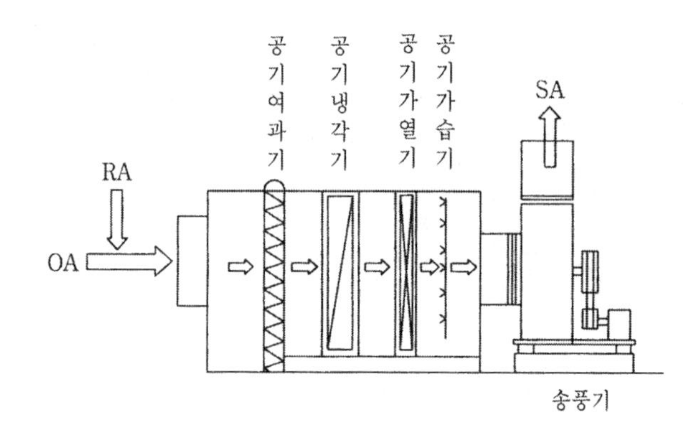

그림 7-1 공기조화기의 기본 구성

7-3 에어 핸들링 유닛(air handling unit)

에어 핸들링 유닛(air handling unit)은 그림 7-2와 같이 중앙식(덕트방식) 공기조화기로서 일반적으로 공장 제작품이 사용되지만 대형의 것 또는 특수사양의 것은 현장조립하여 설치한다. 일반 공기조화용의 공기 냉각기는 냉수코일, 공기가열기로는 증기코일 또는 온수코일이 사용되며 냉수와 온수를 교체하여 사용하는 냉·온수 코일도 사용된다.

표 7-2 에어 핸들링 유닛의 분류

조립방법에 의한 분류	기능에 의한 분류	설치방법에 의한 분류	용도에 의한 분류
현장조립형 유 닛 형	단일덕트형	수 직 형	사무실용
	멀티 존 형	수 평 형	전산실용
	이중덕트형	현 수 형	크린룸용
	에어와셔형	모터직결형	외기처리용

그림 7-2 에어 핸들링 유닛의 내부구조 및 외관

가습기에는 저압증기를 이용하는 증기가습기와 물을 이용하는 수분무 가습기가 있다. 송풍기에는 일반적으로 다익송풍기를 사용하거나 효율이 좋은 익형송풍기를 이용하며 에어필터는 유닛형의 건식필터를 사용하는 경우가 많지만 대형의 것에는 롤(roll)형 필터, 전기집진기 또는 고성능 필터를 사용한다.

7-4 공기정화장치

(1) 에어필터의 종류

공기정화장치는 공기조화기의 구성부품으로서 도입외기나 실내 순환공기 속에 포함되어 있는 오염물질을 제거하는 역할을 하며 오염물질의 종류로는 분진(먼지) 및 유해가스가 있으며 공기중의 분진을 제거하는 것을 에어필터, 유해가스를 제거하는 것을 가스필터라 부른다.

제거대상 오염물질로는 건물의 용도 및 건물이 위치하고 있는 지역 등에 따라 크게 다를 수 있으므로 적합한 필터의 선정이 중요하다. 유해가스와 먼지 등의 오염물질을 분류하면 다음과 같다.

① 분진 : 일반분진, 세균, 방사성 물질

② 가스 : 일반유해가스, 취기, 방사성 가스

또한 오염물질의 분진 포집원리에 의해 분리하면 표 7-3에 나타내는 바와 같이 정전기에 의해 분진을 포집하는 정전식, 여재를 써서 여과·포집하는 여과식, 분진을 관성에 의해 점착제를 도포한 매체에 충돌시켜서 포집하는 충돌점착식의 3종류로 대별할 수 있으며 취급 방법에 따라 분류하면 자동세정형, 여재교환형, 유닛교환형으로 나눌 수 있다.

표 7-3 에어필터의 분류와 종류

집진형식	형 상	취 급	적응 입경	분진 농도	포집효과 [%]	압력손실 [Pa]	분진보수 용량 [g/m²]
여과식	패 널 형	재 생 형	5μ이상	중~대	80(중량법)	30~200	500~2,000
		비재생형	1μ이상	중	90(중량법)	80~250	300~800
		비재생형	1μ이상	소	99.97(DOP)	250~500	50~70
	자동롤형	재 생 형	3μ이상	중~대	80(DOP)	120~160	500~2,000
		비재생형	1μ이상		85(중량법)	120~160	
정전식	집진극판형 정전유전형 여과재교환형	자동세정형	1μ이하	소	85~95(비색법)	80~100	600~1,400
		자동갱신형	1μ이하		70~90(비색법)	100~200	
		여과재교환형	1μ이하		60~70(비색법)	30~200	
충 돌 점착식	자동회전형	자동세정형	3μ이상	중~대	80~85(중량법)	120	500~2,000
	패 널 형	재 생 형	5μ이상		70~80(중량법)	30~120	
	여 과 재 형	비재생형	3μ이상		80(중량법)	30~100	

(주) 분진농도(粉塵濃度) : 大 0.4~0.7 [mg/m³], 中 0.1~0.6[mg/m³], 小 0.3[mg/m³]

1) 유닛형

유닛형의 프레임에 여재를 고정시킨 것으로 건식과 점착식이 있으며 공조용으로는 일반적으로 건식을 사용한다. 여과재로는 유리섬유, 합성섬유, 부직포, 다공질의 고분자 화합물 등이 이용된다. 포집률은 섬유의 굵기, 충진밀도, 여재의 두께 등에 따라서 달라지며 여과재 섬유를 미세하게 넣어 충진밀도를 크게 하면 집진효율은 좋지만 압력손실은 크게 된다.

효율이 높은 필터에서는 여과재를 접어 넣은 형상으로 유닛을 쐐기형으로 배치하고 유닛 정면 면적에 대한 여과면적을 크게 하고 여과재 통과풍속을 저속으로 하여 압력손실을 적게한 것을 사용한다. 삽입형 필터(W형 필터)나 대형(袋形) 필터는 패널형보다 미세한 여과재를 사용해서 1[μm] 정도까지의 먼지도 포집하여 포집률을 크게 한 것이며 그림에서와 같이 유닛 전면적에 대하여 여과 면적이 커지는 형상으로 여과재 통과 풍속을 낮추면 공기 저항의 증가를 억제한다. 이것들은 일반공조용 중에서 청정도가 높은 장치 또는 클린 룸의 중간필터 등으로 사용되고 있다.

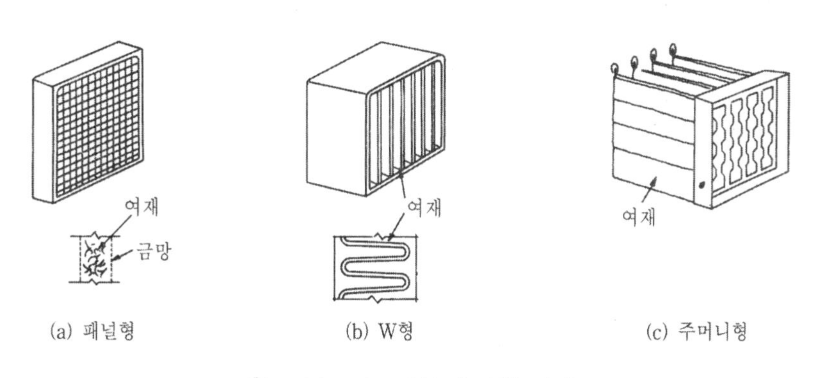

그림 7-3 건식 유닛형 필터

2) 고성능 필터

유닛형 필터의 일종이며 0.3[μm] 정도의 미세한 먼지까지 높은 포집률로 제거하며 그림 7-4와 같은 미세한 유리섬유 또는 석면섬유의 여재를 겹쳐서 여재면적을 크게 한 것이다. HEPA(high efficiency particle air) 필터는 0.3[μm] 입자의 포집률이 99.97% 이상으로 클린룸(ICR), 바이오 클린룸(BCR)이나 방사성 물질을 취급하는 시설 등에서 사용된다.

반도체 제조공장에서는 0.1[μm]의 부유 미립자를 제거할 수 있는 ULPA(ultra low penetration air) 필터가 개발되어 클래스 10 이하의 초청정 클린룸(super clean room)이 운전되고 있다. 이와 같은 고성능 필터에서는 유닛의 주위에서 공기가 누설되지 않는 시공이 중요하며 또한 고성능 필터의 수명을 연장시키기 위하여 전단부에 프리필터 또는 중간필터를 설치하고 고성능 필터는 미세한 입자의 포집에만 사용하여야 한다.

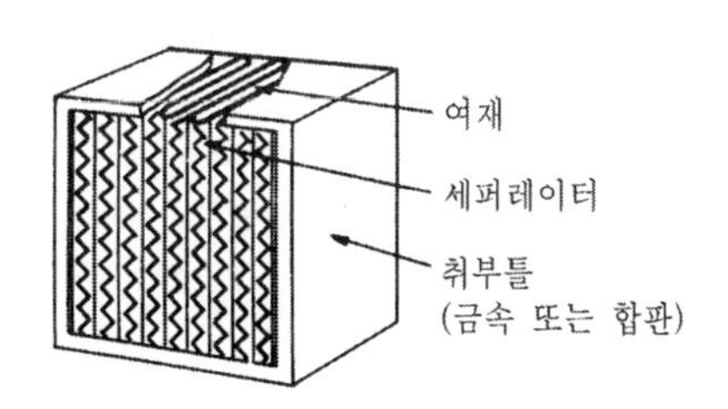

그림 7-4 고성능 필터

3) 롤형 필터

롤형 필터는 그림 7-5에 나타낸 바와 같이 롤형상의 유리섬유 또는 부직포를 조금씩 감아올리면서 장시간동안 사용할 수 있도록 만든 것으로 감아올리는 기능은 타이머에 의해 작동하는 것과 차압스위치에 의하여 필터 전후의 압력이 일정한 값이 되면 감아올려 여과면을 교체하여 주는 방식이다. 이 방식은 포집률은 높지 않으나 보수관리가 용이하므로 일반 공조용으로 많이 사용된다.

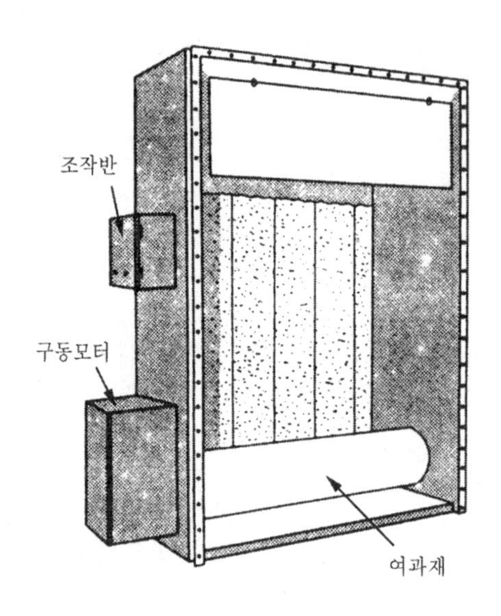

그림 7-5 롤 필터

4) 전기집진기

전기집진부는 전리분의 전장내를 통하여 하전된 입자를 집진부의 전극에 부착시키는 것으로 그림 7-7 (a), (b)의 2단 하전식과 (c)의 유전체 여재식이 있으며 전기집진기는 먼지의 제거효율이 높고 미세한 먼지와 세균을 제거하므로 병원, 정밀기계공장 등 엄격한 제어가 요구되는 곳에서 사용된다.

그림 7-7 (a)는 집진전극에 포집하는 방식이며 포집된 먼지는 하전을 정지시키고 세척하여 제거한다. 세척방법은 소형의 것은 집진부를 떼내어 행하고 대형의 것은 고정식 또는 주행식의 세정노즐에서 물을 뿜어서 세척하거나 극판을 오일세척탱크 속을 주기적으로 회전시키면서 연속적으로 운전하는 것 등이 있다.

그림 7-7 (b)는 집진전극에 부착한 입자가 응집하여 큰 입자가 되어 재비산한 것을 하류의 롤형 여과재로 포집하여 제거하는 방식이다. 세척을 하지 않고 장시간 운전할 수 있으므로 보수관리가 용이하다. 롤형 필터 대신에 주머니(bag)형 필터를 사용하는 것도 있다.

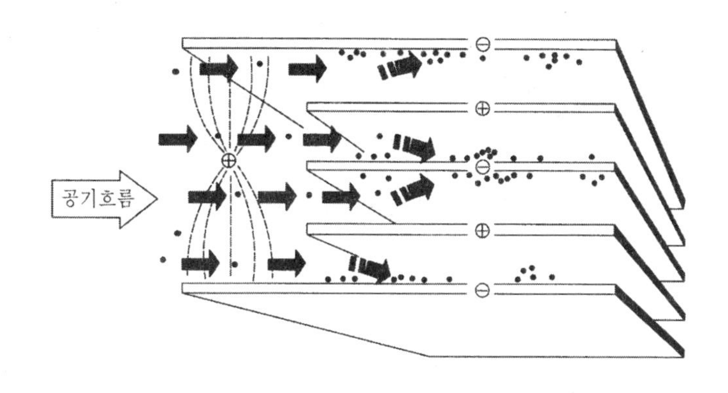

그림 7-6 2단 하전식 전기집진기의 원리

그림 7-7 (c)는 1단 하전으로서 롤형의 여과재가 전극의 일부를 구성하고 있어서 여기서 먼지를 포집하는 것이며 이것도 세척을 하지 않으므로 보수관리가 용이하다. 전기집진기에는 길다란 섬유상의 먼지가 들어오면 전극부에서 방전을 일으킬 경우가 있으므로 프리필터가 사용된다.

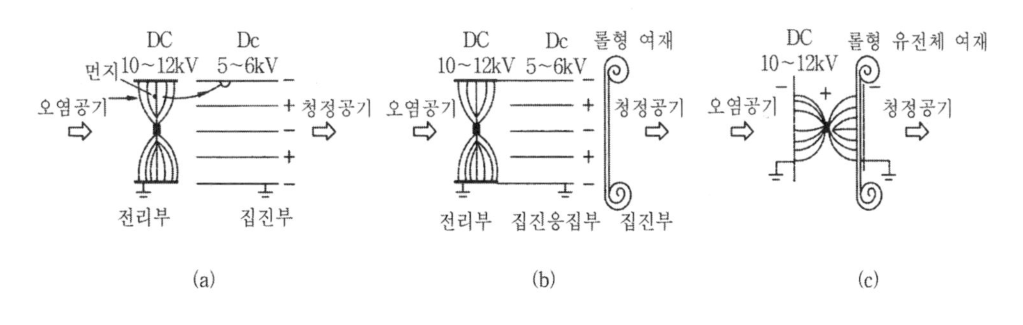

그림 7-7 전기 집진기

5) 활성탄 필터

냄새나 아황산가스 등을 제거할 때에는 활성탄 필터가 사용된다. 필터의 모양은 패널형, 지그재그형, 바이패스형 등이 있으며 흡착능력이 저하한 것은 활성탄을 고온에서 재생하거나 교체하여야 한다.

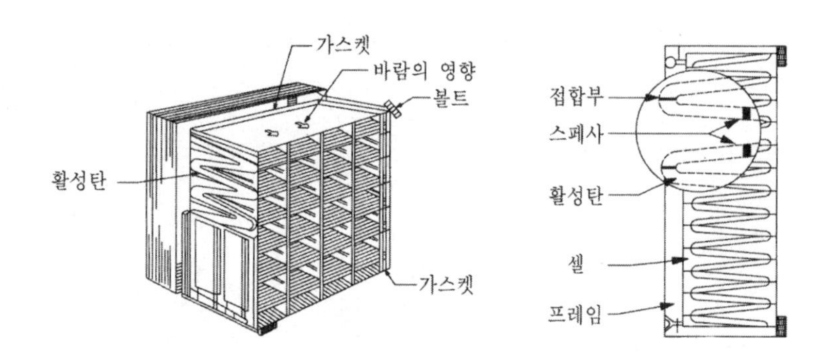

그림 7-8 활성탄 흡착식

(2) 필터의 성능

공기정화장치의 성능은 포집률로 나타내며 그 외에 공기저항이나 얼마만큼의 양을 포집할 수 있는가를 나타내는 포집능력도 중요하다. 제진장치의 포집률 η[%]는 상류의 먼지농도를 C_1, 하류의 먼지농도를 C_2라 하면 다음 식과 같이 나타낸다.

$$\eta = \left(1 - \frac{C_2}{C_1}\right) \times 100\ [\%] \quad \cdots\cdots (7\text{-}1)$$

포집률은 그림 7-9와 같이 먼지의 크기에 따라서 달라지므로 일정한 크기의 입자 또는 일정한 입도분포의 먼지로 시험해야 한다. 여기에는 대기 먼지 또는 시험용 먼지가 사용된다.

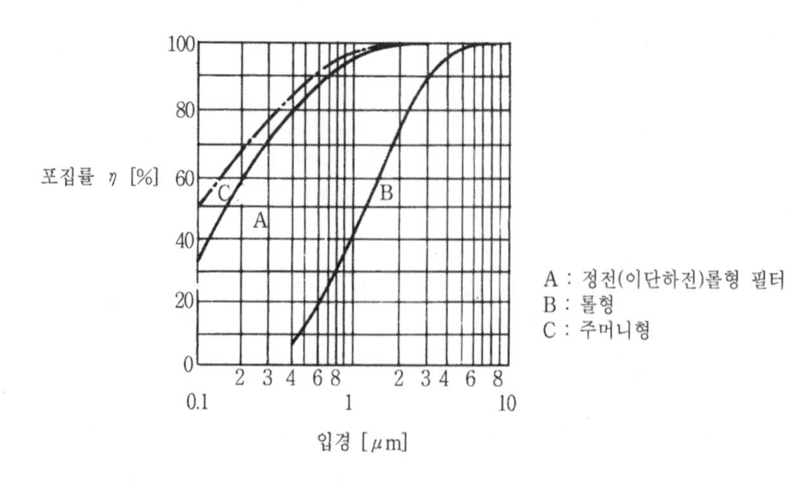

그림 7-9 입경에 따른 포집률의 변화

대기먼지는 상태에 따라 다르지만 미세한 입자에서 10[μm] 정도의 것까지 포함되며 중간 입자경은 2[μm] 정도이다. 포집률의 측정법에는 중량법, 비색법 및 계수법의 세 가지 방법이 있다. 중량법은 시험필터에 의하여 포집한 먼지의 중량과 시험필터를 투과한 먼지를 고성능의 백업필터로 포집하고 그 먼지중량을 측정하여 식 (7-1)의 농도비를 중량비로서 나타낸 것이며 일반적으로 저성능 필터시험에 이용한다.

중량법에는 먼지농도를 공기체적당 먼지량[mg/m^3]으로 표시하며 큰 입자의 먼지가 성능을 지배하므로 작은 입자를 포집하지 못하더라도 높은 효율을 나타내는 경우가 있다. 비색법은 시험필터의 상류, 하류에서 흡입한 공기중의 먼지농도를 측정하는데 비색계에 의하여 여과지의 오염도를 광학적으로 측정하는 것이다.

일반적으로 중성능 필터의 시험용으로 이용되며 시험먼지 또는 대기먼지가 사용되는데 중량법보다 작은 입자가 효율에 영향을 미치므로 비교적 작은 먼지까지를 대상으로 하는 경우에 적용된다. 계수법(DOP법)은 시험필터의 상류, 하류에서 흡인한 공기의 먼지농도를 측정하는데 광산란식 입자계수에 의하여 먼지의 개수를 측정하는 것이다.

이 방법은 고성능 필터의 시험에 사용되며 단위는 [개/cm^3] 또는 [개/ft^3]이다. 한편 시험먼지로는 프탈산 지오크칠(DOP)의 에어로졸과 스테아린산 에어로졸 등으로서 0.3[μm] 정도의 중입경이 이용된다. 이들의 시험법에 따라서 동일한 필터라 하더라도 다른 포집률을 나타내는 중량법, 비색법, 계수법의 순으로 적어진다. 또한 포집률이나 공기저항은 그림 7-10과 같이 통과풍속에 따라서도 달라진다. 따라서 에어필터에서는 포집한 먼지의 퇴적에 따라서도 포집률이나 공기저항이 변화한다.

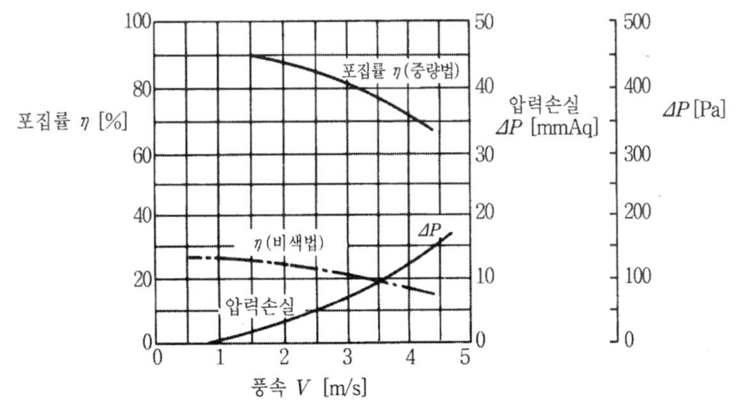

그림 7-10 롤형 필터의 풍속에 의한 성능변화

(3) 부유분진의 종류와 크기

공기중에 떠 있는 일반 분진의 종류는 그림 7-11과 같이 크게 분류하면 무기물로서 섬유류나 회분(灰分) 및 기타의 먼지들이 있고 식물에 의한 유기물로는 꽃가루, 버섯의 포자, 박테리아, 바이러스 등이 있으며 연기나 스모그(smog), 유해가스 등이 있다.

이러한 분진의 관찰은 입자의 크기가 10[μm]까지는 광학현미경으로 그 이하인 것은 전자현미경으로 관찰이 가능하다. 오염물질의 크기는 분자상태에서부터 5,000[μm]까지 이르고 있으나 보통 공조에서의 취급은 0.1~200[μm]까지를 대상으로 한다.

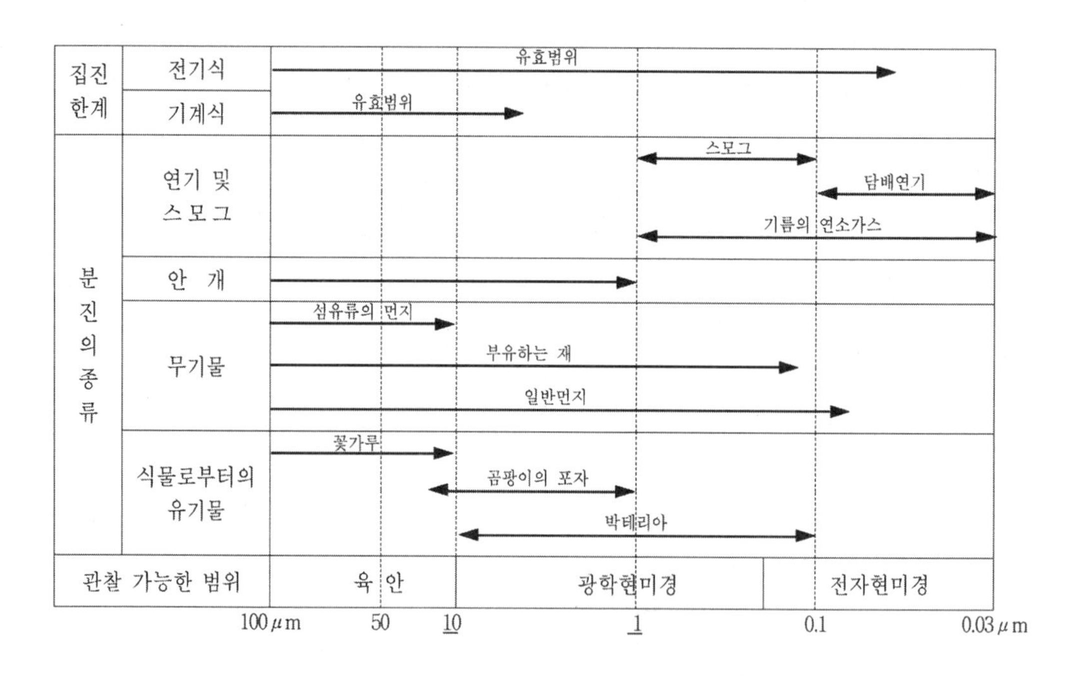

그림 7-11 일반 분진의 종류

(4) 냉각 · 가열코일

1) 공기냉각 · 가열코일

공기가열기 또는 공기냉각기에는 일반적으로 동관에 다수의 알루미늄 판제의 핀을 부착시킨 플레이트 핀이 사용되며 관내에는 증기, 온수, 냉수, 냉매 등의 열매를 통과시켜서 핀 사이를 통과하는 공기를 냉각 · 가열한다.

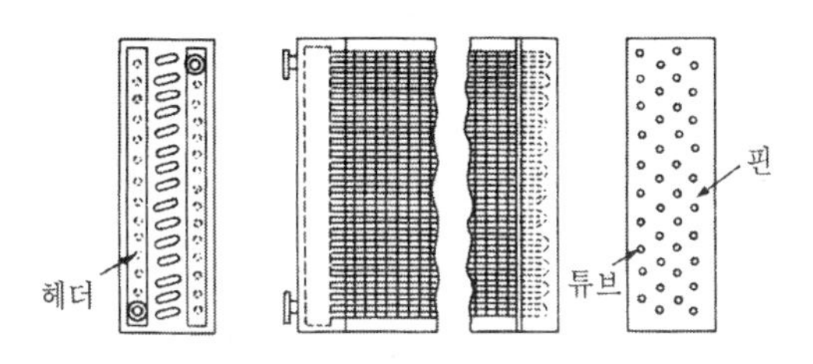

그림 7-12 판형 핀 코일

(a) 링클 핀　　(b) 나선형 핀

그림 7-13 나선형 핀

핀 코일의 형상은 그림 7-12와 같이 관에 많은 평판을 끼워 만든 판형 핀 코일(plate fin coil)과 그림 7-13과 같이 관에 핀을 나선형으로 감아서 붙인 나선형 핀(spiral fin)이 있다. 관재료로는 동관 또는 강관이 사용되며 핀 재료는 알루미늄판, 동판 및 강판 등을 사용한다.

2) 냉수코일

코일 내에 냉수를 보내면 공기를 냉각·감습하지만 온수를 보내면 공기를 가열하므로 냉·온수코일이라고도 부른다. 냉수코일의 계산은 표 7-4의 냉수코일 설계상의 조건과 유의사항을 이용하여 계산한다.

표 7-4 냉수코일 계산시 유의사항

열교환의 방식	대 향 류
평균온도차	5~9 [℃]
코일 통과풍속	2~3 [m/s]
관내 물의 속도	0.5~1.5 [m/s]
냉수온도	5~15 [℃]
냉수의 입구·출구 온도차	5~10 [℃]
냉수량 관 1개당	6~10 [l/min]
〃 1냉동 톤당	8~16 [l/min]
출구공기 건구온도와 입구수온과의 차	3~5 [℃]

① 코일의 냉각부하 q_{cc} 〔W〕

$$q_{cc}=\frac{1}{3.6}G(i_1-i_2)=\frac{1}{3.6}\times1.2Q(i_1-i_2)$$

여기서 $G,\ Q$: 풍량 [kg/h, m³/h]

h_1-h_2 : 코일 입구공기·출구공기의 엔탈피 [kJ/kg]

② 코일의 정면면적 FA 〔m²〕

$$FA=\frac{G}{1.2\times3,600\ v_a}=\frac{Q}{3,600\ v_a}$$

여기서 FA : 코일의 유효정면면적 [m²]=(코일의 유효길이)×(관수×38.1/1,000)

관의 간격은 보통 1½″ = 38.1 [mm]

v_a : 코일의 통과풍속 [m/s]

③ 냉수량 L 〔l/min〕

$$L=\frac{3.6q_{cc}}{4.187\times60(t_{w2}-t_{w1})}$$

여기서 $t_{w1},\ t_{w2}$: 코일의 입구와 출구에서 냉수온도 [℃]

물의 비열 : 4.187 [kJ/(kg·K)]

④ 배관내 물의 속도 v_w 〔m/s〕

관내 물의 속도는 수량과 코일의 관 수에 의해 정해진다.

$$v_w=\frac{L}{n\cdot a}=\frac{L}{n\times10.2}$$

여기서 n : 코일 한 줄당의 튜브 수

a : 관의 벽두께에 관한 상수(관 벽두께 관한 정수, 0.6[mm]=10.2, 1.2[mm]=8.6, 1.4[mm]=8.1, 보통 0.6[mm]가 가장 많이 쓰인다)

⑤ 코일의 줄 수 N

$$N=\frac{q_{cc}}{FA\times K_f\times M\times(MTD)}$$

여기서 N : 코일의 줄의 수

K_f : 코일의 전열계수[W/(m^2 · ℃ · Row)](그림 7-14)로 가열시는 전열계수가 3~5 정도 상승하나 냉각시의 것을 사용해도 지장이 없다.)

M : 젖은면 계수(감습하므로 냉각코일 표면에 수분이 응축하고 코일표면의 열전달량이 증가하기 때문에)로 그림 7-15 또는 다음과 같다.

$$M = (\mathrm{SHF} + 1.04) / (2.04 \times \mathrm{SHF})$$

MTD : 대수평균 온도차 [℃]

$$MTD = \frac{\Delta_1 - \Delta_2}{2.3\log\left(\dfrac{\Delta_1}{\Delta_2}\right)}$$

여기서 Δ_1, Δ_2 : $t_1 - t_{w_2}$, $t_2 - t_{w_1}$(그림 7-16 참고)

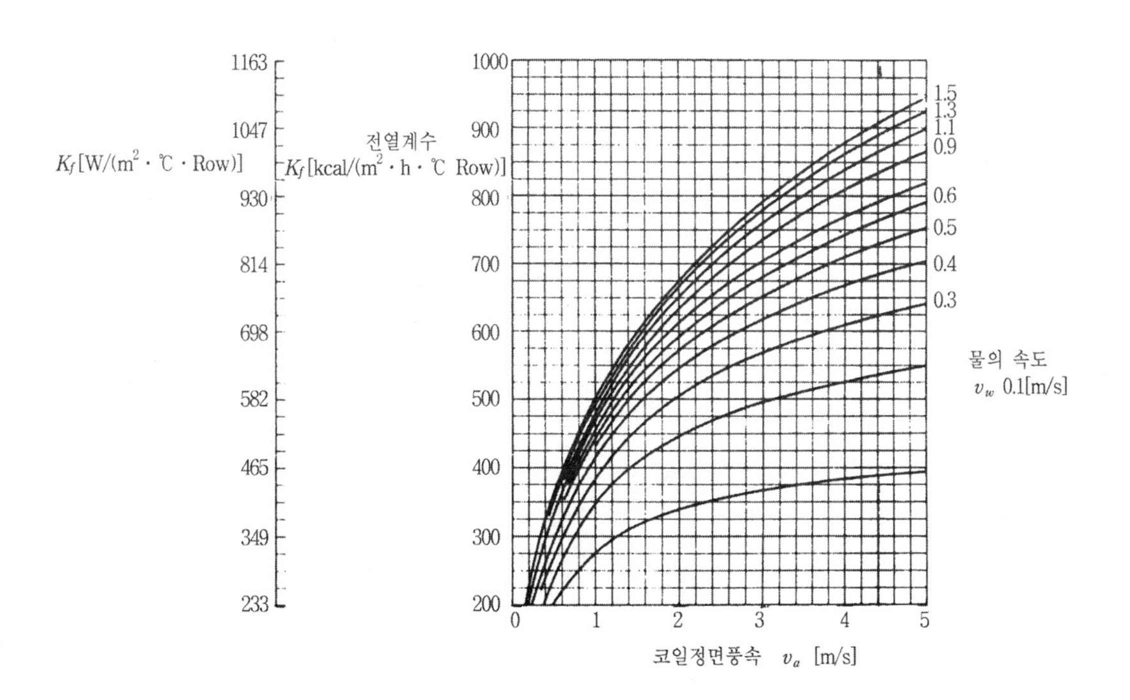

그림 7-14 핀형 전열계수(냉각시) [K_f]

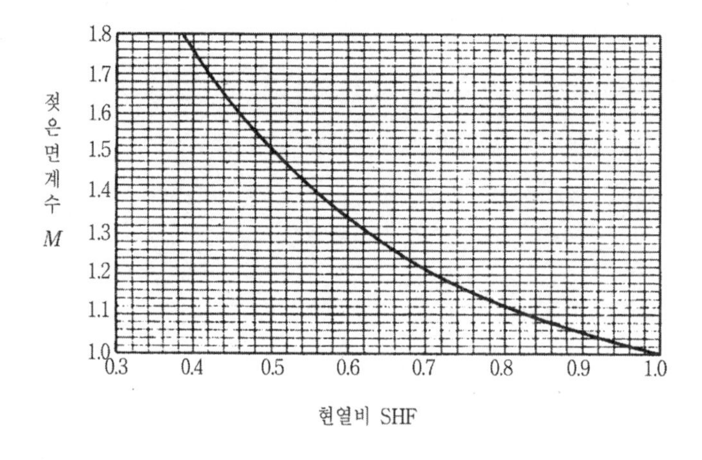

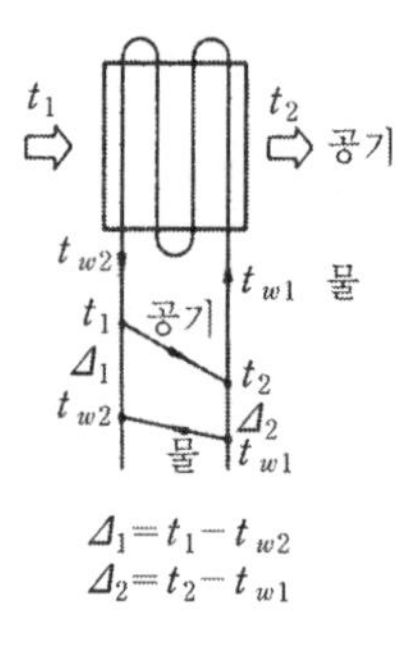

그림 7-15 젖은 면계수(M)

그림 7-16 MTD

3) 직접 팽창코일

액냉매를 코일내로 보내고 증발시켜 공기를 냉각·감습하는 기기로 직팽형 또는 DX형(direct expansion)이라 한다. 직팽코일은 그림 7-17에서 보는 바와 같이 플레이트 핀 코일로 코일 입구에 액냉매를 고루 분포하기 위한 분배기(distributor)가 출구에는 흡인헤드(suction header)가 설치되어 있다.

직팽코일의 계산은 물을 쓰는 코일의 경우와 거의 같으나 냉매의 증발온도는 설계상 특히 유의해야 한다. 증발온도를 높게 하면 냉동기의 소요동력은 적어지지만 코일 표면적이 커지므로 양자의 균형을 생각하여 경제적인 증발온도를 설정할 필요가 있다. 표 7-5에 계산상의 유의점을 나타낸다.

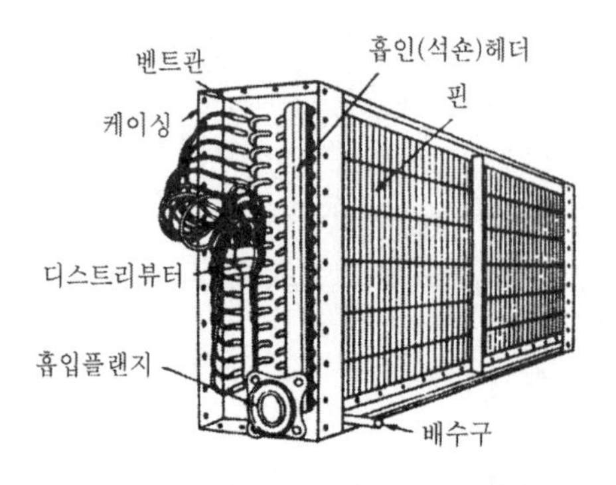

그림 7-17 직접 팽창코일의 외관

표 7-5 직팽형 코일 계산상의 유의점

열교환의 방식		역 류 형
냉매 증발온도		3~10℃(가능하면 5℃ 이상) 0℃ 이하에서는 서리가 낀다.
코일통과면 풍속		2~3 [m/s]
열관류율	젖은면	1,600~2,000 [kcal/(m² · h · MED줄)]
	건조면	500~700 [kcal/(m² · h · MED줄)]
코일내의 저항		0.2~2.0 [kg/cm²]

4) 가열코일

① 증기코일

주로 에어로 핀 코일이 쓰이지만 일반적으로 에어 핸드링 유니트에 그림 7-18의 플레이트 핀 코일을 쓴다. 증기코일은 보통 1패스형의 하나 또는 두 줄의 것이 쓰이고 그 이상을 필요로 하는 경우는 알맞게 조합하여 사용한다. 증기코일은 열팽창에 의한 전열관의 파손을 방지하기 위한 관을 플렉시블형으로 하고 신축이 자유로운 구조로 할 필요가 있다.

또 추운 곳에서는 응축수의 동결에 주의하여야 한다. 증기코일의 계산은 코일의 줄 수가 적으므로 코일 출구온도에 의한 방법이 쓰인다. 코일 통과풍속은 2~3[m/s](증기코일은 3~4[m/s] 정도까지 가능), 증기압력은 가능한 35[kPa] 이상으로 하는 것 이외는 냉각코일에 준한다.

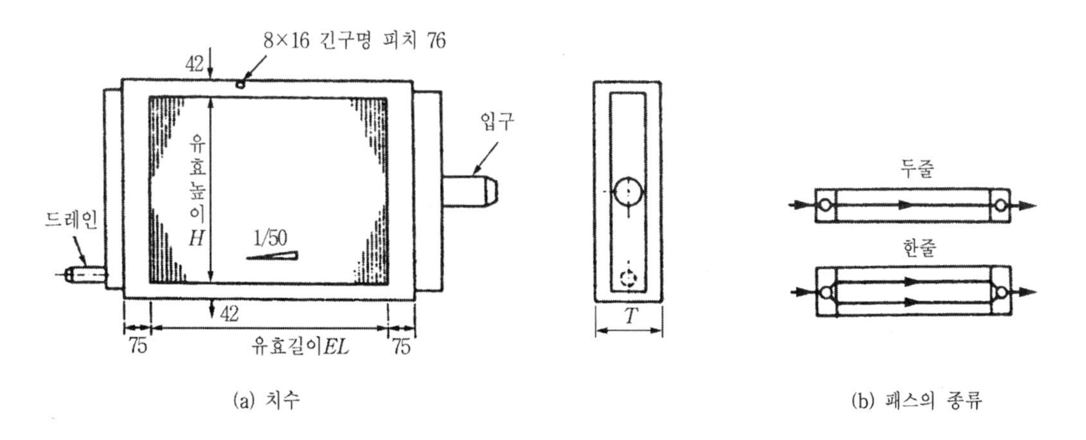

(a) 치수 (b) 패스의 종류

그림 7-18 증기코일

② 온수코일

보통 온수코일은 냉·수 겸용이고 냉각코일로 설계한 것을 가열코일로도 사용한다. 이 경우 코일의 줄 수가 너무 많으므로 온수입구온도를 낮게 선정하거나(열원히트펌프 사용의 경우 45℃ 이하) 온수순환량을 적게 하는 경우가 많다.

(5) 공기세정기(air washer)

1) 구조

공기세정기(air washer)는 미립화한 물방울을 공기에 접촉시킴으로써 열교환을 하는 것으로 수분의 교환에 의해 공기의 습도조절(가습, 감습)과 먼지나 냄새를 제거하는 것으로서 주로 산업용 가습 및 감습장치로 사용된다. 구조는 그림 7-19과 같이 루버(louver), 분무노즐, 플러딩 노즐(flooding nozzle), 엘리미네이터(eliminator) 등이 케이싱 속에 내장되어 있으며 하부에 수조가 설치되어 있다.

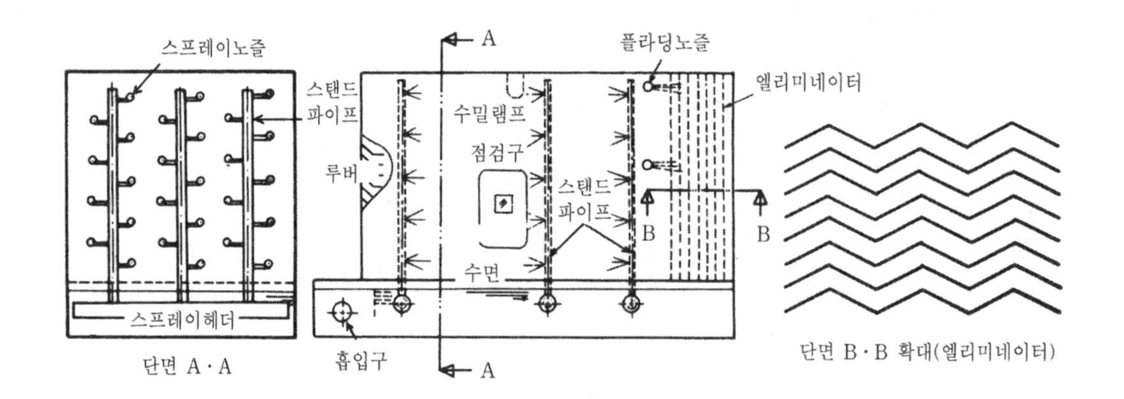

그림 7-19 에어와셔의 구조

세정실 입구의 루버는 공기를 정화시키기 위한 것이고 분무노즐은 스탠드 파이프에 부착되어 있으며 스탠드 파이프는 스프레이 헤더(spray header)에 접속되어 있으며 분무된 물방울은 하부의 수조로 떨어지며 일부는 공기에 포함되어 실내로 급기되므로 이것을 방지하기 위하여 출구측에 엘리미네이터를 설치한다. 또한 플러딩 노즐은 엘리미네이터 상부에 부착되어 물을 분무하여 엘리미네이터 표면에 부착된 공기중의 먼지를 제거한다.

바닥에는 배구수 및 오버 플로우(over flow)를 두어야 하며 이 때 트랩(trap) 장치가 있어야 한다. 스탠드 파이프 및 분무노즐의 배치방식은 그림 7-20와 같이 방향에 따라 동일방향이면 평행류, 반대방향이면 역류, 분무수가 서로 마주 분무되면 대향류라 한다. 스프레이 헤더의 수를 뱅크(bank)라 하고 1본을 1뱅크, 2본을 2뱅크라 한다. 분무노즐의 방향이 공기의 흐름과 같은 방향을 평행류, 반대의 경우를 역류라고 하고 또한 분무의 방향이 서로 반대인 것을 대향류한다.

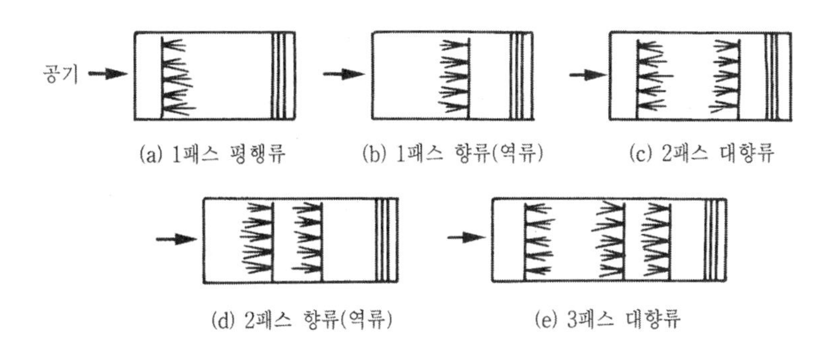

그림 7-20 뱅크의 배열방식

2) 작용

공기정화기의 작용상태는 분무수의 수온과 입구공기의 상태에 따라 정해지는데 그 상태를 그림 7-21에 나타낸다.

① 냉각감습(그림 7-20 ①→②)

분무수 온도가 입구온도의 노점온도보다 낮을 때 ①→②의 상태변화에 따라 공기는 냉각·감습된다. 이 때 엔탈피 효율 η_e는 다음 식과 같다.

$$\eta_e = (h_1 - h_2)/(h_1 - h_s), \quad t_2 = t_{w2} + (1 - \eta_e)(t_1 - t_{w1})$$

여기서 η_e : 엔탈피 효율(이상적인 공기청정기에서는 출구공기의 습구온도는 수온과 일치하겠지만 실제의 경우와 비교하여 성능을 나타내고 있다.)

h_1, h_2 : 입구공기, 출구공기의 엔탈피 [kcal/kg]

h_s : 길이가 무한대일 때 출구공기의 엔탈피 [kcal/kg]

t_1, t_2 : 입구공기, 출구공기의 건구온도

t_{w1}, t_{w2} : 입구수온, 출구수온 [℃]

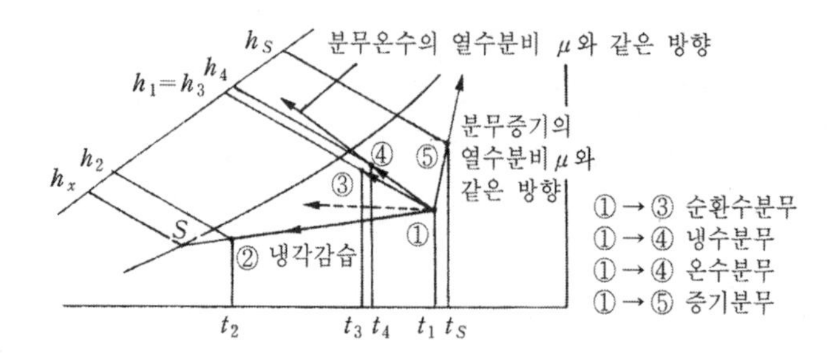

그림 7-21 가습에 의한 상태변화

표 7-6 공기세정기의 엔탈피 효율 η_e

종 류	V_a	p \ h	1,250	1,500	1,750	2,000	2,250	2,500	2,750	3,000
1뱅크 평행흐름형	2.25	0.114	0.562	0.576	0.585	0.590	0.593	0.596	0.598	0.598
		0.175	0.581	0.595	0.605	0.611	0.613	0.616	0.618	0.618
		0.21	0.593	0.608	0.618	0.623	0.626	0.629	0.631	0.631
	2.5	0.14	0.55.	0.564	0.573	0.579	0.581	0.584	0.586	0.586
		0.175	0.571	0.585	0.595	0.600	0.602	0.605	0.607	0.607
		0.21	0.585	0.599	0.609	0.615	0.617	0.620	0.622	0.622
	2.75	0.14	0.536	0.550	0.559	0.564	0.566	0.569	0.571	0.571
		0.175	0.559	0.573	0.583	0.588	0.590	0.593	0.595	0.595
		0.21	0.574	0.588	0.598	0.603	0.606	0.609	0.611	0.611
2뱅크 대향흐름형	2.25	0.14	0.841	0.863	0.878	0.886	0.889	0.893	0.897	0.897
		0.175	0.870	0.893	0.907	0.915	0.919	0.923	0.927	0.927
		0.21	0.888	0.911	0.926	0.935	0.938	0.942	0.946	0.946
	2.5	0.14	0.824	0.845	0.860	0.860	0.871	0.875	0.878	0.878
		0.175	0.854	0.877	0.891	0.891	0.903	0.906	0.910	0.910
		0.21	0.875	0.897	0.912	0.912	0.924	0.928	0.932	0.932
	2.75	0.14	0.803	0.824	0.838	0.838	0.849	0.853	0.856	0.856
		0.175	0.836	0.859	0.874	0.874	0.885	0.888	0.892	0.842
		0.21	0.859	0.882	0.896	0.896	0.908	0.912	0.916	0.916

(주) V_a : 통과풍속[m/s], P : 분무압력[MPa], h : 분무실 유효높이[mm]
케이싱의 길이 : 1뱅크는 1,800, 2뱅크는 2,400

② 증발냉각(그림 7-20 ①→③)

물을 순환분무하면 수온은 입구공기의 습구온도와 같아지고 ①→③의 상태변화에 따라 공기는 냉각·가습되지만 엔탈피에 증감이 없는 단열변화가 된다. 이 때 증발효율 η_s은 다음 식에 따른다.

$$\eta_s = (t_1 - t_2)/(t_1 - t_{w1}), \quad t_2 = t_1 - \eta_s(t_1 - t_{w1})$$

한편 분무수의 온도가 입구공기 습구온도보다 높을 경우에는 ①→④와 같은 냉각가습이 ①→⑤와 같은 가열가습이 된다.

표 7-7 공기세정기 계산상의 유의사항

통과풍속	2~3 [m/s], 대체로 2,3 [m/s]
단면형상	분무실 단면은 가능한 한 4각형
수 온	입구온도 5~10 [℃] 수온상승 3~5 [℃]
수 량	L/G < 1, 1뱅크 평행흐름, 90[l/min, m²] L/G < 1, 2뱅크 평행흐름 이상, 180[l/min, m²] L/G > 1.5뱅크, 270[l/min, m²]

(6) 가습장치

공기가습 방식에는 증기분무식, 물분무식, 기화식이 있으며 가습방법에 따라 분류하면 물의 표면증발과 수증기의 직접분무에 의한 방식이 있다. 직접분무형은 증기가 무화(霧化)한 물을 공기중에 분무해서 가습하는 방법이다.

패키지형 공조기의 가습과 FCU 등 소용량의 것에는 표면증발형이 많이 사용된다. 표면증발형은 수조내에 충진물을 채우고 충진물 표면에서 증발시키는 방법과 수조내의 물을 전열히터 등으로 가열해서 수조 표면에서 증발시키는 방법이다.

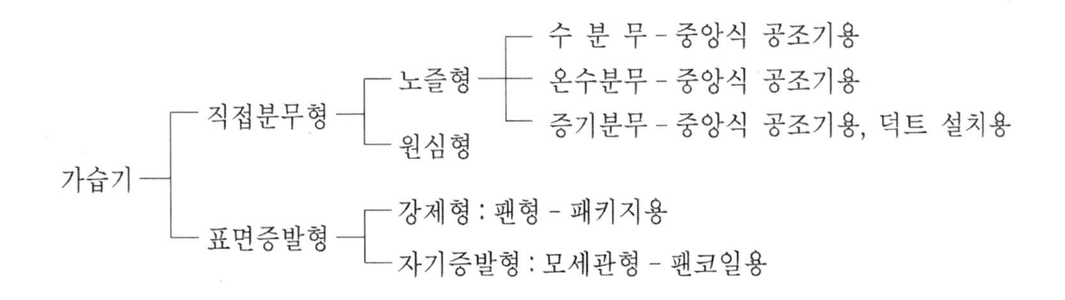

1) 설계방법

① 형식

㉠ 가습기는 위와 같은 종류가 있으며 각기 용량, 제어성, 사용조건, 목적에 적합한 형식

을 선택한다.

㉡ 가습에는 가열부하의 증대방지, 제어성, 운전비 등의 면에서 증기가 우수하므로 열원이 있는 경우에는 가능한 증기를 사용하도록 한다.

㉢ 열원이 증기가 아니고 전외기 등의 다량의 가습이 필요한 경우 전기보일러와 증기발생기 등의 채용도 검토한다.

② 용량

가습의 용량산정은 다음에 의한다.

㉠ 증기분무의 경우

$$G_S = 1.2\,Q_S(x_1 - x_2)$$

$$H_S = h_S \times G_S \times \frac{1}{3.6}$$

여기서 G_S : 가습량 [kg/h]

H_s : 가습열량 [W]

Q_S : 송풍량 [m^3/h]

x_1 : 가습기 출구공기의 절대습도 [kg/kg′]

x_2 : 가습기 입구공기의 절대습도 [kg/kg′]

h_s : 증기의 엔탈피 ≒ 2680 [kJ/kg]

㉡ 소량의 물을 분무하는 경우

$$G_S = \frac{1.2Q_S(X_1 - X_2)}{\eta_W}$$

여기서 η_W : 가습기효율 = 0.3(수분무가습) = 0.4(수가압분무가습)

2) 종류

① 냉·온수 가습기

다음의 그림 7-22와 같이 강관에 설치한 소켓에 부착된 노즐로부터 가압된 물과 온수를 직접 분무시켜서 가습한다. 현장조립식 공조기와 AHU의 가습에서 증기를 얻을 수 없을 때 사용된다.

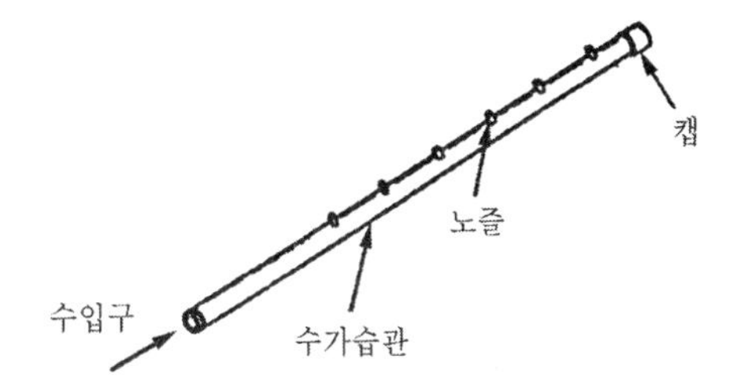

그림 7-22 냉·온수 가습기

② 증기가습기

강관에 다수의 작은 구멍을 뚫어 증기를 직접 분출시켜 가습한다. 이 방식은 응답성이 빠르며 제어성이 좋고 확실하여 많이 사용된다. 현장조립식 공조기와 AHU 등에 내장해서 사용한다. 물의 정체성이 없어 미생물의 번식이 없으며 정비가 쉽고 펌프 등 보조설비가 불필요하다.

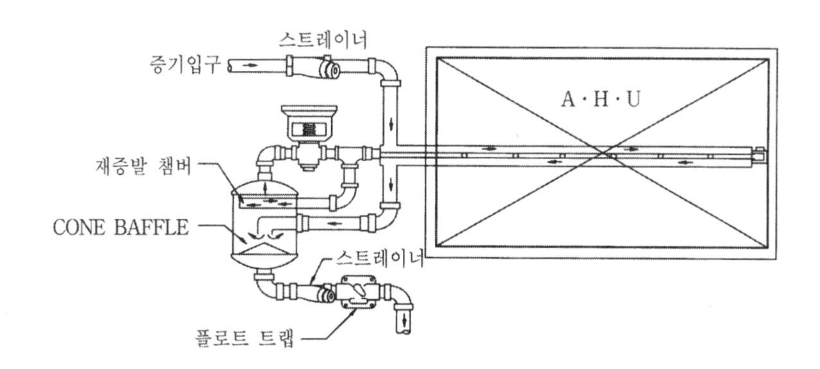

그림 7-23 증기가습기

③ 원심형 가습기

전동기로 원반을 고속회전하면 물은 흡수판을 통해 흡상되어 원반의 회전에 의한 원심력으로 미세화된 무화상태로 되고 전동기에 직결된 송풍기의 송풍력에 의해 통기중에 분무·가습하는 것이다.

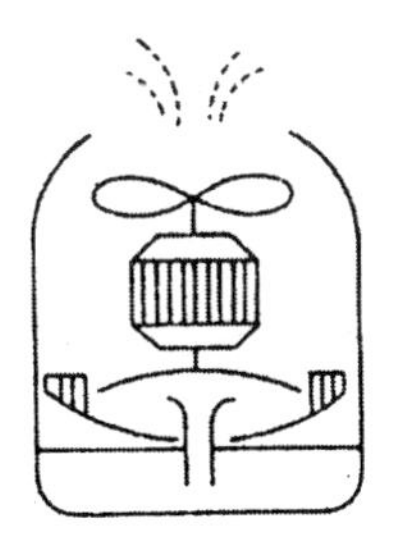

그림 7-24 원심식 가습기

④ 팬형 가습기

그림 7-25와 같이 접시(pan)에 내장시킨 전열히터와 증기관 또는 온수관으로 팬 속의 물을 강제적으로 증발시켜서 가습한다. 강제증발에 의해 팬 속의 수위가 낮아지면 볼탭에 의해 자동적으로 물이 공급된다. 수위가 상승하면 볼탭(float)이 상승하고 스위치가 작동되어 전열히터가 작동한다. 전기식 팬형 가습기는 소량의 유닛과 패키지형 공조기에 사용된다.

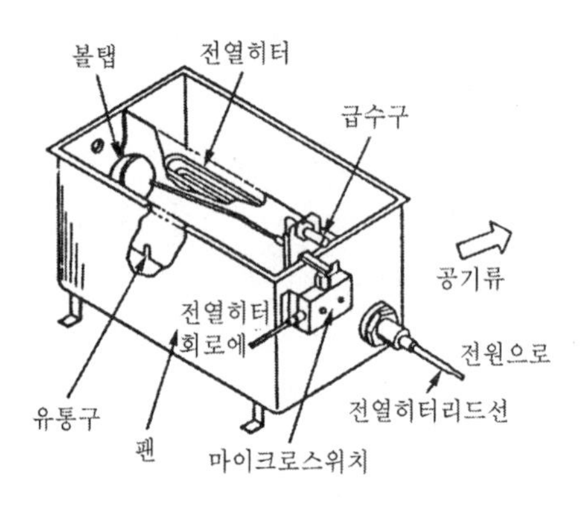

그림 7-25 팬형 가습기

⑤ 모세관형 가습기

팬에 가제와 포(布) 등을 담그고 가제와 포의 모세관 현상에 의해 가제전면에서 증발을 하여 가습하는 것이다. 난방온수의 여열을 이용하면 전기팬형 가습기 등보다 많은 가습량을 얻을 수 있다. 급수는 팬속의 수위가 낮아지면 플로우트 스위치에 의해 전자밸브가 작동해서 물이 급수된다. 이 가습기는 무동력, 무소음이고 간편한 구조이므로 FCU 등에 내장되어 사용되고 있다.

(7) 감습장치

공기의 감습방법에는 냉각감습, 압축감습, 흡수식 감습, 흡착식 감습이 있으며 이들 중 단독으로 또는 조합하여 감습한다. 이 중 흡수식 감습과 흡착식 감습을 화학적 감습법이라 하며 냉각·압축으로 얻을 수 없는 낮은 노점온도를 필요로 하는 경우에 사용된다.

1) 냉각감습

습공기를 노점온도 이하까지 냉각하여 공기중의 수증기를 응축제거하는 방법이다. 냉방시에는 적합하지만 감습만을 목적으로 하는 경우에는 재열이 필요하여 비경제적이다. 공조

등 대풍량을 취급하는 경우에 사용되며 전기식 제습기는 냉각감습 원리를 응용한 것이다.

2) 압축감습

온도가 일정할 때 공기중의 포화절대습도는 압력의 상승에 따라 떨어지고 수분으로 응축액화한다. 감습만을 목적으로 하는 경우에는 재열이 필요하므로 비경제적이지만 압축공기가 필요한 경우에는 압축에 따라 온도가 상승하므로 냉각과 병용해서 사용된다.

3) 흡수식

리튬염화 트리에틸렌 글리콜 등의 액상흡수제에 의해 감습하는 것이며 연속적이고 큰 용량의 것에도 적용된다.

4) 흡착식

실리카겔, 활성 알루미나 등 다공성 물질 표면에 흡착시키는 것이며 가열에 의한 탈수가 가능한 점에서 재상사용이 가능하다. 효율은 액체에 의한 감습법보다 못하지만 매우 낮은 노점까지 감습이 가능하여 주로 작은 용량의 것에 쓰인다.

제 8 장

배관설비

배관설비

8-1 개 요

공조설비에서의 배관은 열원기기(보일러, 냉동기 등)에서 제조된 온수, 냉수, 증기 등의 열매를 건축물의 냉방과 난방을 하기 위해 기계실이나 공조실에 설치되어 있는 공기조화기로 보내며 또한 각 실에 설치되어있는 방열기나 팬코일 유닛 등으로 보내는 열매 이송통로를 배관이라 한다.

공조설비에 사용되는 배관을 목적에 따라 분류하면 열 이송을 목적으로 하는 것과 물질 이동을 목적으로 하는 것으로 크게 나눌 수 있으며 또한 배관내를 흐르는 유체로는 물, 냉매, 증기, 공기 및 연료 등이 있다. 배관재료는 사용목적에 따라 내식성・내구성・내압성・내열성 등이 요구되며 관재질에 따라 특성이 다르므로 관재료를 선택할 때에는 재료의 특성을 이해하여야 한다. 배관재료를 선택할 때 고려해야 할 사항은 다음과 같다.

- ・관의 진동 또는 충격, 내압, 외압에 견딜 수 있는지의 여부
- ・유체의 온도가 재료에 미치는 열적인 영향
- ・유체의 부식성과 관의 내식성
- ・관의 외벽에 접하는 환경조건이 관의 내구성, 내식성에 미치는 영향
- ・지중 매설관의 경우 외부압력, 충격에 견디는 강도의 유무
- ・접합, 굽힘, 용접 등의 가공성
- ・관의 중량과 수송조건

이며 일반적으로 많이 사용되고 있는 공조 배관설비를 위한 압력 및 온도범위는 표 8-1과 같다.

표 8-1 공조배관의 사용압력 및 온도

유 체	배관의 종류	사용온도 또는 압력	비 고
물	냉각수배관 냉수 배관 온수 배관 고온수배관 냉온수배관	20~40℃ 5~15℃ 100℃ 이하(40~80℃) 100℃ 이상(120~180℃) 5~10℃, 40~50℃	
부동액	부동액배관	축열조 또는 태양열 시스템	
증 기	저압증기배관 고압증기배관	0.1MPa 이하(0.1~0.5MPa) 0.1MPa 이상(1.0~10MPa)	
냉 매	냉 매 배 관	프 레 온	

( ) 안은 일반적으로 많이 사용하는 범위

8-2 배관계 재료

(1) 배관 재료

1) 배관용 강관(steel pipe)

강관은 일반 건축물과 공장, 선박 등의 급수· 급탕 및 증기 가스배관 외에 공장 등에서의 압축공기관 등의 각종 수송관으로 사용되며 KS 규격에는 강관의 호칭을 mm 또는(A)와 inch 또는 (B)로 나타낸다

① 배관용 탄소강관(carbon steel pipes for ordinary piping : SPP)

사용압력이 비교적 낮은(1MPa 이하) 물, 증기, 가스, 기름, 공기 등의 배관에 사용하며 가스관이라고도 하며 종류로는 제조방법에 따라 단접관(welded steel pipe), 전기저항 용접관(electric resistance welded pipe), 이음매 없는 강관(seamless pipe) 등으로 구분한다.

② 수도배관용 탄소강관(galvanized steel pipes for water service : SPPW)

배관용 탄소강관(SPP)의 흑관에 아연도금을 한 관으로 사용정수두 100m 이하의 수도배관에 주로 사용한다.

③ 압력배관용 탄소강관(carbon steel pipes for pressure service : SPPS)

압력배관용 탄소강관은 온도 350℃ 이하에서 압력 1MPa에서 10MPa까지 작용하는 보일러 증기관, 유압관, 수압관 등에 사용된다. 관 제조방법은 이음매 없는 관과 전기저항용접

으로 제조하며 관의 바깥지름은 탄소강관의 지름과 같으나 관의 호칭은 호칭지름 및 두께로 나타내며 두께는 스케줄번호(schedule number)로 나타낸다.

표 8-2 배관용 탄소강관의 호칭지름 및 두께 (KSD 3507)

관의 호칭		바깥지름	바깥지름의 허용차		두께 (mm)	두께의 허용차	소켓을 포함하지 않는무게 (kg/m)
A	B		테이퍼 나사관	기타관			
6	1/8	10.5	±0.5		2.0		0.419
8	1/4	13.8	±0.5		2.35		0.664
10	3/8	17.3	±0.5		2.35		0.866
15	1/2	21.7	±0.5		2.65		1.25
20	3/4	27.2	±0.5		2.65		1.60
25	1	34.0	±0.5		3.25		2.46
32	1¼	42.7	±0.5		3.25		3.16
40	1½	48.6	±0.5		3.25	+규정하지 않음	3.63
50	2	60.5	±0.5	±1%	3.65		5.12
65	2½	76.3	±0.7	±1%	3.65		6.34
80	3	89.1	±0.8	±1%	4.05		8.49
90	3½	101.6	±0.8	±1%	4.05		9.74
100	4	114.3	±0.8	±1%	4.5	-12.5%	12.2
125	5	139.8	±0.8	±1%	4.85		16.1
150	6	165.2	±0.8	±1%	4.85		19.2
175	7	190.7	±0.9	±1%	5.3		24.2
200	8	216.5	±1.0	±1%	5.85		30.4
225	9	241.8	±1.2	±1%	6.2		36.0
250	10	267.4	±1.3	±1%	6.40		41.2
300	12	318.5	±1.5	±1%	7.00		53.8
350	14	355.6		±1%	7.60		65.2
400	16	406.4	-	±1%	7.9		77.6
450	18	457.2	-	±1%	7.9		87.5
500	20	508.0	-	±1%	7.9		97.4

④ 고압배관용 탄소강관(carbon steel pipes for high pressure service : SPPH)

온도 350℃ 이하에서 사용압력이 1MPa 이상의 고압배관에 사용되며 암모니아 합성용 배관, 내연기관의 연료분사관, 화학공업에서의 고압배관에 사용된다.

⑤ 고온배관용 탄소강 강관(carbon steel pipes for high temperature service : SPHT)

고온배관용 탄소강 강관은 고온도(350℃~450℃)의 배관에 사용하는 탄소강 강관으로서 과열증기관 등의 배관에 사용된다.

⑥ 저온배관용 강관(steel pipes for low temperature service : SPLT)

빙점(0℃) 이하의 낮은 온도에서 사용하는 강관이며 저온에서도 인성이 감소되지 않아 LPG·LNG 탱크배관에 많이 사용된다.

⑦ 배관용 아크용접 탄소강관(electric arc welded carbon steel pipes : SPW)

배관용 탄소강관과 같이 비교적 사용압력이 낮은 증기, 물, 기름, 가스, 공기 등에 적당한 관으로 일반 수도관이나 가스 수송관으로 사용된다.

표 8-3 강관의 종류와 용도

종류		규격		주요 용도와 기타 사항
		KS	JIS	
배관용	배관용 탄소강관	SPP	SGP	사용압력이 비교적 낮은(1MPa 이하) 배관에 사용, 흑관과 백관이 있으며, 호칭지름 6~500A
	압력배관용 탄소강관	SPPS	STPG	350℃ 이하의 온도에서 압력 1~10MPa까지의 배관에 사용 호칭은 호칭지름과 두께(스케줄 번호)에 의함. 호칭지름 6~500A
	고압배관용 탄소강관	SPPH	STS	350℃ 이하의 온도에서 압력 10MPa 이상의 배관에 사용, 호칭은 SPPS관과 동일, 호칭지름 6~500A
	고온배관용 탄소강관	SPHT	STPT	350℃ 이상의 온도에서 사용하는 배관용 호칭은 SPPS관과 동일, 호칭지름 6~500A
	배관용 아크용접 탄소강관	SPW	STPY	사용압력 10kg/cm^2 이하의 배관에 사용, 호칭지름 350~1500A
	배관용 합금강관	SPA	STPA	주로 고온도의 배관에 사용, 호칭은 SPPS관과 동일, 호칭지름 6~500A
	배관용 스테인리스 강관	STS×T	SUS-TP	내식용, 내열용, 고온용, 저온용에 사용, 호칭은 SPPS관과 동일, 호칭지름 6~300A
	저온배관용 강관	SPLT	STPL	빙점 이하의 특히 저온도 배관에 사용, 호칭은 SPPS관과 동일, 호칭지름 6~500A
수도용	수도용 아연도금 강관	SPPW	SGPW	SPPS관에 아연도금을 실시한 관으로 정수도 100m 이하의 수도배관에 사용. 호칭지름 6~500A
	수도용 도복장 강관	STPW		SPPS관과 또는 아크용접 탄소강관에 피복한 관으로 정수두 100m 이하의 수도용에 사, 호칭지름 80~1500A
열전달용	보일러 열교환기용 탄소강관	STH	STB	관의 내외면에서 열의 접촉을 목적으로 하는 장소에 사용하는 탄소강관을 말한다.
	보일러 열교환기용 합금강관	STHB	STBA	관의 내외에서 열의 교환을 목적으로 하는 곳에 사용(보일러의 수관, 연관, 과열관, 공기예열관, 화학공업이나 석유공업의 열교환기관, 콘덴서관, 촉매관, 가열로관 등) 관지름 15.9~139.8mm, 두께 1.2~12.5mm.
	보일러 열교환기용 스테인리스 강관	STS×TB	SUS×TB	
	저온 열교환기용 강관	STLT	STBL	빙점 이하의 특히 낮은 온도에 있어서 관의 내외에서 열의 교환을 목적으로 하는 관(열교환기관, 콘덴서관)
구조용	일반구조용 탄소강관	SPS	STK	토목, 건축, 철탑, 발판, 지주, 비계, 말뚝 기타의 구조물에 사용, 관지름 21.7~1016mm, 관두께 1.9~16.0mm
	기계구조용 탄소강관	SM	STKM	기계, 항공기, 자동차, 자전거, 가구, 기구 등의 기계부품에서 사용
	구조용 합금강관	STA	STKS	항공기, 자동차, 기타의 구조물에 사용

⑧ 배관용 합금강관(alloy steel pipes : SPA)

고온도 배관에 사용하는 합금강관이며 1종에서 6종까지 있다. 고온 고압하에서 사용되는 고압보일러 증기관, 석유 정제용 배관 등에 사용된다.

⑨ 특수관

㉠ 모르타르 라이닝 강관(mortar lining steel pipe)

수도용 도금강관, 배관용 아크용접 강관 등의 부식을 방지하기 위해 관 내면에 시멘트 모르타르를 엷게 부착하고 외면에는 아스팔트 피막을 입힌 것이다.

㉡ 합성 수지 라이닝 강관

배관용 탄소강 내·외면에 폴리에틸렌 등의 합성수지를 라이닝한 방식으로 내식성, 내약품성, 내한성 등이 우수하다.

㉢ 알루미늄 도금강관

강관 표면을 알루미늄층 또는 철 알루미늄 합금층을 형성시켜 만든 내열성 내융화성 강관으로 열교환기, 콘덴서튜브 등에 사용된다.

2) 주철관

주철관은 내압성 내마모성이 우수하고 특히 강관에 비하여 내식성 내구성이 우수하므로 수도용 급수관, 가스공급관, 화학공업용배관, 지하매설배관, 건축물의 오수배수관 등에 사용된다. 관의 제조방법은 수직법과 원심력법의 2종류가 있으며 수직법은 주형을 관의 소켓쪽 아래로 수직으로 세우고 여기에 용선을 부어 만드는 방법이며 원심력법은 주형을 회전시키면서 용융선철을 부어 만드는 방법이다.

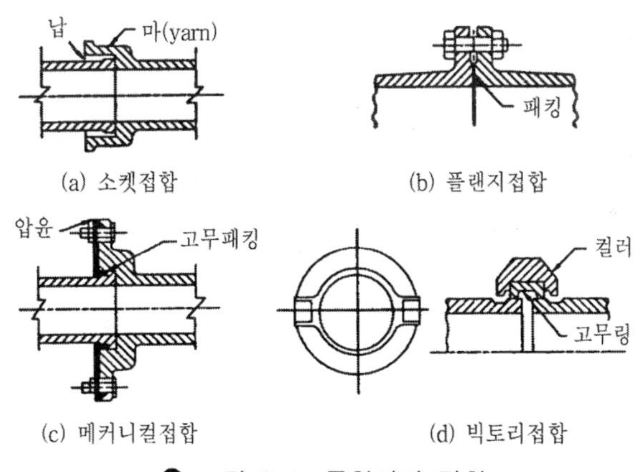

그림 8-1 주철관의 접합

① 수도용 입형 주철관(cast-iron pit-cast pipe for water works)

수도용 입형 주철관은 양질의 선철 또는 여기에 강을 배합한 것을 사용하여 주형을 수직으로 세워 놓고 주조한 관이다. 관의 종류에는 최대사용 정수두 75m 이하에 사용되는 보통압관과 45m 이하에 사용하는 저압관의 두 종류가 있다.

② 수도용 원심력 사형 주철관(cast-iron pipe centrifugally cast in sandlined molds for water works)

주물사로 관의 바깥지름을 기본으로 하여 만든 주형을 회전시키면서 용융 선철을 주입하여 원심력을 이용하여 만든 주철관이다. 관은 원심력의 작용으로 수직관에 비하여 재질이 치밀하고 두께가 균일하며 강도가 높기 때문에 관의 두께를 얇게 만들 수 있다. 원심력 사형 주철관에는 최대사용 정수도 100m 이하에 사용하는 고압관과 75m 이하에 사용하는 보통압관 45m 이하에 사용하는 저압관의 3종류가 있다.

③ 수도용 원심력 금형 주철관(cast-iron pipe centrifugally cast in metal molds for water works)

수냉식 금형에 선철을 부어 회전시키면서 원심력을 이용하여 관을 주조한다. 관의 종류에는 최대 사용 정수두 100m 이하에 사용하는 고압관과 75m 이하에 사용하는 보통 압관의 2종류가 있다. 또한 이음부의 모양에 따라 소켓관과 기계식이음관이 있다.

④ 수도용 원심력 구상흑연 주철관

원심력 덕타일 주철관이라고도 하며 양질의 선철에 강을 배합하여 용해하고 회전하는 주형에 주입하여 원심력을 이용하여 주조한 뒤 다시 주형에서 꺼내 노속에 넣고 고르게 가열하여 730℃ 이상에서 일정한 시간동안 풀림(anneling) 처리한 것이다.

덕타일 주철관의 특징

- 보통 주철(회주철)과 같이 관의 수명이 길다.(100년 이상)
- 강관과 같이 고압에 견디는 높은 강도와 인성을 지니고 있다.
- 보통 주철과 같은 좋은 내식성이 있다.
- 변형에 대한 높은 가요성 및 가공성이 있다.
- 충격에 대한 높은 연성을 가지고 있다.
- 우수한 가공성을 가지고 있다.

덕타일 주철관은 최대 사용 정수두에 따라 고압관, 보통압관, 저압관의 3종류로 나누고 이음부의 모양은 기계식 이음관으로 제조된다.

⑤ 원심력 모르타르 라이닝 주철관(centrifugally mortar lining cast-iron pipe)

주철관의 부식을 방지하기 위하여 삽입구를 제외한 관의 내면에 시멘트 모르타르를 라이닝한 관으로 주로 수도용에 사용한다. 라이닝을 실시하는 관은 수도용 원심력 사형 주철관, 원심력 금형 주철관, 원심력 구상흑연 주철관 등이다. 라이닝을 실시한 관은 철과 물의 접촉이 없기 때문에 물이 관속을 침투하기가 어렵고 마찰저항이 적으며 수질의 변화가 적은 장점이 있어 많이 사용되고 있다.

⑥ 배수용 주철관(cast-iron pipe for drainage)

배수용 주철관은 오수·잡수 배관용으로 사용되며 내압이 작용하지 않으므로 급수용 주철관보다 두께가 얇은 것이 사용된다. 관의 호칭지름은 5~200mm까지 7종이 있고 각각의 기준길이는 1.6m, 1.0m, 0.8m, 0.6m, 0.4m, 0.3m이다.

3) 비철금속관

① 동 및 동합금관(copper-pies and copper alloy pipe)

동은 전기 및 열의 전도율이 좋고 내식성이 뛰어나며 전성, 연성이 풍부하여 가공도 용이하다. 판, 봉, 관 등으로 제조되어 전기재료, 열교환기, 급수관 등에 널리 사용되고 있다. 동 및 동합금관은 다음과 같은 특징이 있다.

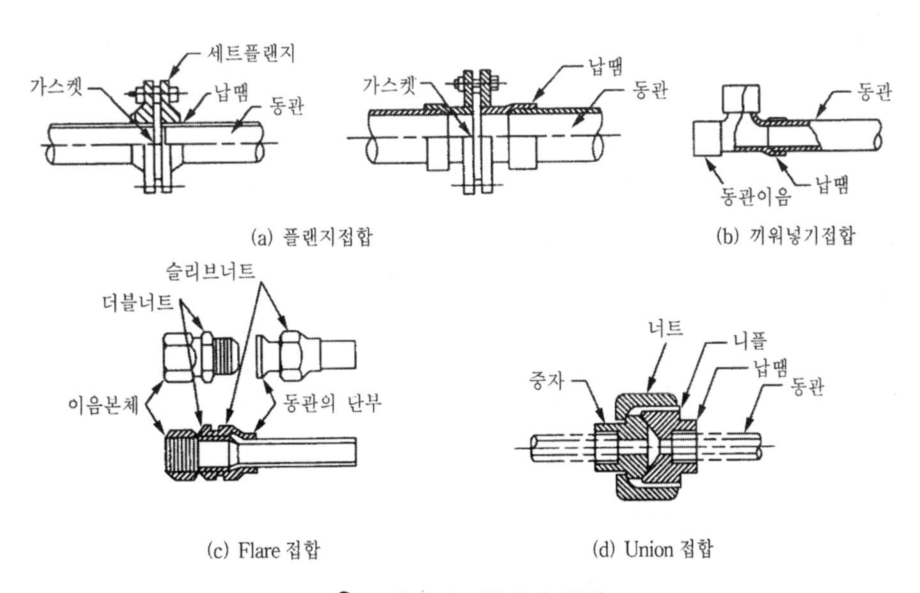

그림 8-2 동관의 접합

· 담수에 내식성은 크나 연수에는 부식된다.
· 경수에는 아연화동, 탄산칼슘의 보호피막이 생성되므로 동의 용해가 방지된다.
· 상온공기 속에서는 변하지 않으나 탄산가스를 포함한 공기 중에는 푸른 녹이 생긴다.
· 아세톤, 에테르, 프레온가스, 휘발유 등 유기약품에는 침식되지 않는다.
· 가성소다, 가성칼리 등 알칼리성에 내식성이 강하다.
· 암모니아수, 습한 암모니아가스, 초산, 진한 황산에는 심하게 침식된다.

② 스테인레스 강관(austenitic stainless pipe)

수도 원수의 오염으로 인하여 배관의 수명이 짧아지고 내구성 등에 기인하는 여러 가지 사고가 발생하고 있다. 그 때문에 내식성이 우수한 스테인리스 강관의 건축설비 배관에 이용도가 날로 증대되고 있다.

스테인리스 강관의 특성
· 내식성이 우수하여 계속 사용시 내경의 축소, 저항증대 현상이 없다.
· 위생적이어서 적수, 백수, 청수의 염려가 없다.
· 강관에 비해 기계적 성질이 우수하고 두께가 얇아 운반 및 시공이 쉽다.
· 저온 충격성이 크고 한랭지 배관이 가능하며 동결에 대한 저항은 크다.
· 나사식, 용접식, 몰코식, 플랜지 이음법 등의 특수 시공법으로 시공이 간단하다.

③ 연관(lead pipe)

연관은 오래 전부터 급수관 등에 이용 되어온 관이며 재질이 부드럽고 전성, 연성이 풍부하여 상온가공이 용이하며 다른 금속관에 비하여 특히 내식성이 뛰어난 성질을 지니고 있다. 연관은 건조한 공기속에서는 침식되지 않고 해수나 천연수에도 관표면에 불활성 탄산연막을 만들어 납의 용해와 부식을 방지하므로 안전하게 사용할 수 있다.

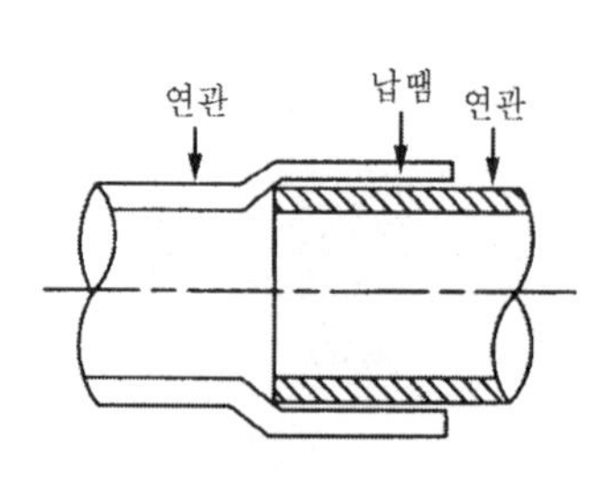

(a) 플라스턴에 의한 끼워넣기접합

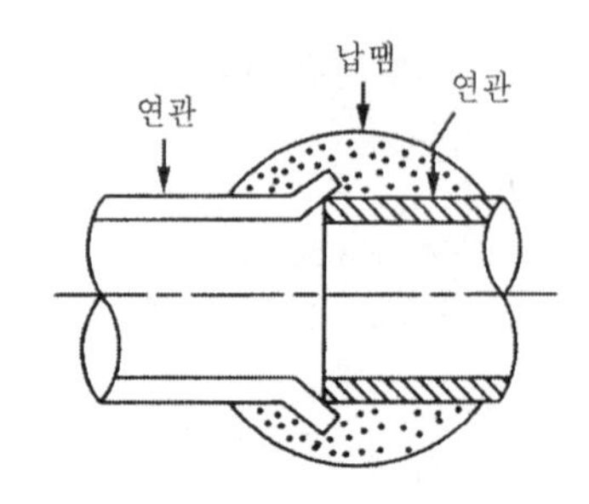

(b) 육성납땜접합

그림 8-3 연관의 접합

그러나 납은 초산, 농염산, 농초산 등에는 침식되고 증류수에도 다소 침식된다. 연관은 콘크리트 속에 직접 매설하면 유리 생석회에 침식되기 때문에 방식피막을 만들어서 매설한다. 연관의 종류에는 연관, 수도용 연관, 경연관의 3종류가 있고 그밖에 배수용 연관이 있다.

④ 알루미늄관(aluminium pipe)

알루미늄은 동 다음으로 전기 및 열전도성이 양호하고 비중은 2.7로서 실용금속 중에서는 Na, Mg, Ba 다음으로 가벼운 금속이다. 동이나 스테인리스보다 값이 싸며 전성, 연성이 풍부하고 가공도 용이하여 판, 관, 봉, 선으로 제조하여 건축 재료와 화학 공업용 재료로 널리 사용하고 있다.

⑤ 규소 청동관(silicon-bronze pipe and tube)

규소(Si)를 2.5~3.5% 섞은 청동관은 내산성이 우수하고 강도가 높아 화학 공업용으로 사용된다. 냉간 인발법 또는 압출법으로 이음매 없이 제조된다.

⑥ 니켈동관(nickel bronze pipe)

니켈 동합금 이음매 없는 관은 내식성, 내산성이 우수하고 강도가 높아 고온에 사용한다. 급속가열기, 화학공업용 배관에 적당하다.

⑦ 티탄관(titan pipe)

배관용 티탄관은 내식성이 우수하고 열 교환기용 티탄관은 관의 내외면에서 열을 전달하는 장소에 사용한다. 화학공업용이나 석유공업용의 열교환기, 콘덴서 등에 사용된다.

⑧ 주석관(tin pipe)

주석은 연관과 마찬가지로 냉간 압출제관기로 제조된다. 주석은 상온에서 물・공기・묽은 산류에도 전혀 침식되지 않는다. 비중 7.3, 용융온도 232℃이며 납용융온도 327℃보다 저온도에서 용융한다. 주로 양조공장 및 화학공장에서 알코올, 맥주 등의 수송관으로 사용된다.

4) 비금속관

① 합성수지관(plastic pipe)

외력을 가하여 그 모양을 변화시킬 수 있는 성질을 가소성이라 하며 유기물질로 합성된 가소성이 큰 물질을 플라스틱(plastic) 또는 합성수지(synthetic resin)라 한다. 합성수지는 금속관의 취약점인 산・알칼리・유류・약품 등에 강하고 가볍고 가공성이 우수하여 내열성과 강도 등을 향상시키면 배관을 비롯한 모든 구조물 재료의 전환기를 가져올 수 있는 재료이다.

합성수지는 열경화성 수지와 열가소성 수지의 두 종류이며 현재 배관에서는 열가소성의 염화비닐과 폴리에틸렌을 이용해서 배관용 관을 제작하여 사용하고 있다. 배관용 관으로 사용할 때는 제품의 안쪽과 바깥쪽이 매끈하므로 마찰계수가 작아 유체의 수송에 적합하다.

〈장점〉

㉠ 내식성이 크고 염산, 황산, 가성소다 등 산과 알칼리 등의 부식성 약품에 대해 거의 부식되지 않는다.

㉡ 비중은 1.43으로 알루미늄의 약 1/2, 철의 1/5, 납의 1/8 정도로 대단히 가볍고 운반과 취급에 편리하다. 인장력은 20℃에서 50~55MPa로 기계적 강도도 비교적 크고 튼튼하다.

㉢ 전기절연성이 크고 금속관과 같은 전식작용(電餘作用)을 일으키지 않으며 열에 대해서는 불량도체로 열전도율은 철의 1/350 정도이다.

㉣ 관절단, 구부림, 접합, 용접 등의 가공이 용이하다.

㉤ 다른 종류의 관에 비하여 값이 싸다.

〈단점〉

㉠ 열에 약하고 온도 상승에 따라 기계적 강도가 약해지며 약 75℃에서 연화한다.

㉡ 저온에 약하며 한냉지에서는 외부로부터 조금만 충격을 주어도 파괴되기 쉽다.

㉢ 열팽창률이 크기 때문에(강관의 7~8배) 온도변화의 신축이 심하다.

㉣ 용제에 약하고 특히 방부제(크레오 소트액)와 아세톤에 약하며 또 파이프 접착제에도 침식된다.

㉤ 50℃ 이상의 고온 또는 저온장소에 배관하는 것은 부적당하다. 온도변화가 심한 노출부의 직선 배관에는 10~20m마다 신축 조인트를 만들어야 한다.

② 콘크리트관(concrete pipe)

㉠ 원심력 철근 콘크리트관(centrifugal reinforced concrete pipe)

원심력 철근 콘크리트관은 상·하수도 수리, 배수 등에 널리 사용되고 있으며 원형으로 조립된 철근을 강재(鋼材)형 형틀에 넣고 원심기의 차륜에 올려놓은 다음 회전시키면서 소정량의 콘크리트를 투입하여 원심력을 이용하여 콘크리트를 균일하게 다져 관을 제조하며 성형후에는 증기양생을 실시하여 경화를 촉진한다.

㉡ 철근 콘크리트관(reinforced concrete pipe)

철근 콘크리트관은 철근을 넣은 수제 콘크리트관이며 주로 옥외 배수관으로 사용된다. 접합방법은 소켓부분 관의 주위에 시멘트 모르타르를 채운다.

③ 석면 시멘트관(asbestos cement pipe)

석면(asbestos)과 시멘트를 혼합하여 제조한 관으로서 에테니트관(eternit pipe)이라고도 한다. 내식성이 크며 특히 내알칼리성이 우수하고 강도가 비교적 커서 수도관, 가스관, 배수관, 공업용수관 등에 사용된다.

④ 도관((vitrified clay pipe)

도관은 점토를 주원료로 하여 잘 반죽한 재료를 제관기에 걸어 직관 또는 이형관으로 성형하여 자연건조, 또는 가마안에 넣고 소성하여 표면에 규산나트륨의 유리피막을 입히며 두께에 따라 보통관, 후관, 특후관의 세 종류가 있다. 관의 길이가 짧아서 이음부분이 많아지므로 오물이 많이 흐르는 긴 배수관에는 부적당하다.

⑤ 유리관(glass tubes)

유리관은 붕규산 유리로 만들어져 배수관으로 사용되며 일반적으로 관경이 40~150mm, 길이 1.5~3m의 것이 사용된다.

표 8-4 일반 배관용 재료의 사용 구분

구 분	관의 종류	규 격	사 용 구 분								비고
			증기	냉온수	냉각수	기름	냉매	급수	급탕	배수통기	
강 관	수도용 아연도 강관	KS D3537		○	○			○	○	○	
	배관용 탄소강 강관	KS D3507		○	○	○	○	○	○	○	백관SPW
	〃	〃	○								흑관SPB
	압력배관용 탄소강 강관	KS D3562		○	○	○	○	○			백관SPW
	〃	〃	○			○					흑관SPB
스테인리스	배관용 스테인레스 강관	KS D3595		○	○			○	○	○	
동 관	동 및 동합금 이음매없는관(인탈산)	KS D5301		○	○		○	○	○	○	
주 철 관	수도용 입형주철직관	KS D4310						○			
	배수용 주철관	KS D4307						○		○	
	수도용 원심력 닥타일 주철관	KS D4311						○			
연 관	연 관	KS D6702								○	1및2종
	수도용 연관	KS D6703						○			1및2종
비 닐 관	경질염화비닐관	KS M3404								○	
	수도용 경질염화비닐관	KS M3401						○			
도 관	도 관	KS L3208								○	
콘크리트	콘크리트관	KS F4401								○	

표 8-5 배관재료의 물리적 성질 비교

비교사항	강관(아연도금)	동관	스테인레스관
항장력 [MPa], {kg/cm²}	[400], {4,000}	[200], {2,000}	[550], {5,500}
연 신 율 [%]	30	42	55
열전도율 [W/(m·℃)], {kcal/m·h·℃}	[47], {40}	[384], {330}	[16], {14}
선 팽 창 계 수	1.32×10^{-5}	1.65×10^{-5}	1.73×10^{-5}
내 열 성	1,5000℃에서 용해	1,100℃에서 용해	1,400℃에서 용해
중량비교[동일호칭경]	414	100	99

(2) 관이음 재료(Fittings)

관이음 재료는 배관을 계속해서 접속시킬 때 또는 하나의 배관을 2개 이상으로 분류할 때, 배관의 방향을 바꿀 때 등에 사용하는 것으로서 관의 재질은 유체의 특성 및 사용목적에 따라 결정되며 강관의 이음방법으로는 나사이음과 용접이음 방법이 있고 압력배관, 고온배관, 저온배관 등의 특수한 배관에는 특수배관용 이음쇠가 사용된다. 또한 신축이음은 관내를 흐르는 유체의 온도와 관에 접하는 외기의 온도차가 커질수록 배관의 팽창과 수축의 차가 커지므로 배관 도중에 설치하여 관의 신축을 흡수하는 이음방법이다.

1) 강관 이음재료

강관용 이음재료(steel pipe fittings)에는 이음방법에 따라 나사식, 용접식, 플랜지식으로 나누어진다.

그림 8-4 관이음 재료의 종류

① 나사식 이음

물, 증기, 기름, 공기 등의 저압용 일반배관에 사용하며 마모, 충격, 진동, 부식 및 균열 등이 발생할 우려가 있는 곳에는 사용하지 않는 것이 좋다.

② 용접식 이음

배관의 이음을 용접에 의한 것으로 접속부의 모양에 따라 맞대기 용접방법과 삽입식 용접방법 그리고 플랜지식 이음방법으로 구분되며 배관의 재질에 따라 일반 배관용과 특수 배관용으로 구분된다.

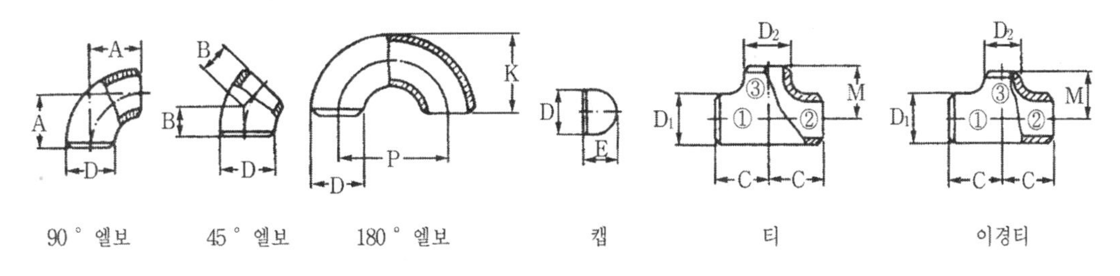

그림 8-5 맞대기 용접식 이음방법

2) 주철관 이음재료

주철관의 이음재료를 이형관이라 하며 수도용과 배수용으로 구분된다.

① 수도용 주철 이형관

수도배관에 사용되는 주철관의 접합방법은 소켓접합과 플랜지 접합으로 구분되고 최대사용 정수두는 75m 이하에서 사용되나 배관지름 500mm 이하의 것은 사용 정수두 100m의 고압배관에도 사용이 가능하며 접합부의 형상은 그림 8-6과 같다.

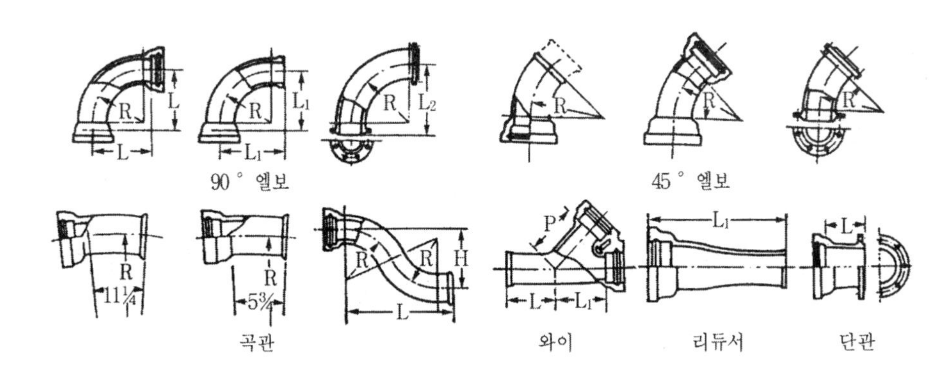

그림 8-6 수도용 주철 이음재

② 배수용 주철 이형관

배수용 주철 이형관은 배수관 내의 오수가 원활하게 흐르고 이음부위에서 오물이 쌓이지 않도록 하기 위해 분기관이 Y자형으로 매끄럽게 만들어져 있고 이음부분은 소켓이음으로 되어 있으며 형상은 그림 8-7과 같다.

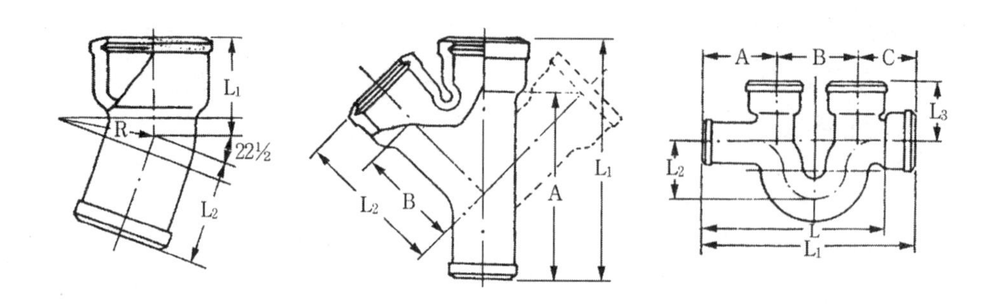

그림 8-7 배수용 주철 이음재

3) 동관 이음재료

동관용 이음재료에는 관재질과 동일한 것과 동합금 주물로 만들어진 것이 있으며 접속방법에 따라 땜접합에 사용되는 슬리브식 이음재료와 관 끝을 나팔모양으로 넓혀 플레어너트로 조여서 접속하는 플레어식 이음재료가 있다.

4) 스테인리스 이음재료

스테인리스 강은 녹이 잘 슬지 않는 금속으로서 화학장치, 의료기기, 원자력배관 등 특수한 용도로서 쓰였으나 최근에는 대중화되어 주방기기, 건축물의 내·외장재 및 냉난방 위생배관 재료로서 사용되고 있다. 이음방법으로는 MOLCO-JOINT, WON JOINT, BECA JOINT 등의 방법과 용접이음의 방법이 있다.

(3) 배관의 지지

배관의 길이가 길어지면 관자체의 무게와 내부유체의 하중, 열에 의한 신축, 유체의 흐름에서 발생하는 진동이 배관에 작용한다. 이러한 하중, 진동, 신축을 배관에 접속된 기계류 등에 전달하여 성능을 저하시키므로 이러한 것을 방지하기 위하여 배관의 지지장치가 필요하게 된다.

1) 관지지의 필요조건

① 관과 관내의 유체 및 피복재의 합계 중량을 지지하는데 충분한 재료일 것
② 외부에서의 진동과 충격에 대해서도 견고할 것
③ 배관 시공에 있어서 구배의 조정이 간단하게 될 수 있는 구조일 것
④ 온도 변화에 따른 관의 신축에 대하여 적합할 것
⑤ 관의 지지간격이 적당할 것

2) 배관의 지지간격

층간변위, 수평방향의 가속도에 대한 응력이 필요한 경우는 좌굴응력을 검사해서 지지구간내에서 관이 진동하지 않도록 적절한 간격을 선정하여야 한다. 기준이 되는 자료는 표 8-6과 같다.

표 8-6 배관의 지지간격

배 관	배관재	관 경	간격
입상관	동 관 강 관 염화비닐관		1.2m 이내 각층 1개소 이상 1.2m 이내
횡주관	동 관	20mm 이하 25~440mm 50mm 65~4100mm 125mm 이상	1.0m 이내 1.5m 이내 2.0m 이내 2.5m 이내 3.0m 이내
	강 관	20mm 이하 25~40mm 이하 50~80mm 90~4150mm 200mm 이상	1.8m 이내 2.0m 이내 3.0m 이내 4.0m 이내 5.0m 이내

(4) 행거(hanger) 및 지지대(support) 설계

1) 지지장치(hanger and support) 설계시 유의사항

① hanging type의 경우 swing 각도가 4°를 초과해서는 안된다.
② 압력부분에 접촉되는 부품은 동일한 계통의 재질로 설계한다.
③ guide의 경우 파이프 및 lug(trunnion)의 열팽창도 고려해야 한다.

④ 하중이 큰 resting support의 경우 마찰력을 고려해야 한다.
⑤ hanger 및 support는 supplementry steel과 분리되어야 한다.
⑥ 진동이 예상되는 곳은 진동에 대비한 설계가 이루어져야 한다.

(5) 신축이음(expansion joints)

관 내부 유체의 온도와 관 외부온도의 차이에 따라 관은 팽창 또는 수축한다. 이 때에 신축의 크기는 관의 길이와 온도차이에 직접 관계가 있으며 관의 길이팽창은 일반적으로 관 지름의 크기에는 관계 없고 길이에만 영향이 있다. 철의 선팽창계수($a=1.2\times10^{-5}$)이므로 강관인 경우 온도차 1℃일 때 1m당 0.012mm만큼 신축하게 된다.

따라서 직선거리가 긴 배관에서는 관 접합부나 기기의 파손이 생길 염려가 있다. 이러한 파손을 예방하기 위하여 배관의 도중에 설치하는 이음용 재료를 신축이음쇠라 한다. 신축이음쇠의 종류에는 슬리브형, 벨로즈형, 신축곡관(loop type), 스위블 조인트(swivel joint), 볼조인트(ball joint) 등이 있다.

1) 슬리브형 신축 이음쇠(sleeve type expansion joint)

슬리브와 본체 사이에 패킹을 넣어 온수 또는 증기가 누설되는 것을 방지하며 패킹에는 석면을 흑연 또는 기름으로 처리한 것이 사용된다. 용도는 물 또는 압력 8kg/cm^2 이하의 포화증기, 공기, 가스, 기름 등의 배관에 사용되며 특징은 다음과 같다.

① 신축량이 크고 신축으로 인한 응력이 생기지 않는다.
② 직선으로 이음하므로 설치 공간이 루프형에 비해 적다.
③ 배관에 곡선 부분이 있으면 신축 이음쇠에 비틀림이 생겨 파손의 원인이 된다.
④ 장시간 사용시 패킹의 마모로 누수의 원인이 된다.

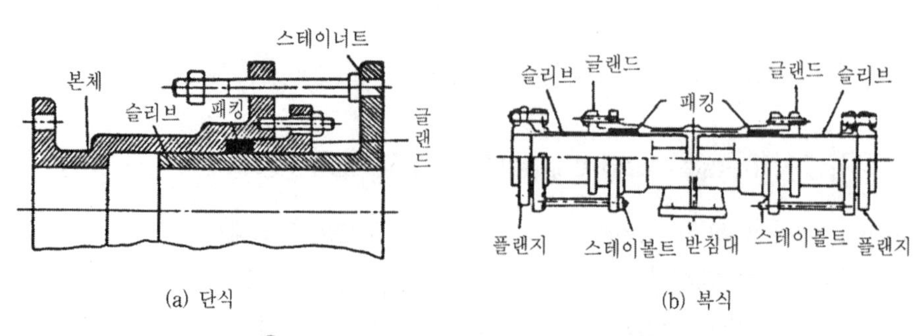

(a) 단식　　(b) 복식

그림 8-8 슬리브형 신축 이음쇠

2) 벨로우즈형 신축 이음쇠(bellows type expansion joint)

스테인리스 강이나 인청동으로 만든 벨로우즈의 신축을 이용해서 배관의 신축을 흡수하며 일명 패클리스(packless) 신축이음쇠라고도 한다. 이음방법에 따라 나사이음식 및 플랜지 이음식이 있으며 특징은 다음과 같다.

① 고압배관에는 부적당하다.
② 설치공간을 넓게 차지하지 않는다.
③ 자체응력 및 누설이 없다.
④ 벨로즈는 부식되지 않는 스테인리스, 청동제품 등을 사용한다.

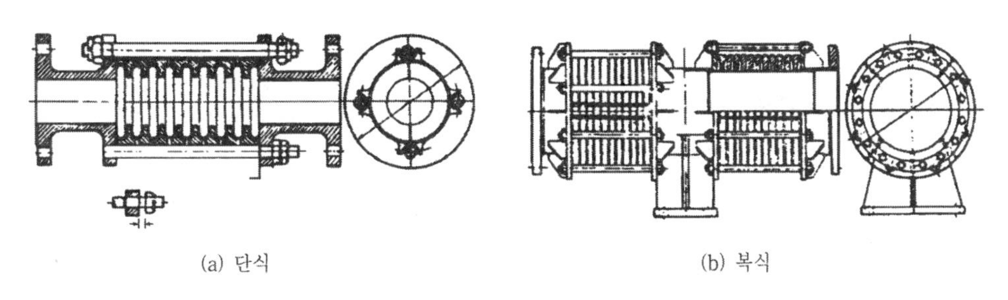

(a) 단식 (b) 복식

그림 8-9 벨로우즈형 신축 이음쇠

3) 루프형 신축 이음쇠(loop type expansion joint)

신축곡관이라고도 하며 강관 또는 동관 등을 루프(loop) 모양으로 구부려 구부림을 이용하여 배관의 신축을 흡수하는 형식으로 구조가 간단하고 고장이 적어 고온 고압용 배관에 사용되며 곡률반경은 관 지름의 6배 이상이 좋으며 특징은 다음과 같다.

① 설치공간을 많이 차지한다.
② 신축에 따른 자체응력이 생긴다.
③ 고온 고압의 옥외배관에 많이 사용한다.

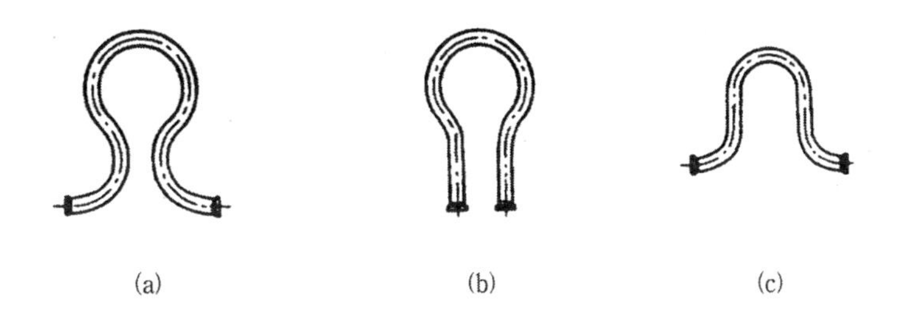

(a) (b) (c)

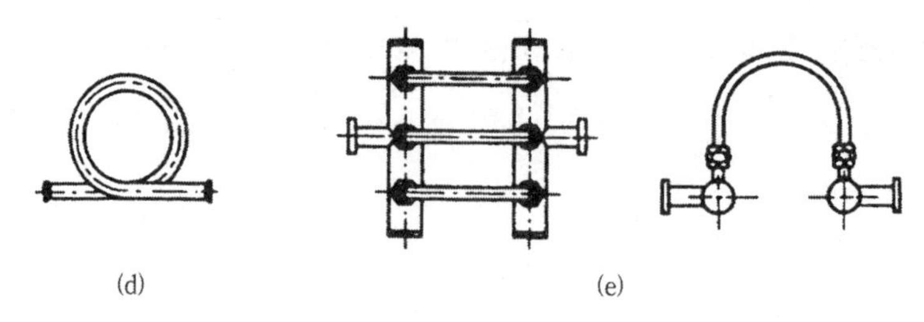

그림 8-10 루프형 신축 이음쇠

4) 스위블형 신축 이음쇠(swivel type expansion joint)

주로 증기 및 온수 난방용 배관에 많이 사용하며 2개 이상의 엘보우를 사용하여 이음부의 나사회전을 이용해서 배관의 신축을 이 부분에 흡수시키는 방법으로서 특징은 다음과 같다.

① 굴곡부에서 압력강하를 가져온다.
② 신축량이 큰 배관에는 부적당하다.
③ 설치비가 싸고 쉽게 조립할 수 있다.

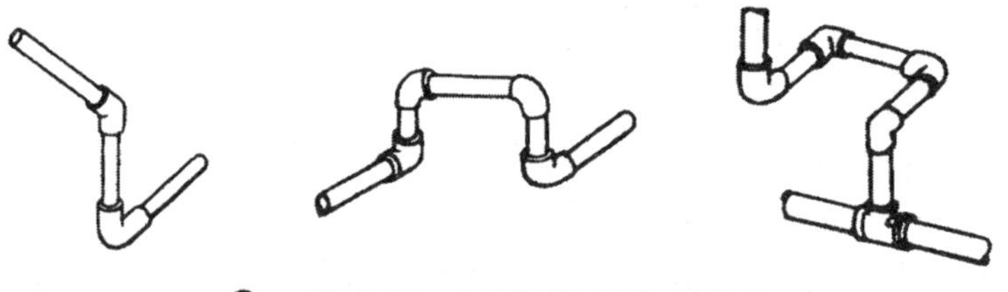

그림 8-11 스위블형 신축 이음쇠

5) 볼 조인트(ball joint)

일반적으로 볼조인트 2~4개 정도를 같이 사용해서 배관의 신축을 흡수하는 방법으로서 평면상의 변위뿐 아니라 입체적인 변위까지도 안전하게 흡수하므로 공장이나 초고층건물, 선박 등에서 적은 공간을 차지하면서도 신축 흡수량이 큰 곳에서 유용하다.

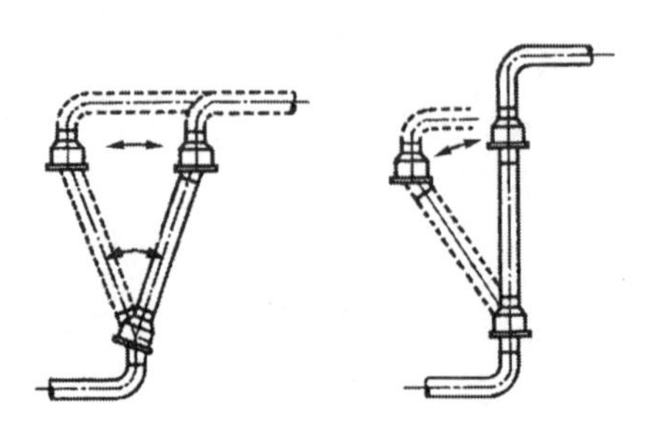

그림 8-12 볼 조인트 이음

(6) 밸브(valve)

밸브의 사용목적은 유체의 유량조절, 흐름의 단속, 방향전환, 압력 등을 조절하는데 것이며 구조는 흐름을 막는 밸브 디스크(disk)와 시트(seat) 및 이것이 들어있는 밸브 몸체와 이를 조정하는 핸들의 4부분으로 되어 있다.

1) 정지밸브(stop valve)

① 글로브 밸브(globe valve)

글로브 밸브는 몸통부분이 공모양과 같은 구형이며 직선 배관중간에 설치한다. 이 밸브의 구조로는 유체의 유입방향과 유출방향은 같으나 유체가 밸브의 아래로부터 유입하여 밸브시트의 사이를 통해 흐르게 되어 있어 유체의 흐름이 갑자기 바뀌기 때문에 유체에 대한 저항이 큰 단점이 있다. 그러나 개폐가 쉽고 유량조절이 용이하므로 자동조절 밸브로서 많이 사용된다.

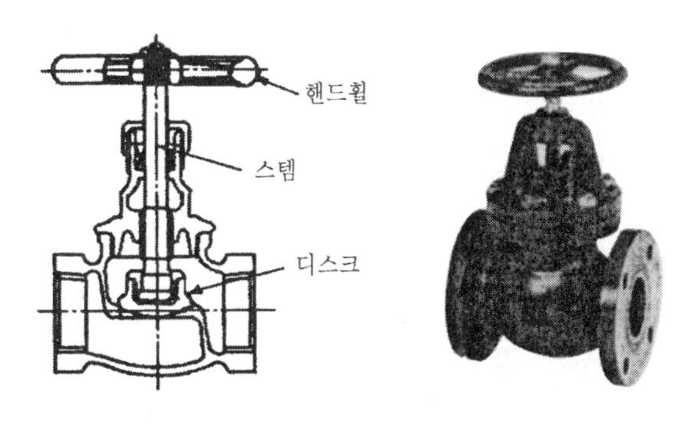

그림 8-13 글로브 밸브

2) 게이트 밸브(gate valve)

슬루스 밸브(sluice valve)라고도 하며 유체의 흐름을 단속하는 대표적인 밸브로서 배관용으로 가장 많이 사용된다. 밸브 개폐시 많은 힘이 필요하지 않으므로 대구경 밸브와 고압용 밸브에 널리 사용된다.

밸브를 완전히 열면 유체흐름의 단면적 변화가 없어서 마찰저항이 없으나 완전히 열리지 않고 일부만 열린 상태가 되면 밸브 내부에서 유체가 소용돌이 현상이 발생하며 진동이 일어나는 등의 문제가 발생하므로 밸브는 완전히 열린 상태나 닫힌 상태로 사용하는 것이 바람직하며 유량조절의 목적으로는 적당하지 않다.

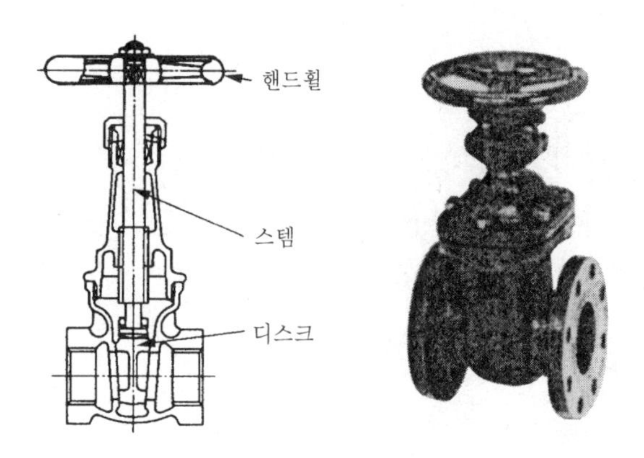

그림 8-14 게이트 밸브

3) 체크밸브(check valve)

배관내 유체흐름을 일정한 방향으로만 흐르게 하고 역류를 방지하는데 사용하는 것으로 밸브내 디스크가 유체 흐름에 의해 작동함으로써 목적을 달성한다. 밸브의 구조에 따라 리프트형, 스윙형, 풋형이 있다.

① 리프트형 체크밸브(lift type check valve)

글로브 밸브와 같은 밸브 시트의 구조로서 유체의 압력에 밸브가 수직으로 올라가게 되어 있다. 밸브의 리프트는 지름의 1/4 정도이며 흐름에 대한 마찰저항이 크므로 구조상 수평배관에만 사용된다.

② 스윙형 체크밸브(swing type check valve)

시트의 고정핀을 축으로 회전하여 개폐되므로 유수에 대한 마찰저항이 리프트형보다 적고 수평·수직 어느 배관에도 사용할 수 있다.

③ 풋형 체크밸브(foot type check valve)

개방식 배관의 펌프 흡입관 선단에 부착하여 사용하는 체크밸브로서 펌프 운전중에 흡입관속을 만수상태로 만들도록 고려된 것이다.

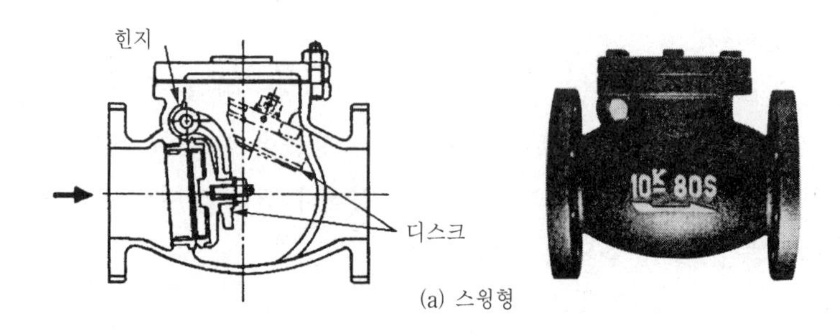

(a) 스윙형

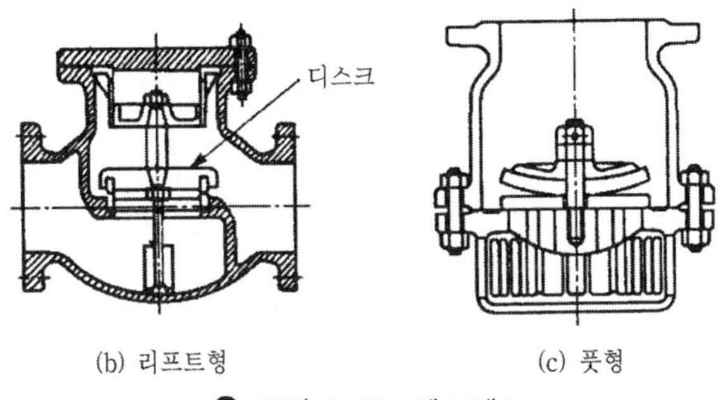

(b) 리프트형 (c) 풋형

그림 8-15 체크밸브

④ 버터플라이 밸브(butter fly valve)

버터플라이 밸브는 원통형의 몸체 속에서 밸브봉을 축(軸)으로 하여 원판을 회전시킴으로써 유체흐름의 개폐정도를 조절하는 것으로 유량조절이 가능하고 구조 및 조작이 간단하며 설치공간이 적어 대구경 저압배관에 널리 사용된다.

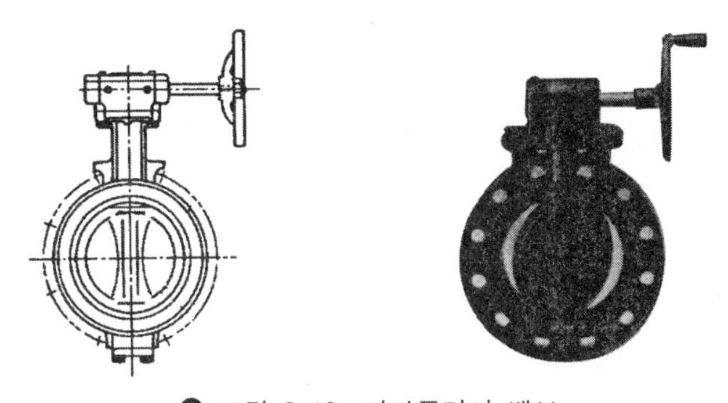

그림 8-16 버터플라이 밸브

⑤ 볼 밸브(ball valve)

공모양의 볼에 구멍이 있어 핸들의 조작에 따라 구멍의 방향이 바뀌면서 개폐조작이 된다. 구멍의 위치가 배관의 축 방향과 일치할 때 열린 상태가 되며 밸브가 완전히 열린 상태에서 밸브내 유로가 배관경과 동일하게 되어 압력손실이 적고 핸들을 90° 움직여 개폐하므로 개폐시간이 짧고 조작이 간단하며 기밀성이 좋고 설치공간을 적게 차지하는 장점이 있다.

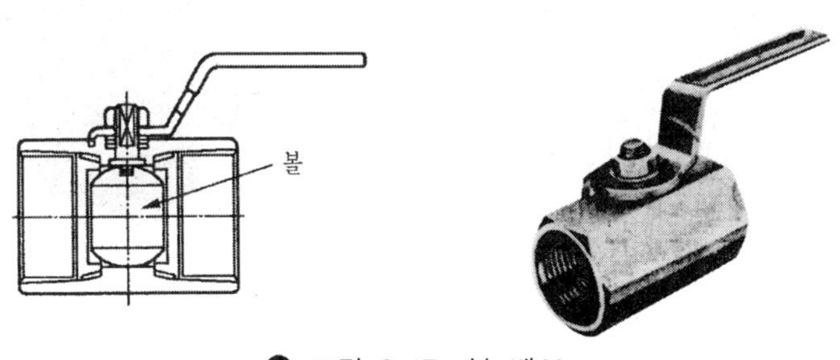

그림 8-17 볼 밸브

⑥ 감압밸브(pressure reducing valve)

이 밸브는 고압관과 저압관 사이에 설치하여 고압측 압력을 필요한 압력으로 낮추어 저압측의 압력을 항상 일정하게 유지시키는 밸브이다. 감압밸브는 고압측과 저압측의 압력비를 2:1 이내로 하고 고압측과 저압측의 압력차가 지나치게 크면 소음 문제가 발생하므로 2개의 감압밸브를 직렬로 사용하여 2단 감압시키는 것이 바람직하다. 제어방법에 따라 자력식과 타력식이 있다.

· 구비조건

㉠ 1차측의 압력변동에 대하여 2차측의 압력변동이 적을 것
㉡ 감압밸브가 닫혀 있을 때 2차측에 증기의 누설량이 적을 것
㉢ 2차측 증기 소비량의 변화에 대하여 응답이 빠르고 압력변동이 적으며 헌팅현상을 일으키지 않을 것

· 기술적 특성

㉠ 2차측 압력의 변동값은 1차측 압력의 변화 100kPa에 대하여 20kPa 이하일 것
㉡ 옵셋과 조임 승압은 70kPa 이하이며 최소 조정가능 유량이상에서 작동이 안정되어 있을 것.
㉢ 감압밸브가 닫혔을 때 증기의 누설량은 단좌밸브에 있어서 정격유량의 0.5% 이하이고 복좌밸브에 있어서는 1% 이하일 것

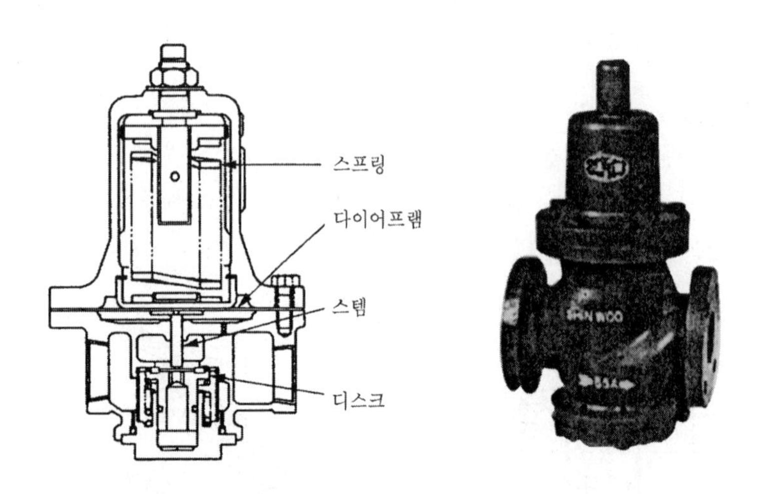

그림 8-18 감압밸브

7) 온도조절밸브(temperature regulating valve : TRV)

온도조절밸브는 열교환기와 가열기 등에 사용하는 것으로서 기기속에 유체온도를 자동적으로 조절하는 자동제어밸브이다. 온도에 의한 유량 조절장치를 밸브에 부착한 것으로 벨로스 부분이 조작부, 밸브부분이 조절부, 감온통(感溫筒) 부분이 검출부에 해당한다. 감온통은 열 교환기 등에 직접 설치하여 기기속의 온도에 따라 감온통 내의 유체가 팽창하면 이 압력을 받아 벨로스나 다이어프램이 작동을 하여 밸브의 개폐가 이루어지고 기기속에 유입되는 기체 또는 유체의 유량을 조절한다.

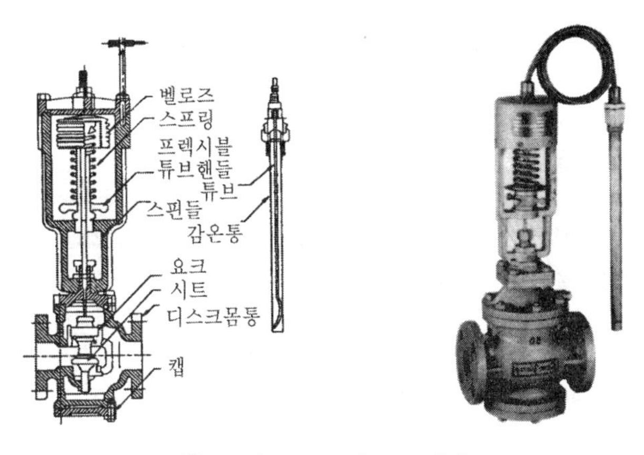

그림 8-19 온도조절밸브

8) 안전밸브(safety valve)

보일러나 열교환기와 같은 압력용기의 고압 유체를 취급하는 배관에 설치하여 관 또는 용기안의 압력이 규정한도 이상으로 되면 자동적으로 외부로 방출하여 용기속의 압력을 항상 안전한 수준으로 유지해 주는 밸브이다.

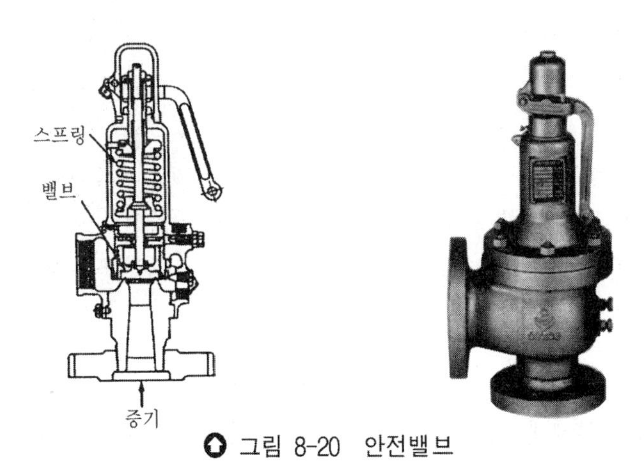

그림 8-20 안전밸브

9) 전동밸브(moter valve)

전동밸브(moter operated valve)는 콘덴서 모터를 구동하여 감속된 회전 운동을 링크기구에 의한 왕복운동으로 바꾸어서 제어밸브를 개폐한다. 각종 유체의 온도, 압력, 유량 등의 원격제어나 자동제어에 사용된다. 출구수에 의하여 2방향 밸브와 3방향 밸브가 있다.

10) 전자밸브(solenoid valve)

전자밸브는 온도조절기나 압력조절기 등에 의해 신호 전류를 받아 전자 코일의 전자력을 이용 자동적으로 밸브를 개폐시키는 것으로서 증기용, 물, 연료용, 냉매용 등이 있고 용도에 따라서 구조가 다르다.

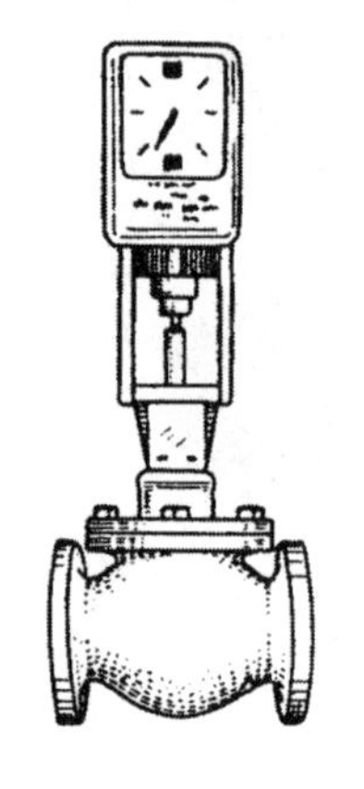

그림 8-21 전동밸브

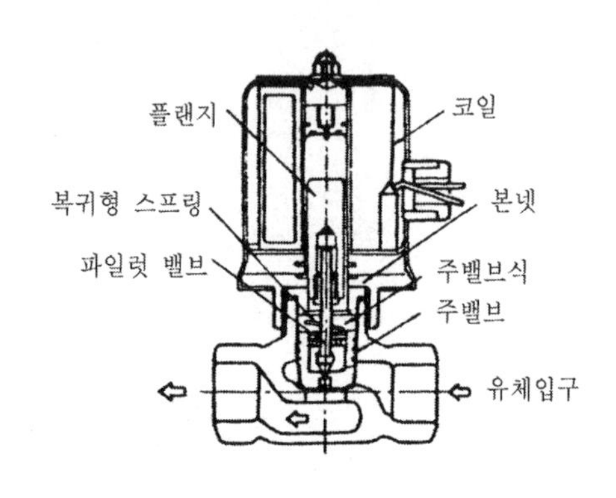

그림 8-22 전자밸브

11) 스트레이너(strainer)

① 스트레이너의 종류와 용도

스트레이너는 배관에 설치하는 밸브, 트랩, 기기 등의 앞에 설치하여 관속의 유체에 섞여 있는 모래, 쇠부스러기 등의 이물질을 제거하여 기기의 성능을 보호하는 기구로서 이물질이 기기로 들어가지 않도록 기기 앞부분에서 걸러내는 역할을 하는 것이다.

모양에 따라 Y형, U형, V형 등이 있으며 Y형이 가장 일반적으로 사용된다. 용도에 따라 물, 기름, 증기, 공기용으로 나누어지며 여과망을 자주 꺼내어 청소하지 않으면 눈망이 막혀 저항이 커지므로 주의하여야 한다.

㉠ Y형 스트레이너

45° 경사진 Y형의 본체에 원통형 금속망을 넣은 것이며 유체의 입구와 출구는 일직선상

을 이루고 있다. 유체의 저항을 줄이기 위하여 유체가 망의 안쪽에서 바깥쪽으로 흐르게 되어 있으며 밑부분에 플러그를 달아 쌓여있는 불순물을 제거하게 되어있다. 금속망의 개구면적은 호칭지름 단면적의 약 3배이고 본체에는 흐름의 방향을 표시하는 화살표가 새겨져 있으므로 시공시 주의하여야 한다.

㉡ U형 스트레이너

주철제의 본체 안에 원통형 여과망을 수직으로 넣어 유체가 망의 안쪽에서 바깥쪽으로 흐른다. 구조상 유체가 내부에서 직각으로 흐르게 됨으로써 Y형 스트레이너에 비해 유체에 대한 저항이 크나 보수나 점검 등에 매우 편리한 점이 있으므로 기름 배관에 많이 쓰인다.

㉢ V형 스트레이너

주철제의 본체 안에 금속 여과망을 V형으로 끼운 것이며, 유체가 금속 여과망을 통과하면서 불순물을 여과하는 것은 Y, U형과 같으나 유체가 직선으로 흐르게 되므로 유체의 저항이 적어지며 여과망의 교환, 점검, 보수가 편리한 특징이 있다.

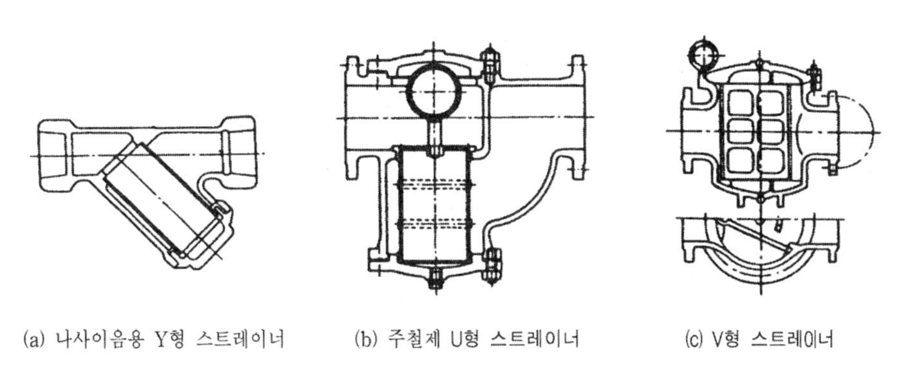

(a) 나사이음용 Y형 스트레이너 (b) 주철제 U형 스트레이너 (c) V형 스트레이너

그림 8-23 스트레이너

(7) 펌 프

펌프란 물·기름과 같은 액체의 위치를 바꾸는 기계로서 외부로부터 동력을 받아 액체에 에너지를 부여하면서 낮은 곳에 있는 액체를 높은 곳으로 올려보내거나 또는 낮은 압력의 액체를 높은 압력을 가진 액체로 만들어 주는 기계이다.

펌프의 작용에는 흡입(suction)과 토출(discharge)의 두 종류가 있으며 대부분의 경우 이 두가지 작용이 동시에 이용된다. 흡입작용은 진공에 의하는 것으로 대기압에 상당하는 수두 즉, 표준기압 하에서는 10.33m 이상으로 빨아올릴 수 없다. 그러나 이것도 이론상의 수치이며 실제로는 흡입관이나 풋밸브(foot valve) 등의 마찰손실이나 수중에 함유된 공기나 물의 증발 등에 의하여 7[m] 이내 밖에 흡입이 되지 않는다.

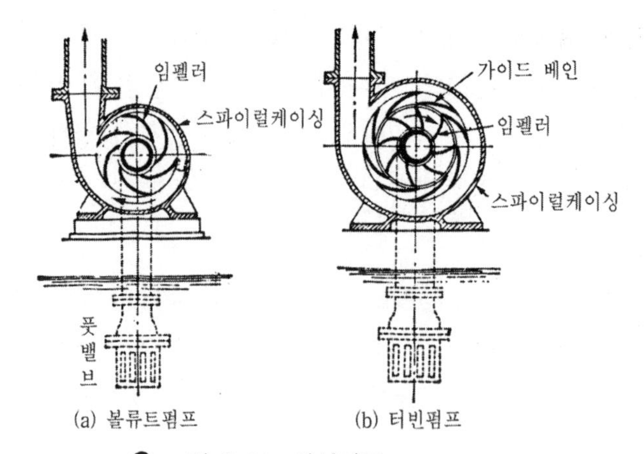

그림 8-24 원심펌프

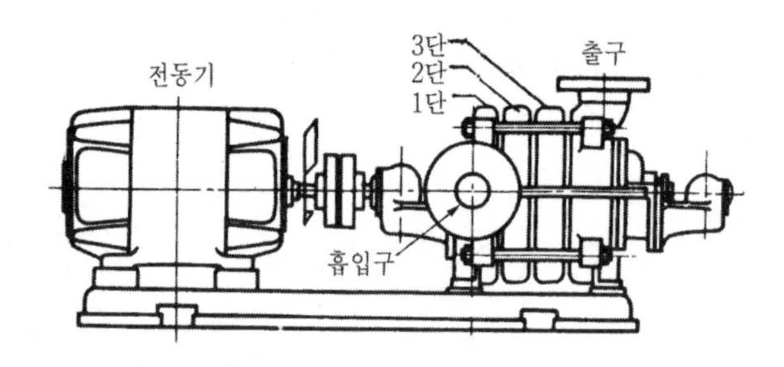

그림 8-25 다단펌프

1) 펌프의 종류

건축설비에서 사용되는 펌프의 사용목적에 대하여 정리하면 급수용, 배수용, 공조용, 순환용, 진공용 등이 있으며 이것을 원리에 따라 분류하면 다음과 같다.

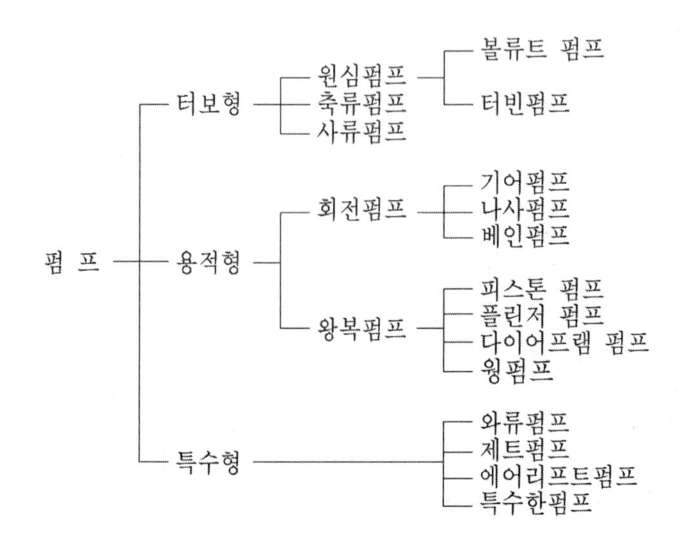

2) 펌프의 특징

① 터보형 펌프

날개(impeller)의 회전에 의해 유입된 액체에 운동에너지를 부여하고 와류실(渦流室) 등의 구조에 의해 이것을 압력에너지로 변환하는 것이다. 이것은 회전식으로서 진동이 적고 연속송수가 가능하며 구조가 간단하고 취급이 용이하며 운전성능도 좋다. 그러나 토출량은 압력에 따라 변동한다. 날개의 형상에 따라 와권(혹은 원심) 펌프, 사류펌프, 축류펌프, 마찰펌프가 있으며 건축설비용으로는 원심펌프가 가장 많이 사용된다.

② 용적형 펌프

회전부 또는 왕복부에 공간을 두고 이 공간에 유체를 넣으면서 차례로 보내는 것으로서 왕복펌프와 회전펌프가 있다. 왕복펌프에는 피스톤펌프가 회전펌프에는 기어펌프가 주로 사용된다. 용적형 펌프는 운전중에 다소의 토출량 변동이 있기는 하지만 고압이 발생되며 효율이 좋고 압력이 달라져도 토출량은 변하지 않는다.

③ 특수형 펌프

터보형, 용적형에 속하지 않는 펌프로서 와류펌프, 제트펌프 등이 있다.

표 8-7 펌프의 종류

<table>
<tr><th rowspan="2">종 류</th><th colspan="2">원 심 형</th><th rowspan="2">사 류 형</th><th rowspan="2">축 류 형</th></tr>
<tr><th>볼류트펌프</th><th>디퓨저펌프(터빈펌프)</th></tr>
<tr><td>비속도</td><td colspan="2">100~700</td><td>700~1,200</td><td>1,200~2,000</td></tr>
<tr><td>토출량</td><td colspan="2">0.05~50m³/min</td><td>3~200m³/min</td><td>10~500m³/min</td></tr>
<tr><td>양 정</td><td colspan="2">5~1,000m</td><td>2~30m</td><td>1~5m</td></tr>
<tr><td>특 징</td><td>양정 곡선이 완만하여 광범위한 수량에 대해 적용이 용이하다.</td><td>볼류트 펌프와 거의 동일하며 효율이 높은 수량의 범위는 넓지 않다.</td><td>원심펌프와 축류펌프의 중간적 성격</td><td>양정 곡선이 경사가 커 수량변화에 따라 운전이 불안정한 부분이 있다.</td></tr>
<tr><td>용 도</td><td>급수·양수·냉온수·냉각수·급탕용 순환수·소화용수·배수 등 건축설비 전반</td><td>보일러 급수 등 수량은 적으나 높은 양정이 필요한 곳</td><td>농업 관개 용수 등 수량과 양정이 중간 정도의 곳</td><td>하천배수·농업 관개용수 등 비교적 수량이 많으면서 양정이 작은 곳</td></tr>
</table>

3) 펌프의 양정

펌프운전에 의하여 액체에 주어지는 단위중량당의 기계적 에너지인 압력에너지, 속도에너지 등 에너지의 총합을 양정이라 한다. 양정은 액체의 압력상승을 수두로 나타낸 것이기 때문에 단위는 [m]가 된다. 그림 8-16과 같은 펌프 설치도에 배관손실, 토출손실(토출속도에 기인되는 손실수두) 등을 모두 포함했을 때 펌프가 양수할 수 있는 높이를 전양정 H라고 한다.

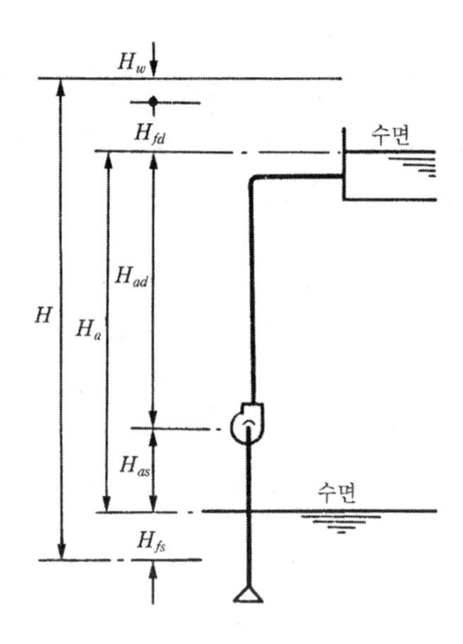

그림 8-26 펌프의 양정

또 흡입수위에서 토출수위까지 실양정 H_a라 한다. H_a는 흡입측 실양정으로 H_{as}와 토출측 실양정 H_{ad}와의 합이며 펌프의 전양정은 실양정에 배관 손실수두 H_f(흡입측 손실수두 H_{fs}와 토출측 손실수두 H_{fd}의 합계)와 토출구의 속도수두를 가산한 것이다.

$$H = H_a + H_f + H_v \quad \cdots\cdots (8\text{-}8)$$

그러나 속도수두는 H_v는 토출구의 속도가 그다지 높지 않으면 H_a, H_f에 비해 극히 적으므로 이를 생략하면 식 (8-8)은 다음과 같이 나타낼 수 있다.

$$H = H_a + H_f \quad \cdots\cdots (8\text{-}9)$$

여기서 H : 전양 [mAq]

H_a : 실양정(흡입측 실양정 H_{as}와 토출측 실양정 H_{ad}의 합계) [mAq]

H_f : 흡입측과 토출측의 손실수두의 합계 ($H_f = H_{fs} + H_{fd}$) [mAq]

H_{fs} : 흡입측 손실수두 [mAq]

H_{fd} : 토출측 손실수두 [mAq]

H_v : 토출구 속도수두 $(=v^2/2g)$ [mAq]

펌프의 실양정은 흡입측과 토출측의 수위와 펌프의 설치 위치에 따라 다르다. 그림 8-27에서 (a)는 아래쪽 수조에서 상부의 수조까지 물을 올려야 하므로 이 두 곳의 높이가 실양정이 되며 (b)의 경우에 실양정은 흡입측의 실양정과 토출측의 실양정을 합한 것이지만 (c)와 같은 경우의 실양정은 토출측의 실양정에서 압입수두를 뺀 것이 된다.

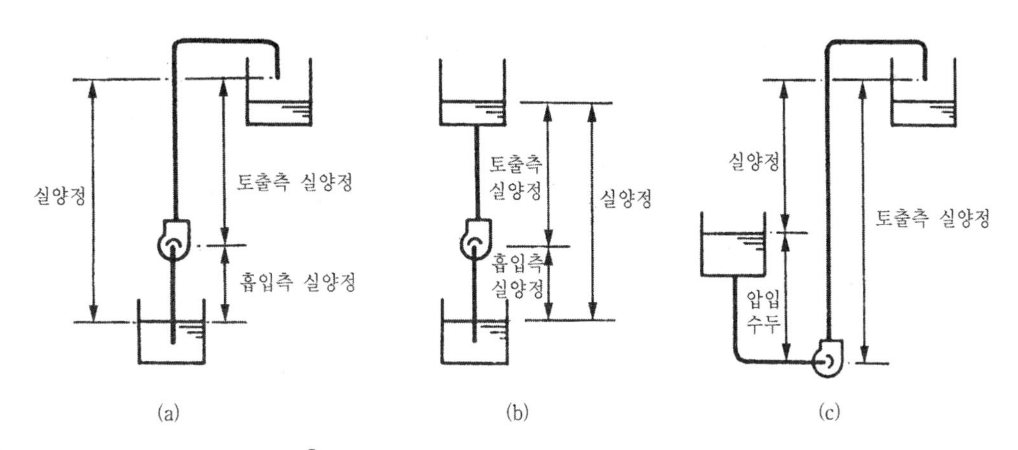

그림 8-27 수위에 따른 양정의 변화

펌프의 소요양정은 다음 식과 같다.

$$H = H_S + \frac{h_p + h_a + h_m + h_d}{\rho g} \quad \cdots\cdots (8\text{-}10)$$

여기서 H : 펌프의 전양정 [m]

H_s : 실양정 [m]

h_p : 직관부분의 압력손실 [Pa]

h_a : 배관의 국부압력손실 [Pa]

h_m : 기기류의 압력손실 [Pa]

h_d : 토출압력 [Pa]

ρ : 유체의 밀도 [kg/m^3]

g : 중력가속도 9.8 [m/s^2]

실양정은 정수두로서 펌프를 정지했을 때 배관설비 내에서 수면의 높이와 펌프 운전시 최대 수면의 높이의 차이를 말한다. 따라서 밀폐배관계통을 배관내 수면은 펌프의 운전여부와 관계없이 일정하므로 실양정 H_S는 0이 된다.

또 일반적으로 토출압력은 무시하지만 냉각탑과 가습장치에서 부분압력이 필요할 경우에는 그 필요한 압력을 양정에 가산하여야 한다. 배관설비에서 펌프를 사용하여 물을 이송할 때 또한 실양정은 토출실 양정과 흡입의 실양정으로 나눌 수 있다. 펌프보다 낮은 곳에서 양수를 할 경우에는 흡입의 실양정이 필요한 데 이것은 대기압에 의하여 한도가 있다. 다음 식에 의하여 실제흡입 양정을 약산으로 구한다.

$$H_{SS} = \frac{H_a - h_v - h_t}{\rho g} \quad \cdots\cdots (8\text{-}11)$$

여기서 H_{SS} : 펌프의 최대 흡입양정 [m]
H_a : 수면상의 대기압 [Pa]
h_v : 수온에서의 포화증기압력 [Pa]
h_t : 흡입관의 전저항 [Pa]

이 식에서 보면 수온이 상승하면 h_v가 커지게 되어 펌프가 흡입할 수 있는 실양정은 적어진다. 실제로 수온이 80℃ 정도가 되면 펌프보다 낮은 곳에서는 양수를 할 수 없다.

4) 호칭구경 및 유량

펌프로부터의 양수량은 호칭구경과 유속에 비례하여 증가한다. 따라서 펌프의 호칭구경을 d[m], 유속을 v[m/s]라 하면 양수량 Q[m^3/min]의 계산식은 다음과 같이 나타낼 수 있다.

$$Q = \frac{\pi}{4} d^2 \cdot v \times 60 [\mathrm{m^3/min}] \quad \cdots\cdots (8\text{-}12)$$

또 식 (8-12)로부터 호칭구경 d[m]의 계산식은

$$d = \sqrt{\frac{4 \times Q}{\pi \cdot v \times 60}} [\mathrm{m}] \quad \cdots\cdots (8\text{-}13)$$

한편 호칭구경냉에서 유속은 일반적으로 2~2.5[m/s]로 한다. 펌프의 양수량(토출량)은 펌프의 종류, 호칭구경 및 펌프의 소요동력, 전원의 Hz 수 등에 따라 결정된다.

5) 동력

① 수동력

펌프내에서 임펠러의 회전으로 유체에 주어지는 동력을 수동력 L_w[W]라 하고 펌프에 의해 배출되는 양수량을 Q[m^3/min], 양정을 H[m], 유체의 밀도 ρ[kg/m^3]이라고 하면 수동력은 다음과 같다.

$$L_w = \frac{\rho \cdot gQH}{60} \text{ [W]} \quad \cdots\cdots (8\text{-}14)$$

② 축동력

펌프의 회전축은 베어링에 체결되어 돌아가므로 마찰에 의한 손실이 생긴다. 따라서 펌프의 축을 돌리기 위한 동력은 임펠러가 물에 주는 수동력보다 커야 한다. 이와 같이 펌프의 축을 돌리는데 소요되는 동력인 축동력을 L_s[W]라 하고 수동력과의 비율을 펌프의 효율 η_p*) 라고 하면 다음 식과 같이 나타낼 수 있다. 즉, 펌프의 효율은

$$\eta_p = \frac{L_w}{L_s} \quad \cdots\cdots (8\text{-}15)$$

축동력은

$$L_S = \frac{\rho \cdot g \cdot Q \cdot H}{60 \times \eta_p} \text{ [W]} \quad \cdots\cdots (8\text{-}16)$$

여기서 펌프효율은 A효율과 B효율로 구분한다. A효율은 펌프의 최고효율이고 B효율은 펌프의 사양수량에 있어서의 효율이다. 그림 8-28은 소형원심펌프의 토출량에 따른 효율을 선도를 표시한다.

---

*) $\eta_p = \eta_v \cdot \eta_m \cdot \eta_h$ 이며 여기서 η_v는 체적효율이라 하여 누설로 인한 손실에 대응하는 것이고 η_m은 기계효율이라 하여 베어링 및 기계부분의 마찰로 인한 손실 η_h는 수력효율이라 하여 유체의 마찰 및 충돌의 손실에 대응하는 것이다.

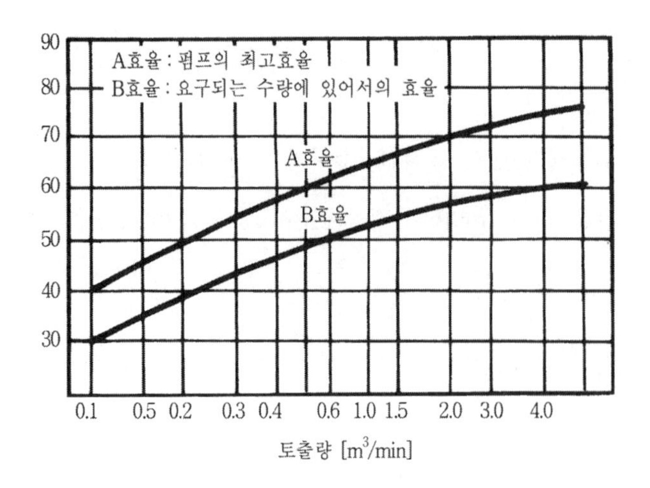

그림 8-28 소형 원심펌프의 효율

③ 원동기 출력

펌프를 구동하는데 필요한 원동기(전동기, 내연기관 등)의 출력을 소요동력 L_d[W]라 하면 이것은 축동력 L_s에 적당한 여유를 가하여 다음과 같이 계산한다. 여기서 a는 여유계수, η_t는 전동방식에 따른 전동효율로 각각 표 8-8, 8-9와 같다.

$$L_d = \frac{L_S(1+a)}{\eta_t} \text{ [W]} \qquad \text{(8-17)}$$

표 8-8 원동기 종류에 따른 여유계수 (a)

원동기의 종류	a
유도전동기	0.1~0.2
소형 엔진	0.2~0.25
대형디젤엔진	0.15~0.2

표 8-9 전동방식에 따른 전동효율 (η_t)

전동방식	η_t
직결인 경우	1.0
평 벨 트	0.9
V 벨 트	0.95
평 기 어	0.92~0.95
헤리컬 기어	0.95~0.98
스파이럴베벨기어	0.90~0.95

6) 펌프의 특성

① 특성곡선

펌프의 선정시 고려요소에는 토출량, 양정, 축동력, 효율 등이 있으며 이들의 관계를 그래프로 나타낸 것이 펌프의 특성곡선이다. 특성곡선에서는 펌프가 어느 일정한 속도로 회전하면서 물을 양수할 때 토출량의 변화에 따라 양정, 축동력, 효율의 변화를 나타내고 있으며 그림 8-29에 예를 나타낸다.

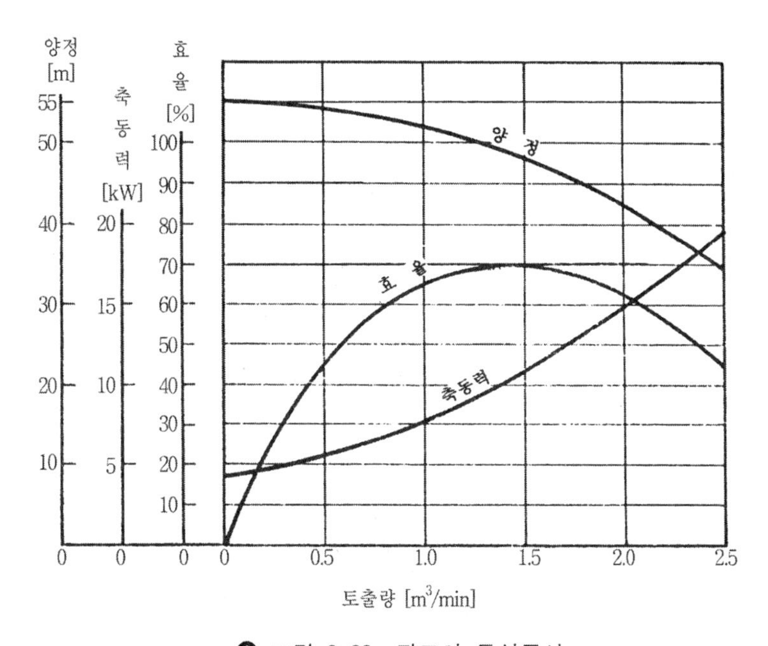

그림 8-29 펌프의 특성곡선

그림에서 보는 바와 같이 펌프의 토출밸브를 완전히 조이면 토출량은 0[m^3/min]이고, 양정은 55[m], 축동력은 4[kW]이다. 그러나 만약 토출밸브를 조금씩 열게 되면 양정은 서서히 감소하고, 축동력은 상승하며 또한 펌프의 효율은 상승하다가 어느 한계를 지나면 다시 감소한다. 효율곡선은 토출량에 따른 펌프효율의 변화를 나타낸 것으로 효율곡선에서 최고점이 되는 수량이 그 펌프의 기준수량이 된다.

또한 펌프의 특성곡선은 펌프의 종류에 따라 다르게 나타내며 배관계통의 필요수량이 결정되면 펌프의 최고효율점 부근에서 펌프를 선정하는 것이 요구된다. 그러나 일반적으로 펌프를 표준형에서 선정하는 경우 설계 값에 꼭 맞는 펌프를 선정하기란 쉽지 않고 설계 값과 배관저항에 따라 실제유량도 설계 값과 다르게 나타나는 경우가 많다.

② 배관계통의 저항곡선과 운전법

배관의 마찰손실은 유량, 관경, 배관길이, 이음매 및 밸브의 종류 등에 따라 좌우되며 저항은 유체속도의 제곱에 비례하여 변화한다. 그림 8-30은 수평축에 유량을 잡고 수직축에 수두를 표현한 그래프로서 유량에 대한 배관설비의 저항값을 나타낸 곡선으로 그 배관의 저항곡선이라 한다. 또 그림 8-31와 같이 배관의 저항곡선과 펌프의 양정곡선을 함께 그리면 교차하는 점 A가 운전상태점이 되므로 수두는 H_A, 유량은 Q_A가 된다.

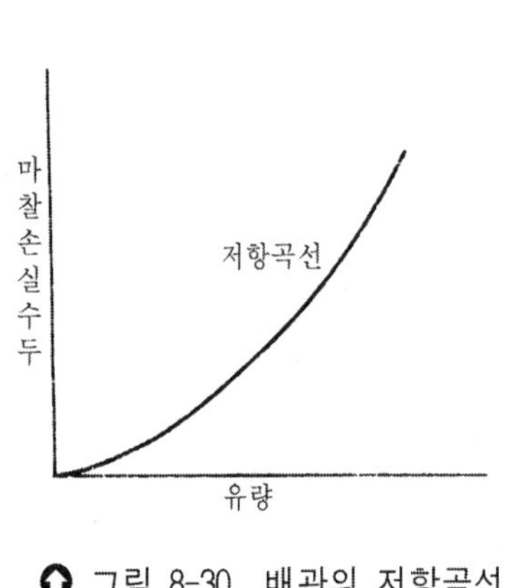

그림 8-30 배관의 저항곡선

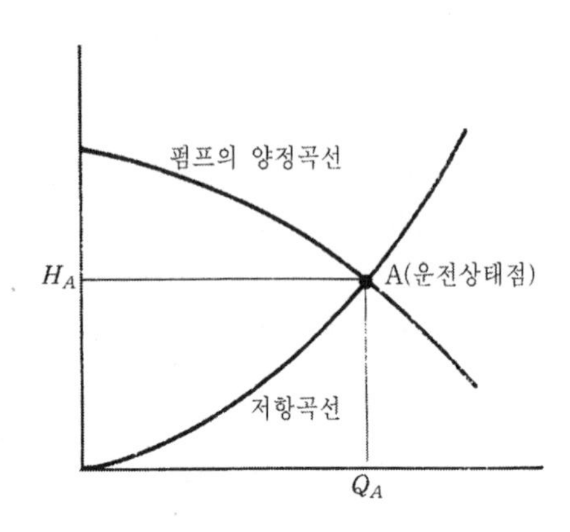

그림 8-31 배관의 저항곡선과 양정곡선

그림 8-32의 (a)와 같은 온수난방설비에 대한 저항 및 특성곡선은 그림 (b)와 같이 나타낼 수 있으며 이 설비에 설치된 순환펌프의 양정곡선이 특정한 회전수에서 O_2-A로 되어 있다고 가정하고 토출밸브를 완전히 열었을 때 비관의 마찰손실에 저항곡선은 O_1-A로 된다면 운전상태는 A점으로 유량 Q_A를 양정 H_A로 토출하고 있다. 그러나 만약 토출밸브를 조여서 유량을 줄이면 저항곡선은 O_1-B로 상승한다. 따라서 운전상태점은 B로 되므로 유량 Q_B를 양정 H_B로 토출하게 된다.

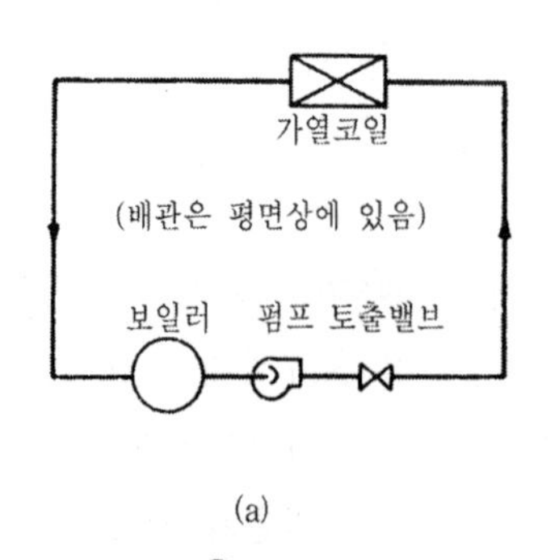

(a)

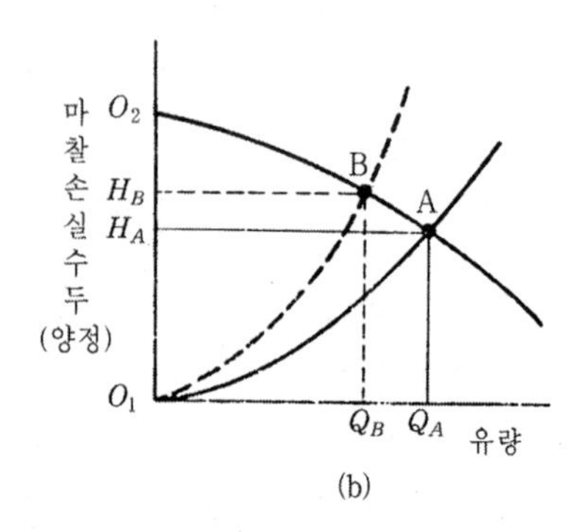

(b)

그림 8-32 밸브의 죔에 의한 유량 및 양정의 변화

㉠ 펌프의 토출측 수위가 흡입측 수위보다 높은 경우

그림 8-33의 (a)와 같이 펌프의 토출측 수위가 흡입측 수위보다 H_a만큼 높은 경우에 유량과 수두와의 관계는 그림 (b)와 같다. 즉, 펌프의 토출유량을 0으로 하여도 펌프가 받는 수두는 실양정 H_a만큼이 걸려 있다.

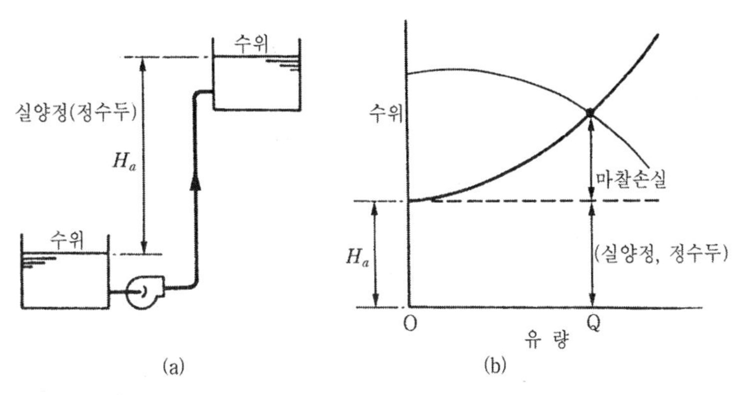

그림 8-33 정수두가 있는 배관의 저항곡선

그러나 토출밸브를 열어놓으면 토출유량의 증가에 따라서 배관 마찰손실에 의한 저항곡선은 H_a를 기점으로 증가된다. 따라서 이 시스템의 수두는 실양정(정수두)과 배관마찰 손실수두의 합이 된다.

㉡ 배관의 직경이 다른 경우

그림 8-34의 (a)와 같이 1개의 펌프에 관경이 각각 다른 배관 a와 b가 연결될 때에는 그림 (b)와 같이 a관 및 b관의 저항곡선을 각각 작도하고 이들의 합성저항곡선을 작도하면 전체의 저항곡선이 된다.

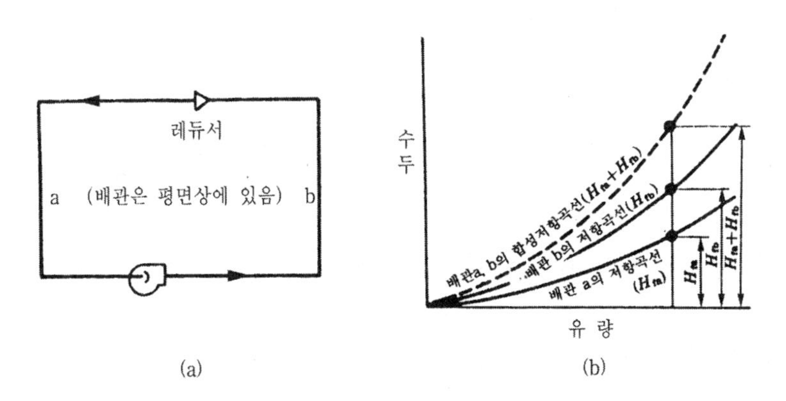

그림 8-34 관경에 따른 배관의 저항곡선

ⓒ 회전수 변화에 따른 유량, 양정, 축동력의 변화

그림 8-29와 같은 펌프의 특성곡선은 회전수를 일정하게 한 상태에서 얻어진 것이다. 그러나 회전수를 변화시키면 양수량은 회전수비에 비례하고 양정은 회전수비의 제곱에 비례하며 축동력은 회전수비의 3승에 비례한다. 즉, 토출량은

$$Q_2 = Q_1 \frac{N_2}{N_1} \quad \cdots\cdots (8\text{-}18)$$

양정은

$$H_2 = H_1 \left(\frac{N_2}{N_1} \right)^2 \quad \cdots\cdots (8\text{-}19)$$

축동력은

$$L_{d2} = L_{d1} \left(\frac{N_2}{N_1} \right)^3 \quad \cdots\cdots (8\text{-}20)$$

여기서 Q_1, H_1, L_{d1} : 회전수 N_1 [rpm]일 때의 토출량 [m^3/min], 양정 [m], 축동력 [kW]

Q_2, H_2, L_{d2} : 회전수 N_2 [rpm]일 때의 토출량 [m^3/min], 양정 [m], 축동력 [kW]

7) 펌프의 운전

① 펌프의 직렬운전

그림 8-35의 (a)와 같이 동일특성을 갖는 펌프 2대를 직렬로 연결하여 운전할 때 배관의 마찰저항이 없다면 유량은 변하지 않고 양정이 2배로(그림에서 점선) 높아지겠지만 실제의 운전에서는 배관의 마찰손실의 정도에 따라 크게 변화한다. 펌프 1대를 단독운전할 경우에는 그림 (b)에서 저항곡선은 O~R_1으로 되고 단독특성곡선과의 교점인 운전점은 A_1이 되어 유량은 5.6[m^3/min], 양정은 12.5[m]이다.

그러나 2대를 직렬로 연결하여 운전하면 특성곡선이 점선과 같이 변하여 운전점은 B_1점으로 이동하므로 유량은 6.8[m^3/min], 양정은 16.5[m]로 된다. 따라서 1대운전의 경우보다 유량은 약 1.21배, 양정은 약 1.32배 밖에 증가되지 않는다. 또한 배관의 저항이 더욱 큰 경우로서 저항곡선이 R_2로 되는 경우를 살펴보면 1대 운전시에 운전점은 A_2점으로 유량은 4.2[m^3/min], 양정은 15.0[m]이다. 이때 2대를 직렬로 연결하면 운전점은 B_2로 이동되므로 유량은 5.2[m^3/min], 양정은 23.5[m]로 변한다. 따라서 유량은 1.24배, 양정은 1.57배로 증가되었다.

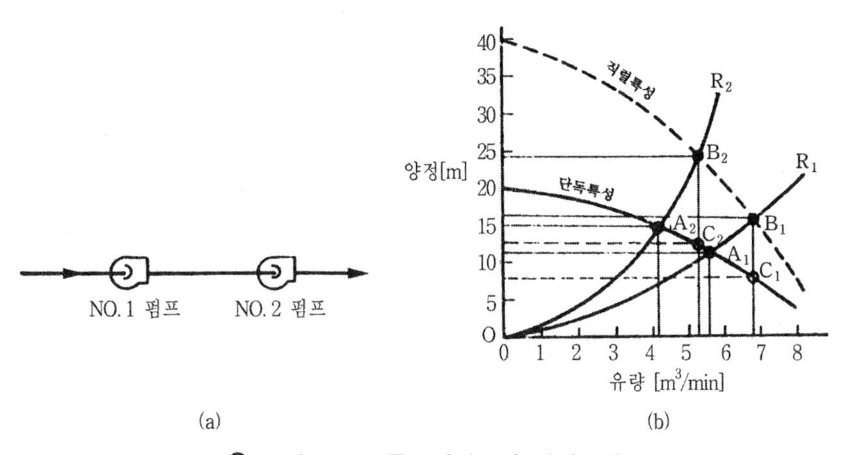

(a) (b)

그림 8-25 동특성펌프의 직렬운전

이와 같이 펌프의 직렬운전에 의한 양정이나 유량의 증가율은 일정하지 않고 배관의 저항에 따라 다르다. 한편 저항곡선이 R_1인 배관에서 펌프 1대로 운전할 때의 양정은 A_1점에 상당하는 12.5[m]이지만 2대를 직렬운전할 때 1대가 부담하는 양정은 C_1점인 7.5[m]가 되므로 1대를 운전할 때보다 현저하게 저하한다

② 펌프의 병렬운전

그림 8-36의 (a)와 같은 동일특성을 갖는 펌프를 병렬로 연결할 경우에 배관의 마찰저항이 없다면 그림 (b)의 점선과 같이 유량이 2배로 증가할 것이다. 그러나 실제로는 배관의 마찰손실의 정도에 따라 유량과 양정의 증가량이 크게 달라진다.

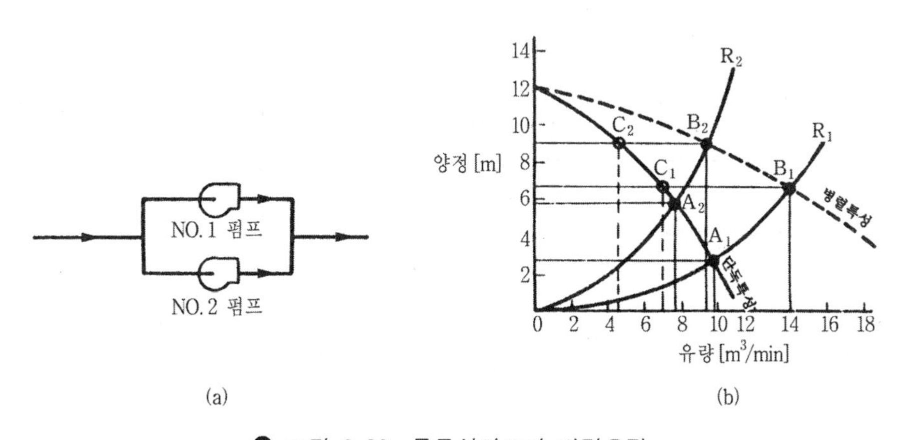

(a) (b)

그림 8-36 동특성펌프의 병렬운전

그림과 같이 배관의 저항곡선이 R_1인 경우에 펌프 1대의 운전점은 A_1이라 하면 유량

은 9.8[m^3/min], 양정은 2.9[m]가 된다. 그러나 만약 2대를 병렬로 운전하면 운전점이 B_1으로 변하므로 유량은 14.0[m^3/min], 양정은 6.8[m]로 된다. 따라서 유량은 1.43배, 양정은 2.34배로 증가됐다. 한편 저항곡선이 R_2로 되는 배관에서는 1대로 운전될 경우는 운전점 A_2로 유량은 7.6[m^3/min], 양저은 5.8[m]이다. 그러나 2대로 운전되면 운전점이 B_2로 변화되어 유량은 9.3[m^3/min], 양정은 9.0[m]로 변화한다. 따라서 유량은 1.22배, 양정은 1.55배로 변화됨을 알 수 있다.

한편 배관저항이 R_1인 경우에 펌프 2대를 병렬로 연결할 때 1대가 처리하는 유량은 C_1에 상당하는 7.0[m^3/min]으로 1대를 단독으로 운전할 때인 9.8[m^3/min]보다 훨씬 적다. 또 배관저항곡선이 R_2인 경우에 펌프 2대를 병렬로 운전하면 그 중 1대가 처리하는 수량은 C_2점에 상당하는 4.3[m^3/min]으로 단독운전시의 7.6[m^3/min]보다 적다.

8) 펌프의 선정

① 형식 결정

펌프의 토출량과 양정이 결정되면 그림 8-37에 의해 펌프의 형식이 결정된다.

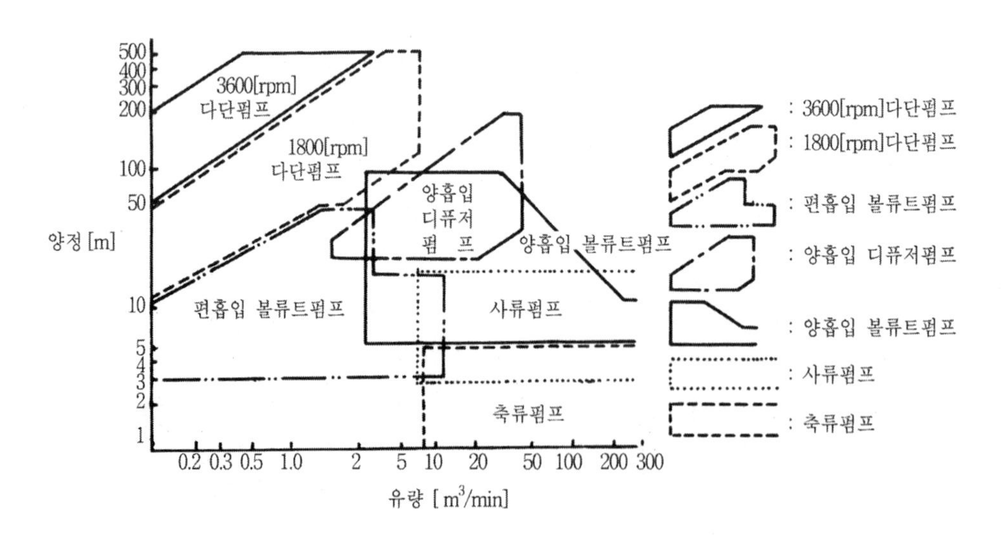

그림 8-37 펌프의 선정도

그림에서 보는 바와 같이 배출량이 적고 양정이 큰 경우에는 비교회전수가 낮은 터빈펌프가 적합하고 동일한 배출량에서도 양정이 낮으면 편흡입 볼류트 펌프가 적합하다. 또 배출량이 많고 양정이 낮은 경우에는 비교회전수가 높은 축류펌프와 사류펌프가 적합하다.

② 설계양정의 결정

주어진 양정이 전양정이면 설계시에 그 값은 사용해도 되지만 실양정만 주어지면 여러가지 손실수두를 가산해야 한다. 이때 손실수두는 다음과 같은 것들이 있다.

ⓐ 흡입관 입구에서의 손실수두
ⓑ 직관부 및 곡관부 손실수두
ⓒ 배관의 단면변화로 인한 손실수두
ⓓ 분류와 합류손실수두
ⓔ 밸브로 인한 손실수두
ⓕ 배출관 출구에서의 손실수두

③ 설계양수량의 결정

펌프의 양수과정에 발생하는 누수를 고려하여 설계양수량은 필요양수량보다 많게 설정해야 한다. 따라서 설계양수량 Q'[m³/min] 필요양수량 Q[m³/min]에 약간의 누수량 Q_L[m³/min] 누수량은 보통 필요양수량의 2~15%를 가산하여 다음 식과 같이 계산한다. 즉, 설계양수량 Q'[m³/min]은

$$Q' = Q + Q_L$$
$$= (1.02 \sim 1.15)Q \quad \cdots\cdots (8\text{-}21)$$

9) 펌프의 설치와 취급상의 주의점

① 펌프 설치시 주의점
② 펌프의 취급요령
③ 펌프의 고장과 원인
- ㉠ 양정불능 또는 양수불충분인 경우
  - ⓐ 흡입관의 이음쇠 등에서 공기가 샌다.
  - ⓑ 펌프 내부에 공기가 차있다.
- ㉡ 급유 부족으로 인한 과열, 패킹의 노후 등에 의한 고장
- ㉢ 과부하일 때는 다음과 같은 경우가 많으므로 조정해야 한다.
  - ⓐ 토출밸브가 너무 열려있을 때
  - ⓑ 주파수 증가에 의한 회전수가 과다할 때
  - ⓒ 실제 양정이 펌프 규격의 양정보다 현저히 낮을 때

(8) 수격현상(water hammer)

1) 개요

배관내를 충만한 상태로 흐르던 물의 속도를 갑자기 변화시키면 압력변화가 일어나는데 이와 같은 현상을 수격현상(water hammer)이라고 한다. 이 현상은 물의 비압축성에 의하여 일어나는 관성력에 의한 것이다. 예를 들면 운전중인 펌프가 갑자기 정지되면 토출관내 물은 관성에 의하여 순간적으로 토출 방향쪽으로 계속 흐르려고 하게 된다.

그러나 흐름이 멈춰지면 토출관내의 물이 다시 반대방향으로 역류하기 시작하여 이번에는 반대로 펌프의 토출측의 압력이 상승하게 된다. 이러한 일정한 주기를 가진 압력의 상승과 저하의 맥동은 시간이 지남에 따라 그 진동과 충격파는 감쇄되어진다. 이 수격현상에 의한 압력의 상승은 정수두의 2~6배 정도까지 상승되어 배관설비에 충격을 주어 배관계통의 소음발생과 배관접속부위의 누수의 원인이 된다.

건물이 대형화되고 특히 초고층화되면서 배관설비의 펌프의 용량과 양정이 더욱 커짐에 따라 이와 같은 수격현상의 발생 가능성은 점점 커지고 있다. 또한 이 수격현상은 밸브의 급격한 개폐 및 펌프의 급격한 정지 이외에도 펌프를 급격히 가동시킬 때에도 일어날 수 있다. 특히 공조설비는 밸브를 전부 열어놓은 상태로 가동하는 경우가 많으므로 토출관의 길이가 긴 배관계통에서 이와 같은 수격현상이 일어날 가능성이 많다. 각종 실험결과 수격현상에 의한 수격압은 다음과 같은 관계가 있다.

① 유량이 크고 관내의 유속이 빠를 경우 수격압은 크게 된다.
② 일반적인 체크밸브(swing type check valve)는 설치하지 않는 것이 수격압이 적다.
③ 압력파의 전달속도가 빠를수록 수격압은 크다.
④ 밸브의 개폐속도가 문제이고 완폐체크밸브에서 역류되는 물을 보조밸브를 통하여 빠지게 하는 타이밍이 문제이며 강제급폐밸브에서는 너무 급하게 닫히면 제1단계의 압력강하가 크게 되므로 알맞은 빠르기로서 역류가 많지 않은 정도에서 닫히게 할 필요가 있다.
⑤ 관로의 말단이 개방되어 있어 정수압이 걸리지 않는 경우에는 수격압은 발생되지 않지만 일반적으로 부압에 대한 대책이 필요하다.
⑥ 어떠한 체크밸브를 사용하더라도 배관 내에 공기가 있으면 큰 파장의 서어징현상이 일어나고 그 진폭은 초기의 송수압보다도 큰 경우가 있다.

2) 수격현상의 방지책

수격현상의 방지책은 일반적으로 공기실이 있는 수격방지기나 급격히 닫히는 체크밸브

(non salm check valve)를 설치하는 방법 등이 있다. 다음은 수격현상을 방지할 수 있는 일반적인 방법 중에서 공조배관설비에서 선택할 수 있는 사항이다.

① 관성력을 적게 하기 위하여 관내 유속을 낮게 한다.
② 펌프에 플라이휠(flywheel)을 설치하여 펌프가 정지되어도 급격히 중지되지 않도록 한다.
③ 서어지탱크 또는 공기실을 설치하여 압력의 완충작용을 할 수 있도록 한다.
④ 자동수압 조절밸브를 설치하여 압력을 조절한다.

(9) 캐비테이션(cavitation)

표준대기압 상태에서 펌프가 끌어올릴 수 있는 물의 높이(흡입양정)는 이론적으로 약 10.33[m]이지만 관마찰이나 기타의 손실때문에 실제로는 약 6~7[m] 정도밖에 안된다. 그러나 흡입높이가 그 이상이 되거나 또는 물의 온도가 높아지면 펌프의 흡입구 측에서 물의 일부가 증발하여 기포가 되어 펌프의 토출구 측으로 넘어간다.

즉, 물은 대기압 상태에서는 100℃에서 증발하지만 펌프의 흡입구와 같이 대기압 이하로 되면 증발할 수 있는 포화온도는 낮아지고 이는 흡입높이가 클수록 포화온도는 더욱 낮아지므로 쉽게 증발된다.

펌프의 흡입구로 들어온 물 중에 함유되었던 증기의 기포는 임펠러를 거쳐 토출구 측으로 넘어가면 갑자기 압력이 상승되므로 기포는 물 속으로 다시 소멸된다. 이 소멸되는 순간에 격심한 음향과 진동이 일어나게 되는 현상을 캐비테이션(cavitation)이라 한다. 캐비테이션은 소음, 진동, 관부식 및 심하면 흡입의 불능을 가져온다.

8-3 수배관

(1) 고려사항

공조설비에서 수배관의 종류로는 열원기기(보일러, 냉동기 등)와 공조기를 연결하는 냉수배관과 온수배관 그리고 냉동기와 냉각탑을 연결하는 냉각수배관, 보일러 또는 열교환기와 방열기를 연결하는 온수배관 등이 있다. 열원기기와 각 공조기기를 연결하는 열이송계로서 수배관 방식에는 여러가지 방식이 있으나 운전상황, 부하상황 등에 따라 최적의 경제성을 고려하여 결정하지 않으면 안된다.

· 공조배관설비의 설계시 고려사항

첫째, 개방순환회로에서는 배관내의 스케일 및 공기는 배관저항을 증가시킬 뿐만 아니라 열전달 장애 및 부식의 원인이 되므로 철저한 수질관리는 물론 스케일 발생 및 배관내 공기유입을 가능한 적게 하여야 한다.

둘째, 배관의 총길이가 길 경우는 설비비와 동력비가 증가하게 되므로 되도록 총연장 길이는 짧을수록 좋다.

(2) 제어방식

각종 공조기기(부하측의 A.H.U F.C.U 방열기 등)의 출력제어 방식으로는 송수량을 일정하게 하고 수온을 변화시키는 정유량 방식(constant water flow system)과 부하에 따라 수온은 일정하게 하고 수량을 변화시키는 변유량 방식(variable water flow system)이 있다.

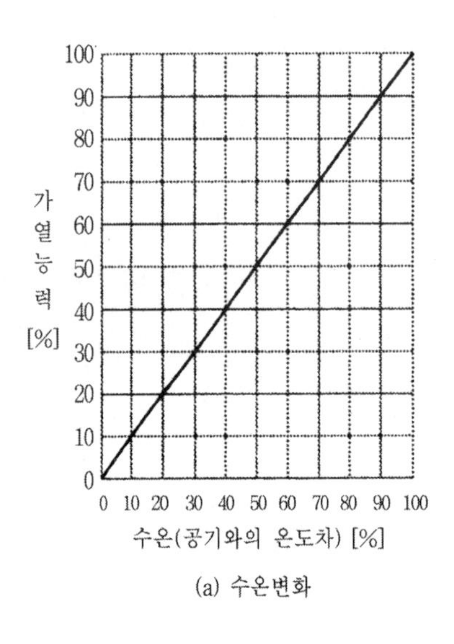

(a) 수온변화

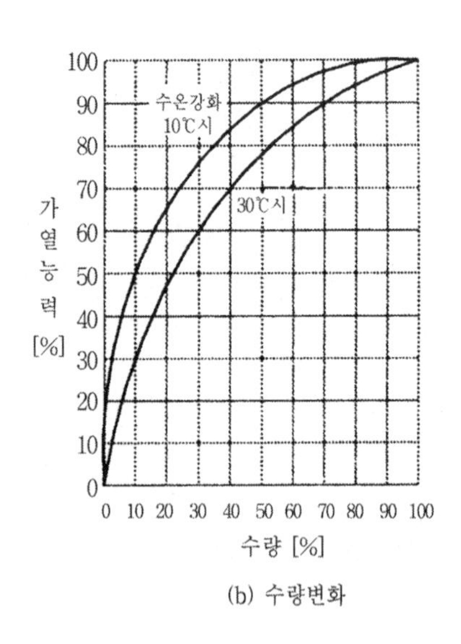

(b) 수량변화

그림 8-38 수량, 수온변화에 대한 성능곡선

① 정유량 방식

㉠ 열원기기의 출구온도를 변화시키는 방법(계절별로 설정온도 변경)

㉡ 출구온도는 일정하게 하고 2차펌프에 의하여 물의 공급온도를 제어하는 방식

㉢ 배관계 전체는 정유량 방식이지만 3방(3-way) 밸브를 이용하여 공조 부하기기의 유량을 변화시키는 방식으로 계통별은 물론 기기별 제어도 가능하여 현재까지 많이 사용되고 있다.

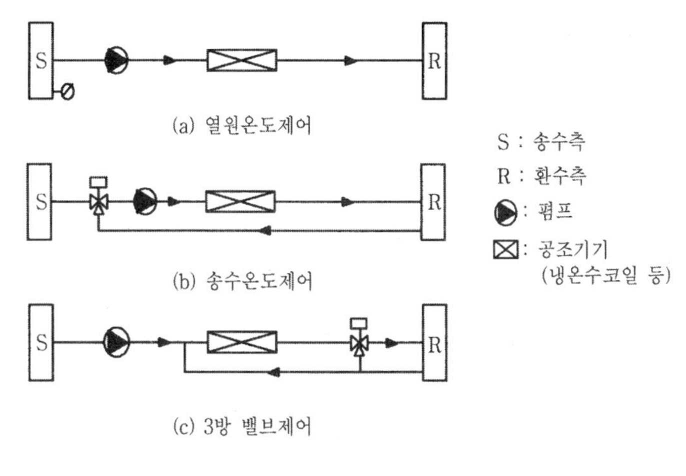

그림 8-39 정유량 방식

② 변유량 방식

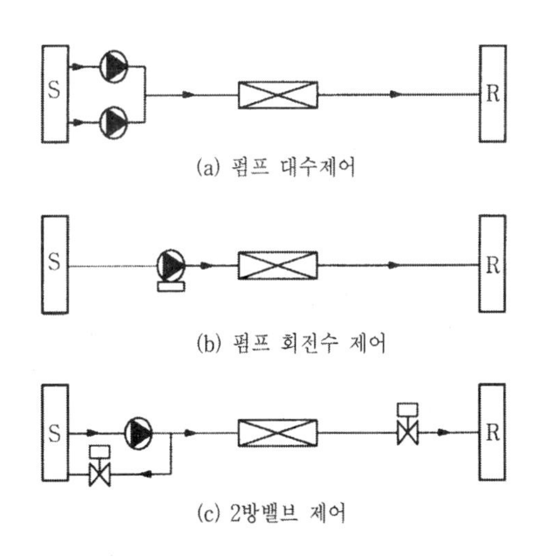

그림 8-40 변유량 방식

㉠ 펌프의 대수제어 방식

㉡ 펌프의 회전수 제어 방식

㉢ 각 기기별로 제어가 가능한 2방밸브 방식 등이 있으며 이 방식은 이송펌프의 동력비를 절감할 수가 있어 최근에는 많이 사용되고 있다. 다만 2방밸브 방식인 경우에는 펌프의 회전수 제어방식이나 대수제어 방식을 병용하여야 한다. 또한 최근의 대형 프로젝트에서는 중앙에 열원 플랜트를 설치하여 구획(zone)별로 대수제어 방식과 회전수 제어방식을 병용하는 경우도 있다.

(3) 배관방식

1) 배관방식의 분류

순환배관에서 물의 순환경로가 대기에 개방되어 있지 않는 밀폐순환 회로방식(closed circuit)과 축열수조, 개방형 냉각수 배관방식과 같이 배관계의 일부가 수조 등으로 개방되어 대기와 물이 접촉하는 개방순환 회로방식(open circuit)이 있다.

밀폐순환 방식은 냉온수 배관에 적용되어지며 개방회로방식은 냉각수 방식이나 수축열 또는 빙축열 방식의 1차측 배관에 적용되는 경우가 일반적이다.

밀폐순환 회로방식에는 수온에 따른 물의 팽창과 수축을 흡수할 수 있도록 하기 위하여 팽창탱크를 설치하여야 할 필요가 있다. 냉온수 배관의 회로방식으로 밀폐회로·개방회로 중 어느 것을 선정하는 것이 적합할지는 부하상태, 사용방법, 경제성(설비비, 운전비) 등을 종합적으로 검토하여 선정할 필요가 있다.

• 개방회로 방식의 문제점

ⓐ 펌프양정에는 순환에 따른 마찰손실 외에 자연수두의 양정이 더해지기 때문에 펌프동력이 커진다.
ⓑ 순환수가 공기에 접해 있기 때문에 수중 용존산소량이 많아져 배관의 부식을 일으키기 쉬우므로 수처리가 필요하다.
ⓒ 수조 등의 개방부에서 순환수가 오염될 우려가 있다.

2) 밀폐순환 회로방식

밀폐순환회로 방식의 고려사항은 다음과 같다.

㉠ 열원기기의 운전 중에는 시스템의 원활한 운전을 위하여 급격하고 예측할 수 없을 정도의 수량변동이 일어나지 않도록 할 것
㉡ 2방밸브 제어에 의한 변유량방식에서는 펌프의 체절운전이 일어나지 않도록 할 것

이 조건을 만족시키는 열원계통과 부하계통의 배관방식을 분류하면 정유량 방식과 변유량 방식이 있다.

3) 개방순환 회로방식

공조배관설비에서 냉각수배관설비와 축열조 배관설비에서 채택하고 있으며 축열시스템의 배관방식은 축열시스템의 선정이유에 따라 결정되지만 일반적으로 최대부하감소(peak-cut)가 목적인 경우에는 열원계통의 고려사항은 다음과 같다.

㉠ 항상 고부하(고효율) 운전을 하여야 한다.
㉡ 냉수인 경우 입출구 온도는 되도록 경제적인 온도범위내에서 낮은 온도로 할 것
㉢ 온수인 경우 입출구 온도는 되도록이면 경제적인 온도범위 내에서 높은 온도로 할 것
㉣ 냉수출구온도는 항상 설계치 가까이로 유지할 것

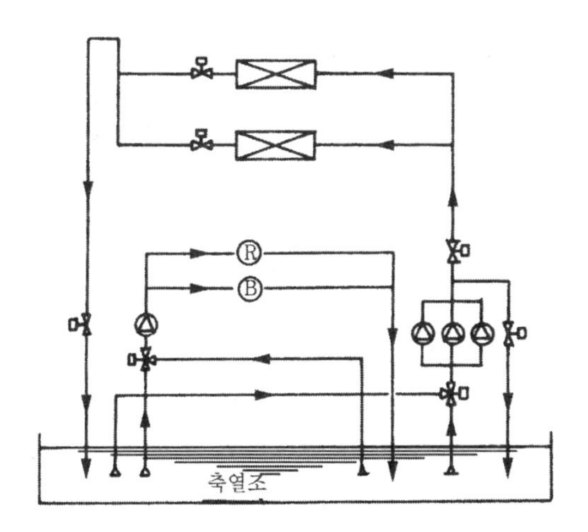

그림 8-41 개방순환 회로방식

4) 시스템의 효율을 높이기 위하여 요구되는 사항

㉠ 펌프의 동력을 줄이기 위하여 출입구 온도차는 가능한 크게 한다.
㉡ 회수온도는 가능한 높게 한다.
㉢ 부하계통의 용량제어는 2방밸브 제어방식으로 하여야 한다.
㉣ 변유량 방식인 경우 동력비 절감을 위하여 펌프는 대수제어를 하여야 한다.

(4) 수온과 수량의 결정

1) 수온의 결정

공조설비의 수배관 시스템에서 이용되는 수온은 0℃에서 200℃ 이상의 온도까지 넓은 범

위가 이용되고 있다. 용도에 따라 분류하면 다음과 같다.

① 냉수

일반적으로 냉방에 사용되는 온도는 5~10℃ 정도가 가장 많이 사용되나 브라인을 사용하는 경우에는 보다 낮은 온도에서도 사용이 가능하다.

② 온수

증기난방과 함께 널리 사용되는 난방방식으로 공조설비의 경우 40~50℃, 복사난방의 경우 40~60℃ 또는 직접난방의 경우 80℃까지도 사용된다.

③ 고온수

지역난방에 주로 많이 사용되는 방식으로서 시스템을 대기압 이상으로 가압하여 물의 온도를 100℃ 이상으로 유지시켜 사용하는 것으로서 120~180℃의 범위까지 사용된다.

④ 냉각수

압축식 냉동기의 응축기 또는 흡수식 냉동기의 응축기와 흡수기의 냉각 등에 주로 사용되는 것으로 상수, 우물물, 하천수 등을 이용한 냉각탑의 순환수로서 온도는 일반적으로 20~40℃ 정도이고 열병합 발전설비 또는 토탈에너지 시스템의 냉각수는 온도가 90℃ 정도까지 올라간다.

2) 수량

순환수량은 배관관경 결정의 요소가 되는데 일반적으로 다음 식에 의하여 산정한다.

$$Q = \frac{q}{\Delta t_w \cdot C \cdot \rho} \quad \cdots\cdots (8\text{-}22)$$

여기서 Q : 순환수량 [l/s]

q : 주어진 부하열량 [W]

Δt_w : 출입구 온도차 [℃]

C : 물의 비열 4.186[kJ/(kg · K)]

ρ : 물의 밀도 [kg/m^3]

여기에서 C와 ρ값은 일반적으로 전 배관계의 평균온도에 대한 값이 사용되지만 동력순환방식의 난방설비의 경우에는 그렇지 않다. 표 8-10은 일반적으로 많이 사용되고 있는 온도차를 나타낸다.

표 8-10 공급온도 및 온도차

구 분		공급수온 [℃]	온도차 [℃]	제 한 사 항
냉 수	일 반	5~8	5~10	공조코일내에 유속은 1[m/s] 이상 2[m/s] 이하로 유지
	유인방식의 2차코일	10~13	2~3	
온 수	직접 난방	80	7~15	
	복사 난방	40~60	6~15	
	공 조	40~50	3~10	
고온수	일 반	120~180	40~80	배관계의 내압,실내기기의 사용상태, 보일러 환수온도, 2차측 증기발생의 경우
	특 수	180~230	60~120	

(5) 밀폐순환 회로방식의 압력 유지계획

밀폐순환회로의 계통내 일정압력의 유지는 대단히 중요하며 이유로는 다음과 같다.

① 수온에 대한 최저압력 이상으로 전 배관계통을 유지하지 않을 경우 비등이나 국부적인 후레쉬 현상에 의하여 수격현상이나 펌프의 캐비테이션이 발생된다.

② 운전중인 배관계통 내의 압력이 대기압 이하로 진공상태가 되는 경우 배관 내로 공기가 흡입될 수도 있고 또한 배관내에서 발생된 공기의 배출(air pocket)의 발생원인이 된다.

③ 운전압력에 의하여 필요한 위치까지 2차펌프 없이 유체를 이송하고자 할 경우 적정한 이송과 반송압력이 필요하다.

④ 운전압력에 의하여 배관계통내 각 부분의 압력이 상승하므로 공조부하기기, 열원기기 및 기타 계통내 각종기기의 운전압력이 상승하므로 필요 이상의 초기투자비 및 운전비를 상승시킬 염려가 있다.

⑤ 수온상승에 의한 체적팽창도 역시 각 부분의 기기에 운전압력상승과 마찬가지로 영향을 미칠 수가 있다. 위와 같은 이유로 인하여 배관계통 설계시 최대허용압력과 최소유지압력의 설정은 신중하게 검토할 필요가 있다. 일반적으로 팽창탱크를 이용하여 압력을 유지하고 있다.

(6) 팽창탱크의 위치와 최저압력 유지

팽창탱크의 설치위치에 따라 압력의 변화를 가져온다.

① 순환펌프가 열원기기의 출구측에 있고 팽창탱크를 열원기기의 입구측 최상단에 접속할 때 그림 8-42에서 보는 바와 같이 펌프가 가동 중에는 D점에서는 펌프가 정지압력 보다 낮아 안전관으로 오버플로(over flow) 될 염려가 없고 안전관이나 팽창탱크를 최상부의 공조기기보다 높게 설치하면 배관계통은 안전하게 운전된다. 계통내의 적당한 압력을 유지하므로 가장 권장할 수 있는 배관방식이다.

② 열원기기 출구측에 팽창탱크 접속과 순환펌프를 설치할 때 배관계통 내부가 ①의 방식보다는 다소 높은 압력으로 유지되나 부압부분이 없어 공기의 유입은 없으나 팽창탱크의 위치는 관계통 내부의 공기빼기(A.V)에 필요한 압력 이상으로 높게 설치하여야 한다.

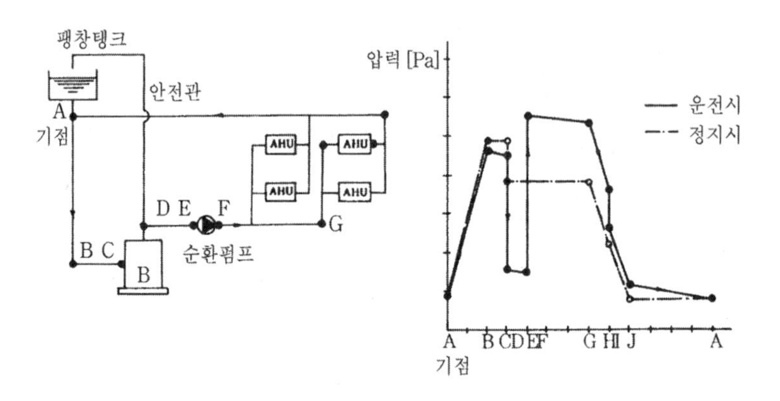

그림 8-42 압력분포도 (1)

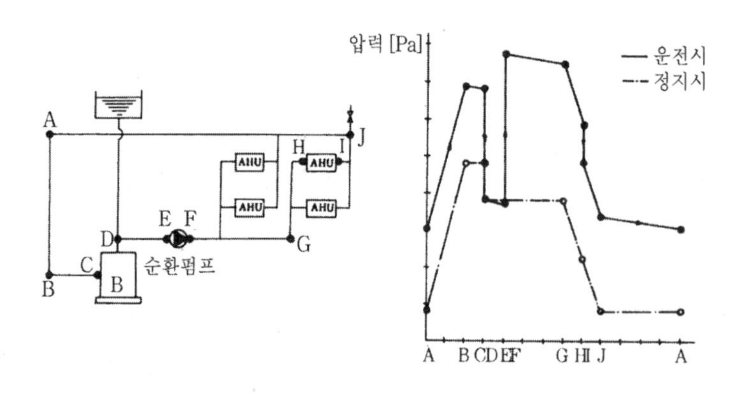

그림 8-43 압력분포도 (2)

③ 순환펌프는 열원기기의 입구에 설치하고 팽창탱크는 열원기기의 입구측 최상부에서 접속할 때 그림 8-44에서 보는 바와 같이 펌프 가동시 F점의 압력은 펌프가 정지 했을 때의 압력보다 배관의 마찰손실수두만큼 높게된다. 따라서 팽창탱크의 수조보다 오버 플로의

높이를 매우 높은 위치에 설치하지 않으면 계속 오버플로가 되는 현상이 발생한다.

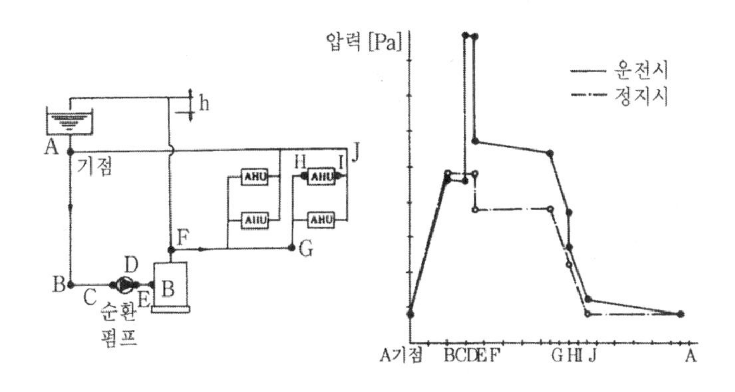

그림 8-44 압력분포도 (3)

④ 순환펌프는 열원기기 입구측에 설치하고 팽창탱크는 열원기기 출구측에 접속할 경우 그림 8-45에서 보는 바와 같이 배관계통의 일부압력이 부압으로 되어 물의 흐름을 방해하므로 이를 해결하기 위하여 팽창탱크의 위치를 배관계통 최상단보다 높은 위치에 설치하여 부압이 발생되지 않도록 하여야 한다.

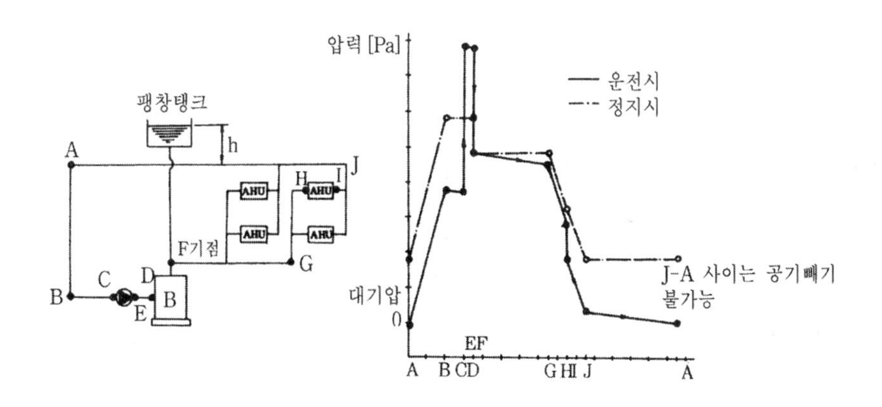

그림 8-45 압력분포도 (4)

존(zone) 펌프 등이 직렬로 설치되어 있는 경우 2차계통의 압력상태는 단일펌프 방식과 같은 방식으로 1차계통의 팽창탱크의 접속점을 기준으로 하여 구한 2차계통과 1차계통의 압력상태를 기준하여 구할 수 있다.

(7) 온수온도와 최저압력 유지

배관계통의 최소압력 유지는 저온수 난방계통에서는 보통 개방식 팽창탱크를 사용할 경우 배관계의 최고부보다 1[m] 이상 높게 설치하며 고온수 난방계통에서는 각종 가압방식에 의해 조건이 가장 나쁜 곳의 포화압력보다 0.1~0.2[MPa] 정도 높게 가압하며 그 가압치는 사용온도가 높을수록 크게 한다.

(8) 배관계의 유량분배

펌프의 설치방식에 의한 배관방식을 결정한 후 건물에 적합한 실제 배관경로(piping arrangement)를 계획하게 되면 각 부하계통의 배관길이나 부하기기의 통수저항의 차이로 인하여 동일 존(zone)내에서도 저항의 언밸런스(unbalance)가 생기는 부분이 있다.

그러나 이러한 언밸런스에서 파생되는 문제점은 유량의 변화 그 자체가 아니라 결과적으로 기기의 능력의 변화로 나타나기 때문에 저항의 언밸런스의 허용치와 대책은 기기의 능력변화의 허용한도를 기준하여 결정할 필요가 있으며 기기의 능력에 영향을 주는 유량감소가 발생시에는 저항밸런스 방법을 사용하여야 할 필요가 있다.

1) 역환수(reverse return) 방식

역환수 방식은 동일 계통안에서 각 기기를 통과하는 배관의 길이를 같게 하는 배관방식으로 각 경로의 배관압력손실은 같게 할 수 있지만 각 부하기기의 저항치 불균형은 해소할 수 없으므로 팬코일 유니트나 방열기와 같이 동일기종이 넓은 지역에 다수 설치되었을 경우에는 알맞은 방식이나 환수배관이 이중으로 되어 설계비 및 배관 스페이스가 커지는 단점이 있다. 이와 같은 단점을 보완하기 위하여 주관만을 역환수하는 방식도 있다. 그림 8-46은 역환수 방식을 나타낸다.

2) 밸브에 의한 방식

밸브에 의한 유량조절 방식은 개폐의 조절이 용이하고 배관저항 및 부하기기 사이의 저항밸런스를 조절할 수 있지만 개폐도의 설정 및 유지가 곤란하고 소음발생의 문제도 있다. 정유량밸브를 이용하면 설비비의 증가와 저항의 증가에 대한 문제점은 있으나 언밸런스가 있어도 용이하게 유량을 소정의 값으로 유지할 수 있다.

보통 자동조절 정유량 밸브를 많이 사용하는데 1차측과 2차측의 일정범위에 있다면 어느 정도의 변동이 있다하여도 고무 또는 스프링 등의 탄성을 이용하여 오리피스 크기를 조절하여 항상 일정한 유량을 유지할 수 있으나 소음이 발생할 수도 있다.

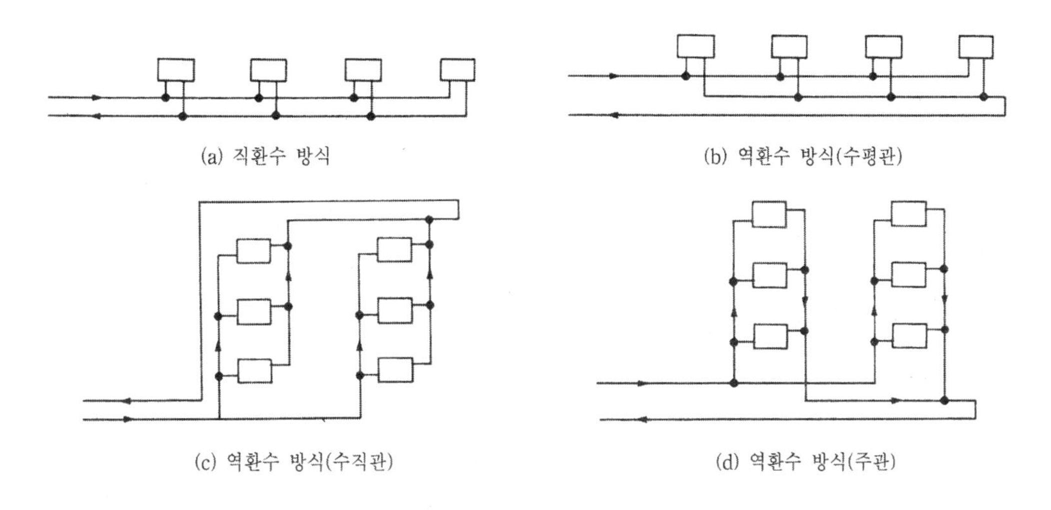

그림 8-46 직환수 방식과 역환수 방식

3) 부스터 펌프(booster pump)에 의한 방법

그림 8-47에서 보는 바와 같이 주로 계통 사이의 밸런스 조절에 적당한 방법으로서 이 부스터 펌프는 그 계통의 단순운전 또는 바이패스에 의한 송수온도 조절용 이외에 열원계통 운전압력 상승을 방지하기 위하여 사용한다.

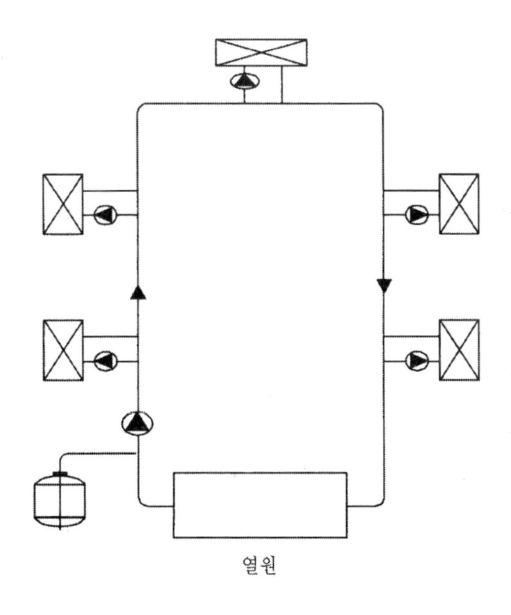

그림 8-47 부스터 펌프방식

4) 관지름 또는 오리피스에 의한 방법

관지름에 의한 유량조절 방식은 비교적 간단하지만 유속증가에 의한 소음과 침식으로 인한 제한이 있고 또한 큰 저항을 가진 공조기기가 인접해 있을 경우에는 곤란하므로 이 방법을 사용하여 저항밸런스를 조정하는 것은 바람직하지 않다.

(9) 관지름 결정방법

1) 직관의 압력손실

유체가 배관내부에 충만된 상태에서 흐를 경우 마찰에 의한 압력손실은 다음과 같다.

$$R=\lambda\frac{L}{d}\cdot\frac{v^2}{2}\rho \quad \cdots\cdots (8\text{-}23)$$

여기서 R : 관의 압력손실 [Pa]　　λ : 마찰계수
L : 관의 길이 [m]　　d : 관의 안지름 [m]
v : 유체의 속도 [m/s]　　ρ : 유체의 밀도 [kg/m^3]

관의 마찰계수는 레이놀즈수와 관내면의 거칠기 그리고 관경에 의하여 결정된다. 또한 무디(Moody) 곡선에 의하여 결정할 수도 있다. 공업용수배관에서는 중력식 온수난방과 같이 유속이 느린 특수한 경우를 제외하고는 거의 난류의 상태로 흐르므로 이 경우는 무디(Moody)가 제안한 다음 근사법을 사용한다.

$$\lambda=0.0055[1+\{20000(\varepsilon/d)+(10^6/Re)\}^{1/3}] \quad \cdots\cdots (8\text{-}24)$$

여기서 ε : 관내부 벽의 등가 거칠기 [m]　　d : 관의 안지름 [m]
λ : 마찰계수　　Re : 레이놀즈 수

이 식은 $Re=4\times10^3\sim10^7\cdot\varepsilon/d$가 0.01 이하에서 5% 이내의 오차범위에 들어가므로 실제 사용하여도 문제가 없다. 이밖에 상온의 수배관은 다음의 윌리엄스 하젠(Williams and Hazen)의 실제식이 사용된다.

$$R=104.598C^{-1.85}d^{-4.87}Q^{1.85}L \quad \cdots\cdots (8\text{-}25)$$

여기서 R : 관의 압력손실 [Pa]　　C : 속도계수

d : 관 안지름 [m]　　Q : 관내유량 [m^3/s]
L : 관 길이 [m]

속도계수 C는 관의 종류 및 오염정도에 따라 달라지고 관벽의 표면정도가 높아지면 커진다. 일반적으로 오래 된 강관은 $C=100$, 새 강관이면 $C=130$ 정도이다. 그러나 상온의 물 이외에서는 이 식을 사용할 수 없으므로 공조배관에서 널리 사용되기는 어렵다.

2) 국부저항

배관의 이음쇠 및 밸브의 국부압력손실은 다음 식과 같다.

표 8-11 관종에 따른 등가거칠기

관의 종류	등가거칠기 [mm]	비 고
인발관(동관 및 유리관)	0.0015	
염화비닐관, 폴리에틸렌관	0.005	
강관	0.045~0.15	
아연도금 강관	0.15	
녹슨 강관	0.5~1.0	
녹이 많이 슨 강관	1.0~3.0	

$$R_L = \zeta \frac{v^2}{2} \rho \quad \cdots\cdots (8\text{-}26)$$

여기서 RL : 국부압력손실 [Pa]　　ζ : 국부저항계수
v : 유속 [m/s]　　ρ : 유체의 밀도 [kg/m^3]

보통 국부저항은 같은 값의 압력손실을 가진 동일지름의 직관의 길이로 표시하는 경우가 많은 데 이것을 국부저항의 상당길이라고 한다.

$$L_e = \frac{\zeta}{\lambda} d \quad \cdots\cdots (8\text{-}27)$$

여기서 L_e : 국부저항의 상당길이 [m]　　λ : 직관의 마찰계수
ζ : 국부저항계수　　d : 관의 안지름 [m]

90° 엘보 이음쇠의 직관 상당길이 L_e는 표 8-11과 같다. 공조배관설비에서 배관의 총연장의 압력손실을 약산할 경우에는 다음 식에 의하여 계산한다.

$$H_p = R \cdot L(1+k) \quad \cdots\cdots (8\text{-}28)$$

여기서 H_p : 배관의 압력손실 [Pa]

R : 배관단위 길이당 마찰손실 [Pa/m]

L : 배관의 최장길이 [m]

k : 국부저항의 비율

위 식에서 볼 때 k 값 즉, 국부저항의 상당길이 합계와 직관 압력손실 합계의 비율은 원거리배관과 단순경로의 경우에는 k=0.2~0.5, 일반건물의 공조배관에서는 k=0.5~1.0, 주택과 같이 소규모 건물의 경우에는 k=1.0~1.5 정도이다. 그러나 압력손실을 정확하게 계산하여야 할 필요가 있을 경우에는 위에서 언급한 대로 계산하여야 한다.

표 8-12 90° 엘보의 직관 상당길이

직경 [mm]	유속 [m/s]									
	0.33	0.67	1.00	1.00	1.67	2.00	2.35	2.67	3.00	3.33
15	0.4	0.4	0.5	0.5	0.5	0.5	0.5	0.5	0.5	0.5
20	0.5	0.6	0.6	0.6	0.7	0.7	0.7	0.7	0.7	0.8
25	0.7	0.8	0.8	0.8	0.9	0.9	0.9	0.9	0.9	0.9
32	0.9	1.0	1.1	1.1	1.2	1.2	1.2	1.3	1.3	1.3
40	1.1	1.2	1.3	1.3	1.8	1.4	1.5	1.5	1.5	1.5
50	1.4	1.5	1.6	1.7	1.4	1.8	1.9	1.9	1.9	1.9
65	1.6	1.8	1.9	2.0	2.1	2.2	2.2	2.3	2.3	2.4
80	2.0	2.3	2.5	2.5	2.6	2.7	2.8	2.8	2.9	2.9
100	2.6	2.9	3.1	3.2	3.4	3.4	3.6	3.6	3.7	3.8
125	3.2	3.6	3.8	4.0	4.1	4.3	4.4	4.5	4.5	4.6
150	3.7	4.2	4.5	4.6	4.8	5.0	5.1	5.2	5.3	5.4
200	4.7	5.3	5.6	5.8	6.0	6.2	6.4	6.5	6.7	6.8
250	5.7	6.3	6.8	7.1	7.4	7.6	7.8	8.0	8.1	8.2
300	6.8	7.6	8.0	8.4	8.8	9.0	9.2	9.4	9.6	9.8

표 8-13 유량선도 참고사항

관의 종류	등가거칠기 [mm]	수온 [℃]	비 고
배관용 탄소강관	0.15	20, 80	
일반배관용 스텐레스강관	0.005	20	
경질염화비닐 라이닝강관	0.005	20	
압력배관용 탄소강관(sch40)	0.1	200	

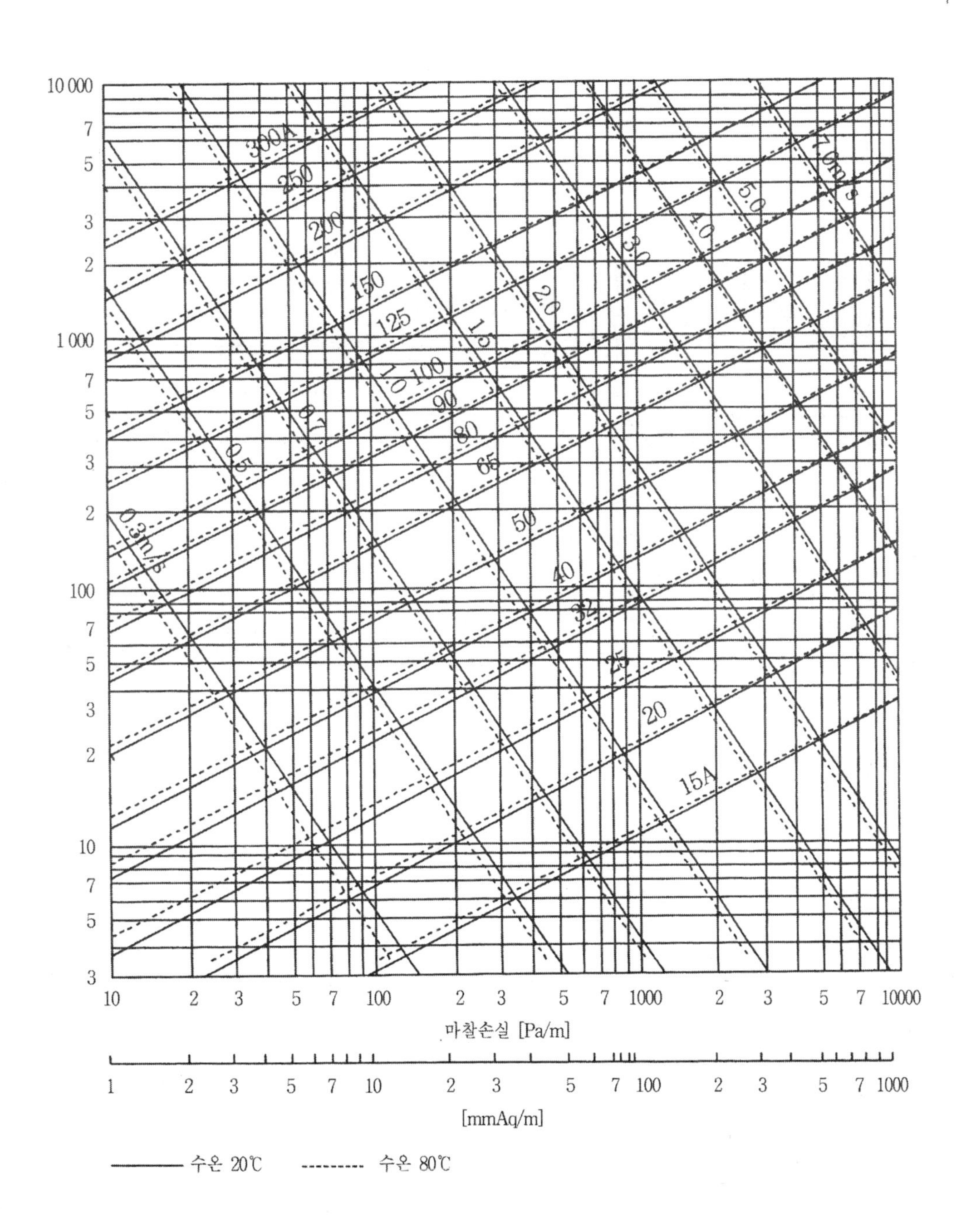

그림 8-48 배관용 탄소강관의 유량선도

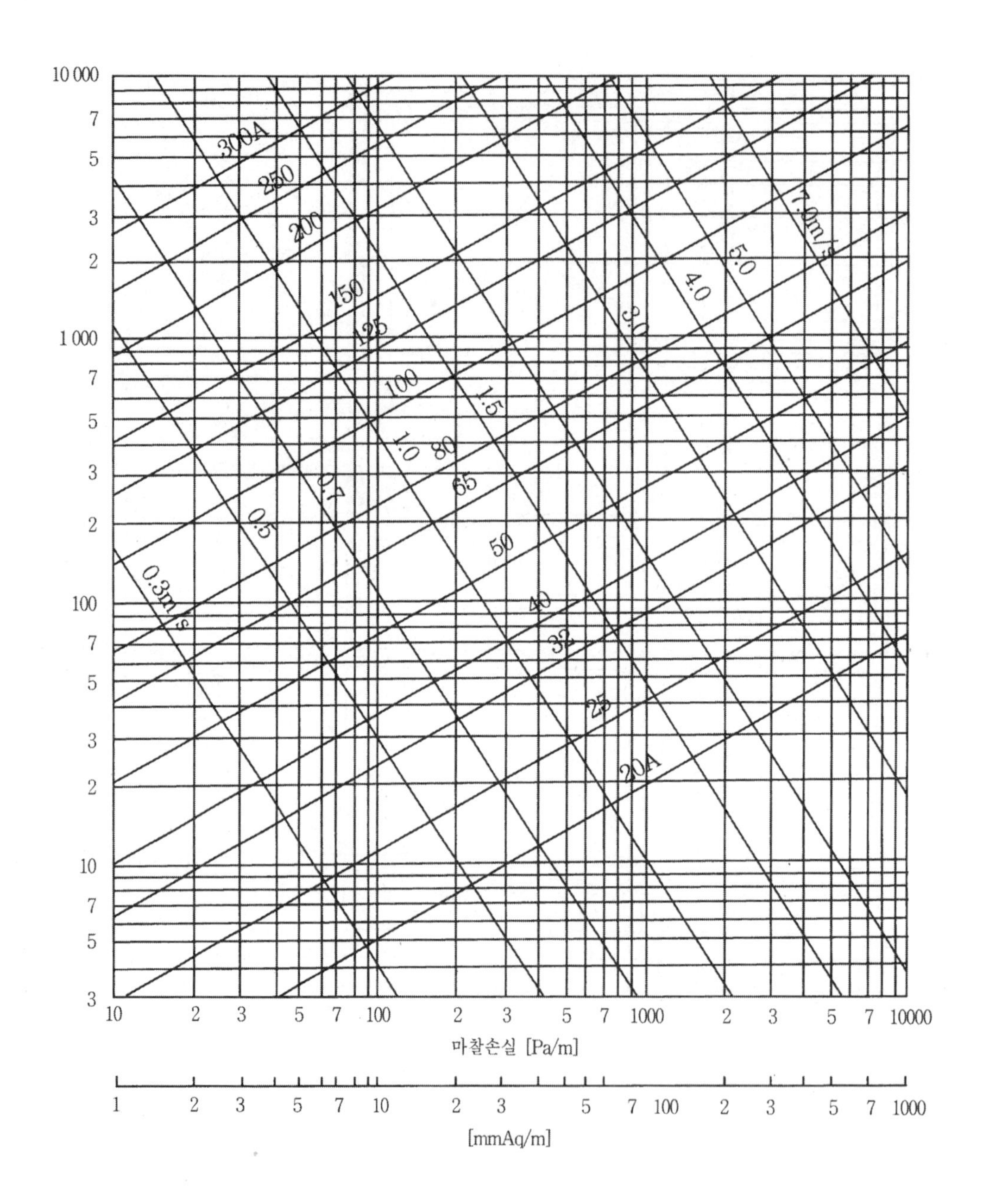

그림 8-49 경질염화 라이닝 강관 유량선도

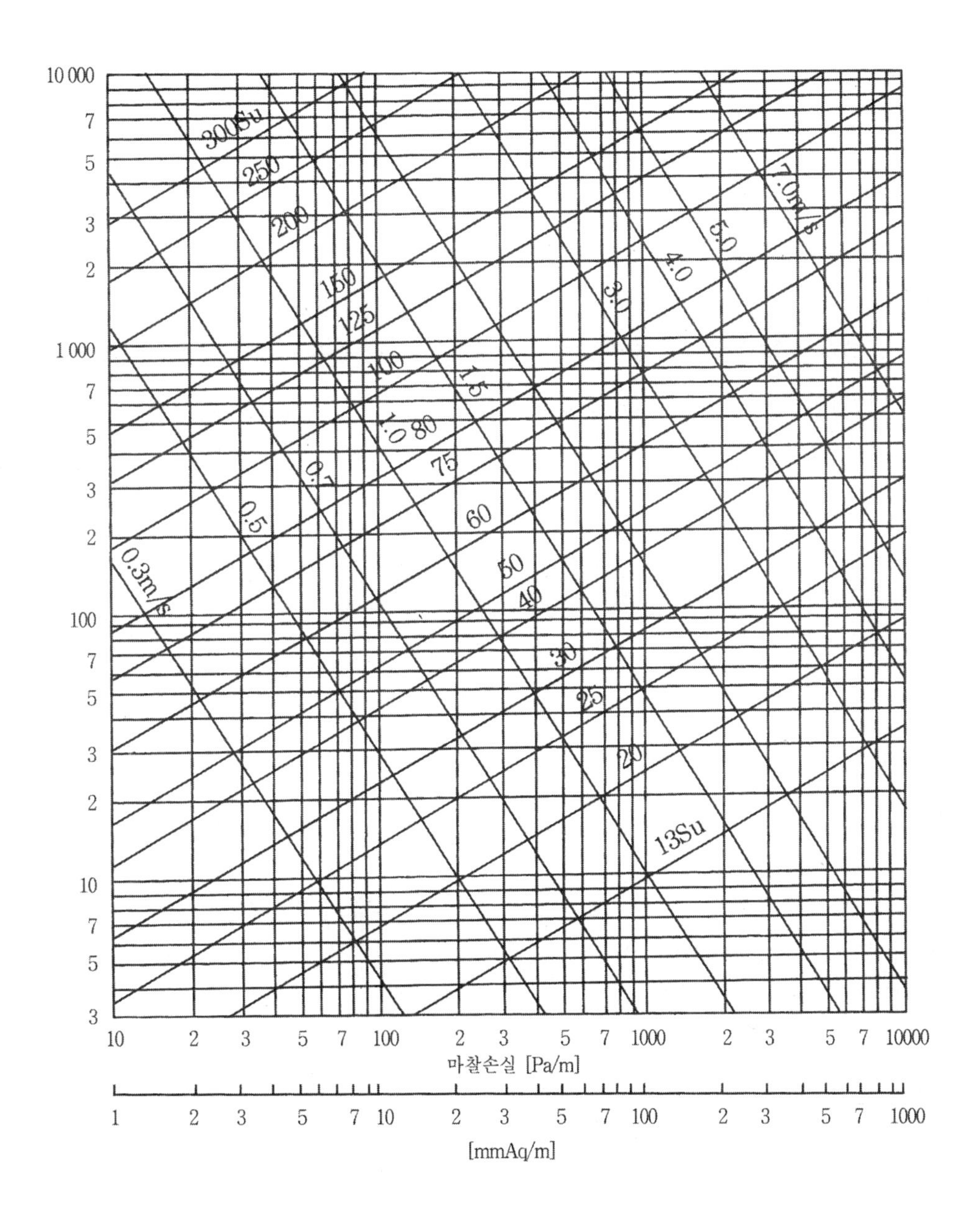

그림 8-50 일반 압력배관용 스텐레스 강관의 유량선도

3) 관지름 결정법

관지름의 결정은 단위길이당 마찰손실을 일정하게 하고 관지름을 결정하는 등마찰손실법이 사용된다. 관경 선정시의 관내유속은 발생소음이나 관내부식을 방지하는 범위 내에서 제한하며 소음에 의한 장해는 관경 50[A] 이하에서는 1.2[m/s] 이하 그 이상의 관경에서는 마찰손실 400[Pa/m] 이하로 제한한다.

관내소음은 유체 중에 있는 기포에 의하여 발생하며 국부저항에 의한 와류 또는 급격한 압력변화에 의하여 발생하기도 한다. 한편 관내의 부식도 유속과 관련되며 유속이 빠르게 되면 침식에 의한 부식이 진행될 가능성이 있으므로 주의해야 한다. 표 8-14는 공조배관에서 유속으로 인한 침식을 적게 하기 위한 권장 허용최대 유속이다.

표 8-14 배관의 침식방지 최대유속

년간 운전시간	유 속 [m/s]	비 고
1,500	3.6	
2,000	3.45	
3,000	3.3	
4,000	3.0	
6,000	2.7	
8,000	2.4	

그러나 고온수 배관에 있어서 관내 유속이 0.5[m/s] 이하가 되면 관경 150[A] 이상에서는 관내에 유체의 온도가 서로 다른 성층이 생겨서 배관의 상면과 하면이 온도차에 의하여 휘는 일이 있으므로 평균유속 1.5[m/s] 정도를 장려한다.

이러한 단위마찰손실이나 관내유속을 선정할 때에는 설비비와 동력비의 경제성과 에너지 절약 등을 고려하여 결정해야 하므로 펌프의 양정을 어떤 범위내에서 제한하거나 배관이 길고 연간 운전시간이 길수록 마찰손실이 낮게 제한한다.

8-4 증기배관

(1) 증기의 방출열량

공기조화에서 증기는 가열원으로서 공조기에서의 공기가열기, 증기난방장치, 온수가열기 등에 이용하고 있으며 또한 공기의 가습에도 이용되고 있다. 가열원으로서의 증기는 주로 냉각응축시에 방출하는 응축잠열을 이용하는 것으로 증기 또는 응축수의 온도변화에 의하여 방출되는 현열의 이용가치는 응축잠열에 비하여 대단히 작다.

최근 많은 건물에서 온열원으로서 냉온수 밸생기를 사용하므로 난방용으로의 증기의 사용은 점차 줄어들고 있는 추세이나 흡수식 냉동기를 냉열원으로 사용할 때는 흡수식 냉동기의 재생기 열원으로 증기를 사용하고 있다.

1) 증기 사용압력에 의한 분류

① 고압식 : 증기압력 1atg 이상의 증기를 사용하는 것으로 주로 공장등에서 사용한다.

② 저압식 : 증기압력 0~1atg의 증기를 사용하는 것으로 주로 건축물에 적용한다.

③ 진공식 : 1atg에서 진공압력(대기압 이하) 까지의 증기를 사용하는 것으로 주로 진공펌프를 이용하는 것을 말하나 진공펌프를 이용하지 않는 것을 증기(vapor)식이라 한다.

2) 필요증기량

① 방열기의 필요증기량 G_1 〔g/s〕

$$G_1 = \frac{q}{h'' - h'} = \frac{755.8 \times EDR}{h'' - h'} \quad \cdots\cdots (8\text{-}29)$$

여기서 q : 방열기의 용량 [W]

EDR : 상당방열면적 [m^2]

증기방열기의 $1\,EDR(=1m^2)$당 방열량 755.8[W/m^2]

h'' : 증기의 엔탈피 [kJ/kg], [J/g]

h' : 환수의 엔탈피 [kJ/kg], [J/g]

② 가열코일의 필요증기량 G_2 〔g/s〕

$$G_2 = \frac{1 \times G \times \Delta t}{h'' - h'} = \frac{1 \times 1.2 \times Q \times \Delta t}{h'' - h'} = \frac{G \cdot \Delta h}{h'' - h'} = \frac{1.2 \times Q \cdot \Delta h}{h'' - h'} \quad \cdots\cdots (8\text{-}30)$$

여기서 G, Q : 풍량 [g/s, l/s]

Δt : 코일을 통과하는 공기의 온도차 [℃]

Δh : 코일을 통과하는 공기의 엔탈피차 [kJ/kg]
공기의 정압비열 : 1.006[kJ/(kg · K)] ≒ 1[J/(g · K)]
공기의 밀도 : 1.2[kg/m^3] = 1.2[g/l]

③ 열교환기(물-증기)의 필요증기량 G_3 [g/s]

$$G_3 = \frac{L \cdot \Delta t_W \cdot C}{h'' - h'} \quad \cdots\cdots\cdots (8\text{-}31)$$

여기서 L : 수량 [g/s]
Δt_W : 열교환기를 통과하는 물의 온도차 [℃]
C : 물의 비열 4.187 [kJ/(kg · K)]

④ 가습기의 필요증기량 G_4 [g/s]

$$G_4 = G(x_2 - x_1) = 1.2 \times Q(x_2 - x_1) \quad \cdots\cdots\cdots (8\text{-}32)$$

여기서 G, Q : 풍량 [g/s, l/s]
x_1, x_2 : 가습기 입구 및 출구공기의 절대습도 [kg/kg′]

3) 허용압력과 제한속도

보일러에서 증기를 제조하여 필요로 하는 각 개소에 공급할 때 보일러에서의 증기압력을 초기 증기압이라 하며 초기 증기압의 최대값은 보일러 제조업체의 카다로그에 명시되어 있다. 증기배관은 보일러의 발생 증기압력을 이용하여 증기를 반송시키므로 보일러에서 발생하는 초기 증기압력과 증기배관에서의 허용 전압력 강하를 고려할 필요가 있으며 일반적으로 초기 증기압력의 1/2 이하, 보통은 1/3 정도를 전압력 강하로 하지만 일반적으로는 표 8-16에 나타낸 값을 이용한다.

증기압력 200[kPa] 이상의 증기관에서는 순구배배관에서 관내 증기유속을 0.2d[m/s](단, d는 관내경[mm]) 정도를 최대속도의 기준으로 하며 일반적으로 보일러 토출관에서 30[m/s] 정도주관에서 30~45[m/s] 정도를 이용하여 관경을 결정한다. 단관식과 역구배배관 또는 상향급기관에서는 증기관내에서 증기와 응축수가 서로 반대방향으로 흐르고 있으므로 이때 증기속도가 어느 정도 이상으로 되면 응축수의 흐름을 방해하거나 수격현상(steam hammering)의 원인이 된다.

이와 같은 장애의 발생을 피하고 증기관 내의 응축수를 원활하게 흐르도록 하기 위해서는 표 8-15에 나타낸 바와 같이 증기의 유속을 제한속도 이하로 억제할 필요가 있다.

표 8-15 증기관 내의 제한속도 [m/s]

관경									
관경	A	20	25	32	40	50	65	80	100
	B	3/4	1	1¼	1½	2	2½	3	4
역구배 배관 (구배 1/50)		6.6	7.5	8.7	8.7	8.7	-	-	-
입 상 관		9.1	10.3	12.2	13.5	16.0	18.3	19.2	21.9

4) 저압증기관의 관경결정

① 허용압력강하

증기보일러에서 방열기로 증기를 보낼 경우 방열기까지 가는 도중에 관 마찰저항에 의하여 압력이 내려가며 이때 보일러 출구의 압력 (P_B)과 방열기의 압력 (P_R)과의 $P_B - P_R$를 전압력강하라고 한다.

증기관의 단위길이의 100[m]당 압력강하 R은 식 (8-33) 또는 식 (8-34)과 같은 계산식에 의해 구할 수 있으며 초기증기압력 (P_B)에 따라 단위길이당 압력강하 R 및 전압력강하 ΔP는 표 8-16과 같은 범위내에 있어야 한다.

일반적으로 증기와 환수주관에서는 관말의 압력강하를 방지하고 배관에 느슨함에 생김으로써 구배를 해치지 않도록 하기 위해서는 증기주관은 40[mm] 이하, 환수주관은 25[mm] 이하의 가는 배관은 사용하지 않는 것이 바람직하다. 증기관 길이 100[m]당 압력강하 R [kPa/100m]은

$$R = \frac{P_B - P_R}{\frac{L}{100}(1+k)} = \frac{100 \times \Delta P}{L(1+k)} \quad \cdots\cdots (8\text{-}33)$$

또 다른 계산식으로는

$$R = \frac{100 \times \Delta P}{L + L'} = \frac{100 \times \Delta P}{2L} \quad \cdots\cdots (8\text{-}34)$$

여기서 R : 증기관의 단위길이당 압력강하 [kPa/100m]

$\Delta P = P_B - P_R$: 보일러와 방열기간의 증기 압력차 [PaG](표 8-16 참고)

L : 보일러에서 가장 멀리 있는 방열기까지의 거리 [m]

L' : 국부저항의 상당길이 [m]

$2L = L + L'$: 국부저항의 상당길이가 L과 같을 때
(개략적으로 $2L \fallingdotseq L + L'$)

k : 증기관 도중의 이음 및 밸브 등의 국부저항합계에 대한 직관저항의 비율(대규모 설비 : k= 0.5, 소규모 설비 : k=1.0)

표 8-16 증기배관의 허용압력 강하

초기 증기압력 P_B [kPa·G]	단위길이당 압력강하 R [kPa/100m]		전압력강하 $\Delta P = P_B - P_R$ [kPa]	
	증기관	환수관	증기관	환수관
진공환수식	3~6	3~6	1~7	1~7
저압1관식	1.5	1.5	1.8	1.8
0	0.7	0.7	0.5	0.5
7	3	3	0.5~2	0.5~2
15	3	3	4	4
35	6	6	10	10
70	12	12	20	20
100	23	23	30	25~35

(주) ΔP ÷ 단위길이수(200[m]이면 2) = x와 R과 비교하여 작은 쪽을 단위길이당 압력강하로 한다.

② 증기관 및 환수관경의 결정

증기배관 및 환수관의 관경은 단위길이당 압력강하 R이 결정되고 필요증기량이 결정되면 표 8-17의 좌측란에서 증기관의 관경을 결정한다. 또한 환수관의 관경은 수배관의 경우 동일한 양으로 유체의 체적도 거의 같지만 증기관의 경우 공급관은 기체, 환수관은 액체이므로 체적이 달라지게 되므로 환수관의 관경은 공급관에 비해 작아지게 된다. 환수관의 결정은 표 8-18과 표 8-19를 이용하여 결정하며 단위길이당 압력강하 R은 증기관에서 사용된 값을 적용한다.

표 8-17 저압증기관의 용량표(상당방열면적 [m^2])

관경 [mm]	순구배 수평관 및 하향급기 수직관(복관식 및 단관식)						역구배 수평관 및 상향급기 수직관			
	R=압력강 [kPa/100m]						복 관 식		단 관 식	
	0.5	1	2	5	10	20	수직관	수평관	수직관	수평관
	A	B	C	D	E	F	G	H	I	J
20	2.1	3.1	4.5	7.4	10.6	15.3	4.5	-	3.1	-
25	3.9	5.7	8.4	14	20	29	8.4	3.7	5.7	3.0
32	7.7	11.5	17	28	14	59	17	8.2	11.5	6.8
40	12	17.5	26	42	61	88	26	12	17.5	10.4
50	22	33	48	80	115	166	48	21	33	18
65	44	64	94	155	225	325	90	51	63	34
80	70	102	150	247	350	510	130	85	96	55
100	145	210	300	500	720	1,040	235	192	175	130
125	260	370	540	860	1,250	1,800	440	360		240
150	410	600	860	1,400	2,000	2,900	770	610		
200	850	1,240	1,800	2,900	4,000	5,900	1,700	1,340		
250	1,530	2,200	3,200	5,100	7,300	10,400	3,000	2,500		
300	2,450	3,500	5,000	8,100	11,500	17,000	4,800	4,000		

표 8-18 저압증기의 수평환수관 용량표(상당방열면적 [m^2])

압력강하 / 관경 [mm]	수평관								
	R [kPa/100m]=0.5		1		2		5		10
	(K) 습식	(L) 건식	(M) 습식 및 진공식	(O) 건식	(P) 습식 및 진공식	(Q) 건식	(R) 습식 및 진공식	(S) 건식	(T) 진공식
20	22.3	-	31.6	-	44.5	-	69.6	-	99.4
25	39	19.5	58.3	26.9	77	34.4	121	42.7	176
32	67	42	93	54.8	130	70.5	209	88	297
40	106	65	149	89	209	114	334	139	464
50	223	149	316	195	436	246	696	297	975
65	372	242	520	334	734	408	1,170	492	1,640
80	585	446	826	594	1,190	724	1,860	910	2,650
100	1,210	955	1,710	1,250	2,410	1,580	3,810	1,950	5,380
125	2,140	-	2,970	-	4,270	-	6,600	-	9,300
150	3,100	-	4,830	-	6,780	-	10,850	-	15,200

표 8-19 저압증기의 수직환수관 용량표(상당방열면 [m^2])

압력강하 / 관경 [mm]	수직관				
	진공식				건 식
	R [kPa/100m]=1 (U)	2 (V)	5 (W)	10 (X)	
20	58.3	77	121	176	17.6
25	93	130	209	297	41.8
32	149	209	334	464	92
40	316	436	696	975	139
50	520	734	1,170	1,640	278
65	826	1,190	1,860	2,650	
80	1,225	1,760	2,780	3,900	
100	2,970	4,270	6,600	9,300	
125	4,830	6,780	10,850	15,200	

③ 방열기 지관의 관경 및 밸브와 트랩

방열기 주위의 지관관경은 표 8-20을 이용하여 결정한다. 방열기 밸브와 트랩은 각 메이커의 제품명세서를 보고 선택하지만 대체로 이 표에서 선정해도 큰 차는 없다.

표 8-20 방열기 지관 관경 (단위 : [mm])

방열면적		증기관				환수관		
[m^2]	[ft^2]	(a) 수직관 (상향급기)	(b) 수평관 (역구배)	(c) 수직관 (하향급기)	(d) 방열기밸브	(e) 수직관	(f) 수평관	(g) 방열기트랩
1.7 이하	18.3 이하	15	20	15	15	15	15	15
1.8~5.3	18.3~57	20	25	15	20	15	15	15
5.3~12.2	52~132	25	32	20	25	15	20	15

④ 저압 증기배관을 시공시 주의사항

㉠ 증기수평관의 기울기는 원칙적으로 1/250의 순구배로 한다. 부득이 역구배로 할 때에는 그 길이를 최소한 짧게 하고 구배는 1/50 이상으로 한다.

㉡ 증기주관의 최소관경은 원칙적으로 급기관 40[mm], 환수관 32[mm]로 한다.
㉢ 증기주관의 곡관부에는 밴드관을 사용한다.
㉣ 배관의 분기부에는 반드시 밸브를 설치한다.
㉤ 저압증기용 밸브는 게이트 밸브로 한다.
㉥ 배관에는 증기의 온도에 따라 표 8-18과 같은 신축이음을 설치하고 반드시 고저위치를 제시한다.
㉦ 배관방식은 원칙적으로 그림 8-29과 같은 기본회로도에 따른다.
㉧ 증기수평관이 길어질 때에는 초기 통기시의 수격현상(steam hammering)을 방지하기 위하여 매 30[m] 정도의 거리마다 중간트랩을 설치한다.
㉨ 순구배 배관의 말단에는 관말트랩을 설치한다.
㉩ 동결방지를 위하여 증기관의 실외 노출배관을 삼가고 피트내 배관으로 한다.

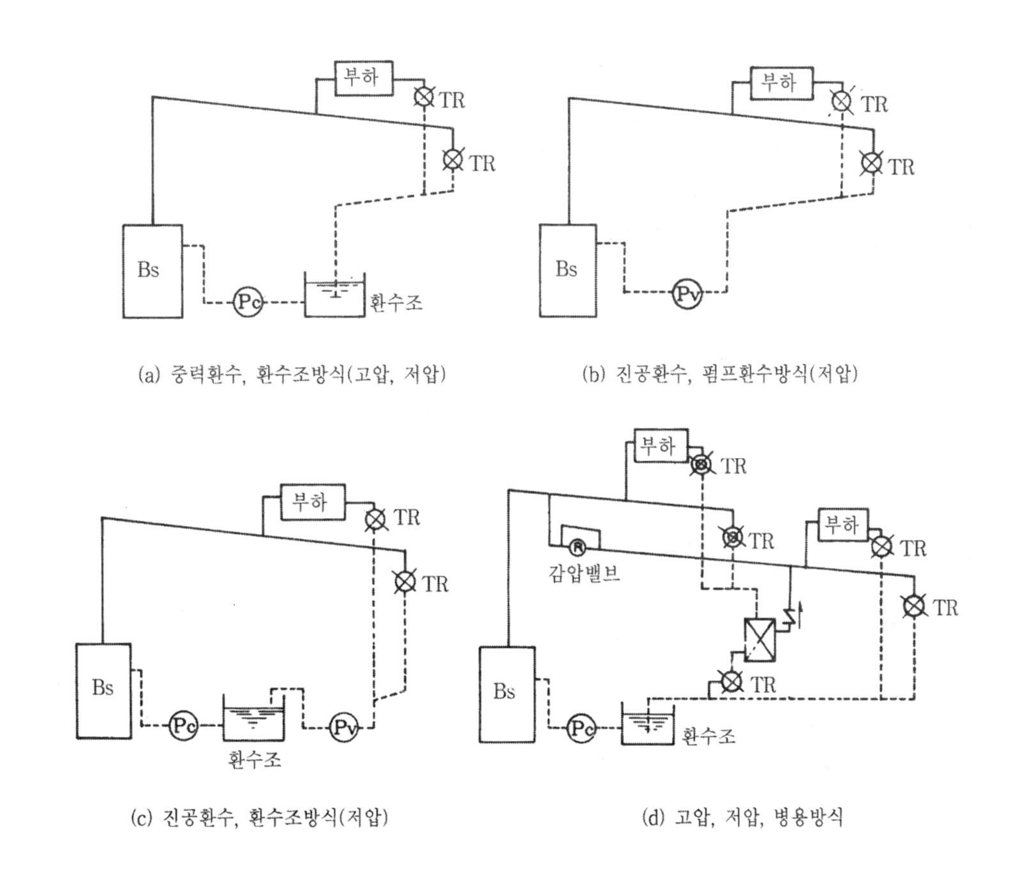

그림 8-51 증기난방의 배관 계통도

표 8-21 신축이음의 설치간격

최고 사용온도	100 [℃] 미만	100~149 [℃]	150~220 [℃]
단식 신축이음	20[m] 이하	15[m] 이하	10[m] 이하
복식 신축이음	20[m] 이하	30[m] 이하	20[m] 이하

4) 고압증기관의 관경결정

① 허용압력강하

초기의 증기압력이 100[kPaG] 이상이 되는 고압 증기관의 관경은 관말까지의 전압력 강하를 산정하여 배관의 환산길이에서 허용압력강하를 계산하고 이것과 증기유량을 기준으로 하여 그림 8-30의 선도를 이용하여 구한다.

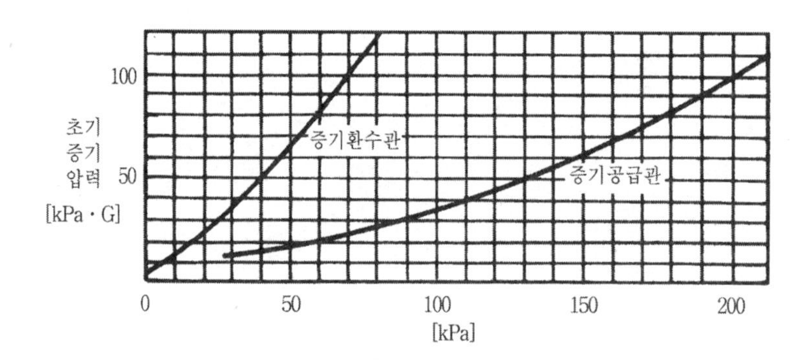

그림 8-52 초기 증기압력에 대한 전압력 강하

이 그림에서 전압력강하(ΔP)를 읽고 또 배관 상당길이(직관과 국부저항의 상당길이와의 합)를 알면 다음 식에 의해 단위길이(100m)당 압력저하 R [kPa/100m]을 구할 수 있다. 즉, 단위길이당 압력강하 R은

$$R = \frac{100 \times \Delta P}{L(1+k)} \quad \text{또는} \quad R = \frac{100 \times \Delta P}{L + L'}$$

여기서 ΔP : 그림 8-52의 수평축에 있는 전압력강하 [kg/cm^2]

$L(1+k)$, $L+L'$: 배관 상당길이 [m]

따라서 증기의 초기압력을 알면 그림 8-52에 의해 증기공급관이나 환수관에서의 전압력강하 ΔP를 구할 수 있고 이 ΔP와 배관상당길이를 위 식에 대입하면 증기공급관이나 환수관의 단위길이당 압력강하 R을 구할 수 있다.

예를 들면 초기의 증기압력이 200, 500, 1000[kPa·G]일 때의 장치내에서의 전압력강하 및 상당길이에 따른 단위길이당 증기공급관의 압력강하는 표 8-22와 같고 환수관에 대해서는 표 8-23과 같다.

표 8-22 고압증기 공급관의 단위길이당 압력강하 R [kPa·G]

초기 증기압력[1] [kPa·G]	장치내에서의 전압력강하[2] ΔP [kPa·G]	단위길이당 압력강하 R [kPa/100m]					
		250	200	150	100	50	10
200	60				~68	120	600
500	130		~65	98	130	260	1,300
1000	200	~80	100	135	200	400	2,000

(주) 1) 그림 8-52의 종축
2) 그림 8-52의 횡축에서 읽은 값
예) 10kg/cm²g의 증기에서 장치내의 전압력강하 ΔP=200[kPa·G]이고 배관상당길이가 200m일 때의 단위길이 100m당 압력강하 R=100[kPa/100m]로 한다.

표 8-23 고압증기 환수관의 단위길이당 압력강하 R [kPa·G]

초기 증기압력 [kPa·G]	장치내에서의 전압력강하 ΔP [kPa·G]	단위길이당 압력강하 [kPa/100m]					
		100	50	20	10	5	2
200	15			~75	150	300	750
500	40		~80	200	400	800	2,000
1000	70	270	140	350	700	1,400	3,500

(예) 1000[kPa·G]의 증기에서 장치내의 전압력강하 ΔP=70[kPa·G]이고 배관상당길이가 350m일 때의 단위길이 100m당 압력강하 R=20[kPa/100m]로 한다.

② 증기급기관의 관경결정

증기의 압력별로 유량 및 관경, 유속과 압력손실의 관계를 나타내는 증기관의 압력강하 선도를 그림 8-53, 그림 8-54, 그림 8-55에 나타낸다. 이 선도의 이용은 그림 8-52를 이용하여 고압증기관의 단위길이당 압력강하 R[kPa/100m]을 결정하면 소요증기량을 통과시킬 수 있는 관경을 그림 8-53, 8-54, 8-55에서 쉽게 정할 수 있다. 이때 유속은 45[m/s]를 초과하지 않도록 한다.

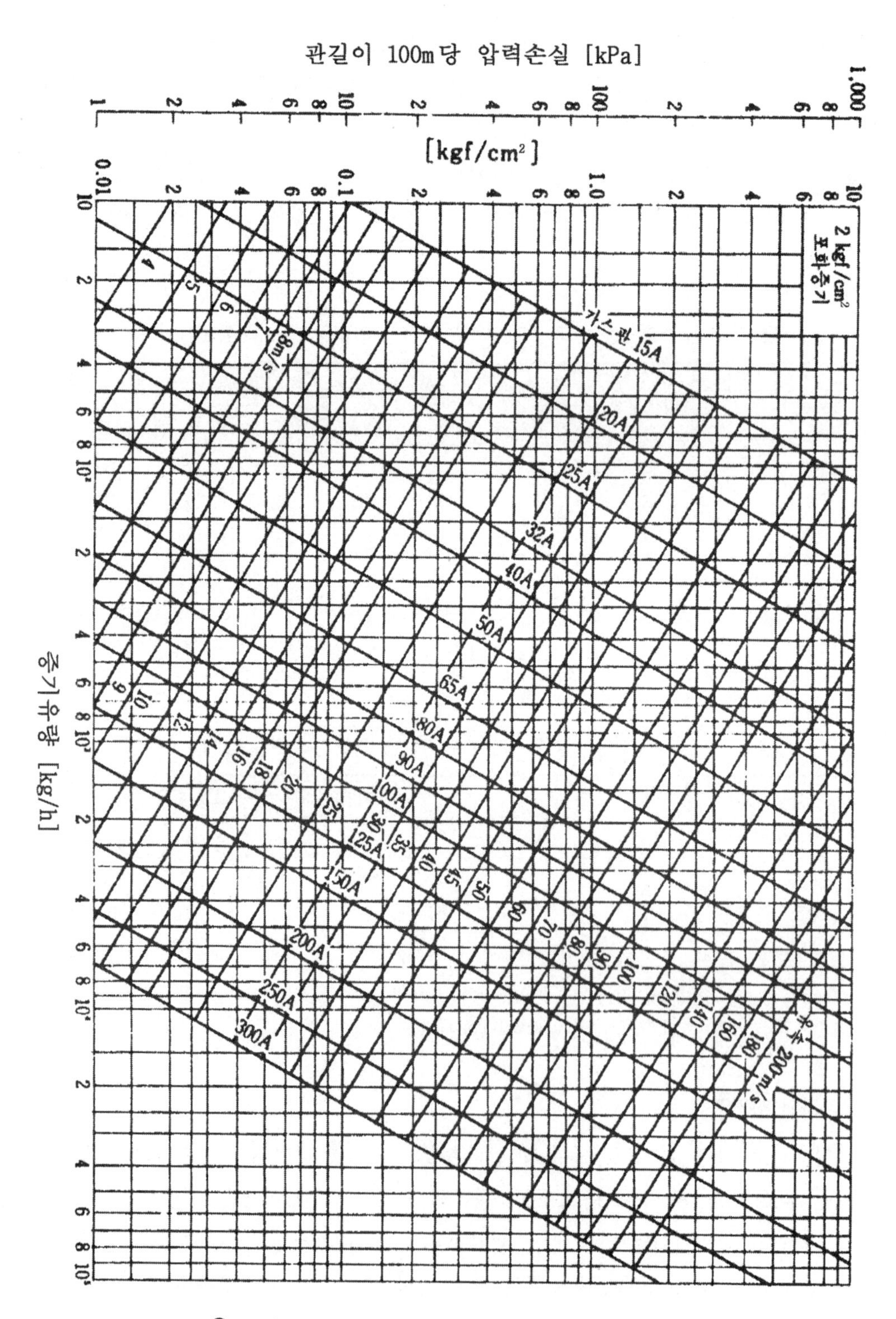

그림 8-53 포화증기의 유량선도 200[kPaG]

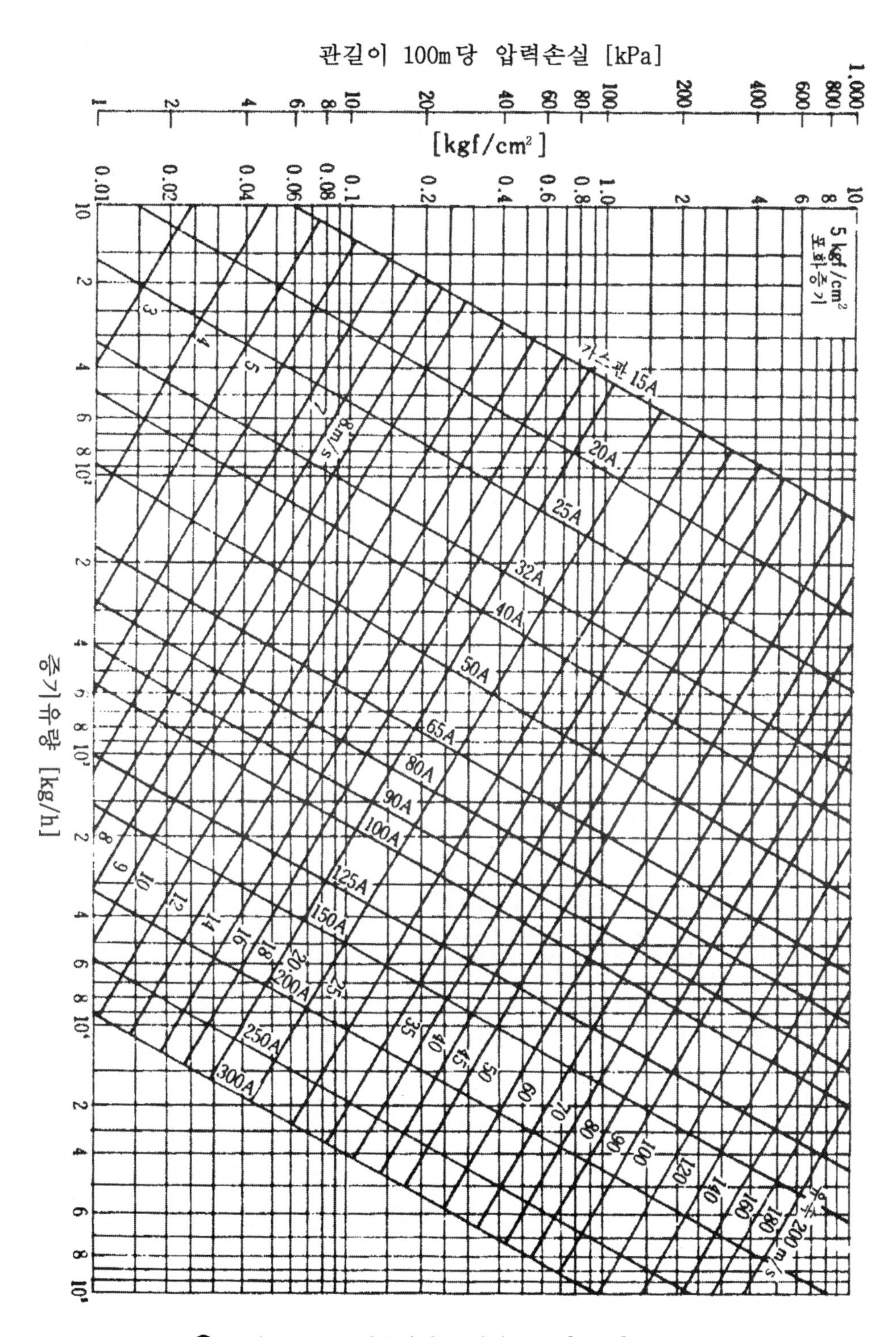

그림 8-54 포화증기의 유량선도 500[kPaG]

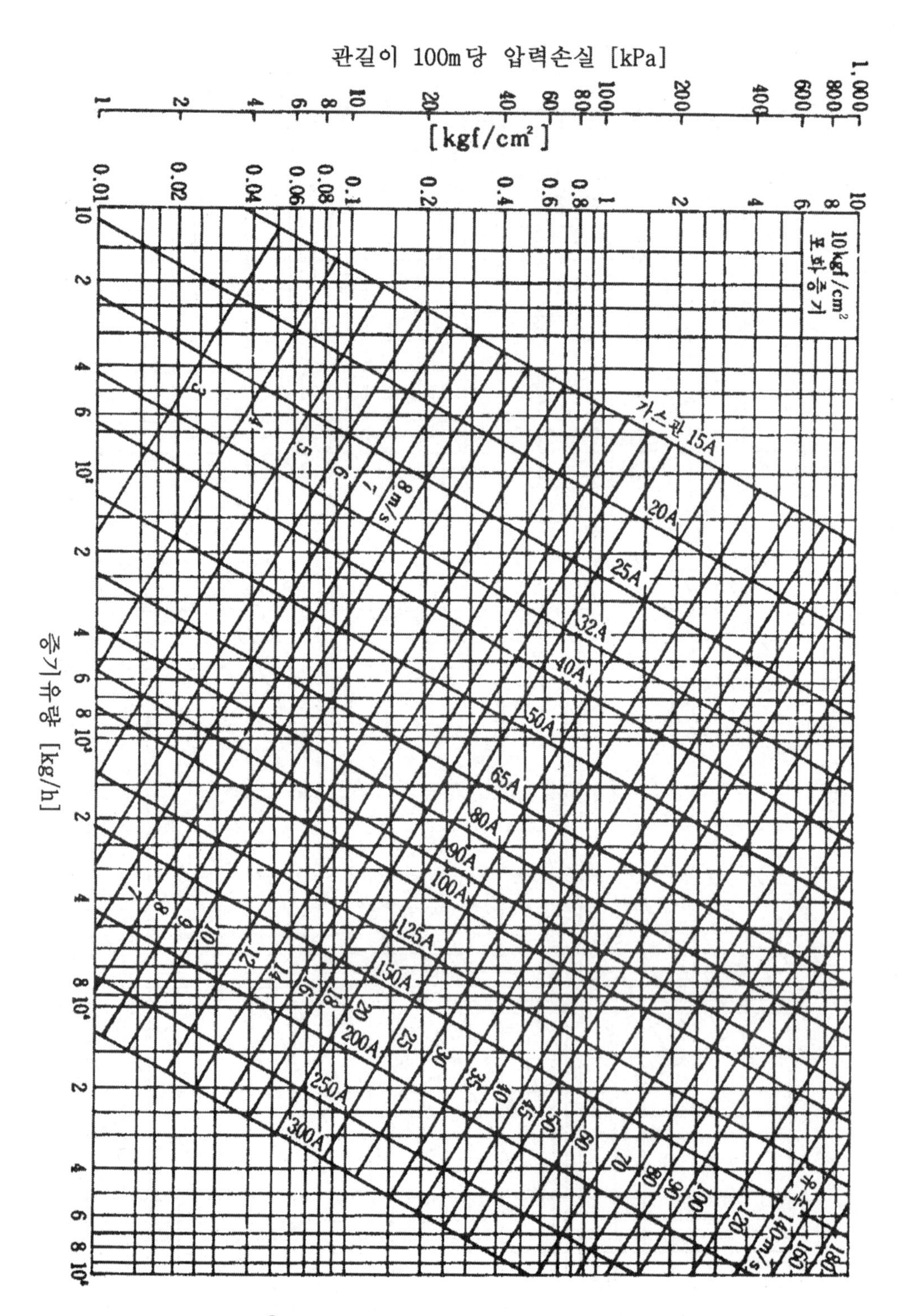

그림 8-55 포화증기의 유량선도 1000[kPaG]

표 8-24 고압증기의 증기관 유량표 [kg/hr]

(a) 200[kPa · G]인 경우

관 경 [mm]	압 력 강 하 [kPa/100m]						
	1	4	10	20	40	60	100
20	6	12	21	29	41	50	65
25	12	23	38	53	77	95	120
32	23	46	75	110	160	190	250
40	36	71	120	170	230	290	370
50	65	130	210	300	440	520	700
65	130	260	410	590	850	1,100	(1,350)
80	200	400	650	950	1,350	1,700	(2,200)
100	420	830	1,350	1,950	2,700	3,400	(4,300)
125	740	1,500	2,400	3,400	4,900	(6,000)	(8,000)
150	1,200	2,300	3,800	5,300	(7,700)	(9,300)	(12,000)
200	2,500	4,800	7,900	11,000	(16,000)	(20,000)	(25,000)
250	4,400	8,500	14,000	(20,000)	(28,000)	(34,000)	(45,000)
300	7,000	13,500	22,000	(32,000)	(45,000)	(57,000)	(72,000)

(주) ( ) 안은 유속 60[m/s] 이상으로서 설계에는 채용하지 않는다.

(b) 500[kPa · G]인 경우

관 경 [mm]	압 력 강 하 [kPa/100m]							
	1	4	10	20	40	60	100	200
20	8	17	27	41	60	73	97	140
25	17	32	54	78	115	140	170	260
32	32	63	120	160	220	270	360	510
40	41	100	170	230	270	410	550	780
50	80	180	300	430	630	770	1,000	1,450
65	180	350	600	840	1,250	1,500	2,000	(2,800)
80	280	570	930	1,300	1,900	2,300	3,000	(4,200)
100	550	1,150	1,900	2,300	3,900	4,700	(6,000)	(8,700)
125	990	2,000	3,300	4,600	6,500	8,200	(11,000)	(16,000)
150	1,600	3,100	5,100	7,200	10,500	13,000	(17,000)	(23,000)
200	3,200	6,200	11,000	16,000	(21,000)	(27,000)	(33,000)	(48,000)
250	7,700	12,000	19,000	27,000	(39,000)	(47,000)	(60,000)	(90,000)
300	9,000	18,000	40,000	53,000	(60,000)	(75,000)	(100,000)	

(c) 1,000[kPa · G]인 경우

관 경 [mm]	압 력 강 하 [kPa/m]								
	1	2	4	6	10	20	40	60	100
20	8	11	15	19	25	35	50	61	79
25	15	22	31	38	49	69	98	121	156
32	35	49	69	85	110	156	220	271	350
40	53	76	108	132	171	242	343	422	547
50	109	155	219	269	348	493	700	858	1,200
65	181	257	363	444	577	812	1,153	1,412	1,710
80	326	462	657	804	1,042	1,480	2,100	2,575	3,310
100	707	1,004	1,420	1,745	2,240	3,165	4,490	5,500	7,050
125	1,295	1,830	2,600	3,190	4,110	5,840	8,290	10,150	13,100
150	2,115	3,010	4,275	5,225	6,800	9,570	13,650	16,800	21,500
200	4,400	6,260	8,870	10,900	14,050	20,000	28,300	34,900	41,850
250	8,130	11,600	16,450	20,150	26,050	37,000	52,700	64,700	83,300
300	12,920	18,300	26,000	32,000	41,300	58,700	83,500	102,200	131,500

③ 증기환수관의 관경결정

그림 8-54 및 표 8-23에 의해 증기 환수관의 단위길이당 압력강하를 구하여 표 8-25 (a) 및 (b)에 의해 환수관경을 결정한다. 표 8-25 (a)는 초기 증기압력이 200[kPa · G]인 경우이고 표 8-25 (b)은 초기증기압력이 1,000[kPa · G]인 경우이다. 그러나 초기의 증기압이 500[kPa · G]이면 200[kPa · G]인 경우의 압력강하에 70%를 할증한다.

표 8-25 고압증기의 환수관 용량표 [kg/h]

(a) 200[kPa · G]인 경우

관 경 [mm]	압 력 강 하 [kPa/100m]				
	3	6	11	17	23
20	52	77	111	140	165
25	104	154	222	278	331
32	220	322	465	585	694
40	358	526	758	953	1,130
50	717	1,070	1,540	1,950	2,290
65	1,200	1,770	2,540	3,220	3,810
80	2,200	3,220	4,670	5,850	6,940
100	4,630	6,800	9,800	12,200	14,600
125	8,620	12,600	18,300	25,100	27,200
150	14,100	20,600	29,700	37,600	44,400

(주) 표 속의 값은 환수관내 압력을 0~0.28 [kPaG]로 하여 산출하였음

(b) 1,000[kPa · G]인 경우

관 경 [mm]	압 력 강 하 [kPa/100m]					
	3	6	11	17	23	45
20	71	105	163	211	254	404
25	142	210	313	413	508	807
32	295	435	680	885	1,050	1,680
40	485	717	1,120	1,430	1,720	2,770
50	980	1,500	2,240	2,900	3,490	5,580
65	1,630	2,430	3,720	4,850	5,800	9,250
80	2,950	4,300	6,800	8,840	10,500	16,900
100	6,210	9,300	14,300	18,300	22,300	35,600
125	11,600	17,300	26,500	34,400	41,500	66,200
150	19,000	28,300	43,500	56,700	68,000	108,000

(주) 표 속의 값은 환수관내 압력을 7~140 [kPaG]로 하여 산출하였음

사용압력 1,000[kPa] 이상의 관에는 압력배관용 탄소강강관을 사용하고 증가압력 100 [kPa] 이상에는 스톱밸브를 사용한다. 이때 밸브의 사용구분은 최고 사용압력 200[kPa]까지는 500[kPa]의 밸브를 200~1,000[kPa]은 1,000[kPa]용 밸브를 사용하고 그 사용구분을 명시하여야 한다. 한편 증기관 및 환수 수평관에 대한 배관 기울기는 표 8-26과 같다.

표 8-26 증기난방의 배관 기울기

구 분	기 울 기
증기관	순구배(앞내림) 1/250 이상
	역구배(앞올림) 1/50 이상
환수관	순구배 1/250 이상

6) 배관계의 부속품

① 증기트랩(steam trap)

증기배관계통에서 사용된 증기는 응축수로 바뀌게 되는데 발생된 응축수를 제거하지 않으면 전열을 방해하고 증기의 흐름에도 영향을 미치게 되며 또한 배관내부에 충격을 가해서 소음을 발생시키는 원인이 되므로 응축된 응축수와 증기를 분리시켜 신속하고 효율적으로 제거하는 기기가 증기트랩이다.

증기트랩의 분류로는 증기와 응축수의 온도차를 이용하여 작동시키는 열동식, 증기와 응축수의 밀도차(부력차)에 의해 작동되는 기계식, 증기와 응축수의 속도차(운동에너지)에 의해 작동되는 동역학식 등으로 구분된다.

- 작동원리에 의한 분류
  - ⓐ 열 동 식 : 증기와 응축수의 온도차에 의하여 작동한다.
  - ⓑ 기 계 식 : 증기와 응축수의 밀도차에 의한 부력으로 작동한다.
  - ⓒ 동역학식 : 증기와 응축수의 열적, 유체적 특성의 차에 의하여 작동한다.

- 각 형식별 종류
  - ⓐ 열 동 식 : 벨로즈형, 바이메탈형
  - ⓑ 기 계 식 : 플로트 서머스타틱형, 바캣형(상향식, 하향식)
  - ⓒ 동역학식 : 디스크형, 피스톤형, 오리피스형

표 8-27 각종 증기트랩 (1)

종 류	구 조	안전계수	특 징	용 도
열동트랩		3	① 간헐 작동 ② 15~50[A] 정도의 크기 ③ 배수능력이 적다. ④ 구조상 역류의 위험이 있다. ⑤ 동결의 위험이 적다.	① 방 열 기 ② 소형히터 ③ 관말트랩
바켓트랩		3.5	① 간헐작동 ② 작동은 50[kPa] 이상의 유효압력 차가 필요 ③ 15~80[A] 정도의 크기 ④ 배출시 약간의 압력변동이 있으나 관내압력차가 있으면 응축수를 높은 장소의 환수관으로 올릴 수 있다. ⑤ 휴지중, 동결보호가 필요하다.	① 고압으로 비교적 다량의 응축수를 배출하는데 적합 ② 유닛히터 ③ 세탁기구 ④ 소 독 기 ⑤ 관말트랩
플로트트랩		2	① 연속작동이 가능 ② 15~80[A] 정도의 크기 ③ 보통 제한압력 400[kPa] 정도 ④ 휴지중, 동결의 위험이 있는 장소에는 부적하다. ⑤ 사용압력범위가 크다.	① 다량의 응축수를 배출하는 장소 ② 열교환기

표 8-27 각종 증기트랩 (2)

종 류	구 조	안전계수	특 징	용 도
충격트랩		3	① 간헐작동, 다량의 경우 연속작동 ② 오리피스형 및 디스크형이 있다. ③ 소형경량으로 부착방향에 제약이 없다. ④ 동결위험이 적다. ⑤ 보수가 용이하다. ⑥ 스트레이너는 메쉬가 적은 것이 필요하다. ⑦ 작동시는 소음발생	① 관말트랩 ② 헤 더 용
리프트 트랩		3	① 간헐작동 ② 낮은 곳의 응축수를 높은 곳에 올린다. ③ 환수관에 응축수를 모으지 않고 중력으로 저압보일러에 환수가 가능하다. ④ 진공라인에도 접속해서 응축수를 올릴 수 있다.	① 관말트랩
프리플로트 트랩		1	① 연속작동 ② 스팀로킹이 없다. ③ 안전계수를 고려할 필요가 없다. ④ 소형으로 고장이 적다. ⑤ 사용압력범위가 크다.	① 유닛히터 ② 세탁기구 ③ 열교환기류 ④ 관말트랩

② 신축이음(expansion joint)

배관의 신축이음에 대해서는 앞절의 배관재료의 신축이음 부문에서 종류 및 특성에 대하여 언급하였으며 여기서는 증기배관에서의 신축이음 설치 방법에 대하여 정리하였다. 증기배관에서의 배관의 신축에 대하여는 신축이음이나 루프배관 등으로 신축변위를 흡수하여야 하나 분기관이나 방열기 주위에는 3~4개의 엘보를 사용하여 지관 굴곡부의 비틀림 등으로 신축변위를 흡수시킨다.

일반적으로 각종 재료의 선팽창계수와 온도별 배관재의 팽창길이는 표 8-28 및 표 8-29와 같다. 또한 슬리브형 신축이음의 설치간격과 벨로즈형 신축이름이 설치간격은 표 8-30 및 표 8-31과 같다. 루프배관은 강관을 구부리거나 이음 등으로 곡관부를 만들어 흡수하므로 설치장소가 필요하다는 결점이 있으나 고압에 잘 견디므로 고장이 적어서 공장이나 옥외의 고압 증기관으로 널리 이용된다.

표 8-28 각종 재료의 선팽창계수 [α]

재료(온도℃)	동(20)	연철(40)	강(20)	납(60)	스테인리스 강	PVC	폴리에틸렌
$\alpha \times 10^{-6}$	16.2	12.10	11.4	29.1	17~18	70~80	55~100

표 8-29 강관 및 동관의 길이 1[m]당 신장길이 [mm]

증기압력 [kPa·G]	온 도 [℃]	강관의 신 장	동관의 신 장	증기압력 [kPa·G]	온 도 [℃]	강관의 신 장	동관의 신 장
-	-30	0	0	48	80	1.258	1.849
-	-20	0.098	0.130	103.3	100	1.494	2.209
0	0	0.329	0.466	202.4	120	1.717	2.540
7.5	40	0.791	1.155				

(주) 가령 0℃에서 100℃까지 늘어났을 때는 강관 1.494－0.329＝1.165[mm/m.]

표 8-30 슬리브형 신축이음의 설치간격

압 력 [kPa·G]	온 도 [℃]	관 경 [mm]			
		15~50	65~100	125~200	250~300
		미끄럼 행정의 실용길이 [mm]			
		50	75	100	125
		최대 미끄럼 행정 [mm]			
		50	75	100	125
		최대 설치간격 [m]			
42.3	80	27.74	41.15	54.86	68.88
103.3	100	27.74	41.15	54.86	68.88
146.0	110	26.06	41.15	54.86	68.88
202.4	120	24.38	87.03	49.38	62.48
368.5	140	21.18	32.00	42.67	53.64
630.2	160	18.44	27.89	47.49	46.94
1022.0	180	16.15	24.99	33.22	41.45

표 8-31 벨로즈형 신축이음의 설치간격

증기온도	60	80	100	110	120	140	160
증기압력 [kPa·G]			0	46	100	268	530

신축량		설치간격 [m]						
단 식	35[mm]	48.5	36.4	29.1	26.4	24.2	20.8	18.2
	(45)	62.5	46.9	37.5	34.0	31.2	26.8	23.4
복 식	70[mm]	97.0	72.8	58.2	52.8	48.4	41.6	36.4
	(90)	125	93.8	75	68	62.4	53.6	46.8

(주) ① ( )가 있는 숫자는 제작사의 제품 카탈로그에 의함
② 설치간격은 기온 0[℃], 팽창률=12.0×10^{-3}[mm/m℃]을 기준

표 8-32 루프형 신축이음의 설치간격

관 경 [mm]	곡률 R [m]	소 요 관길이 [m]	설치간격 [m]					
			온도 [℃]	88	100	120	140	175
			증기압력 [kPa · a]	-	1.033	2.025	3.68	9.10
40	0.254	2.07		12.19	10.06	8.53	7.01	3.05
50	0.305	3.05		21.34	17.68	14.93	12.19	10.67
65	0.355	3.60		24.38	20.42	17.37	14.33	12.50
80	0.457	4.57		32.92	27.43	23.47	18.90	16.46
100	0.610	5.94		44.80	37.49	32.00	26.21	22.86
125	0.762	7.47		57.30	47.55	37.49	33.53	28.96
150	0.914	8.96		69.49	57.61	49.38	40.23	35.05
200	1.372	13.41		121.92	102.10	85.34	70.10	60.96

일반적으로 그림 8-56에 제시하는 바와 같고 루프형 신축이음의 설치간격은 표 8-32에 따른다.

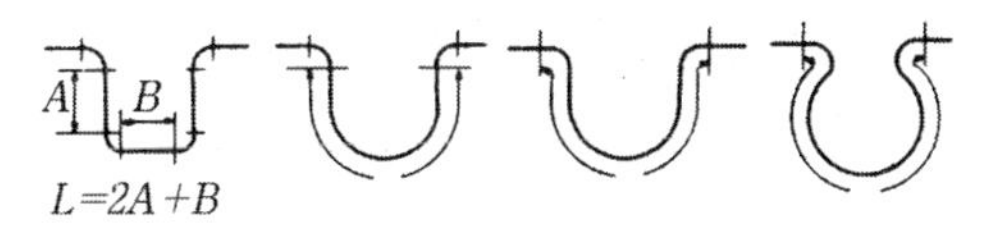

그림 8-56 루프배관

$$L=74\sqrt{D\cdot\Delta l}$$

여기서 L : 곡관의 길이 [cm]

D : 곡관의 외경 [cm]

Δl : 흡수가능한 길이 [cm]

③ 증발탱크(flash tank)

동일한 배관계통에 고압증기와 저압증기가 동시에 필요로 하는 경우 보일러에서는 고압증기를 만들어 고압이 필요한 곳에 공급하고 저압이 필요한 곳에서는 감압밸브를 이용하여 압력을 낮춘 후 공급하게 된다.

그러나 증기를 사용후 응축수로 변할 경우 고압의 응축수와 저압의 응축수는 하나의 배관을 통하여 보일러로 되돌아온다. 이러한 과정에서 고압의 응축수가 저압의 환수관으로 들어가게 되면 그림 8-57에 나타난 바와 같이 고압의 환수관에서 액체로 존재하던 응축수가 압력이 저하하면서 재증발을 일으켜 저압환수관의 압력을 상승시키게 되며 이는 저압계통 트랩의 배출능력을 감소시키고 저압 환수관의 흐름을 악화시키게 된다. 이러한 경우에 고압증기의 응축수를 증발탱크에 넣어 재증발시키고 발생증기는 저압증기로서 재이용하며 저압의 응축수는 증기트랩을 거쳐서 저압 환수관으로 보낸다.

그림 8-58은 증발탱크의 주위배관을 나타낸다. 저압증기의 수급균형을 위하여 탱크에는 안전밸브를 설치하고 저압증기관에 고압증기를 접속하여 저압증기의 압력을 설계값으로 유지시킨다. 증발탱크의 설계에 있어서 가장 중요한 것은 탱크의 내경이며 증기속도를 3[m/s] 이하로 하여 설계하고 탱크의 높이는 0.6~0.9[m]로 한다.

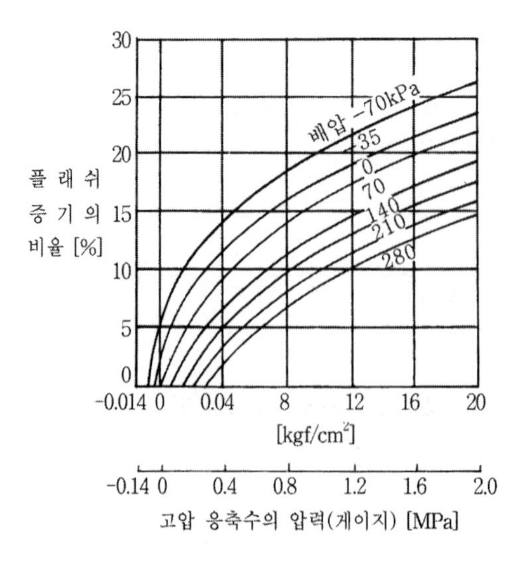

그림 8-57 플래쉬 증기

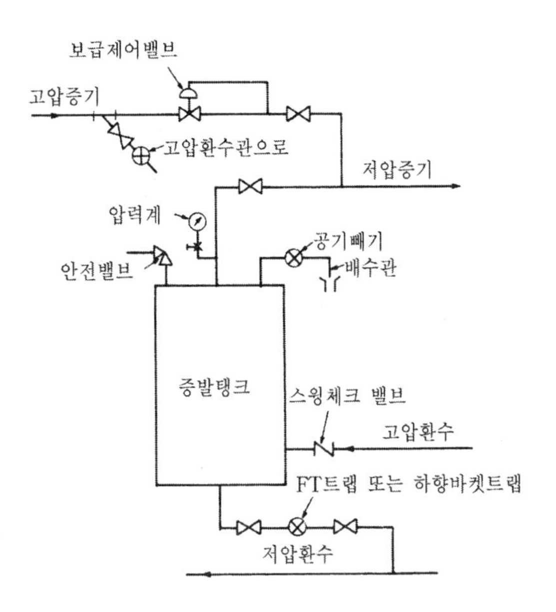

그림 8-58 증발탱크의 주위배관

④ 리프트 이음(lift fitting)

진공환수식에서는 환수관의 증기 트랩측보다 환수조측이 저압으로 되므로 그 차에 의하여 응축수를 높은 곳으로 밀어올릴 수 있는 것을 리프트 이음이라 하며 그림 8-59와 같은 구조이다. 이 방식은 그림과 같이 하단에 수봉부를 만들고 입상관은 환수관보다 1~2치수 작은 관으로 하여 그 전후의 차로 빨아 올리는데 1단의 흡입높이는 1.5[m] 이내로 한다.

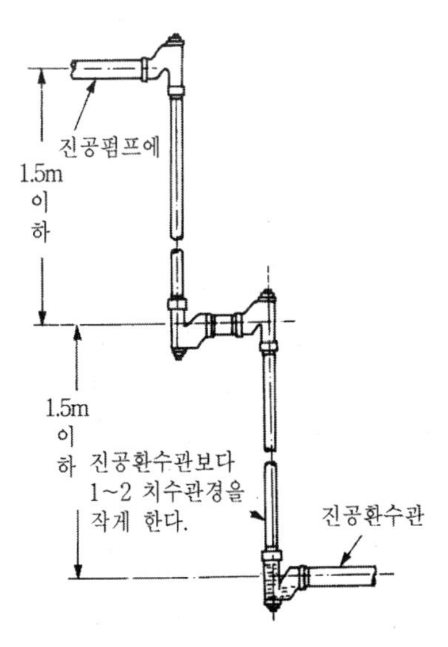

그림 8-59 리프트 이음

8-5 냉수배관

(1) 개 요

공조장치의 냉수배관계통설계에 있어서 고려해야할 사항으로는 다음과 같다.

① 개방관로에서는 배관중의 스케일 및 공기가 유통장애를 일으키며 열전달 장해나 부식등의 원인이 되므로 수질관리와 스케일방지 및 공기혼입을 적게 한다.
② 배관길이가 긴 것에서는 설비비와 동력비의 경제성이 확보되어야 한다.
③ 관경의 결정에는 유수음 및 관내부식방지를 위하여 유속을 일정한 값 이하로 유지함과 동시에 동력비와 설비비의 경제성을 고려해서 결정한다. 유수음에 의한 장애는 50A 이하의 배관에서는 1.3m/s 이하, 50A 이상에서는 압력손실 40mmAq/m 이하로 유지함으로서 방지할 수 있다.
④ 배관관경의 선정에서 동력비와 설비비의 경제성 면에서 유속이 늦으면 배관경이 굵어져 설비비가 많이들고 너무 빠르면 펌프 설비비와 동력비가 많이 든다. 공조용 배관에서 단위저항을 10~40mmAq/m(25mmAq/m)가 가장 많이 쓰인다.

또한 냉온수 배관과 같은 열분배 계통에서는 증기배관에 비하여 열분배 성능이 배관설계에 의해 좌우되므로 필요수량을 확실하게 하기 위하여 배관저항의 불균형이나 배관중의 공기에 의한 유통장애가 일어나지 않도록 하여야 한다. 밀폐회로배관에서는 온도변화로 인한 체적팽창으로 장애가 일어나지 않도록 하여야한다.

(2) 배관시공

① 펌프 흡입측 배관은 되도록 저항을 적게 하고 흡입높이는 7m 이하로 하며 공기가 침입 또는 고이지 않도록 하고 1/50 ~1/100 정도의 순기울기로 한다.
② 풋밸브의 수심은 되도록 깊게 또한 벽에서 흡입관경의 3배 이상 떨어지게 한다. 또한 타 펌프흡입관과 떨어지게 하는 등 흡입면에 와류에 의한 공기흡입이나 흡입류의 부정이 생기지 않도록 한다.
③ 고양정 또는 배관연장이 긴 펌프 토출관에는 워터해머 방지장치를 설치한다.
④ 펌프 접속배관은 배관하중이나 비정상적인 힘이 펌프 접속플랜지에 걸려 펌프의 직결심을 틀리게 해서 진동발생 원인이 되지 않게 한다.

⑤ 부하기기가 병렬로 접속되는 경우는 편류되지 않도록 배관하고 유량조정밸브는 환수측에 설치한다.

⑥ 부하기기에는 출입구에 온도계나 압력계를 설치하여 설계유량 및 부하상태의 체크 외에 튜브내의 오염판정 등에 사용하면 좋다.

⑦ 냉동기 등 정기적으로 튜브의 소제를 필요로 하는 기기에서는 출입구 배관에 게이트밸브를 설치하고 모든 장치를 배수하지 않아도 청소할 수 있게 한다.

⑧ 펌프 등 진동이나 소음을 발생하는 기기로부터의 진동·소음이 문제가 되는 경우에는 접속배관에 방진·방음 이음쇠를 삽입한다. 방진이음쇠는 그 방진특성에 합치하도록 사용하고 이상한 힘이 걸리지 않게 함과 동시에 고정단에 가까운 곳을 견고하게 고정한다. 또한 방음용은 분해해서 설치하면 효과가 있다.

⑨ 펌프에서 토출하는 물의 진동에 의한 진동이나 소음이 문제가 될 때는 펌프에 가까운 토출배관에 0.5~1.0m 정도 길이의 2사이즈 굵은 관경의 파이프를 삽입해서 머플러로 한다.

⑩ 공기압이 부압으로 돼 있는 공기조화기의 배수관에는 U자 트랩을 설치하여 공기나 취기의 침입을 방지한다.

⑪ 팬코일이나 열교환기에는 공기배출밸브와 배수밸브를 설치하여 공기체류에 의한 열교환기 기능저하의 방지와 청소 및 휴지중의 동결방지에 사용한다.

8-6 온수배관

(1) 개 요

온수난방장치의 배관계 설계시 고려사항으로는

① 부하가 되는 각기기에 공급하는 온수온도와 온수량을 적절하게 선정한다.

② 각 기기에 이 온수량을 급속하고 균일하게 순환시키도록 한다.

③ 순환에 있어 유수음 기타의 소음장애가 일어나지 않도록 한다.

④ 체적팽창에 의해 장치내에 이상한 내압이 생기거나 열손실이 되는 오버플로우(over flow)가 일어나지 않도록 한다.

⑤ 공기침입에 의해 관내부식이 진행되지 않도록 한다.

⑥ 관의 신축에 의해 각종 장애가 일어나지 않도록 한다.

⑦ 각 기기에 소정의 온수량이 급속하고 균일하게 분배되기 위해서는 적당한 유속으로 순

환할 때의 배관계의 마찰손실이 중력순환식일 때는 자연순환수두와 강제순환식에서는 순환펌프의 수두와 같아야 한다.

⑧ 공기의 배출은 배관구배를 적당하게 유지하여 팽창탱크 또는 공기배출밸브로 빠져 나가도록 해야 한다. 배관내의 공기는 50A 이하에서는 0.6m/s 이상, 50A 이상에서는 마찰저항 8.5mm/m 이상에 상당하는 유속이면 흐름과 함께 운반된다.

(2) 배관시공

온수난방장치의 시공법은 증기배관에 준하나 특히 주의할 점은 다음과 같다.

① 각 방열기에는 반드시 수동공기 배출밸브를 설치한다.

② 방열기의 유량조정에는 오리피스 또는 리턴코크를 설치해서 행한다. 단, 중력순환식에서의 유량조정은 배관설계로서 행해지므로 설계조건을 바꾸게 되는 배관시공은 하지 않고 리턴코크와 같이 저항이 큰 것은 쓰지 않는다.

③ 티는 중력식에서는 저항이 적은 45° 엘보를 주로 사용하거나 파이프를 구부려서 사용한다.

④ 배관구배는 1/250 이상으로 하고 기포가 온수와 나란히 흐르도록 흐름방향에 상향구배로 하는 것이 이상적인데 거꾸로 해도 지장은 없다.

⑤ 배관의 최저부에는 반드시 장치내의 물을 안전히 배출할 수 있도록 배수관을 설치하고 배관은 이를 향해서 하향구배로 한다.

⑥ 팽창관에는 밸브를 설치해서는 안되며 개방식탱크의 접속관에는 관경이 큰 티를 설치하면 공기의 분리가 양호해진다.

⑦ 밸브는 게이트밸브를 사용하고 부득이 글로브밸브를 쓸 때는 밸브대를 수평으로 하여 기포의 유통이 가능하도록 한다.

⑧ 배관도중에는 편심이음쇠를 사용하고 기포가 괴지 않도록 한다.

8-7 고온수 배관

(1) 개 요

고온수난방장치란 보통 100℃ 이상의 온수를 사용하는 장치를 말하며 고온수의 최고사용한도는 물의 임계온도 374.1℃(225.5℃kgf/cm^2 abs)까지 취할 수 있으나 압력상승에 따른 장치의 경제성에서 230℃(약 28.5kgf/cm^2 G)를 보통사용한도로 하고 실용상은 180℃ 정도까지의 것이 많다. 인체에 근접하여 직접 실내에 설치되는 방열기나 콘벡터 등에는 고온수를 이용한 수대수열교환기를 써서 보통 120℃ 정도의 온수난방장치의 일차열원으로서 사용된다. 고온수난방장치의 배관계와 일반온수난방장치와의 주요 차이점은 다음과 같다.

① 장치전체는 밀폐식으로 하여 장치중 어떠한 레벨에 있는 부분도 온수온도에 상당하는 포화압력이상으로 가압한다.
② 일반적으로 송·환의 온도차는 보통온수난방장치보다 크게 취한다.
③ 보일러·펌프·기기 및 배관재료 등은 사용온도에 따라 특별한 것을 사용하며 각말단기기의 용량제어용 기기 이외의 기계적 장치는 전부 보일러실에 집중한다.
④ 배관은 지형이나 건물상황에 따라 구배를 고려할 필요가 없이 자유로이 인상 또는 인하할 수 있다.

(2) 시스템 설계

1) 사용온도 및 온도차

사용온도와 온도차는 원래 장치의 경제성에서 구해져야 할 성질의 것이며 온수온도를 높게 취하면 상용되는 기기의 내압강도가 큰 것이 필요하게 되나 온도차를 크게 취하면 배관 및 열교환기의 치수를 적게 할 수 있다. 그러나 어떠한 사용온도와 온도차를 선정하느냐는 장치의 규모나 배관연장 및 사용보일러 기타 기기에 따라 달라지므로 경제성을 고려하여 결정하여야 한다.

2) 순환방식

고온수 난방배관에서는 밀폐회로방식의 각종 방법이 모두 사용될 수 있으며 다음과 같은 제어를 요구하게 되는 경우가 많다.

① 보일러 환수온도제어

고온수난방에서는 노통연관식 또는 수관방식 보일러를 사용하고 유황성분이 많은 연료를 쓰는 경우 환수온도가 일정치 이하로 저하하면 튜부 또는 튜브플레이트의 저온부식을 일으킬 위험이 있으므로 환수온도가 일정치 이하로 되지 않는 배관방식을 선택하여야 한다.

그림 8-60은 부하계가 이방밸브 등에 의한 변유량 방식이고 유량확보를 위한 바이패스회로를 이용하여 환수온도를 유지하는 방식이다. 그림 8-61은 부하계가 삼방밸브에 의한 정

유량 방식이고 바이패스 회로에 의해 환수온도를 유지하는 방식이다. 그림 8-62는 2차펌프를 설치하여 부하계의 공급온도를 외기 기타에 의해 임의로 제어함과 동시에 열원계의 환수온도를 유지하기 위한 바이패스 회로와는 별도로 바이패스 회로를 설치하여 환수온도를 유지하는 방식이다.

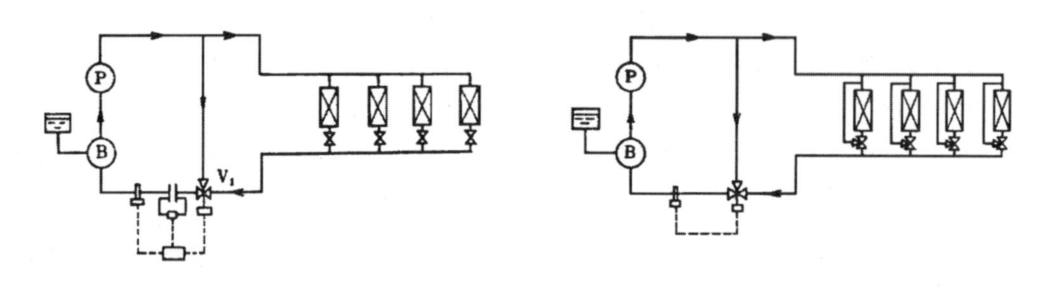

그림 8-60 메인펌프 변유량 방식

그림 8-61 메인펌프 정유량 방식

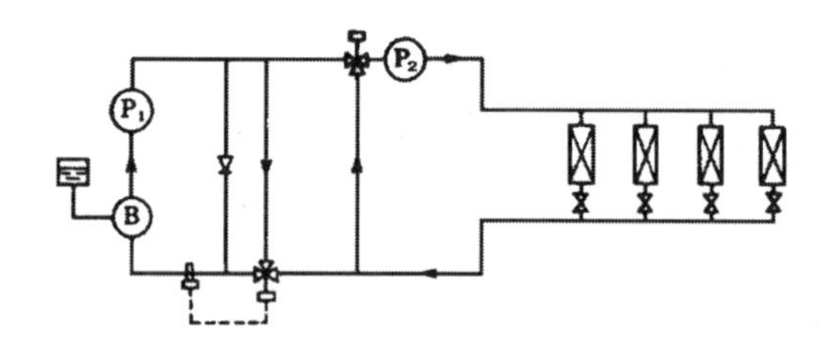

그림 8-62 1차·2차펌프 방식

② 1차·2차펌프 방식

고온수난방에서는 일반적으로 배관계의 연장이 길어지므로 메인 펌프방식의 경우는 펌프양정이 커진다. 그래서 팽창탱크를 보일러 출구와 펌프 사이에 설치하면 보일러의 설계내압 상승을 막을 수 있지만 이때 보일러의 저온부식을 방지하기 위해 출입구온도차를 적게 하여 시스템의 순환수량을 부하계로부터 결정되는 필요수량 이상으로 크게 하지 않으면 안되는 일이 있다.

3) 2차측 접속방식

고온수난방에서는 보통의 공조설비에서의 수배관방식과 달라 고온수는 이것을 일차측열매로서 쓰고 부하계인 2차측에는 이보다 낮은 온도의 온수 또는 증기를 2차측 열매로서 발생시켜 사용하는 경우도 있으며 2차측과의 접속방식을 기술하면 다음과 같다.

① 직결방식

1차측 열매로서의 고온수를 그대로 2차측 열매로서 사용하는 방식이다.

② 열교환기 방식

열교환기를 거쳐 온수 또는 증기를 2차측 열매로 하여 사용하는 방식이며 일차측의 온도를 높게 취하고 출입구온도차도 크게 취할 수 있으므로 일차측 배관을 가늘게 할 수 있다. 또한 1차측과 2차측의 내압을 별개로 취급할 수 있어 2차측에 불의의 사고가 일어나도 일차측에 그 영향이 오지 않는다.

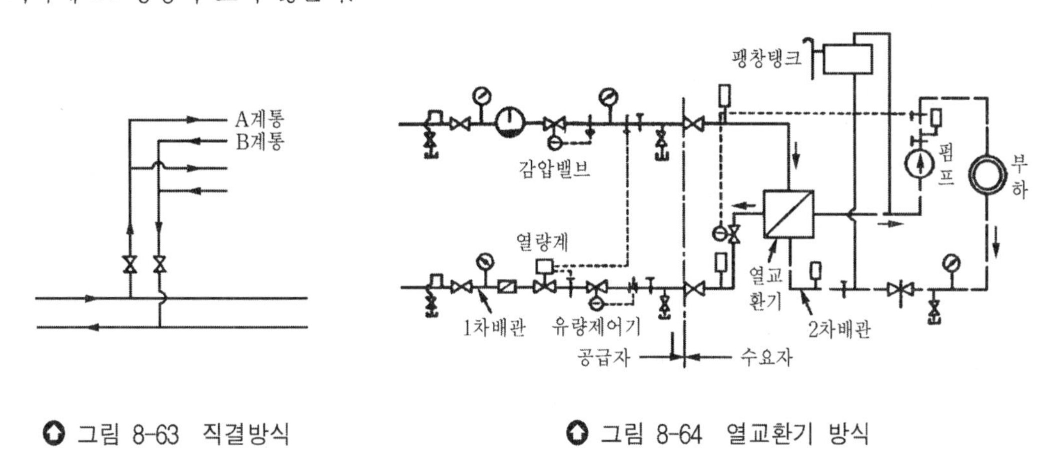

그림 8-63 직결방식

그림 8-64 열교환기 방식

③ 블리이드인 방식

1차측과 2차측은 직결되 있으나 펌프 또는 이젝터 등에 의해 2차측의 환수를 바이패스시켜 온도를 내림과 동시에 가압하여 1차측 고온수의 허용공급높이(플래시를 일으키지 않는 압력에 상당하는 높이) 이상의 위치에 있는 부하기기로 공급하는 방식이다.

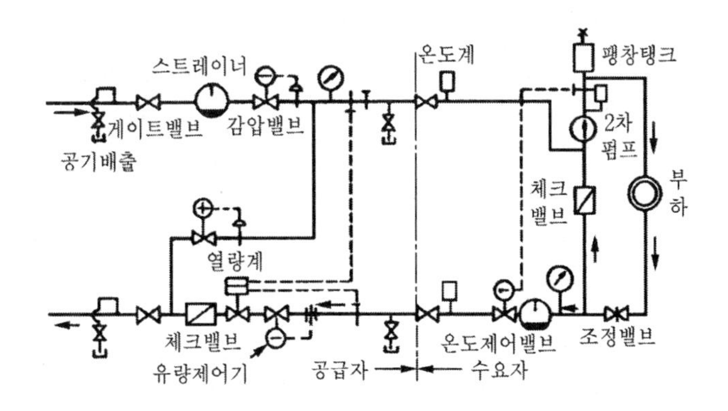

그림 8-65 블리이드인 방식

4) 가압방식

고온수장치에 사용하는 가압장치의 필요조건으로는

① 고온수의 유동상태에서 장치내의 모든 부분을 그 포화압력 이상으로 유지하고(±150~200kPa), 플래시현상을 일으키지 않도록 한다.
② 팽창탱크로서의 작용을 하고 불필요한 보급수를 최소한으로 하는 것일 것
③ 압력조정 범위의 작동이 확실하고 신뢰성이 높고 그 유지관리가 용이할 것
④ 장치내의 고온수에 대해 부식원인이 되는 산소 보급원이 되지 않을 것

1) 정수두 가압방식

고온수를 사용하는 기기보다 높은 곳에 개방식 팽창탱크를 설치하는 방식이며 초고층 빌딩에서 고온수를 사용하는 공기조화기, 열교환기, 흡수냉동기가 하층에 있는 경우에 사용이 가능하다.

2) 증기 가압방식

증기의 압력을 이용하여 배관계를 가압하는 방식으로 그림 8-67은 팽창탱크에 의한 증기 가압방식으로 밀폐식 팽창탱크를 보일러 상부보다 높은 곳에 설치하고 보일러에서 나온 고온수는 이 팽창탱크를 거쳐 시스템으로 들어가게 되며 팽창탱크로 들어간 고온수 중 일부가 재증발하면서 증기의 압력으로 배관계를 가압하는 방식이다.

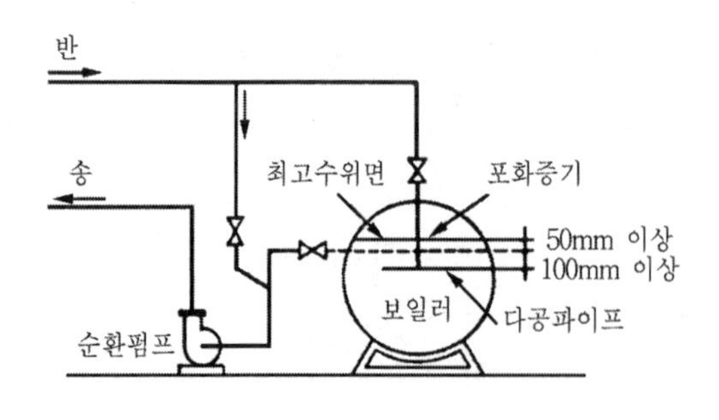

그림 8-66 정수두 가압방식

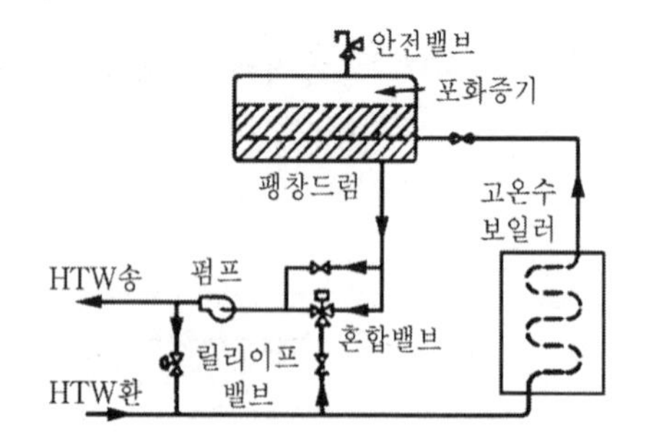

그림 8-67 증기 가압방식

3) 가스 가압방식

증기가압 방식에서는 가압압력이 탱크내의 온수온도에 의해 좌우되고 간헐난방을 하는 경우 운전정지중에 배관내에서 공기를 흡입하여 보일러 및 배관계의 부식을 일으킬 위험이

있다. 가스가압방식은 이러한 단점을 보완하기 위해 보완된 방식이며 온수온도에 관계없이 가압압력을 선정할 수 있으므로 가압탱크를 보일러실에 설치하여 어떠한 높은 곳에도 소정의 고온수를 공급할 수 있다. 가압용 가스로 공기는 고온수에 산소흡수에 의한 부식장해를 일으키므로 질소등의 불활성 가스가 사용된다. 가압방식에 따라 변압식과 정압식이 있으며 그림 8-68은 변압식을 나타내고 있다.

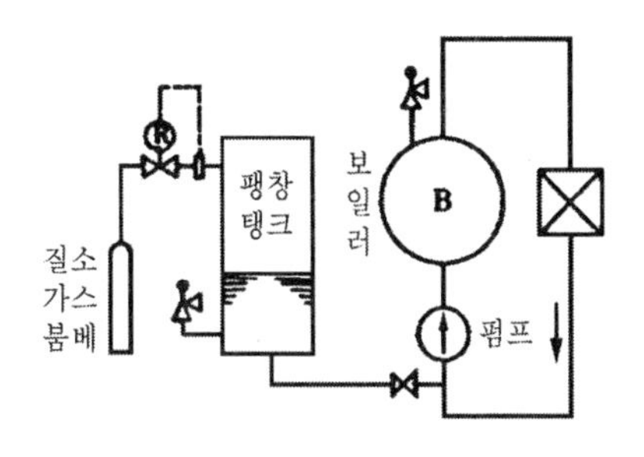

그림 8-68 가스 가압방식

4) 배관시공

① 배관재료

고압증기관 기준에 따라 시용하고 스케줄 40의 압력배관용 탄소강강관을 쓰면 170℃ 이상의 고온수배관에 대해서도 대체로 충분하다. 고온수장치에서는 거의 물의 손실이 없으므로 물을 공급시 알카리성으로 하고 필요한 보급수는 광물성 물질에 대해 충분히 처리하고 운전중 배출된 공기배출을 확실히 한다면 관의 부식은 문제되지 않고 배관의 수명은 30년 이상이라고 한다.

② 배관방식

배관의 기울기는 선상향이나 선하향의 어느 경우나 1/200 이상으로 하고 최고부에는 공기빼기밸브를 갖춘 에어포켓실을, 최저부에는 더스트포켓을 부착한 배수밸브를 설치하면 고저에 관계없이 배관할 수 있다. 각 기기의 제어밸브는 증기 가압방식에서는 특히 저온의 환수측으로 되도록 낮은 곳에 설치하여 고온측에서 죄어져서 플래시 또는 워터해머를 일으키는 일이 없도록 한다.

또 무부하상태일 때 장시간 온수의 흐름이 정지하게 되는 계통에는 기기에 근접해서 바이패스 밸브를 설치해 끊임없이 소량의 온수가 흐르도록 하여 통수시 냉수와 고온수의 급격한 혼합으로 워터해머가 일어나지 않도록 한다. 관로상 분기에는 45° 분기가 바람직하고 관단면이 급격히 변화하는 곳에는 리듀서를 사용하여 국부저항에 의한 플래시 발생을 방지한다. 배관의 신축은 온수난방장치보다 크고 고온수는 누수가 많으므로 신축이음쇠와 지관의 옵셋의 사용, 기타 배관접속에는 충분한 주의를 요한다.

8-8 냉매배관

(1) 개 요

냉매배관에는 주로 동관이 사용되며 강관을 사용하기도 한다. 냉매배관의 필요한 조건은 다음과 같다.

① 냉매는 반드시 누설되지 않도록 한다.
② 관의 재질은 냉매에 의해 부식되지 않고 냉매의 압력에 충분히 견딜 수 있어야 한다.
③ 냉매배관은 마찰손실이 너무 크지 않게 한다.

(2) 프레온 냉매 배관방법

프레온 냉매배관은 압축기에서 토출된 냉매가스와 윤활유가 함께 토출되어 냉동사이클을 순환하므로 기기 및 배관 중에 윤활유가 고이지 않도록 배관설비를 하여야 한다.

1) 토출관

토출가스의 진동에 의해 될 수 있는대로 윤활유가 섞이지 않도록 토출관의 압력강하를 적게 해야 한다. 표 8-33은 토출관의 유속과 압력강하의 관계를 나타낸다. 그림 8-69와 같이 응축기의 위치가 압축기와 같거나 낮을 때는 수평관은 하향기울기로 한다. 유속은 수평관에서 4[m/s] 이상, 하향 수직관에서 8[m/s] 이상이 되도록 한다.

표 8-33 토출관의 유속의 압력강하

냉 매 명	유 속 [m/s] (증발온도 [℃])	포화온도강하 [deg]	압력강하 [MPa]
R-12, R-22	10~17.5	0.5~1	R-12 0.015~0.03 R-22 0.02~0.05
메틸클로라이드	10~20	0.5 ~1	0.02

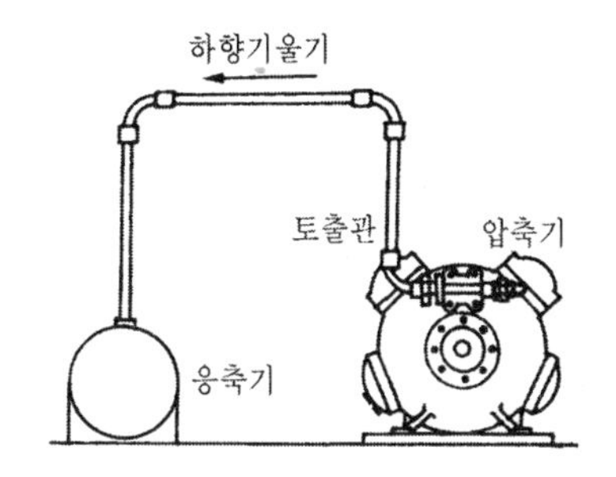

그림 8-69 응축기가 압축기와 동 위치이거나 낮은 위치인 경우

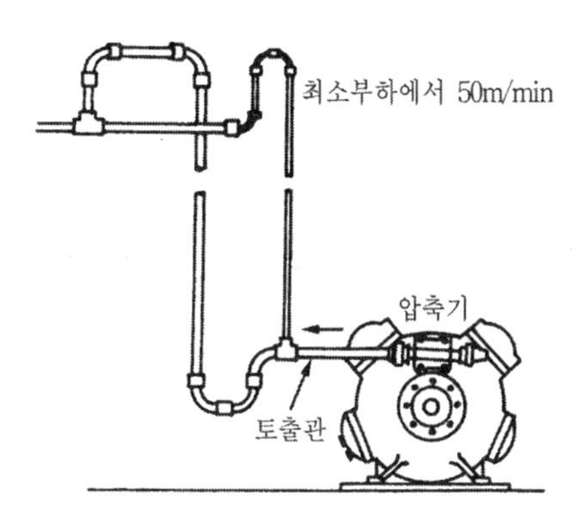

그림 8-70 더블라이저 시스템의 경우

압축기보다 높은 곳에 응축기가 설치되는 경우에는 그림 8-71과 같이 수평배관은 하향기울기로 하고 입상 토출관 사이에 트랩을 만들어 윤활유를 일단 고이게 한 다음 급속히 응축기로 밀어 올리게 한다. 입상관은 10[m]마다 오일트랩 1개씩 설치하는 것이 좋다.

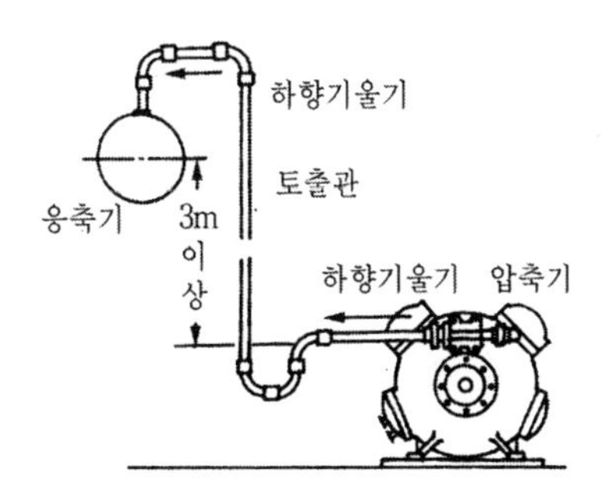

그림 8-71 응축기에서 3[m] 이상 높이에 있는 응축기의 경우

부하에 따라 압축기가 능력제어를 하게 되므로 토출관 지름을 최소 부하상태에서 가스속도가 8[m/s] 되도록 결정하게 되면 최대부하시에 가스속도가 너무 크게 되어 극단적인 압력강하가 생기므로 이를 방지하기 위해 그림 8-70과 같이 더블라이저 시스템(double riser system) 배관을 한다. 압축기의 능력이 클 때에는 토출관 사이에 유분리기를 설치한다.

2) 액관

윤활유와 프레온 냉매액은 비중이 비슷하고 잘 혼합되므로 액관에서는 별 문제가 없으나 온도가 높아지거나 압력이 강하되는 경우 플래시 가스(flash gas)가 발생하여 팽창밸브에 악영향을 주므로 과냉각의 상태로 팽창밸브에 들어가도록 하고 입상길이를 되도록 8[m] 이하가 되게 하고 관지름을 충분히 크게 하여 압력강하 20[kPa] 이하가 되도록 설계하여야 한다. 표 8-34는 냉매액관의 표준속도이다.

표 8-34 냉매액관의 표준속도 [m/s]

냉 매 명	액	관
	수액기 → 증발기	수액기 → 증발기
R-12, R-22	0.5~1.25	0.5~1.25
메틸클로라이드	0.5~1.25	0.5~1.25

3) 흡입관

흡입관도 토출관과 같이 냉매가스가 압축기로 들어갈 때 혼입되는 윤활유의 양을 되도록 적게 하여야 한다. 흡입관의 가스속도는 수평관에서 4[m/s] 이상, 상향수직관에서 8[m/s] 이상되어야 하고 압력강하는 12.5[kPa] 이하가 되어야 한다. 압축기를 기동할 때 흡입관에 고인 냉매액 윤활유가 한꺼번에 압축기로 들어가는 일이 있어서는 안되므로 압축기 상부에 증발기가 있을 때는 증발기 출구쪽에 오일루프를 설치하여야 한다.

8-9 가스배관

(1) 도시가스

1) 도시가스의 종류

일반적으로 도시에 공급되고 있는 연료가스는 석탄, 코우크스, 나프타, 원유, 중유, 천연가스, LP가스 등을 원료로 하여 제조된 가스나 LNG를 정제, 혼합하여 소정의 발열량이 되도록 조성한 것이다. 도시가스는 웨버지수와 연소속도에 따라 분류한다.

2) 도시가스의 공급방식

가스공급은 고압, 중압, 저압으로 구분된다. 즉, 공장에서 고압으로 토출된 가스는 정압기(governor)로 중압, 저압으로 감압되어 사용처로 공급된다. 가스사업법 시행규칙에는 최고 사용압력 1[MPa] 이상을 고압, 0.1[MPa] 이상 1[MPa] 이하를 중압, 0.1[MPa] 이하를 저압으로 규정하고 있다. 표 8-35는 도시가스 설계시 사용되는 동시사용률을 나타낸다.

표 8-35 건물 용도에 따른 동시사용률 (공동주택의 경우)

사용종별	동시사용률	주거수	동시사용률	주거수	동시사용률	주거수
일반건축물	70%	10	75%	100	40%	800
(사무소 빌딩 등)		20	65	200	30	1,000
식당·음식점 등	80~90%	30	60	400	25	
일 반 주 택	70~100%	50	50	600	20	

(주) 동시사용률에 대해서는 각 가스회사가 특별히 결정한 기준은 없고 각 가스회사 및 설계담당자에 따라 다소의 차이가 있다.

동일 종별 기구개수에 의한 동시사용률

기구종류 \ 개수	1	2	3	4	5	6
가스레인지·취사기구류	100%	80%	70%	60%	55%	50%
난 방 기 구 류	100%	65%	50%	45%	40%	35%
온수기·목욕솥류	100%	85%	83%	80%	77%	75%

3) 배관지름의 결정

① 저압에서의 수송량(포올의 식)

$$Q = K\sqrt{\left(\frac{D^5 H}{SL}\right)} \quad \cdots\cdots (8\text{-}35)$$

여기서 Q : 수송량 [m³/h]

D : 관의 안지름 [cm]

H : 압력차 [Pa]
L : 관의 길이 [m]
S : 가스비중(공기가 1일 때)
K : 계수(0.2253)

② 중압 및 고압에서의 수송량(콕스식)

$$Q = K\sqrt{\frac{D^5(P_1^{\ 2} - P_2^{\ 2})}{SL}} \quad \cdots\cdots (8\text{-}36)$$

여기서 Q : 수송량 [m³/h]
D : 관의 내경 [cm]
P_1 : 초기압력(절대압력) [MPa]
P_2 : 종압(절대압력) [MPa]
L : 관의 길이 [m]
S : 가스비중(공기를 1로 할 때)
K : 계수(533.6)

표 8-36 높이에 따른 가스압력 발화

높 이 [m]	가스의 비중				비 고
	0.5	0.65	1.2	1.5	
0	0	0	0	0	
50	+30.5	+21.4	−12.2	−30.5	
100	+61.0	+42.8	−24.2	−61.0	
150	+91.5	+64.2	−36.6	−91.5	
200	+122.0	+85.6	−48.8	−122	

(2) 천연가스(LNG)

지하에 기체상태로 매장된 화석연료로서 메탄이 주성분이며 가스전에서 천연적으로 직접 채취한 상태에서 바로 사용할 수 있는 가스에너지이다. 땅속에 퇴적한 유기물이 변동되어 생긴 화학연료라는 점에서는 석유와 같다. 천연가스는 산지에 따라 약간씩 차이가 있으나 메탄(CH_4)이 80~90%를 차지하고 있으며 나머지는 에탄(C_2H_6), 프로판(C_3H_8) 등의 불활성

기체를 포함하고 있다. 천연가스는 액화과정에서 분진, 황, 질소 등이 제거되어 연소시 공해물질을 거의 발생하지 않는 무공해 청정연료이다. 정제된 천연가스는 발열량이 높고 황성분을 거의 함유하지 않은 무독성이며 가스비중이 작아 확산되기 쉬우므로 위험성이 적은 특징이 있어 도시가스용으로 가장 알맞다.

천연가스의 결점은 수송비가 많이 든다는 점과 같은 열량의 석유에 비해 송유관이 약 4배 커야 하며 또 액화천연가스(LNG) 유조선은 원유 유조선의 약 2배의 크기인데다 액화저장 기화설비의 건설비가 많이 든다는 점이다. 따라서 산지와 소비지가 떨어져 있을수록 경제성이 없어진다.

천연가스의 종류에는 일반 기체상태의 천연가스(natural gas) 외에 LNG, CNG, PNG 등이 있으며 우리나라의 경우 해외 천연가스 산지의 LNG 공장에서 액화한 것을 LNG 선으로 도입하여 이를 LNG 공장에서 기체화시킨 후 파이프를 통해 발전소나 수용가에 공급하고 있다.

① LNG(liquefied natural gas) : 액화천연가스

기체상태의 천연가스를 -162℃의 상태에서 약 600배로 압축하여 액화시킨 상태의 가스로서 정제과정을 거쳐 순수 메탄의 성분이 매우 높고 수분의 함량이 없는 청정연료이며 국내에서 공급하고 있는 도시가스이다.

② CNG(compressed natural gas) : 압축천연가스

기체상태의 천연가스를 200~250배로 압축하여 압력용기에 저장한 가스이다.

③ PNG(pipe natural gas)

기체상태의 천연가스를 산지로부터 파이프로 공급받아 사용하는 가스이다.

(3) 액화석유가스(LP Gas)

1) LP 가스의 종류와 성상

LPG(Liquefied Petroleum Gas)란 석유계 탄화수소의 일종으로 탄소원자와 수소원자의 화합물로서 이러한 석유계 탄화수소 중에는 메탄, 에탄, 프로판, 부탄 등의 파라핀계 탄화수소와 에틸렌, 프로필렌, 부틸렌 등 올레핀계 탄화수소가 있다.

이중 파라핀계는 화학적으로 안정되어 있어 주로 연료로 사용하고 올레핀계는 원자결합이 2중 결합되어 있어 화학적으로 불안정하므로 석유화학의 원료로 사용된다. 현재 일반소비자에 공급되는 LP 가스에 대하여는 표 8-37과 같으며 이중 (가)호와 (나)호가 많이 사용되고 있다.

◆ 표 8-37 일반 소비자에게 공급하는 LP 가스의 규격

명 칭	프로판과 프로필렌의 합계량의 함유율	에탄 및 에틸렌의 합계량의 함유율	부타디엔의 함 유 율	비 고
(가)호 액화석유가스	80퍼센트 이상	8퍼센트 이하	2퍼센트 이하	압력이 높고 -15℃ 정도에서도 기화
(나)호 액화석유가스	60퍼센트 이상 80퍼센트 미만	8퍼센트 이하	2퍼센트 이하	가호와 다호의 중간 성질
(다)호 액화석유가스	60퍼센트 미만	8퍼센트 이하	2퍼센트 이하	발열량은 높지만 압력이 낮은 부탄이 많으므로 강제 기화장치가 있는 업무용에 적합

2) LP 가스의 제성질

일반적으로 사용되고 있는 LP 가스는 프로판과 부탄 등을 혼합하여 액화시켜 용기내에서 자연기화시켜 소비할 때 기화율이 다르므로 액 조성과는 다른 조성으로 기화된다. 예를 들면 프로판과 부탄의 혼합물일 때 부탄보다는 프로판이 기화하기 쉬우므로 초기에는 가스속의 프로판 비율이 액중 프로판 비율보다 많으나 그 후 점차 프로판 비율이 적어지고 부탄의 비율이 늘어나게 된다. 또한 LP 가스는 그리스, 오일, 니스 등의 물질을 용해하며 천연고무에 심한 팽창을 일으키므로 배관재, 실재, 패킹재의 선택에 주의를 요해야 한다.

◆ 표 8-38 액상프로판의 온도에 의한 용적변화

온도 [℃]	-20	0	10	15	20	30	40	50	60
액상프로판의 용적변화비율 (15℃의 용적을 100으로함)	90.4	96.2	98.7	100	101.7	104.9	109.1	113.8	119.3

8-10 유배관

(1) 배관의 결정

유배관 지름의 결정은 수배관의 관지름 결정과 같은 방식으로 하며 기름의 경우 점도변화에 따른 관마찰 저항이 변하므로 전체 단위마찰손실을 물의 경우와 같아지도록 관지름을

결정하는 것이 바람직하다. 일반적으로 경질유의 경우 1.5~3[m/s], 중질유의 경우는 0.5~2[m/s] 정도로 하지만 관지름이 작을수록 유속을 작게한다.

(2) 액체연료의 성질

표 8-39는 액체연료의 성질을 나타낸다.

표 8-39 액체연료의 성질

종 별		중유 C	중유 B	중유 A	경 유	등 유	원 유
비중 (15/4C)		0.93	0.89	0.86	0.82~0.85	0.78~0.80	0.82
화학성분 [wt %]	C	83.03	84.50	84.58	85.60	85.70	-
	H	10.48	10.34	11.83	13.20	14.0	-
	O	0.48	0.36	0.70	-	-	-
	N	0.29	0.18	0.03	-	-	-
	S	2.85	2.10	0.85	1.20	0.30	-
잔발열량	kcal/kg	9,760	10,000	10,160	10,280	10,570	10,350
	kcal/l	9,126	9.050	8,484	8,450	8,245	8,566
인화점 C		70	60	60	50	30~60	-5
이론공기량		10.3	10.6	10.7	11.2	11.4	-

(3) 관마찰손실

직관에서 관마찰손실은 다르시-와이스바하의 공식에 의하여 구할 수 있고 마찰계수 f는 무디선도에서 구해진다.

$$R = f(L/d) \times (v^2/2) \times \rho \quad \cdots\cdots (8\text{-}37)$$

여기서 R : 관마찰손실 [Pa]　　f : 마찰손실계수
L : 관길이 [m]　　d : 관지름 [m]
ρ : 밀도 [kg/m³]　　v : 관내유속 [m/s]

또한 국부저항에 의한 마찰손실은 난류영역 ($Re = vd/\nu > 2350$)에서는 그림 8-72에서 구하고 층류영역에서는 이 값이 근사적으로 쓰이며 점성이 매우 클 때에는 그 값이 점차 0에 가까워진다.

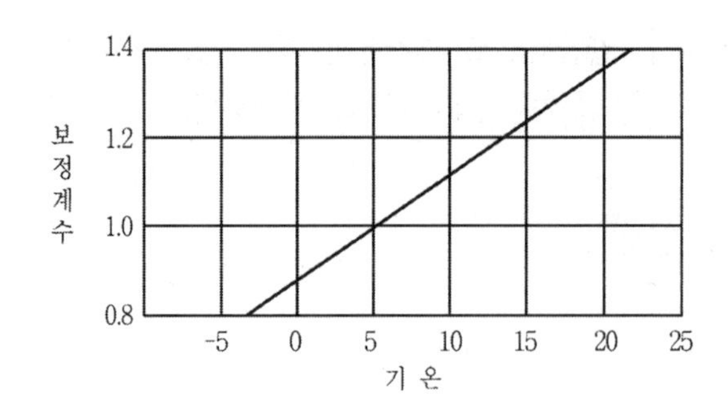

그림 8-72 중유의 마찰손실선도

(4) 배관의 시공

① 유배관은 지정이 없는 한 가스관(1[MPa])을 쓰고 방청도장을 한다. 단 소규모의 경유를 사용할 때에는 동관을 써도 된다.

② 개방형 오일 서비스탱크는 통기관에서 기름이 넘치는 사고가 많기 때문에 밀폐형 탱크를 사용하여 통기관을 설치하고 회수 관지름을 크게 하여 기어펌프가 고장이 났을 때 기름이 넘치는 것을 방지한다.

③ 관이음은 나사이음을 피하고 플랜지나 용접이음으로 한다.

④ 패킹 및 시일재료에는 내유성의 것을 쓴다.

⑤ 회수관은 흐름을 위해 순기울기로 한다.

⑥ 통기관은 상향기울기로 한다.(오버플로될 때 체유방지)

⑦ 오일기어펌프의 흡입측에는 오일 스트레이너를 설치한다.

⑧ 탱크와 배관 사이에는 스테인리스강 신축이음쇠를 쓴다. 단 오버플로관, 간접 배유관에는 설치하지 않는다.

⑨ 매설배관으로서 건물을 관통하는 경우에는 스테인리스강 신축이음쇠를 설치한다.

⑩ 유량계 또는 전자밸브 등에는 스트레이너 및 바이패스 밸브를 설치한다.

⑪ 저유조에서 서비스탱크로 급유할 경우에는 플로트 스위치 등에 의해 급유펌프로 자동적으로 급유할 수 있게 한다.

⑫ 오일 서비스탱크의 오버플로우는 반드시 저유조로 돌아가게 배관한다.

⑬ 급유펌프는 되도록 저유조 가까이 또는 저유조의 바닥보다 낮은 위치에 설치한다.

⑭ 통기구에서 기름이 넘치지 않게 하기 위해 회수관의 저항이 통기구까지의 실양정보다 적게 되도록 한다.

표 8-40 유배관의 관내유속 [m/s]

절대점도 [Pa·s]	25 [A]	50 [A]	100 [A]	200 [A]
0.05	0.5~0.9	0.7~1.7	1.0~1.6	-
0.1	0.3~0.6	0.5~0.7	0.7~1.0	1.2~1.6
1.0	0.1~0.2	0.16~0.35	0.25~0.3	0.35~0.55

8-11 부동액 배관

(1) 부동액의 성장과 사용상 주의

부동액은 통칭 브라인(brine)이라 한다. 냉동용으로 사용되는 브라인은 표 8-41과 같다. 부동액의 사용조건은 온도, 냉각방식 및 피냉각물의 종류에 따라 부동액의 특성을 고려하여 선택한다.

표 8-41 냉동용 브라인의 종류

종 류 (화 학 기 호)		실용온도 [℃]	동결온도 [℃]	점성계수 [cP]	비열	독성	금 속 부식성
무기계	염화칼슘 ($CaCl_2$)	-40	-51	45	0.45	유	유
	염화나트륨 (NaC_l)	-15	-21	동결	0.8	무	유
유기계	R-11 (CCl_3F)	-100	-111	1.1	0.19	무	유
	에틸알콜 (C_2H_5OH)	-100	-115	5	0.52	무	소량
	알콜에틸렌 (C_2HCl_3)	-70	-87	1.3	0.24	유	소량
	에틸렌글리콜 ($C_2H_6O_2$)	-40	-57	약 150	0.55	무	소량
	프로필렌글리콜 ($CH_3 \cdot CHOH \cdot CH_2OH$)	-30	-60	약 150	0.56	무	소량

부동액은 어느 것이든 비열이 크고 점도가 작고 열진도계수가 크며 또한 금속부식이 적고 독성이 없는 것이 좋다. 일반적으로 무기계가 유기계에 비해 가격은 싸나 부식성이 강하며 관리상의 어려움이 있다.

1) 염화칼슘($CaCl_2$)

생산량의 대부분이 겨울철 눈과 얼음의 융해제로 사용되고 있고 전열특성이 좋아 주로 스케이트링크, 제빙 등 냉동용 브라인으로 사용되고 있지만 부식성이 강해서 중화제(가성소다) 또는 방식제를 사용하여 관리해야 한다.

2) 에틸렌글리콜($C_2H_6O_2$)

공업용 원료로서 합성고분자원료(폴리에스테르 섬유 등) 혹은 폭약, 가소제, 용제, 자동차 유제등의 원료로서 광범위하게 사용되고 있다. 냉동용 브라인으로서는 방식제를 첨가한 에틸렌글리콜이 있다. 점성이 작아 전달특성이 좋으며 스케이트링크, 제약, 화학공장의 프로세스 냉각에 주로 사용된다. 그러나 독성이 있어 식품에 직접 사용해서는 안된다.

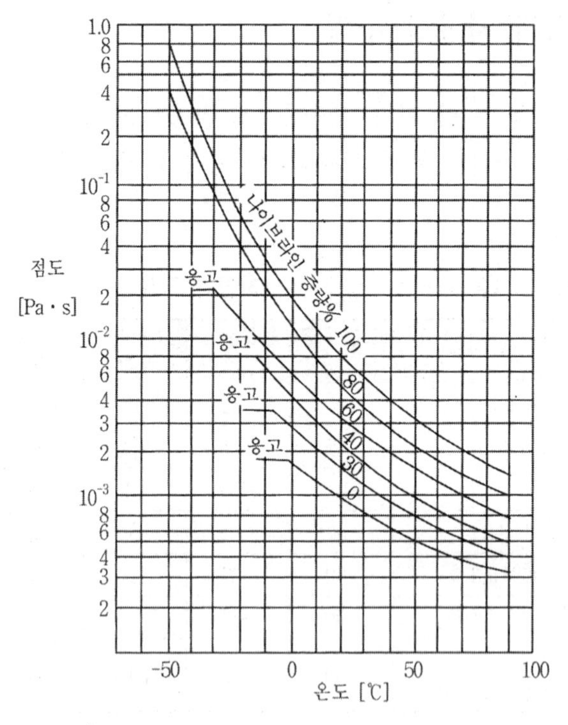

그림 8-73 에틸렌 글리콜계 브라인의 점도

3) 프로필렌글리콜(CH_3-CHOH-CH_2OH)

공업용 원료로서 폴리에텔수지, 가소제 등의 원료로 무독성이므로 식품첨가제로 인정되어 식품, 담배, 의약품, 화장품 등의 습윤제, 방부제로 광범위하게 쓰인다. 한편 냉동기 브라인으로서 식품공장의 각종 프로세스 냉각에 이용되고 있다. 그러나 브라인 중에서는 점성이 가장 크고 전열특성이 나빠서 -20℃ 이하의 저온에서는 사용되지 않는다. 약간의 부식성이 있으므로 방식제를 첨가하여 사용되고 있다.

(2) 배관 지름의 결정

브라인의 마찰손실은 일반유체(냉・온수)와 동일하게 다르시-와이스바하의 공식 및 마찰계수(f)는 무디선도에서 구할 수 있다. 그러나 브라인의 경우 온도변화에 따른 동점성계수 $\nu(\mu/\rho)$의 변화가 매우 심하므로 마찰계수(f)를 구할 때 주의를 요한다.

부동액 배관의 배관경 결정에 있어서는 일반 냉・온수 배관과 비교할 때 부식방지와 마찰저항을 고려해서 가능한 관내유속을 적게 잡는 것이 좋다. 즉, 일반 수배관보다 20~30% 저속(1.5~2.0[m/s])으로 선정한다.

(3) 배관방법

부동액의 배관시공은 다음 사항에 주의하여 시공하여야 한다.

① 배관재료에는 방식효과를 갖기 위해 브라인의 PH를 알카리성으로 유지하게 되는데 이것은 일반 백강관의 아연도금을 침식하므로 흑강관을 사용하고 외부에는 방식도장을 한다.

② 저온에 있어서 배관의 온도수축은 냉수배관의 2~3배 정도가 되므로 직선 30[m] 이상의 배관에서는 신축을 흡수할 수 있는 배관 또는 신축이음을 설치해야 한다.

③ 공기의 혼입과 방식제의 노화로 인해 스케일 발생 우려가 있다. 더구나 유기계 브라인은 특별한 용제의 성질이 있어 배관내의 이물질을 씻어내게 되므로 펌프 흡입측 스트레이너의 탈착이 용이하도록 설치하는 것이 좋다.

8-12 압축공기 배관

(1) 관지름 계산

압축성 기체가 관내를 흐르면 압력손실 및 마찰열손실 그리고 관로 도중의 열흡입으로 체적변화 및 압력변화가 초래된다. 그러나 배관은 일반적으로 전・후의 압력차 ΔP가 매우 작아 처음 압력의 1/10 이하일 때는 비압축성 유체로 취급하여 직관에서는 Darcy-Weisbach의 공식이 쓰이고 마찰손실계수는 무디선도로서 구할 수 있다.

$$R=f(L/d)\times(v^2/2)\times\rho \quad \cdots\cdots (8\text{-}38)$$

여기서 f : 마찰계수 L : 배관길이 [m]

d : 배관내경 [m] v : 관내유속 [m/s]

ρ : 밀도 [kg/m^3]

0.7[MPa]까지의 압축공기 배관에서는 보통 사용기기의 증설 및 스케일 부착에 의한 압력강하 증가를 고려하여 압력강하를 3% 정도로 감안하여 계산한다.

(2) 배관방법

① 흡입관은 되도록 먼지가 적고 저온·건조한 장소에서 흡입하고 공기여과기를 설치한다. 흡입관의 마찰손실을 작게 하기 위해 유속을 10~20[m/s] 정도로 취하고 흡입관의 길이가 부적당하면 기주(氣柱)의 공진을 일으켜 흡입효율의 저하와 구동력의 증대를 초래하므로 주의를 요한다.

② 왕복동 압축기의 출구와 공기탱크 사이의 관로길이가 부적당하면 기계의 진동을 일으켜 구동력의 증가를 가져오므로 주의를 요한다.

③ 일반적으로 압축공기가 사용처에 보내지는 동안 자연히 온도가 내려가서 응축수나 혹은 윤활유가 배관에 고이므로 배관은 충분한 하향구배를 주어야 하며 요소마다 배출관 및 자동 또는 수동 배출밸브를 설치한다. 또한 분기관의 설치는 주배관의 상부에서 분기하여 응축수가 분기관으로 유입되지 않도록 한다.

④ 배관재료로는 주관(15[A] 이상)은 강관, 계장부분에는 6~8[mm]의 강관, 폴리프로필렌 또는 나이론 파이프 등을 사용한다. 배관두께는 사용압력에 따라 선정한다. 배관접속은 압력에 따라 강관은 나사이음, 플랜지이음, 용접이음으로 하고 강관은 삽입이음, 압축이음, 용접이음 등으로 한다.

⑤ 엘보는 밴드관을 쓴다.

⑥ 밸브에는 글로브밸브를 쓰고 분지관에는 반드시 밸브를 설치한다. 또한 감압밸브는 공기용을 사용하고 그 직전에 드레인 배출장치를 설치한다.

⑦ 단말기기 앞에서는 필터, 제어밸브 및 유수분리기를 설치한다.

표 8-42 국부저항의 직관 상당길이

관지름 [A]	15	20	25	32	40	50	65	80
엘 보	0.40	0.55	0.65	0.90	1.05	1.30	1.50	2.00
티	0.90	1.20	1.50	1.80	2.10	2.40	3.30	3.90
게이트밸브전개	0.10	0.12	0.15	0.18	0.24	0.30	0.33	0.42
글로브밸브전개	4.30	5.50	7.00	8.80	11.50	14.00	16.40	20.00
앵글 밸브 전개	2.10	3.00	3.70	4.50	5.50	6.70	8.20	10.20

제 9 장

환기설비

환기설비

9-1 개 요

(1) 환기의 정의

환기(Ventilation)란 어떤 공간에 있는 공기의 오염을 막기 위하여 실외로부터 청정한 공기를 실내에 공급하고 실내의 오염된 공기를 실외로 배출하여 실내의 오염공기를 제거 또는 희석시키는 것을 의미하며 실내의 온·습도나 기류분포 등에 대해서는 고려하지 않는 것이 보통이지만 실내환경을 보다 엄격하게 소정조건으로 유지하기 위해서는 기계적인 공조장치나 공기정화장치를 사용하여야 한다. 환기설비는 산업이 발달될수록 작업환경의 개선 및 각종 가공과정에 광범위하게 응용되며 또한 일반 보건용 공기조화와 함께 계획되어진다.

(2) 환기의 목적

환기의 목적은 표 9-1과 같이 실내공기의 열, 수증기, 냄새, 분진, 유해물질에 의한 실내공기의 오염과 실내 산소농도 등의 감소에 의한 재실자의 불쾌감이나 보건, 위생에 대한 위험성을 방지하고 산업 생산공정이나 제품의 품질관리에 있어서 원료나 제품의 보존을 위한 주변 공기환경의 악화로부터 제품과 주변기기의 손상을 방지하는데 있다.

따라서 환기에는 인간을 대상으로 한 쾌적환기(Comfort Ventilation)와 사물을 대상으로 한 공정환기(Process or Product Ventilation)가 있다. 외기를 도입하는 방법은 소극적인 방법으로 자연력을 이용하거나 적극적인 방법으로는 기계력을 이용하게 되는데 후자는 공기조화설비와 함께 이루어지는 경우가 일반적이다.

표 9-1 실별 환기목적

실 명	환 기 목 적	실 명	환 기 목 적
거 실	재실자의 건강, 안전 및 쾌적성	탕 비 실	열, 연소가스, 습기제거
주 방	취기, 열, 습기, 연소가스 제거	창 고	열, 습기, 취기, 유해가스 제거
보 일 러 실	열제거, 연소용 공기공급	배 전 실	취기, 열, 습기 제거
기 계 실	열, 습기제거	세 탁 실	열, 습기, 취기 제거
오일탱크실	위험가스, 취기 제거	옥내주차장	유독가스 제거
전 기 실	열 제 거	암 실	취기, 열 제거
발 전 기 실	열제거, 연소용 공기공급	복 사 실	열, 취기 제거
엘리베이터 기 계 실	열 제 거	영 사 실	열, 취기 제거
화 장 실	취기제거	축 전 지 실	유독가스 제거
욕 실	습기제거	공장작업장	작업자의 건강, 안전작업

한편 최근에 도심지나 공장지대와 같은 경우에 도입외기는 곧 신선한 공기라고 볼 수가 없으므로 에어필터(air-filter)로 냄새나 유해물질을 제거시킨 후 도입되어야 하고 또 실내로부터 외기에 방출시키는 공기는 다량의 유해물질이 함유되어 있으면 대기오염을 방지하기 위해 적절한 방법으로 정화시킨 후 배출시켜야 한다.

(3) 환기의 방법

환기의 방법에는 자연력을 이용하는 것과 기계력을 이용하는 것이 있으며 전자를 자연환기(Natural Ventilation)라 하며 후자를 기계환기 또는 강제환기(Mechanical or Forced Ventilation)라 한다. 또 환기가 필요한 실을 전체 또는 부분적으로 환기하느냐에 따라 전체환기(General Ventilation) 혹은 국소환기(Local Exhaust Ventilation)로 나눌 수 있다.

- 제1종 환기 : 강제급기와 강제배기와의 조합
- 제2종 환기 : 강제급기와 자연배기와의 조합
- 제3종 환기 : 자연급기와 강제배기와의 조합
- 제4종 환기 : 자연급기와 자연배기와의 조합

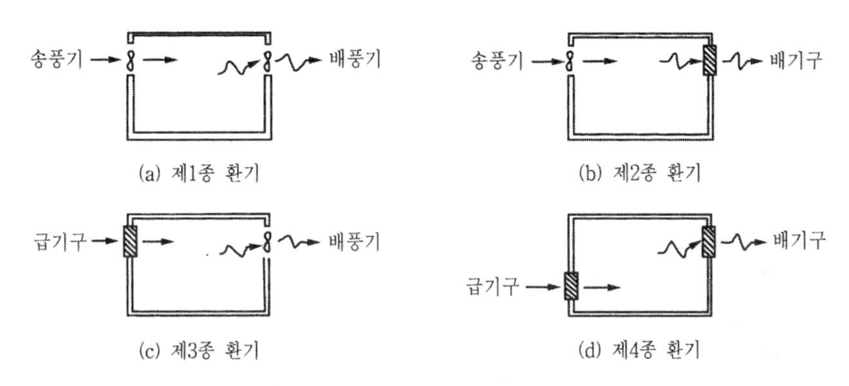

그림 9-1 환기방법의 종류

1) 기계환기

송풍기 등의 기계력을 이용하여 환기를 행하므로 재실자의 요구와 오염정도에 따라 환기율을 조절할 수 있을 뿐만 아니라 배기로부터 열회수를 할 수 있는 시스템을 구성할 수 있다는 장점이 있으며 특히 넓은 연면적을 갖는 대규모 사무소 건물 등에서 신선외기를 건물의 중심부까지 깊숙이 공급할 경우와 OA부하 등으로 인한 높은 열취득으로 과부하가 발생되는 경우에는 기계환기가 필수적이다.

① 제1종 환기법

제1종 환기방법은 기계급기와 기계배기의 조합에 의한 환기방법으로서 급기와 배기계통 모두에 송풍기를 설치하는 방식으로 환기량을 확실하게 얻을 수 있으며 급·배기의 유량 밸런스를 바꿈에 따라 실내의 압력을 양압 또는 음압의 어느 쪽으로도 유지할 수 있다. 그림 9-2는 제1종 환기로서 일반적으로는 외기를 정화하기 위한 에어필터(Air Filter)를 필요로 한다.

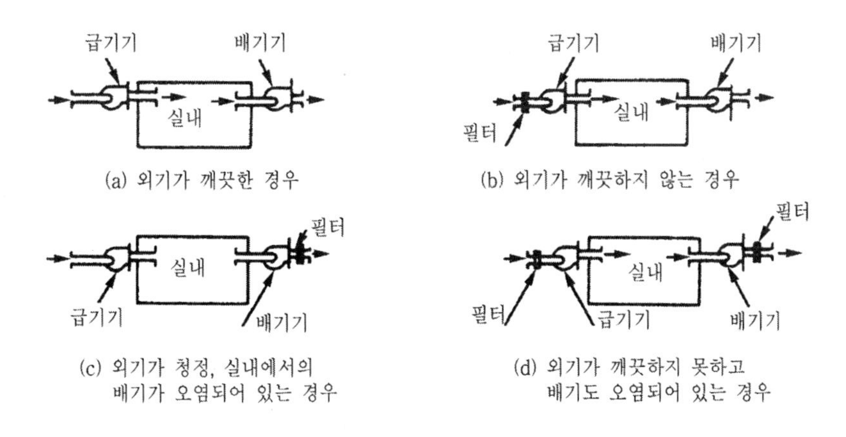

그림 9-2 제1종 환기법

일반적인 거실에는 (b)를 적용하는 경우가 많으며 최근 빌딩에는 환기만 하는 경우는 드물며 공조설비 중에 포함되어 있다.

② 제2종 환기법

제2종 환기방법은 기계급기(또는 강제급기)와 배기는 배기구에서 자연배기에 의해 자연적으로 밀려나가도록 하는 환기방식으로서 급기계통에만 송풍기를 설치하므로 실내가 양압이 되므로 냄새가 발생하는 방에서는 냄새가 확산되어 바람직하지 않으며 타실로부터의 오염공기의 유입을 꺼리는 실에 적절한 방식으로서 적용대상으로는 클린 룸과 수술실 등이 있으며 다음의 경우가 있다.

㉠ 자연배기구가 실내환기를 직접 외기에 배출할 수 있는 경우
㉡ 자연배기구가 복도 및 적당한 곳에서 실내공기가 간접적으로 외기에 배출되는 경우

그림 9-3은 제2종 환기인데 일반적으로 외기도입부에 공기정화장치가 설치된다.

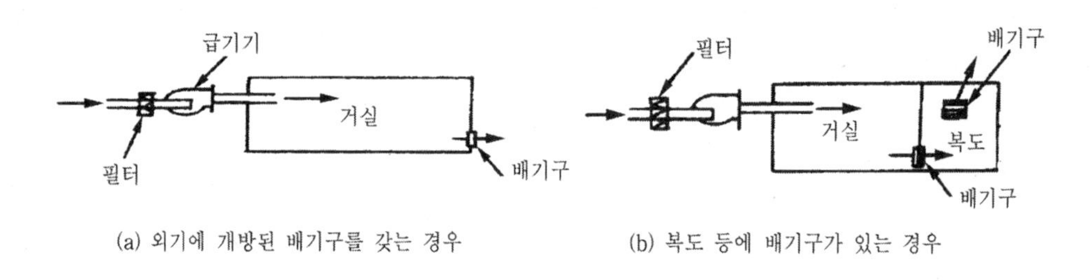

그림 9-3 제2종 환기법

③ 제3종 환기법

제3종 환기방법은 기계배기와 적당한 위치에 급기구를 설치하여 자연적으로 외기를 유입시키는 방식으로서 실내가 음압으로 되기 때문에 화장실이나 욕실과 같이 실내에서 발생한 냄새 또는 수증기가 다른 곳으로 유출되어서는 안되는 실의 환기에 적합한 방식이다. 이 방식은 실내압력이 대기압 이하로 되므로 오염물질의 확산방지에 유리하며 다음의 경우가 있다.

㉠ 자연급기구가 직접외기를 도입할 수 있는 경우
㉡ 자연급기구가 복도나 기타의 곳을 통해 간접적으로 외기를 도입할 수 있는 경우

그림 9-4는 제3종 환기의 기본형을 나타낸 것이며 제3종 환기의 예는 공장작업장 외에 소규모 건물에 많으나 대규모 건물에서는 공기조화의 일부를 복도 등을 거쳐서 탕비실, 화장실 등에서 배출하고 있다.

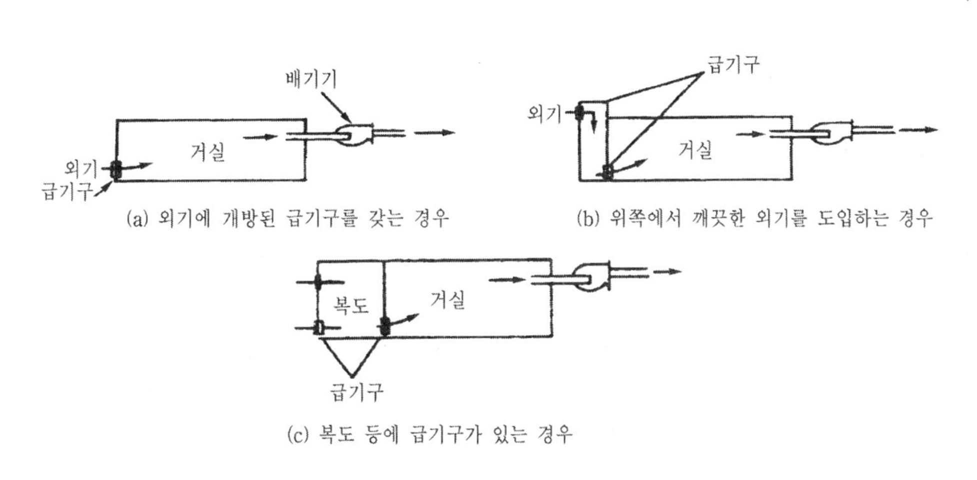

그림 9-4 제3종 환기법

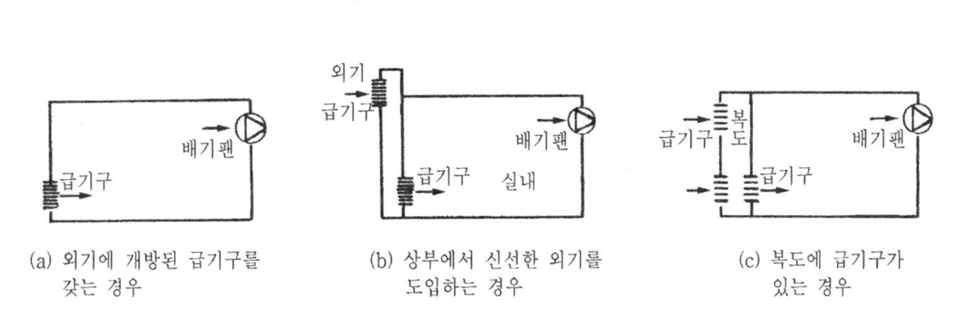

그림 9-5 제3종 환기법의 응용

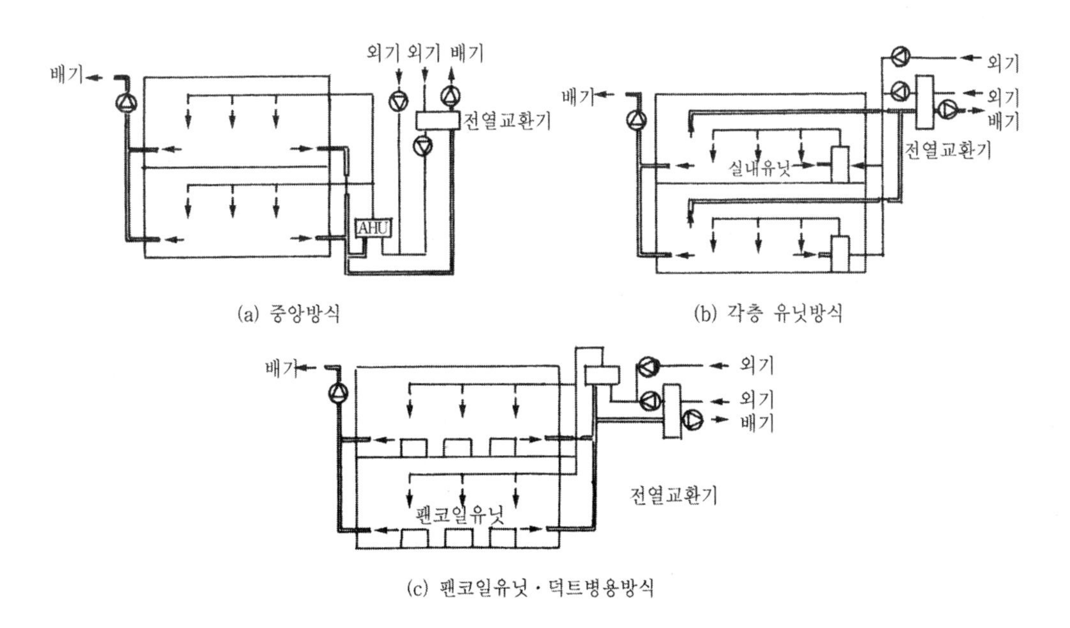

그림 9-6 전열교환기를 도입한 경우

제3종 환기방식에 의한 환기의 경우 적절한 급기구를 확보하지 않으면 배기량의 확보가 불확실하며 그림 9-4 (a)와 같이 외기에 개방된 급기구가 있는 경우로서 외벽부분의 급기구 위치가 위생상 바람직하지 않는 경우에는 (b)와 같이 급기구 위치를 변경시킬 필요가 있으며 (c)는 복도 등을 거쳐서 유효환기량(외기)을 취입하는 방법이다. 실내에서 국부적으로 현저한 양의 유해가스, 먼지, 증기 등의 발생원이 있는 곳에서는 앞서 설명한 바와 같이 국소환기를 한다.

2) 자연환기

자연환기 방식은 외부의 바람과 실내외의 온도차에 의한 부력에 의해 발생된 자연환기력을 이용하는 환기방식으로 기상조건이나 계절에 따른 외기온의 변화, 바람의 강약과 풍향의 변화에 따라 환기량을 적절히 제어하기가 어려운 단점이 있으나 동력비가 들지 않으므로 많은 종류의 건축물에 신선외기의 도입을 위해 적용되고 있다.

① 온도차에 의한 환기

실내공기와 건물주변 외기와의 온도차에 의한 공기의 비중량 차이에 의해서 환기를 하는 것이며 중력환기라고도 한다. 실내온도가 높으면 그림 9-7과 같이 공기는 상부로 유출하고 하부로부터 유입하게 되며 또한 반대로 실내온도가 낮으면 하부로 유출하고 상부로 유입한다.

일반적으로 건물의 실내온도가 높기 때문에 그림 9-8과 같이 상부에서는 공기를 유출하고 하부에서 유입된다. 실내공기의 비중량 γ_i, 외기의 비중량 γ_o, 양개구부의 수직거리를 h (m)로 하면 자연환기의 원동력이 되는 압력 F는 다음과 같다.

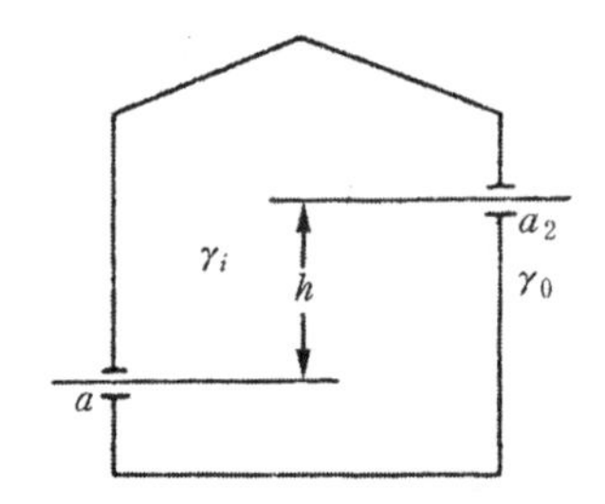

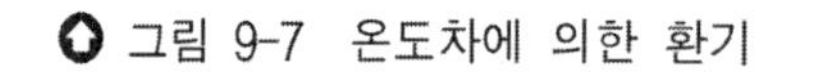
그림 9-7 온도차에 의한 환기

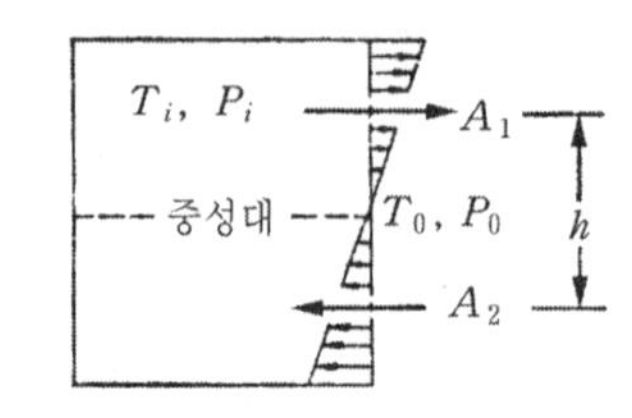

그림 9-8 자연환기의 압력차

$$F = h(\rho_o \cdot g - \rho_r \cdot g) \quad \cdots\cdots (9\text{-}1)$$

여기서 $\gamma = \rho \cdot g$

② 풍력에 의한 환기

바람의 환기작용은 그림 9-9와 같이 일반적으로 풍향측에서는 정압력(+), 풍배측에서는 부압력(−)으로 되고 바람의 유입구에 해당하는 부분에 대한 풍압계수를 C_1, 유출구에 해당하는 부분에 대한 풍압계수를 C_2로 하고 공기의 밀도 ρ[kg/m^3], 풍속 v[m/s]이라고 하면 유입압력 P_1, 유출압력 P_2는 다음과 같이 된다.

$$P_1 = \frac{C_1 \cdot \rho \cdot v^2}{2} \text{ [Pa]} \quad \cdots\cdots \quad (9\text{-}2)$$

$$P_2 = \frac{C_2 \cdot \rho \cdot v^2}{2} \text{ [Pa]} \quad \cdots\cdots \quad (9\text{-}3)$$

양개구부에 생기는 압력차는 다음 식과 같이 되며 이것이 원동력이 되어서 환기가 이루어진다. 또한 자연환기설비는 무동력으로 작동하는 급기구와 배기통기관(Exhaust stack), 모니터(Monitor), 벤틸레이터(Ventilator) 등의 조합으로 구성된다.

$$P_1 - P_2 = \frac{(C_1 - C_2) \cdot \rho \cdot v^2}{2} \text{ [Pa]} \quad \cdots\cdots \quad (9\text{-}4)$$

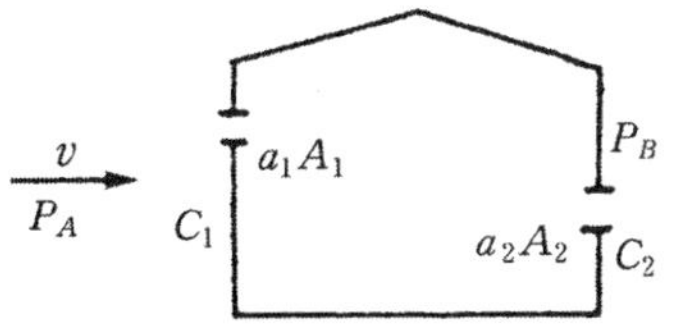

그림 9-9 풍압에 의한 환기

㉠ 배기통기관

건축법에서는 단순한 급기구와 배기구의 조합을 자연환기 설비라고는 부르지 않는다. 단순한 급기구와 배기구의 조합은 환기력이 적고 외부의 바람의 영향을 받기 쉬우므로 배기통기관을 쓸 때에는 급기구를 되도록 낮게 설치하고 배기구는 되도록 높게 하여 온도차에 의한 환기력을 크게 한다.

㉡ 모니터

공장 등에서 자연환기로서 다량의 환기량을 얻고자 할 경우는 모니터나 벤틸레이터를 지붕면에 설치한다. 이것은 자연통풍을 이용한 자연환기로서 설비비가 저렴하고 보수관리면에서도 뛰어난 이점은 있지만 자연통풍력을 이용하기 때문에 항상 일정한 환기를 요하는 데에는 곤란하다.

(4) 환기계획

환기계획은 대상 건축물에 가장 적절한 환기방식을 결정하는 것으로 신선공기의 배합과 효율적인 배기를 고려한 급·배기구의 위치를 정하고 환기량을 결정하게 되며 환기계획시 고려사항은 다음과 같다.

1) 냉난방 공조시스템

냉난방 시스템에 의해 형성된 기류, 온도분포와 개별난방기구에 의한 국소적인 오염물질의 발생 등을 고려하여 환기방식의 종류를 검토하여야 한다.

2) 실내환기조건

대상공간의 환경유지를 위해 실내환경조건을 설정하여야 하며 온도, 상대습도, 기류 외에 청정도(일산화탄소, 이산화탄소, 포름알데히드, 라돈 및 분진) 등의 농도가 실내환경 기준에 적합하여야 한다.

3) 실의 사용조건

거주자의 주거와 관련한 오염물질의 종류, 발생량 등을 명확히 하기 위하여 재실인원, 흡연유무, 연소기구의 설치장소와 사용상태, OA기기와 건축자재 등으로부터 오염물질 발생유무 등을 파악하여야 한다.

4) 건물의 열적성능

건물의 단열성능과 기밀성능은 환기부하량의 증대, 실내공기분포, 환기시스템의 성능 등에 큰 영향을 미치므로 환기에 의한 열부하의 처리, 외기냉방시 환기량의 정확한 예측 및 건물의 기밀성능을 사전에 파악해 두어야 한다.

5) 건물 주변환경

자연환기량의 정확한 예측, 외벽면에서 급배기구의 위치결정 및 필요환기량 산정을 위한 오염물질의 초기농도를 설정하기 위해서는 건물주변의 풍향·풍속과 외기의 공기질 이외에 주변의 도로와 건물의 상황을 사전에 조사하여야 한다.

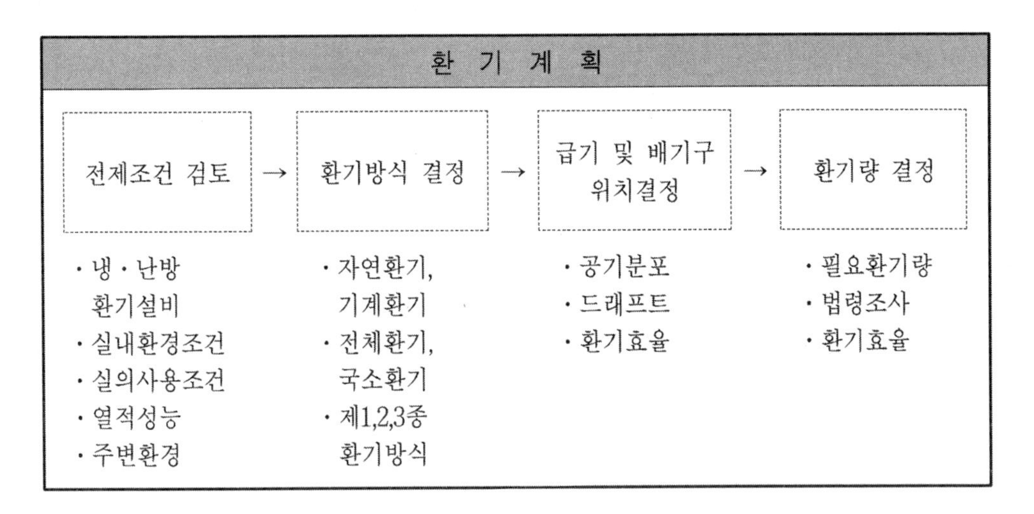

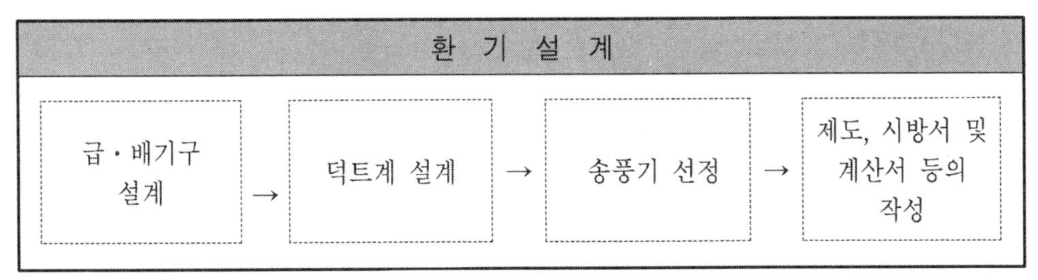

그림 9-10 환기계획과 환기설계

표 9-2 대기 환경기준

항 목	기 준
아황산가스 (SO_2)	연 간 평균치 : 0.05 [ppm] 이하 24시간 평균치 : 0.15 [ppm] 이하(연간 3회이상 초과해서는 안된다.)
일산화탄소 (CO)	1개월 평균치 : 8 [ppm] 이하 8시간 평균치 : 20 [ppm] 이하(연간 3회이상 초과해서는 안된다.)
질소산화물 (NO_2)	연 간 평균치 : 0.05 [ppm] 이하 1시간 평균치 : 0.15 [ppm] 이하(연간 3회이상 초과해서는 안된다.)
부유분진 (TSP)	1연간 평균치 : 0.15 [mg/m^3] 이하 24시간 평균치 : 0.3 [mg/m^3] 이하(연간 3회이상 초과해서는 안된다.)
옥시탄트 (O_3)	연 간 평균치 : 0.02 [ppm] 이하 1시간 평균치 : 0.1 [ppm] 이하(연간 3회이상 초과해서는 안된다.)
탄화수소 (HC)	1개월 평균치 : 3 [ppm] 이하 1시간 평균치 : 10 [ppm] 이하(연간 3회이상 초과해서는 안된다.)

6) 급기구와 배기구의 위치

급기구와 배기구는 대상으로 하는 실의 크기, 용도, 기류특성, 소음, 디자인 등을 종합적으로 고려하여 결정한다. 일반적으로 급기구의 설치위치는 실내의 기류성상과 환기효율을 고려하여 결정하며 배기구는 오염원의 근처에 설치하여 오염물질의 효율적인 배출을 유도할 필요가 있다.

또 신선외기 취입구는 도로 등 건물주변의 상황과 배기구 위치도 고려하여 청정한 공기를 언제나 확보할 수 있는 위치에 설치하며 배기구는 주변의 건물 등에 지장이 없는 위치에 설치한다.

7) 전체환기(희석환기)와 국소환기

① 전체환기(희석환기)

전체환기(희석환기)는 열이나 유해물질이 실내에 널리 산재되어 있거나 이동되는 경우에 그림 9-11과 같이 실내전체의 공기를 희석하면서 바꾸어주는 방법으로 주택의 거실과 사무소빌딩의 집무실 등에 많이 이용된다.

② 집중환기

집중환기는 유해물질이 한 구역에 집중되어 있는 경우 그림 9-12와 같이 그 구역만을 집중적으로 환기시키는 방법으로 투입된 공기의 일부는 실내 공기로 혼입된다.

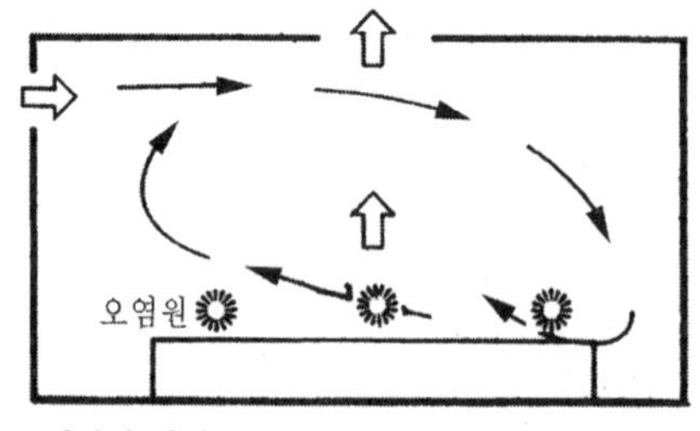

오염원이 산재된 경우(실내전체가 혼합된 유동)

그림 9-11 희석환기 방식

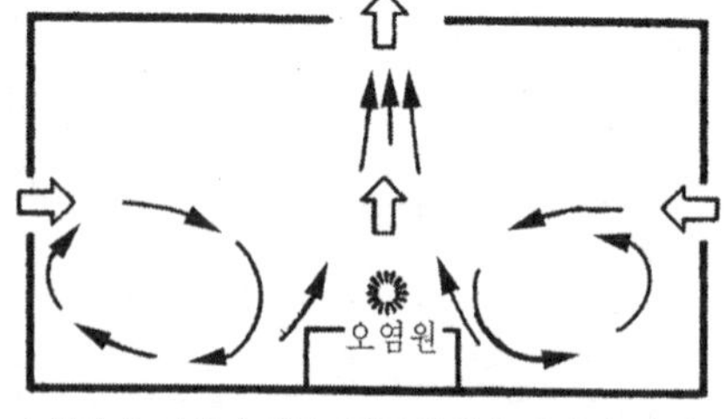

오염원이 집중된 경우(일부영역만 혼입된 유동)

그림 9-12 집중환기 방식

③ 국소환기

국소환기는 주방, 공장, 실험실에서와 같이 국소적으로 유해가스, 열, 수증기, 악취가 발생하는 장소에서 오염물질의 확산 및 방산을 가능한 한 극소화시키려고 할 때 적용되며 국소환기 장치로서는 흔히 그림 9-14와 같은 후드(hood)를 사용한다. 후드는 오염원의 가까이에 설치하여 오염물질의 확산을 막고 적은 배기량으로 오염물질을 효율적으로 배제하는 장치이다.

일반적으로 국소배기에는 후드가 사용되며 기능적으로 덮개식 후드와 개방식 후드로 분류된다. 덮개식 후드는 부스, 드래프트 챔버 등으로 유해물질을 함유한 오염공기가 발생하는 시설 또는 분진 등의 비산이 심한 건물에서 사용되며 오염원을 덮어서 오염공기가 새지 않도록 배기하는 방식으로서 학교 또는 연구소의 실험실, 원자력시설 등에서 많이 이용한다.

그림 9-13의 국소배기용 후드는 드래프트 챔버는 실외에서 공급되는 급기가 문을 열었을 때에는 에어커튼을 만들어 상부에 설치한 배풍기에서 배기하고 문을 닫게 되면 급기가 그대로 배기로 되므로 실내의 공기가 균형을 이루어 공조부하가 증가하지 않는다.

개방식 후드에는 덮개, 측면 후드, 스롯드 후드 등이 있으며 덮개식 후드에 비하여 설비비는 싸지만 환기효과는 낮다. 따라서 열, 수증기, 기름, 먼지, 냄새 등을 함유하는 오염공기가 실내에 다소 확산되더라도 지장이 없는 경우에 사용한다.

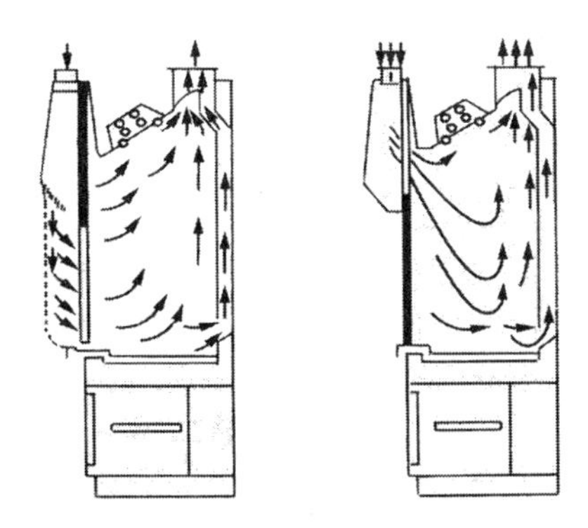

그림 9-13 에어커튼식 드래프트 챔버

그림 9-14에서는 후드 설치시 화원(火源)에서의 거리, 후드의 형상 등을 나타내고 있다. 일반 후드의 면풍속은 0.2~0.5[m/s], 이중후드의 주변 스롯드 폭은 10~20[mm]로 면풍속은 5~10[m/s]로 하며 법규상 및 기능상 양쪽을 만족하는 배기량을 확보하여야 한다. 기타 불을 사용하는 배기후드에서의 유의사항은 다음과 같다.

㉠ 기구가 2개 이상인 경우에는 연속후드를 설치한다.

㉡ 배기후드는 스테인리스제로 하고 판 두께는 1.0[mm] 이상으로 한다.

㉢ 기름성분이 함유되어 있는 배기에 사용하는 후드는 그리스 필터와 방화댐퍼를 설치하여 화재가 덕트로 확산하는 것을 방지한다.

㉣ 주방설비에서 다량(30만[kcal/h] 이상)의 불을 사용하는 경우 건물 높이가 31[m]를 초과하는 건물에서 기름성분이 함유되어 있는 증기를 발생할 때에는 후드 및 배기덕트를 화재의 확산방지를 위하여 국부식 분말소화장치를 설치하여야 한다.

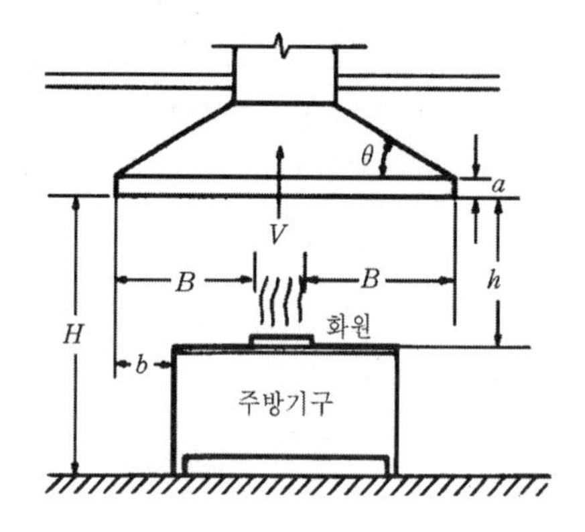

구분	실 용 치
a	100~150 [mm]
B	500 [mm] 이상
b	150~400 [mm]
H	1800~2000 [mm]
h	1000 [mm]
V	0.25~0.5 [m/s]
θ	30°~40 [°]

그림 9-14 후드의 설치 상세도

(5) 용도별 환기계획

1) 주택

주택의 거실환기는 외부의 환경조건에 따라서는 안정된 환기량을 얻을 수 없는 경우가 있다. 또한 최근의 고단열, 고기밀화 주택의 보급에 의하여 난방시의 자연환기량이 급격히 감소하고 있으며 개별 난방기구의 사용으로 실내공기오염을 유발하고 있어 인체의 안전과 건강에 매우 큰 문제가 될 수 있으며 환기계획시에는 거주 인원수와 건축물의 마감재에 따른 외기량을 고려하여야 한다.

2) 사무소 건물

사무소 건물에는 일반적으로 냉난방 공조시스템이 설치되어 있으며 필요환기량은 공기분포, 각 실의 환기효율 등을 충분히 고려한 환기설계를 할 필요가 있다. 도심지에 건립되는 사무소 건물의 경우 사무실의 OA화 및 인텔리전트화에 따라 실내에서의 발열이 증가되고 에너지 절약을 위한 기밀성 및 단열성의 증가로 자연환기에 대한 기대를 할 수 없는 상황으로서 실내에서의 열적인 고려와 공기질에 대한 고려가 필요하다.

이에 대한 대책으로서 공기조화설비의 통한 열적인 충족과 공기질의 개선을 위한 공기정화장치의 기능이 필요하게 되었다. 또한 시가지의 대기오염은 증가하고 있으며 특히 지상

4m까지에는 자동차 배기가스 또는 먼지 등으로 오염도가 높으며 도로에 가까운 곳은 그 오염도가 더욱 심하므로 설계 및 시공시 외부여건을 고려하여야 한다. 겨울철의 난방, 조리 등으로 인한 배기가스가 지상 10~20[m] 높이까지의 대기를 오염시키고 있다.

3) 대공간

대공간의 환기계획은 공간의 특징과 부하특성을 충분히 고려하여 결정하여야 하며 공장과 체육관에서는 실내환기조건의 수준이 비교적 낮기 때문에 저층의 거주역에서 발열과 오염물질은 모니터 등을 이용한 자연환기와 루프팬에 의한 기계환기를 하는 경우가 많다. 음악홀과 극장 등에는 재실밀도가 높으므로 전공기 방식의 냉난방공조가 일반적이며 공간 전역이 대상공간이 되어 많은 신선공기량을 필요로 한다.

공조공기는 천정과 측벽에서 급기되며 좌석하부 가까이에서 배기하는 경우가 많다. 이때 콜드 드래프트(cold draft)의 방지와 공기분포 등을 고려하여 취출구 설계를 할 필요가 있다. 아트리움은 하층부에 주거역이 있으며 열적으로 얇은 지붕이 있고 높은 천장을 갖는 공간이다. 아트리움 부분은 사용방법에 따라 환기방법도 달라지지만 일반적으로는 저층부의 거주역만을 대상으로 하는 전공기 방식의 공조에 의하여 환기가 이루어진다. 연중 맑은 날에는 공간상부에 열정체가 생겨 배열을 위해 부분적으로 자연환기 및 기계환기가 실시된다.

4) 학교

학교 환기의 기준은 초등학교에서 4~5[m^3]/인, 중학교에서 5~6[m^3]/인, 고등학교 이상에서는 6~7[m^3]/인이 최소한 필요하다. 또한 환기회수로는 2~4[회/h]는 필요하다.

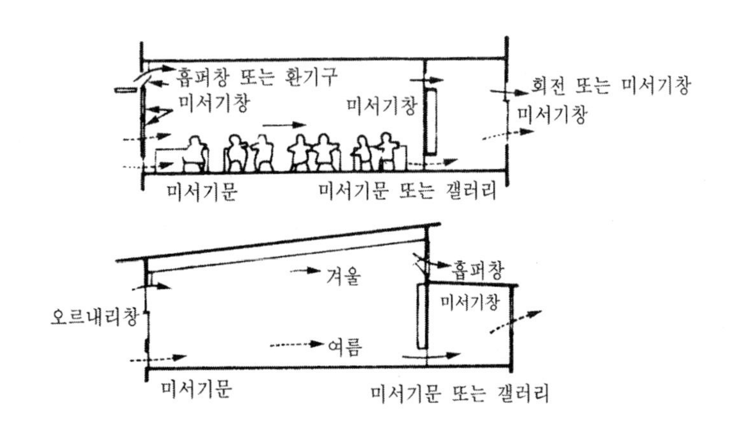

그림 9-15 교실의 환기

따라서 이러한 유지를 위해서는 겨울철 난방시에는 전용 환기구를 외벽, 복도측벽 또는 복도외벽에 설치하여야 한다. 또한 개구부 면적은 1인당 50[cm^2], 간벽에서는 100[cm^2]가 최소한 필요하며 개구부에는 각종 풍량조절용 댐퍼 또는 확산판을 설치하여야 한다.

5) 공장

공장에서의 환기계획은 다량으로 발생하는 열, 수증기 그리고 오염물질을 빠르게 옥외로 배출하는 국소환기를 실시하며 창, 모니터루프 등의 환기방식으로 열환경과 공기환경을 조절하여 왔다. 따라서 방직공장 등과 같이 제품의 품질관리상 일정한 온·습도를 유지하여야 하는 대상을 제외하고는 공장에서의 환기방식은 소극적으로 시행되어 왔다.

그러나 최근에는 공장주변의 환경보존을 위하여 오염공기나 공장소음의 배출을 제한하고 있으므로 공장건설은 지역의 환경보존과 더불어 작업환경의 유지라는 측면에서 계획하지 않으면 안되므로 환기 및 공조설비의 중요성이 한층 더 중요시되고 있다. 더욱이 각종 전자산업이 발달한 결과 산업용 청정실(ICR) 등의 등장에 따라 고도의 환기 및 공조설비가 요구되고 있다.

그림 9-16과 같이 모니터 루프나 벤틸레이터를 사용한 연속동에서 각 동의 환기능력이 같으면 양단부가 최대의 배기효과를 나타내고 중앙부는 거의 환기를 하지 않는다. 따라서 중앙부에 가까울수록 배기능력이 큰 것을 설치하고 각 동의 환기량의 평균화를 기하도록 한다.

(a) 배기능력이 같은 경우

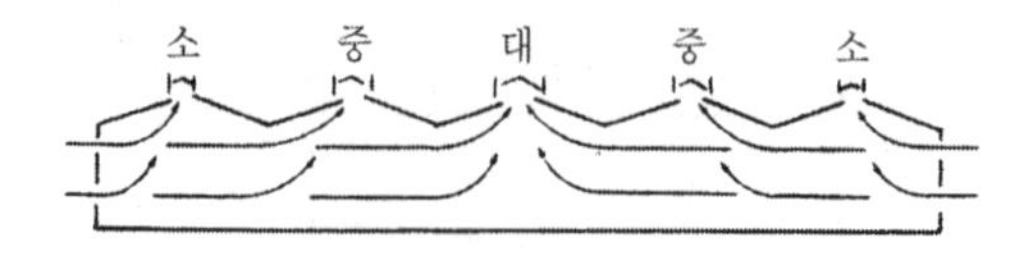

(b) 중앙부의 배기능력을 크게 했을 경우

그림 9-16 공장 배기방식의 일례

(6) 환기량

환기량은 대상 오염물질의 실내농도를 허용치 이하로 유지할 수 있는 양을 기준으로 하며 최소풍량을 필요환기량이라 한다. 계산방법으로는 환기횟수에 의한 계산, 허용치에 의한 계산, 환경보전법, 건축법 등의 법규에 의한 계산방법 등이 있다.

1) 환기횟수에 의한 방법

실의 용적을 구하고 표 9-3에 나타난 환기횟수를 적용하여 환기량을 산출한다. 이 방법은 허용치 또는 오염원의 상태를 파악할 수 없는 경우나 여기서 구한 환기량을 적용하여도 별 문제가 없는 경우에 적용한다.

표 9-3 각 실별 환기량[환기횟수 : [회/h], 환기량 : [$m^3/m^2 \cdot h$]

실 명	환기횟수	환 기 량
주 방 (대)	40~60	100~150
주 방 (소)	30~40	120~160
수세식 화장실(사무소)	5~10	15~30
수세식 화장실(극 장)	10~15	30~45
탕 비 실	10~15	30~45
보일러 실	급기 10~15	30~50
	배기 7~10	20~30
미 용 실	5~10	12~20
흡 연 실	12~15	25~30
배 선 실	12~20	30~45
욕 실	15~20	30~45
자동차차고	10~15	25~30
변압기 실	10~15	30~50
발전기 실	30~50	150~200
지하 창고	5~10	15~30
세 탁 실	20~40	60~120

(주) 공기조화에서 환기량(還氣量 : return air)은 실내에서 공조기로 되돌아오는 공기량을 뜻하나 여기서는 실내공기와 교체되는 환기량(還氣量)을 뜻한다.

2) 법규에 따른 계산방법

환경보전법, 건축법에서는 실내환경기준에 적합하도록 하고 있으며 표 9-4에 법규에서 제시한 환기량을 나타낸다.

표 9-4 각종 법규에 제시한 환기량

실 명	환 기 조 건	관 계 법 규
거 실	· 중앙식 공조설비를 설치할 경우 먼지의 양 : 0.15[mg/m³] 이하 CO 함유율 : 10[ppm] 이하 CO_2 함유율 : 1,000[ppm] 이하 풍속 : 0.5 이하	건축물의 설비기준 등에 관한 규칙 제12조 ③항
	· 기계환기 설비의 경우 유효환기량 $V=[20 \cdot A_f / N]$ V : 유효환기량[m³/h] A_f : 거실의 바닥면적[m³](다만 창 등의 유효개구부가 있는 경우에는 그 면적의 20배를 감한다.) N : 1인당 점유면적[m²] (다만 $N>10$일때에는 10으로 한다.)	기타 참고자료
옥 내 주차장	· CO농도 50[ppm](평균치) 이하	주차장법 시행규칙 제6조 ⑦항
작업장	· 천장 4[m] 이하일 때의 공기체적 10[m³] 이상 필요환기량 30[m³/h · 인](환기풍속 1[m/s] 이상)	기타 참고자료
무 창 공 장	· 필요환기량 25[m³/h · 인] 또는 15[m³/h · m²] (바닥면적)	
극 장 영화관 집회장 흥행장	· 신선공기량 : 75[m³/h · m²] 공기조화 설비가 설치된 경우 전풍량 75[m³/h · m²] 이상일 때 외기량 25[m³/h · m²] 이상 · 객실면적 400[m²] 이상 또는 지하 흥행장인 경우 : 제1종 환기	
지 하 건축물	· 신선공기량 : 30[m³/h · m²] 공기조화 설비가 설치된 경우 [m³/h · m²] 이상 · 바닥면적 1,000[m²] 이상인 경우 : 제1종 환기	

3) 허용값에 의한 계산방법

환기량을 계산하기 위한 필요 환기량을 표 9-5에 나타낸다.

표 9-5 필요 환기량의 계산식

환기요인	계 산 식	비 고
열	$Q=\dfrac{3.6\times H_S}{1.2\times(t_i-t_o)}$	H_S : 발생현열량[W] t_i : 허용 실내온도[℃] t_o : 도입외기온도[℃]
수증기	$Q=\dfrac{W}{1.2(X_i-X_o)}$	W : 수증기 발생량[kg/h] X_i : 허용 실내 절대습도[kg/kg′] X_o : 도입외기 절대습도[kg/kg′]
가 스	$Q=\dfrac{100M}{K-K_o}$	M : 가스발생량[m³/h] K : 허용 실내 가스농도 용적[%] K_o : 도입되기 가스농도 용적[k%]
먼 지	$Q=\dfrac{M}{C-C_o}$	M : 먼지 발생량[mg/m³] C : 허용 실내먼지농도[mg/m³] C_o : 도입외기 먼지농도[mg/m³]
불	$Q=K\cdot L$	K : 환기량[m³/kJ], [m³/kg] (이론 폐가스량×배기조건) L : 연소기구의 연료 소비량[kJ/h], [m³/kg]

4) 발생열 제거를 위한 환기량

실내에 열을 발산하는 기기가 있을 때 공기에 가해진 열량 H[W]와 필요환기량 Q[m^3/h]를 구하는 식은 다음과 같다.

$$H_s=1.2\cdot Q\cdot C_p\cdot \Delta t$$

$$=\frac{3.6\times H_S}{1.2\Delta t} \quad \cdots\cdots (9\text{-}5)$$

여기서 ρ : 공기의 밀도 [≒1.2kg/m^3]

C_P : 공기의 정압비열 1.006[kJ/(kg·k)] ≒ 1[kJ/(kg·k)]

Δt : 환기와 실내공기의 온도차 [℃]

또 식 (9-5)를 도표로 나타내면 그림 9-17과 같고 Δt와 열원기기의 발열량 H_S를 알면 환기량 Q[m³/h]를 쉽게 구할 수 있다.

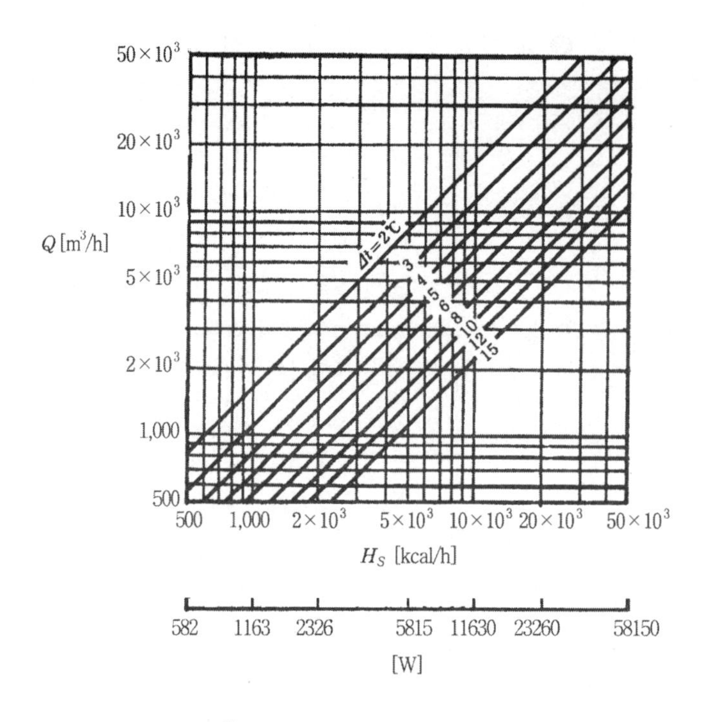

그림 9-17 발열에 대한 환기량

5) 수증기 제거를 위한 필요 환기량

실내에 수증기가 다량으로 발생되는 경우에 그것을 배출하기 위하여 필요로 하는 환기량 Q[m³/h]를 구하는 식은 다음과 같다.

$$Q = \frac{G_S}{1.2\Delta x} \qquad \cdots\cdots (9\text{-}6)$$

여기서 G_S : 수증기 발생량 [kg/h]

Δx : 실내공기와 환기의 절대습도차 [kg/kg(DA)]

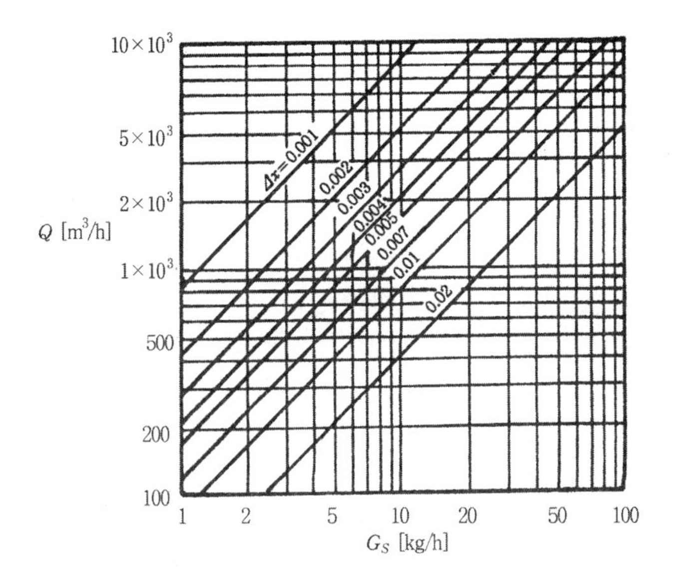

그림 9-18 수증기 발생량에 대한 환기량

9-2 제연설계

(1) 개 요

건물에서 화재가 발생한 경우 연기의 배출(smoke venting)을 위해 제연설비가 요구되며 안전(life safety)에 대한 문제의 중요성이 증대되고 있다. 화재시 모든 사람들은 피난하기 위해 행동할 것이며 다수층의 건물일 경우 대피자들은 머물던 층의 계단과 같은 수직통로(복도가 있을 경우 이를 경유하여)에 모여들게 된다.

따라서 피난로는 화재실로부터 확산되는 연기에 오염되지 않아야 하며 화재실은 연기의 배출을 피난로에 대해서는 방연을 실시해야 한다. 방연은 당해 대상장소에 실외의 신선한 공기를 유입시켜 그 장소의 기압을 인접장소보다 높게 하는 급기가압방식(air pressurization)으로 달성할 수 있다.

(2) 제연대상 장소

제연대상 장소로는 화재시 인명의 대피와 안전에 있어 연기의 영향에 대해 큰 취약성을 갖는 장소로 하며 일반적으로 가장 취약한 곳은 주로 지하공간과 고층건물의 수직 피난로이다.

(3) 제연계획

1) 지하층 및 무창층

① 제연지역

지하층 또는 무창층에서 연기는 실의 천장부에서 평면적으로 확산, 냉각되면서 차츰 가라앉기 때문에 제연구역의 면적이 크거나 구역의 길이가 길수록 소요배출량도 증가되어야 한다.

② 제연방식

지하층 또는 무창층에서의 제연은 화재발생구역만을 연기의 배출대상으로 하는 단독제연과 화재실을 인접구역에 대해서 동시에 배출을 실시하는 공동제연방식의 두 가지가 있다.

③ 연기의 배출 및 공기유입

연기의 배출 및 공기의 유입은 제연구역의 크기에 따라 그 방식과 양이 달라진다. 거실의 용도로서 바닥면적 400[m^2] 이상의 제연구역에 대한 소요배출량은 소방법령에서 그 구역의 길이에 따라 다음의 표 9-6 및 표 9-7과 같이 정하고 있다. 표 9-6 및 표 9-7에서 보여주는 소요배출량은 보다 구체적으로 다음과 같이 적용된다.

㉠ 사방이 벽으로 구획되고 바닥면적이 400[m^2] 이상 1000[m^2] 이하인 제연구역(거실용도)
㉡ 사방이 벽으로 구획되었으나 그 바닥면적이 1000[m^2]를 초과하여 제연경계벽으로 구획함으로써 형성된 제연구역의 바닥면적이 400[m^2] 미만이 되더라도 소요배출량은 이 표 등의 기준량에 따른다.

거실용도의 제연구역이라도 바닥면적이 400[m^2] 미만인 장소에 대해서는 그 바닥면적 1[m^2]당 [s1m^3/min] 이상의 배출량이 기준치가 되지만 바닥면적이 아무리 작은 장소라도 5000[m^3/h] 이상이 되어야 한다는 제한이 따른다.

표 9-6 제연구역의 길이가 40[m] 이하인 경우의 소요배출량

제연경계벽의 하단과 바닥간의 수직거리	소요배출량
2[m] 이하	40,000[m^3/h] 이상
2[m] 초과 2.5[m] 이하	45,000[m^3/h] 이상
2.5[m] 초과 3[m] 이하	50,000[m^3/h] 이상
3[m] 초과	60,000[m^3/h] 이상

표 9-7 제연구역의 길이가 60[m] 이하인 경우의 소요배출량

제연경계벽의 하단과 바닥간의 수직거리	소요배출량
2[m] 이하	45,000[m^3/h] 이상
2[m] 초과 2.5[m] 이하	50,000[m^3/h] 이상
2.5[m] 초과 3[m] 이하	55,000[m^3/h] 이상
3[m] 초과	65,000[m^3/h] 이상

2) 특별피난계단 및 비상용 승강기의 승강장에서의 급기량 산출

급기가압하고자 하는 폐쇄공간에 소요차압을 형성시켜 주기 위한 급기량은 그 공간으로부터의 공기누설량에 의해 결정된다. 공기누설량은 누설경로가 되는 틈새의 면적에 대체로 비례한다. 급기량, 차압 및 누설면적은 다음과 같은 관계가 있다.

$$Q = K \times A \times \Delta P^{\frac{1}{n}}$$

여기서 Q : 급기량
A : 누설틈새면적
ΔP : 차압
n : 누설틈새면적과 관계되는 상수로서 보통 일반 출입문의 경우 2의 값을 갖는다.

위의 식에서 급기량, 차압 및 누설 틈새면적의 단위를 SI 단위로 취할 경우 K의 값은 약 0.827이다.

9-3 지하상가 환기

(1) 개 요

지하상가의 특징으로는 외기와의 단절로 인한 폐쇄감, 지하라는 심리적 압박감 등이 있으므로 자연채광의 확보, 방위감의 확보, 보행의 통로의 숙지 등 지상과 비교해 정확한 계획이 되어야 한다. 또한 화재시 환기 부족으로 인한 유독가스의 체류, 산소의 결핍 등으로 인한 문제점을 고려하여야 한다.

또한 지하상가는 지상의 건물에 비해 한정된 공간에 불특정 다수의 사람들이 이용하고 있고 그 구조가 일반적으로 매우 복잡하기 때문에 환경의 변화가 순간적으로 일어날 수 있어 이에 대한 충분한 대책을 세워야 한다.

(2) 계획 및 설계

1) 실내온 · 습도 조건

지하상가는 외래자의 단기간 체류를 기준으로 고려하지만 고객에 대한 히트쇼크나 콜드쇼크의 영향에 대한 검토와 지하에서 생활하는 거주자 및 매장의 점원에 대한 배려가 필요하다. 표 9-8은 기존 지하상가의 온 · 습도 조건이다. 통로부분은 환기만을 하는 경우가 많고 실제의 형편에 맡기는 곳이 많았으나 요즈음에는 전공기식 공조방식을 많이 적용한다.

표 9-8 지하상가의 온 · 습도 조건

구 분	하 기		동 기	
점 포	24~25℃	50~60%	18~22℃	40~45%
음식점	25~27℃	50~60%	18~20℃	45~50%
통 로	26~28℃	50~60%	18~20℃	40~45%

2) 부하특성

지하상가의 부하특성은 다음과 같다.

① 일반적으로 외벽에서의 일사, 전도에 의한 부하는 무시할 수 있다.
② 부하의 대부분은 내부발열(인체, 조명, 주방발열 등)과 환기에 의한 외기부하이다.
③ 현열비가 0.6 안팎으로 매우 적다. 따라서 상대습도를 낮게 하기 위해 재열을 필요로 한다.
④ 동기에는 난방부하와 내부발열은 거의 같으며 때로는 냉방을 해야하는 일도 있다.
⑤ 내부부하가 주이며 조명부하는 일정하지만 인체부하는 물론 주방의 발열도 이용객에 관계되므로 부하변동은 이용객수의 다소에 좌우된다.

표 9-9에 지하상가의 인체, 조명부하를 알 수 있다.

표 9-9 지하상가의 내부부하

구 분	인 원 [인/m²]	조 명 [W/m²]	환기횟수 [회/hr]
S 백 화 점 L 백 화 점 D 쇼핑센터	0.7~1.0 0.6~1.0 0.6~0.8	90~120 100~120 80~120	14~15 14~17 13~15

3) 환기

국내의 경우 환경부에서 1996년 10월에 "지하생활공간 공기질관리법"을 입법예고하여 1996년 12월 30일 제정, 공포 1998년 1월 1일부터 시행되고 있다. 지하상가의 바닥면적 1 $[m^2]$당 환기량의 평균은 음식점에서 $45[m^3/hr]$, 일반점포에서 $40[m^3/hr]$ 정도가 되며 지상층에 비하여 10~20% 증가한다.

주방에 관해서는 비영업용 주방은 최소 시간당 40회, 영업용 주방은 최소 시간당 60회 이상의 환기횟수를 적용하는 것이 바람직하다. 지하건물에 대한 실내환경 기준값은 이산화탄소(CO_2)는 1,000[ppm], 일산화탄소(CO)는 25[ppm], 부유분진은 $0.15[mg/m^3]$, 상대습도는 40~70%, 기류속도는 0.5[m/sec] 정도이다.

4) 공기청정

지하상가에 대한 규정은 표 9-10과 같은(지하 생활공간 공기질 관리 시행규칙, 환경부, 1998.1.26) 국내기준 이상을 기준으로 하면 될 것이다. 또한 주차장을 병설할 경우에는 주차장의 배출가스가 지하상가에 유입될 수 있으므로 주차장의 출입문은 출입시 이외는 폐쇄해 두어야 한다.

표 9-10 지하생활공간 공기질 관리기준

항 목	기 준 치	비 고
미세먼지(PM-10)	$0.25[mg/m^3]$ 이하 (24시간평균, 1999.12.31까지)	· $0.2[mg/m^3]$ 이하, 2001.12.31까지 · 2002년부터 $0.15[mg/m^3]$ 이하
일산화탄소(CO)	25 [ppm/시간 이하]	
이산화탄소(CO_2)	1000 [ppm/시간 이하]	
아황산가스(SO_2)	0.25 [ppm/시간 이하]	
이산화질소(NO_2)	0.15 [ppm/시간 이하]	
포름알데히드	0.1 [ppm/24시간 이하]	
납	3 $[mg/m^3$ 24시간 이하]	

5) 오염물질

옥내에 존재하여 실내공기를 오염시키고 인체 등에 영향을 미치는 물질들은 여러 가지가 있을 수 있으나 주로 일산화탄소(CO), 이산화탄소(CO_2), 질소산화물(NO_2), 포름알데히드(HCHO), 라돈(R_n), 석면(asbestos) 그리고 부유분진 등이 있으며 이에 대한 대책이 필요하다.

6) 환기량의 부족원인 및 환경유지 대책

① 환기량 부족

㉠ 환기설비의 운전시간 부족
㉡ 외기 댐퍼의 적정 개폐 유지
㉢ 과잉인원 : 설계시 지하상가의 상주인원과 이용객에 대한 보다 정밀한 예측이 필요하다.
㉣ 송출구 및 환기구의 위치불량
㉤ 환기설비 용량의 부족
㉥ 외기 흡입구의 위치불량

② 환경유지대책

㉠ 환기시설의 강화, 지하상가의 특성에 맞는 환기설비를 계획한다.
㉡ 공기오염 발생원의 제거 및 대체
㉢ 실내오염 방지를 위한 행정적인 규제
㉣ 환경교육의 강화
㉤ 실내공기오염에 대한 연구계획 등이 필요하다.

(3) 공조방식

지하상가의 공조방식을 결정함에 있어서 고려해야할 점은 다음과 같다.

① 환기상태를 좋게 해서 공기의 환경위생 상태를 되도록 좋게 한다.
② 각종 점포가 있으므로 취기를 발하는 점포는 그것이 확산되지 않게 유의한다.
③ 점포에 따라 혼잡시간이 다르므로 어느 정도 각 점마다 온도조절을 할 수 있게 한다.
④ 특히 음식점에서는 배기가 필요하므로 풍량 밸런스를 고려한 방법을 채용한다.
⑤ 덕트 스페이스는 극도로 제한되는 한편 송풍량이 많아지므로 덕트 스페이스의 이용에 편리한 방법을 채용한다.
⑥ 공공지하보도 부분과 점포부분은 별도 계통으로 한다.

9-4 지하철 환기

(1) 개 요

지하철의 환기설비는 외부공기와 지하철 내부공기의 순환을 촉진시키고 제어하기 위한 설비로서 터널내에서 운행되는 열차에 의해 발생되는 열과 먼지 등 공기 오염물질을 외부로 배출하고 필요한 외기를 도입하여 지하철 내의 실내환경을 적정한 수준으로 유지하기 위한 환기설비이다. 방식으로는 자연환기방식, 기계환기방식과 이들의 조합방식이 있으며 표 9-11은 각 환기방식의 특성을 나타낸 것이다.

표 9-11 터널환기방식 분류 (1)

항 목 \ 방 식	자연환기방식	기계환기방식	기계+자연환기방식
개 념 도	자연환기 자연환기 자연환기 정거장 터널구간 정거장	기계배기 기계급기 기계배기 정거장 터널구간 정거장	자연환기 기계배기 자연환기 정거장 터널구간 정거장
개 요	· 터널에서 발생되는 열을 주행열차 전·후의 압력차와 온도차로 인한 공기유동을 이용하여 환기하는 방식	· 터널에서 발생되는 열을 급기, 배기 송풍기에 의해서 환기하는 방식	· 터널에서 발생되는 열을 기계환기와 자연환기 방식을 혼용하여 환기하는 방식
환기효과	· 열차주행으로 인해 발생되는 피스톤 효과로 환기되고 열차 운행간격에 따라 환기가 간헐적으로 일어나므로 필요 환기량을 확보하기 어렵다.	· 필요한 환기량을 요구에 맞추어 공급하고 배출할 수 있으므로 환기효과가 좋다.	· 기계환기 방식보다는 떨어지나 자연환기 방식보다는 향상된 환기성능을 유지함
비 상 시 대처기능	· 비상시 대처 불가능	· 송풍기의 정회전과 역회전 기능을 이용하여 비상시 필요 급기와 배연을 조절할 수 있음	· 송풍기를 설치한 부근에서 비상시 부분적으로 배연할 수 있음

표 9-11 터널환기방식 분류 (2)

항목＼방식	자연환기방식	기계환기방식	기계+자연환기 방식
장 점	· 환기시설물(풍도, 환기실, 환기구, 환기장치) 건설비 절감 · 환기 시설물의 유지관리비 불필요	· 계획된 환기량을 공급할 수 있음 · 외기에 의한 축냉운전이 가능하므로 본선 내 온도상승 방지 · 환기구 면적과 수량이 줄어 초기 건설비 감소 · 비상시 대처기능 확실	· 송풍기가 설치된 구간에서는 송풍량을 조절하여 공급 가능
단 점	· 환기효과 미흡하여 터널 내 온도 상승 · 환기구 면적과 수량 증가로 토목건설비 증가 · 환기구 수량증가로 도심 내 설치위치 확보에 곤란 · 비상시 대처기능이 없음	· 초기 설비비 증가 · 송풍기 운전으로 인한 동력비소요 · 송풍기 유지관리비 소요 · 송풍기 고장시에는 자연환기 방식보다 환기효과가 떨어짐	· 자연환기 구간에서는 환기량을 조정할수 없음 · 비상시 대처 곤란

(2) 터널환기 설비계획

열차의 운행에 따라 터널내에는 다량의 열이 발생하므로 요구되는 환기설비는 다음과 같다.

① 열차주행으로 발생되는 열부하를 제거하여 터널내 열평형 유지와 열축적 방지

② 승강장과 대합실 지역으로 유입되는 열차풍의 영향 최소화

③ 화재시 배연기능 유지 및 피난로 확보

(3) 기계환기 방식의 적용성

지하철에 적용할 기계환기 방식은 다음과 같은 기능으로 터널의 환경조건을 제어할 수 있도록 고려하여야 한다.

① 피스톤 효과로 유발된 열차풍으로 환기 효과를 높인다.

② 터널내 고온의 공기를 외부로 배출한다.

③ 터널내 잔류 열을 배출하고 신선외기를 도입하여 토양의 흡열효과를 상승시킨다.

④ 화재시 배연기능을 달성한다.

⑤ 화재외의 교통장애로 열차 정지시에 외기 급기운전을 하여 열차내 승객들에게 신선 외기를 공급한다.

(4) 터널의 환기방식

터널은 차량의 주행에 따라 양방향 주행, 일방향 주행에 따라 복선과 단선 터널구간으로 구분하며 그에 따른 환기방식은 표 9-12와 같다.

표 9-12 복선과 단선 터널의 환기방식

구분	복선	단선
개요	· 열차가 동일터널 내에서 양방향으로 주행하는 경우의 환기방식	· 열차가 한 개 터널에서 한방향으로 주행하는 경우의 환기방식
개념도	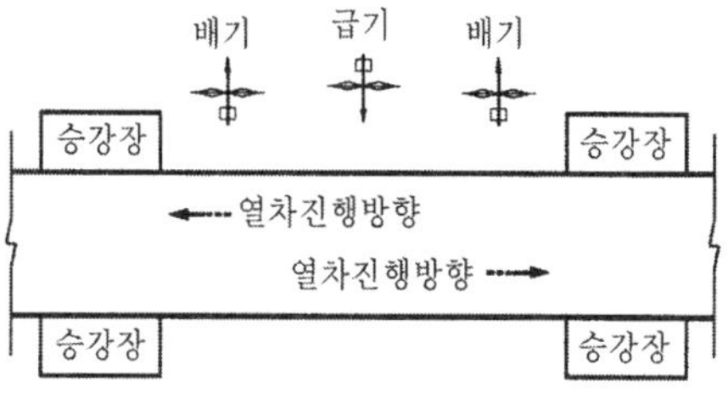 배기 급기 배기 승강장 승강장 ← 열차진행방향 열차진행방향 → 승강장 승강장	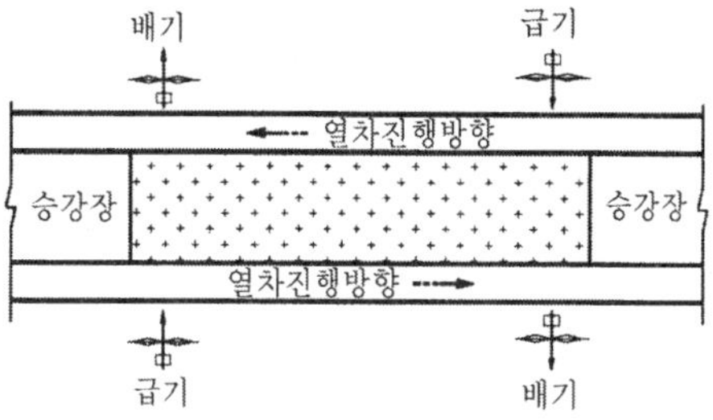 배기 급기 ← 열차진행방향 승강장 승강장 열차진행방향 → 급기 배기
특징 및 적용 환기방식	· 상대식 승강장 · 열차가 양방향으로 주행하므로 기류방향이 수시로 교차한다. · 열차주행시 피스톤효과에 의해서 발생되는 환기량이 단선구간에 비해 감소된다. · 열차의 승강장 진입시 열차풍의 제어를 위해서 본선 양단에 배기송풍기를 설치하고 본선의 중앙에 급기 송풍기를 설치한다.	· 섬식 승강장 · 열차의 주행방향이 한방향으로 진행되며 주행방향의 전면에 양압이 발생하고 후면에 부압이 발생된다. · 열차의 주행방향에 따라서 피스톤효과에 의한 기류 발생 · 열차의 주행방향과 송풍기의 기류방향을 일치시킨 환기방식 적용
송풍기 수량 결정	· 수량결정 기준 수량을 분할설치하여 송풍기 대당 용량은 4,000 [m^3/min] 이하(장비생산성과 크기 고려) · 급기송풍기 구간별 필요풍량(환기풍량)을 기준하여 50% 용량×2대 설치를 기준(단, 송풍기의 대당용량이 4,000[m^3/min]를 넘는 경우 급기송풍기는 $33\frac{1}{3}$ % 용량×3대 설치를 기준 · 배기송풍기 구간별 필요풍량(환기풍량)을 기준하여 25% 용량×2대×2개소 설치를 기준	· 수량결정 기준 수량을 분할설치하여 송풍기 대당용량은 4,000 [m^3/min] 이하(장비생산성과 크기 고려) · 급기송풍기 구간별 필요풍량(환기풍량)을 기준하여 50% 용량×2대 설치를 기준 · 배기송풍기 구간별 필요풍량(환기풍량)을 기준하여 50% 용량×2대 설치를 기준

(5) 지하철 환기의 열부하

지하철 시스템 내에서 발생되는 열원은 정거장내의 조명이나 설비기기, 열차의 운행에 따른 전동 및 전기장치의 발열, 정거장내 승객의 이동시 발생되는 열 등이 있으며 이 열은 열차의 주행과 함께 열차풍에 의해 터널과 정거장으로 이동되고 일부는 개구부를 통하여 외부로 배출된다.

1) 터널의 열부하 분류

① 열차주행에 의한 발열 : 열차주행, 가속 또는 제동시 발생되는 열

② 보조기기에 의한 발열 : 공기압축기, 제어회로, 표시등 및 행선표시기 등 열차 부속기기에 의해 발생되는 열

③ 열차 냉방기에 의한 발열 : 열차내 승객으로부터 발생되는 열을 제거하기 위한 냉방장치에서 발생되는 열

④ 지중으로의 방열 : 터널과 지중과의 온도차에 의해 터널 벽체를 통하여 지중으로 방출되는 열

2) 지하철 열부하의 특징

① 현열비(SHF)가 높다.

② 열차풍의 영향으로 승강장 및 대합실의 환경(온·습도)이 일정하게 유지되지 않으며 기류의 속도, 압력, 방향이 일정치 않다.

③ 열차풍은 직진성이 강하며 잔류 기류가 발생한다.

④ 열차 및 승객 발열이 일정하지 않고 시간대별 변화가 크다.

⑤ 정거장내 승객은 거의 이동중이다.

⑥ 지중으로의 흡열 및 지하수위의 변동으로 터널주변 지중온도가 상승하여 시간의 경과와 함께 지중 흡열량은 감소한다.

⑦ 열차발열은 단시간에 승강장 지역으로 집중되어 열차발착에 따라 시간대별 발열량이 크게 변화한다.

⑧ 지역별 토양에 따른 부하변동이 심하다.

9-5 지하주차장 환기

(1) 개 요

지하주차장의 환기방법에는 자연환기방식과 기계환기방식이 있으며 자연환기방식의 채용이 가장 에너지 절약적이며 바람직한 방법이다. 그러나 자연환기방식은 일정한 환기량의 확보가 어렵기 때문에 자연환기만으로 주차장 환기가 해결되는 경우는 드물며 대부분의 경우 환기설비(급배기계통과 분배계통 포함)를 채용하는 기계환기 방식이 채택되고 있다.

(2) 외기도입량의 선정

주차공간에서의 외기도입량은 주차를 위해 체류하는 사람의 건강을 위한 적정량의 공급이 목적으로서 일반 사무공간의 실내환경 기준과는 다른 목적이나 지하 주차공간에서 가장 심각한 문제는 건강에 해롭다고 알려져 있는 일산화탄소의 배출로 인한 문제와 메스꺼움과 두통을 일으키고 화재발생의 위험성이 있는 엔진오일과 배기가스의 배출이다.

(3) 환기설비의 구성

1) 급배기계통

급배기계통에서 동일한 풍량의 외기를 도입하더라도 이에 사용되는 급기팬의 개수나 위치에 따라 실내의 기류유동이 다르게 되며 이에 따른 환기설비 성능도 다르게 된다. 예를 들어 동일하게 1000CMM[m^3/min]의 외기를 도입하고 배기시키는 경우에 200CMM급 급기팬 5대를 분산배치시키는 방법과 1000CMM급 1대를 배치시키는 방법이 있을 수 있다.

2) 분배계통

① 덕트방식

덕트방식은 급기팬에 의하여 도입된 외기를 급기덕트를 통하여 주차장내에 분산 급기하고 오염된 공기는 배기팬에 연결된 배기덕트에 의해 외부로 배출시키는 환기방식으로서 방식은 그림 9-20와 같다.

이 방식에서는 신선공기가 오염공기를 몰아내는 치환환기(displacement ventilation)가 일부 이루어질 수 있으므로 환기설비 성능이 우수하다. 그러나 덕트설치 경비가 크게 소요되며 건축시 확보하여야 할 층고가 높아지고 또한 팬 운전비가 증가하는 단점이 있다.

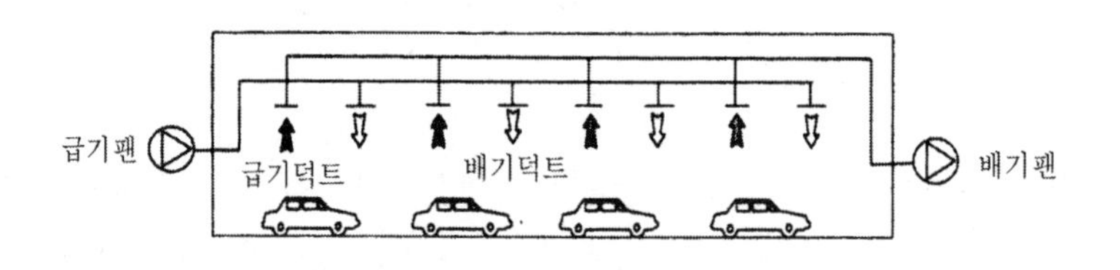

그림 9-20 덕트방식

② 희석방식

배출된 오염물질을 도입된 신선공기가 혼합되어 국소적으로 오염농도가 높지 않도록 희석시킨 후 배출시키는 방법으로서 지하주차장과 같이 거주자가 상주하지 않는 공간의 환기방법으로 가장 경제적이다.

㉠ 제트팬방식

제트팬방식(일명 무덕트방식)은 중형 축류팬으로부터 취출된 공기의 유인 효과를 이용하여 급기팬으로부터 공급된 외기를 주차장 전역으로 이송시켜 오염가스를 희석시킨 후 배기팬으로서 배출시키는 방식이며 그림 9-21과 같다.

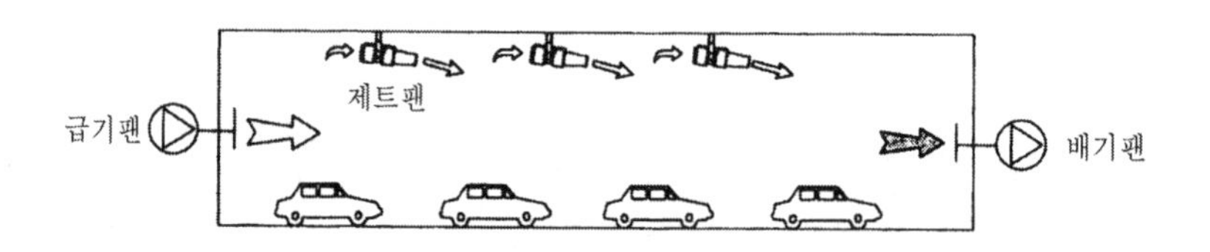

그림 9-21 제트팬방식

㉡ 고속노즐방식

고속노즐방식(일명 디리벤트방식)은 그림 9-22에서와 같이 천장부의 고속노즐에서 취출되는 공기의 유인효과를 이용하여 오염된 공기를 희석시키면서 배기팬 쪽으로 이송시키는 방식이다.

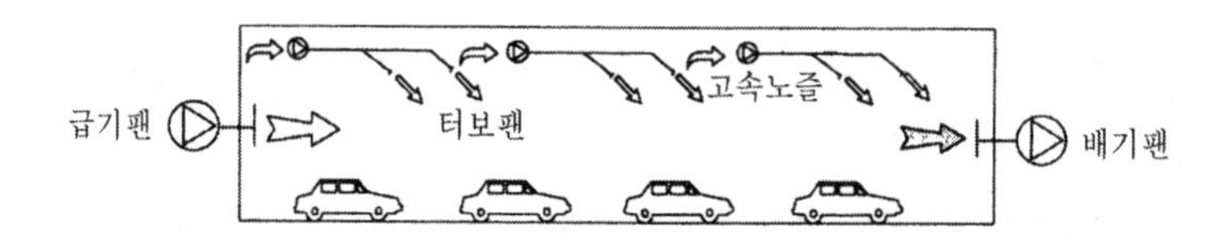

그림 9-22 고속노즐방식

③ 덕트-희석 병용방식

덕트-희석 병용방식에서는 그림 9-23과 같이 오염물의 농도가 규제치를 초과할 것으로 예상되는 거리위치의 전방에서 보조 배기팬을 이용하여 오염공기를 배출시키고 보조 급기팬을 이용하여 외부의 신선공기를 공급시킴으로써 지하주차장내의 오염도를 규제치 이하로 유지시키도록 한다.

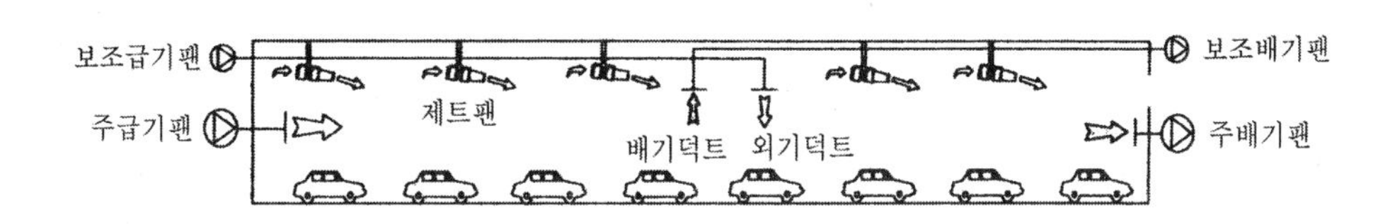

그림 9-23 덕트-희석 병용방식

9-6 도로터널 환기

(1) 환기의 목적

도로터널에서의 환기는 터널을 이용하는 운전자의 운전환경과 유지·보수관리를 위한 작업자의 작업환경을 확보하는 것을 그 목적으로 하며 다양한 종류의 시스템에 의해서 신선한 공기를 터널내로 유입하여 자동차 배출가스 중에 포함되어 있는 유해물질을 희석하는 것이다.

(2) 환기계획

길이가 짧은 터널에서는 자연환기로 충분한 경우도 있지만 연장이 길고 교통량이 많은 터널에서는 기계환기가 필수적이다. 환기계획은 터널내 공기의 오염을 허용농도 이하로 유지할 수 있는 가장 경제적인 기계설비를 선정하여야 하며 환기에 커다란 영향을 주는 교통량 및 방재방식 등에 대한 검토가 필요하다.

(3) 환기방식 및 환기력

1) 종류식 환기방식

종류식 환기방식은 교통환기력 및 환기장치에 승압력에 의해서 발생하는 환기류가 터널의 축방향으로 흐르는 방식으로 교통환기력을 최대한 이용할 수 있기 때문에 에너지 효율성은 우수한 반면에 젯트팬 및 삿카르트 방식의 터널에서는 오염물질의 전량이 터널출구를 통해서 집중적으로 배출되므로 이에 대한 배려가 있어야 한다.

장대터널의 경우는 터널입구로부터 유입되는 신선공기만으로 터널내의 적정오염도를 유지할 수 없기 때문에 전기집진기 방식이나 수직갱 방식 등을 조합하여 오염물질을 제거함으로써 소정의 환기목적을 달성할 수 있다.

종류식 환기방식에서는 차도내 풍속은 소요환기량에 의해서 결정되며 일반적으로 차도내 최대풍속은 유지관리, 화재시의 대피 등 사용자가 차도공간으로 노출될 경우를 고려하여 10~12[m/s] 이하로 할 것을 권장하고 있다.

① 젯트팬 방식

이 방식은 그림 9-25와 같이 터널의 천정부에 젯트팬을 설치하여 젯트류의 분류효과에 의한 승압력에 의해 환기류를 발생하여 소요환기량을 만족하도록 하는 방식이다.

② 삿카르트 방식

그림 9-26과 같이 터널의 입구부근에 설치한 급기노즐을 통하여 신선공기의 분류를 발생시켜 이에 의한 승압력과 교통환기력을 이용하여 소요환기량을 만족시킬 수 있는 방식이다.

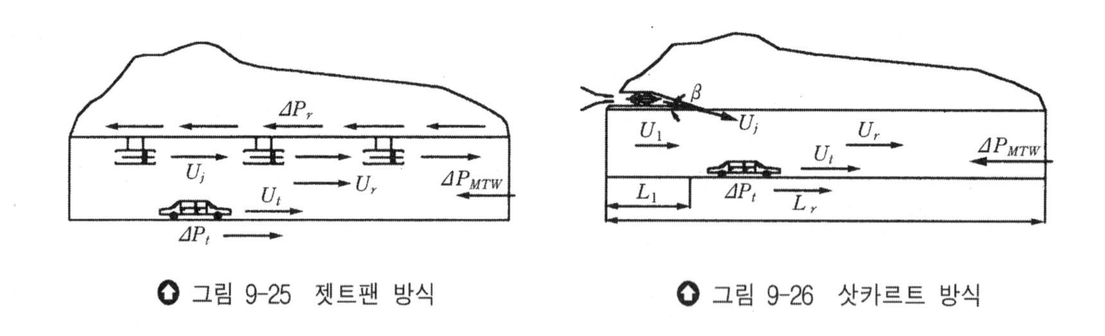

그림 9-25 젯트팬 방식

그림 9-26 삿카르트 방식

③ 수직갱 급·배기방식

수직갱 급·배기방식은 차도에 수직갱을 설치하여 오염공기는 배기하고 신선공기를 흡입급기함으로써 터널내의 공기를 교환하는 방식으로 장대터널에 이용하는 종류식환기 방식의 일종이다. 수직갱에서의 승압력은 급기노즐 및 교통환기력에 의해서 발생하기 때문에 교통환기력을 기대할 수 있는 일방향 교통에 적합하다. 차도내 풍속은 6~8[m/s] 정도가 경제적이며 배기구의 풍속은 6[m/s] 이하가 되도록 계획하는 것이 바람직하다.

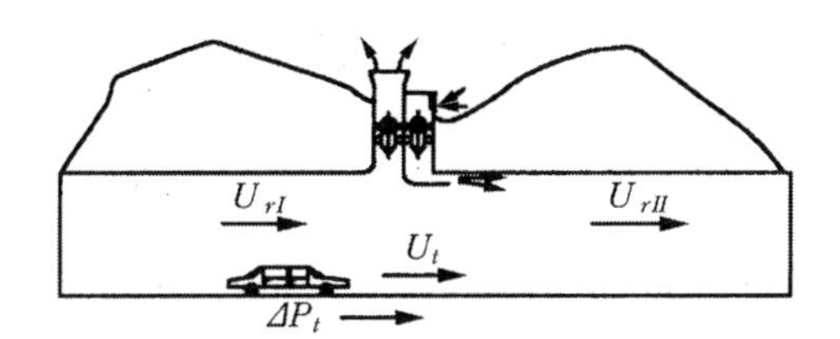

그림 9-27 수직갱 급·배기방식

2) 반횡류식

터널내에 덕트를 설치하여 급기 또는 배기하는 방식으로 급기반횡류 방식과 배기반횡류 방식이 있다. 급기반횡류 방식은 그림 9-28과 같이 터널에 설치된 급기덕트를 통해서 터널 단위길이당 일정량의 신선공기를 급기하게 된다. 차도내 풍속이 0이 되는 지점을 중성점이라고 하며 중성점이 차도의 중앙에 위치하는 경우에 차도내의 최대풍속은 8[m/s]를 권장하고 있다.

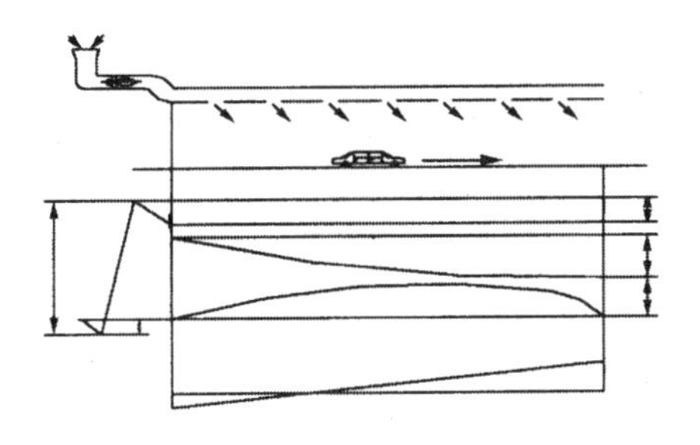

그림 9-28 급기반횡류식

배기반횡류 방식은 그림 9-29와 같이 배기덕트를 설치하여 오염된 공기를 흡입하여 배출하는 방식으로 터널의 입출구를 통해서 신선공기가 유입되기 때문에 터널의 출구를 통해서 배출되는 오염물질의 양을 줄일 수 있는 효과가 있다.

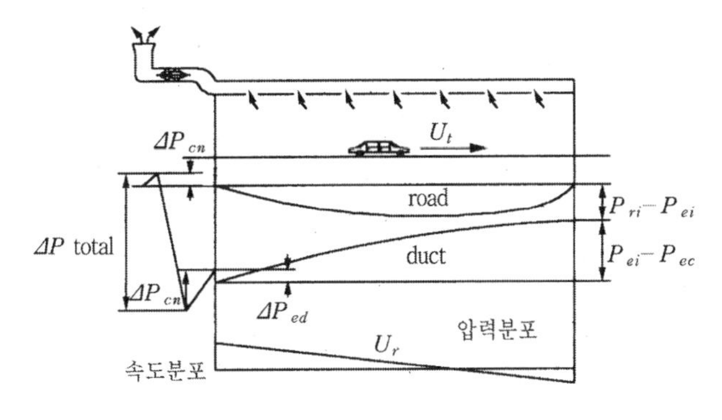

그림 9-29 배기반횡류식

이 경우에 중성점에서는 풍량이 0[m/sec]가 되므로 오염물질의 농도는 이론적으로는 무한대가 되나 외국에서 실측한 결과에 의하면 목표 농도의 수배에 이르는 것으로 알려져 있다.

3) 횡류식 환기 시스템

이 방식은 터널환기방식 중에서 가장 오래된 방식으로 공사비 및 유지관리비 면에서 고가이지만 화재발생시 대응능력이 우수하고 터널의 길이에 제한을 받지 않는다. 그림 9-30은 터널의 차도부에 급기덕트를 설치하여 환기탑으로부터 유입되는 신선공기를 급기하고 터널의 천정부에 배기덕트를 시설하여 배기하도록 하는 전형적인 횡류식 환기방식을 나타낸 것이다.

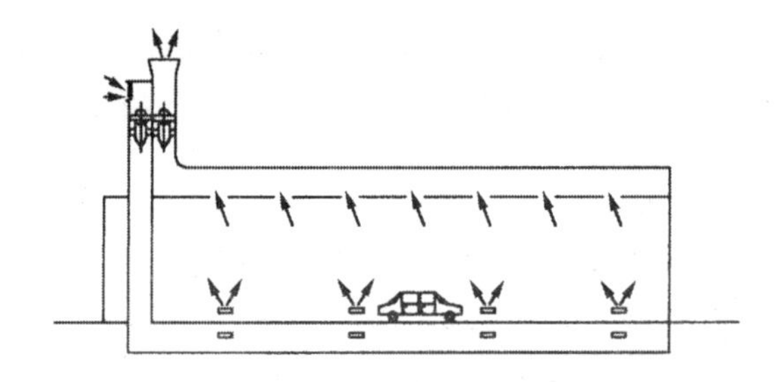

그림 9-30 횡류식 환기방식

횡류식 환기방식에서는 차량에서 발생하는 매연을 급기구에서 즉시 희석할 수 있다는 관점에서 급기구를 터널의 하부에 설치하며 배기구는 급기구에서 급기되는 기류가 터널을 횡단하는 흐름을 유지할 수 있도록 급기구와 마주보는 위치의 터널 천정에 설치하게 된다.

제 10 장

공기조화의 계획 및 설계

□ 10-1 개 요

공기조화의 계획 및 설계

10-1 개 요

공조설비에서의 계획, 설계의 목표는 건축물에 가장 적합한 공조방식을 설정하거나 선정하여 건축물의 기능성과 일체화시켜 공조가 목적하는 기능적 성능을 충분히 발휘시키는 것이며 온도, 습도, 기류속도, 공기청정도 등을 설정 폭 안에 들도록 제어함과 시스템의 경제성, 공간이용, 에너지 절감효과성, 보수관리, 설비의 갱신 등을 포함하며 건축공간 내에서 하나의 건축기능으로서의 공조설비가 상대적으로 조화되도록 계획한다.

계획 · 설계시에는 공조방식, 열원방식, 설비기기의 크기와 위치, 적정한 사양, 적절한 배치, 방음, 방진, 제어방식 및 유지관리면 등을 고려하여 결정하여야 하며 건축물의 기본설계단계에서부터 실시설계단계까지의 과정에서 건축물과 설비시스템의 융화를 도모하여 공조설비의 기능을 충분히 발휘할 수 있도록 시스템을 구성해야 한다.

건축물에 적합한 공조설비라도 시스템구성에 소요되는 모든 경비(건설, 운영 등)가 경제적이어야 건물을 유용하게 사용할 수 있으므로 공조계획을 하는 설계자는 건축계획자, 발주자와 함께 가장 경제적이며 효율적인 건물이 설계되도록 협조가 이루어져야 한다.

10-2 공기조화의 계획 · 설계

(1) 계획 · 설계의 목표

건축물의 목적을 달성하려면 주거기능으로서 공조, 위생, 전기, 정보 및 방재 등의 설비시스템이 필요하며 각 시스템은 외부조건, 내부조건에 의한 부하요소와 목적으로 하는 기능과의 상관관계에 따라 여러가지로 달라지고 나아가 시스템화의 정도가 건물의 기능을 좌우하게 된다. 공조의 목적은 대상 건축물의 기능성과 일체화시켜 임의의 주어진 공간에 온도, 습도, 기류, 청정도 등을 만족시키도록 공기의 질과 양을 조정하는 것을 말한다.

건축물에 있어서 공조설비 시스템은 건축비, 에너지 소비량, 최대부하시의 에너지량, 시스템의 공간구성, 소음과 진동의 허용치와 대책, 열원의 공급시스템 및 자동운전, 정보의 관리에 수반하는 관제방식 등이 건물의 기능성과 균형이 이루어져야 한다.

특히 시스템 구성에 소요되는 모든 경비(건설, 운영 등)가 경제적이어야 건물을 유용하게 사용할 수 있으므로 공조계획 설계자는 건축 계획자와 함께 가장 경제적인 건물로 설계되도록 끊임없는 협조가 이루어져야 한다.

공기조화는 목적에 따라 크게 쾌감과 산업공조로 구분되어지며 쾌감공조는 거주자의 실내에서 거주환경을 보다 쾌적한 환경으로 유지하고자 하는 것이고 산업공조는 인간행위가 아닌 목적하는 제품의 생산과 환경을 인공적으로 유지하는 것이다.

(2) 계획 · 설계의 방향

종래에는 보건공조에는 작업환경 위주로 공조설비를 하였으나 최근 사회의식 및 작업환경의 변화에 따라 거주자의 입장에서 새로운 환경변화를 분석하여 설계에 반영함으로써 보다 경제적인 방법을 통해 쾌적한 환경을 제공해야 한다.

1) 친환경을 고려한 건축 및 건축설비 대두

최근 건축설계에 있어서는 친환경적인 설계를 위한 설계기법들을 모색하고 있으며 지구환경에 대한 환경부하를 줄이고 에너지 절약적인 기법을 도입하여 보다 쾌적한 환경을 조성하고자 하며 이에 따라 건축설비에 있어서도 환경부하가 적은 열원 또는 공조설비를 선정해야 하며 고도 경제성장을 전제로 하여 지구환경을 보호하기 위한 대책으로서 에너지 소비의 억제책이나 화석연료의 소비비율 저감대책 등이 필요하다.

그 외에도 건축적인 특성과 설비적인 특성을 종합적으로 분석하여 근본적으로 에너지를 적게 사용할 수 있도록 부하를 줄일 수 있는 방법을 모색하기도 하며 이중외피시스템, 지열을 이용한 축열시스템, 지중튜브 등이 적용되고 있다.

이와 같이 건축적인 특성을 살리면서 설비적으로 통합하여 건물의 에너지 사용량을 줄이고 보다 쾌적한 환경을 제공하는 것이 매우 중요한 문제로 대두되고 있으며 그 대표적인 건물로는 그림 10-1과 같이 독일의 상업은행 본점이 있다. 특히 아트리움의 통풍 및 자연환기 시스템은 건축적인 특성과 설비적인 특성이 통합된 예를 보여준다.

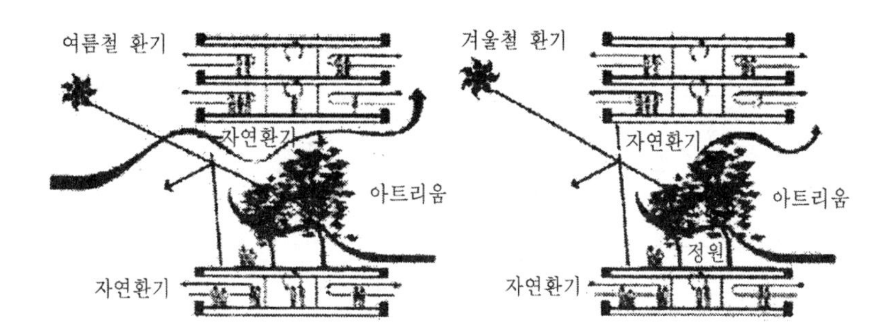

그림 10-1 독일 상업은행 본점의 환기방식

2) 부하절감 및 에너지절약 기술동향

건물에서 사용되는 에너지는 조명, 승강기, 사무기기 등과 같은 서비스시설에 사용되는 에너지와 실내환경을 유지하기 위해 사용되는 공조설비 에너지로 구분될 수 있다. 건물에서 사용되는 에너지의 흐름은 그림 10-2와 같다. 건축 및 건축설비에 있어서 최근의 에너지 절약기술을 표 10-1에 나타낸다.

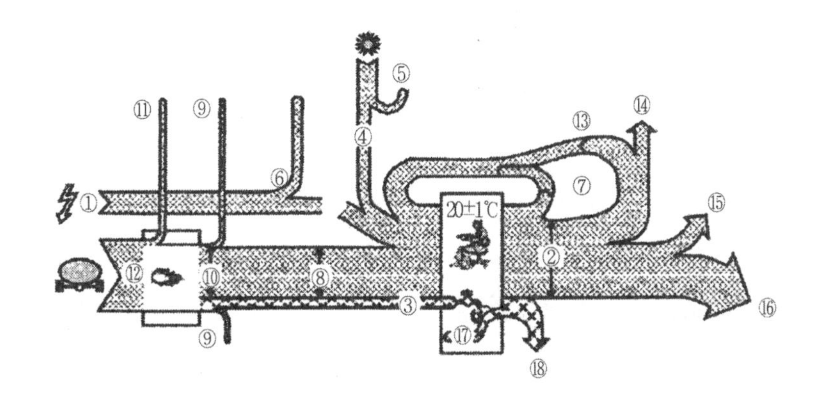

① 전기
② 난방에너지
③ 급탕에너지
④ 유용한 태양에너지
⑤ 불필요한 태양에너지
⑥ 유용한 전기에너지
⑦ 재순환 공기
⑧ 급탕 · 난방에 필요한 에너지
⑨ 급탕 · 난방시 손실에너지
⑩ 보일러의 열에너지
⑪ 보일러의 열손실
⑫ 보일러 연료
⑬ 배기로부터의 열회수
⑭ 환기에 의한 열손실량
⑮ 침기에 의한 열손실량
⑯ 외피를 통한 열손실량
⑰ 냉수에 의한 손실량
⑱ 배수시 손실에너지

그림 10-2 건물에서 사용되는 에너지 흐름

표 10-1 건축 및 건축설비의 에너지 절약기법

구분	내 용	해당사항		구분	내 용	해당사항	
		건축	설비			건축	설비
부하절감기법	구조체의 단열·기밀	○		에너지절약기법	자연채광의 이용	○	
	일사, 자연환기를 고려한 배치	○			창 또는 풍도를 이용한 자연환기	○	○
	옥상녹화	○			우수이용	○	○
	연못을 이용한 증발냉각	○			중수 및 공업용수 재이용		○
	차폐계수가 높은 유리	○			외기냉방 이용		○
	다중창의 적용	○			현열·전열교환기 이용		○
	지하공간의 이용	○	○		고효율기기 선정		○
	이중외피시스템	○	○		폐열회수		○
	차양계획	○	○		태양열 시스템 이용		○
	창면적비의 축소	○			변유량, 변풍량 방식 이용		○
	지중열을 이용(쿨 튜브)	○	○		대수 평균온도차를 이용		○
	중량 구조체 적용	○			열펌프 이용		○
	자연형 태양열 이용	○	○		최적 외기량 제어		○
					외기도입량 제어		○
					최적 온습도 제어		○
					지역열원의 이용		○
					외기냉방		○
					지하수를 이용한 냉방		○

3) 최근 국내외 공조시스템 동향

최근 공조시스템의 동향은 친환경, 에너지 비용 및 운전비 절약 그리고 실내 작업자를 위한 쾌적한 환경조성을 중심으로 계획되고 있다.

① 축열시스템

전력수급의 안정화 및 전력 피크부하의 평준화를 위해 장려하고 있는 축열시스템은 축열 매체에 따라 빙축열, 수축열 또는 융해물질($Na_2SO_4 \cdot 12H_2O$)을 이용한 축열방식 등 여러 가지가 있다.

이 중 가장 많이 사용되는 빙축열 시스템의 특징은 값싼 심야전력을 이용하여 야간에 냉동기를 운전하여 축열하고 주간동안에 축열된 열을 방열하여 주간부하를 담당하는 시스템으로 운전 개념도는 그림 10-3과 같다.

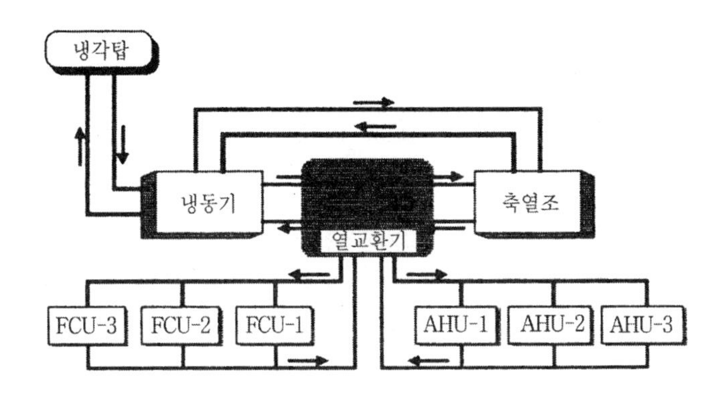

그림 10-3 축열시스템의 구성

② 저온공조시스템(제4장 공기조화방식 참고)

기존의 공조방식에서는 일반적으로 급기온도를 15℃ 정도의 공기를 이용하는 반면 저온공조 방식에서는 급기온도를 10℃의 공기를 급기한다. 따라서 경제적인 측면에서는 공조덕트의 크기를 줄이고 건물의 층고를 감소시킴으로써 건축물의 초기 투자비용을 절감할 수 있으며 운전비면에서는 기존의 공조방식보다 적은 풍량으로 공급하기 때문에 송풍기, 펌프, 공조기 등의 크기가 줄어들 수 있는 장점이 있는 반면 저온의 공기를 생산하기 위해 추가적인 냉동설비의 증가로 인한 초기 투자비가 상승하고 또한 제습에 의한 손실과 덕트나 디퓨저에서의 결로 그리고 콜드 드래프트(cold draft)에 의한 불쾌감 등이 발생할 우려가 있다.

③ 바닥급기 공조방식(제4장 공기조화방식 참고)

바닥급기 공조시스템은 공조된 공기를 바닥에서 취출하고 천정에서 배기하는 방식과 바닥에서 공급하고 바닥에서 배기하는 방식이 있으며 특징으로는 건물의 층고를 줄일 수 있고 거주구역에 쾌적한 온열환경을 제공한다는 점에서 유리한 방식이다. 이와 같은 바닥급기 방식의 특성을 이용하여 최근 선진국에서는 사무용 가구와 공조시스템을 모듈화한 개별공조(personal air conditioning)와 같은 국부공조방식을 적용한다.

④ 지역열원의 이용

지역열원으로는 난방 및 급탕용으로 사용하는 지역난방이 있고 지역열원을 흡수식 냉동기의 냉열원으로 이용할 수가 있다. 지역열원을 이용하여 난방 및 급탕을 하는 경우 별도의 난방열원 설비가 필요하지 않기 때문에 기계실의 면적이 줄어듦으로써 건축의 유효면적이 늘어나고 유지관리 측면에서 유리하다. 또한 냉방기동안에는 지역열원의 온수를 열원으로 흡수냉동기를 이용할 경우 운전비가 저렴하고 CFC계 냉매를 이용하지 않으므로 보다 환경에 대한 부하가 적어진다.

4) 인텔리전트 빌딩 시스템에 대응한 설계

최근 사무실의 업무형태는 시간과 공간을 초월한 사이버공간을 통해 이루어지고 있다. 따라서 이러한 업무형태를 제공하기 위해서는 인텔리전트 빌딩의 입주자에게 정보서비스, 통신이나 사무자동화 및 빌딩자동화 등의 건물 내 인프라 구축이 필수적이다. 인텔리전트 빌딩의 목적을 한마디로 요약하면 생산성 향상이라고 할 수 있으며 이와 같은 목적을 달성하기 위해서 공조설비에 요구되는 기능성은 크게 5가지로 구분할 수 있다.

① 쾌적성(comfortability)

일반적으로 인간의 주거환경의 쾌적성에 영향을 미치는 인자로는 공기의 온도, 습도, CO_2 농도, CO농도, 분진, 풍속 및 주변의 색채나 소음 등을 들 수 있다. 그 중 색채를 제외하고는 전부 공조설비에 속하는 항목이며 특히 온열환경에서는 인텔리전트빌딩의 공조부하의 형태가 극히 복잡하고 변화가 많기 때문에 평면적으로 균일하고 변동의 폭이 적은 온열환경을 창출해내기 위해서는 고도의 기술이 요구된다.

② 신뢰성(reliability)

인텔리전트 빌딩에 있어서 시스템을 구성하는 각 장비, 기기 등은 높은 신뢰성을 갖추어야 한다.

③ 편리성(usefulness)

작업자의 생산성을 향상시키기 위해서는 각종 설비의 제어를 포함한 시설의 사용이 양호하도록 전체적인 환경은 중앙에서 제어하고 작업자의 국부적인 환경은 개인이 제어할 수 있는 시스템의 적용이 인텔리전트 빌딩의 공조설비에 요구되는 기능이라 할 수 있다.

④ 대응성(flexibility)

사무실에서 그 목적이나 활동의 변화에 합당하게 사무실의 배치를 자유롭게 변경할 수 있는 것이 요구되며 추후 공간의 용도변경 또는 부분적인 증축이나 개보수 작업시에 쉽게 대응할 수 있는 시스템이 되어야 한다.

⑤ 효율성(efficiency)

에너지 절약이나 공간의 유효한 이용과 유효면적의 증대는 건물주에게도 이익을 줄뿐만 아니라 작업자에 있어서도 공간의 활용성에 큰 이점을 준다.

5) 실내환경의 고급화 추구현상

실내환경의 쾌적성을 결정하는 요인에는 그림 10-4에 나타내는 바와 같이 각종 요소가 있지만 여기서는 공기조화에 관련된 사무실의 실내공기 환경요인에 대해 언급한다. 종래의 공조시스템에서 제어되는 실내공기 환경요소는 온도, 습도, 기류속도, 부유분진, CO, CO_2의 6가지 항목이며 이것은 건축법에 의해 정해진 항목도 있다.

공기환경의 쾌적성을 확보하기 위해서는 위의 6항목이 목표대로 제어되는 것과 다음의 요소에 대한 배려가 필요하다. 쾌적성에 대한 의미는 실내환경의 변화에 따라 달라지며 이는 복사온도와 평균복사 온도라는 관점에서 달라지기도 한다.

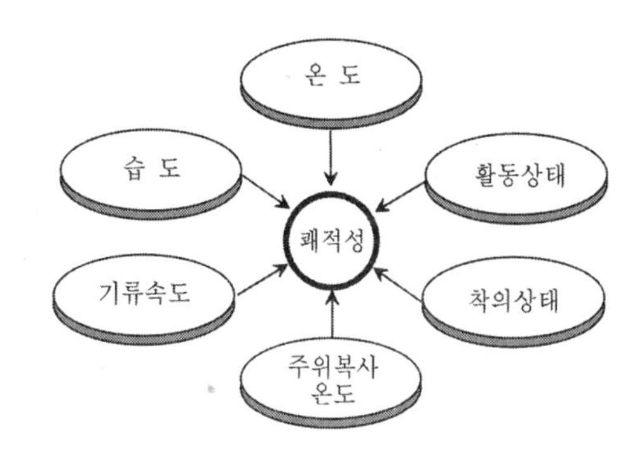

그림 10-4 쾌적성에 영향을 미치는 6가지 요소

① 복사(평균 복사온도)

쾌적성을 좌우하는 요소로서 온도, 습도, 기류속도 외에 복사온도, 활동상태, 착의상태와 같은 6가지 요소가 있다. 같은 온도라도 습도나 기류속도 등과 같은 요인에 따라 쾌적성이 달라지며 활동상태나 착의상태는 거주자에 의해 결정된다고 생각하면 복사열의 제어는 중요한 요소가 될 것이다.

② 냄새

기존에 냄새는 공기환경에 있어서 단순히 악취라고만 생각했으나 최근 더욱 적극적으로 냄새의 생리적, 심리적인 효과가 연구되기 시작했다. 최근에는 향공조(香空調)라는 개념의 공조방식이 일부 적용되기도 한다.

③ 공기성분의 제어

종래에 공기성분은 100% 외기량에만 의존하여 왔으나 가까운 장래에 공조공기의 성분, 산소량이나 오존량의 제어가 요구될 것으로 생각된다.

6) 컴퓨터를 이용한 설계기술의 극대화

기존 공조설계에 있어서 컴퓨터의 적용은 설계도면작성 중심으로 상세화, 표준화 및 신속한 작업의 측면에서 강조되어 왔으나 최근에는 컴퓨터 시뮬레이션을 이용하여 설계초기 단계에서부터 실내환경 평가 및 에너지 사용량 분석 등을 통해 보다 효율적인 공조방식 및 열원장비의 선정 등을 위해 설계기술이 발전되고 있다.

7) 설비시스템의 사용연수를 감안한 설계

설비시스템의 사용연수는 건축물에 비해 짧기 때문에 배관, 열원장비, 전원 등의 증설에 대한 확장가능성과 시스템의 내구성 및 융통성이 감안된 설계가 필요하다. 따라서 설계시 설비시스템의 생애주기비용(life cycle cost) 등을 분석하여 설비시스템을 선정하는 것이 중요하다. 최근에는 경제성 분석을 위한 LCC분석 외에도 지구 온난화 방지의 관점에서 건물의 환경부하를 분석하기 위해 건물의 건설, 운전, 폐기시까지의 전 생애주기에 걸쳐 발생되는 오염물질의 배출량을 평가하는 $LCCO_2$평가법(평생 이산화탄소 배출량)을 이용하기도 한다.

(3) 계획설계의 순서

공조설비 설계의 흐름에 따라 업무를 구분하면 구상, 기본계획, 기본설계, 실시설계 단계로 구분된다.

표 10-2 공조설비의 계획·설계 단계별 업무내용 및 성과품

구 분	업 무 내 용	성 과 품
구 상	·건물위치 예정지 주변의 기상조건, 전기·가스·수도 등의 도시설비 파악 ·계획의 기본이념 확립 및 유사건물의 조사, 사업비 설정	·기본구상서
기 본 계 획	·구상에서 파악된 기상조건, 도시설비 등의 정리 ·건축물의 건축을 위한 법률사항 확인 ·개략적인 부하계산에 의해 기기의 개략적인 용량 산정 ·열원·공조시스템 비교 검토 및 조닝	·기본계획서 ·설비시스템 비교 검토서
기 본 설 계	·정밀 부하계산에 의해 주요기기의 용량, 배관·덕트 크기 결정 ·열원 및 공조기계실 크기와 위치 검토 ·열원 및 공조장비 배치 검토, 배관 및 덕트용 샤프트 위치 검토 ·배관 및 덕트의 루트 검토, 개략적인 공사비용 산출	·기본설계도 ·각종 기술자료 ·개략공사 예산서
실 시 설 계	·모든 설비기기용량, 능력, 크기 등 확정 ·열원 및 공조기계실 크기·위치 확정 ·열원 및 공조장비 배치 확정, 배관 ·덕트용 샤프트 위치 확정 ·배관 및 덕트의 루트 확정, 공사비 산출	·실시설계도 ·부하계산서 ·설계계산서 ·시 방 서 ·공사예산서

공조설계의 흐름도는 그림 10-5와 같다.

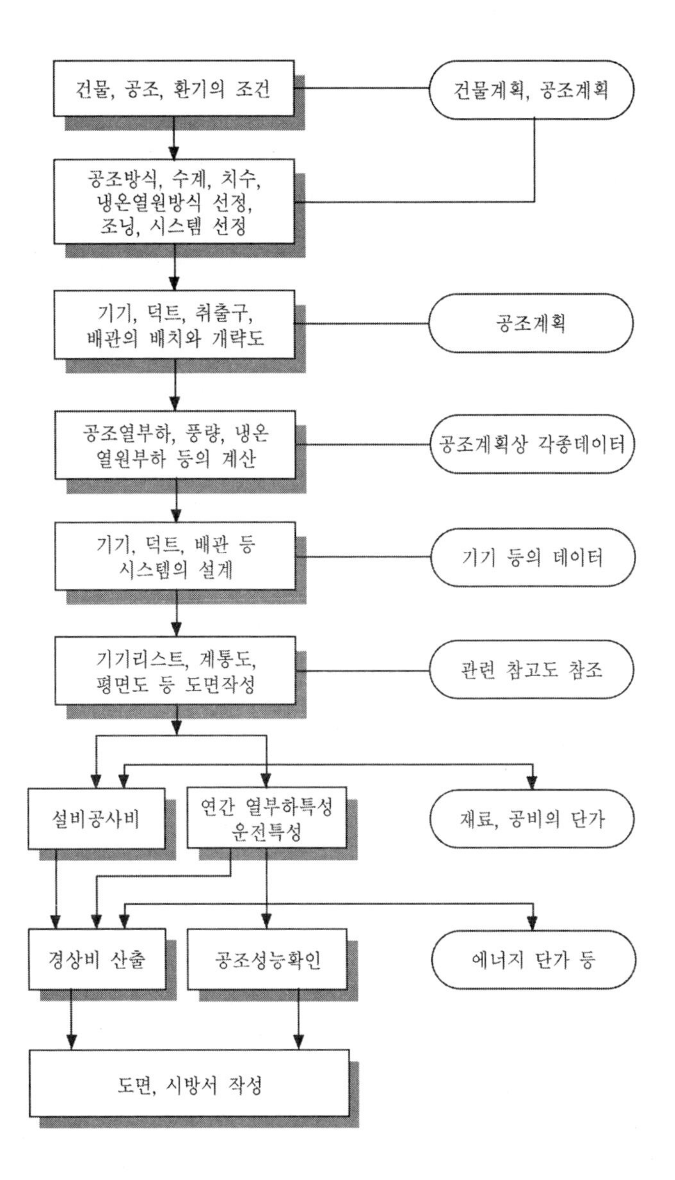

그림 10-5 공조설계의 흐름도

(4) 계획단계에서의 고려사항

1) 건축주의 요구사항

건축주의 요구사항은 건축물의 규모, 구조, 각 실의 사용목적과 사용방법 그리고 실·내외의 마감정도와 단열처리, 장래계획, 개략예산, 에너지·운전경상비의 예측, 에너지의 합리적인 이용에 대한 사항 등이 있다.

2) 외부환경의 조건

대지의 위치에 따른 인접환경조건 및 주변의 소음, 유해분진, 유해가스 농도 등에 대한 조사와 주위 건축물에 의한 음영, 굴뚝, 냉각탑 및 외기의 온·습도, 풍향, 풍속, 일조조건, 주위의 전력, 상·하수도, 가스, 지역난방 등에 대한 사항 등이 있다.

3) 건물과 실내환경의 조건

구조체의 단열정도와 유리면의 조건, 실내의 용도변경에 대한 플렉시빌리티, 실내공기 환경의 요구조건 및 거주자와 재실자수 그리고 인원변동폭 등에 대한 고려와 공조방식 및 그레이드에 대한 사항 등이 있다.

4) 유사건물의 참고자료

계획하는 건물과 용도 및 규모가 유사한 건물을 조사하여 공조방식, 열원방식, 건설비, 운전비, 보수관리비, 설비스페이스 등을 조사한다.

5) 에너지원

계획하는 건물에 적용할 수 있는 에너지원의 조사와 열원방식의 종류와 비율, 에너지절약의 대책 및 태양열 이용가능성 여부와 환경친화적인 에너지 이용과 경제성 등에 대한 검토를 한다.

6) 관련법규

관련법규로는 소방법, 건축법, 환경보전법, 에너지 이용 합리화법 등이 있으며 계획·설계의 시점에서 대상건물의 구체적으로 필요한 사항들은 해당지역의 조례를 조사·확인하여야 하며 에너지 공급(전기·도시가스 등)이 불가능한 곳은 사전에 이러한 사항을 협의해 둘 필요가 있다.

(5) 기본구상에서의 고려사항

1) 과거설계의 모방

시스템이 정형화되어 있고 유사사례가 있는 경우 과거에 설계 및 시공된 설계사례를 답습하여 설계하면 착오와 실수가 없는 무난한 설계를 할 수 있으나 창의성을 발휘하기에는 다소 경직되고 거부감이 있는 경우가 많다.

2) 경험에 의한 창의력을 가감한 설계

시스템의 구상, 적용을 창의적으로 가감하여 건축의 평면과 단면계획에 적용하고 고도의 응용력을 발휘하는 설계행위로 계획에서는 적용되나 실시설계에서는 일반적인 설계행위로 수행이 가능하다.

3) 설계 목표치를 결정한 후 창의적으로 사고, 분석, 종합화하는 방법

기본구상에서 해결 가능한 목표치를 결정하고 이를 해결하기 위하여 새로운 발상이 필요한 시스템을 개발하고자 작업시간을 많이 소모하며 경험, 훈련과 관련분야 유경험자와의 협의가 필요한 경우이다.

(6) 시스템 계획 · 설계시 고려사항

1) 조닝

① 열부하 특성상의 조닝

부하란 외부환경조건이나 재실자의 활동상태 및 일사에 대한 노출정도 등에 따라 달라지며 각각의 공간은 노출된 정도에 따라 존의 온도를 일정하게 유지하기 위한 제어가 요구된다. 시스템의 선택에 있어서 특히 공조방식이나 계통을 설계하기 위한 공조계획의 조닝이 필요하며 조닝방법은 시간대별, 방위별, 용도별 조닝 등이 있고 일반적인 사무소 건물의 경우에는 내주부와 외주부로 구분하여 공조방식을 달리 적용하는 것이 일반적이다. 내주부와 외주부를 구분하는 이유는 다음과 같다.

㉠ 외부존은 열취득 및 열손실이 외기조건에 따라 다르게 변화하며 내부존은 연중 냉방부하가 발생한다.

㉡ 외부존 개념 없이 급기풍량을 배분시 창측의 온도가 실내와 불균일하여 불쾌함을 초래할 수 있기 때문에 실 깊이가 9[m] 이상일 경우 고른 온도분포를 유지하기 위해 구분한다.

㉢ 외부존의 건축모듈에 의한 칸막이 형성시 공조가 불확실한 경우에 대비하여 실온유지가 자체 모듈내에서 해결이 가능해야 한다.

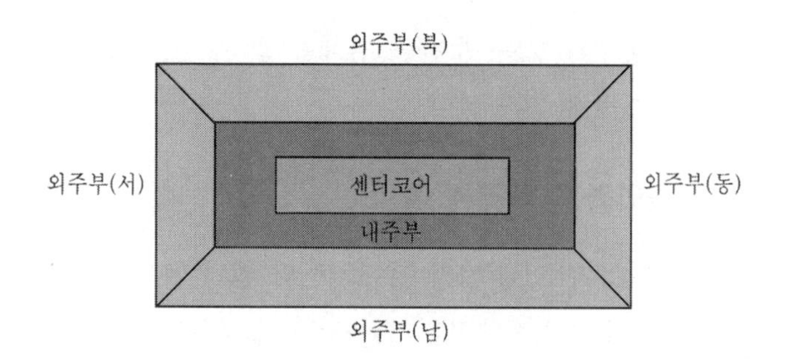

그림 10-6 방위별 조닝

② 실용도상 조닝과 공조특성(사무실 건물기준)

㉠ 임원실

임원실은 소리의 관통(cross talking) 방지 및 방음을 고려하고 중간기 외기냉방이 가능하도록 구성하며 일반사무실보다 실내온도를 높게 유지하며 공조기간을 다소 길게 적용한다.

㉡ 사무실

사무실은 부하패턴이 비교적 일정하고 사용시간대가 동일하며 중간기 외기냉방, 소음방지, 취기, CO_2 등의 실내환경을 고려한다.

㉢ 회의실

실별 사용시간이 다르고 재실인원의 증감이 심한 특성이 있으며 흡연을 고려하여 충분한 환기량을 고려할 필요가 있다. 또한 실의 사용여부에 따라 부하 변동이 크므로 사용 전에 예열 또는 예냉이 필요하다.

㉣ 복리후생시설

일반적으로 외부에 면하지 않는 곳에 위치하고 용도가 다른 실들이 혼재되어 있어 실별 제어가 가능한 방식이 필요하며 실내잠열이 현열에 비하여 상대적으로 많은 경우가 있어 환기풍량 결정과 습도제어에 어려움이 있으며 오염공기 제거에 필요한 배기가 많으므로 급·배기 및 외기의 풍량 밸런싱을 고려해야 한다.

㉤ 식당 및 주방

사용시간과 재실인원의 증감에 의한 부하의 변동이 크므로 기타 실로 냄새확산을 방지하기 위하여 항상 부압(negative pressure)을 유지할 필요가 있다. 이외에도 중간기 외기냉방이 가능하도록 해야하며 실내 거주자의 인체 및 음식물로 인한 잠열발생이 크므로 가습은 생략할 수 있고 주방 배기량을 확보하고 작업환경을 위하여 공기조화기의 설치를 고려한다.

ⓑ 로비

동절기의 연돌효과(stack effect)에 의하여 실내외 온도차에 비례하여 외기 침입량이 증가되므로 외기침입(infiltration)을 억제하기 위한 고려가 필요하고 일반적으로 로비는 건물의 특성상 천장고가 높기 때문에 고온 성층화 현상이 심하여 동절기 거주역에 대한 공조방식을 고려해야 한다. 특히 외부에 면한 유리창 주변의 냉기류 하강에 의한 불쾌감을 방지할 수 있는 대책이 필요하다.

ⓢ 전산실

연간 냉방부하가 발생하는 존이므로 중간기 및 동절기에는 외부 기상조건을 이용하여 에너지 절약방안을 고려하고 과다한 외기인입을 할 경우 실내청정에 문제가 될 수 있고 공기조화기 필터의 오염이 심하여 외기인입을 최소한으로 억제할 필요가 있다.

기기발열과 일반 재실부하를 구분하여 조닝할 수 있는 규모의 실크기에서는 신선외기를 적절히 도입해야 하고 잠열부하가 거의 없는 곳은 현열만 제어하게 되므로 전산기기의 결로를 방지할 수 있도록 급기온도(18~20℃)를 고려하여 냉열원의 공급수온을 상향 조정함으로써 냉열원 장비의 효율을 높일 수 있는 방법이 필요하다.

표 10-3 외부존과 내부존의 공조방식 비교

<table>
<tr><th rowspan="2">번호</th><th rowspan="2">계절</th><th colspan="4">외 부 존</th><th colspan="2">내부존</th><th>비 고</th></tr>
<tr><th colspan="2">외피 부하 담당</th><th colspan="2">외부존
실내부하담당</th><th colspan="2">부하담당</th><th>외주부에서 공조</th></tr>
<tr><td>(a)</td><td>여름
겨울</td><td>팬코일유닛
팬코일유닛</td><td>외벽, 창</td><td>덕트</td><td>실내, 외기</td><td>덕트</td><td>실내,
외기</td><td>중간기 전외기
공조 불가능
공사비 증가</td></tr>
<tr><td>(b)</td><td>여름
겨울</td><td>팬코일유닛
팬코일유닛</td><td>외벽, 창</td><td>덕트</td><td colspan="3">실내, 외기</td><td>중간기 전외기
다소 부족
공사비 많이 증가</td></tr>
<tr><td>(c)</td><td>여름
겨울</td><td>덕트
핀튜브</td><td>외벽, 창</td><td>덕트</td><td colspan="3">실내, 외기</td><td>중간기 전외기
공조에 최상
공사비 많이 증가</td></tr>
<tr><td>(d)</td><td>여름
겨울</td><td>덕트
덕트</td><td>외벽, 창</td><td>덕트</td><td colspan="3">실내, 외기</td><td>외주부 획일적인
온도제어
중간기 전외기
공조 가능</td></tr>
</table>

2) 연간 공조방식의 개념도입

일반적으로 중·소규모 건물, 관공서 건물, 점포 등은 하기에는 냉방만 실시하고 동기에는 난방만으로 공조하는 경우가 대부분이다. 이 경우 배관은 2관식으로 하고 냉방시에는 냉수를, 난방시에는 온수를 공급하며 중간기에는 급·배기를 실시한다.

이러한 방식을 사용할 경우 추후 연간 공조운전을 하려고 할 경우 즉, 중간기 동안 일부 계통에 냉방운전, 동기에 냉·난방운전을 동시에 실시할 수 없으므로 계획시에 연간공조방식의 개념을 도입할 필요가 있다. 연간공조방식은 연간을 통해서 공조하며 필요에 따라서 냉수, 온수를 공조기와 터미널 유닛에 공급하고 냉방, 난방 어느 것도 가능한 공조방식이다.

또한 인텔리젼트 빌딩의 개념이 공조방식에 도입되면서 중규모 이상의 고급 그레이드의 건물에 채용할 경우 연간 운전 중에 온도는 일정하게 유지되지만 냉열원기기의 운전기간이 길어지기 때문에 그만큼 운전비 및 에너지 소비량이 많아진다.

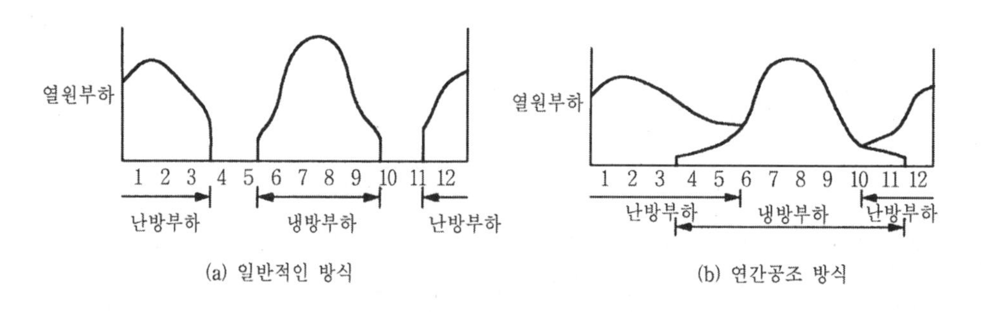

그림 10-7 공조방식의 비교

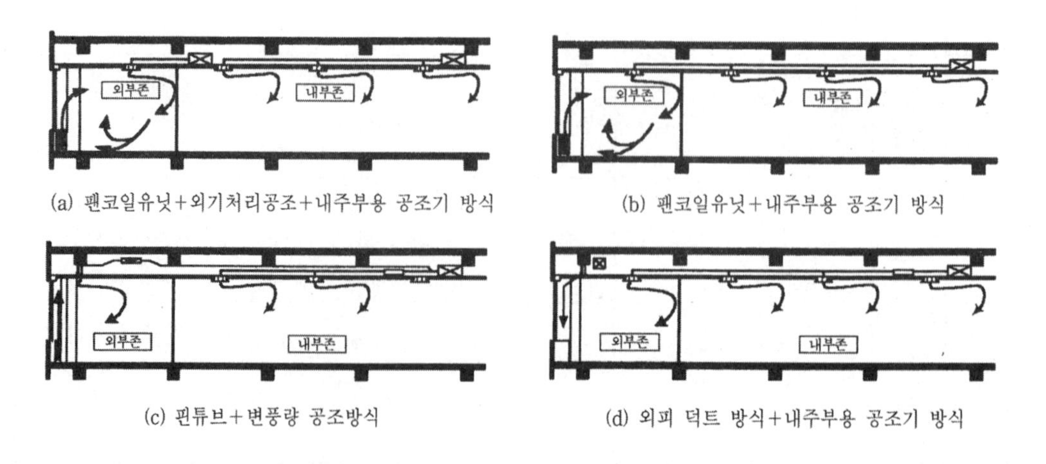

그림 10-8 외주부와 내주부의 공조방식 예

표 10-4 각종 공조방식의 비교(사무실 건물기준)

평가항목 / 공조방식	경제성					환경 grade				유지보수와 시설변경				
	설비 공사비	운전 경상비	동력비	외기 냉방	설비 면적	계별 온도 제어	존 온도 제어	연간 공조 운전에 대응성	공기 청정에 대응성	잔업 시운전	수시로 사용 운전	용도 변경에 대응성	시설 변경의 용이성	보수 관리
CAV.SD+FCU	중	중	중	(하)	중-대		하	(하)	하	(하)	-	-	보통	보통
VAV.SD+FCU	중-대	중-대	중-대	(하)	중-대	하	하	하	하	(하)	-	하	보통	보통
VAV.SD+FCU	중	소-중	소-중	하	중-대	하	하	하	하	(하)	-	하	보통	보통
VAV.SD+Fin tube	소-중	소	소	하	중-대	하	하	하	하	(하)	-	하	보통	용이
VAV.SD+방위별 CAV	중	소-중	소-중	하	대	하	하	하	하	(하)	-	하	보통	용이
CAV.SD	중-대	대	대	하	대	하	하	하	하	(하)	-	하	보통	보통
개별식 AHU+FCU	대	중	중	(하)	대	(하)	하	(하)	(하)	(하)	-	(하)	용이	보통
중앙식 PAC+SD	소	소	소	-	소	-	(하)	(하)	하	하	하	(하)	용이	용이
개별식 PAC+SD	중	중	중	(하)	중-대	-	하	(하)	(하)	하	하	(하)	용이	보통

(주) ( )는 보완을 하면 가능하다는 표시임
CAV : 정풍량방식, VAV : 변풍량방식, FCU : 팬코일 유닛, FPU : 팬파워드 유닛
SD : 단일덕트, DD : 이중덕트, PAC : 패키지 에어콘

3) 건물의 그레이드(grade)와 공조방식

사무소 건물을 예로 들어보면 공조설비에는 공조성능의 측면에서 그레이드 차가 있다. 이 평가항목의 예는 년간을 통한 실온설정과 분포, 송풍량과 칸막이 변동에 대한 플렉시빌리티, 습도설정과 그 실내 습도변화 폭, 실내 부유분진량, 실내 CO_2 농도, 중간기의 냉난방 등이 있고 이를 위해서는 여러 가지 수법이 있다. 각종 공조방식의 내용을 고려해서 시스템을 종합분석하여 최적의 공조방식을 결정한다.

(7) 계획설계상의 고려사항

1) 공조 스페이스

① 기계실의 위치

기계실의 소요면적은 건물의 규모 및 공조 그레이드에 따라 달라지지만 일반적으로 건물 전체 면적의 약 3~7% 정도이며 기계실의 층고는 기기의 종류와 건축구조의 보 높이에 따라 달라지며 약 4~6[m] 정도가 대부분이며 장비의 크기와 덕트 및 배관 등의 복잡한 정도

에 따라 달라질 수 있다. 기계실의 소요면적을 결정하는데는 건물의 형태, 구조 및 선정된 열원 및 공조시스템, 공조방식 등에 의해 영향을 받는다.

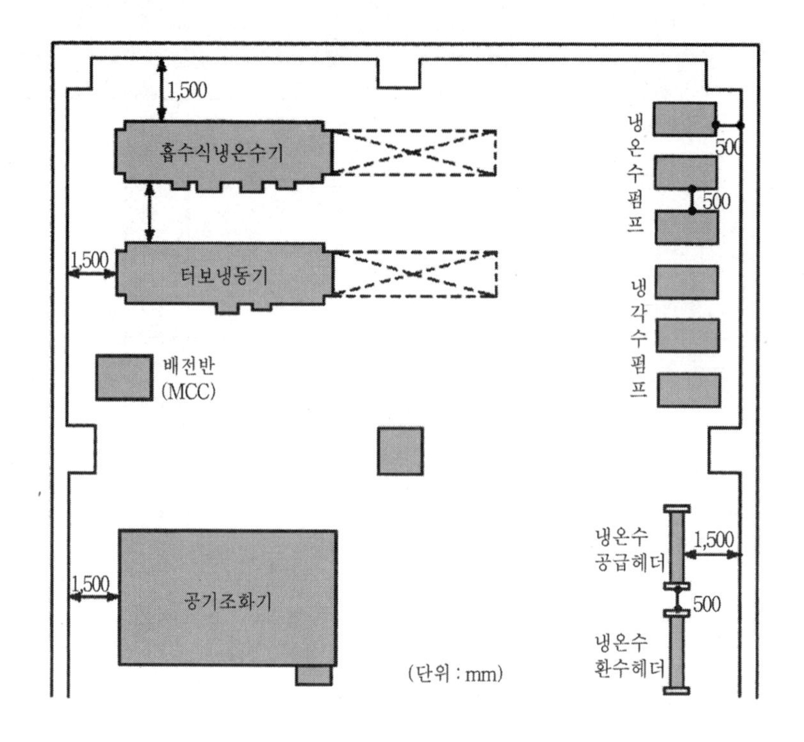

그림 10-9 기계 · 공조실 배치계획의 예

또한 기계실은 열원의 중심에 위치하여 열매(냉 · 온수 및 공기)의 반송동력을 줄일 수 있는 곳으로 정하며 일반적으로 장비의 수명이 건물의 수명보다 짧기 때문에 건물의 수명이 다할 때까지 몇 차례의 장비교체가 불가피하므로 장비 반입구 및 충분한 유지보수 공간, 추후 증축에 대비한 장비의 여유공간 등을 고려하여 장비를 배치하는 것이 중요하다.

② 공조실의 위치

공조실의 위치는 공조방식과 공조기의 크기, 건물규모, 용도, 형태 등에 따라서 달라질 수 있으며 각층 공조방식일 경우에는 해당층을 담당하는 공조실이 층마다 구획되고 공조실이 지하 또는 최상층에 위치하여 분배된다. 공조실의 위치는 외기를 받을 수 있는 조건을 고려하여 오염공기가 유입되지 않도록 고려하며 배기된 공기가 재유입되지 않도록 고려해야 한다.

③ 냉각탑의 위치

냉각탑의 설치위치는 옥상층이나 옥외부지에 설치할 수 있으나 주변여건을 감안하여 설치해야 한다. 냉각탑은 통풍이 잘되고 가스분진의 유입이 적고 고열의 배기가 유입되지 않는 곳에 설치해야 하며 냉각탑에서 배출된 공기가 다시 탑내로 흡입되지 않도록 외벽등과의 거리를 충분히 이격시키고 탑을 둘러싸는 벽의 높이는 냉각탑 이하로 한다. 또한 연도가스가 흡입되지 않도록 굴뚝 정상과의 거리는 되도록 이격시키며 냉각탑을 둘러싼 격벽의 개구면적은 냉각탑의 흡입면적 이상으로 하고 저항이 적은 구조로 한다.

④ 샤프트의 위치 및 크기

건물의 내부에 설치되는 샤프트는 배기, 환기 및 급기, 냉온수 및 응축수 배관, 증기배관 등과 같은 배관 및 덕트의 이동을 위해 필요하며 샤프트의 위치는 천장속의 유효공간, 보의 구조 등에 의해 영향을 크게 받으며 엘리베이터 샤프트 뒷면의 입상공간은 별로 쓸모가 없다는 것을 고려해야 한다.

일반적으로 덕트 샤프트는 장래의 계획을 고려하여 정방형의 샤프트보다는 2:1 또는 4:1 정도의 비율을 갖는 장방형으로 하며 장방형으로 할 경우에는 팬룸에 있는 각 장비로부터 샤프트로 연결하기 쉬운 장점이 있다. 장래의 계획을 고려하여 10~15% 정도 샤프트의 크기를 크게 할 필요가 있다.

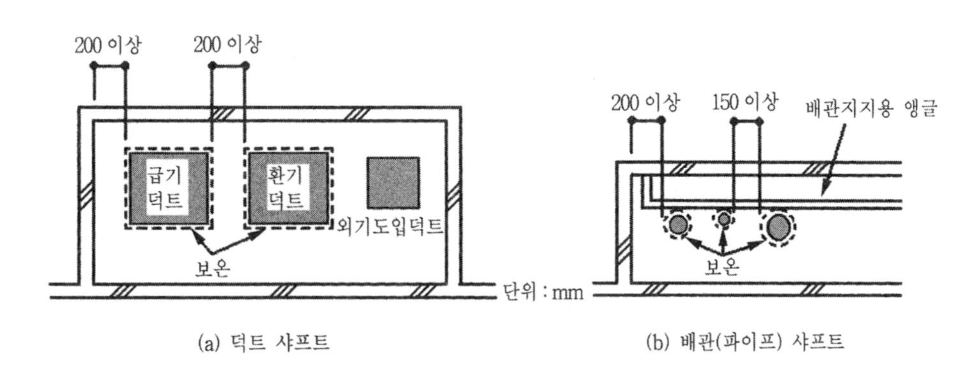

(a) 덕트 샤프트 (b) 배관(파이프) 샤프트

그림 10-10 샤프트 계획의 예

⑤ 팬룸의 위치

팬룸은 일반적으로 지하층과 같이 건물의 하부층에 위치하며 2층에 팬룸이 위치할 경우에는 외기의 유입과 배기 그리고 장비의 교체시 유리하며 팬룸의 설치갯수는 건물의 전체 바닥면적에 따라 달라지지만 초고층 건물의 경우 10~20층 정도를 담당하는 팬룸을 하나 정도

설치하며 저층부에 하나, 중간층에 하나 그리고 건물의 최상층부에 하나 정도 설치한다.

2) 경제성 평가

① 공조설비비

건물의 용도, 규모, 열부하의 대소, 실내공기 청정의 정도 및 설비계획 등에 따라 다르나 건설공사비에서 공조설비비가 차지하는 비율은 개략 15~25% 정도이다.

② 공조설비의 경상비

일반적으로 연간 경상비는 고정비와 운전비의 합계를 말한다. 고정비는 통상, 공조설비 공사비에 관련계수 등을 곱해서 연간비용으로 환산한다. 운전비는 전력비, 연료비, 인건비 등이 있지만 공조설비의 운전비는 냉온열원의 에너지 비용 이외에 펌프, 냉각탑 팬 등의 운전비와 공조기 팬 및 환기팬 등의 운전비가 포함된다.

③ 생애주기비용(LCC)

공조설비장치 및 공조기기 등의 생산에 있어서 비용(cost)을 볼 때 물리적인 경년변화에 의한 효율저하(劣化)에 수반하는 손실량과 현재의 공조설비(혹은 공조장치)보다도 질적으로 우수한 기술혁신에 의한 새로운 공조설비의 출현에 의해 현재 공조설비기기의 진부화에 따른 손실량과 손실요인을 경제성 계산에 포함하여 평가하는 수법이 생애주기비용(life cycle cost)이다.

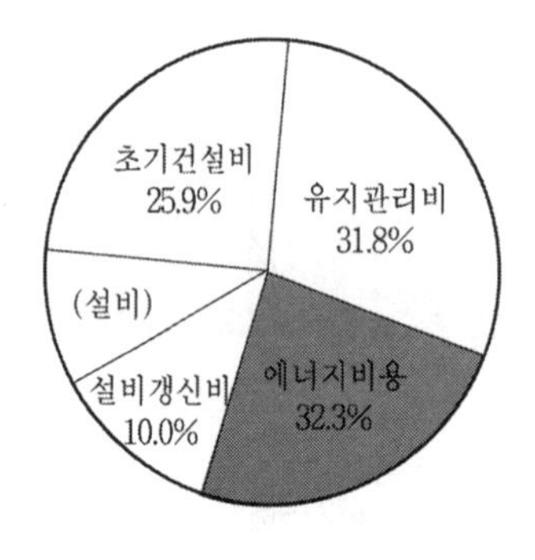

(주) LCC 계산 전제조건
① LCC계산기간 : 50년
② 설비갱신기간 : 25년/회
③ 물가상승율 : 연7% 기준
④ 건설비는 전액자입(금리 8% 기준)

그림 10-11 대규모 건물에서의 50년간 LCC 추정

그림 10-11에서 50년간의 LCC에서 정하는 에너지 비용의 비율은 30%를 상회하고 있어서 가장 중요한 요소가 됨을 알 수 있다. 또한 사무소 빌딩의 인텔리전트화 현상에 의한

OA기기 부하의 증가에 의해 내부발열의 비율이 점점 커지고 있으며 그 결과 냉방부하가 증가하고 난방부하가 감소하여 겨울철에도 냉방부하가 차지하는 비율이 매우 크게 되어 연간부하가 점점 증가하는 추세에 있다.

3) 유지관리

공조설비는 설계시점에서 정한 실내환경의 목표치를 건축준공 후 운전하여 달성할 수 있도록 그 기능유지에 힘쓸 필요가 있으므로 운전에 수반하는 유지관리가 용이하도록 설계단계에서 고려되지 않으면 안된다. 또한 공조설비의 운전에 있어 유지관리가 소홀해지면 다음과 같은 문제가 발생하게 된다.

① 실내가 소정의 온습도 및 공기청정도가 유지되지 않는다.
② 설비시스템의 운전효율이 저하되고 에너지 소비량이 증가한다.
③ 기기류 등의 내용연수(耐用年數)가 현저하게 단축되고 설비의 갱신(更新)이 빨라진다.
④ 설비운영이 비능률적이고 비경제적으로 된다.
⑤ 설계의도를 충분히 살릴 수 없고 냉난방시 거주자에게 불만이 생긴다.

(8) 에너지 측면의 고려사항

1) 건축성능과 설비성능

건축물의 요소로는 외벽이나 지붕 등의 단열, 유리면의 일사조정, 실내의 방음, 건물전체의 기밀성을 말하며 구조체의 단열성이나 일사조정의 정도는 실내측에 열부하로서 작용하여 실내의 외주부 부근에서 온도변화가 크게 되며 이 열부하에 대응하여 공조측의 용량이 커지고 제어폭의 조정도 필요하게 된다.

① 에너지 양에 영향을 주는 건축물의 요소

㉠ 건축의 열차단성능(일사조정 포함)의 대소
㉡ 실내 인원밀도와 필요 도입외기량의 대소
㉢ 실내 조명기구 등의 전력발생열량의 대소
㉣ 건물 자체의 기밀성의 대소
㉤ 건물 사용시간과 운전시간의 장단
㉥ 중간기의 냉·온열원 공급의 유무

② 에너지 양에 영향을 주는 설비 시스템의 요소

㉠ 공기공급의 반송동력의 대소
㉡ 냉수·온수펌프 동력의 대소
㉢ 열원기기의 효율의 대소
㉣ 사용되는 열원의 경제단가
㉤ 냉·온열매 및 실내측에서의 혼합손실의 대소
㉥ 사용하지 않는 조운(zone)의 발정스위치의 유무
㉦ 온도설정치 서모스탯의 유무
㉧ 열부하가 적을 때의 기기효율 및 홴·펌프동력의 대소

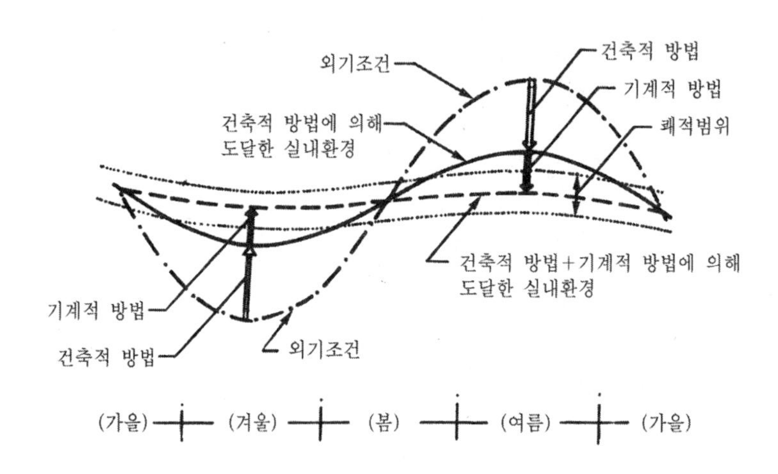

그림 10-12 외부조건의 변화와 건축적 방법, 기계적 방법 및 쾌적범위의 관계

2) 에너지 절약방안

건축 센터의 단열, 일사량의 조절, 최소외기량 도입, 조명전력량의 절감, 공조시스템 등의 에너지 절약을 도모함으로써 건축 전체의 에너지를 절감할 수 있다.

① 건축물에서의 에너지 절약방안

㉠ 건축 센터 창을 작게 한다. 직달일사량을 방지하며 이중유리, 반사유리를 사용하고 외벽, 지붕, 바닥 등에 단열재를 넣는다
㉡ 바닥면적에 대한 외표면적이 적게 되는 형태로 한다. 동·서향의 유리면을 없앤다. 건물 방위는 정방형이나 동서의 장방형으로 한다.

ⓒ 구조중량을 무겁게 하여 건물 센터의 축열량을 증대시킨다.
ⓓ 실내조명은 작업하는 부분과 그 이외의 부분으로 구분하여 작업이외의 통로 등은 필요하면 최소한으로 한다.
ⓔ 창으로부터의 주광을 유효하게 조명에 이용하여 인공조명의 제어를 한다.
ⓕ 실의 사용시간을 제한한다.
ⓖ 외기의 침입을 최소한으로 한다.

② 설비시스템에서의 에너지 절약방안

공조시스템에서의 에너지 절약사항은 다음과 같다.

ⓐ 설정 온습도의 완화
ⓑ 공조운전 시간대의 제한
ⓒ 열회수 방식의 채용
ⓓ 페리미터 공조방식의 채용
ⓔ 외기량의 필요최소한 억제
ⓕ 사용하지 않는 실의 운전정지

제 11 장

자동제어 설비

자동제어 설비

11-1 개 요

자동제어란 어떤 목적에 적합하도록 대상물에 필요한 조작을 자동적으로 행하는 것이라고 정의할 수 있다. 모든 건축설비에서는 각각의 정해진 목적이 있으며 자동제어 설비는 이들 설비가 최적상태를 유지하도록 보완하고 그 최종목적을 달성할 수 있도록 기능을 발휘한다. 건축설비에서 제어의 역할은 제어계를 포함한 설비계 전체의 안정성, 에너지 절약성, 정확 및 정밀성을 유지하고 최적의 상태와 비교 판단하여 적절한 조작을 자동적으로 이행하는 것이 자동제어이다.

(1) 시퀀스 제어(sequense control)

시퀀스 제어란 미리 정해진 순서에 따라 제어의 각 단계를 차례로 진행해 가는 제어이며 어느 목적에 적합하도록 순서를 정하여 대상물의 조작을 가하는 것이다. 시퀀스 제어는 다음 단계에서 행해야하는 제어동작이 미리 정해져있어 전 단계에서 제어동작이 완료한 후 다음 동작으로 옮겨가는 경우나 제어결과에 따라 다음으로 가야 할 동작을 선정하여 다음 단계로 옮겨가는 경우 등이며 시퀀스 제어는 제어의 단계로 볼 때 가장 기본적인 것으로서 건축설비에서는 보일러의 연소안전장치, 냉동기의 자동운전, 시계회로와 연동한 송풍기, 펌프의 자동발정, 엘리베이터의 운전제어 등에 사용되고 있다.

(2) 피드백 제어(feed back control)

피드백 제어란 피드백에 의해 제어량의 값을 목표값과 비교하여 그들을 일치시키도록 정정동작을 하는 제어이다. 피드백 제어는 검출부, 조절부, 조작부로 구성되어 있다.

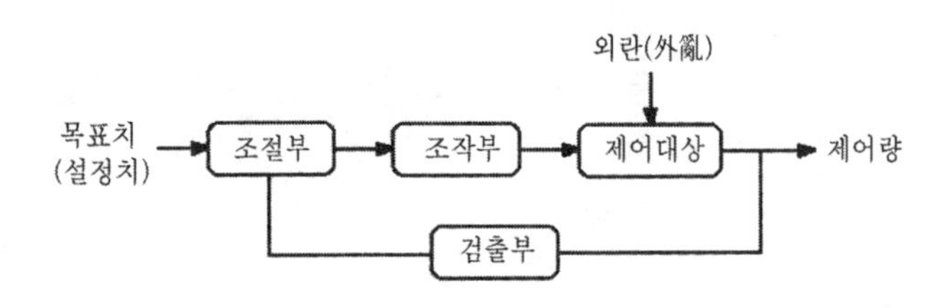

그림 11-1 피드백 제어 흐름도

① 검출부(primary means) : 제어대상, 환경, 목표 등에서 제어에 필요한 신호를 찾아내는 부분으로 사람의 감각기능에 해당한다.

② 조절부(controlling means) : 기준압력과 검출부 출력을 겸하여 제어계가 소요의 작용을 하는데 필요한 신호를 만들어내 조작부에 보내는 부분으로 사람의 뇌에 해당하고 제어장치의 중심적 존재를 말한다.

③ 조작부 : 조절부 등에서의 신호를 조작량으로 바꾸어 제어대상에 작용하는 부분으로 사람의 손, 발에 해당한다. 또한 조절기(controller)는 설정부와 조절부를 하나로 합한 것이고 온도조절기(thermostat), 습도조절기(humidstat), 압력조절기 등이 있다.

피드백 제어는 언제나 목표값과 결과를 비교하여 정정동작을 하도록 하고 있는 것으로 외란(disturbance, 제어계의 상태를 혼란시키도록 하려는 외적작용)이 생기더라도 그에 의한 영향을 가능한 한 줄일 수 있으므로 연속제어에 비하여 보다 고급 제어방식이라 할 수 있다. 증기를 사용하여 실내를 난방할 때의 실내온도 자동제어를 그림 11-2에 나타낸다.

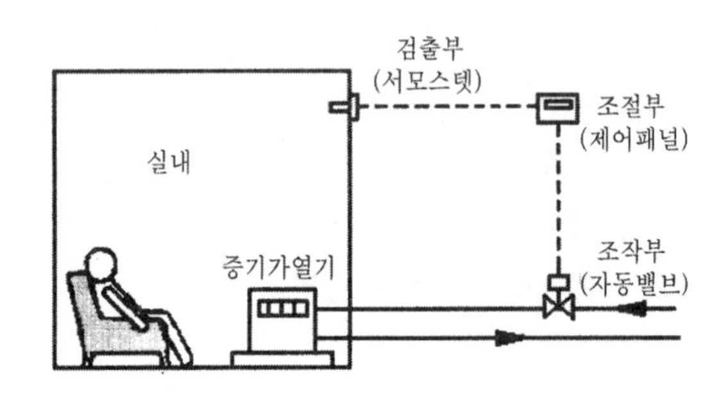

그림 11-2 실내온도의 자동제어

11-2 건축설비의 자동제어

(1) 설비에서의 자동제어 방향

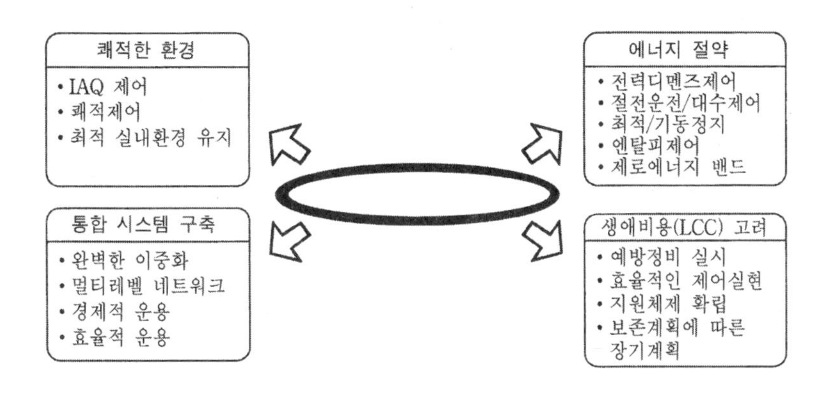

그림 11-3 자동제어 시스템의 기본방향

(2) 설비에서의 자동제어 목표

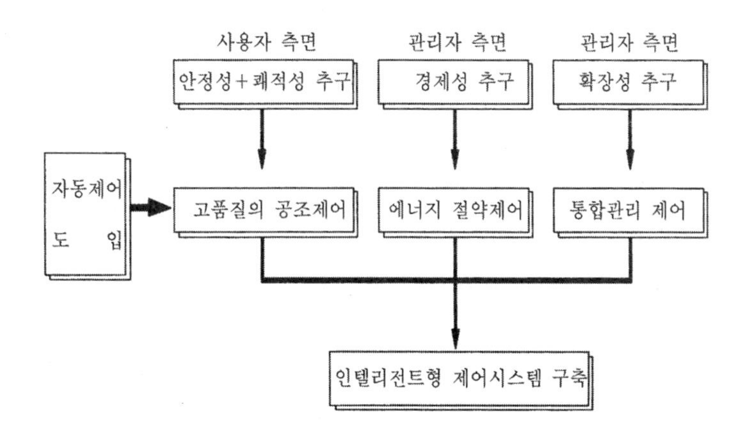

그림 11-4 자동제어 설비의 목표

(3) 자동제어 시스템의 주요기능

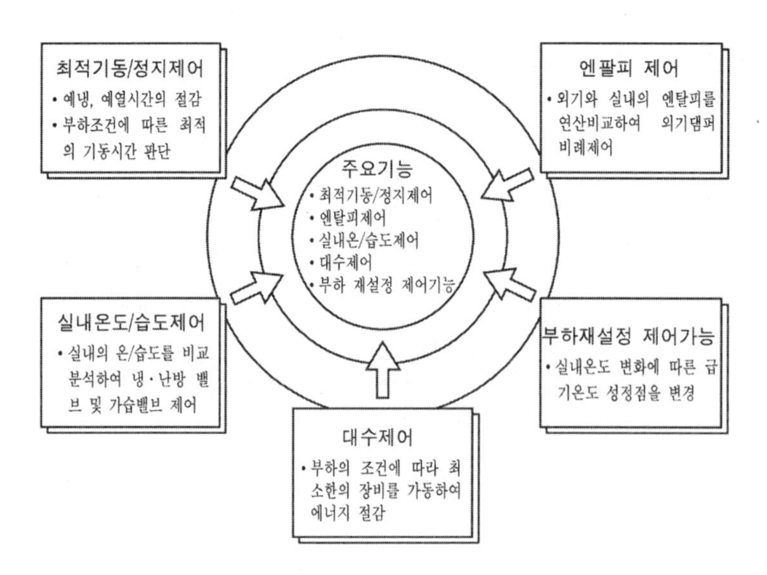

그림 11-5 자동제어 설비의 주요기능

11-3 자동제어 동작

조절기(controller)가 행하는 제어동작에는 여러 가지가 있으며 일반적으로 많이 이용되고 있는 것은 2위치 동작과 비례동작이다.

① 2위치 동작 : 가장 많이 사용
② 다(多)위치 동작 : 전기히터의 제어에 사용
③ 단(單)속도 동작 : 압력제어에 사용
④ 시간비례 동작 : 가열로 등의 제어에 사용
⑤ 위치비례 동작 : 일반적 공조에 사용되는 제어
⑥ 적분미분 동작 : 고급제어에 사용

2위치 동작(on-off제어)은 조절기로부터의 출력이 조절기의 설정치를 경계로 교체한다. 즉, 그림 11-6 (a)에서와 같이 동작간격을 설치하여 실온이 목표치 보다 적어지면 전폐가 되도록 조작신호를 발한다. 또한 다위치 동작은 그림 (b)에서와 같이 편차에 따라서 중간개도를 스텝형으로 만든 것으로 2위치 동작에서는 조작부가 전개와 전폐의 두 가지 뿐으로 중간개도가 되어 있지 않는 점을 이용한 것이다. 단속도 동작은 편차의 (+), (−)에 따라서 밸브나 댐퍼의 조작을 개(開) 또는 폐(閉)로 조작의 방향을 교체하는 것으로 조작은 일정한 속도로 행해진다. 그림 (c)는 중립대가 설치되어 있어서 이 사이의 편차에서는 조작되지 않기 때문에 중간개도에서 정지한다.

비례동작은 편차와 조작량이 비례관계에 있어 제어 즉, 편차에 비례한 개도로 되도록 조작신호를 발하는 것이다. 그림 (d)에서와 같이 조절기로 부터의 출력이 최소치에서부터 최대치까지 변화하는데 필요한 편차의 크기를 비례대(比例帶)라고 한다. 비례대는 크게 하면 제어는 안정되지만 잔류편차가 크게되고 지나치게 작으면 잔류편차는 적게 되지만 제어가 불안정하게 되므로 비례대는 사용하는 제어계에 알맞은 크기로 조정된다.

대규모 건물의 단일덕트 공조방식에서 실온의 제어를 중앙식 공조기로 행하는 경우와 같이 편차를 검출하여 정정동작에 의하여 실온의 변화가 나타날 때까지의 낭비시간이 큰 것에 있어서는 이들의 제어 동작만으로는 충분하게 제어되지 않는 경우가 있다. 이에 대하여 실온과 급기온도의 두 개의 검출치의 변화를 복합하여 제어를 행하는 실온 및 급기온도 제어(급기보상 제어라고도 한다)가 효과적이다.

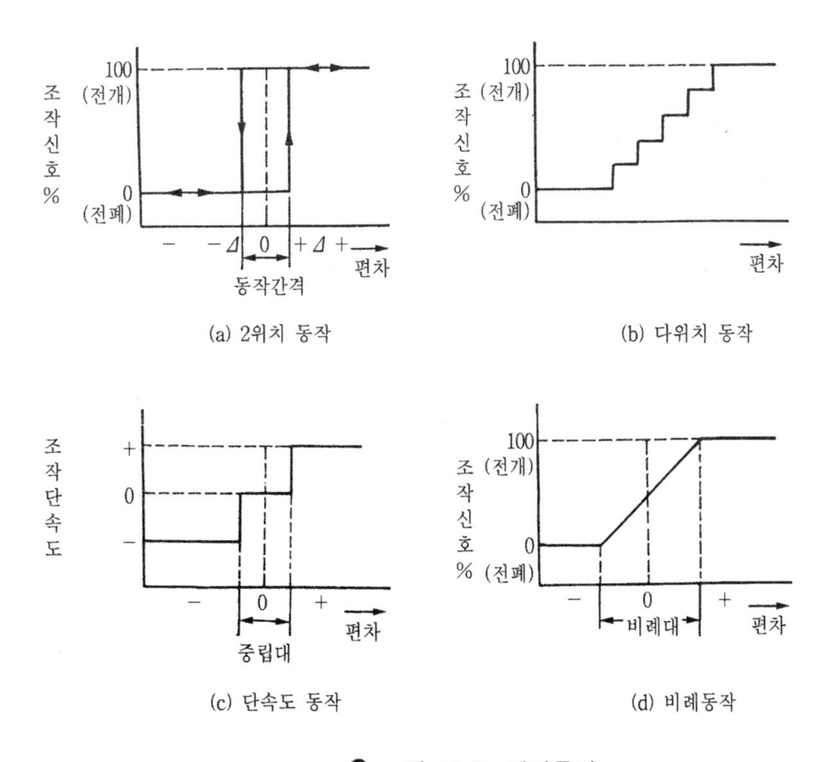

그림 11-6 제어동작

표 11-1 제어동작의 적용 예

제 어 동 작	적 용
2 위치	유닛, 소규모 장치
다위치	소규모에서 정도를 요하는 장치
단속도	댐퍼제어(압력), 혼합밸브 제어(수온)
비 례	소·중규모의 실온제어, 열원기기의 제어
P I D	항온항습 등의 고정도, 대용량 열원설비
실온급기 온도제어	대규모 공기조화의 실온제어

11-4 자동제어 회로

(1) 전기식

신호의 전달이나 조작을 전기식으로 행하는 것으로 비교적 정밀도가 덜 요구되는 장치에 사용된다. 제어되어야 할 온도, 습도, 압력 등을 검출하는 검출부와 미리 설정된 값과 비교해서 조작기를 작동시키는 신호를 만들어내는 조절부로 구성되어 있다. 온도, 습도, 압력의 검출에는 다음의 요소들이 사용된다.

① 온도 : 바이메탈(bi-metal), 벨로우즈(sealed bellows), 리모트 밸브(remote valve)
② 습도 : 나일론, 리본, 모발(human hair)
③ 압력 : 다이어프램, 브르돈관(bourdon tube), 벨로우즈

전기식 전원이 용이하게 얻어지고 신호전달이 빠르며 기기의 구조가 간단하여 공사비 및 유지관리면에서 유리하다.

(2) 전자식

전기식에서 전자관 증폭기를 사용한 것을 전자식이라고 하며 복잡하고 고도의 제어가 가능한 초정밀도가 얻어진다. 전자식 제어는 온도, 습도, 등의 변화를 전기저항의 변화 등으로 검출하고 조절기의 전자회로에 의해 설정치와 비교, 조절해서 조작기로의 출력신호를 만든다.

조절기는 외부로부터의 신호를 전자회로로 처리하므로 여러 가지의 보상제어와 원격설정을 용이하게 행할 수 있다. 전자식은 정밀도가 높고 응답이 빠르다는 장점이 있으나 전기식에 비해 배선이 복잡하여 가격이 비싸다. 전자식 검출기의 요소로서는 전기식, 공기식 조절기와 비교하여 열용량이 적고 감도가 높은 특성이 있으며 다음의 요소들이 사용된다.

① 온도 : 백금측온 저항체, 니켈측온 저항체, 더미스터, 열전대
② 습도 : 염화리듐 엘리먼트, 소결금속 피막엘리먼트

(3) 공기식

압력 0.1~0.2[MPa] 정도의 압축공기를 사용하여 제어를 하는 것이며 내구력이 풍부하고 대규모 장치에서 고도의 제어를 하는 것이 가능하다. 압축공기를 제조하는 장치가 필요하고 전기식, 전자식에 비해 신호전달이 느리다. 공기식에서 온도, 압력, 습도 등을 검출해서 조절기구를 작동시키는 검출요소는 전기식과 마찬가지이며 다음의 것이 사용된다.

① 온도 : 바이메탈, 리모트 튜브
② 습도 : 모발, 나일론 리본
③ 압력 : 다이어프램, 벨로우즈

(4) 전자공기식

검출부와 조절부는 전자식으로 행하고 조작부를 공기식으로 행하는 것이다.

(5) 자력식

검출부에서 얻어진 힘을 직접조절부 및 조작부에 전달하여 조작부를 작동시키는 방식으로 전력이나 공기가 불필요하므로 저렴하지만 정밀도가 크게 떨어진다. 각 제어방식에 대한 특징을 표 11-2에 나타낸다.

표 11-2 자동제어의 동작과 회로의 종류

구 분	전 기 식	전 자 식	공 기 식
원 리	접점기구로 작동시킨다.	브릿지회로 등을 응용한다.	파이프를 써서 공기압으로 작동시킨다.
2위치 동 작	써머스탯, 휴미디스탯의 on-off 회로의 2선식	써머스탯, 휴미디스탯을 쓰는 브릿지회로의 on-off	다른 계통 병용리레이로서 사용한다.
비 례 동 작	저항치를 비례 변화시키는 방법으로 3선식	브릿지회로를 이요하고 습동자의 위치에서 비례제어 하는것	공기압을 이용해서 다이어프램을 가동할 수 있고 간단한 기구로 된다.
플로팅 동 작	모터의 회로를 정·역으로 할 수 있는 외에 정지용의 중성점이 있는 3선식	-	-
특 징	대, 중, 소 빌딩 등에 사용, 패키지방식에도 사용, 값이 싸다	비교적 정도가 좋은 제어를 하는 경우에 쓰인다. 비용이 많이 든다.	대규모 빌딩에 쓰인다.

11-5 자동제어의 관제범위와 사용기기

(1) 자동제어 관제범위

표 11-3 자동제어 관제범위 (1)

구 분	제어항목	감시, 계측항목	기 록
공 기 조화기	· 실내온도, 환기온도에 또는 급기온도에 의한 냉·난방밸브제어(원격설정) · 팬 기동/정지제어 · 연감지기에 의한 팬 정지제어 · 실내 엔탈피 및 외기 엔탈피에 의한 외기 댐퍼 비례제어 · 각종 EMS 프로그램 제어 -최적기동 -타임 스케줄 제어 -원격설정 제어 -외기 취입 제어	· 팬 운전 상태감시 · 급기, 환기온습도 계측 · 필터의 경보감시 · 화재시 연감지기에 의한 경보감시	· 경보기록 · 계측치기록 · 조작, 운전기록

표 11-3 자동제어 관제범위 (2)

구 분	제 어 항 목	감시, 계측항목	기 록
냉동기 계 통	· 냉동기 원격제어(기동/정지) · 냉각수온도에 의한 냉각탑 팬제어 · 냉수, 냉각수 펌프기동/정지제어	· 냉동기 상태, 경보감시 · 냉수 및 냉각수의 급수, 환수온도계측 · 냉수 순환펌프, 냉각수 순환펌프 상태감시	· 경보기록 · 조작 및 운전기록 · 계측치 기록
보일러 계 통	· 응축수수조 보급수 인입제어	· 보일러 상태, 경보감시 · 응축수조 상하한 경보감시	· 경보기록 · 조작 및 운전기록 · 계측치 기록
급 탕 탱 크	· 급탕온도제어 · 순환펌프 기동/정지제어	· 급탕온도 계측 · 순환펌프 상태감시	· 경보기록
빙축열 시스템	· 냉수순환펌프 기동/정지제어	· 빙축열 시스템 상태, 경보감시	· 경보기록 · 운전기록
팬코일 유 닛	· 존밸브 제어 · 팬코일유닛 팬 기동/정지제어	· 팬코일유닛 팬 상태감시 · 실내온도 계측	· 계측치 기록 · 조작, 운전기록
급·배기팬	· 급, 배기팬 기동/정지제어	· 급, 배기팬 상태감시	· 운전, 조작기록
물 탱 크	· 지하 저수조의 수위에 의한 인입 유량제어	· 수위 상시감시 · 수위 상하한 경보감시 · 부스터 펌프 상태감시	· 경보기록
배수탱크	· 수위에 의한 펌프제어	· 수위 상하한 경보감시	· 경보기록
팬 코 일	· 구역별, 시간대별 팬코일 분전반의 기동/정지제어	· 팬코일 분전반의 상태감시	· 운전, 조작기록

(2) 자동제어에 사용되는 기기

1) 온도조절기

전기식이나 공기식에는 실온의 검출에 바이메탈이나 벨로우즈 등이 이용된다. 이들 검출부와 온도의 비교조절기구를 조합한 것을 온도조절기라고 한다. 그림 11-7에 나타난 바와 같이 실내 써머스탯(room thermostat)이 많이 사용되고 있다.

이것은 벽면에 설치하여 실내온도를 측정해서 공기조화기의 풍량조절 및 제어에 사용되며 온도설정을 조정할 수 있도록 되어 있다.(10~30℃) 또한 공조덕트내에 삽입하여 냉각기와 가열기를 제어하는 경우에 사용되는 써머스탯도 있다.

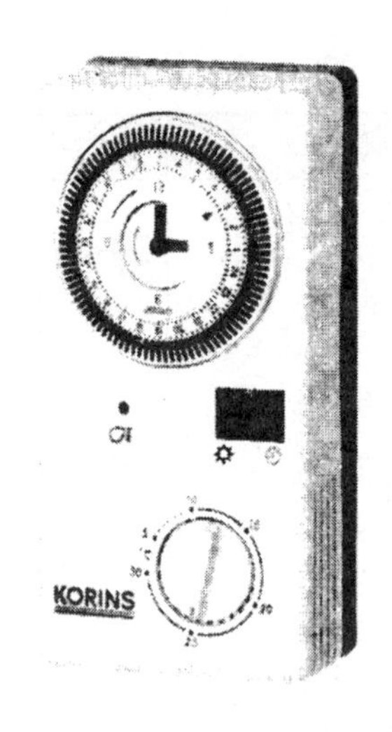

⬆ 그림 11-7 룸 서머스탯

⬆ 그림 11-8 습도조절기

2) 습도조절기

여름철에는 습도를 낮추고 겨울에는 습도를 높일 것이 요구된다. 습도조절용에 사용되는 것에는 실내온도와도 관련이 되므로 룸 써머스탯과 함께 사용되는 일이 많다. 그림 11-8에 습도조절기를 나타낸다.

3) 풍량조절기

풍량조절이란 덕트로부터 취출되는 공기량을 조정하는 것이며 실내 온습도를 제어하기 위해 필요하고 VAV 방식과 이중덕트방식 등에 채용된다. 풍량조절용 자동제어에는 온도검출에 의해서 모터댐퍼의 제어를 하는 방법과 덕트내의 정압제어기를 설치해서 정압을 검출하고 모터댐퍼를 제어하는 방법이 있다.

4) 전동밸브와 전자밸브

전동밸브는 실내온도 검출의 써머스탯과 연동해서 비례제어에 의해 밸브를 전동기 구동하는 것이며 냉온수의 제어용에 사용된다. 전자밸브는 공기용, 증기용, 수배관용, 유배관용이 있으며 공조용으로서는 증기용과 수배관용의 것이 많이 사용된다. 이것은 배관도중에 접속되는 밸브이며 전기신호로 밸브의 개폐가 가능하도록 되어 있다.

11-6 열원설비의 자동제어

(1) 보일러의 자동제어

1) 연소상태의 제어

주로 증기압을 일정하게 하는 목적으로 행해지지만 공기-연료비와 연소실 내압의 제어도 한다. 그림 11-9는 버너의 연소제어이고 주조절기는 증기압을 검출하고 유량조절밸브를 조작하여 연료공급을 제어한다.

부조절기는 비율조절기에서 연소실내의 2점간의 압력차에 의해 공기량을 검출하고 또 증기유량을 관내 오리피스로 검출하여 증기-공기비를 일정하게 갖도록 신호를 한다. 이것과 주 조절기에서의 신호를 더하여 연소실 노내댐퍼를 조작하여 배가스를 제어한다. 또 부조절기는 연소실 내압을 검출하여 이를 일정하게 하도록 급기덕트내의 댐퍼를 조작하여 공급공기량을 제어한다.

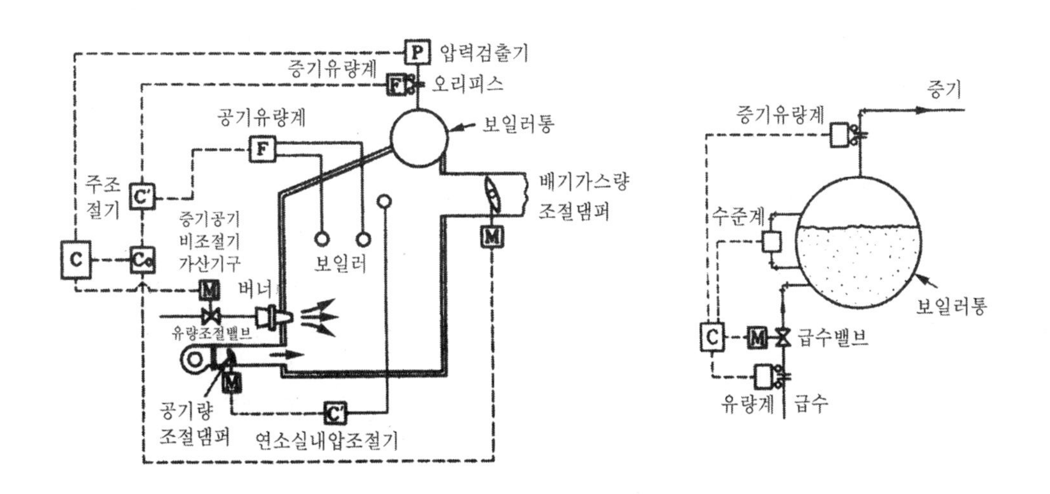

그림 11-9 버너의 자동제어

그림 11-10 보일러 수위의 제어

2) 급수량의 제어

보일러의 수위를 일정하게 한다. 그림 11-10은 증기유량과 급수량의 비를 수위에 따라 바뀌도록 한 비례제어를 행하는 것이다.

(2) 냉동기의 제어

공기조화 장치에서 냉동기의 용량제어는 공기조화 부하에 대하여 조절범위가 넓고 부하의 변동에 따라 신속한 응답을 얻을 수 있어 부분부하에서도 대응할 수 있으며 경제적 운전이 요구된다.

1) 왕복동 냉동기

소형의 것은 운전·정지의 2위치제어가 사용되며 다기통은 언로더에 의한 여러 위치제어가 일반적으로 사용되는데 그림 11-11에 6기통의 왕복동 냉동기제어를 나타낸다. 압축기의 흡입압력을 제어량으로 하고 언로더에 의한 압축기의 흡입밸브를 유압으로 밸브베이스에서 분리하여 압축이 이루어지지 않도록 조작하는 것이다.

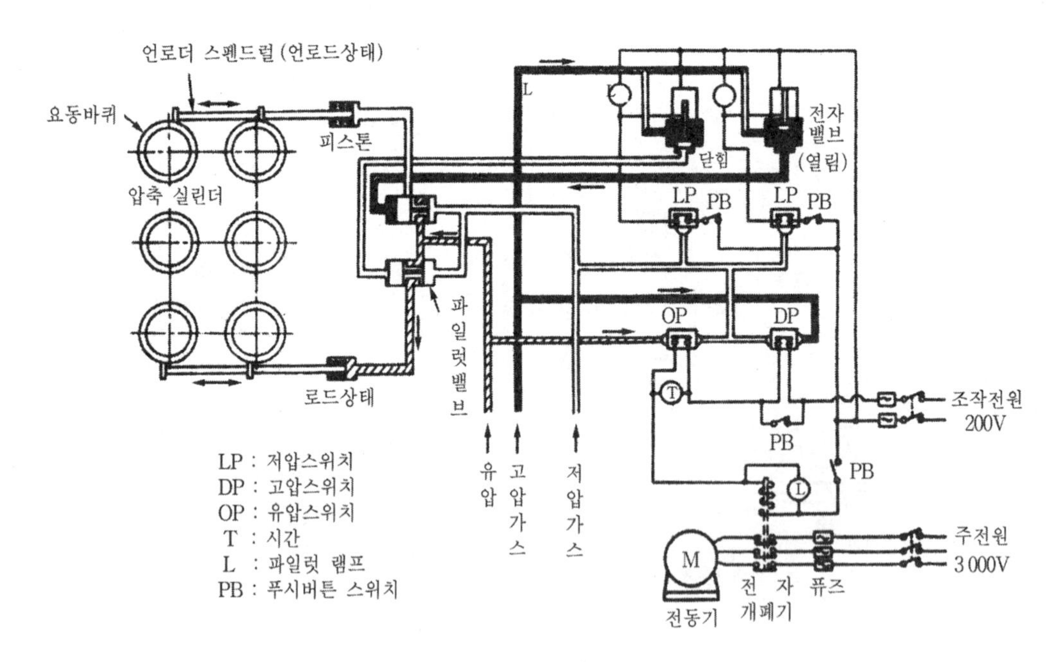

그림 11-11 왕복냉동기의 자동제어

2) 터보 냉동기

용량제어에는 흡입베인(suction vane)에 의해서 압축기로 들어오는 냉매의 양을 바꾸는 방법과 압축기의 회전수를 바꾸는 방법이 일반적으로 쓰이고 어느 경우에든 냉수온도를 일정하게 하도록 제어한다.

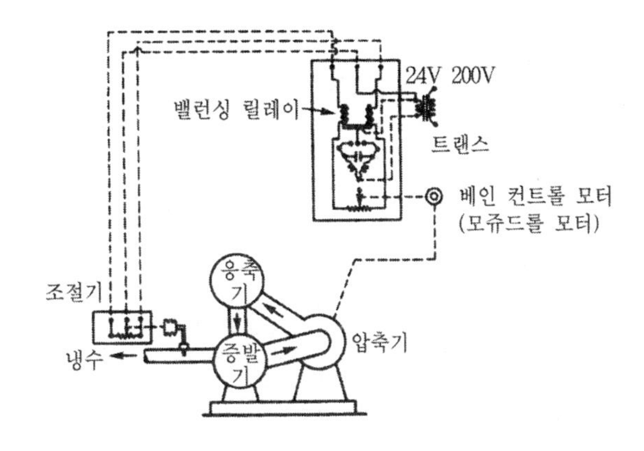

그림 11-12 터보냉동기의 자동제어법

그림 11-12에 전기식의 흡입베인제어의 경우를 나타냈다. 냉수 출구온도를 검출하고 조절기에 의해 흡입베인을 비례제어하는 것으로 제어범위도 넓고 부분부하에 대하여도 효율적이다.

3) 흡수식 냉동기

그림 11-13은 재생기로 보내는 증기량을 제어하는 것으로 용액에서 물을 비등시키는 양 즉, 증발기로 유입하는 냉매인 냉수의 양이 제한된다. 이 방법은 응답이 빠르고 일반적으로 사용되는 방식이다.

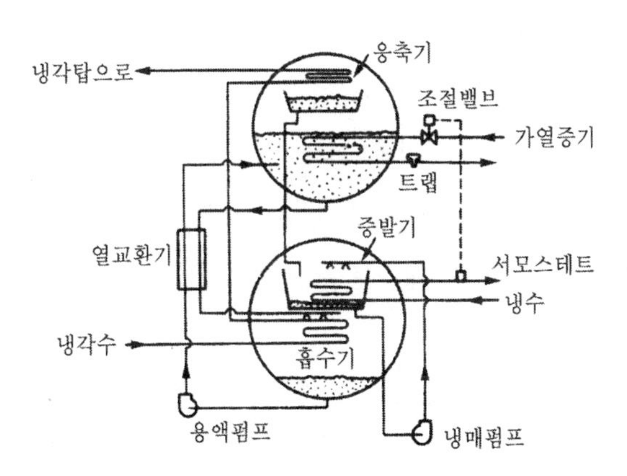

그림 11-13 흡수식 냉동기의 자동제어법

표 11-4 각종 냉동기의 용량제어

기 종	제 어 법	제어범위 [%]
왕복동식	온-오프제어(소형) 단계제어(언로더에 의한 가스의 바이패스)	0~100%까지 단계적 제어
터보냉동기	섹션 베인제어 핫가스 바이패스제어 (회전수제어-현재는 사용되지 않음)	100~30 100~10 100~20
흡수식냉동기	증기량 제어 용액농도제어(3방 밸브 제어)	100~10 100~10
직열냉온수기	연료의 유량제어	100~10
스크류냉동기	슬라이드 베인제어(무단계)	100~15

11-7 공조설비의 자동제어

(1) 단일덕트 방식의 자동제어

단일덕트 방식에서 전기식을 사용해서 자동제어하는 예를 그림 11-14에 나타내며 자동제어 동작은 다음과 같다.

① 냉각기(냉각온도)의 제어 : 냉각용 실내온도 조절기 T_1의 지령으로 냉각코일용 전동 3방밸브 MV_1이 비례제어를 한다.(여름)

② 가열기(가열온도)의 제어 : 가열용 실내온도 조절기 T_1(여름·겨울 바꿔짐)의 지령으로 가열코일용 전동 3방밸브 MV_2가 비례제어를 한다.(겨울)

③ 가습기(상대습도)의 제어 : 상대습도 조절기 H_1의 지령으로 온수스플레이용 전자 2방 밸브 SV가 2위치제어를 한다.

④ 풍량비(외기취입 풍량)의 제어 : 원격 수동조절기 Q의 지령으로 외기취입용 전동댐퍼 MD_1, 혹은 환기용 댐퍼 MD_2가 역비례제어를 하고 송풍기 인터록에 의해 전동기 정지시에 SV는 모두 닫힌다.

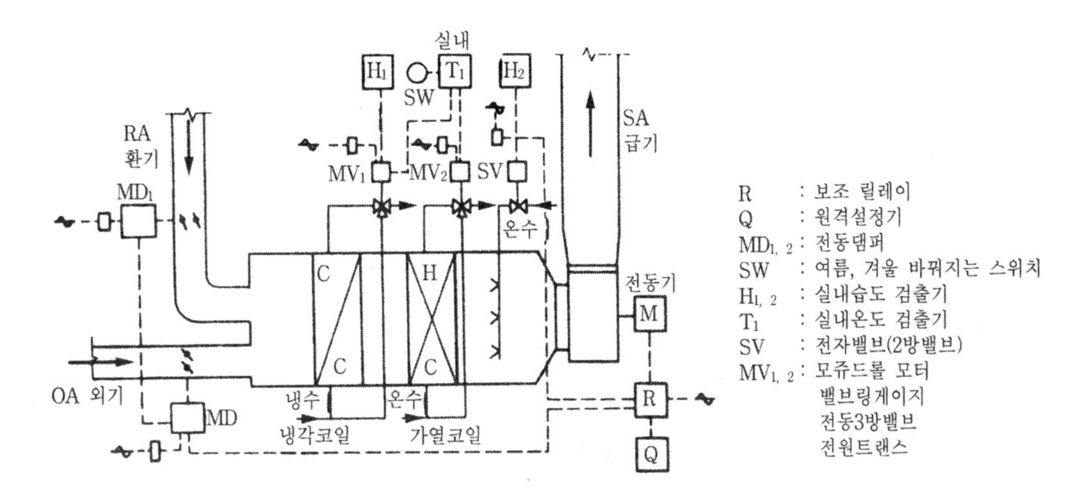

그림 11-14 단일덕트 방식의 자동제어(전기식)

(2) 패키지 유닛 방식의 자동제어

전자식 패키지 유닛 방식의 자동제어를 그림 11-15에 나타낸다.

① 온도제어 : 실내형 온도조절기 T_1을 입력으로 하면 온도조절기 CP_1의 지령에 의해 전동 3방밸브 MV가 비례제어를 하고 압축기의 2위치 제어를 한다.

② 습도제어 : 실내형 습도조절기 H를 입력으로 하면 습도조절기 제1의 지령에 의해 가습용 전자 2방밸브 SV가 2위치 제어를 한다.

③ 송풍기 인터록 : 송풍기 정지시 SV는 전폐한다.

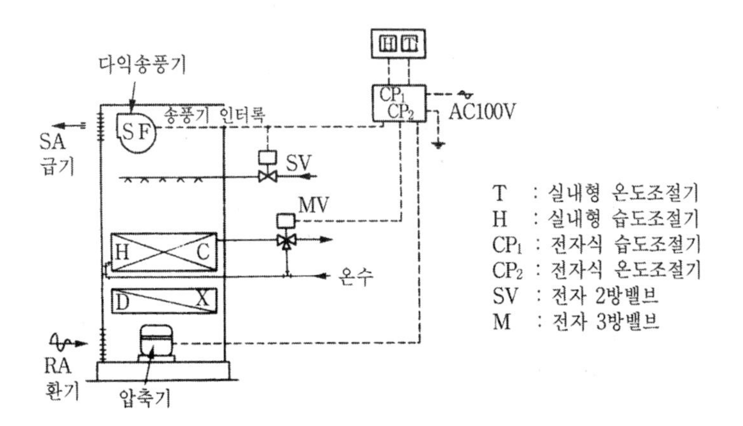

그림 11-15 패키지 유닛 방식의 자동제어(전자식)

(3) 팬코일 유닛 방식의 자동제어

공기식 팬코일 유닛 방식의 자동제어를 그림 11-16에 나타낸다. 공기식 온도조절기 T_1의 지령에 의해 팬코일 유닛의 입구 냉온수 배관에 설치된 소형 공동 3방밸브 M_1이 비례제어한다.

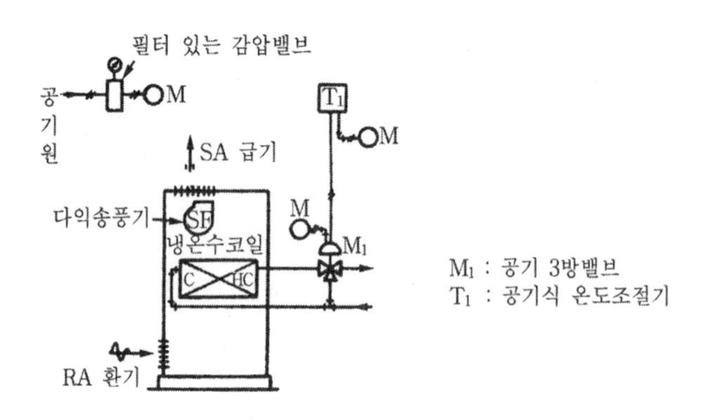

그림 11-16 팬코일 유닛 방식의 자동제어(공기식)

11-8 중앙관제장치

중앙관제장치는 CPU(central processing unit)라고도 하며 많은 기기의 운전정지 또는 각 실의 온습도 등의 중앙감시, 기기의 운전장치 또는 설정값의 변경 등에 대한 조작, 최적제어, 운전관리에 필요한 데이터의 기록 또는 집계 등을 중앙관제실에서 집중적으로 처리하는 장치이다.

여기에는 관리점의 수 또는 관계기능에 따라 여러 가지의 종류가 있으며 중소건물용에서 대규모 건물 또는 건물군을 관리하는 것까지 있다. 관리대상도 공조설비, 위생설비, 전기설비, 엘리베이터 설비, 방재설비, 방범설비 등 건물내의 모든 설비에 걸쳐서 적용된다.

최근의 장치에서는 컴퓨터가 사용되고 있기 때문에 에너지 절약을 위한 각종의 프로그램에 의한 제어, 화재시의 대응조치, 고장수리안내, 요금계산 등의 사무관리 분야까지도 적용할 수가 있다.

대규모의 장치에서는 제어기능을 공기조화기 또는 열원기기군(群)별로 설치한 분산 DDC형 조절기에 분산시키고 관리기능만을 중앙관제장치가 갖도록 하는 총합분산형 관제방식이 사용된다. 그림 11-17은 소규모 중앙관제장치의 예로서 각 기기에는 개별배선 방식이 적용되고 있으며 입력신호에는 직류의 아날로그 또는 펄스신호를 사용하고 출력신호에는 직류의 펄스 신호를 사용한다.

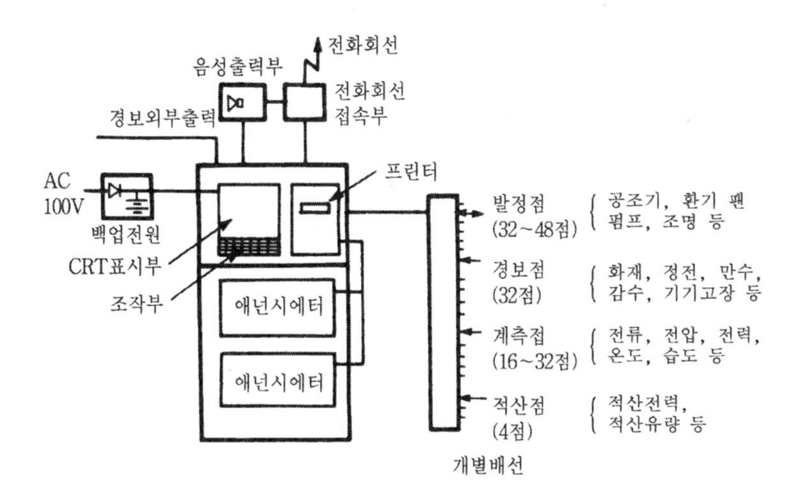

그림 11-17 소규모 중앙관제장치

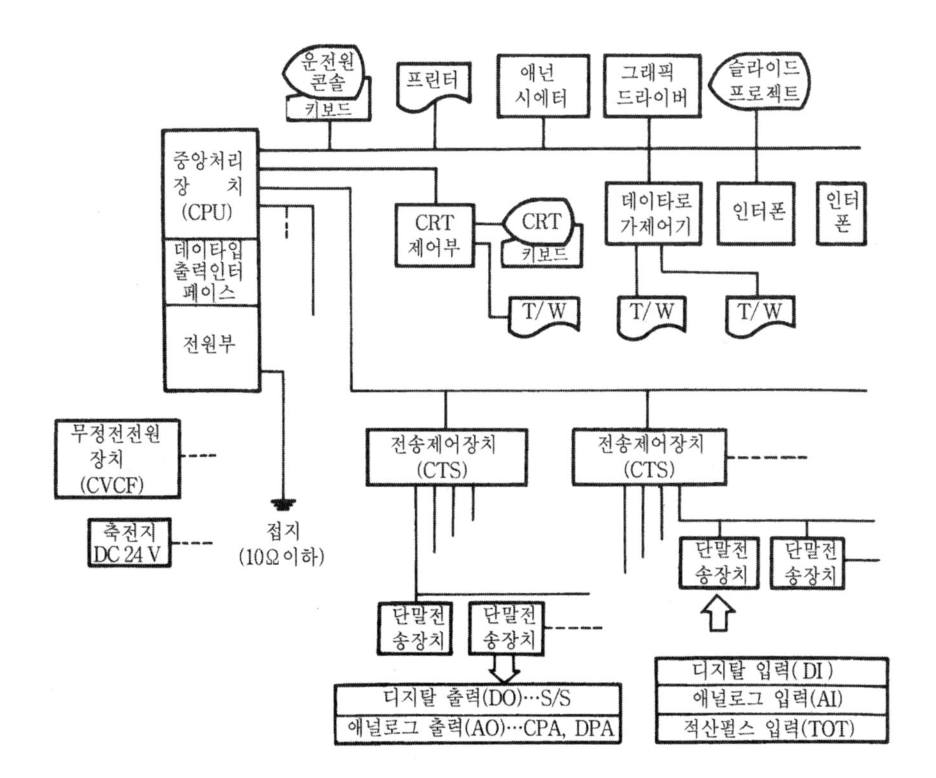

그림 11-18 대규모 중앙관제장치의 시스템 구성

기능으로는 상태감시, 이상경보, 개별 또는 프로그램별 수동발정조작, 타임스케줄 운전, 화재시의 동력정지 및 제기동제어, 자기진단기능 등의 기본기능 이외에 절전간헐운전, 최적 기동정지, 외기도입제어, 전력 디멘드 제어 등의 에너지 절약 제어기능을 부가하고 있다.

그림 11-18은 대규모 중앙관제장치의 예로서 직렬전송방식의 채용되고 있으며 중앙처리장치와 각 단말전송장치와의 신호는 디지털 펄스에 의하여 공통배선으로 전송된다. 단말전송장치와 기기 또는 계측점의 사이는 개별배선으로 하고 신호는 디지털, 아날로그를 사용한다. 이 장치의 기능은 표 11-5과 같다

표 11-5 중앙관제장치의 기능

감시기능	· 경보(정상복귀) 감시 · 상태감시 · 아날로그 상하한감시	· CPU 자기점검 · 전송간선 이상감시 · 전송에러감시
표시기능	· 경보(정상복귀) 감시 · 아날로그 계측표시 · 디지털 시각표시 · 설정치 표시 · 리스트(일람) 표시	· 계통 그래프 표시 · 로그표시 · 개별 상시표시등 · 그래픽 표시 · 슬라이드 표시
조작기능	· 개별선택제어 · 군별선택기능 · 원격설정 변경조작	· 인터폰 조작 · 프로젝터 조작
기록기능	· 경보(정상복귀) 기록 · 로그기록(전점, 경보점, 상태점) · 트랜스로그 기록 · 전시로그 · 정시작표/일보작성	
프로그램 변경기능	· 각종 테이블, 매개변수의 설정변경 · 카세트 테이프 로드/덤프제어	

그림 11-19는 종합분산 관제방식의 한 예이다. 이 방식에 있어서 중앙관제장치는 제어기능의 대부분을 분리하였으므로 관리능력을 증가시킬 수가 있으며 계측용, 제어용의 감지기를 일체화시켜서 설정치 관리의 정밀도를 향상시킬 수가 있고 분산시킨 장치에 컴퓨터가 내장되어 있어서 제어기능이 특히 소프트웨어면에서 향상되며 분산으로 인하여 신뢰도가 높아지는 등 많은 이점을 가지고 있다.

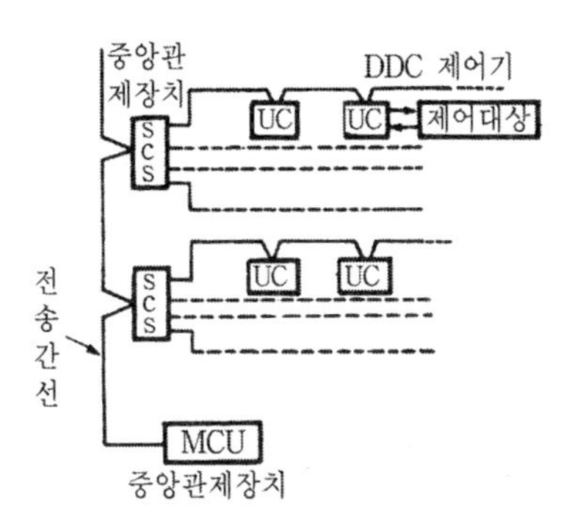

그림 11-19 종합분산형 관제방식

11-9 중앙감시장치

(1) 중앙감시의 기능

1) 감시기능

펌프의 운전상태감시, 열원장치의 운전상태감시, 온·습도의 지시, 기록, 경보, 수조의 수위 상하한 경보, 오일탱크의 액면지시, 경보, 보일러의 연소상태 감시, 엘리베이터의 운전상태 감시등의 기능을 갖는다.

2) 제어기능

송·배풍기의 시동정지, 각종펌프의 시동정지, 열원장치의 시동정지, 댐퍼밸브의 원격조작, 조절기 설정치의 원격조작 변경 등의 기능을 가진다. 중앙감시는 중앙감시실에서 행해진다.

표 11-6 중앙감시반의 구성과 기능

Hardware 구성	Software 구성		
	조작기능	감시 및 제어	에너지절약 소프트웨어 기능
· CPU : 최신의 프로세서 · 일반 OA용이 아닌 산업용PC 적용 · 데이터파일용량 : 대용량 저장장치 · 컬러그래픽조작터미널 · 일보, 월보 등 각종 기록용 프린터 · 현장 제어반과의 통신용 인터콤 · UPS : 주정전 전원장치	· 자동기동 / 정지 · 상태변화 보고 · 시간 및 일정관리 · 자기진단기능 · 정전 / 복전기능	· 상태, 경보감시 · 계측치 감시 · 추세 변화감시 · 계절별 전환모드 · 설정점 원격제어	· 절전운전제어(Duty Cycle) · 외기냉방제어(Enthalpy Control) · 야간배기제어(Night Set-back) · 전력수요제어(Power Demand Control) · 역률제어(Power Factor Control) · 장비대수 제어 · 운전시간 및 회수적산 프로그램

(2) 중앙감시의 방식

1) 상시감시방식

감시장치와 말단의 기기가 1:1로 관계되어 있어 감시판 상에 상시상태의 표시가 되어져 있는 방식이며 중소규모 건물에서 채용되는 경우가 많다. 이 방식은 감시점이 많아지면 감시판의 면적이 크게 되고 감시판으로의 배선수가 상당히 많게 되는 결점이 있다. 그래픽패널(Graphic Panel)형의 감시판이 많이 채용된다.

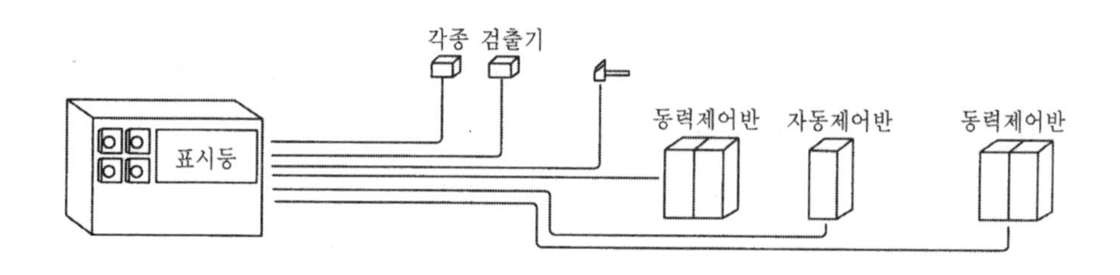

그림 11-20 상시감시방식

2) 예외감시방식

하나의 감시장치로 말단의 감시점을 순차로 또는 이상 발생시만 Scanning하여 이상점만을 검출해서 표시하는 방식이며 감시판은 감시점 수와 비교해서 적게 되므로 대형건물에 널리 채용되고 있다. 이 방식에서는 배선을 매트릭스(Matrix) 방식 또는 근래 급속히 진보한 디지털(Digital) 전송방식을 채용해서 개수를 대폭 감소시키고 있다. 최근의 각 메이커의 표준감시판은 대부분 이 방식을 채용하고 있다.

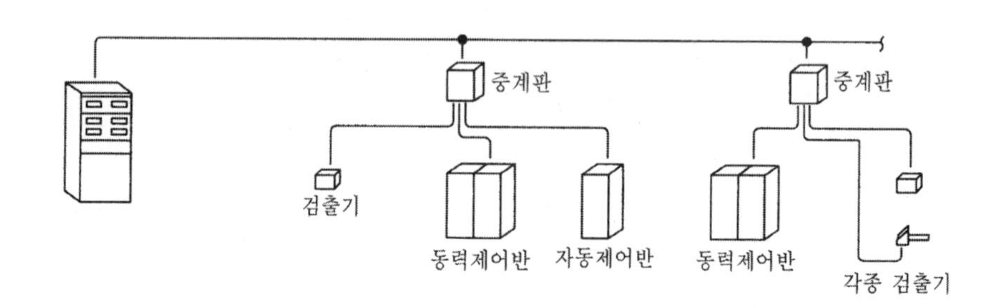

그림 11-21 예외감시방식

11-10 에너지 절감방안

1) 최적기동/정지

그 날의 기상상태나 전일 전년도의 기상자료를 토대로 각종 공조기의 기동/정지제어를 수행하여 가동시간을 최대한 절감한다. 이때 열원장비도 공조기기의 기동/정지와 연계되어 운전이 되는 시스템을 선정한다.

2) 외기량 도입제어

실내온도 조건과 실내환경 기준을 만족하도록 최소 외기량만을 도입하며(동, 하절기 해당) 환절기에는 외기 온습도와 실내 온습도를 비교하여 외기 온습도가 실내 온습도보다 낮을 경우(엔탈피 제어) 외기도입만으로 실내공조를 실시하여 냉동기 운전을 경감시킬 수 있도록 한다. 최소 외기량 제어를 위하여 환기덕트 내부에 이산화탄소(CO_2) 농도검출기를 설치하여 실내 CO_2 농도에 의하여 제어를 수행한다.

3) 기타 에너지 절감을 위한 제어 프로그램

① 절전운전 제어

전기 에너지 소비절약을 위하여 실내환경의 조건을 분석하여 각 장치를 절전 제어한다.

② 분산전력 수요제어

전력 사용량을 감지, 예측하여 그 양이 최대 수요치를 초과하지 않도록 부하를 자동으로 분산할 수 있도록 한다.

③ 제로에너지 밴드

공기온도가 미리 설정된 최적조건에 만족된다면 냉·난방 에너지원을 정지시킨다.

④ 운전시간 및 회수적산 프로그램

장비를 감시하여 각 장비의 미리 설정된 총 기동/정지 회수가 설정치 이상으로 초과하거나 운전시간이 설정시간 이상 과할 때 경보를 울리도록 한다.

⑤ 타임/이벤트 프로그램

기동/정지의 예정, 관제점 경보 등의 상태변화를 명령할 수 있는 기능을 부여한다.

찾아보기

ㄱ

ㄴ

ㄷ

참 고 문 헌

1. 『공기조화』, 井上宇市 저, 김효경 역, 동명사.
2. 『공기조화설비』, 신처웅, 기문당.
3. 『공기조화설비』, 김영호, 기문당.
4. 『공기조화편람』, 한미.
5. 『공기조화설비』, 이철구 외, 세진사.
6. 『공기조화설비』, 김재구 외, 세진사.
7. 『건축공기조화설비』, 정광섭 외, 세진사.
8. 『설비공학편람』(2판2권), 대한설비공학회.
9. 『건축설비설계』, 박종일, 세진사.
10. 『공기조화설비』, 박병전, 기문당.

■ 김 세 환

현 동의대학교 건축설비공학과 교수

건축기계설비기술사

공조냉동기계기술사

건축시공기술사

공학박사(연세대학교)

저서 『건축설비설계』, 세진사

『공조 · 급배수 대백과』, 성안당

『건축설비법규해설』, 건기원

공기조화설비 정가 26,000원

• 저 자 김 세 환
• 발 행 인 차 승 녀

2003년 2월 25일 제1판 제1인쇄발행
2004년 2월 25일 제2판 제1인쇄발행
2005년 8월 31일 제3판 제1인쇄발행
2007년 8월 31일 제3판 제2인쇄발행
2010년 8월 25일 제4판 제1인쇄발행
2014년 2월 25일 제5판 제1인쇄발행
2017년 3월 10일 제5판 제2인쇄발행
2019년 10월 10일 제5판 제3인쇄발행
2022년 9월 30일 제6판 제1인쇄발행

도서출판 건기원

(등록 : 제11-162호, 1998. 11. 24)
경기도 파주시 연다산길 244(연다산동 186-16)
TEL : (02)2662-1874～5 FAX : (02)2665-8281

ISBN 979-11-5767-697-2 13540